Teubner Skripten zur
Mathematischen Stochastik

Dieter König und Volker Schmidt
Zufällige Punktprozesse

Teubner Skripten zur Mathematischen Stochastik

Herausgegeben von
Prof. Dr. rer. nat. Jürgen Lehn, Technische Hochschule Darmstadt
Prof. Dr. rer. nat. Norbert Schmitz, Universität Münster
Prof. Dr. phil. nat. Wolfgang Weil, Universität Karlsruhe

Die Texte dieser Reihe wenden sich an fortgeschrittene Studenten, junge Wissenschaftler und Dozenten der Mathematischen Stochastik. Sie dienen einerseits der Orientierung über neue Teilgebiete und ermöglichen die rasche Einarbeitung in neuartige Methoden und Denkweisen; insbesondere werden Überblicke über Gebiete gegeben, für die umfassende Lehrbücher noch ausstehen. Andererseits werden auch klassische Themen unter speziellen Gesichtspunkten behandelt. Ihr Charakter als Skripten, die nicht auf Vollständigkeit bedacht sein müssen, erlaubt es, bei der Stoffauswahl und Darstellung die Lebendigkeit und Originalität von Vorlesungen und Seminaren beizubehalten und so weitergehende Studien anzuregen und zu erleichtern.

Zufällige Punktprozesse

Eine Einführung mit Anwendungsbeispielen

Von Prof. Dr. rer. nat. Dieter König
und Dr. rer. nat. Volker Schmidt
Bergakademie Freiberg

B. G. Teubner Stuttgart 1992

Prof. Dr. rer. nat. et Dr. sc. techn. Dieter König

Geboren 1931 in Neudamm. Von 1953 bis 1958 Studium der Mathematik und 1958 Diplom in Mathematik an der Humboldt-Universität Berlin. Von 1961 bis 1963 Zusatzstudium in Wahrscheinlichkeitstheorie bei den Professoren Kolmogorow und Gnedenko. Promotion zum Dr. rer. nat. 1964 an der Humboldt-Universität Berlin und 1971 zum Dr. sc. techn. (Habilitation) im Fachgebiet Statistische Nachrichtentheorie an der Technischen Hochschule Ilmenau. Seit 1969 Professor für Wahrscheinlichkeitstheorie/Mathematische Methoden der Operationsforschung an der Bergakademie Freiberg. Von 1981 bis 1991 Gastprofessor an verschiedenen Universitäten in den USA, Japan, Frankreich.

Dr. rer. nat. habil. Volker Schmidt

Geboren 1948 in Chemnitz. Von 1968 bis 1973 Studium der Mathematik und 1973 Diplom in Mathematik an der Universität Breslau, Promotion zum Dr. rer. nat. 1979 und Habilitation 1988 an der Bergakademie Freiberg. Von 1973 bis 1983 Wiss. Assistent und seit 1983 Wiss. Oberassistent am Fachbereich Mathematik der Bergakademie Freiberg.

Die Deutsche Bibliothek – CIP-Einheitsaufnahme

König, Dieter:
Zufällige Punktprozesse : eine Einführung mit
Anwendungsbeispielen / von Dieter König und Volker Schmidt.
– Stuttgart : Teubner, 1992
   (Teubner-Skripten zur mathematischen Stochastik)
ISBN-13: 978-3-519-02733-1   e-ISBN-13: 978-3-322-89540-0
DOI: 10.1007/978-3-322-89540-0

NE: Schmidt, Volker

Herstellung: Druckhaus Beltz, Hemsbach/Bergstraße
Einband: P. P. K, S-Konzepte, Tabea Koch, Ostfildern/Stuttgart

Vorwort

Die Fachliteratur über zufällige Punktprozesse und deren Anwendungen hat in den letzten Jahrzehnten stark zugenommen. Die Anzahl der Lehrbücher dagegen ist minimal, und zum Teil von speziellem Charakter, z.B. durch Beschränkung auf die reelle Achse oder auf den Martingalzugang für Punktprozesse. (So wie hier werden wir, wenn keine Mißverständnisse auftreten können, oft nur kurz von „Punktprozessen" sprechen und damit „zufällige Punktprozesse" meinen.)

Wir möchten hiermit eine Einführung in wesentliche Teile der Theorie markierter Punktprozesse im mehrdimensionalen Raum für mathematisch sowie an Anwendungen interessierte Leser anbieten, die Kenntnisse in der Wahrscheinlichkeitstheorie mit ihrem maß- und mengentheoretischen Aufbau besitzen. Einige benötigte Grundbegriffe der Maßtheorie werden wir jedoch erklären; denn unser Hauptzugang zu Punktprozessen ist derjenige über Zählmaße, der auf der Prozedur des Zählens zufälliger Anzahlen von Punkten in fest vorgegebenen Intervallen oder Mengen basiert. Die Darstellung von Punktprozessen als Folgen von Punkten ergibt sich aber von selbst. Und für Punktprozesse auf der reellen Achse werden wir noch weitere Darstellungsformen, z.B. als Folgen von Intervallen, darlegen.

Leser, denen Poisson-, Cox-, Erneuerungs-, Cluster- und semi-markowsche Prozesse auf der reellen Achse vertraut sind, finden in unserem Buch u.a. die Definition und Darstellung dieser und weiterer Prozesse aus der einheitlichen Sicht des Punktprozeßzuganges. Vorkenntnisse über die genannten Prozeßklassen werden jedoch nicht vorausgesetzt.

Es ist unser Anliegen, daß sich der Band sowohl als begleitende Hilfe für eine entsprechende Vorlesung (auf diese Weise ist er weitgehend entstanden) als auch für ein selbständiges Studium eignet und somit eine Treppe zum Einstieg in die erwähnte Fachliteratur darstellt. Unter diesem Aspekt sind auch die Literaturhinweise ausgewählt, wobei keinerlei Vollständigkeit angestrebt wurde.

Die Beweise der Aussagen werden im allgemeinen vollständig ausgeführt und entstammen weitgehend der entsprechenden angegebenen Originalliteratur.

Unser mathematisches Wirken besteht seit längerer Zeit in der Untersuchung stochastischer Modelle und Prozesse mit Hilfe geeigneter Punktprozeßmethoden (vgl. hierzu insbesondere die Monographie „Queues and Point Processes" von Franken/König/Arndt/Schmidt (1981)) sowie in der Durchführung entsprechen-

6

der Vorlesungen für Mathematikstudenten. Die wegen des limitierten Umfanges des vorliegenden Bandes zu treffende Auswahl an Punktprozeßbegriffen und -aussagen ist daher besonders durch unsere Erkenntnisse bei dieser Tätigkeit beeinflußt. Aus Gründen der leichteren Verständlichkeit befassen sich nach einer ausführlichen, mit Beispielen, inhaltlichen Darlegungen und einem Überblick versehenen Einleitung die Kapitel 2 bis 10 mit verschiedenen Aspekten zufälliger Punktprozesse auf der reellen Achse einschließlich des Martingalzuganges. Besondere Anliegen dabei sind stationäre Punktprozesse (Kapitel 4 und 6), Palmsche Verteilungen (Kapitel 3 und 4) sowie die Darlegung und Verwendung von markierten Punktprozessen auf der reellen Achse (Kapitel 8). Auf die Spektraldarstellung von Punktprozessen mußte leider verzichtet werden (siehe hierzu z.B. Daley/Vere-Jones (1988)).

Die schon genannnten speziellen Klassen von Punktprozessen, insbesondere der Poisson-Prozeß, der rekurrente Punktprozeß, Cox-Prozeß usw., werden in den verschiedenen Kapiteln immer wieder herangezogen, um neu eingeführte Begriffe bzw. bewiesene Aussagen auf diese anzuwenden.

Der Punktprozeßzugang eignet sich unseres Erachtens besonders zur Definition und Betrachtung von Klassen zufälliger Prozesse mit stetigem Parameter, in die zu diskreten zufälligen Zeitpunkten der Zufall zusätzlich eingreift (wie es A.N. Kolmogorow nannte). Zu solchen Prozeßklassen auf der reellen Achse mit eingebetteten Punktprozessen gehören z.B. semimarkowsche, regenerative und semiregenerative zufällige Prozesse, die sich in Kapitel 9 als Sonderfälle eines speziell konstruierten Prozesses mit eingebettetem markierten Punktprozeß darstellen.

Anwendungen hiervon auf die Bedienungs- und Zuverlässigkeitstheorie enthält Kapitel 9; bedienungstheoretische Fragestellungen finden sich desgleichen im Kapitel 10, wo sie mit Hilfe der Martingal-Punktprozeßtheorie behandelt werden. Hier werden auch eindimensionale Gibbs-Prozesse eingeführt.

Der Übergang zu Punktprozessen im d-dimensionalen euklidischen Raum bzw. in polnischen Räumen wird in den Kapiteln 11 und 12 relativ komplikationslos vollzogen und muß wegen vieler Analogien zu den Aussagen für Punktprozesse auf der reellen Achse nicht an allen Stellen detailliert ausgeführt werden. Andererseits werden neue Charakteristiken zugefügt, die erst im Mehrdimensionalen ihre Bedeutung erlangen, z.B. Nächster-Nachbar-Abstandsverteilung, sphärische und allgemeine Kontaktverteilungen, Richtungsverteilungen, $\hat{K}$-Funktion. Als neue Prozeßklassen treten Geraden-, Ebenen-, Hyperebenenprozesse, mehrdimensionale Gibbs- sowie Hard-Core-Prozesse auf. Die Brücke zu zufälligen abgeschlossenen Mengen wird geschlagen, Stationarität und Isotropie werden untersucht.

Zufällige markierte Punktprozesse im R^d enthält Kapitel 13 gemeinsam mit exemplarischen Anwendungen in der stochastischen Geometrie und Stereologie. Denn auch in diesem modernen und sich stark entwickelnden Gebiet, dem wir uns in den letzten Jahren in unserer Freiberger Forschungsgruppe zu stochastischen Prozessen und Modellen ebenfalls sehr gewidmet haben (auf die Monographie

„Stochastic Geometry and Its Applications" von Stoyan/Kendall/Mecke (1987) sei besonders verwiesen), sind zufällige Punktprozesse mit großem Gewinn verwendbar.

Ein anderes Hauptgebiet unseres Interesses und Wirkens konnten wir hier allerdings nicht darlegen, nämlich Methoden und Ergebnisse zur Statistik von zufälligen Punktprozessen. Dies erfordert einen gesonderten Band, genau so, wie das für die stärkere Behandlung von Punktprozessen mit Wechselwirkung zwischen den Punkten der Fall ist.

Wir haben allen Anlaß, den Herren Professoren Lehn, Schmitz und Weil als Herausgeber der Teubner Skripten zur Mathematischen Stochastik und den Herren Dr. Spuhler und Weiß vom Teubner-Verlag für die Aufnahme unseres Textes in diese Serie bzw. die Förderung seiner Drucklegung zu danken. Ebenso gilt unser Dank Frau Gugel, Frau Robakowski und Herrn Dipl.-Math. Frenz für ihre sehr hilfreiche Unterstützung bei der Entstehung des Buches. Besonders wertvoll waren für uns die Ratschläge und Hinweise von Herrn Professor Liese zum gesamten ersten Entwurf des Manuskripts.

Freiberg, September 1991   D. König   V. Schmidt

Inhaltsverzeichnis

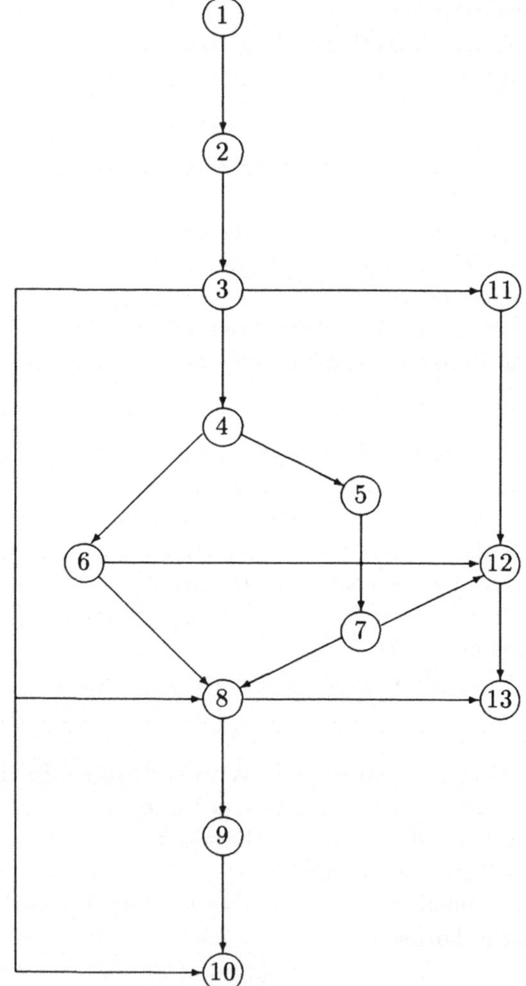

Abhängigkeitsgraph der Kapitel

Symbolverzeichnis

Mengen, Mengensysteme, Räume

$\mathcal{B}$	43	$\tilde{\mathcal{J}}$	222	R	15	$[N_K, \mathcal{N}_K]$	178
$\mathcal{B}_U$	32	K	178	$\mathcal{R}$	18	$[N_K^L, \mathcal{N}_K^L]$	195
$\tilde{F}$	291	$\tilde{K}$	291	$\mathcal{R}_\mathcal{N}$	32	$[N^0, \mathcal{N}^0]$	83
$\tilde{\mathcal{F}}$	291	$\tilde{K}^0$	291	$\mathcal{R}_0$	32	$[N', \mathcal{N}']$	73
$\mathcal{F}_t^N$	258	$\mathcal{K}$	178	$\mathcal{R}_{\{\mathcal{F}_t\}}$	251	$[N^*, \mathcal{N}^*]$	35
G	15	$\mathcal{K}_L$	186	R_+	24	$[R_\infty, \mathcal{R}_\infty]$	34
G_0	31	$\mathcal{K}_0$	178	$\mathcal{R}_+$	54	$[N, \mathcal{N}, P]$	32
G_+	36	N	30	S_d	288	$[\Omega, \mathcal{F}, \mathbf{P}]$	15
$\mathcal{H}$	71	$\mathcal{N}$	31	S_φ	30	$[N, \mathcal{N}, P, \mathbf{T}]$	152
$\mathcal{H}'$	73	$\mathcal{N}_e$	31	S_ψ	179		
$\tilde{\mathcal{I}}$	148	$\mathcal{N}_a^b$	162	U_d	304		

Funktionale, Operatoren

$\mathbf{C}$	47	$\mathbf{G}$	71	$\mathbf{S}^L$	195	$\mathbf{T}'$	109
$\mathbf{D}$	47	$\mathbf{L}$	73	$\mathbf{T}$	76	$\mathbf{U}$	94
$\mathbf{E}$	46	$\mathbf{S}$	87	$\mathbf{T_A}$	304	$\mathbf{V}$	155

Verteilungen

D	188	F	40	P^L	193	$P_{B_1,\dots,B_k}$	43
D_x	186	$F_{\min}^{(x)}$	294	P_Q	94	P_η	106
D_L	190	$F_{\min}^{[x]}$	294	$P^{\{m\}}$	192	$P^!$	86
$D_{x,r,r'}$	297	P_n	133	$P_{B,\varphi}$	275	Q_x	112
$D^{(x,r,r')}$	296	P_x	60	$P_{[x,m]}$	183	Q^0	110
$D_{x;L}$	186	$P_x^!$	62	$P_{x;L}$	185	$Q^{[x]}$	113
$D_{x_1,\dots,x_n;L_1,\dots,L_n}$	187	$P_{x_1,\dots,x_n;L_1,\dots,L_n}$	186			$Q^{[\varphi]}$	114

Funktionen, Maße, Prozesse

$A(t)$	252	$N(t)$	16	α^*	53	Ξ	291
C	54	$N^+(t)$	250	γ_n	171	Φ	31
C_n	59	$S(t)$	259	$\gamma_n^{(\mathrm{red})}$	172	Φ_x	61
C_Q	111	$V(t)$	213, 216	δ_t	30	Φ^Z	91
$C^!$	56	$W(t)$	213, 216	η	73	$\Phi^{[x]}$	114
$C_n^!$	59	$X(t)$	101	θ	189	$\Phi^{[\varphi]}$	114
e	280	X_n	36	ν	48	Φ^0	83
$\tilde{e}$	280	X_n^*	33	φ	30	$\Phi^!$	86
$I(t)$	281	$Y(t)$	101	φ^z	91	$\Phi_x^!$	62
$I(\varphi)$	157	α	51	$\varphi^{(n)}$	59	Φ_+	40
I^L	202	$\alpha(t)$	39	φ_0	55	Φ^*	34
$\hat{K}$	310	α_n	65	φ^*	34	Ψ	178
$\hat{k^2}$	311	α_L	185	ψ	178	Ψ_Z	209
$M(t)$	201	$\alpha_n^!$	65	$\psi^{(n)}$	184	Ψ^*	179
M_n	177	$\widehat{\alpha_n}$	174	Λ	73		

sonstige Symbole

$\check{B}$	295	κ	216	$\sim$	18	$\wedge$	254
$b(x,t)$	294	λ	79	$*$	74	$\overset{\mathrm{d}}{=}$	122
w-lim	192	$\lambda(L)$	191	$\oplus$	295	$\|\cdot\|$	133
$\mathbf{1}_B$	30	$\sigma(\cdot)$	29	$\ll$	278	$\#$	18

Kapitel 1

Einleitung und Übersicht. Grundliteratur

In diesem einführenden Kapitel möchten wir gewisse inhaltliche Vorstellungen über zufällige Punktprozesse auf der reellen Achse und deren verschiedene Darstellungsarten sowie über ebene und räumliche Punktprozesse vermitteln und einige typische Anwendungsbeispiele von Punktprozessen in verschiedenen Disziplinen angeben.

Weiterhin werden wir zufällige markierte Punktprozesse inhaltlich einführen und mit Beispielen versehen. Es finden sich gleichzeitig Verweise auf die betreffenden folgenden Kapitel, in denen die jeweiligen Begriffsbildungen detailliert behandelt werden. Bei all dem werden wir jedoch noch nicht voll die maßtheoretischen Begriffsbildungen verwenden, die in den folgenden Kapiteln nutzbringend eingesetzt werden.

1.1 Darstellungsarten von Punktprozessen

Die einfachste Vorstellung, die man sich von einem zufälligen Punktprozeß auf der reellen Achse R machen kann, ist die einer Folge zufällig im Raum R verteilter Punkte. Deshalb wird auch öfter von einer *zufälligen Punktfolge* gesprochen. In diesem Sinne ist ein zufälliger Punktprozeß in R nichts anderes als eine Folge $\{X_n\} = \{X_n ; n \in G\}$ von reellwertigen Zufallsvariablen (d.h. meßbaren Abbildungen) $X_n : \Omega \to R \cup \{\pm\infty\}$ über einem gemeinsamen Wahrscheinlichkeitsraum $[\Omega, \mathcal{F}, \mathbf{P}]$, wobei $G = \{\ldots, -1, 0, 1, \ldots\}$ die Menge der ganzen Zahlen ist. Es handelt sich also um eine spezielle Klasse zufälliger Prozesse. Dabei wird angenommen, daß für jede Realisierung $\{X_n(\omega)\}, \omega \in \Omega$, der Folge $\{X_n\}$ die Werte $X_n(\omega)$

1. der Größe nach numeriert seien, d.h., es gelte

$$\cdots \leq X_{-1}(\omega) \leq X_0(\omega) \leq X_1(\omega) \leq \cdots \tag{1.1}$$

für alle $\omega \in \Omega$, und

2. sich nirgendwo im Endlichen häufen, d.h., für jedes $\omega \in \Omega$ und für jedes $c > 0$ gebe es eine natürliche Zahl $n_{\omega,c}$ so daß $|X_n(\omega)| > c$ für $|n| > n_{\omega,c}$.

Die Numerierung der Punkte wird außerdem gewöhnlich so festgelegt, daß der kleinste nichtnegative Punkt der Folge $\{X_n(\omega)\}$ die Nummer Eins erhält, d.h., daß

$$\cdots \leq X_{-1}(\omega) \leq X_0(\omega) < 0 \leq X_1(\omega) \leq \cdots \tag{1.2}$$

In Anwendungen werden die Zufallsgrößen X_n oft als zufällige Zeitpunkte interpretiert. In Bedienungssystemen sind sie zum Beispiel zufällige Ankunftszeitpunkte bzw. Abgangszeitpunkte von Forderungen (Kunden in Reparatureinrichtungen, Anrufe in Telefonzentralen, Jobs in Rechenzentren, Ladungen zum Transport, Teile zur Bearbeitung in Fertigungssystemen usw.).

Die zufälligen Ausfallzeitpunkte von Bauelementen in technischen Systemen sind ein anderes Beispiel, und zwar aus der Zuverlässigkeitstheorie. Die zufälligen Ausfallzeitpunkte können insbesondere dadurch entstehen, daß ein zeitlich kontinuierlicher zufälliger Prozeß, der den Verlauf eines bestimmten Systemparameters reflektiert, ein fest vorgegebenes kritisches Niveau erreicht bzw. überschreitet.

Ein Punktprozeß $\{X_n\}$ heißt *einfach*, wenn in Verschärfung von (1.2) die Ungleichungskette

$$\cdots < X_1(\omega) < X_0(\omega) < 0 \leq X_1(\omega) < \cdots \tag{1.3}$$

für **P**-fast alle $\omega \in \Omega$ gilt, d.h., wenn für **P**-fast alle $\omega \in \Omega$ sämtliche Punkte der Folge $\{X_n(\omega)\}$ voneinander verschieden sind.

Die Bedingung, daß ein Punktprozeß einfach ist, bedeutet oft keine wesentliche Einschränkung, weil etwaige Vielfachheiten von Punkten, die bei der Untersuchung bestimmter stochastischer Modelle auftreten können, im allgemeinen auch mit Hilfe von Marken erfaßt werden können (vgl. Kapitel 8).

Häufig interessiert man sich weniger für die Positionen X_n der einzelnen zufälligen Punkte eines Punktprozesses, sondern mehr für die zufälligen Anzahlen von Punkten des Punktprozesses $\{X_n\}$ in gegebenen Teilmengen von R, z.B. in Intervallen. In diesem Fall ist es zweckmäßiger, einen Punktprozeß nicht als eine Folge $\{X_n\}$ von zufälligen Punkten, sondern als *zufälligen Zählprozeß* $\{N(t); t \in R\}$ aufzufassen. Für $t > 0$ zählt die Größe $N(t)$ die zufällige Anzahl der Punkte X_n, die im Intervall $[0, t)$ liegen, wobei häufig $N(0) = 0$ gesetzt wird (vgl. Abbildung 1.1); X_1, X_2 usw. sind dann die zufälligen Sprungpunkte der Höhe 1, wobei Mehrfachpunkte auftreten können. Diese Betrachtungsweise liegt der klassischen Definition des *Poisson-Prozesses* (vgl. Kapitel 2) als eines zufälligen Prozesses der Gestalt $\{N(t); t \geq 0\}$ mit stückweise konstanten Trajektorien und unabhängigen, poissonverteilten Zuwächsen zugrunde.

Besteht die Folge $\{X_n\}$ nur aus nichtnegativen Zufallsgrößen, d.h., werden nur zufällige Punkte auf der nichtnegativen Halbachse R_+ betrachtet, dann ist offensichtlich ein eineindeutiger Zusammenhang zwischen der Folge $\{X_n\}$ und dem Zählprozeß $\{N(t); t \geq 0\}$ gegeben. Aus jeder Realisierung $\{X_n(\omega)\}$ der Folge $\{X_n\}$ läßt sich die Trajektorie $\{N(t,\omega); t \geq 0\}$ des Prozesses $\{N(t); t \geq 0\}$ bestimmen und umgekehrt, wobei die Punkte $X_n(\omega)$ gerade die Unstetigkeitsstellen der Trajektorie $\{N(t,\omega); t \geq 0\}$ sind. Es sei vermerkt, daß dieser eineindeutige Zusammenhang zwischen der zufälligen Folge $\{X_n\}$ und dem zufälligen Prozeß $\{N(t); t \geq 0\}$ nicht nur im Fall eines einfachen Punktprozesses vorliegt. Falls Mehrfachpunkte auftreten können, dann sind die Zuwächse der Trajektorien $\{N(t,\omega); t \geq 0\}$ in ihren Unstetigkeitsstellen natürlich nicht notwendigerweise gleich Eins, sondern gleich der Anzahl derjenigen Glieder der Folge $\{X_n(\omega)\}$, deren Wert mit der jeweils betrachteten Unstetigkeitsstelle übereinstimmt. Auf ähnliche Weise läßt sich auch ein Punktprozeß $\{X_n\}$ mit Punkten auf der gesamten reellen Achse durch einen Zählprozeß $\{N(t); t \in R\}$ beschreiben (vgl. Abschnitt 2.3).

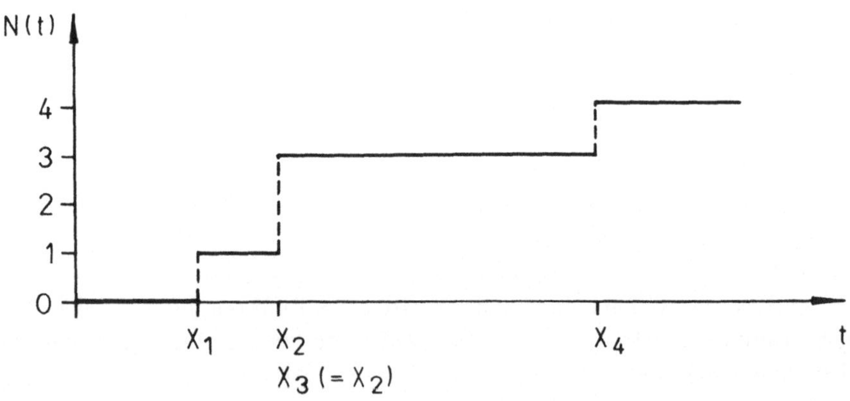

Abbildung 1.1 Punktprozeß als Zählprozeß

Ein im Vergleich zum Poisson-Prozeß allgemeineres Modell ist gegeben, wenn lediglich vorausgesetzt wird, daß $\{N(t); t \geq 0\}$ ein zufälliger Prozeß mit unabhängigen, nichtnegativen, ganzzahligen Zuwächsen ist, die jedoch nicht notwendig poissonverteilt sein müssen. Dies führt dann zum Begriff des *zusammengesetzten Poisson-Prozesses* (vgl. Abschnitt 8.1).

Natürlich benötigt man nicht nur die Anzahl $N(t)$ von Punkten in Intervallen der Gestalt $[0,t)$, sondern auch die zufällige Anzahl von Punkten X_n in allgemeineren Borel-Mengen B von R. Dann ist es naheliegend, einen zufälligen

Punktprozeß als eine zufällige Mengenfunktion Φ aufzufassen, die jeder Menge B aus einer bestimmten Familie $\mathcal{J}$ von Teilmengen der reellen Achse R die zufällige Anzahl $\Phi(B)$ von Punkten der Folge $\{X_n\}$, die in der Menge B liegen, zuordnet (vgl. Abbildung 1.2). Für $B = [0,t)$ ist dann $\Phi([0,t)) = N(t)$.

Wenn der Definitionsbereich der Abbildung Φ, also die Familie $\mathcal{J}$ von Teilmengen aus R, hinreichend umfassend ist, beispielsweise alle Mengen der Gestalt $[0,t)$ bzw. $[-t,0)$ für alle $t \geq 0$ enthält, dann besteht wiederum ein eineindeutiger Zusammenhang zwischen der Folge $\{X_n\}$ und der zufälligen Mengenfunktion Φ. Außerdem läßt sich Φ in diesem Fall zu einem *zufälligen Zählmaß* fortsetzen, das auf der σ-Algebra $\mathcal{R}$ aller Borel-Mengen von R definiert ist (vgl. Abschnitt 2.1).

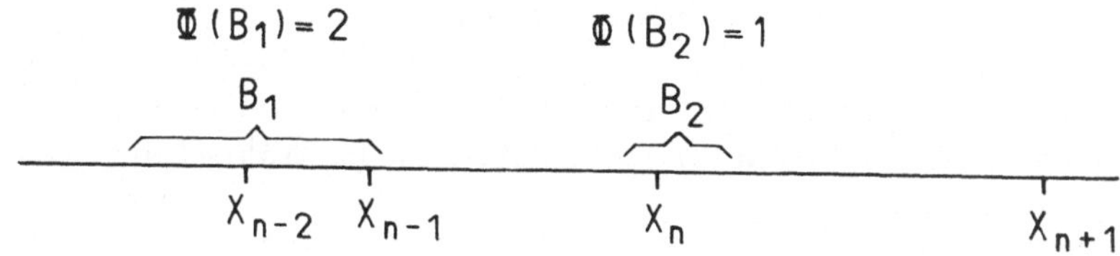

Abbildung 1.2 Punktprozeß als Zählmaß

Die Realisierungen $\Phi(\omega) : \mathcal{R} \to \{0,1,2,\ldots\} \cup \{\infty\}$ der zufälligen Mengenfunktion Φ sind dann (nichtzufällige) Maße auf der Borel-σ-Algebra $\mathcal{R}$ mit ganzzahligen nichtnegativen Werten, sogenannte *Zählmaße*, die wie folgt gegeben sind. Für jedes $\omega \in \Omega$ und für jede Borel-Menge $B \in \mathcal{R}$ ist $\Phi(B,\omega) = \#\{n : X_n(\omega) \in B\}$, wobei $\#\{n : X_n(\omega) \in B\}$ die Anzahl der Elemente der Menge $\{n : X_n(\omega) \in B\}$ bezeichnet. Da sich die Punkte $X_n(\omega)$ für jedes feste $\omega \in \Omega$ nirgendwo im Endlichen häufen dürfen, ist der Wert $\Phi(B,\omega)$ auch dann, wenn die Folge $\{X_n\}$ aus unendlich vielen Punkten besteht, für jedes $\omega \in \Omega$ und für jede beschränkte Borel-Menge $B \in \mathcal{R}$ endlich.

Wegen des eineindeutigen Zusammenhanges zwischen $\{X_n\}$ und Φ werden wir im folgenden häufig die Schreibweise $\Phi \sim \{X_n\}$ benutzen.

Einen Punktprozeß als Folge $\{X_n\}$ von Zufallsgrößen $X_n : \Omega \to R$ aufzufassen, erscheint uns besonders dann als zweckmäßig, wenn die Gesamtzahl der betrachteten Punkte, d.h. die Anzahl der insgesamt betrachteten Zufallsgrößen X_n, eine fixierte, nichtzufällige und möglicherweise endliche Zahl k ist. In diesem Fall betrachten wir also eine gegebene endliche Anzahl k von Punkten, die zufällig auf der reellen Achse R bzw. in einem beschränkten Teilgebiet hiervon, beispielsweise in einem endlichen Intervall $[a,b]$, liegen. Dabei wird häufig nicht sofort von geordneten Realisierungen $\{X_n(\omega)\}$ ausgegangen, die die Eigenschaften (1.1), (1.2) bzw. (1.3) haben, sondern der betrachtete Punktprozeß wird zunächst durch einen beliebigen k-dimensionalen zufälligen Vektor $(Y_1, Y_2, \ldots, Y_k)$ mit Werten in R^k repräsentiert.

Mit $(X_1(\omega), X_2(\omega), \ldots, X_k(\omega))$ wird dann die der Größe nach geordnete Version der Realisierung $(Y_1(\omega), Y_2(\omega), \ldots, Y_k(\omega))$ bezeichnet. Solche, sogenannte endliche Punktprozesse können zum Beispiel als Modell zur Beschreibung der zufälligen Alter bzw. der zufälligen relativen Lagen einer festen Anzahl von Objekten benutzt werden. Ein in Anwendungen häufig betrachteter Spezialfall liegt vor, wenn die Komponenten des zufälligen Vektors $(Y_1, Y_2, \ldots, Y_k)$ unabhängige (und gegebenenfalls identisch verteilte) Zufallsgrößen sind.

Aus dem oben betrachteten Zusammenhang zwischen der zufälligen Folge $\{X_n\}$ und der zufälligen Mengenfunktion Φ, der über die jeweiligen Realisierungen hergestellt wird, ergeben sich natürlich auch Zusammenhänge zwischen den entsprechenden Wahrscheinlichkeitscharakteristiken. Hierfür geben wir das folgende Beispiel an. Es sei $\{X_n;\; n = 1, 2, \ldots k\}$ eine endliche Folge mit einer nichtzufälligen Anzahl k nichtnegativer Zufallsgrößen X_n, und es seien $B_1, \ldots, B_k \in \mathcal{R}$ paarweise disjunkte Borel-Mengen. Dann läßt sich die Wahrscheinlichkeit, daß in jeder dieser k Borel-Mengen jeweils genau ein Punkt der Folge $\{X_n\}$ liegt, auf die folgende Weise durch die Verteilung des zufälligen Vektors $(X_1, \ldots, X_k)$ ausdrücken:

$$\mathbf{P}(\Phi(B_1) = 1, \ldots, \Phi(B_k) = 1) \;\; = \sum_{(n_1, \ldots, n_k)} \mathbf{P}(X_1 \in B_{n_1}, \ldots, X_k \in B_{n_k}), \quad (1.4)$$

wobei sich die Summation in (1.4) über alle Permutationen $(n_1, \ldots, n_k)$ der Folge $\{1, 2, \ldots, k\}$ erstreckt.

Zahlreiche Aussagen der Punktprozeßtheorie auf R lassen sich mit Hilfe des Zuganges über zufällige Zählmaße mathematisch besser handhaben und auf einfachere Weise auf Punktprozesse in allgemeineren Räumen sowie auf zufällige (nicht notwendig ganzzahlige) Maße übertragen. Daher geben wir diesem Zugang im vorliegenden Buch den Vorrang und folgen damit einem internationalen Trend. Das heißt, daß wir zufällige Punktprozesse in R als zufällige Elemente des Raumes aller lokalendlichen (sog. Radonschen) Zählmaße auf der Borel-σ-Algebra $\mathcal{R}$ auffassen (vgl. Kapitel 2). Trotzdem werden wir immer dann, wenn sich dies anbietet, die Brücke zur Darstellung von Punktprozessen als Folgen zufälliger Punkte schlagen; denn zufällige Punktfolgen auf der reellen Achse erweisen sich zur Untersuchung konkreter stochastischer Modelle mit zufälligen Zeitabläufen, z.B. der Bedienungs-, Zuverlässigkeits- und Lagerhaltungstheorie, als natürliche und passende Beschreibung der ablaufenden Vorgänge.

Neben Punktprozessen in R betrachten wir insbesondere den Fall, daß die X_n zufällige Punkte im R^d, d.h., zufällige Vektoren mit Werten im R^d, sind; $d \geq 1$. Man spricht dann oft auch von *zufälligen Punktfeldern*. Dabei ist es für $d > 1$ im allgemeinen nicht mehr möglich, die zufälligen Punkte X_n so wie in (1.2) zu numerieren. Deshalb werden wir in diesem Fall verstärkt von der Möglichkeit

Gebrauch machen, einen zufälligen Punktprozeß im R^d als zufälliges Zählmaß auf der σ-Algebra $\mathcal{R}^d$ der Borel-Mengen im R^d aufzufassen.

In der statistischen Physik zum Beispiel werden Systeme von Partikeln (kompakten Mengen) mit Hilfe zufälliger Punktprozesse im R^3 behandelt, wobei die Punkte die Orte der Schwer- oder Mittelpunkte der Partikel sind. Aussagen zu Art, Größe, Volumen der Partikel sowie zu möglichen Wechselwirkungen zwischen ihnen sind dann zusätzlich in das Modell aufzunehmen.

Es sei vermerkt, daß der Wertebereich der Zufallsvariablen X_n relativ allgemein sein kann. Dem Anliegen dieses Bandes entsprechend setzen wir hierfür stets einen polnischen, d.h. einen vollständigen, separablen, metrischen Raum voraus.

Eine weitere Möglichkeit, zufällige Punktprozesse in R zu behandeln, besteht darin, anstelle der Punkte X_n die Abstände $X_{n+1} - X_n$ zwischen jeweils unmittelbar aufeinanderfolgenden Punkten zu betrachten. Dies ist insbesondere dann zweckmäßig, wenn durch bestimmte Bedingungen an die *Folge* $\{X_{n+1} - X_n\} = \{X_{n+1} - X_n;\ n \in G\}$ *der zufälligen Abstände* zwischen aufeinanderfolgenden Punkten spezielle Klassen von Punktprozessen charakterisiert werden. Das ist zum Beispiel bei rekurrenten Punktprozessen der Fall. Von *rekurrenten Punktprozessen* wird nämlich gefordert, daß die Abstände $X_{n+1} - X_n$, $n \neq 0$, zwischen aufeinanderfolgenden Punkten unabhängige und (mit Ausnahme desjenigen Intervalls, das den Nullpunkt enthält) identisch verteilte Zufallsgrößen sind. Ist $\{X_n\}$ ein rekurrenter Punktprozeß, dann wird der zugehörige Zählprozeß $\{N(t);\ t \geq 0\}$ mit $N(t) = \#\{n : X_n \in [0, t)\}$ *Erneuerungsprozeß* genannt (vgl. Abschnitt 2.4). Allgemein läßt sich wiederum, wenn zusätzlich zur Folge der Abstände $\{X_{n+1} - X_n\}$ noch der Punkt X_1 betrachtet wird, ein eineindeutiger realisierungsweiser Zusammenhang zwischen den Folgen $\{X_1, X_{n+1} - X_n\}$ und $\{X_n\}$ herstellen (vgl. Abschnitt 2.3).

Somit haben wir mehrere, formal gesehen äquivalente Möglichkeiten, zufällige Punktprozesse in R zu betrachten. Außerdem sei noch vermerkt, daß ein Punktprozeß in R ebenfalls als *zufällige abgeschlossene Menge* bzw. als *Semimartingal* dargestellt werden kann. Dabei wird $\Phi \sim \{X_n\}$ im ersten Fall als Zufallsvariable mit Werten im Raum aller abgeschlossenen Teilmengen von R aufgefaßt (vgl. Kapitel 11). Im zweiten Fall wird die Tatsache benutzt, daß der Zählprozeß $\{N(t);\ t \geq 0\}$ ein Submartingal ist, wodurch die Nutzung von Ergebnissen der Martingaltheorie möglich ist (vgl. Kapitel 10).

Da es mehrere Zugänge für zufällige Punktprozesse in R gibt, existieren für manche Klassen von Punktprozessen auch mehrere äquivalente Definitionsmöglichkeiten. So läßt sich beispielsweise ein homogener Poisson-Prozeß nicht nur als zufälliger Prozeß mit unabhängigen, homogenen poissonverteilten Zuwächsen, sondern, neben weiteren Charakterisierungsmöglichkeiten, auch als nachwirkungsfreies Zählmaß poissonverteilter Anzahlen bzw. als rekurrenter Punktprozeß mit exponentiell verteilten Abständen definieren (vgl. Kapitel 2).

1.2 Einige Anwendungsbeispiele

Wir wollen nun kurz auf einige typische Beispiele stochastischer Modelle eingehen, bei denen zufällige Punktprozesse auftreten. Wie bereits erwähnt wurde, dienen Punktprozesse in R oft zur Beschreibung von Folgen zufälliger Zeitpunkte. Dies ist insbesondere so bei Modellen der Bedienungs-, Zuverlässigkeits-, Lagerhaltungs- bzw. Damm-Theorie. Anwendungsbeispiele für Punktprozesse im R^d, $d > 1$, werden aus weiteren Gebieten angegeben. In *Bedienungssystemen* wird zum Beispiel die Folge der zufälligen Ankunftszeitpunkte von Forderungen nach Transport, allgemein nach Bedienung, als Punktprozeß modelliert. Dabei wird dieser Punktprozeß, d.h. sein Verteilungsgesetz bzw. bestimmte, dieses Verteilungsgesetz charakterisierende Größen, häufig als vorgegeben angesehen. Des weiteren seien Folgen von zufälligen Bedienungszeiten gegeben, die ebenfalls als Punktprozesse in R modelliert werden können. Hiervon ausgehend werden weitere interessierende Größen des betrachteten Bedienungssystems bestimmt, unter anderem auch hiervon abgeleitete Punktprozesse wie zum Beispiel der Punktprozeß der Zeitpunkte, in denen die Bedienung von Forderungen beendet wird. Ein weiterer interessierender Punktprozeß tritt in Einbediener-Wartesystemen auf, in denen eine im System eintreffende Forderung so lange auf den Beginn ihrer Bedienung warten muß, bis die vor ihr eingetroffenen Forderungen fertig bedient worden sind. Es handelt sich um die Folge der Zeitpunkte, in denen der Wartezeitprozeß einen vorgegebenen Schwellwert $c > 0$ überschreitet. Ein anderes Beispiel ist die Folge der Zeitpunkte, in denen der Wartezeitprozeß den Zustand Null erreicht, also die Folge der Zeitpunkte, in denen eine Leerperiode beginnt (vgl. Abbildung 1.3).

Damit haben wir weitere Beispiele von Punktprozessen kennengelernt (vgl. Abschnitt 1.1), die Folgen von zufälligen Zeitpunkten sind, in denen ein zufälliger Prozeß $\{X(t); t \geq 0\}$ mit stetigem Parameter ein bestimmtes vorgegebenes Niveau erreicht bzw. in ein gegebenes Teilgebiet seines Zustandsraumes gelangt.

Vom Standpunkt des zufälligen Prozesses mit stetigem Parameter handelt es sich dann um einen in diesen *eingebetteten Punktprozeß* (vgl. Kapitel 9), so daß sich insgesamt ein „zufälliger Prozeß mit diskretem Eingriff des Zufalls" ergibt, eine, wie schon gesagt, von A.N. Kolmogorow verwendete Bezeichnung.

Betrachten wir nun den Bestandsprozeß in einem *Lagerhaltungssystem* mit kontinuierlicher Entnahme von Waren (mit konstanter Entnahmerate), wobei die X_n die Ankunftszeitpunkte von Warenlieferungen sind.

Dem Abbau der Wartezeit durch die Bedienung in einem Einbediener-Wartesystem entspricht dann die Verringerung des Bestandes durch die Warenentnahme. Eine spezielle Interpretationsmöglichkeit des Wartezeitprozesses dieser Art besteht darin, ihn als Prozeß der Vorratsmenge in einem Wasserreservoir zu deuten, in das zu den Zeitpunkten X_n Wasser zufließt (beispielsweise bedingt durch Niederschläge, die zu diesen Zeitpunkten erfolgen) und aus dem kontinuierlich Wasser abgegeben wird. Punktprozesse treten also auch in der *Damm-Theorie* auf.

Bei der Untersuchung von *Zuverlässigkeitssystemen* werden zum Beispiel die Punktprozesse derjenigen Zeitpunkte betrachtet, in denen das gesamte untersuchte System oder bestimmte Teilsysteme ausfallen bzw. in denen Instandsetzungsarbeiten beendet werden und das ausgefallene System wieder in Betrieb genommen wird. Es ist klar, daß bei der Untersuchung solcher Systeme die Folge der Ausfall- und Wiederinbetriebnahmezeitpunkte oft nur in erster Näherung durch einen rekurrenten Punktprozeß beschrieben werden kann. Denn die Bedingung, daß die Abstände $X_{n+1} - X_n$ für alle $n \neq 0$ unabhängige und identisch verteilte Zufallsgrößen sind, steht im Widerspruch zu der Tatsache, daß in der Regel Systeme modelliert werden, bei denen nach einer Reparaturperiode $X_{n+1} - X_n$ eine (eventuell vergleichsweise wesentlich längere) Betriebsperiode $X_{n+2} - X_{n+1}$ und umgekehrt folgt und die Längen dieser Perioden verschiedenen Typs auch unterschiedliche Verteilungsfunktionen besitzen.

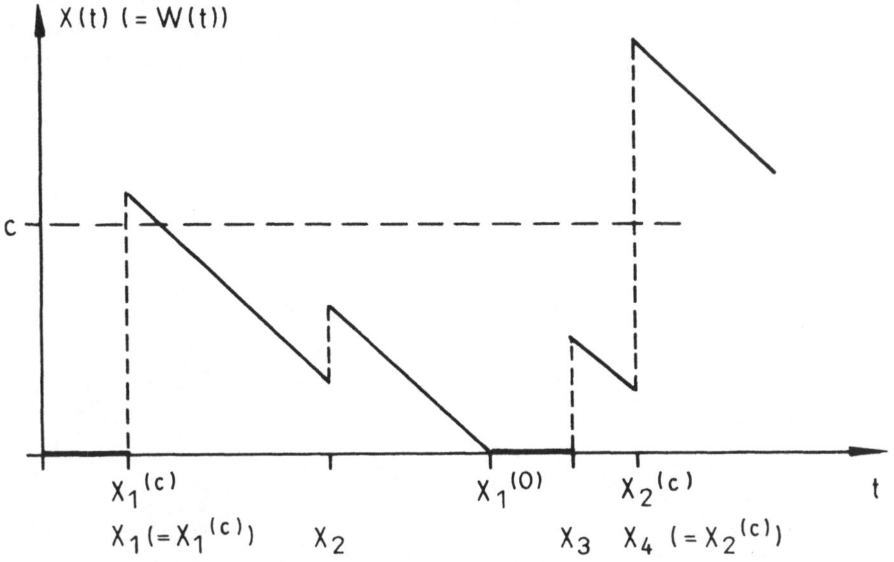

Abbildung 1.3 Wartezeitprozeß

Eine Möglichkeit zur Erfassung solcher Situationen sind sogenannte *alternierende rekurrente Punktprozesse* (s. Kapitel 8), bei denen die Abstände $X_{n+1} - X_n$ zwischen aufeinanderfolgenden (Zeit-)Punkten zwar unabhängige, jedoch nur die jeweils „übernächsten Abstände" identisch verteilte Zufallsgrößen sind. Alternierende rekurrente Punktprozesse bilden eine spezielle Klasse *markierter* sowie *semimarkowscher markierter Punktprozesse* (vgl. Kapitel 8).

Ein weiteres Gebiet, in dem zufällige Punktprozesse auf Geraden, besonders jedoch in der Ebene, im Raum bzw. allgemeiner im R^d auftreten, ist die *stochastische Geometrie*, deren Gegenstand, vereinfacht gesagt, die Untersuchung zufällig auf der Geraden, in der Ebene oder im Raum angeordneter und zufällig geformter geometrischer Objekte ist. Sei $\{Z_n\}$ zum Beispiel eine Folge von Kreisen im R^2 bzw. Kugeln im R^3 mit zufälligen Mittelpunkten und zufälligen Radien oder allgemeiner eine Folge von zufälligen abgeschlossenen Mengen im R^d, d.h. eine Folge von Zufallsvariablen, deren Werte abgeschlossene Mengen im R^d sind.

Ein praktisches Beispiel, bei dem Folgen zufällig im Raum verteilter zufälliger Kugeln (konvexer Körper) benutzt werden, ist die Beschreibung von Graphiteinschlüssen in Gußeisen. Die Folge der zufälligen Mittelpunkte X_n der Kreise bzw. Kugeln kann dann als ein zufälliger Punktprozeß aufgefaßt werden. Ist der Erwartungswert der Anzahl von Mittelpunkten je Flächen- bzw. Volumeneinheit verhältnismäßig klein im Vergleich zum Erwartungswert der Radien, dann treten Überlappungen der Kreise bzw. Kugeln relativ selten auf. Anderenfalls wird auch die Folge $\{Z_n^*\}$ der Vereinigungen von jeweils zusammenhängenden Mengen Z_n untersucht, wobei ausgehend von Kreisen bzw. Kugeln bereits recht komplizierte „Mengenklumpen" Z_n^* entstehen können, die dann zur Beschreibung von nichtkreis- bzw. nichtkugelförmigen Gebilden in der Ebene bzw. im Raum benutzt werden können.

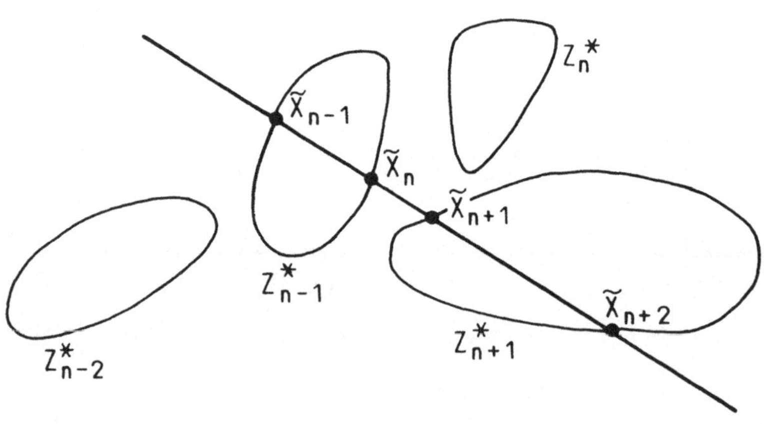

Abbildung 1.4 Linearer Schnitt

In der *Stereologie*, deren Anliegen darin besteht, Eigenschaften zufälliger räumlicher geometrischer Strukturen mittels Informationen aus ebenen oder linienförmigen Schnitten zu erhalten, werden nun unter anderem Schnitte von Folgen solcher paarweise disjunkter zufälliger Mengen Z_n^* mit einer fixierten (nichtzufälligen) Geraden l betrachtet (vgl. Abbildung 1.4). Dann interessiert der auf dieser

Schnittgeraden erzeugte zufällige Punktprozeß $\{\tilde{X}_n\}$ der Aus- und Eintrittspunkte aus den bzw. in die Mengen Z_n^*. Unter bestimmten Bedingungen ist er ein alternierender rekurrenter Punktprozeß (vgl. Kapitel 13).

In der stochastischen Geometrie und Stereologie ist es daher naheliegend, geeignete zufällige Punktprozesse in der Ebene, im dreidimensionalen Raum und, allgemeiner, im R^d sowie auch solche auf Schnittgeraden bzw. anderen Kurven zu verwenden.

1.3 Markierte Punktprozesse

In den meisten der genannten Beispiele von Punktprozessen $\Phi \sim \{X_n\}$ in R sind die Punkte X_n genaugenommen teilweise von unterschiedlicher Art. So kann man die Ankunftszeitpunkte von Forderungen in einem Bedienungssystem jeweils mit dem Typ der Forderungen (Kundentyp, Art der zu transportierenden Ladung usw., vgl. Abschnitt 1.1) oder auch mit den Bedienungszeiten versehen, die die betreffenden Forderungen beanspruchen. Jeder der zufälligen Punkte X_n, der einen Zeitpunkt darstellt, ist dann mit einer weiteren Zufallsvariablen als zusätzlicher Information versehen, genannt zufällige Marke M_n. Der *Markenraum K* ist der Wertebereich der Zufallsvariablen M_n. Die Folge $\Psi \sim \{[X_n, M_n]\} = \{[X_n, M_n]; \ n \in G\}$ wird *zufälliger markierter Punktprozeß* bzw. kurz markierter Punktprozeß genannt. Wenn $\{X_n\}$ die Folge aller Ankunftszeitpunkte von Forderungen in einem Bedienungssystem und $\{M_n\}$ die Folge der zugehörigen Bedienungszeiten ist, dann spricht man vom *markierten Eingangsstrom* $\Psi \sim \{[X_n, M_n]\}$ in das Bedienungssystem, wobei $K = R_+$ ist ($R_+ = [0, \infty)$).

Falls die X_n die Ausfall- und Wiederinbetriebnahmezeitpunkte eines Zuverlässigkeitssystems beschreiben, dann werden zwei Punkttypen, d.h., zwei Markenwerte, unterschieden: $M_n(\omega) = 0$ bedeutet, daß $X_n(\omega)$ ein Ausfallzeitpunkt ist, und $M_n(\omega) = 1$ besagt, daß $X_n(\omega)$ ein Wiederinbetriebnahmezeitpunkt ist; hier ist $K = \{0,1\}$. Eine analoge Situation liegt bei der obengenannten Folge $\{X_n\}$ der Aus- und Eintrittszeitpunkte aus den bzw. in die Mengen Z_n^* vor: $M_n(\omega) = 0$ bedeutet, daß $X_n(\omega)$ ein Austrittspunkt ist, und $M_n(\omega) = 1$ bedeutet, daß $X_n(\omega)$ ein Eintrittspunkt ist.

Natürlich kann der Markenraum K wesentlich allgemeiner sein als in den bisherigen Beispielen. In diesem Buch setzen wir stets voraus, daß K ein polnischer Raum ist (vgl. Abschnitt 8.1). Ein zufälliger markierter Punktprozeß im R^d, $d \geq 1$, mit einem polnischen Markenraum K kann dann als zufälliges Zählmaß auf der σ-Algebra der Borel-Mengen des Produktraumes $R^d \times K$ aufgefaßt werden (vgl. Abschnitt 13.1).

Der Wert des zufälligen Zählmaßes für eine zulässige Menge $A \times B$ mit $A \subseteq R^d$ und $B \subseteq K$ ist dann die zufällige Anzahl von Punkten mit Orten X_n in A und Marken M_n in B.

In der *Seismologie* zum Beispiel kann man die Ortskoordinaten des Epizentrums des n-ten Erdbebens gemeinsam mit dem Zeitpunkt des Bebenbeginns als zufälligen Vektor im R^4 und die zufällige Stärke des Bebens als Marke M_n auf der Richterskala als Markenraum K erfassen. Dann modelliert der markierte Punktprozeß $\{[X_n, M_n]\}$ einen bestimmten Erdbebenprozeß, im allgemeinen mit endlich vielen Punkten. Die zu jedem Beben gehörenden Vor- und Nachbeben bewirken dann eine zufällige Clusterstruktur des Punktprozesses (vgl. Kapitel 5).

Ein weiteres Beispiel eines zufälligen markierten Punktprozesses im R^2 bzw. R^3 ist durch die in Abschnitt 1.2 angegebene Folge $\{Z_n\}$ von Kreisen bzw. Kugeln mit zufälligen Mittelpunkten und zufälligen Radien gegeben. Und zwar können wir die Folge $\{Z_n\}$ als zufälligen markierten Punktprozeß $\{[X_n, M_n]\}$ auffassen, bei dem die X_n die zufälligen Mittelpunkte der Kreise bzw. Kugeln Z_n und die M_n die Radien sind. Wir können jedoch auch als Marken M_n anstelle der Radien die zufälligen Kreise bzw. Kugeln selbst nehmen, indem wir den Markenraum K entsprechend wählen.

Dieses Modell läßt sich dadurch verallgemeinern, daß $\{M_n\}$ eine Folge von Zufallsvariablen ist, deren Werte beliebige nichtleere kompakte Teilmengen des R^d sein können, und daß die Punkte X_n des Punktprozesses $\Phi \sim \{X_n\}$ im R^d, $d \geq 1$, dann mit diesen Marken M_n versehen werden. Der hieraus resultierende markierte Punktprozeß $\Psi \sim \{[X_n, M_n]\}$ wird in der stochastischen Geometrie *Keim-Korn-Prozeß* genannt (vgl. Kapitel 13), da man die X_n als Keime und die M_n als Körner interpretiert.

Spezielle Annahmen über Unabhängigkeiten und Verteilungen der Keime und Körner führen zum sogenannten *Booleschen Modell* (vgl. Kapitel 13).

In der *Mineralogie* zum Beispiel kann man die verschiedenen Mineralphasen, die im Anschliff einer Gesteinsprobe sichtbar werden, durch einen geeigneten zufälligen markierten Punktprozeß in der Ebene modellieren; desgleichen bieten in der Bildanalyse Modelle mit markierten Punktprozessen im R^2 nutzbringende Methoden. Ein andersgeartetes Beispiel für einen markierten Punktprozeß in der stochastischen Geometrie bildet ein System zufällig in der euklidischen Ebene R^2 verteilter Geraden (mit zufälliger Richtung). Bekanntlich läßt sich jede gerichtete Gerade im R^2 durch zwei Parameter x und m mit $x \in R$ und $m \in [0, 2\pi)$ charakterisieren. Unter einem *Geradenprozeß* versteht man nun einen markierten Punktprozeß in R mit dem Markenraum $K = [0, 2\pi)$ bzw. , was das gleiche ist, einen (nichtmarkierten) Punktprozeß im Raum $R \times [0, 2\pi)$. Geradenprozesse werden zur näherungsweisen Beschreibung von komplizierten ebenen Liniensystemen benutzt, die aus verhältnismäßig langen und wenig gekrümmten Linien bestehen. Ihr Vorteil ist, daß sie mathematisch relativ leicht handhabbar sind. Beispiele solcher Liniensysteme sind Netze von Kommunikationswegen (Telefon-, Eisenbahn- bzw. Straßennetze).

Auf die gleiche Weise lassen sich Geradenprozesse und Ebenenprozesse im R^3 bzw. allgemein Hyperebenenprozesse im R^d definieren (vgl. Kapitel 13).

Oft ist es allerdings angemessener, Strecken- bzw. Faserprozesse anstelle von Geradenprozessen zur Beschreibung von realen zufälligen Liniensystemen zu verwenden, z.B. bei der Modellierung von Riß- und Bruchlinien in Werkstoffen und in der Geologie bzw. von Papierfasern oder Fasern in biologischen Geweben (Muskel- bzw. Nervenfasern). Eine ebene Faser sei dabei ein hinreichend glattes Kurvenstück im R^2 von endlicher Länge, das sich nicht mit sich selbst schneidet. Unter einem *Faserprozeß* kann man einen markierten Punktprozeß $\Psi \sim \{[X_n, M_n]\}$ im R^2 verstehen, wobei die X_n die Anfangspunkte von Fasern oder Mittelpunkte von Strecken sind und die Marken M_n beinhalten, daß für jedes $\omega \in \Omega$ die Realisierung $M_n(\omega)$ eine Faser in dem obengenannten Sinne ist und jede beschränkte Borel-Menge aus $\mathcal{R}^2$ nur von endlich vielen Fasern $M_n(\omega) + X_n(\omega)$ geschnitten wird. Solche Faserprozesse sind dann spezielle Keim-Korn-Prozesse.

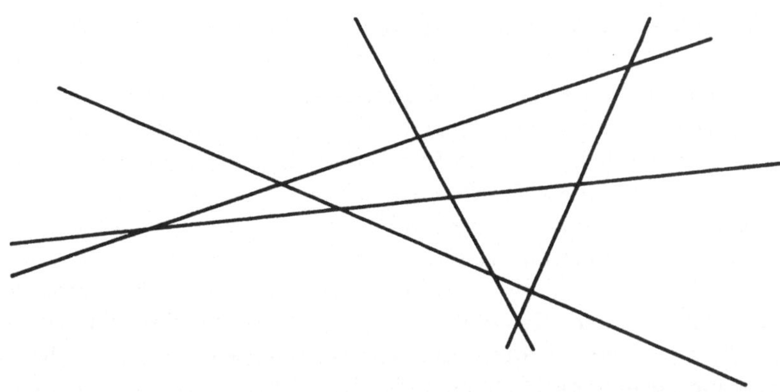

Abbildung 1.5 Geradenprozeß

Andererseits ist es jedoch nicht notwendig, jeweils einen Punkt der Fasern $M_n(\omega) + X_n(\omega)$ als Anfangspunkt zu kennzeichnen. Man kann nämlich solche markierten Punktprozesse $\Psi \sim \{[X_n, M_n]\}$, ähnlich wie im Fall nichtmarkierter Punktprozesse, auch als zufällige abgeschlossene Mengen auffassen. Dann versteht man unter einem Faserprozeß eine Zufallsvariable, deren Werte im Raum aller höchstens abzählbar unendlichen Vereinigungen von Fasern liegen, die die Eigenschaft haben, daß jede beschränkte Borel-Menge aus $\mathcal{R}^2$ jeweils nur von endlich vielen Fasern geschnitten wird.

1.4 Stationarität und Ergodizität

Eine Darstellungsart für einen Punktprozeß $\{X_n\}$ auf der reellen Achse besteht darin, $\{X_n\}$ als zufällige (Mengen-) Funktion $\{\Phi(B); B \in \mathcal{R}\}$ aufzufassen, die jeder Borel-Menge $B \in \mathcal{R}$ die Anzahl $\Phi(B) = \#\{n : X_n \in B\}$ der Punkte X_n zuordnet, die in B liegen (vgl. Abschnitte 1.1 und 2.1). Die Stationarität von $\{X_n\}$ wird als die folgende Invarianzeigenschaft der zufälligen Funktion $\{\Phi(B); B \in \mathcal{R}\}$ definiert: $\{X_n\}$ heißt *stationär*, wenn die zufällige Funktion $\{\Phi(B); B \in \mathcal{R}\}$ stationär ist (im Sinne der üblichen Definition der strengen Stationarität zufälliger Funktionen). Ist $\{X_n\}$ stationär, dann hängt also die Verteilung des zufälligen Anzahlvektors $(\Phi(B_1), \ldots, \Phi(B_k))$ nur von der relativen Lage ab, die die Mengen $B_1, \ldots, B_k$ zueinander haben, d.h., sie ändert sich nicht, wenn sämtliche Mengen $B_1, \ldots, B_k$ um ein und denselben Betrag verschoben werden. Diese Invarianzeigenschaft von Punktprozessen auf der reellen Achse wird oft als Zeitstationarität interpretiert.

Der Begriff der Stationarität spielt eine wichtige Rolle in der Theorie und bei Anwendungen zufälliger Punktprozesse. Dem Rechnung tragend betrachten wir in den Kapiteln 4 bis 6 eine Reihe grundlegender Eigenschaften von stationären Punktprozessen auf der reellen Achse. In Kapitel 12 werden dann auf analoge Weise stationäre Punktprozesse im R^d definiert, die eine räumliche Verschiebungsinvarianz aufweisen. Diese Invarianzeigenschaft entspricht der oben genannten Zeitstationarität bei Punktprozessen auf der reellen Achse. Sie wird oft als Raumstationarität interpretiert und kann als Invarianz der Verteilung des betrachteten Punktprozesses gegenüber Verschiebungen des euklidischen Koordinatensystems im R^d aufgefaßt werden. Neben dieser Verschiebungsinvarianz ist für Punktprozesse im R^d, $d > 1$, eine weitere Invarianzeigeschaft von Interesse: die Invarianz der Verteilung gegenüber Drehungen des Koordinatensystems, die Isotropie genannt wird (vgl. Kapitel 12). Für stationäre Punktprozesse in R wird in Abschnitt 4.2 darüber hinaus der Begriff der *Ergodizität* von Punktprozessen eingeführt, der besagt, daß eine bestimmte Extremaleigenschaft vorliegt. Ergodische Punktprozesse bilden die Klasse der unzerlegbaren stationären Punktprozesse, d.h., die sich nicht als nichtentartete Mischung zweier stationärer Punktprozesse darstellen lassen. In Kapitel 7 wird zur Untersuchung ergodischer Punktprozesse der Begriff des dynamischen Systems herangezogen, der sich auch für ergodische Punktprozesse im R^d als nützlich erweist (vgl. Abschnitt 12.5).

Die *Palmsche Verteilung* P^0 eines stationären Punktprozesses $\{X_n\}$ in R, die in Abschnitt 4.2 eingeführt wird (vgl. auch Abschnitt 12.2) und die als bedingte Verteilung von $\{X_n\}$ aufgefaßt wird unter der Bedingung, daß im Nullpunkt ein Punkt des Punktprozeses $\{X_n\}$ liegt, läßt für ergodische Punktprozesse eine weitere Deutung zu. P^0 kann dann als die Verteilung interpretiert werden, die sich ergibt, wenn $\{X_n\}$ von einem *typischen Punkt* dieses Punktprozesses aus betrachtet wird. Der Begriff „typischer Punkt" wird dabei im Sinne eines „zufällig herausgegriffenen" Punktes von $\{X_n\}$ verstanden (vgl. Abschnitt 7.3). Wie in Nawrotzki (1978) gezeigt wurde, kann diese Deutung der Palmschen Verteilung P^0 für nicht-ergodische Punktprozesse zu Problemen führen.

Stationäre und ergodische markierte Punktprozesse auf der reellen Achse bzw. im R^d werden in Kapitel 8 bzw. 13 betrachtet. Es wird die *Palmsche Markenverteilung* solcher Prozesse untersucht, die im ergodischen Fall als die Verteilung der Marke eines typischen Punktes gedeutet werden kann.

1.5 Grundliteratur

Wir möchten nun auf eine Auswahl von Büchern verweisen, die den Leser zu weitergehenden Studien von Theorie und Anwendungen der Punktprozesse anregen können. Dem einführenden Charakter und dem begrenzten Umfang des vorliegenden Textes entsprechend konnten Teile des in der angegebenen Literatur behandelten Stoffes nicht bis ins letzte Detail dargelegt, manche Gebiete konnten gar nicht aufgenommen werden. Andererseits gibt es natürlich eine Reihe von Überschneidungen mit den hier genannten Büchern, die beabsichtigt sind und die dem Leser u.a. als Ausgangspunkte für ein vertiefendes Studium der Punktprozesse und ihrer Anwendungen nützlich sein können.

Zu Punktprozeß-Büchern, die keine erhöhten mathematischen Kenntnisse voraussetzen, indem sie insbesondere auf maßtheoretische Grundlagen weitgehend verzichten, zählen: Chintschin (1955, 1960), Cox/Isham (1980), Diggle (1983), Murphy (1974), Palm (1943), Snyder (1975), Srinivasan (1974), Thompson (1988).

Höhere mathematische Anforderungen werden in solchen Büchern über Punktprozesse, deren Statistik bzw. über spezielle Gebiete, in denen sie Verwendung finden, gestellt wie: Baccelli/Bremaud (1987), Berbee (1979), Böker (1987), Brandt/Franken/Lisek (1990), Bremaud (1981), Brillinger (1981), Daley/Vere-Jones (1988), Disney/Kiessler (1987), Fleming/Harrington (1991), Franken/König/Arndt/Schmidt (1981), Grandell (1976, 1991), Hall (1988), van der Hoeven (1983), Jacobsen (1982), Jacod (1979), Kallenberg (1986), Karr (1991), Kerstan/Matthes/Mecke (1974, 1982), König/Matthes/Nawrotzki (1967, 1971), Krickeberg (1974, 1982), Kutoyants (1984), Lewis et al. (1972), Liemant/Matthes/Wakolbinger (1988), Liptser/Shiryayev (1977, 1978), Matthes/Kerstan/Mecke (1978), Neveu (1976), Nieuwenhuis (1989), Pfeifer (1989), Preston (1976), Resnick (1987), Ripley (1981, 1988), Rolski (1981) und Stoyan/Kendall/Mecke (1987).

Bezüglich grundlegender Begriffe und Ergebnisse der Topologie und Maßtheorie, die bei der Untersuchung von Punktprozessen oft benutzt werden, verweisen wir auf Bauer (1978, 1990), Floret (1981), Halmos (1950) bzw. Kingman/Taylor (1966). Als Nachschlagewerk für zufällige Prozesse, insbesondere für Punktprozesse auf der reellen Achse, und deren Anwendung in der Bedienungstheorie kann auch Gnedenko/König et al. (1983, 1984) dienen.

Kapitel 2

Definition, Existenz und Eindeutigkeit zufälliger Punktprozesse

Wir definieren, ausgehend von den inhaltlichen Ausführungen in Kapitel 1, einen zufälligen Punktprozeß in R zunächst als ein zufälliges Zählmaß auf der σ-Algebra $\mathcal{R}$ der Borel-Mengen von R.

Dann zeigen wir, wie sich hieraus die anderen äquivalenten Darstellungsmöglichkeiten von Punktprozessen als Folge zufälliger Punkte, als zufälliger Zählprozeß bzw. als Folge von zufälligen Abständen ergeben, auf die bereits in Kapitel 1 hingewiesen wurde. Der Poisson-Prozeß und der rekurrente Punktprozeß werden als spezielle Klassen angegeben.

Endlichdimensionale Verteilungen von Punktprozessen werden eingeführt und mit ihrer Hilfe Existenz- und Eindeutigkeitsaussagen für Punktprozesse bewiesen.

2.1   Definition und kanonische Darstellung

Einleitend wollen wir an die Begriffe einer σ-Algebra und eines Maßes erinnern.

Unter einer *σ-Algebra $\mathcal{J}$* versteht man eine Familie von Teilmengen einer Menge J, welche die leere Menge $\emptyset$ und J selbst sowie zu jeder Menge ihr Komplement enthält und die darüber hinaus abgeschlossen ist bezüglich der Bildung von Vereinigung (und Durchschnitt) beliebiger Folgen von Teilmengen aus $\mathcal{J}$, d.h., für jede Folge $B_1, B_2, \ldots$ von Teilmengen der Menge J, die zu $\mathcal{J}$ gehören, gilt

$$\bigcup_{j=1}^{\infty} B_j \in \mathcal{J} \quad \text{und} \quad \bigcap_{j=1}^{\infty} B_j \in \mathcal{J}.$$

Wichtig ist in diesem Zusammenhang auch der Begriff einer *erzeugenden Mengenfamilie*. Man sagt, daß die Familie $\mathcal{J}_e$ von Teilmengen von J die σ-Algebra $\mathcal{J}$ erzeugt, wenn $\mathcal{J}$ die kleinste σ-Algebra von Teilmengen von J ist, die alle Mengen aus $\mathcal{J}_e$ umfaßt. In diesem Fall schreiben wir $\mathcal{J} = \sigma(\mathcal{J}_e)$. Weil es oft schwierig ist, alle Elemente einer σ-Algebra $\mathcal{J}$ explizit zu beschreiben, charakterisiert man die σ-Algebra $\mathcal{J}$ mit Hilfe einer leichter beschreibbaren erzeugenden Mengenfamilie $\mathcal{J}_e$. So wird beispielsweise die σ-Algebra $\mathcal{R}$ der Borel-Mengen von R durch die Familie aller beschränkten halboffenen (bzw. offenen oder abgeschlossenen) Intervalle mit rationalen Endpunkten erzeugt.

Ein *Maß* η auf einer σ-Algebra $\mathcal{J}$ ist eine Funktion $\eta : \mathcal{J} \to [0,\infty]$, die jeder Menge B aus $\mathcal{J}$ einen nichtnegativen Wert $\eta(B) \leq \infty$, d.h., einen Wert aus der kompaktifizierten Halbachse $[0,\infty] = [0,\infty) \cup \{\infty\}$, zuordnet und die Eigenschaften besitzt:

1. $\eta(\emptyset) = 0$,

2. für jede Folge $B_1, B_2, \ldots$ von paarweise disjunkten Mengen aus $\mathcal{J}$ gilt
$\eta\left(\bigcup_{j=1}^{\infty} B_j\right) = \sum_{j=1}^{\infty} \eta(B_j)$, die σ-*Additivität*.

Maße mit nichtnegativen, ganzzahligen Werten heißen *Zählmaße*. Sie werden von uns mit φ bzw. ψ bezeichnet. Ein Zählmaß φ auf $\mathcal{R}$ heißt *lokalendlich* (oder *Radonsch*), wenn es jeder beschränkten Borel-Menge B aus $\mathcal{R}$ einen nichtnegativen ganzzahligen endlichen Wert $\varphi(B)$ zuordnet. Lokalendliche Zählmaße werden bereits durch die Werte $\varphi(\{t\})$ eindeutig bestimmt, die diese Mengenfunktionen den einelementigen Teilmengen $\{t\}$ von R zuordnen. Diejenigen Punkte $t \in R$, für die $\varphi(\{t\}) > 0$ gilt, werden *Atome* des Zählmaßes φ genannt; der *Träger* $S_\varphi = \{t : t \in R, \varphi(\{t\}) > 0\}$ von φ ist die Menge seiner Atome. Ist $t \in R$ ein Atom des Zählmaßes φ, dann wird die Zahl $\varphi(\{t\})$ *Wertigkeit* bzw. *Vielfachheit* des Atoms t genannt. Das Zählmaß φ heißt *einfach*, wenn $\varphi(\{t\}) = 1$ für alle Atome ist. Die Menge aller lokalendlichen Zählmaße auf $\mathcal{R}$ bezeichnen wir mit N.

Zusammenfassend können wir die folgende Aussage formulieren.

Satz 2.1.1 *Für jedes Zählmaß $\varphi \in N$ ist der Träger S_φ höchstens abzählbar unendlich, und es gilt für jede Borel-Menge $B \in \mathcal{R}$*

$$\varphi(B) \;=\; \sum_{t \in S_\varphi} \varphi(\{t\})\, \delta_t(B)\,, \tag{2.1}$$

wobei δ_t das Dirac-Maß mit $\delta_t(B) = \mathbf{1}_B(t)$ und $\mathbf{1}_B$ mit

$$\mathbf{1}_B(t) \;=\; \begin{cases} 1 & \text{für}\ \ t \in B\,, \\ 0 & \text{für}\ \ t \notin B \end{cases}$$

die Indikatorfunktion der Menge B bezeichnet.

Beweis Weil für ein lokalendliches Zählmaß φ der Wert $\varphi(B)$ für jede beschränkte Borel-Menge B endlich ist, hat φ höchstens abzählbar unendlich viele Atome, die sich nirgendwo im Endlichen häufen. Und zwar ergibt sich die Abzählbarkeit des

Trägers S_φ aus der Tatsache, daß sich die reelle Achse R in eine Folge $B_1, B_2, \ldots$ von beschränkten, paarweise disjunkten Borel-Mengen zerlegen läßt und daß dann

$$S_\varphi = \bigcup_{n=1}^{\infty} \{t : t \in B_n, \varphi(\{t\}) > 0\}$$

gilt, d.h., S_φ ist die Vereinigung einer Folge von paarweise disjunkten Mengen, die jeweils nur aus endlich vielen Elementen bestehen. Auf die gleiche Weise ergibt sich (2.1), denn es gilt für $B \in \mathcal{R}$

$$\begin{aligned}
\varphi(B) &= \sum_{n=1}^{\infty} \varphi(B \cap B_n) \\
&= \sum_{n=1}^{\infty} \sum_{\{t : t \in B_n, \varphi(\{t\}) > 0\}} \varphi(\{t\}) \delta_t(B) = \sum_{t \in S_\varphi} \varphi(\{t\}) \, \delta_t(B),
\end{aligned}$$

wobei die Vertauschung der Summationsreihenfolge keine Schwierigkeiten bereitet, weil sämtliche Summanden positiv sind. $\square$

Wie schon in Kapitel 1 angekündigt, werden wir einen zufälligen Punktprozeß in R in erster Linie, neben weiteren äquivalenten Definitionsmöglichkeiten, als zufälliges Zählmaß, d.h. als zufälliges Element der Menge N, auffassen. Dazu betrachten wir die σ-Algebra $\mathcal{N} = \sigma(\mathcal{N}_e)$ von Teilmengen von N, die wir mit Hilfe der folgenden erzeugenden Mengenfamilie $\mathcal{N}_e$ erhalten:

$$\mathcal{N}_e = \{\{\varphi : \varphi \in N, \varphi([a,b)) = j\} \, ; -\infty < a \le b < \infty, j \in G_0\} \, ; \qquad (2.2)$$
$$G_0 = \{0, 1, \ldots\} \, .$$

Die σ-Algebra $\mathcal{N}$ wird also durch diejenigen Teilmengen von Zählmaßen aus N erzeugt, die für vorgegebene halboffene Intervalle bestimmte vorgegebene Werte annehmen.

Im folgenden benötigen wir bezüglich zweier σ-Algebren meßbare Abbildungen: Eine Abbildung $\Phi : \Omega \to N$ eines Wahrscheinlichkeitsraumes $[\Omega, \mathcal{F}, \mathbf{P}]$ in den meßbaren Raum $[N, \mathcal{N}]$ heißt $(\mathcal{F}, \mathcal{N})$-*meßbar*, wenn $\Phi^{-1}(A) \in \mathcal{F}$ für alle $A \in \mathcal{N}$, also das Urbild jeder Menge aus $\mathcal{N}$ bei der Abbildung Φ in $\mathcal{F}$ liegt.

Unter einem *zufälligen Punktprozeß* Φ versteht man nun eine $(\mathcal{F}, \mathcal{N})$-meßbare Abbildung $\Phi : \Omega \to N$ eines Wahrscheinlichkeitsraumes $[\Omega, \mathcal{F}, \mathbf{P}]$ in den meßbaren Raum $[N, \mathcal{N}]$, d.h., Φ ist eine Zufallsvariable mit Werten in N, ein sogenanntes *zufälliges Zählmaß*. Mit P bezeichnen wir die Verteilung der Zufallsvariablen Φ auf $\mathcal{N}$, die gemäß $P(A) = \mathbf{P}(\omega : \omega \in \Omega, \Phi(\omega) \in A)$ definiert wird; $A \in \mathcal{N}$. Anstelle von $\mathbf{P}(\omega : \omega \in \Omega, \Phi(\omega) \in A)$ verwenden wir in den folgenden Kapiteln vorwiegend die Kurzschreibweise $\mathbf{P}(\Phi \in A)$.

Oft ist es nicht erforderlich, einen nicht näher bestimmten Wahrscheinlichkeitsraum $[\Omega, \mathcal{F}, \mathbf{P}]$ als Grundraum zu betrachten, sondern es ist möglich, den meßbaren Raum $[\Omega, \mathcal{F}]$ mit $[N, \mathcal{N}]$ zu identifizieren. Dies führt dann mit der Abbildung $\Phi : N \to N$ zu der sogenannten *kanonischen Darstellung* $[N, \mathcal{N}, P]$ eines Punktprozesses Φ, der dann also ein zufälliges Element des Raumes $[N, \mathcal{N}]$ ist. Wir werden im gesamten Buch die Symbole Φ bzw. $[N, \mathcal{N}, P]$ gleichwertig zur Kennzeichnung eines Punktprozesses verwenden.

Jedes Zählmaß $\varphi \in N$ ist eine Realisierung des zufälligen Zählmaßes Φ, und die Zufallsgröße $\Phi(B)$ soll für jedes $B \in \mathcal{R}$ die zufällige Anzahl der Atome des zufälligen Zählmaßes Φ in B bezeichnen; die $\varphi(B), \varphi \in N$, sind die Realisierungen von $\Phi(B)$.

Der Grund dafür, daß wir bei der Untersuchung von Punktprozessen meistens deren kanonische Darstellung benutzen können, besteht darin, daß die Menge N und insbesondere die σ-Algebra $\mathcal{N}$ im allgemeinen hinreichend reichhaltig sind. Dies wird auch dadurch unterstrichen, daß in der Definition (2.2) der erzeugenden Mengenfamilie $\mathcal{N}_e$ die Intervalle $[a, b)$ durch beliebige Mengen B aus dem Ring $\mathcal{R}_0$ aller beschränkten Borel-Mengen in R ersetzt werden können, vgl. Satz 2.1.2.

Es sei daran erinnert, daß ein *Ring* eine Mengenfamilie ist, die abgeschlossen ist bezüglich der Bildung von Differenz, Vereinigung und Durchschnitt von endlich vielen Mengen. Der Ring $\mathcal{R}_0$ der beschränkten Borel-Mengen in R ist streng genommen ein sogenannter δ-Ring, d.h., er ist zusätzlich abgeschlossen bezüglich der Bildung des Durchschnittes von abzählbar unendlich vielen Mengen.

Satz 2.1.2 *Die σ-Algebra $\mathcal{N}$ umfaßt alle Teilmengen von N der Gestalt $\{\varphi : \varphi \in N, \varphi(B) = j\}$ für $j \in G_0$ und $B \in \mathcal{R}_0$.*

Beweis Mit $\mathcal{R}_\mathcal{N}$ bezeichnen wir die Familie derjenigen beschränkten Borel-Mengen $B \in \mathcal{R}_0$, für die

$$\{\varphi : \varphi \in N, \varphi(B) = j\} \in \mathcal{N} \qquad \text{für alle } j \in G_0 \tag{2.3}$$

gilt. Aus der Definition von $\mathcal{N}$ ergibt sich unmittelbar, daß $\mathcal{R}_\mathcal{N}$ den Ring $\mathcal{B}_U$ derjenigen beschränkten Borel-Mengen enthält, die sich als Vereinigung $\bigcup_{n=1}^{k} [a_n, b_n)$ von endlich vielen disjunkten Intervallen $[a_n, b_n)$ darstellen lassen. Dabei benutzen wir die Tatsache, daß dann $\varphi(\bigcup_{n=1}^{k} [a_n, b_n)) = \sum_{n=1}^{k} \varphi([a_n, b_n))$ für alle $\varphi \in N$ gilt und folglich für jedes $j \in G_0$ die Menge $\{\varphi : \varphi \in N, \varphi(\bigcup_{n=1}^{k} [a_n, b_n)) = j\}$ als Vereinigung von endlich vielen Mengen aus $\mathcal{N}$ dargestellt werden kann.

Es genügt nun zu zeigen, daß die Mengenfamilie $\mathcal{R}_\mathcal{N}$ abgeschlossen ist bezüglich der Bildung von Vereinigung und Durchschnitt von monotonen beschränkten Folgen $B_1, B_2, \ldots$ von Mengen B_i aus $\mathcal{R}_\mathcal{N}$. Dann umfaßt $\mathcal{R}_\mathcal{N}$ nämlich auch den kleinsten Ring $\sigma_0(\mathcal{B}_U) = \mathcal{R}_0$, der durch $\mathcal{B}_U$ erzeugt wird und der bezüglich der Bildung von Vereinigungen abgeschlossen ist, die aus abzählbar unendlich vielen

Komponenten bestehen und beschränkt sind (vgl. Halmos (1950), S. 27ff).
Es ist also zu zeigen, daß für jede Folge $B_1, B_2, \ldots$ mit $B_n \subset B_{n+1}$ und $B_n \in \mathcal{R}_{\mathcal{N}}$, deren Vereinigung $\bigcup\limits_{n=1}^{\infty} B_n$ beschränkt ist,

$$\bigcup_{n=1}^{\infty} B_n \in \mathcal{R}_{\mathcal{N}} \tag{2.4}$$

gilt. Hierfür reicht es zu zeigen, daß für jede Folge $B_1, B_2, \ldots$ mit $B_n \cap B_k = \emptyset$ für $n \neq k$ und $B_n \in \mathcal{R}_{\mathcal{N}}$, deren Vereinigung beschränkt ist, die Beziehung (2.4) gilt. Dabei benutzen wir die Tatsache, daß dann $\varphi(\bigcup\limits_{n=1}^{\infty} B_n) = \sum\limits_{n=1}^{\infty} \varphi(B_n)$ für alle $\varphi \in N$ gilt und folglich für jedes $j \in G_0$ die Menge $\{\varphi : \varphi \in N, \varphi(\bigcup\limits_{n=1}^{\infty} B_n) = j\}$ als Vereinigung von abzählbar vielen Mengen aus $\mathcal{N}$ dargestellt werden kann. Daß (2.3) auch für alle $B = \bigcap\limits_{n=1}^{\infty} B_n$ mit $B_n \supset B_{n+1}$ und $B_n \in \mathcal{R}_{\mathcal{N}}$ gilt, folgt daraus, daß die Menge B in diesem Fall in der Form

$$B \;=\; B_1 \setminus \left[\bigcup_{n=1}^{\infty} (B_n \setminus B_{n+1}) \right]$$

dargestellt werden kann und daß die Differenz zweier Mengen aus $\mathcal{R}_{\mathcal{N}}$ wiederum zu $\mathcal{R}_{\mathcal{N}}$ gehört. $\square$

2.2 Zufällige Punktfolgen

Die inhaltlich natürliche, bei der Entstehung des Punktprozeßbegriffes ursprünglich vorhandene und auch heute noch nützliche Vorstellung eines zufälligen Punktprozesses in R als einer Folge von zufällig auf der reellen Achse gelegenen Punkten (Folge von zufälligen reellen Zahlen), wollen wir nun streng fassen und mit der in Abschnitt 2.1 gegebenen Definition in Verbindung bringen. Dazu zeigen wir, daß die Atome der Zählmaße $\varphi \in N$, entsprechend numeriert, als die Realisierungen einer Folge von reellwertigen Zufallsvariablen über dem in Abschnitt 2.1 behandelten kanonischen Wahrscheinlichkeitsraum $[N, \mathcal{N}, P]$ aufgefaßt werden können. Für jedes $\varphi \in N$ bezeichnen und numerieren wir dabei die Elemente des Trägers S_φ wie folgt der Größe nach:

$$X_n^*(\varphi) \;=\; \begin{cases} \min\{t : t \geq 0, \varphi(\{t\}) > 0\} & \text{für } n = 1, \\[6pt] \min\{t : t > X_{n-1}^*(\varphi), \varphi(\{t\}) > 0\} & \text{für } n > 1, \\[6pt] \max\{t : t < X_{n+1}^*(\varphi), \varphi(\{t\}) > 0\} & \text{für } n < 1, \end{cases} \tag{2.5}$$

so daß das kleinste nichtnegative Atom die Nummer Eins erhält. Dabei setzen wir $X_n^*(\varphi) = \infty$ für $n \geq 1$, falls φ im Intervall $[0, \infty)$ weniger als n Atome hat, und $X_n^*(\varphi) = -\infty$ für $n \leq 0$, falls φ im Intervall $(-\infty, 0)$ entweder n oder weniger als n Atome hat.

Satz 2.2.1 *Für jedes* $n \in G$ *ist* $X_n^* : \varphi \to X_n^*(\varphi)$ *eine meßbare Abbildung von* $[N, \mathcal{N}]$ *in* $[R_\infty, \mathcal{R}_\infty]$, *wobei* $R_\infty = R \cup \{+\infty, -\infty\} = [-\infty, \infty]$ *die kompaktifizierte Zahlengerade ist und* $\mathcal{R}_\infty$ *die* σ-*Algebra der Borel-Mengen von* R_∞ *bezeichnet.*

Zum **Beweis** des Satzes 2.2.1 benutzen wir die folgenden Hilfssätze. Wir ordnen zunächst jedem $\varphi \in N$ mit Hilfe der Darstellung (2.1) das Zählmaß φ^* zu,

$$\varphi^*(B) = \sum_{t \in S_\varphi} \delta_t(B) \qquad \text{für } B \in \mathcal{R}_0 , \tag{2.6}$$

das sich ergibt, wenn jedes Atom von φ die Wertigkeit Eins erhält und eventuell auftretende Vielfachheiten unberücksichtigt bleiben.

Lemma 2.2.2 *Die durch (2.6) gegebene Abbildung* $\Phi^* : \varphi \to \varphi^*$ *ist eine meßbare Abbildung von* $[N, \mathcal{N}]$ *in sich.*

Beweis Aufgrund der Definition von $\mathcal{N}$ genügt es zu zeigen, daß die Urbilder der erzeugenden Mengenfamilie $\mathcal{N}_e$ in $\mathcal{N}$ liegen. Es reicht also zu zeigen, daß für alle endlichen Intervalle $[a, b)$ die Abbildung $\varphi \to \varphi^*([a, b))$ von N in die Menge G_0 meßbar ist. Diese Abbildung wiederum läßt sich aber wie folgt monoton durch meßbare Abbildungen approximieren. Es gilt nämlich $\varphi^*([a, b)) = \lim_{n \to \infty} f_n(\varphi)$, wobei $f_n(\varphi) = \sum_{j=1}^{n} f_{n,j}(\varphi)$ und

$$f_{n,j}(\varphi) = \begin{cases} 0 & \text{für } \varphi([a + \frac{(j-1)(b-a)}{n} , a + \frac{j(b-a)}{n})) = 0, \\ 1 & \text{sonst} . \end{cases}$$

Hieraus ergibt sich die Behauptung. $\square$

Lemma 2.2.3 *Die Teilmenge*

$$N^* = \{\varphi : \varphi \in N, \varphi(\{t\}) \leq 1 \qquad \text{für alle } t \in R\} \tag{2.7}$$

aller einfachen Zählmaße gehört zu $\mathcal{N}$.

Beweis Die Behauptung ergibt sich aus der leicht einzusehenden Tatsache, daß das Komplement $\overline{N^*}$ von N^* zu $\mathcal{N}$ gehört, denn es gilt

$$\overline{N^*} = \bigcup_{n=1}^{\infty} \bigcap_{j=1}^{\infty} \bigcup_{k=-\infty}^{\infty} \{\varphi : \varphi \in N, \varphi([\tfrac{k-1}{j}, \tfrac{k}{j}) \cap [-n, n)) > 1\} .$$

Dabei ergibt sich die Gültigkeit dieser Darstellungsformel von $\overline{N^*}$ aus der Voraussetzung, daß jedes Zählmaß φ aus N lokalendlich ist und daß demzufolge für jedes beschränkte Intervall die Atome von φ, die in diesem Intervall liegen, einen positiven Mindestabstand voneinander haben. $\square$

Die Lemmata 2.2.2 und 2.2.3 lassen sich nun ohne weiteres zu der folgenden Aussage zusammenfassen.

Lemma 2.2.4 *Die durch* (2.6) *gegebene Abbildung* $\Phi^* : \varphi \to \varphi^*$ *ist eine meßbare Abbildung von* $[N, \mathcal{N}]$ *in* $[N^*, \mathcal{N}^*]$, *wobei* $\mathcal{N}^*$ *die durch*

$$\mathcal{N}^* = \{A \cap N^* : A \in \mathcal{N}\} \tag{2.8}$$

gegebene σ-Algebra von Teilmengen von N^* ist.

Beweis des Satzes 2.2.1. Weil für jedes $n \in G$ die durch (2.5) gegebene Abbildung $X_n^* : \varphi \to X_n^*(\varphi)$ als eine Nacheinanderausführung der Abbildungen $\varphi \to \varphi^*$ und $\varphi^* \to X_n^*(\varphi^*)$ verstanden werden kann, ergibt sich die Behauptung aus Lemma 2.2.4, wenn noch gezeigt wird, daß die Abbildung $\varphi^* \to X_n^*(\varphi^*)$ von $[N^*, \mathcal{N}^*]$ in $[R_\infty, \mathcal{R}_\infty]$ meßbar ist. Dies ist jedoch eine unmittelbare Konsequenz der Beziehung

$$\{\varphi^* : \varphi^* \in N^*, |X_n^*(\varphi^*)| \geq t\} = \begin{cases} \{\varphi^* : \varphi^* \in N^*, \varphi^*([0,t)) < n\} \\ \qquad\qquad\qquad\qquad \text{für } n \geq 1\,, \\ \{\varphi^* : \varphi^* \in N^*, \varphi^*((-\infty,0)) < 1 - n\} \\ \qquad\qquad\qquad\qquad \text{für } n \leq 0\,, \end{cases}$$

womit der Satz 2.2.1 bewiesen ist. $\square$

Satz 2.2.1 besagt, daß die Abbildungen $X_n^* : \varphi \to X_n^*(\varphi)$ für jedes $n \in G$ Zufallsgrößen über dem kanonischen Wahrscheinlichkeitsraum $[N, \mathcal{N}, P]$ sind. Eine solche Folge $\{X_n^*\}$ von Zufallsgrößen nennen wir eine *zufällige Punktfolge*.

Es ist klar, daß zwischen der zufälligen Punktfolge $\{X_n^*\}$ und dem zugrundeliegenden zufälligen Punktprozeß Φ im allgemeinen kein eineindeutiger Zusammenhang besteht, weil beim Übergang von Φ zu $\{X_n^*\}$ eventuell vorhandene Vielfachheiten unberücksichtigt bleiben. Dies ist jedoch nicht so, wenn ein sogenannter *einfacher Punktprozeß* vorliegt. Dabei wird der Punktprozeß Φ einfach genannt, wenn $P(N^*) = 1$ gilt, d.h., wenn mit Wahrscheinlichkeit Eins als Realisierungen von Φ nur einfache Zählmaße auftreten, für die also sämtliche Atome die Wertigkeit Eins haben.

Die Abbildung (2.5) kann dahingehend modifiziert werden, daß sich eine Folge $\{X_n\}$ von Zufallsgrößen über dem Wahrscheinlichkeitsraum $[N, \mathcal{N}, P]$ ergibt, so daß zwischen ihr und dem zugrundeliegenden Punktprozeß dann (auch im nichteinfachen Fall) ein eineindeutiger realisierungsweiser Zusammenhang besteht. Und zwar sei für jedes $n \in G$ und für jedes $\varphi \in N$

$$
X_n(\varphi) \;=\; \begin{cases}
t \geq 0, & \text{falls} \quad \varphi([0,t)) < n \leq \varphi([0,t]) \text{ und} \\
& \qquad \varphi([0,\infty)) \geq n \ \text{ für } \ n \in G_+ \,, \\[2mm]
\infty, & \text{falls} \quad \varphi([0,\infty)) < n \ \text{ für } \ n \in G_+ \,, \\[2mm]
t < 0, & \text{falls} \quad \varphi((t,0)) \leq -n < \varphi([t,0)) \text{ und} \\
& \qquad \varphi((-\infty,0)) \geq -n \ \text{ für } \ n \in G \setminus G_+ \,, \\[2mm]
-\infty, & \text{falls} \quad \varphi((-\infty,0)) \leq -n \ \text{ für } \ n \in G \setminus G_+ \,.
\end{cases}
\tag{2.9}
$$

Hierbei bezeichnet G_+ die Menge $G_+ = \{1, 2, \ldots\}$.

Im Unterschied zu (2.5) werden hier also nicht nur die Atome von $\varphi \in N$ selbst, sondern auch deren Wertigkeiten erfaßt. Dabei gilt

$$
X_n(\varphi) \;=\; X_n^*(\varphi) \qquad \text{für alle } \varphi \in N^* \text{ und } n \in G \,.
\tag{2.10}
$$

Wir bezeichnen nun mit J die Teilmenge derjenigen Folgen $\{a_n; n \in G\}$ aus dem Folgenraum $(R_\infty)^G$ mit den Eigenschaften

1. $\cdots \leq a_{-1} \leq a_0 < 0 \leq a_1 \leq a_2 \leq \cdots$ und

2. für jede Folge $\{a_n\}$ und für jedes $c > 0$ gibt es eine natürliche Zahl j, so daß $|a_n| > c$ für alle $|n| > j$.

Satz 2.2.5 *Für jedes* $n \in G$ *ist* $X_n : \varphi \to X_n(\varphi)$ *eine meßbare Abbildung von* $[N, \mathcal{N}]$ *in* $[R_\infty, \mathcal{R}_\infty]$, *und die Folge von Abbildungen* $\{X_n\}$ *vermittelt eine eineindeutige Abbildung von* N *auf* J.

Beweis Die Meßbarkeit der Abbildungen X_n folgt unmittelbar aus der Definitionsformel (2.9) sowie aus der Definition der σ-Algebra $\mathcal{N}$ (vgl. (2.2)). Die Eineindeutigkeit der Abbildung $\{X_n\} : N \to J$ ergibt sich aus der Tatsache, daß sich aus jeder Folge $\{a_n\} \in J$ das zugehörige Zählmaß $\varphi_{\{a_n\}} \in N$ auf die folgende Weise zurückgewinnen läßt:

$$
\varphi_{\{a_n\}}(B) \;=\; \sum_n \delta_{a_n}(B) \qquad \text{für jedes } B \in \mathcal{R}_0 \,,
\tag{2.11}
$$

d.h., es gilt

$$
\varphi \;=\; \varphi_{\{X_n(\varphi)\}} \cdot \square
\tag{2.12}
$$

Aus Satz 2.2.5 sowie insbesondere aus den Formeln (2.11) und (2.12) folgt also, daß durch die zufällige Punktfolge $\{X_n\}$, bestehend aus den durch die Vorschrift

(2.9) über $[N, \mathcal{N}, P]$ definierten Zufallsgrößen $X_n : N \to R_\infty$, eine äquivalente Darstellungsmöglichkeit des zufälligen Punktprozesses Φ gegeben ist. Deshalb benutzen wir gelegentlich auch die Schreibweise $\Phi \sim \{X_n\}$.

Wenn Φ einfach ist, dann stimmen wegen (2.10) fast alle Realisierungen der zufälligen Punktfolgen $\{X_n\}$ und $\{X_n^*\}$ überein.

2.3 Darstellungen als Zählprozeß und als Folge von Intervallen

Wir wollen nun noch kurz auf die Darstellung eines zufälligen Punktprozesses in R als Zählprozeß bzw. als Folge von zufälligen Abständen eingehen. Unter einem Zählprozeß verstehen wir dabei einen zufälligen Prozeß $\{N(t); t \in R\}$ mit Werten in G, dessen Parametermenge die reelle Achse ist, d.h., $\{N(t); t \in R\}$ ist eine Familie von meßbaren Abbildungen ein und desselben Wahrscheinlichkeitsraumes in den Bildraum G.

Anstelle von (2.1) bzw. von (2.12) kann man jedes $\varphi \in N$ als eine stückweise konstante, nichtfallende Funktion $N(\varphi) : R \to G$ darstellen, wobei

$$
N(t, \varphi) \;=\; \begin{cases} \varphi([0, t)) & \text{für} \quad t > 0, \\[2mm] 0 & \text{für} \quad t = 0, \\[2mm] -\varphi([t, 0)) & \text{für} \quad t < 0. \end{cases} \tag{2.13}
$$

Für festes $t \in R$ ist $N(t) : \varphi \to N(t, \varphi)$ eine Abbildung von N auf G.

Satz 2.3.1 *Die durch (2.13) gegebene Familie von Abbildungen $\{N(t); t \in R\}$ ist ein zufälliger Prozeß auf der reellen Achse R über dem Wahrscheinlichkeitsraum $[N, \mathcal{N}, P]$. Darüber hinaus vermittelt $\{N(t); t \in R\}$ eine eineindeutige Abbildung von N auf die Menge J' derjenigen linksseitig stetigen, stückweise konstanten, nichtfallenden Funktionen f auf R mit ganzzahligen Werten, für die $f(0) = 0$ gilt.*

Beweis Die Meßbarkeit der Abbildungen $N(t) : N \to G$ folgt für jedes $t \in R$ unmittelbar aus (2.13) und aus der Definition der σ-Algebra $\mathcal{N}$. Die Eineindeutigkeit der durch (2.13) induzierten Abbildung von N auf J' ergibt sich aus der Tatsache, daß sich aus jeder Funktion $f \in J'$ das zugehörige Zählmaß $\varphi_f \in N$ durch Umkehrung der Abbildung (2.13) ergibt. $\square$

Den zufälligen Prozeß $\{N(t); t \in R\}$, der durch (2.13) über dem Wahrscheinlichkeitsraum $[N, \mathcal{N}, P]$ gegeben ist, nennen wir den zu $\Phi \sim \{X_n\}$ gehörigen *zufälligen Zählprozeß.*

Wegen Satz 2.2.5 und wegen der Eineindeutigkeit der in Satz 2.3.1 genannten Abbildung sind die Darstellungen eines zufälligen Punktprozesses in R als zufälliges Zählmaß, als zufälliger Punktprozeß bzw. als zufälliger Zählprozeß äquivalent.

Schließlich sei darauf verwiesen, daß man die Darstellung (2.9) eines zufälligen Punktprozesses als Folge $\{X_n\}$ von Zufallsgrößen mit der Eigenschaft $\cdots \leq X_{-1} \leq X_0 < 0 \leq X_1 \leq X_2 \leq \cdots$ ersetzen kann durch die Darstellung

$$\{X_1, X_{n+1} - X_n; \, n \in G\} \tag{2.14}$$

als *Folge von zufälligen Abständen*. Aber auch umgekehrt kann man die X_n leicht aus der Folge (2.14) von zufälligen Abständen zurückgewinnen, denn es ist

$$X_n \;=\; \begin{cases} X_1 + \displaystyle\sum_{k=1}^{n-1}(X_{k+1} - X_k) & \text{für } n \geq 1\,, \\[2.5em] X_1 - \displaystyle\sum_{k=n}^{0}(X_{k+1} - X_k) & \text{für } n < 1\,. \end{cases}$$

Durch (2.14) ist also eine weitere äquivalente Darstellung eines zufälligen Punktprozesses in R, und zwar als Folge von zufälligen Abständen gegeben.

In vielen Fällen wird gerade von dieser Darstellung ausgegangen. Hierzu gehören sowohl die folgenden zwei Beispiele als auch die Betrachtung der Folgen in Bedienungssystemen eintreffender Forderungen als Folgen zufälliger Pausenlängen. Analog werden Folgen zufälliger Bedienungslängen betrachtet (vgl. Kapitel 9).

Während die Darstellung eines zufälligen Punktprozesses als zufälliges Zählmaß keineswegs nur für Punktprozesse in R möglich, sondern ohne weiteres auf Punktprozesse in sehr allgemeinen Räumen übertragbar ist, und sich Punktprozesse im R^d mit $d > 1$ auch als Folge von zufälligen Punkten darstellen lassen (vgl. Kapitel 11), ist die Darstellung als Folge von zufälligen Abständen nur für Punktprozesse in R sinnvoll.

2.4   Poisson-Prozeß. Rekurrenter Punktprozeß

In diesem Abschnitt wollen wir zeigen, wie die in den Abschnitten 2.1 bis 2.3 behandelten Darstellungsmöglichkeiten zur Definition zweier spezieller und sehr wichtiger Klassen von Punktprozessen benutzt werden können. Dabei betrachten wir diese zunächst auf der gesamten reellen Achse R und beschränken uns dann auf R_+.

Der Poisson-Prozeß. Es sei J' die in Satz 2.3.1 definierte Menge von Funktionen. Ein Zählprozeß $\{N(t); \, t \in R\}$ mit Trajektorien in der Menge J' heißt *Poisson-Prozeß*, wenn $\{N(t); \, t \in R\}$ ein zufälliger Prozeß mit unabhängigen, poissonverteilten Zuwächsen ist, d.h., wenn für alle endlichen Folgen $\{t_1, t_2, \ldots, t_n\}$ reeller Zahlen mit $t_1 \leq t_2 \leq \cdots \leq t_n$ die Zufallsgrößen

$$N(t_n) - N(t_{n-1}), \; N(t_{n-1}) - N(t_{n-2}), \; \ldots, \; N(t_2) - N(t_1)$$

unabhängig und poissonverteilt sind, wenn es also eine monoton nichtfallende
Funktion $\alpha : R \to R$ gibt, so daß

$$\mathbf{P}(N(t_n) - N(t_{n-1}) = j_{n-1}, N(t_{n-1}) - N(t_{n-2}) = j_{n-2}, \ldots, N(t_2) - N(t_1) = j_1)$$

$$= \prod_{k=1}^{n-1} \exp(\alpha(t_k) - \alpha(t_{k+1})) \frac{(\alpha(t_{k+1}) - \alpha(t_k))^{j_k}}{j_k!} \qquad (2.15)$$

für alle n-Tupel $(j_1, j_2, \ldots, j_n) \in (G_0)^{n-1}$ natürlicher Zahlen gilt. Die Funktion α
heißt *Leitfunktion* des Poisson-Prozesses, und es ist $\alpha(t) = \mathbf{E}N(t)$.

Betrachten wir die Einschränkung $\{N(t); t \geq 0\}$ von $\{N(t); t \in R\}$ auf die
nichtnegative Halbachse R_+, dann ist $\{N(t); t \geq 0\}$ ein Poisson-Prozeß in dem
Sinne, wie er häufig bei der herkömmlichen Untersuchung von Modellen der
Bedienungs-, Lagerhaltungs- bzw. Zuverlässigkeitstheorie verwendet wird.

Aus der obengenannten Definition des Poisson-Prozesses folgt sofort, daß das
Zählmaß, das sich gemäß Satz 2.3.1 durch die Umkehrung der Abbildung (2.13)
aus $\{N(t); t \in R\}$ ergibt, die Eigenschaft hat, daß für jede endliche Folge $[a_1, b_1)$,
$[a_2, b_2), \ldots, [a_n, b_n)$ beschränkter, paarweise disjunkter Intervalle die Zufallsgrößen
$\Phi([a_1, b_1)), \Phi([a_2, b_2)), \ldots, \Phi([a_n, b_n))$ unabhängig und poissonverteilt sind. Hieraus ergibt sich mit Hilfe ähnlicher Überlegungen, wie sie im Beweis des Satzes 2.1.2
benutzt wurden (vgl. auch Aufgabe 2.6.2), daß dann auch die folgende Eigenschaft
vorliegt: Die zufälligen Anzahlen $\Phi(B_1), \Phi(B_2), \ldots, \Phi(B_n)$ sind für jede endliche
Folge $B_1, \ldots, B_n$ beliebiger beschränkter, paarweise disjunkter Borel-Mengen aus
$\mathcal{R}_0$ unabhängig und poissonverteilt mit den Parametern $\alpha(B_1), \alpha(B_2), \ldots$ bzw.
$\alpha(B_n)$, wobei α ein Maß auf der Borel-σ-Algebra $\mathcal{R}$ ist, das jeder beschränkten
Borel-Menge $B \in \mathcal{R}_0$ einen endlichen Wert $\alpha(B) < \infty$ zuordnet und das durch
seine Werte $\alpha([a, b)) = \alpha(b) - \alpha(a)$ auf beschränkten Intervallen eindeutig bestimmt ist. Wenn umgekehrt Φ ein Punktprozeß mit dieser Eigenschaft ist, dann
ist natürlich der durch die Abbildung (2.13) induzierte Zählprozeß $\{N(t); t \in R\}$
ein Prozeß mit unabhängigen, poissonverteilten Zuwächsen. Deshalb wird ein
Punktprozeß Φ in R, der diese Eigenschaft hat, *Poissonscher Punktprozeß* bzw.
kurz *Poisson-Prozeß* genannt. Diese Definition des Poisson-Prozesses in der Spra-
che zufälliger Zählmaße läßt sich mühelos auf Punktprozesse in allgemeineren
Räumen übertragen (vgl. Kapitel 11).

Der rekurrente Punktprozeß. Der Begriff des rekurrenten Punktprozesses ist eng
verbunden mit dem bei der Untersuchung stochastischer Modelle häufig benutzten
Begriff des Erneuerungsprozesses. Ein *rekurrenter Punktprozeß* ist ein Punktprozeß $\Phi \sim \{X_n\}$, für dessen Darstellung $\{X_1 \geq 0, X_{n+1} - X_n; n \in G\}$ als Folge
zufälliger Abstände gilt: Die Folge $\{X_{n+1} - X_n; n \in G \setminus \{0\}\}$ besteht aus unabhängigen, identisch verteilten Zufallsgrößen, die außerdem unabhängig von dem
zufälligen Vektor $(X_1, X_1 - X_0)$ sind. Ist zusätzlich $P(X_1 = 0) = 1$ und ist die

Zufallsgröße $X_1 - X_0$ wie die Zufallsgrößen der Folge $\{X_{n+1} - X_n;\ n \in G \setminus \{0\}\}$ verteilt, dann spricht man von einem *gewöhnlichen rekurrenten Punktprozeß*. Diese Sprechweise entspricht der bei Erneuerungsprozessen üblichen Terminologie. Betrachten wir nämlich die Einschränkung $\Phi_+ \sim \{X_n;\ n \in G_+\}$ des rekurrenten Punktprozesses Φ auf die nichtnegative Halbachse, dann wird der durch (2.13) gegebene Zählprozeß $\{N(t);\ t \geq 0\}$ dieser Einschränkung *Erneuerungsprozeß* genannt, wobei

$$
N(t) \;=\; \begin{cases} \max\{n:\ X_1 + \sum_{k=1}^{n-1} X_{k+1} - X_k < t\}, & \text{falls } X_1 < t\,, \\[2ex] 0, & \text{falls } X_1 \geq t\,, \end{cases}
$$

d.h.,

$$
N(t) \;=\; \max\{n:\ X_n < t\} = \Phi([0,t))\,. \tag{2.16}
$$

Dabei spricht man von einem *gewöhnlichen Erneuerungsprozeß* $\{N(t); t \geq 0\}$, wenn zusätzlich $P(N(0+0) > 0) = P(X_1 = 0) = 1$ gilt. Anderenfalls spricht man von einem *verzögerten* oder *modifizierten Erneuerungsprozeß*.

Es sei nun $\Phi \sim \{X_n\}$ ein Poisson-Prozeß mit der durch

$$
\alpha(t) \;=\; \lambda t \tag{2.17}
$$

gegebenen Leitfunktion $\alpha : R \to R$, wobei λ ein endlicher, positiver Parameter ist.

Satz 2.4.1 *Der Poisson-Prozeß* $\Phi \sim \{X_n\}$ *mit der durch* (2.17) *gegebenen Leitfunktion ist ein rekurrenter Punktprozeß mit der Verteilungsfunktion F der Abstände* $\{X_{n+1} - X_n;\ n \in G \setminus \{0\}\}$, *wobei*

$$
F(u) \;=\; 1 - \exp(-\lambda u) \quad \textit{für } u \geq 0\,. \tag{2.18}
$$

Den **Beweis** dieses Satzes führen wir in Abschnitt 3.1, indem wir zeigen, daß es für einen Poisson-Prozeß mit der Leitfunktion (2.17) einen rekurrenten Punktprozeß mit der Abstandsverteilungsfunktion (2.18) gibt, so daß die Wahrscheinlichkeiten für Ereignisse der Gestalt $\{\varphi:\ \varphi \in N,\ \varphi(B) = 0\}$ jeweils übereinstimmen. Die Behauptung ergibt sich dann aus Satz 3.1.1.

Beispiel 2.4.2 Zur Veranschaulichung der beiden in diesem Abschnitt behandelten Klassen von Punktprozessen betrachten wir nun einen Partikelstrom, in dem die Folge der Zeitpunkte $\{X_n;\ n \in G_+\}$, zu denen Partikel auftreten, einen Poisson-Prozeß in R_+ mit der durch (2.17) gegebenen Leitfunktion bildet. Der Partikelstrom trifft auf einen Partikelzähler (Geiger-Müller-Zähler), bei dem jede vom Zähler registrierte Partikel eine Sperrzeit (sog. Totzeit) von konstanter (nichtzufälliger) Länge bewirkt, während der auftretende Partikel nicht vom Zähler registriert werden. Wir zeigen, daß die Folge der Zeitpunkte, in denen Partikel registriert werden, also der auf bestimmte Weise verdünnte Poisson-Prozeß, einen rekurrenten Punktprozeß bildet. Die Abstände zwischen aufeinanderfolgenden Punkten dieses verdünnten Punktprozesses sind jedoch nicht exponentiell verteilt, denn sie sind stets größer oder gleich der Sperrzeit. Gemäß Satz 2.4.1 kann also der verdünnte Punktprozeß kein Poisson-Prozeß sein. Es sei $c > 0$ die Länge der Sperrzeit. Die Folge $\{X'_n; n \in G_+\}$ derjenigen Zeitpunkte, zu denen eine Registrierung erfolgt, ist eine Teilfolge des rekurrenten Punktprozesses $\{X_n; n \in G_+\}$ mit exponentiell verteilten Abständen (vgl. Satz 2.4.1). Dabei ist $X'_1 = X_1$ und $X'_n = \min_k\{X_k : X_k > X'_{n-1} + c\}$, d.h., $X'_n - X'_{n-1} = \min_k\{X_k - X'_{n-1} : X_k - X'_{n-1} > c\}$. Der Beweis, daß auch der Punktprozeß $\{X'_n; n \in G_+\}$ rekurrent ist, wird nun induktiv geführt. Zuerst zeigen wir, daß die Zufallsgrößen X'_1 und $X'_2 - X'_1$ unabhängig sind. Wegen $X'_1 = X_1$ und $X'_2 - X'_1 = X'_2 - X_1 = \min_k\{X_k - X_1 : X_k - X_1 > c\}$ ergibt sich dies unmittelbar aus Satz 2.4.1. Die Unabhängigkeit der Zufallsgrößen $X'_1, X'_2 - X'_1, \ldots, X'_n - X'_{n-1}$ ergibt sich nun aus der Darstellung

$$P(X'_1 < u_1, X'_2 - X'_1 < u_2, \ldots, X'_n - X'_{n-1} < u_n)$$

$$= \sum_{j=n-1}^{\infty} P(X'_1 < u_1, X'_2 - X'_1 < u_2, \ldots, X'_n - X'_{n-1} < u_n, X'_{n-1} = X_j)$$

$$= \sum_{j=n-1}^{\infty} P(X'_1 < u_1, X'_2 - X'_1 < u_2, \ldots, X'_{n-1} - X'_{n-2} < u_{n-1},$$
$$X'_{n-1} = X_j, \min_k\{X_k - X_j : X_k - X_j > c\} < u_n)$$

$$= \sum_{j=n-1}^{\infty} P(X'_1 < u_1, X'_2 - X'_1 < u_2, \ldots, X'_{n-1} - X'_{n-2} < u_{n-1},$$
$$X'_{n-1} = X_j)\, P(\min_k\{X_k - X_j : X_k - X_j > c\} < u_n)$$

$$= \sum_{j=n-1}^{\infty} P(X'_1 < u_1, X'_2 - X'_1 < u_2, \ldots, X'_{n-1} - X'_{n-2} < u_{n-1},$$
$$X'_{n-1} = X_j)\, P(\min_k\{X_k - X_1 : X_k - X_1 > c\} < u_n)$$

$$= P(X'_1 < u_1, X'_2 - X'_1 < u_2, \ldots, X'_{n-1} - X'_{n-2} < u_{n-1}) \times$$
$$\times P(\min_k\{X_k - X_1 : X_k - X_1 > c\} < u_n)$$

und aus der Induktionsannahme, daß $X'_1, X'_2 - X'_1, \ldots, X'_{n-1} - X'_{n-2}$ unabhängige

Zufallsgrößen sind. Dabei wurde von der sich ebenfalls aus Satz 2.4.1 ergebenden Tatsache Gebrauch gemacht, daß die Wahrscheinlichkeiten $P(\min_{k}\{X_k - X_j : X_k - X_j > c\} < u_n)$ für $j \in G_+$ nicht von j abhängen. Hieraus folgt auch, daß die Zufallsgrößen $X_n' - X_{n-1}'$ für $n \in \{2, 3, \ldots\}$ identisch verteilt sind.

Schließlich zeigen wir in diesem Abschnitt, daß der Poisson-Prozeß Φ mit der durch (2.17) gegebenen Leitfunktion die folgende *bedingte Gleichverteilungseigenschaft* (bei vorgegebener Anzahl von Punkten in einem Intervall) hat:

Satz 2.4.3 *Für jedes Intervall* $[a, b)$ *mit* $0 \leq a < b < \infty$ *und für jedes feste* $j \in G_+$ *gilt*

$$P(\Phi([a_1, b_1)) = 1, \Phi([a_2, b_2)) = 1, \ldots, \Phi([a_j, b_j)) = 1 \mid \Phi([a, b)) = j)$$

$$(2.19)$$

$$= \frac{\prod_{k=1}^{j} (b_k - a_k)}{\frac{(b-a)^j}{j!}}$$

für jede Folge $\{[a_k, b_k); k \in \{1, 2, \ldots, j\}\}$ *paarweise disjunkter Intervalle aus* $[a, b)$; $a \leq a_k < b_k \leq b$ *für* $k \in \{1, 2, \ldots, j\}$.

Beweis Ohne Einschränkung der Allgemeinheit können wir annehmen, daß $b_k \leq a_{k+1}$ für jedes $k \in \{1, 2, \ldots, j - 1\}$ gilt. In diesem Fall ist

$$\{\varphi : \varphi \in N, \varphi([a_1, b_1)) = 1, \ldots, \varphi([a_j, b_j)) = 1, \varphi([a, b)) = j\}$$
$$= \{\varphi : \varphi \in N, \varphi([a, a_1)) = 0, \varphi([a_1, b_1)) = 1, \ldots, \varphi((b_{j-1}, a_j)) = 0,$$
$$\varphi([a_j, b_j)) = 1, \varphi([b_j, b)) = 0\}$$

und folglich

$$P(\Phi([a_1, b_1)) = 1, \ldots, \Phi([a_j, b_j)) = 1, \Phi([a, b)) = j)$$
$$= \exp(-\lambda(a_1 - a)) \prod_{k=1}^{j} \left[\exp(-\lambda(b_k - a_k))\lambda(b_k - a_k)\right] \times$$
$$\times \prod_{l=1}^{j-1} \left[\exp(-\lambda(a_{l+1} - b_l))\right] \exp(-\lambda(b - b_j))$$
$$= \lambda^j \exp(-\lambda(b - a)) \prod_{k=1}^{j} (b_k - a_k).$$

Weil $P(\Phi([a, b)) = j) = \exp(-\lambda(b - a))(\lambda(b - a))^j / j!$ gilt, ergibt sich somit die Behauptung. $\square$

2.5 Endlichdimensionale Verteilungen. Existenz und Eindeutigkeit

Für einen Punktprozeß Φ interessieren insbesondere in Anwendungen nicht nur die Wahrscheinlichkeiten $P(\Phi(B) = j)$, $j \in G_0$, für jeweils einzelne Mengen $B \in \mathcal{R}_0$, sondern auch die Wahrscheinlichkeiten für das gleichzeitige Eintreten der Ereignisse $\{\Phi(B_1) = j_1\}, \{\Phi(B_2) = j_2\}, \ldots, \{\Phi(B_k) = j_k\}$, d.h., für das gleichzeitige Auftreten von j_1 Punkten von Φ in B_1, j_2 Punkten in B_2 usw., wobei $B_1, \ldots, B_k$ beschränkte Borel-Mengen der reellen Achse R sind. Dies führt zum Begriff der endlichdimensionalen Verteilung eines Punktprozesses. Man nennt die Verteilungen $P_{B_1,\ldots,B_k}$ der zufälligen Vektoren $(\Phi(B_1), \ldots, \Phi(B_k))$, wobei $k \in G_+$ beliebig, aber endlich ist und $B_1, \ldots, B_k$ beliebige Borel-Mengen auf der reellen Achse R sind, die *endlichdimensionalen Verteilungen* des Punktprozesses Φ, der in kanonischer Darstellung $[N, \mathcal{N}, P]$ gegeben sei.

Für jedes k-Tupel nichtnegativer ganzer Zahlen $(j_1, \ldots, j_k) \in (G_0)^k$ ist also

$$
\begin{aligned}
P_{B_1,\ldots,B_k}(\{(j_1,\ldots,j_k)\}) &= P(\{\varphi : \varphi \in N, \varphi(B_1) = j_1, \ldots, \varphi(B_k) = j_k\}) \\
&= P(\Phi(B_1) = j_1, \ldots, \Phi(B_k) = j_k),
\end{aligned}
\tag{2.20}
$$

wobei wir zur Abkürzung anstelle von $P(\{\varphi : \varphi \in N, \ldots\})$ oft die Schreibweise $P(\varphi : \ldots)$ verwenden, wenn klar ist, daß φ zu N gehört. Außerdem schreiben wir kürzer $P_{B_1,\ldots,B_k}(\{j_1, \ldots, j_k\})$ anstelle von $P_{B_1,\ldots,B_k}(\{(j_1,\ldots,j_k)\})$.

Die endlichdimensionalen Verteilungen dienen auch zur Beantwortung der folgenden zwei Fragestellungen. Bei der Charakterisierung der Verteilung P eines Punktprozesses Φ, insbesondere im Zusammenhang mit statistischen Fragestellungen, ist es wichtig zu wissen, für welche Teilfamilie von Mengen $A \subseteq N$ aus $\mathcal{N}$ man die Werte $P(A)$ der Verteilung P kennen muß, damit P insgesamt eindeutig festgelegt ist. Neben einer solchen Eindeutigkeitsaussage interessiert auch das folgende Existenzproblem: Unter welchen Bedingungen gibt es eine Verteilung P auf $\mathcal{N}$, so daß die Wahrscheinlichkeiten $P(A)$ für eine gewisse Teilfamilie von Mengen A aus $\mathcal{N}$ mit vorgegebenen Zahlenwerten übereinstimmen.

Es gilt nun, wie in der allgemeinen Theorie zufälliger Prozesse, ein Existenz- und Eindeutigkeitssatz für Punktprozesse. Dazu bezeichne $\mathcal{B}$ den Halbring aller halboffenen Intervalle der Gestalt $[a, b)$ mit $-\infty < a \leq b < +\infty$. (Ein *Halbring* ist ein Mengensystem, das bezüglich der Bildung von Durchschnitten endlich vieler Mengen abgeschlossen ist und die folgende Eigenschaft besitzt: Für beliebige Mengen B und B' aus diesem Mengensystem mit $B' \subseteq B$ gibt es eine Darstellung von $B \setminus B'$ in der Form $B \setminus B' = \bigcup_{n=1}^{k} B_n$, wobei k eine natürliche Zahl und $B_1, \ldots, B_k$ paarweise disjunkte Mengen dieses Mengensystems sind.) Ferner sei, so wie in Abschnitt 2.1, $\mathcal{B}_U$ der Ring derjenigen beschränkten Borel-Mengen aus

$\mathcal{R}$, die sich als Vereinigung von jeweils endlich vielen disjunkten Intervallen aus $\mathcal{B}$ darstellen lassen. Der Ring $\mathcal{B}_U$ wird also durch den Halbring $\mathcal{B}$ erzeugt.

Satz 2.5.1 (Existenz- und Eindeutigkeitssatz für Punktprozesse) *Jeder endlichen Folge* $B_1, \ldots, B_k$ *paarweise disjunkter Intervalle aus* $\mathcal{B}$ *sei die Verteilung* $p^{B_1,\ldots,B_k}$ *eines* k-*dimensionalen zufälligen Vektors mit nichtnegativen ganzzahligen Komponenten zugeordnet;* $k \in G_+$. *Dann existiert genau eine Verteilung* P *auf* $\mathcal{N}$ *mit der Eigenschaft*

$$P_{B_1,\ldots,B_k} \;=\; p^{B_1,\ldots,B_k} \tag{2.21}$$

für alle endlichen Folgen $B_1, \ldots, B_k$ *paarweise disjunkter Intervalle aus* $\mathcal{B}$, *falls die Verteilungen* $p^{B_1,\ldots,B_k}$ *den folgenden Bedingungen genügen:*

1. *Symmetrie: Für jede Permutation* $(i_1, \ldots, i_k)$ *von* $(1, \ldots, k)$ *und für jedes* k-*Tupel* $(j_1, \ldots, j_k) \in (G_0)^k$ *gilt*

$$p^{B_{i_1},\ldots,B_{i_k}}(\{j_{i_1}, \ldots, j_{i_k}\}) \;=\; p^{B_1,\ldots,B_k}(\{j_1, \ldots, j_k\}) \,.$$

2. *Verträglichkeit: Für alle* $(k-1)$-*Tupel* $(j_1, \ldots, j_{k-1}) \in (G_0)^{k-1}$ *gilt*

$$\sum_{j=0}^{\infty} p^{B_1,\ldots,B_{k-1},B_k}(\{j_1, \ldots, j_{k-1}, j\}) \;=\; p^{B_1,\ldots,B_{k-1}}(\{j_1, \ldots, j_{k-1}\}) \,.$$

3. *Additivität: Sind die Intervalle* $B_l, B_{l+1}, \ldots, B_k$, $1 \leq l < k$, *paarweise disjunkt und ist* $\bigcup_{n=l}^{k} B_n = B$, *so gilt für alle* l-*Tupel* $(j_1, \ldots, j_{l-1}, j) \in (G_0)^l$ *die Beziehung*

$$p^{B_1,\ldots,B_{l-1},B}(\{j_1, \ldots, j_{l-1}, j\}) \;=\; \sum_{j_l + \cdots + j_k = j} p^{B_1,\ldots,B_k}(\{j_1, \ldots, j_k\}) \,,$$

wobei sich die Summation über alle $(k-l+1)$-*Tupel* $(j_l, \ldots, j_k) \in (G_0)^{k-l+1}$ *mit der Eigenschaft* $j_l + \cdots + j_k = j$ *erstreckt.*

4. *Stetigkeit: Für jedes* $t \in R$ *gilt* $\lim_{n \to \infty} p^{[t-\frac{1}{n},t)}(\{0\}) = 1$.

Beweis Der Nachweis, daß die Bedingungen 1 bis 4 hinreichend sind für die Existenz einer Verteilung P auf $\mathcal{N}$ mit der Eigenschaft (2.21) soll hier nicht im einzelnen ausgeführt werden. Den Leser, der an den Details interessiert ist, verweisen wir auf die Monographien Daley/Vere-Jones (1988), Kerstan/Matthes/Mecke (1974), Kallenberg (1986). Es sei lediglich vermerkt, daß die Bedingungen 1 und 2 die üblichen Symmetrie- bzw. Verträglichkeitsbedingungen des Kolmogorowschen Fundamentalsatzes aus der allgemeinen Theorie zufälliger Prozesse sind. Sie sind hinreichend und notwendig dafür, daß sich die Verteilungen $p^{B_1,\ldots,B_k}$ als die endlichdimensionalen Verteilungen einer Familie von nichtnegativen ganzzahligen Zufallsgrößen $\{\Phi(B); B \in \mathcal{B}\}$ erweisen, die über ein und demselben Wahrscheinlichkeitsraum gegeben sind. Die Bedingungen 3 und 4 sichern, daß die Zufallsgrößen $\Phi(B)$ die Werte eines zufälligen Zählmaßes Φ auf $\mathcal{R}$ für die Mengen $B \in \mathcal{B}$ sind. Insbesondere wird nämlich durch die Bedingung 3 gesichert, daß für $B_1, B_2 \in \mathcal{B}$ mit $B_1 \cap B_2 = \emptyset$ und $B_1 \cup B_2 \in \mathcal{B}$ die Beziehung $\Phi(B_1 \cup B_2) = \Phi(B_1) + \Phi(B_2)$ gilt.

Die Tatsache, daß der Punktprozeß Φ mit der Verteilung P bereits durch die in (2.21) gegebenen endlichdimensionalen Verteilungen $P_{B_1,\ldots,B_k}$ eindeutig bestimmt ist, läßt sich wie folgt nachweisen. Sei Φ' ein weiterer Punktprozeß mit der kanonischen Darstellung $[N, \mathcal{N}, P']$ und mit der Eigenschaft

$$P'_{B_1,\ldots,B_k} \;=\; p^{B_1,\ldots,B_k} \tag{2.22}$$

für alle endlichen Folgen $B_1, \ldots, B_k$ paarweise disjunkter Intervalle aus $\mathcal{B}$. Aus (2.21) und (2.22) ergibt sich, daß dann $P_{B_1,\ldots,B_k} = P'_{B_1,\ldots,B_k}$ für alle endlichen Folgen $B_1, \ldots, B_k$ von Mengen aus $\mathcal{B}_U$ gilt, die sich jeweils als Vereinigung von endlich vielen disjunkten Intervallen aus $\mathcal{B}$ darstellen lassen. Die Verteilungen P und P' stimmen also auf allen Zylindermengen aus $\mathcal{N}$ der Gestalt $\{\varphi : \varphi(B_n) \in C_n;\ n \in \{1,\ldots,k\}\}$ überein, wobei die B_n Vereinigungen von jeweils endlich vielen disjunkten Intervallen aus $\mathcal{B}$ und die C_n beliebige Borel-Mengen aus $\mathcal{R}$ sind; $k \in G_+$. Die Familie aller solcher Zylindermengen bildet einen Teilring in $\mathcal{N}$, der die Menge N enthält und die σ-Algebra $\mathcal{N}$ erzeugt. Hieraus folgt, daß die Wahrscheinlichkeiten $P(A)$ und $P'(A)$ für alle $A \in \mathcal{N}$ übereinstimmen (vgl. z.B. Bauer (1978)). $\square$

Man kann sich leicht davon überzeugen, daß die durch (2.15) gegebene Familie von Verteilungen $p^{[t_1,t_2),\ldots,[t_k,t_{k+1})}$ mit

$$p^{[t_1,t_2),\ldots,[t_k,t_{k+1})}(\{j_1,\ldots,j_k\}) \;=\; \prod_{i=1}^{k} \exp(\alpha(t_i) - \alpha(t_{i+1})) \frac{(\alpha(t_{i+1}) - \alpha(t_i))^{j_i}}{j_i!}\,,$$

wobei $[t_1,t_2),\ldots,[t_k,t_{k+1})$ alle endlichen Folgen von paarweise disjunkten beschränkten Intervallen durchläuft, den Bedingungen 1 bis 4 des Satzes 2.5.1 genügt. Gemäß Satz 2.5.1 ist damit also die Existenz eines eindeutig bestimmten zufälligen Punktprozesses, des in Abschnitt 2.4 definierten Poissonschen Punktprozesses, gesichert, dessen endlichdimensionale Verteilungen $P_{[t_1,t_2),\ldots,[t_k,t_{k+1})}$ mit den durch (2.15) gegebenen Verteilungen $p^{[t_1,t_2),\ldots,[t_k,t_{k+1})}$ übereinstimmen.

Auf ähnliche Weise kann man zeigen, daß der in Abschnitt 2.4 eingeführte Begriff des rekurrenten Punktprozesses wohldefiniert ist, d.h., daß es eine eindeutig bestimmte Verteilung P auf $\mathcal{N}$ gibt, welche die in Abschnitt 2.4 genannten Eigenschaften eines rekurrenten Punktprozesses hat. Dabei wird der Nachweis der

Existenz bzw. Eindeutigkeit zunächst auf dem Folgeraum $[R_+^\infty, \mathcal{R}_+^\infty]$ direkt mit Hilfe des Kolmogorowschen Fundamentalsatzes geführt. Danach wird gezeigt, daß durch die Darstellung (2.14), durch die eine eineindeutige Abbildung von N auf R_+^∞ induziert wird, die σ-Algebren $\mathcal{N}$ und $\mathcal{R}_+^\infty$ ineinander überführt werden.

2.6 Aufgaben

2.6.1. Gegeben sei ein Poissonscher Punktprozeß Φ. Man zeige, daß für den Erwartungswert $\mathbf{E}\Phi(\{t\}) = 0$ für alle $t \in R$ gilt, wenn Φ einfach ist. Außerdem zeige man, daß diese Aussage für nichtpoissonsche Punktprozesse im allgemeinen nicht gilt. (Für Poisson-Prozesse gilt auch die umgekehrte Aussage: Φ ist einfach, wenn $\mathbf{E}\Phi(\{t\}) = 0$ für alle $t \in R$, vgl. Abschnitt 6.1).

2.6.2. Der Punktprozeß Φ habe die Eigenschaft, daß die Anzahlen $\Phi(B_1), \Phi(B_2)$, $\ldots, \Phi(B_n)$ für jede endliche Folge $B_1, B_2, \ldots, B_n$ beschränkter, paarweise disjunkter Intervalle unabhängige und poissonverteilte Zufallsgrößen sind. Man zeige, daß Φ diese Eigenschaft dann auch für jede endliche Folge beliebiger beschränkter, paarweise disjunkter Borel-Mengen aus $\mathcal{R}_0$ hat (und somit ein Poissonscher Punktprozeß ist, vgl. Abschnitt 2.4). Hinweis: Man gehe so wie im Beweis des Satzes 2.1.2 vor.

2.6.3. Es sei $\Phi \sim \{X_n\}$ ein Poisson-Prozeß mit $\alpha(t) = \mathbf{E}\Phi([0,t)) = \lambda t$ für jedes $t > 0$, wobei der Parameter λ positiv und endlich ist. Man zeige, daß dann für $n \in G_+$ der zufällige Punkt X_n eine *erlangverteilte Zufallsgröße* mit der Dichte $f_n(u) = \lambda(\lambda u)^{n-1} e^{-\lambda u} / (n-1)!$ für $u \geq 0$ ist.

2.6.4. Es sei $\Phi \sim \{X_n\}$ ein Poisson-Prozeß, dessen Leitfunktion durch (2.17) gegeben ist. Man zeige, daß dann $\Phi_k \sim \{X_{kn}; n \in G\}$ für jedes $k \in \{2, 3, \ldots\}$ ein rekurrenter Punktprozeß mit erlangverteilten Abständen $\{X_{k(n+1)} - X_{kn}; n \in G \setminus \{0\}\}$ ist.

2.6.5. Man zeige, daß die durch

$$p^{B_1, \ldots, B_k}(\{j_1, \ldots, j_k\}) \;=\; \prod_{i=1}^{k} \exp(-\alpha(B_i)) \frac{(\alpha(B_i))^{j_i}}{j_i!} \,,$$

$(j_1, \ldots, j_k) \in (G_+)^k$, gegebenen Verteilungen $p^{B_1, \ldots, B_k}$, wobei $B_1, \ldots, B_k$ alle endlichen Folgen paarweise disjunkter beschränkter Intervalle durchläuft und α ein lokalendliches Maß auf $\mathcal{R}$ ist, den Bedingungen des Satzes 2.5.1 genügen und somit die endlichdimensionalen Verteilungen eines (Poissonschen) Punktprozesses sind.

Kapitel 3

Charakteristiken von Punktprozessen

In diesem Kapitel werden das Leerwahrscheinlichkeits- bzw. Choquetsche Kapazitätsfunktional eingeführt, mit deren Hilfe einfache Punktprozesse eineindeutig charakterisiert sind. Das Intensitätsmaß und das die Verteilung eines Punktprozesses ebenfalls eindeutig bestimmende Campbellsche Maß sowie das reduzierte Campbellsche Maß werden untersucht, u.a. das Campbellsche Theorem bewiesen, und für den Poisson-Prozeß angegeben. Es wird auf die Palmsche, die reduzierte und die n-fache Palmsche Verteilung eingegangen, und diese werden als bedingte Verteilungen interpretiert. Schließlich werden das erzeugende Funktional eines Punktprozesses und das Laplace-Funktional eines zufälligen Maßes definiert.

3.1 Leerwahrscheinlichkeiten und Kapazitätsfunktional

Für einfache Punktprozesse kann die Eindeutigkeitsaussage des Satzes 2.5.1 modifiziert werden. Es genügt in diesem Fall, die eindimensionalen Verteilungen P_B für alle beschränkten Borel-Mengen $B \in \mathcal{B}_U$ zu kennen, die sich als Vereinigung von endlich vielen disjunkten Intervallen aus $\mathcal{B}$ darstellen lassen. Mehr noch: Bereits die „*Leerwahrscheinlichkeiten*" $\{P_B(\{0\})\,;\, B \in \mathcal{B}_U\} = \{P(\Phi(B) = 0)\,;\, B \in \mathcal{B}_U\}$, daß in den Mengen $B \in \mathcal{B}_U$ kein Punkt liegt, bestimmen die Verteilung P eines einfachen Punktprozesses eindeutig.

Die Familie der Leerwahrscheinlichkeiten $\{P_B(\{0\})\,;\, B \in \mathcal{B}_U\}$ kann als Funktional $\mathbf{D}_\Phi : \mathcal{B}_U \to [0,1]$ aufgefaßt werden, das durch $\mathbf{D}_\Phi(B) = P_B(\{0\})$ für $B \in \mathcal{B}_U$ auf dem Ring $\mathcal{B}_U$ definiert ist. Es wird *Leerwahrscheinlichkeitsfunktional* des Punktprozesses Φ genannt. Das *Kapazitätsfunktional* (auch *Choquet-Funktional* genannt) $\mathbf{C}_\Phi : \mathcal{B}_U \to [0,1]$ des Punktprozesses Φ ist durch $\mathbf{C}_\Phi(B) = 1 - \mathbf{D}_\Phi(B)$ $(= P(\Phi(B) > 0))$ definiert.

Beim Nachweis der Aussage, daß die Verteilung eines einfachen Punktprozesses durch sein Leerwahrscheinlichkeitsfunktional eindeutig bestimmt wird, benutzen wir den Begriff der Nullfolge von gerichteten Zerlegungen (vgl. auch den Beweis von Lemma 2.2.2). Für jedes $n \in G_+$ sei $\{B_{nl}\,;\, l \in G\}$ eine Zerlegung des (möglicherweise unendlichen) Intervalls $B \subseteq R$ in paarweise disjunkte, beschränkte Intervalle, so daß

1. für jedes $n \in G_+$ und für jede beschränkte Borel-Menge $B' \in \mathcal{R}_0$ nur endlich viele Intervalle der Folge $\{B_{nl} \,;\, l \in G\}$ die Menge B' schneiden,

2. es für jedes $n \in G_+$ und für jedes $l \in G$ eine ganze Zahl $i \in G$ gibt mit $B_{n+1,l} \subseteq B_{ni}$,

3. $\lim\limits_{n \to \infty} \sup\limits_{l \in G} \nu(B_{nl}) = 0$ wobei $\nu(B_{nl})$ das Lebesgue-Maß der Menge B_{nl} bezeichnet.

Eine Folge von immer feineren Zerlegungen des Intervalls $B \subseteq R$ in paarweise disjunkte, beschränkte Intervalle mit den Eigenschaften 1 bis 3 nennen wir *Nullfolge von gerichteten Zerlegungen*. Ist das Intervall B, das zerlegt wird, beschränkt, dann besteht jede solche Zerlegung von B nur aus endlich vielen (nichtleeren) Zerlegungkomponenten.

Satz 3.1.1 *Der Punktprozeß* Φ *sei einfach. Dann ist seine Verteilung P durch die Werte, die sie auf den Mengen der Gestalt $\{\varphi : \varphi(B) = 0\} \in \mathcal{N}$, $B \in \mathcal{B}_U$, annimmt, eindeutig bestimmt. Mit anderen Worten: P und* $\mathbf{D}_\Phi$ *bzw.* $\mathbf{C}_\Phi$ *entsprechen sich eineindeutig.*

Beweis Es sei $[N, \mathcal{N}, P']$ ein einfacher Punktprozeß, so daß

$$P_B(\{0\}) \;=\; P'_B(\{0\}) \qquad \text{für alle } B \in \mathcal{B}_U \tag{3.1}$$

gilt. Auf Grund des Satzes 2.5.1 genügt es zu zeigen, daß sich aus (3.1) die Beziehung

$$P_{B_1,\ldots,B_k} \;=\; P'_{B_1,\ldots,B_k} \tag{3.2}$$

für alle endlichen Folgen $B_1, \ldots, B_k$ paarweise disjunkter Intervalle aus $\mathcal{B}$ ergibt. Für jedes Intervall $B \in \mathcal{B}$ sei die Zufallsgröße $Z(B) : N \to R$ durch

$$Z(B, \varphi) \;=\; \begin{cases} 0, & \text{falls} \quad \varphi(B) = 0\,, \\[2mm] 1, & \text{falls} \quad \varphi(B) > 0\,, \end{cases} \tag{3.3}$$

gegeben. Ferner sei

$$Z_n(B) \;=\; \sum_{l=1}^{n} Z(B_{nl})\,, \tag{3.4}$$

wobei $\{B_{n1}, \ldots, B_{nn} ; n \in G_+\}$ eine Nullfolge von gerichteten Zerlegungen des Intervalls $B \in \mathcal{B}$ in Teilintervalle aus $\mathcal{B}$ ist, deren Längen den Wert $\frac{\nu(B)}{n}$ nicht überschreiten. Für jedes $\varphi \in N$ bilden die Realisierungen $Z_n(B, \varphi)$ der Zufallsgrößen $Z_n(B)$ eine monoton nichtfallende Zahlenfolge $\{Z_n(B, \varphi) ; n \in G_+\}$, und es gilt $\varphi(B) = \lim_{n \to \infty} Z_n(B, \varphi)$ für alle $\varphi \in N^*$ (vgl. (2.7)). Weil Φ einfach ist, d.h. $P(N^*) = 1$, gilt also

$$P_{B_1, \ldots, B_k}(\{j_1, \ldots, j_k\}) \;=\; \lim_{n \to \infty} P(Z_n(B_1) = j_1, \ldots, Z_n(B_k) = j_k) \,. \tag{3.5}$$

Aus (3.3) und (3.4) ergibt sich, daß sich die Wahrscheinlichkeiten $P(Z_n(B_1) = j_1, \ldots, Z_n(B_k) = j_k)$ durch die Wahrscheinlichkeiten $\{P_B(\{0\}) ; B \in \mathcal{B}_U\}$ ausdrücken lassen. Zum Beispiel gilt für $k = 1$ und $1 \le j \le n$

$$
\begin{aligned}
P(Z_n(B) = j) &= P(\sum_{l=1}^{n} Z(B_{nl}) = j) \\[4pt]
&= \sum_{I_j \subseteq \{1, \ldots, n\}} P(Z(B_{nl}) = 1 \text{ für } l \in I_j \,, Z(B_{nl}) = 0 \text{ für } l \in \{1, \ldots, n\} \setminus I_j) \\[4pt]
&= \sum_{I_j \subseteq \{1, \ldots, n\}} P(\Phi(B_{nl}) > 0 \text{ für } l \in I_j \,, \Phi(B_{nl}) = 0 \text{ für } l \in \{1, \ldots, n\} \setminus I_j) \,,
\end{aligned}
$$

wobei sich die Summation über alle Teilmengen I_j der Menge $\{1, \ldots, n\}$, die aus j Elementen bestehen, erstreckt. Die Wahrscheinlichkeiten

$$P(\Phi(B_{nl}) > 0 \text{ für } l \in I_j \,, \Phi(B_{nl}) = 0 \text{ für } l \in \{1, \ldots, n\} \setminus I_j)$$

kann man induktiv wie folgt aus den $\{P_B(\{0\}) ; B \in \mathcal{B}_U\}$ bestimmen: Für $j = 1$ gilt

$$
\begin{aligned}
&P(\Phi(B_{nl}) > 0 \text{ für } l \in I_1 \,, \Phi(B_{nl}) = 0 \text{ für } l \in \{1, \ldots, n\} \setminus I_1) \\
&= \; P(\Phi(B_{nl}) = 0 \text{ für } l \in \{1, \ldots, n\} \setminus I_1) - P(\Phi(B_{nl}) = 0 \text{ für } l \in \{1, \ldots, n\}) \,.
\end{aligned}
$$

Außerdem gilt für jedes $i \in I_j$

$$
\begin{aligned}
&P(\Phi(B_{nl}) > 0 \text{ für } l \in I_j \,, \Phi(B_{nl}) = 0 \text{ für } l \in \{1, \ldots, n\} \setminus I_j) \\
&= \; P(\Phi(B_{nl}) > 0 \text{ für } l \in I_j \setminus \{i\} \,, \Phi(B_{nl}) = 0 \text{ für } l \in \{1, \ldots, n\} \setminus I_j) - \\
&\quad - P(\Phi(B_{nl}) > 0 \text{ für } l \in I_j \setminus \{i\} \,, \Phi(B_{nl}) = 0 \text{ für } l \in \{1, \ldots, n\} \setminus (I_j \setminus \{i\})) \,.
\end{aligned}
$$

Im Fall $k > 1$ können die gleichen Überlegungen genutzt werden. Wegen (3.1) können wir somit (3.5) zu der folgenden Gleichungskette fortsetzen:

$$
\begin{aligned}
P_{B_1, \ldots, B_k}(\{j_1, \ldots, j_k\}) &= \lim_{n \to \infty} P(Z_n(B_1) = j_1, \ldots, Z_n(B_k) = j_k) \\
&= \lim_{n \to \infty} P'(Z_n(B_1) = j_1, \ldots, Z_n(B_k) = j_k) = P'_{B_1, \ldots, B_k}(\{j_1, \ldots, j_k\}) \,. \quad \square
\end{aligned}
$$

Mit Hilfe des Leerwahrscheinlichkeitsfunktionals $\mathbf{D}_\Phi$ läßt sich, in Analogie zu Satz 3.1.1, für einfache Punktprozesse auch die Existenzaussage des Satzes 2.5.1 modifizieren. Und zwar lassen sich notwendige und hinreichende Bedingungen dafür angeben, wann ein auf dem Ring $\mathcal{B}_U$ gegebenes Funktional das Leerwahrscheinlichkeitsfunktional $\mathbf{D}_\Phi$ eines gewissen einfachen Punktprozesses Φ ist (vgl. Theorem 1.3.8 in Kerstan/Matthes/Mecke (1974), Theorem 5.6 in Kallenberg (1986)).

Den **Beweis** des Satzes 2.4.1 führen wir nun mit Hilfe von Satz 3.1.1. Es sei Φ ein Poisson-Prozeß mit der Verteilung P und der Leitfunktion (2.17). Außerdem sei Φ' ein rekurrenter Punktprozeß mit der Verteilung P', der Abstandsverteilungsfunktion (2.18) und

$$P'(-X_0 < v, X_1 < u) \;=\; (1 - \exp(-\lambda v))\,(1 - \exp(-\lambda u))$$

für $u, v \geq 0$. Weil Φ' offensichtlich einfach ist und dies auch für Φ gilt (vgl. Aufgabe 2.6.1 bzw. Abschnitt 6.1), genügt es zu zeigen, daß

$$P(\varphi : \varphi(B) = 0) \;=\; P'(\varphi : \varphi(B) = 0) \tag{3.6}$$

für jedes $B \in \mathcal{B}_U$ ist. Aus Satz 3.1.1 folgt dann $P = P'$ und somit die Behauptung. Um (3.6) zu beweisen, sei zunächst vermerkt, daß

$$P(\varphi : \varphi(B) = 0) \;=\; P(\varphi : \varphi(B \cap (-\infty, 0)) = 0)\,P(\varphi : \varphi(B \cap [0, \infty)) = 0)$$

und

$$P'(\varphi : \varphi(B) = 0) \;=\; P'(\varphi : \varphi(B \cap (-\infty, 0)) = 0)\,P'(\varphi : \varphi(B \cap [0, \infty)) = 0)$$

für jedes $B \in \mathcal{B}_U$ gilt. Wir können also ohne Einschränkung der Allgemeinheit annehmen, daß $B \subset (-\infty, 0)$ bzw. $B \subset [0, \infty)$ gilt. Der Beweis von (3.6) wird induktiv bezüglich der Anzahl k der Intervalle geführt, aus denen $B = \bigcup_{l=1}^{k} [a_l, b_l)$ besteht. Für $B = [a, b) \subset [0, \infty)$ gilt

$$P'(\varphi : \varphi(B) = 0) = P'(X_1 > b) + \sum_{j=1}^{\infty} P'(X_j < a, \, X_{j+1} > b)$$

$$= \; P'(X_1 > b) + \sum_{j=1}^{\infty} \int_0^a P'(X_{j+1} - X_j > b - u \mid X_{j+1} - X_j > a - u) \times$$

$$\times P'(X_j \in du, \, X_j = \max\{X_n : X_n < a\})$$

$$= \; e^{-\lambda(b-a)}\left(P'(X_1 > a) + \sum_{j=1}^{\infty} P'(X_j < a \leq X_{j+1})\right)$$

$$= \; e^{-\lambda(b-a)} = P(\varphi : \varphi(B) = 0)\,.$$

Auf analoge Weise ergibt sich für $B = B_k = \bigcup_{l=1}^{k} [a_l, b_l) \subset [0, \infty)$ mit $b_l < a_{l+1}$

$$P'(\varphi : \varphi(B_k) = 0)$$

$$= P'(\varphi : X_1(\varphi) > b_k) + \sum_{j=1}^{\infty} P'(\varphi : \varphi(B_{k-1}) = 0, X_j(\varphi) < a_k, X_{j+1}(\varphi) > b_k)$$

$$= e^{-\lambda(b_k - a_k)}(P'(\varphi : X_1(\varphi) > a_k) + \sum_{j=1}^{\infty} P'(\varphi : \varphi(B_{k-1}) = 0,$$

$$X_j(\varphi) < a_k < X_{j+1}(\varphi)))$$

$$= e^{-\lambda(b_k - a_k)} P'(\varphi : \varphi(B_{k-1}) = 0).$$

Hieraus und aus der Induktionsannahme folgt

$$P'(\varphi : \varphi(B_k) = 0) = \prod_{l=1}^{k} e^{-\lambda(b_l - a_l)} = P(\varphi : \varphi(B_k) = 0).$$

Für $B \subset (-\infty, 0)$ läßt sich die Gültigkeit von (3.6) genauso beweisen. $\square$

3.2 Intensitätsmaß und Campbellsche Maße

Wir führen zunächst den wichtigen Begriff des Intensitätsmaßes eines Punktprozesses Φ in kanonischer Darstellung $[N, \mathcal{N}, P]$ ein. Dabei ordnen wir jeder Borel-Menge $B \in \mathcal{R}$ den (möglicherweise unendlichen) Wert

$$\alpha(B) = \mathbf{E}\Phi(B) = \sum_{j=1}^{\infty} j P(\Phi(B) = j)$$

zu. Somit ist $\alpha(B)$ gleich dem Erwartungswert der zufälligen Anzahl $\Phi(B)$ der Punkte des Punktprozesses Φ in der Menge B. Es gilt also auch

$$\alpha(B) = \int_N \varphi(B)\, P(d\varphi), \quad B \in \mathcal{R}. \tag{3.7}$$

Die so auf $\mathcal{R}$ definierte Mengenfunktion α heißt *Intensitätsmaß* von Φ. Es ist leicht einzusehen, daß α tatsächlich die Eigenschaften eines Maßes hat. So ergibt sich die σ-Additivität von α aus den allgemeinen Eigenschaften von Integralen (bzw. aus dem Satz von B. Levi über die monotone Konvergenz). Weil für jede Folge $B_1, B_2, \ldots$ von paarweise disjunkten Borel-Mengen aus $\mathcal{R}$ die Funktionen $f_n : N \to [0, \infty]$ mit $f_n(\varphi) = \sum_{j=1}^{n} \varphi(B_j)$ eine monotone Folge bilden, gilt nämlich

$$\sum_{j=1}^{\infty} \alpha(B_j) = \sum_{j=1}^{\infty} \int_N \varphi(B_j)\, P(d\varphi)$$

$$= \lim_{n \to \infty} \sum_{j=1}^{n} \int_{N} \varphi(B_j)\, P(d\varphi) = \lim_{n \to \infty} \int_{N} f_n(\varphi)\, P(d\varphi)$$

$$= \int_{N} \lim_{n \to \infty} f_n(\varphi)\, P(d\varphi) = \int_{N} \varphi\Big(\bigcup_{j=1}^{\infty} B_j\Big) P(d\varphi) = \alpha\Big(\bigcup_{j=1}^{\infty} B_j\Big).$$

Die Verteilung P bzw. der Punktprozeß Φ heißt von *endlicher Intensität*, wenn sein Intensitätsmaß α ein *lokalendliches Maß* auf $\mathcal{R}$ ist, d.h., wenn $\alpha(B)$ endlich ist für alle beschränkten Borel-Mengen $B \in \mathcal{R}_0$. Dann ist α auch σ-*endlich*, d.h., es gibt eine Zerlegung $\{B_n;\, n \in G\}$ der reellen Achse in disjunkte Borel-Mengen, so daß $\alpha(B_n) < \infty$ für jedes $n \in G$. Ohne es im einzelnen immer wieder zu betonen, setzen wir voraus, daß α lokalendlich ist, obwohl manchmal (insbesondere bei der in Abschnitt 3.3 betrachteten Desintegration von Campbellschen Maßen) die σ-Endlichkeit von α ausreichend ist. Es ist klar, daß für die Klasse der in Abschnitt 2.4 definierten Poisson-Prozesse das Intensitätsmaß α stets lokalendlich ist, denn es läßt sich wie folgt durch die zugehörige Leitfunktion ausdrücken: Für jedes Intervall $[a, b) \in \mathcal{B}$ gilt

$$\alpha([a, b)) = \alpha(b) - \alpha(a) < \infty.$$

Insbesondere ist also das Intensitätsmaß des Poisson-Prozesses mit der durch (2.17) gegebenen Leitfunktion $\alpha(t) = \lambda t$ lokalendlich. In Anwendungen interessiert auch der Fall, daß das Intensitätsmaß nicht nur lokalendlich, sondern insgesamt ein endliches Maß mit $\alpha(R) < \infty$ ist. Dann sind natürlich fast alle Realisierungen $\varphi \in N$ eines Punktprozesses mit einem solchen Intensitätsmaß endliche Zählmaße mit $\varphi(R) < \infty$. Das bedeutet insbesondere, daß fast alle Realisierungen nur endlich viele Atome besitzen. Ein Beispiel eines Punktprozesses mit endlichem Intensitätsmaß ist der durch die Leitfunktion

$$\alpha(t) = \int_{-\infty}^{t} f(u)\, du$$

gegebene Poisson-Prozeß, wobei $f : R \to R_+$ eine integrierbare Funktion ist, d.h. $\int_{-\infty}^{\infty} f(u)du < \infty$, beispielsweise $f(u) = \exp(-\lambda|u|)$ mit $\lambda > 0$ oder $f(u) = \mathbf{1}_{[a,b)}(u)$ mit $-\infty < a < b < \infty$.

Es wäre übrigens nicht sinnvoll, bei der Definition des Poisson-Prozesses in Abschnitt 2.4 zuzulassen, daß die Leitfunktion auch den Wert Unendlich annehmen kann, was dann zu $\alpha([a,b)) = \alpha(b) - \alpha(a) = \infty$ für gewisse $a, b \in R$ mit $a < b$ führen würde. Aus (2.15) würde sich in diesem Fall ergeben, daß dann im Intervall $[a, b)$ mit Wahrscheinlichkeit Eins unendlich viele Punkte liegen, was der Annahme widerspricht, daß die Realisierungen eines zufälligen Punktprozesses, d.h. die Elemente von N, lokalendliche Zählmaße sind. Dies ist jedoch eine spezielle Eigenschaft der durch (2.15) gegebenen Poisson-Verteilung und braucht bei nicht poissonverteilten Anzahlen nicht so zu sein. Denn, wie man sich leicht überlegen kann, gibt es natürlich nichtpoissonsche Punktprozesse (deren Realisierungen in N liegen) mit einem Intensitätsmaß, das weder lokalendlich noch σ-endlich ist. Ein Beispiel hierfür ist ein gemischter Poisson-Prozeß (vgl. Abschnitt 5.2), für den der Erwartungswert $\mathbf{E}Z$ des zufälligen Faktors Z in (5.13) unendlich ist.

Für jeden zufälligen Punktprozeß Φ, d.h. $[N, \mathcal{N}, P]$, mit lokalendlichem Intensitätsmaß ist auch das Intensitätsmaß α^* des zugehörigen (mittels (2.6) induzierten) einfachen Punktprozesses Φ^* mit kanonischer Darstellung $[N^*, \mathcal{N}^*, P^*]$ lokalendlich, denn für jedes beschränkte Intervall $B \in \mathcal{B}$ gilt

$$\alpha^*(B) = \int\limits_N \varphi(B)\, P^*(d\varphi) = \int\limits_N \varphi^*(B)\, P(d\varphi) \leq \int\limits_N \varphi(B)\, P(d\varphi) < \infty\,.$$

Darüber hinaus läßt sich der Erwartungswert $\alpha^*(B)$ wie folgt darstellen.

Satz 3.2.1 *Für jedes beschränkte Intervall $B \in \mathcal{B}$ und für jede Nullfolge $\{B_{n1}, \ldots, B_{nn}\,;\, n \in G_+\}$ von gerichteten Zerlegungen des Intervalls B, gilt*

$$\lim_{n \to \infty} \sum_{l=1}^{n} P(\Phi(B_{nl}) > 0) \;=\; \alpha^*(B)\,. \tag{3.8}$$

Beweis Es gilt $\Phi^*(B) = \lim\limits_{n \to \infty} Z_n(B)$ für jedes $B \in \mathcal{B}$, wobei $\{Z_n(B)\}$ die in (3.3) und (3.4) definierte monotone Folge ist. Also gilt nach dem Satz von B. Levi über die monotone Konvergenz

$$\mathbf{E}\Phi^*(B) = \lim_{n \to \infty} \mathbf{E}Z_n(B) = \lim_{n \to \infty} \sum_{l=1}^{n} P(\Phi(B_{nl}) > 0)\,. \quad \Box$$

Es sei vermerkt, daß (3.8) als Verallgemeinerung der bekannten lokalen Charakterisierung der Intensität eines stationären Punktprozesses im Satz von Koroljuk aufgefaßt werden kann (vgl. die Bemerkung nach dem Beweis des Satzes 6.1.2 bzw. Aufgabe 6.4.3).

Aus dem in Abschnitt 2.5 angegebenen Existenz- und Eindeutigkeitssatz ergibt sich ohne weiteres, daß es für jedes lokalendliche Maß α auf der σ-Algebra $\mathcal{R}$ zumindest einen Punktprozeß gibt (nämlich, wie in Abschnitt 2.5 vermerkt wurde, einen Poisson-Prozeß), dessen Intensitätsmaß α ist. Dabei wird allerdings im allgemeinen die Verteilung eines Punktprozesses nicht eindeutig durch das zugehörige Intensitätsmaß bestimmt (vgl. Aufgabe 3.6.2). Dies ist ein Grund dafür, daß wir neben dem Intensitätsmaß eines Punktprozesses noch dessen Campbellsches Maß betrachten. Und zwar definieren wir in Ausdehnung von (3.7) die

Mengenfunktion $C : \mathcal{N} \otimes \mathcal{R} \to R \cup \{\infty\}$ durch die Vorschrift

$$C(A \times B) \;=\; \int_N \varphi(B)\,\mathbf{1}_A(\varphi)\,P(d\varphi) \tag{3.9}$$

für $A \in \mathcal{N}$, $B \in \mathcal{R}$ bzw.

$$C(E) \;=\; \int_N \int_R \mathbf{1}_E(\varphi, x)\,\varphi(dx)\,P(d\varphi) \tag{3.9'}$$

für eine beliebige Menge $E \in \mathcal{N} \otimes \mathcal{R}$.

Das so gegebene Maß C auf der Produkt-σ-Algebra $\mathcal{N} \otimes \mathcal{R}$ wird das *Campbellsche Maß* von Φ genannt. Es kann auch als Verfeinerung des Intensitätsmaßes α aufgefaßt werden, denn es gilt

$$\alpha(B) \;=\; C(N \times B) \qquad \text{für alle } B \in \mathcal{R} \,. \tag{3.10}$$

Die Definitionsgleichung (3.9) kann man als Spezialfall eines allgemeineren Zusammenhanges zwischen den Maßen P und C ansehen, der in der Literatur häufig das *Campbellsche Theorem* genannt wird. Es ist insbesondere ein wichtiges Beweismittel in der Punktprozeßtheorie und bei deren Anwendungen.

Satz 3.2.2 (Campbellsches Theorem) *Für jede Verteilung P auf $\mathcal{N}$ und für jede $(\mathcal{N} \otimes \mathcal{R}, \mathcal{R}_+)$-meßbare Funktion $f : N \times R \to R_+$, wobei $\mathcal{R}_+ = \mathcal{R} \cap R_+$, gilt*

$$\left(\int_N \int_R f(\varphi, x)\,\varphi(dx)\,P(d\varphi) = \right)$$
$$\int_N \Big(\sum_{x \in S_\varphi} \varphi(\{x\}) f(\varphi, x) \Big) P(d\varphi) \;=\; \int_{N \times R} f(z)\,C(dz) \,. \tag{3.11}$$

Beweis Zunächst sei vermerkt, daß

$$\varphi \longrightarrow \sum_n f(\varphi, X_n(\varphi)) \;=\; \sum_{x \in S_\varphi} \varphi(\{x\}) f(\varphi, x)$$

eine $(\mathcal{N}, \mathcal{R})$-meßbare Abbildung von N in $[0, \infty]$ ist. Das Integral auf der linken Seite von (3.11) ist also wohldefiniert. Außerdem gilt offensichtlich für jede Indikatorfunktion $f : N \times R \to R_+$ der Gestalt $f(\varphi, x) = \mathbf{1}_A(\varphi)\mathbf{1}_B(x)$ mit $A \in \mathcal{N}$, $B \in \mathcal{R}$ die Beziehung

$$\sum_{x \in S_\varphi} \varphi(\{x\}) f(\varphi, x) \;=\; \varphi(B)\mathbf{1}_A(\varphi)$$

für jedes $\varphi \in N$. Die Behauptung (3.11) ist somit für Indikatorfunktionen dieser Gestalt bewiesen. Weil außerdem die Gültigkeit der Beziehung (3.11) bei der Bildung von nichtnegativen endlichen Linearkombinationen von Funktionen, für die (3.11) gilt, und ebenso für alle Limites von monoton wachsenden Folgen von solchen Linearkombinationen erhalten bleibt, ergibt sich hieraus die Gültigkeit von (3.11) für jede beliebige $(\mathcal{N} \otimes \mathcal{R}, \mathcal{R}_+)$-meßbare Funktion $f : N \times R \to R_+$. $\square$

Im Gegensatz zum Intensitätsmaß eines Punktprozesses hat das durch (3.9) definierte Campbellsche Maß die Eigenschaft, daß die Verteilung jedes Punktprozesses eindeutig durch das zugehörige Campbellsche Maß bestimmt wird. Eine solche Eindeutigkeitsaussage beinhaltet die folgende *Umkehrformel* (3.13), die es gestattet, die Verteilung P aus C zu ermitteln. Dabei bezeichnet $N \setminus \{\varphi_0\}$ die Menge aller lokalendlichen Zählmaße auf $\mathcal{R}$ mit Ausnahme des Nullmaßes φ_0 in N mit $\varphi_0(R) = 0$.

Satz 3.2.3 (Umkehrformel) *Es sei $A_0 \in \mathcal{N} \cap (N \setminus \{\varphi_0\})$, und es sei $h : A_0 \times R \to [0,1]$ eine $(\mathcal{N} \otimes \mathcal{R}, \mathcal{R} \cap [0,1])$-meßbare Funktion mit der Eigenschaft*

$$\sum_{x \in S_\varphi} \varphi(\{x\}) h(\varphi, x) \;=\; 1 \qquad \textit{für alle } \varphi \in A_0 \,. \tag{3.12}$$

Dann gilt

$$P(A \cap A_0) \;=\; \int_{A_0 \times R} \mathbf{1}_A(\varphi)\, h(\varphi, x)\, C(d[\varphi, x]) \tag{3.13}$$

für jedes $A \in \mathcal{N}$.

Beweis Durch die Vorschrift

$$h(z) = 0 \qquad \text{für} \quad z \in (N \setminus A_0) \times R$$

setzen wir die Funktion h auf ganz $N \times R$ fort. Unter Berücksichtigung der Bedingung (3.12) erhalten wir dann aus dem Campbellschen Theorem (Satz 3.2.2), daß

$$\int_{A_0 \times R} \mathbf{1}_A(\varphi)\, h(\varphi, x)\, C(d[\varphi, x]) \;=\; \int_{N \times R} \mathbf{1}_A(\varphi)\, h(\varphi, x)\, C(d[\varphi, x])$$

$$= \int_N \sum_{x \in S_\varphi} \varphi(\{x\}) \mathbf{1}_A(\varphi)\, h(\varphi, x)\, P(d\varphi)$$

$$= \int_N \mathbf{1}_A(\varphi) \sum_{x \in S_\varphi} \varphi(\{x\})\, h(\varphi, x)\, P(d\varphi)$$

$$= \int_N \mathbf{1}_A(\varphi) \mathbf{1}_{A_0}(\varphi)\, P(d\varphi) = P(A \cap A_0)\,. \;\square$$

Folgerung 3.2.4 *Für jedes $A \in \mathcal{N}$ und für jede beschränkte Borel-Menge $B \in \mathcal{R}_0$ gilt*

$$P(\varphi : \varphi \in A, \varphi(B) > 0) \ = \ \sum_{j=1}^{\infty} \frac{1}{j} C(\{\varphi : \varphi \in A, \varphi(B) = j\} \times B) \,. \quad (3.14)$$

Beweis Es genügt, in Satz 3.2.3

$$A_0 \ = \ \{\varphi : \varphi \in N, \ \varphi(B) > 0\}$$

sowie

$$h(\varphi, x) \ = \ \begin{cases} (\varphi(B))^{-1} & \text{für } x \in B \cap S_\varphi \,, \\ \\ 0 & \text{sonst} \end{cases}$$

zu setzen. Dann ergibt sich (3.14) unmittelbar aus der Umkehrformel (3.13). $\square$

Manchmal ist es zweckmäßiger, anstelle des durch (3.9) gegebenen Campbellschen Maßes C das sogenannte reduzierte Campbellsche Maß $C^!$ von Φ zu betrachten. Ein Grund hierfür ist die besonders einfache Gestalt von $C^!$ bei Poissonschen Punktprozessen. In diesem Fall läßt sich nämlich $C^!$ als Produktmaß darstellen, das aus dem Intensitätsmaß und der Verteilung des Poisson-Prozesses gebildet wird (vgl. Satz 3.2.5). Unter dem *reduzierten Campbellschen Maß* eines Punktprozesses Φ versteht man das durch die Vorschrift

$$C^!(A \times B) \ = \ \int\limits_N \sum_{x \in S_\varphi} \varphi(\{x\}) \, \mathbf{1}_B(x) \, \mathbf{1}_A(\varphi - \delta_x) \, P(d\varphi) \quad (3.15)$$

für $A \in \mathcal{N}$, $B \in \mathcal{R}$, bzw.

$$C^!(E) \ = \ \int\limits_N \int\limits_R \mathbf{1}_E(\varphi - \delta_x, x) \varphi(dx) \, P(d\varphi) \quad (3.15')$$

für $E \in \mathcal{N} \otimes \mathcal{R}$ auf $\mathcal{N} \otimes \mathcal{R}$ definierte Maß $C^!$, wobei δ_x das Dirac-Maß auf $\mathcal{R}$ mit $\delta_x(B) = \mathbf{1}_B(x)$ bezeichnet. Ein Vergleich von (3.15) und (3.9) zeigt, daß die Reduktion beim Übergang von C zu $C^!$ darin besteht, daß der in (3.9) auftretende Ausdruck $\mathbf{1}_A(\varphi)$ durch $\mathbf{1}_A(\varphi - \delta_x)$ ersetzt wird, d.h., die Wertigkeit des Atoms $x \in S_\varphi$ von φ wird um Eins verringert. Wenn also insbesondere die Wertigkeit des Atoms $x \in S_\varphi$ von φ gleich Eins ist, dann hat das reduzierte Zählmaß $\varphi - \delta_x \in N$ kein Atom an der Stelle x.

Die Verteilung P des Punktprozesses Φ wird auch durch das reduzierte Campbellsche Maß $C^!$ eindeutig bestimmt. Um sich dies zu verdeutlichen, kann man genauso wie beim (nichtreduzierten) Campbellschen Maß C vorgehen. Zunächst ergibt sich aus (3.15), so wie in Satz 3.2.2, die Beziehung

$$\int_N \sum_{x \in S_\varphi} \varphi(\{x\}) f(\varphi - \delta_x, x)\, P(d\varphi) \;=\; \int_{N \times R} f(z)\, C^!(dz) \qquad (3.11')$$

für jede $(\mathcal{N} \otimes \mathcal{R}, \mathcal{R}_+)$-meßbare Funktion $f : N \times R \to R_+$.

Hieraus erhalten wir, so wie in Satz 3.2.3, die *Umkehrformel*

$$P(A \cap (N \setminus \{\varphi_0\})) \;=\; \int_{N \times R} 1_A(\varphi + \delta_x)\, h(\varphi + \delta_x, x)\, C^!(d[\varphi, x]) \qquad (3.13')$$

für jedes $A \in \mathcal{N}$, wobei $h : (N \setminus \{\varphi_0\}) \times R \to [0,1]$ eine $(\mathcal{N} \otimes \mathcal{R}, \mathcal{R} \cap [0,1])$-meßbare Funktion mit der Eigenschaft

$$\sum_{x \in S_\varphi} \varphi(\{x\})\, h(\varphi, x) \;=\; 1 \qquad \text{für alle } \varphi \in N \setminus \{\varphi_0\} \qquad (3.12')$$

ist. Durch

$$h(\varphi, x) \;=\; \begin{cases} \varphi([-|x|, |x|])^{-1}, & \text{falls } |x| = \min\{|y| : \varphi(\{y\}) > 0\}, \\[2mm] 0 & \text{sonst} \end{cases}$$

ist ein Beispiel einer solchen Funktion h gegeben. Folglich besteht auch zwischen den Campbellschen Maßen C und $C^!$ ein eineindeutiger Zusammenhang. Dabei sei vermerkt, daß man mittels der in (3.20) und (3.23) gegebenen Dichten P_x und $P_x^!$ die Campbellschen Maße C und $C^!$ direkt ineinander überführen kann (vgl. Satz 3.3.4).

Wir kommen nun zu der oben erwähnten Darstellung des reduzierten Campbellschen Maßes $C^!$ eines Poisson-Prozesses als Produktmaß. Eine Darstellungsformel für das zugehörige (nichtreduzierte) Campbellsche Maß C ist in Folgerung 3.3.6 enthalten.

Satz 3.2.5 *Für einen Poisson-Prozeß Φ mit dem Intensitätsmaß α gilt*

$$C^! \;=\; P \times \alpha \,. \qquad (3.16)$$

Beweis Wir zerlegen den Beweis in mehrere Schritte:
(i) Zunächst zeigen wir, daß die Beziehung

$$C^!(A \times B) \;=\; P(A)\alpha(B) \qquad (3.17)$$

für jede Borel-Menge $B \in \mathcal{R}_0$ und für jedes $A \in \mathcal{N}$ der Gestalt $A = \{\varphi : \varphi(B_1) = j_1\}$ gilt, wobei $B_1 \in \mathcal{R}_0$ und $j_1 \in G_0$. Hierfür genügt es, (3.17) für die Fälle

(i_1) $B \subseteq B_1$ und (i_2) $B \cap B_1 = \emptyset$ nachzuweisen, weil jede beliebige Borel-Menge $B \in \mathcal{R}_0$ in der Form $B = (B \cap B_1) \cup (B \setminus B_1)$ dargestellt werden kann und dann

$$
\begin{aligned}
C^!(A \times B) &= C^!(A \times (B \cap B_1)) + C^!(A \times (B \setminus B_1)) \\
&= P(A)\,\alpha(B \cap B_1) + P(A)\,\alpha(B \setminus B_1) \\
&= P(A)\,\alpha(B)
\end{aligned}
$$

gilt. Im Fall (i_1) ergibt sich aus (3.15)

$$
\begin{aligned}
C^!(A \times B) &= \\
&= \sum_{k=0}^{j_1} \int_N \sum_{x \in S_\varphi} \varphi(\{x\})\, \mathbf{1}_B(x)\, \mathbf{1}_{\{\varphi':\varphi'(B)=k,\varphi'(B_1\setminus B)=j_1-k\}}(\varphi - \delta_x)\, P(d\varphi) \\
&= \sum_{k=0}^{j_1} \int_N \sum_{x \in S_\varphi} \varphi(\{x\})\, \mathbf{1}_B(x)\, \mathbf{1}_{\{\varphi':\varphi'(B)=k+1,\varphi'(B_1\setminus B)=j_1-k\}}(\varphi)\, P(d\varphi) \\
&= \sum_{k=0}^{j_1} \int_N (k+1)\, \mathbf{1}_{\{\varphi':\varphi'(B)=k+1,\varphi'(B_1\setminus B)=j_1-k\}}(\varphi)\, P(d\varphi) \\
&= \sum_{k=0}^{j_1} (k+1)\, P(\varphi : \varphi(B) = k+1)\, P(\varphi : \varphi(B_1 \setminus B) = j_1 - k) \\
&= \alpha(B) \sum_{k=0}^{j_1} \frac{[\alpha(B)]^k}{k!} e^{-\alpha(B)}\, P(\varphi : \varphi(B_1 \setminus B) = j_1 - k) \\
&= \alpha(B) \sum_{k=0}^{j_1} P(\varphi : \varphi(B) = k)\, P(\varphi : \varphi(B_1 \setminus B) = j_1 - k) \\
&= P(A)\,\alpha(B) .
\end{aligned}
$$

Auf ähnliche Weise folgt im Fall (i_2) aus (3.15)

$$
\begin{aligned}
C^!(A \times B) &= \int_N \sum_{x \in S_\varphi} \varphi(\{x\})\, \mathbf{1}_B(x)\, \mathbf{1}_{\{\varphi':\varphi'(B_1)=j_1\}}(\varphi)\, P(d\varphi) \\
&= \int_N \varphi(B)\, \mathbf{1}_{\{\varphi':\varphi'(B_1)=j_1\}}(\varphi)\, P(d\varphi) \\
&= \int_N \varphi(B)\, P(d\varphi) \int_N \mathbf{1}_{\{\varphi':\varphi'(B_1)=j_1\}}(\varphi)\, P(d\varphi) \\
&= P(A)\,\alpha(B) .
\end{aligned}
$$

(ii) Nun skizzieren wir, wie die Beziehung (3.17) für Mengen $A \in \mathcal{N}$ der Gestalt $A = \{\varphi : \varphi(B_1) = j_1, \ldots, (B_n) = j_n\}$ bewiesen wird, wobei $B_1, \ldots, B_n \in$

$\mathcal{R}_0, j_1, \ldots, j_n \in G_0$ und $n \in G_+$. So wie im ersten Beweisschritt erkennen wir, daß wir ohne Beschränkung der Allgemeinheit voraussetzen können, daß die $B_1, \ldots, B_n$ eine Folge paarweise disjunkter Borel-Mengen bilden, so daß entweder (ii$_1$) B vollständig in einer dieser Borel-Mengen enthalten ist oder (ii$_2$) $B \cap \bigcup_{k=1}^{n} B_k = \emptyset$ gilt. Im Fall (ii$_1$) können dann zum Nachweis der Gültigkeit von (3.17) die gleichen Überlegungen wie im Fall (i$_1$) benutzt werden. Im Fall (ii$_2$) verläuft der Beweis so wie im Fall (i$_2$).

(iii) Weil die Familie der Mengen $A \times B \in \mathcal{N} \otimes \mathcal{R}$, für die in (ii) die Gültigkeit der Beziehung (3.17) gezeigt wurde, einen Halbring bildet, der die Produkt-σ-Algebra $\mathcal{N} \otimes \mathcal{R}$ erzeugt, ergibt sich hieraus die Gültigkeit von (3.16) (vgl. Bauer (1978)). $\square$

In Verallgemeinerung von (3.9) und (3.15) können auch Campbellsche Maße und reduzierte Campbellsche Maße höherer Ordnung betrachtet werden. So wird das durch die Vorschrift

$$C_n(A \times B_1 \times \cdots \times B_n) = \int_N \varphi(B_1) \ldots \varphi(B_n) \, \mathbf{1}_A(\varphi) \, P(d\varphi) \qquad (3.18)$$

auf der Produkt-σ-Algebra $\mathcal{N} \otimes \mathcal{R}^n$ definierte Maß C_n das *Campbellsche Maß n-ter Ordnung* von Φ genannt. Analog hierzu versteht man unter dem *reduzierten Campbellschen Maß n-ter Ordnung* von Φ das durch die Vorschrift

$$C_n^!(A \times B_1 \times \cdots \times B_n)$$
$$= \int_N \int_{B_1 \times \cdots \times B_n} \mathbf{1}_A\Big(\varphi - \sum_{l=1}^{n} \delta_{u_l}\Big) \, \varphi^{(n)}(d(u_1, \ldots, u_n)) \, P(d\varphi) \qquad (3.19)$$

auf $\mathcal{N} \otimes \mathcal{R}^n$ definierte Maß $C_n^!$, wobei das *faktorielle Maß* $\varphi^{(n)}$ auf $\mathcal{R}^n$ durch
$$\varphi^{(n)}(d(u_1, \ldots, u_n)) = \varphi(du_1)(\varphi - \delta_{u_1})(du_2) \ldots (\varphi - \sum_{l=1}^{n-1} \delta_{u_l})(du_n) \text{ gegeben ist.}$$

3.3 Palmsche Verteilungen

Wir benutzen nun die in Abschnitt 3.2 eingeführten Campbellschen Maße zur Definition Palmscher Verteilungen. Diese können dann interpretiert werden als bedingte Verteilungen von Φ unter der Bedingung, daß in fest vorgegebenen Punkten der reellen Achse R Punkte des Punktprozesses Φ liegen. So wird z.B. die Palmsche Verteilung benötigt, um die bedingte Wahrscheinlichkeit dafür zu bestimmen, daß im Intervall $(a, b] \subset R$ genau j Punkte von Φ liegen unter der Bedingung, daß in a ein Punkt von Φ ist. Man spricht dann von sogenannten Palmschen Wahrscheinlichkeiten. An diesem Beispiel erkennt man auch, daß die Palmschen Verteilungen eine Verallgemeinerung der Palm-Chintschin-Funktionen sind (vgl. Abschnitt 6.3). Diese wurden jedoch für stationäre einfache Punktprozesse definiert, und auch in der Literatur wurde der Begriff der Palmschen Verteilung anfangs nur für stationäre einfache Punktprozesse betrachtet (vgl. Kapitel 4 und 6) und entsprechend als bedingte Verteilung gedeutet. Durch die Definition Palmscher Verteilungen mittels Campbellscher Maße können die Definitionen und die genannte Interpretation auch für nichtstationäre einfache Punktprozesse aufrechterhalten werden. Jedoch ist bei der strengen Definition und bei der Interpretation der Palmschen Verteilungen besondere Vorsicht geboten, da die dabei auftretende Bedingung, daß in fest vorgegebenen Punkten der reellen Achse R Punkte des Punktprozesses Φ liegen, bezüglich der Verteilung P von Φ die Wahrscheinlichkeit Null haben kann.

Der Begriff der Palmschen Verteilung spielt auch für Punktprozesse mit Mehrfachpunkten und allgemein für zufällige Maße (die nicht nur ganzzahlige Werte annehmen müssen) eine wichtige Rolle (vgl. Abschnitt 5.3).

Auf Grund der Voraussetzung , daß das Intensitätsmaß α lokalendlich ist, läßt sich das auf der Produkt-σ-Algebra $\mathcal{N} \otimes \mathcal{R}$ definierte Campbellsche Maß C wie folgt darstellen.

Satz 3.3.1 *Für α-fast jedes $x \in R$ gibt es eine eindeutig bestimmte Verteilung P_x auf $\mathcal{N}$, so daß*

$$C(A \times B) \;=\; \int\limits_B P_x(A)\, \alpha(dx) \qquad (3.20)$$

für alle $A \in \mathcal{N}$ und für alle $B \in \mathcal{R}$ gilt.

Die durch (3.20) auf $\mathcal{N}$ gegebene Verteilung P_x ist also die (Radon-Nikodym-) Dichte des Campbellschen Maßes bezüglich des Intensitätsmaßes an der Stelle $x \in R$ und wird *Palmsche Verteilung* von Φ bezüglich des Punktes $x \in R$ genannt.

Die Aussage des Satzes 3.3.1 basiert auf dem Fakt, daß es unter verhältnismäßig schwachen Voraussetzungen möglich ist, ein σ-endliches Maß, das auf einer Produkt-σ-Algebra definiert ist, mit Hilfe eines stochastischen Kerns darzustellen. Weil diese Darstellung im folgenden noch mehrmals verwendet wird, wollen wir sie in Lemma 3.3.2 gesondert formulieren, bevor wir zum Beweis des Satzes 3.3.1 kommen.

Es seien $[\tilde{J}, \tilde{\mathcal{J}}]$ und $[\tilde{N}, \tilde{\mathcal{N}}]$ zwei meßbare Räume. Dabei sei $\tilde{N}$ ein polnischer Raum, und $\tilde{\mathcal{N}}$ sei die σ-Algebra seiner Borel-Mengen. Ein Maß $\tilde{\alpha}$ auf $\tilde{J}$ heißt laut Abschnitt 3.2 *σ-endlich*, wenn es eine abzählbare Zerlegung $\{B_j;\, j \in G_+\} \subset \tilde{\mathcal{J}}$ von $\tilde{J}$ mit $\tilde{\alpha}(B_j) < \infty$ für jedes $j \in G_+$ gibt. In Übereinstimmung hiermit heißt ein Maß $\tilde{C}$ auf $\tilde{\mathcal{N}} \otimes \tilde{\mathcal{J}}$ σ-endlich, wenn es eine abzählbare Zerlegung von $\tilde{N} \times \tilde{J}$ in Teilmengen aus $\tilde{\mathcal{N}} \otimes \tilde{\mathcal{J}}$ gibt, so daß für jede dieser Teilmengen der Wert des Maßes $\tilde{C}$ endlich ist. Eine Abbildung $\tilde{P} : \tilde{J} \times \tilde{\mathcal{N}} \to [0,1]$ wird *stochastischer Kern* von $\tilde{J}$ in $\tilde{N}$ genannt, wenn

1. $\tilde{P}(\,\cdot\,, A) : \tilde{J} \to [0,1]$ für jedes $A \in \tilde{\mathcal{N}}$ eine $(\tilde{\mathcal{J}}, \mathcal{R} \cap [0,1])$-meßbare Funktion und

2. $\tilde{P}(x, \,\cdot\,) : \tilde{\mathcal{N}} \to [0,1]$ für jedes $x \in \tilde{J}$ ein Maß mit $\tilde{P}(x, \tilde{N}) = 1$ ist.

Lemma 3.3.2 *Für jedes σ-endliche Maß $\tilde{C}$ auf $\tilde{N} \otimes \tilde{J}$ für das das Maß $\tilde{\alpha} : \tilde{J} \to [0,\infty]$ mit $\tilde{\alpha}(B) = \tilde{C}(\tilde{N} \times B)$, $B \in \tilde{\mathcal{J}}$, ebenfalls σ-endlich ist, gibt es einen stochastischen Kern $\tilde{P}$ von $\tilde{J}$ in $\tilde{N}$, so daß*

$$\tilde{C}(A \times B) \;=\; \int_B \tilde{P}(x, A)\, \tilde{\alpha}(dx) \tag{3.21}$$

für beliebige $A \in \tilde{\mathcal{N}}$, $B \in \tilde{\mathcal{J}}$ gilt und die Verteilung $\tilde{P}(x, \,\cdot\,)$ für $\tilde{\alpha}$-fast jedes $x \in \tilde{J}$ eindeutig bestimmt ist.

Beim **Beweis** dieses Lemmas ist es zweckmäßig, zunächst den Fall zu betrachten, daß das Maß $\tilde{C}$ (und damit auch $\tilde{\alpha}$) endlich ist. In diesem Fall kann man ohne Einschränkung der Allgemeinheit annehmen, daß $\tilde{C}(\tilde{N} \times \tilde{J}) = \tilde{\alpha}(\tilde{J}) = 1$ gilt, und so wie beim Nachweis der Existenz einer regulären bedingten Verteilung vorgehen (vgl. S. 146 in Parthasarathy (1967)). In seiner vollen Allgemeinheit ergibt sich die Gültigkeit des Lemmas 3.3.2 dann mit Hilfe eines Monotonieschlusses (vgl. § 15.3.3 in Kallenberg (1986)). $\Box$

Beweis des Satzes 3.3.1 Für jedes $A \in \mathcal{N}$ ist das durch (3.9) gegebene Maß C_A auf $\mathcal{R}$ mit $C_A(B) = C(A \times B)$ absolutstetig bezüglich des σ-endlichen Intensitätsmaßes α, weil α das Maß C_A majorisiert. Nach dem Satz von Radon-Nikodym gibt es also eine (Dichte-)Funktion $P_A : R \to R_+$, die für α-fast alle $x \in R$ eindeutig bestimmt ist, so daß

$$C_A(B) \;=\; \int_B P_A(x)\, \alpha(dx)$$

für alle $B \in \mathcal{R}$ gilt. Es ist also lediglich noch zu zeigen, daß die Dichtefunktionen $\{P_A; A \in \mathcal{N}\}$ so gewählt werden können, daß für α-fast jedes $x \in R$ die Mengenfunktion $P_x : \mathcal{N} \to R_+$ mit $P_x(A) = P_A(x)$ ein eindeutig bestimmtes Wahrscheinlichkeitsmaß ist. Dies ergibt sich aus Lemma 3.3.2, wenn für $\tilde{C}$ das in (3.9) gegebene Campbellsche Maß und für $\tilde{\alpha}$ das Intensitätsmaß mit $\alpha(B) = C(N \times B)$ eingesetzt und dabei beachtet wird, daß der Raum N der lokalendlichen Zählmaße auf $\mathcal{R}$ ein polnischer Raum ist (vgl. Abschnitt 6.2). $\Box$

Folgerung 3.3.3 *Es sei $\{\Phi_x; x \in R\}$ eine Familie von Punktprozessen Φ_x mit der kanonischen Darstellung $[N, \mathcal{N}, P_x]$ für α-fast alle $x \in R$, wobei P_x die in*

(3.20) *gegebene Palmsche Verteilung des Punktprozesses* $[N, \mathcal{N}, P]$ *ist. Außerdem sei* f *eine* $(\mathcal{N} \otimes \mathcal{R}, \mathcal{R}_+)$*-meßbare Funktion* $f : N \times R \to R_+$, *für die die durch*

$$C_f(B) \;=\; \int\limits_N \int\limits_B f(\varphi, x)\, \varphi(dx)\; P(d\varphi)$$

auf $\mathcal{R}$ *gegebene Mengenfunktion* $C_f : \mathcal{R} \to [0, \infty]$ *ein* σ*-endliches Maß ist. Dann gilt für die Dichte*

$$\frac{dC_f}{d\alpha} : R \to [0, \infty]$$

von C_f *bezüglich* α *für* α*-fast jedes* $x \in R$ *die Darstellung*

$$\frac{dC_f}{d\alpha}(x) \;=\; \mathbf{E} f(\Phi_x, x)\,. \tag{3.22}$$

Beweis Ähnlich wie im Beweis des Satzes 3.2.1 wird die Beziehung (3.22) unter Berücksichtigung von (3.20) zunächst für Indikatorfunktionen, danach für Linearkombinationen von Indikatorfunktionen und schließlich allgemein für meßbare Funktionen bewiesen (bezüglich weiterer Details verweisen wir auf Kallenberg (1986), S.84). $\square$

Auf die gleiche Weise wie in Satz 3.3.1 kann man mit Hilfe von Lemma 3.3.2, ausgehend von dem durch (3.15) gegebenen reduzierten Campbellschen Maß $C^!$, für α-fast jedes $x \in R$ die *reduzierte Palmsche Verteilung* $P_x^!$ bezüglich des Punktes x dadurch definieren, daß

$$C^!(A \times B) \;=\; \int\limits_B P_x^!(A)\, \alpha(dx) \tag{3.23}$$

für jedes $A \in \mathcal{N}$ und für jedes $B \in \mathcal{R}$ gilt. Dabei ist die Verteilung $P_x^!$ wiederum für α-fast jedes $x \in R$ eindeutig bestimmt. Zwischen den Palmschen Verteilungen P_x und $P_x^!$ gilt die folgende Beziehung.

Satz 3.3.4 *Es sei* $\{\Phi_x;\; x \in R\}$ *eine Familie von Punktprozessen mit* $\Phi_x \sim [N, \mathcal{N}, P_x]$, *wobei* P_x *für* α*-fast alle* $x \in R$ *die in (3.20) gegebene Palmsche Verteilung des Punktprozesses* $[N, \mathcal{N}, P]$ *bezüglich* $x \in R$ *ist. Dann ist durch* $\Phi_x^! = \Phi_x - \delta_x$ *für* α*-fast alle* $x \in R$ *ein Punktprozeß* $\Phi_x^!$ *(der sogenannte reduzierte Punktprozeß) gegeben, der gemäß der reduzierten Palmschen Verteilung* $P_x^!$ *verteilt ist.*

Beweis Zuerst zeigen wir, daß

$$P_x(\varphi : \varphi(\{x\}) \geq 1) \;=\; 1 \tag{3.24}$$

für α-fast alle $x \in R$ gilt. Für jede beschränkte Borel-Menge $B \in \mathcal{R}_0$ gilt

$$\{(\varphi, x) \in N \times B : \varphi(\{x\}) \geq 1\}$$
$$= \bigcap_{n=1}^{\infty} \bigcup_{j=1}^{k_n} \Big(\{\varphi : \varphi(B_{nj}) \geq 1\} \times B_{nj} \Big) \in \mathcal{N} \otimes \mathcal{R} , \qquad (3.25)$$

wobei $\{\{B_{nj}; j \in \{1, \ldots, k_n\}\}; n \in G_+\}$ eine Nullfolge von gerichteten Zerlegungen von B ist. Also ergibt sich aus (3.9), daß

$$C((\varphi, x) \in N \times B : \varphi(\{x\}) > 1) = \int_B P_x(\varphi : \varphi(\{x\}) \geq 1) \, \alpha(dx) .$$

Damit ist

$$\alpha(B) = \int_B P_x(\varphi : \varphi(\{x\}) \geq 1) \, \alpha(dx)$$

bzw.

$$\int_B \big(1 - P_x(\varphi : \varphi(\{x\}) \geq 1)\big) \, \alpha(dx) = 0$$

für jedes $B \in \mathcal{R}_0$, d.h., (3.24) ist bewiesen. Das durch $\Phi_x^! = \Phi_x - \delta_x$ gegebene zufällige Maß $\Phi_x^!$ nimmt also nur nichtnegative ganzzahlige Werte an, d.h., $\Phi_x^!$ ist ein Punktprozeß. Nun genügt es zu zeigen, daß für jedes $A \in \mathcal{N}$

$$P_x^!(A) = \mathbf{P}(\Phi_x - \delta_x \in A) \qquad (3.26)$$

für α-fast jedes $x \in R$ gilt. Dies ergibt sich aber aus der Folgerung 3.3.3 mit $f(\varphi, x) = \mathbf{1}_A(\varphi - \delta_x)$. Denn in diesem Fall gilt $C_f(B) = C^!(A \times B)$ für $B \in \mathcal{R}_0$ und somit gemäß (3.22) und (3.23)

$$P_x^!(A) = \frac{dC_f(A)}{d\alpha}(x) = \mathbf{E}\mathbf{1}_A(\Phi_x - \delta_x) = \mathbf{P}(\Phi_x - \delta_x \in A) . \; \Box$$

Satz 3.3.5 *Für einen Poisson-Prozeß Φ mit dem Intensitätsmaß α gilt*

$$P_x^! = P \qquad (3.27)$$

für α-fast alle $x \in R$.

Beweis Weil die $P_x^!$ für α-fast alle $x \in R$ eindeutig bestimmt sind, ergibt sich die Behauptung aus (3.16) und (3.23). $\Box$

Wenn in Satz 3.3.5 zusätzlich bekannt ist, daß Φ einfach ist, dann wird im Beweis dieses Satzes die Formel (3.16) nicht in ihrer vollen Schärfe benötigt, sondern es genügt, das Übereinstimmen der Leerwahrscheinlichkeiten von P bzw. $P_x^!$ nachzuweisen (vgl. auch Satz 12.4.1).

Außerdem sei vermerkt, daß umgekehrt aus der Gültigkeit von (3.27) für α-fast alle $x \in R$ folgt, daß Φ ein Poisson-Prozeß ist, vgl. Folgerung 10.5.6 und Satz 12.4.1.

Folgerung 3.3.6 *Es sei Φ ein Poisson-Prozeß mit dem Intensitätsmaß α. Dann ist der durch $\Phi + \delta_x$ gegebene Punktprozeß für α-fast alle $x \in R$ gemäß P_x verteilt. Für das zugehörige Campbellsche Maß C gilt also*

$$C(A \times B) \;=\; \int_B P(\varphi : \varphi + \delta_x \in A)\,\alpha(dx)\,; \qquad (3.28)$$

$A \in \mathcal{N}$, $B \in \mathcal{R}$.

Beweis Die Behauptung folgt unmittelbar aus den Sätzen 3.3.4 und 3.3.5. $\square$

3.4 Lokale Charakterisierung Palmscher Verteilungen

Wie wir bereits in der Einleitung des Abschnittes 3.3 erwähnten, kann für einen einfachen Punktprozeß Φ die Palmsche Verteilung P_x als bedingte Verteilung von Φ gedeutet werden unter der Bedingung, daß in x ein Punkt des Punktprozesses Φ liegt. Falls Φ ein einfacher Poisson-Prozeß ist, dann läßt sich diese Deutung für die Leerwahrscheinlichkeiten $\{P_x(\varphi : \varphi(B) = 0); B \in \mathcal{B}_U\}$ leicht aus der Folgerung 3.3.6 ableiten. Denn aus der Tatsache, daß die Anzahlen der Punkte eines Poisson-Prozesses in disjunkten Intervallen unabhängige Zufallsgrößen sind, ergibt sich unter Berücksichtigung der Folgerung 3.3.6, daß für $B \in \mathcal{B}_U$

$$\begin{aligned}
P_x(\varphi : \varphi(B) = 0) \;&=\; P(\varphi : \varphi(B) = 0) \\
&=\; \lim_{u \downarrow 0} P(\{\varphi : \varphi(B) = 0\} \mid \{\varphi : \varphi([x-u, x+u)) > 0\})\,,
\end{aligned}$$

falls $x \notin B$, und

$$\begin{aligned}
P_x(\varphi : \varphi(B) = 0) \;&=\; 0 \\
&=\; \lim_{u \downarrow 0} P(\{\varphi : \varphi(B) = 0\} \mid \{\varphi : \varphi([x-u, x+u)) > 0\})\,,
\end{aligned}$$

falls $x \in B$, gilt.

Für beliebige einfache (nicht notwendig Poissonsche) Punktprozesse basiert die Interpretation der Palmschen Verteilung P_x als bedingte Verteilung auf Satz 3.4.3. Im stationären Fall wird diese Interpretationsmöglichkeit in Satz 6.2.3 präzisiert.

Darüber hinaus lasssen sich für einfache Punktprozesse auch die in Satz 3.4.1 eingeführten n-fachen Palmschen Verteilungen als bedingte Verteilungen deuten (vgl. Satz 3.4.3 bzw. Aufgabe 3.6.8).

Es ist klar, daß man ausgehend von den durch (3.18) und (3.19) gegebenen Campbellschen Maßen höherer Ordnung auch Palmsche Verteilungen höherer Ordnung, und zwar sogenannte n-fache Palmsche Verteilungen, definieren kann. Hierfür bezeichnen wir mit α_n das durch

$$\alpha_n(B_1 \times \cdots \times B_n) \;=\; \int_N \varphi(B_1) \cdots \varphi(B_n)\, P(d\varphi)\,, \qquad B_j \in \mathcal{R}\,, \quad (3.29)$$

auf der σ-Algebra $\mathcal{R}^n$ gegebene sogenannte *n-te Momentenmaß* von Φ. Wir setzen voraus, daß α_n ein lokalendliches Maß auf $\mathcal{R}^n$ ist. Analog bezeichnen wir mit $\alpha_n^!$ das durch

$$\alpha_n^!(B_1 \times \cdots \times B_n) \;=\; \int_N \varphi^{(n)}(B_1 \times \cdots \times B_n)\, P(d\varphi) \qquad (3.30)$$

auf $\mathcal{R}^n$ gegebene *n-te faktorielle Momentenmaß* von Φ, wobei $\varphi^{(n)}$ das in (3.19) eingeführte faktorielle Maß ist. Die gleichen Überlegungen wie im Beweis des Satzes 3.3.1 führen dann zu dem folgenden Ergebnis.

Satz 3.4.1 *Für jedes beliebige, jedoch fest vorgegebene $n \in G_+$ und für α_n-fast jeden (bzw. $\alpha_n^!$-fast jeden) Vektor $(x_1, \ldots, x_n) \in R^n$ gibt es eindeutig bestimmte Verteilungen $P_{x_1,\ldots,x_n}$ und $P_{x_1,\ldots,x_n}^!$ auf $\mathcal{N}$, so daß*

$$C_n(A \times B_1 \times \cdots \times B_n) \;=\; \int_{B_1 \times \cdots \times B_n} P_{x_1,\ldots,x_n}(A)\, \alpha_n(d(x_1,\ldots,x_n)) \qquad (3.31)$$

und

$$C_n^!(A \times B_1 \times \cdots \times B_n) \;=\; \int_{B_1 \times \cdots \times B_n} P_{x_1,\ldots,x_n}^!(A)\, \alpha_n^!(d(x_1,\ldots,x_n)) \qquad (3.32)$$

für alle $A \in \mathcal{N}$ und für alle $B_1, \ldots, B_n \in \mathcal{R}$ gilt.

Die durch (3.31) auf N gegebene Verteilung $P_{x_1,\ldots,x_n}$ wird *n-fache Palmsche Verteilung* von Φ bezüglich des Vektors $(x_1, \ldots, x_n) \in R^n$ genannt. Analog heißt $P_{x_1,\ldots,x_n}^!$ *reduzierte n-fache Palmsche Verteilung* bezüglich $\{x_1, \ldots, x_n\} \in R^n$.

Aus der Definition der Palmschen Verteilungen $P_{x_1,\ldots,x_n}$ und $P_{x_1,\ldots,x_n}^!$ ist ersichtlich (vgl. (3.18) und (3.31) bzw. (3.19) und (3.32)), daß die Verteilungen $P_{x_1,\ldots,x_n}$ und $P_{x_1,\ldots,x_n}^!$ nicht von der Anordnung der Indizes $x_1, \ldots, x_n$ abhängen, sondern lediglich davon, welche Punkte $x_1, \ldots, x_n$ als Indizes auftreten. Außerdem besitzen die Palmschen Verteilungen $P_{x_1,\ldots,x_n}$ und die reduzierten Palmschen Verteilungen $P_{x_1,\ldots,x_n}^!$ die folgende Konsistenzeigenschaft.

Folgerung 3.4.2 *Für jedes $n \in G_+$ gilt*

$$P_{x_1,\dots,x_n} = \left(P_{x_1,\dots,x_{n-1}}\right)_{x_n} \tag{3.33}$$

für α_n-fast jeden Vektor $(x_1,\dots,x_n) \in R^n$ und

$$P^!_{x_1,\dots,x_n} = \left(P^!_{x_1,\dots,x_{n-1}}\right)^!_{x_n} \tag{3.33'}$$

für $\alpha^!_n$-fast jeden Vektor $(x_1,\dots,x_n) \in R^n$.

Beweis Für jedes $A \in \mathcal{N}$ und für jede Produktmenge $B_1 \times \cdots \times B_n \in (\mathcal{R}_0)^n$ ergibt sich aus (3.18) und (3.31), daß

$$C_n(A \times B_1 \times \cdots \times B_n) = \int_N \varphi(B_1)\dots\varphi(B_n)\,\mathbf{1}_A(\varphi)\,P(d\varphi)$$

$$= \sum_{j=1}^{\infty} j \int_N \varphi(B_1)\dots\varphi(B_{n-1})\,\mathbf{1}_{A\cap\{\varphi':\varphi'(B_n)=j\}}(\varphi)\,P(d\varphi)$$

$$= \sum_{j=1}^{\infty} j \int_{B_1\times\cdots\times B_{n-1}} P_{x_1,\dots,x_{n-1}}(A \cap \{\varphi' : \varphi'(B_n) = j\})\,\alpha_{n-1}(d(x_1,\dots,x_{n-1}))$$

$$= \int_{B_1\times\cdots\times B_{n-1}} \sum_{j=1}^{\infty} j\,P_{x_1,\dots,x_{n-1}}(A \cap \{\varphi' : \varphi'(B_n) = j\})\,\alpha_{n-1}(d(x_1,\dots,x_{n-1}))$$

$$= \int_{B_1\times\cdots\times B_{n-1}} \int_N \varphi(B_n)\,\mathbf{1}_A(\varphi)\,P_{x_1,\dots,x_{n-1}}(d\varphi)\,\alpha_{n-1}(d(x_1,\dots,x_{n-1}))$$

$$= \int_{B_1\times\cdots\times B_{n-1}} \int_{B_n} \left(P_{x_1,\dots,x_{n-1}}\right)_{x_n}(A)\,\alpha_{[x_1,\dots,x_{n-1}]}(dx_n)\,\alpha_{n-1}(d(x_1,\dots,x_{n-1}))$$

wobei $\alpha_{[x_1,\dots,x_{n-1}]}$ das Intensitätsmaß der Verteilung $P_{x_1,\dots,x_{n-1}}$ bezeichnet. Für $A = N$ folgt hieraus insbesondere, daß

$$\alpha_n(B_1 \times \cdots \times B_n) = \int_{B_1\times\cdots\times B_{n-1}} \int_{B_n} \alpha_{[x_1,\dots,x_{n-1}]}(dx_n)\,\alpha_{n-1}(d(x_1,\dots,x_{n-1})),$$

d.h., es gilt

$$C_n(A \times B_1 \times \cdots \times B_n) = \int_{B_1\times\cdots\times B_n} \left(P_{x_1,\dots,x_{n-1}}\right)_{x_n}(A)\,\alpha_n(d(x_1,\dots,x_n)).$$

Hieraus und aus (3.31) folgt (3.33). Der Beweis von (3.33') ist analog, denn es gilt für jedes $A \in \mathcal{N}$ und für jede Folge $B_1, B_2, \ldots, B_n$ paarweise disjunkter Borel-Mengen aus $\mathcal{R}_0$

$$
C_n^!(A \times B_1 \times \cdots \times B_n)
$$

$$
= \int\limits_N \int\limits_{B_1} \cdots \int\limits_{B_{n-1}} \left(\int\limits_{B_n} \mathbf{1}_A\left(\left(\varphi - \sum_{l=1}^{n-1}\delta_{u_l}\right) - \delta_{u_n}\right)\left(\varphi - \sum_{l=1}^{n-1}\delta_{u_l}\right)\right)(du_n) \times
$$

$$
\times \varphi(du_1)\cdots\varphi(du_{n-1})\, P(d\varphi)
$$

$$
= \int\limits_{B_1\times\cdots\times B_{n-1}} \int\limits_N \int\limits_{B_n} \mathbf{1}_A(\varphi - \delta_{u_n})\, \varphi(du_n)\, P^!_{x_1,\ldots,x_{n-1}}(d\varphi)\, \alpha^!_{n-1}(d(x_1,\ldots,x_{n-1}))
$$

$$
= \int\limits_{B_1\times\cdots\times B_{n-1}} \int\limits_{B_n} \left(P^!_{x_1,\ldots,x_{n-1}}\right)^!_{x_n}(A)\, \alpha_{[x_1,\ldots,x_{n-1}]}(dx_n)\, \alpha^!_{n-1}(d(x_1,\ldots,x_{n-1}))
$$

$$
= \int\limits_{B_1\times\cdots\times B_n} \left(P^!_{x_1,\ldots,x_{n-1}}\right)^!_{x_n}(A)\, \alpha^!_n(d(x_1,\ldots,x_n)) \,. \qquad \square
$$

Wir wollen nun die Interpretationsmöglichkeit der Palmschen Verteilungen $P_{x_1,\ldots,x_n}$ und $P^!_{x_1,\ldots,x_n}$ als bedingte Verteilungen unter der Bedingung, daß in $x_1,\ldots,x_n$ Punkte des Punktprozeses $[N,\mathcal{N},P]$ liegen, näher untersuchen.

Für jede Nullfolge von gerichteten Zerlegungen $\{B_{kj}; j \in G\}$ der reellen Achse und für jedes $x \in R$ bezeichne $B_k(x)$ diejenige Zerlegungskomponente B_{kj} der Zerlegung $\{B_{kj}; j \in G\}$, für die $x \in B_{kj}$ gilt.

Satz 3.4.3 *Es sei Φ ein einfacher Punktprozeß mit der Verteilung P und dem lokalendlichen n-ten Momentenmaß $\alpha_n; n \in G_+$. Für jedes $A \in \mathcal{N}$ und für jede Nullfolge von gerichteten Zerlegungen $\{B_{kj}; j \in G\}$ der reellen Achse gilt die Konvergenz*

$$
P_{x_1,\ldots,x_n}(A) \;=\; \lim_{k\to\infty} P\left(A \mid \bigcap_{i=1}^{n}\{\varphi : \varphi(B_k(x_i)) > 0\}\right) \tag{3.34}
$$

bzw.

$$
P^!_{x_1,\ldots,x_n}(A) =
$$

$$
\lim_{k\to\infty} P\left(\{\varphi : (\varphi - \sum_{u \in S_\varphi \cap \bigcup\limits_{i=1}^{n} B_k(x_i)} \delta_u) \in A\} \mid \bigcap_{i=1}^{n}\{\varphi : \varphi(B_k(x_i)) > 0\}\right) \tag{3.34'}
$$

für $\alpha^!_n$-fast jeden Vektor $(x_1,\ldots,x_n) \in R^n$.

Es sei vermerkt, daß die Ausnahmemenge von Vektoren $(x_1, \ldots, x_n) \in R^n$, für die (3.34) bzw. (3.34') nicht gilt, von $A \in \mathcal{N}$ abhängen kann. Für stationäre einfache Punktprozesse wird diese Problematik im Fall $n = 1$ in Abschnitt 6.2 behandelt. Dabei wird gezeigt (vgl. Satz 6.2.3), daß die bedingten Verteilungen $P(\cdot \,|\, \{\varphi : \varphi(B_k(x)) > 0\})$ schwach im Sinne einer gewissen Metrik des Raumes $[N, \mathcal{N}]$ gegen die Palmsche Verteilung P_x konvergieren; $x \in R$. Eine solche Konvergenzaussage gilt auch für die in (3.34) bzw. (3.34') betrachteten bedingten Verteilungen von nicht notwendig stationären Punktprozessen. So ergibt sich aus (3.34), daß für $\alpha_n^!$-fast jeden Vektor $(x_1, \ldots, x_n) \in R^n$ die bedingten Verteilungen

$$P(\cdot \,|\, \bigcap_{i=1}^{n} \{\varphi : \varphi(B_k(x_i)) > 0\}) \text{ für } k \to \infty \text{ schwach gegen die } n\text{-fache Palmsche}$$

Verteilung $P_{x_1, \ldots, x_n}$ konvergieren (vgl. Kallenberg (1986), S.115).

Die Formeln (3.34) und (3.34') kann man nutzen, um die Palmschen Wahrscheinlichkeiten $P_{x_1, \ldots, x_n}(A)$ bzw. $P_{x_1, \ldots, x_n}^!(A)$ für bestimmte $A \in \mathcal{N}$ durch Bestimmungsstücke des zugrundeliegenden Punktprozesses auszudrücken. Wir wollen dies am Beispiel eines rekurrenten Punktprozesses verdeutlichen. Wenn $\Phi \sim \{X_n\}$ ein einfacher rekurrenter Punktprozeß ist, bei dem X_1 und die unabhängigen Abstände $\{X_{i+1} - X_i;\ i \in G\}$ jeweils absolutstetige Verteilungen mit positiven Dichten haben,dann gilt für jedes beliebige feste $n \in G_+$ und für $x_1, \ldots, x_n \in R$ mit $0 \leq x_1 < x_2 < \cdots < x_n < \infty$ die Beziehung

$$\lim_{k \to \infty} P(\{\varphi : \varphi(B_1) = j_1, \ldots, \varphi(B_l) = j_l\} \,|\, \{\varphi : \varphi(B_k(x_1)) > 0, \ldots, \varphi(B_k(x_n)) > 0\})$$

$$= \lim_{k \to \infty} P(\{\varphi : \varphi(B_1) = j_1, \ldots, \varphi(B_l) = j_l\} \,|\, \{\varphi : \varphi(B_k(x_n)) > 0\})$$

$$= P\Big(\bigcap_{r=1}^{l} \{\varphi : \#\{i : X_i(\varphi) - X_1(\varphi) \in B_r - x_n\} = j_r\}\Big),$$

falls die Mengen $B_1, \ldots, B_l \in \mathcal{R}_0$ im Intervall (x_n, ∞) liegen ($l \in G_+$; $j_1, \ldots, j_l \in G_0$). Aus (3.34) ergibt sich nun

$$P_{x_1, \ldots, x_n}(\varphi : \varphi(B_1) = j_1, \ldots, \varphi(B_l) = j_l)$$

$$= P\Big(\bigcap_{r=1}^{l} \{\varphi : \#\{i : X_i(\varphi) - X_1(\varphi) \in B_r - x_n\} = j_r\}\Big) \tag{3.35}$$

für ν^n-fast alle Vektoren $(x_1, \ldots, x_n) \in R^n$ mit $0 \leq x_1 < x_2 < \cdots < x_n < \infty$ und $B_1, \ldots, B_l \subset (x_n, \infty)$. Insbesondere gilt also beispielsweise für $u > 0$ und $j \in G_0$

$$P_{x_1, \ldots, x_n}(\varphi : \varphi((x_n, x_n + u)) = j) \;=\; F^{*j}(u) - F^{*(j+1)}(u), \tag{3.36}$$

wobei F^{*j} die j-fache Faltungspotenz der Verteilungsfunktion F mit $F(t) = P(\varphi : X_2(\varphi) - X_1(\varphi) < t)$ bezeichnet.

Wie (3.36) zeigt, hängt die bezüglich der n-fachen Palmschen Verteilung $P_{x_1,\dots,x_n}$ bestimmte Wahrscheinlichkeit für das Auftreten von genau j Punkten des betrachteten rekurrenten Punktprozesses im Intervall $(x_n, x_n + u)$ nur von der identischen Verteilungsfunktion F der Abstände ab, nicht jedoch von der Position der Punkte $x_1, \dots, x_n$.

Beim **Beweis** des Satzes 3.4.3 folgen wir den in Kallenberg (1986), § 12.4 benutzten Argumenten der Martingaltheorie. Dem einführenden Charakter des vorliegenden Buches Rechnung tragend, beschränken wir uns darauf, den Beweis von (3.34) im Fall $n = 1$ und $A = \{\varphi : \varphi(B_1) = j_1, \dots, \varphi(B_i) = j_i\}$ zu skizzieren, wobei $B_1, \dots, B_i \in \mathcal{R}_0$. Wegen der speziellen Gestalt der Menge $A \in \mathcal{N}$ genügt es, den Punktprozeß Φ nur in der beschränkten Menge $\bigcup\limits_{l=1}^{i} B_l$ zu betrachten. Es kann deshalb ohne Einschränkung der Allgemeinheit angenommen werden, daß das Intensitätsmaß α von Φ endlich ist. Die in (3.34) auftretenden bedingten Wahrscheinlichkeiten $P(A \mid \{\varphi : \varphi(B_k(x)) > 0\})$ lassen sich wie folgt darstellen:

$$
P(A \mid \{\varphi : \varphi(B_k(x)) > 0\})
$$

$$
= \frac{\mathbf{E}\mathbf{1}_A(\Phi)\mathbf{1}_{\{\varphi:\varphi(B_k(x))>0\}}(\Phi)}{\mathbf{E}\mathbf{1}_A(\Phi)\Phi(B_k(x))} \; \frac{\mathbf{E}\mathbf{1}_A(\Phi)\Phi(B_k(x))}{\mathbf{E}\Phi(B_k(x))} \; \frac{\mathbf{E}\Phi(B_k(x))}{P(\Phi(B_k(x)) > 0)} \, , \tag{3.37}
$$

wobei Null geteilt durch Null gleich Null gesetzt wird. Die drei Faktoren dieser Darstellung werden nun getrennt untersucht. Für die Folge $\{Z_k^{(2)}; k \in G_+\}$ von Abbildungen $Z_k^{(2)} : R \to R_+$ mit

$$
Z_k^{(2)}(x) \;=\; \frac{\mathbf{E}\mathbf{1}_A(\Phi)\,\Phi(B_k(x))}{\mathbf{E}\,\Phi(B_k(x))}
$$

ergibt sich die Gültigkeit von

$$
\lim_{k\to\infty} Z_k^{(2)}(x) \;=\; P_x(A) \qquad \text{für } \alpha\text{-fast alle } x \in R \tag{3.38}
$$

aus dem Fakt, daß $\{Z_{(k)}^{(2)}; k \in G_+\}$ ein gleichmäßig integrierbares Martingal über dem Markenraum $[R, \mathcal{R}, \alpha]$ bezüglich der Folge von σ-Algebren $\{\mathcal{R}_k; k \in G_+\}$ ist, wobei für jedes $k \in G_+$ mit $\mathcal{R}_k = \sigma(\{B_{kj}; j \in G\})$ diejenige Teil-σ-Algebra von $\mathcal{R}$ bezeichnet wird, die durch die Zerlegung $\{B_{kj}; j \in G\}$ erzeugt wird. Es gibt deshalb (vgl. Doob (1953)) eine $(\mathcal{R}, \mathcal{R})$-meßbare Funktion $Z_\infty^{(2)} : R \to [0,1]$ mit $Z_\infty^{(2)}(x) = \lim\limits_{k\to\infty} Z_k^{(2)}(x)$ für α-fast jedes $x \in R$ und mit

$$
(C(A \times B) =) \; \lim_{k\to\infty} \int_B Z_k^{(2)}(x)\,\alpha(dx) \;=\; \int_B Z_\infty^{(2)}(x)\,\alpha(dx)
$$

für jedes $B \in \mathcal{R}$. Aus der Eindeutigkeit der Radon-Nikodym-Dichte $dC(A, \cdot)/d\alpha$ $= P_x(A)$ folgt somit (3.38). Weil darüber hinaus die Folge $\{Z_k^{(3)}; \, k \in G_+\}$ von Abbildungen $Z_k^{(3)} : R \to R_+$ mit

$$Z_k^{(3)}(x) \;=\; \frac{P(\Phi(B_k(x)) > 0)}{\mathbf{E}\Phi(B_k(x))} \leq 1$$

ein gleichmäßig integrierbares Submartingal über $[R, \mathcal{R}, \alpha]$ bezüglich $\{\mathcal{R}_k; \, k \in G_+\}$ ist, existiert ebenfalls der Grenzwert $\lim_{k \to \infty} Z_k^{(3)}$ sowohl α-fast überall als auch in der $L_1(\alpha)$-Norm. Auf Grund der Voraussetzung, daß Φ einfach ist, läßt sich (3.8) wie folgt schreiben:

$$\lim_{k \to \infty} \sum_j \left[1 - \frac{P(\Phi(B_{kj} \cap B) > 0)}{\mathbf{E}\Phi(B_{kj} \cap B)}\right] \alpha(B_{kj} \cap B) \;=\; 0$$

für jedes $B \in \mathcal{B}$. Hieraus ergibt sich, daß $\lim_{k \to \infty} Z_k^{(3)}(x) = 1$ und damit auch

$$\lim_{k \to \infty} \frac{\mathbf{E}\Phi(B_k(x))}{P(\Phi(B_k(x)) > 0)} \;=\; 1 \qquad \text{für } \alpha\text{-fast alle } x \in R \, . \qquad (3.39)$$

Auf die gleiche Weise erhalten wir, daß

$$\lim_{k \to \infty} \frac{\mathbf{E}\left[(1 + \mathbf{1}_A(\Phi))\mathbf{1}_{\{\varphi : \varphi(B_k(x)) > 0\}}(\Phi)\right]}{\mathbf{E}\left[(1 + \mathbf{1}_A(\Phi))\Phi(B_k(x))\right]} \;=\; 1 \qquad (3.40)$$

für α_A-fast alle $x \in R$, wobei α_A das durch $\alpha_A(B) = \mathbf{E}\left[(1 + \mathbf{1}_A(\Phi))\Phi(B)\right]$ gegebene endliche Maß auf $\mathcal{R}$ ist. Weil α absolutstetig bezüglich α_A ist, gilt (3.40) also auch für α-fast alle $x \in R$. Hieraus sowie aus (3.38) und (3.39) ergibt sich

$$\lim_{k \to \infty} \frac{\mathbf{E}\mathbf{1}_A(\Phi)\mathbf{1}_{\{\varphi : \varphi(B_k(x)) > 0\}}(\Phi)}{\mathbf{E}\mathbf{1}_A(\Phi)\Phi(B_k(x))} \;=\; 1 \qquad (3.41)$$

für α-fast alle $x \in R$. Somit erhalten wir aus (3.37), (3.38), (3.39) und (3.41), daß

$$\lim_{k \to \infty} P(A \,|\, \{\varphi : \varphi(B_k(x)) > 0\}) \;=\; P_x(A)$$

für α-fast alle $x \in R$. $\square$

3.5   Erzeugendes Funktional und Laplace-Funktional

Ein wichtiges Hilfsmittel bei der Untersuchung von Punktprozessen ist das erzeugende Funktional, das eine Verallgemeinerung der erzeugenden Funktion einer diskreten Zufallsgröße ist. Für einen zufälligen Punktprozeß Φ mit der kanonischen

Darstellung $[N, \mathcal{N}, P]$ versteht man unter dem erzeugenden Funktional eine Abbildung $\mathbf{G} : \mathcal{H} \to R$, die jeder Funktion f aus der nachfolgend definierten Menge von Funktionen $\mathcal{H}$ auf bestimmte Weise eine reelle Zahl $\mathbf{G}(f)$ zuordnet. Und zwar sei $\mathcal{H}$ die Familie aller $(\mathcal{R}, \mathcal{R})$-meßbaren beschränkten Funktionen $f : R \to R$ mit den Eigenschaften $0 \leq f(x) \leq 1$ für alle $x \in R$ und $f(x) = 1$ für diejenigen $x \in R$, die nicht zu einer beschränkten (von f abhängigen) Menge $B_f \in \mathcal{R}_0$ gehören. Die Abbildung $\mathbf{G} : \mathcal{H} \to R$ mit

$$\mathbf{G}(f) \;=\; \int\limits_{N} f_\varphi P(d\varphi)\,, \tag{3.42}$$

wobei

$$f_\varphi \;=\; \begin{cases} 1\,, & \text{falls} \quad \varphi(R) = 0\,, \\[2mm] \prod\limits_{x \in S_\varphi} [f(x)]^{\varphi(\{x\})}\,, & \text{falls} \quad \varphi(R) > 0\,, \end{cases}$$

wird dann *erzeugendes Funktional* des Punktprozesses Φ, d.h. $[N, \mathcal{N}, P]$, genannt. Wird in (3.42) die Funktion f mit $f(x) = 1 + (z-1)\mathbf{1}_B(x), 0 \leq z \leq 1, B \in \mathcal{R}_0$ eingesetzt, dann ergibt sich als Spezialfall die erzeugende Funktion $\mathbf{E} z^{\Phi(B)}$ $(= \mathbf{G}(f))$ der zufälligen Anzahl $\Phi(B)$.

Satz 3.5.1 *Die Verteilung P von Φ ist eindeutig durch das erzeugende Funktional $\mathbf{G}$ bestimmt.*

Beweis Es genügt zu beachten, daß für jedes $k \in G_+$ und für jedes k-Tupel von beschränkten Borel-Mengen $B_1, \ldots, B_k \in \mathcal{R}_0$ die erzeugende Funktion

$$\mathbf{G}_{B_1, \ldots, B_k}(z_1, \ldots, z_k) \;=\; \mathbf{E} z_1^{\Phi(B_1)} \cdots z_k^{\Phi(B_k)}\,, \qquad 0 \leq z_1, \ldots, z_k \leq 1\,,$$

des zufälligen Vektors $(\Phi(B_1), \ldots, \Phi(B_k))$ durch

$$\mathbf{G}_{B_1, \ldots, B_k}(z_1, \ldots, z_k) \;=\; \mathbf{G}\Big(f_{\big(\substack{B_1, \ldots, B_k \\ z_1, \ldots, z_k}\big)}\Big) \tag{3.43}$$

gegeben ist, wobei

$$f_{\big(\substack{B_1, \ldots, B_k \\ z_1, \ldots, z_k}\big)}(x) \;=\; \prod_{j=1}^{k} \big(1 + (z_j - 1)\,\mathbf{1}_{B_j}(x)\big)\,.$$

Die Behauptung ergibt sich nun aus der Tatsache, daß gemäß Satz 2.5.1 die Verteilung P von Φ eindeutig durch die endlichdimensionalen Verteilungen von Φ bestimmt wird, die wiederum eindeutig durch die in (3.43) gegebenen erzeugenden Funktionen bestimmt werden. $\square$

Für das erzeugende Funktional eines Poisson-Prozesses läßt sich die folgende einfache Formel herleiten.

Satz 3.5.2 *Es sei* Φ *ein Poisson-Prozeß mit dem Intensitätsmaß* α. *Dann gilt für jedes* $f \in \mathcal{H}$

$$\mathbf{G}(f) \;=\; \exp\left[\int_R (f(x) - 1)\,\alpha(dx)\right]. \tag{3.44}$$

Beweis Zunächst weisen wir die Gültigkeit von (3.44) für Linearkombinationen von Indikatorfunktionen $\mathbf{1}_B$ beschränkter Borel-Mengen $B \in \mathcal{R}_0$ nach. Sei also

$$f(x) \;=\; 1 - \sum_{j=1}^{k} (1 - z_j)\,\mathbf{1}_{B_j}(x), \qquad 0 \le z_1, \ldots, z_k \le 1\,, \tag{3.45}$$

wobei wir ohne Einschränkung der Allgemeinheit annehmen können, daß die beschränkten Mengen $B_1, \ldots, B_k \in \mathcal{R}_0$ paarweise disjunkt sind. Dann gilt auf Grund der Unabhängigkeitseigenschaft des Poisson-Prozesses (vgl. Abschnitt 2.4)

$$\mathbf{G}(f) \;=\; \mathbf{E}\prod_{n} f(X_n) = \mathbf{E}\prod_{j=1}^{k} z_j^{\Phi(B_j)} = \prod_{j=1}^{k} \mathbf{E} z_j^{\Phi(B_j)}\,.$$

Weil für die erzeugende Funktion $\mathbf{E} z_j^{\Phi(B_j)}$ der poissonverteilten Zufallsgröße $\Phi(B_j)$ die Beziehung

$$\mathbf{E} z_j^{\Phi(B_j)} \;=\; \exp\left[\alpha(B_j)(z_j - 1)\right]$$

gilt, ergibt sich hieraus

$$\mathbf{G}(f) = \prod_{j=1}^{k} \exp\left[\alpha(B_j)(z_j - 1)\right] \;=\; \exp\left[\sum_{j=1}^{k} (z_j - 1)\,\alpha(B_j)\right]$$

$$= \; \exp\left[\int_R (f(x) - 1)\,\alpha(dx)\right]$$

und somit (3.44) für Funktionen $f : R \to R$ der Form (3.45). Für beliebige $f \in \mathcal{H}$ ergibt sich (3.44) nun aus der Tatsache, daß sich jede Funktion f aus $\mathcal{H}$ durch Funktionen f_n der Form (3.45) approximieren läßt, so daß $f(x) = \lim_{n \to \infty} f_n(x)$ für jedes $x \in R$ und $f_n(x) = 1$ für jedes $x \in R \setminus B$ und für jedes $n \in G_+$, wobei B ein beschränktes Intervall ist, das nicht von n abhängt. Dann gilt

$$\mathbf{G}(f) \;=\; \lim_{n \to \infty} \mathbf{G}(f_n) = \lim_{n \to \infty} \exp\left[\int_R (f_n(x) - 1)\,\alpha(dx)\right]$$

$$= \; \exp\left[\int_R \lim_{n \to \infty} (f_n(x) - 1)\,\alpha(dx)\right] = \exp\left[\int_R (f(x) - 1)\,\alpha(dx)\right].\;\square$$

Um die Definition spezieller Punktprozesse, insbesondere des Cox-Prozesses (vgl. Abschnitt 5.2), mathematisch präzise formulieren zu können, benötigen wir den Begriff des zufälligen Maßes (mit nicht notwendig ganzzahligen Werten). Hierfür bezeichne N' die Menge aller lokalendlichen Maße auf der σ-Algebra $\mathcal{R}$ der Borel-Mengen in R. Analog zu der in Abschnitt 2.1 eingeführten σ-Algebra $\mathcal{N}$ sei $\mathcal{N}'$ die kleinste σ-Algebra von Teilmengen von N', bezüglich der für jede beschränkte Borel-Menge $B \in \mathcal{R}_0$ die Abbildung $\eta \to \eta(B)$, die jedem $\eta \in N'$ die nichtnegative (nicht notwendig ganze) Zahl $\eta(B)$ zuordnet, $(\mathcal{N}', \mathcal{R})$-meßbar ist. Analog zu Abschnitt 2.1 versteht man unter einem *zufälligen Maß* Λ eine meßbare Abbildung $\Lambda : \Omega \to N'$ eines Wahrscheinlichkeitsraumes $[\Omega, \mathcal{F}, \mathbf{P}]$ in den meßbaren Raum $[N', \mathcal{N}']$. Insbesondere ist also jeder zufällige Punktprozeß ein spezielles zufälliges Maß, nämlich ein zufälliges Zählmaß. Eine wichtige Charakteristik des zufälligen Maßes Λ ist sein *Laplace-Funktional* $\mathbf{L} : \mathcal{H}' \to [0, 1)$, das wie folgt definiert wird: Es sei $\mathcal{H}'$ die Menge aller beschränkten $(\mathcal{R}, \mathcal{R}_+)$-meßbaren Funktionen $f : R \to R_+$, für die $f(x) = 0$ für diejenigen $x \in R$ gilt, die nicht zu einer beschränkten (von f abhängigen) Menge $B_f \in \mathcal{R}_0$ gehören. Und es sei

$$\mathbf{L}(f) \;=\; \mathbf{E} \exp\left(- \int_R f(x)\, \Lambda(dx)\right) \qquad \text{für } f \in \mathcal{H}' \,. \tag{3.46}$$

So wie dies in Abschnitt 2.5 für Punktprozesse getan wurde, kann man auch für zufällige Maße den Begriff der endlichdimensionalen Verteilungen definieren und eine dem Satz 2.5.1 entsprechende Existenz- und Eindeutigkeitsaussage beweisen (vgl. Kallenberg (1986), Kapitel 3 und 5). Hieraus ergibt sich dann insbesondere, daß zwischen dem zufälligen Maß Λ und seinem Laplace-Funktional $\mathbf{L}$ ein eineindeutiger Zusammenhang besteht, denn für jedes k-Tupel von beschränkten, paarweise disjunkten Borel-Mengen $B_1, \dots, B_k \in \mathcal{R}_0$ ist die Laplace-Stieltjes-Transformierte

$$\mathbf{E} \exp\left(- \sum_{j=1}^{k} s_j\, \Lambda(B_j)\right), \qquad s_1, \dots s_k > 0 \,,$$

des zufälligen Vektors $(\Lambda(B_1), \dots, \Lambda(B_k))$ durch

$$\mathbf{E} \exp\left(- \sum_{j=1}^{k} s_j\, \Lambda(B_j)\right) \;=\; \mathbf{L}\!\left(f^{\binom{B_1, \dots, B_k}{s_1, \dots, s_k}}\right)$$

gegeben, wobei

$$f^{\binom{B_1, \dots, B_k}{s_1, \dots, s_k}}(x) \;=\; \sum_{j=1}^{k} s_j\, \mathbf{1}_{B_j}(x) \,.$$

Das Laplace-Funktional **L** und das erzeugende Funktional **G** eines zufälligen Punktprozesses sind wie folgt miteinander verknüpft.

Satz 3.5.3 *Es sei* Φ *ein zufälliger Punktprozeß mit dem erzeugenden Funktional* **G** *und dem Laplace-Funktional* **L**. *Dann gilt* $\mathbf{L}(f) = \mathbf{G}(\exp(-f))$ *für jedes* $f \in \mathcal{H}'$.

Beweis Die Behauptung ergibt sich unmittelbar aus (3.46) und (3.42), denn es gilt für jedes $f \in \mathcal{H}'$

$$
\begin{aligned}
\mathbf{L}(f) &= \mathbf{E}\exp\Big(-\int_R f(x)\,\Phi(dx)\Big) = \mathbf{E}\exp\Big(-\sum_{x\in S_\varphi}\varphi(\{x\})\,f(x)\Big) \\
&= \mathbf{E}\prod_{x\in S_\varphi}\big[\exp(-f(x))\big]^{\varphi(\{x\})} = \mathbf{G}(\exp(-f)).\ \square
\end{aligned}
$$

3.6 Aufgaben

3.6.1. Man zeige, daß die Verteilung eines Poisson-Prozesses eindeutig durch sein Intensitätsmaß bestimmt wird. Außerdem zeige man, daß diese Aussage allgemein für Punktprozesse nicht zutreffend ist.

3.6.2. Es sei Φ ein rekurrenter Punktprozeß. Dann wird die Funktion $H :$ $[0,\infty) \to [0,\infty]$ mit $H(t) = \mathbf{E}\Phi([0,t))$, deren Werte mit den Werten $\alpha([0,t))$ übereinstimmen, die das zugehörige Intensitätsmaß für die Intervalle $[0,t)$ annimmt, *Erneuerungsfunktion* von Φ genannt. Man zeige, daß sich die Erneuerungsfunktion H durch

$$
H(t) = \sum_{k=0}^{\infty} \tilde{F} * F^{*k}(t) \qquad \text{für alle } t \leq 0
$$

darstellen läßt, wobei $\tilde{F}(t) = P(X_1 < t)$, $F(t) = P(X_{n+1} - X_n < t)$ für $n \in G_+$ und $*$ die Faltung bezeichnet.

3.6.3. Man zeige, daß das Intensitätsmaß jedes rekurrenten Punktprozesses Φ lokalendlich ist. (Hinweis: Man benutze die in Aufgabe 3.6.2 gegebene Darstellungsformel und beachte, daß es genügt zu zeigen, daß $\mathbf{E}\Phi([0,t)) < \infty$ und $\mathbf{E}\Phi((-t,0)) < \infty$ für jedes $t > 0$.)

3.6.4. Man bestimme für einen Poisson-Prozeß mit dem Intensitätsmaß α den Wert des zugehörigen Campbellschen Maßes C für die Menge $\{\varphi : \varphi(B') = j\} \times B$, wobei $B, B' \in \mathcal{R}$ beliebige Borel-Mengen mit $B \subseteq B'$ und $0 < \alpha(B') < \infty$ sind; $j \in G_0$.

3.6.5. Es sei Φ ein Poisson-Prozeß mit dem Intensitätsmaß α. Man zeige, daß dann für beliebige Borel-Mengen $B, B' \in \mathcal{R}$ mit $B \subseteq B'$ und $0 < \alpha(B') < \infty$ die Formel

$$\mathbf{E}(\Phi(B) \mid \Phi(B') = j) \;=\; j\,\frac{\alpha(B)}{\alpha(B')}$$

für $j \in G_0$ gilt.

3.6.6. Es sei Φ ein (nicht notwendig Poissonscher) Punktprozeß mit dem Intensitätsmaß α. Man zeige, daß für beliebige $B_1, B_2 \in \mathcal{R}$ die Formel

$$\mathbf{E}\Phi(B_1)\Phi(B_2) \;=\; \int\limits_{B_1} \mathbf{E}\Phi_x(B_2)\,\alpha(dx)$$

gilt, wobei der Punktprozeß Φ_x für α-fast alle $x \in R$ gemäß P_x verteilt ist. Wie läßt sich die rechte Seite dieser Formel vereinfachen, wenn Φ ein Poisson-Prozeß ist?

3.6.7. Es seien P', P'' zwei Verteilungen auf $\mathcal{N}$ mit den lokalendlichen Intensitätsmaßen α', α'' und den Palmschen Verteilungen P'_x, P''_x. Man zeige, daß für $0 < q < 1$ die Palmschen Verteilungen P_x der *Mischung* $P = qP' + (1-q)P''$ wie folgt dargestellt werden können: Für α-fast alle $x \in R$, wobei $\alpha = q\alpha' + (1-q)\alpha''$ das Intensitätsmaß von P bezeichnet, gilt

$$P_x \;=\; q\,\frac{d\alpha'}{d\alpha}(x)\,P'_x + (1-q)\,\frac{d\alpha''}{d\alpha}(x)\,P''_x\,.$$

3.6.8. Es sei Φ ein Poisson-Prozeß mit dem (lokalendlichen) n-ten Momentenmaß α_n. Man zeige, daß dann der durch $\Phi + \sum_{j=1}^{n} \delta_{x_j}$ gegebene Punktprozeß für $\alpha_n^!$-fast alle $(x_1, \ldots x_n) \in R^n$ gemäß $P_{x_1,\ldots,x_n}$ verteilt ist; $n \in G_+$. Hieraus schlußfolgere man, daß die Leerwahrscheinlichkeiten $\{P_{x_1,\ldots,x_n}(\varphi : \varphi(B) = 0);\ B \in \mathcal{B}_U\}$ als Grenzwerte bedingter Wahrscheinlichkeiten von Φ dargestellt werden können.

3.6.9. In Verallgemeinerung der Aufgabe 3.6.6 beweise man die Formel

$$\mathbf{E}\Phi(B_1)\Phi(B_2)\cdots\Phi(B_n)$$
$$= \int\limits_{B_1}\cdots\int\limits_{B_{n-2}}\int\limits_{B_{n-1}} \alpha_{[x_1,\ldots,x_{n-1}]}(B_n)\,\alpha_{[x_1,\ldots,x_{n-2}]}(dx_{n-1})\cdots\alpha_{[x_1]}(dx_2)\,\alpha(dx_1)\,,$$

wobei $\alpha_{[x_1,\ldots,x_k]}$ das Intensitätsmaß der Palmschen Verteilung $P_{x_1,\ldots x_k}$ bezeichnet ($B_1,\ldots,B_n \in \mathcal{R}$; $n \in \{2,3,\ldots\}$).

Kapitel 4

Stationäre Punktprozesse I

Die Stationarität eines Punktprozesses wird als eine Invarianzeigenschaft gegenüber einem Verschiebungsoperator definiert und als Zeitstationarität interpretiert. Es folgen ein Stationaritätskriterium, der Begriff der Intensität und die Betrachtung des stationären Poissson-Prozesses.

Für stationäre Punktprozesse wird der Begriff der Palmschen Verteilung zunächst unabhängig von Abschnitt 3.3 und ohne Verwendung Campbellscher Maße auf direkte und einfache Weise definiert. Neben der Angabe von Eigenschaften, u.a. wird das Campbellsche Theorem für stationäre Punktprozesse bewiesen, und Interpretationen wird gezeigt, wie die so definierte Palmsche Verteilung P^0 eines stationären Punktprozesses die in Abschnitt 3.3 als Radon-Nikodym-Dichte eingeführte Palmsche Verteilung P_x bestimmt. Es ergibt sich, daß die Palmsche Verteilung P^0 eine gewisse eingebettete Stationarität besitzt, die sich von der in 4.1 eingeführten Zeitstationarität unterscheidet. Schließlich werden Umkehrformeln bewiesen, mit deren Hilfe die zu einer gegebenen Palmschen Verteilung P^0 gehörende zeitstationäre Verteilung bestimmt werden kann. Auch werden die reduzierte Palmsche Verteilung $P^!$ und ihr Zusammenhang mit $P_x^!$ behandelt.

4.1 Stationarität und Intensität

Um den Begriff der Stationarität eines Punktprozesses auf der reellen Achse definieren zu können, benötigen wir einen Verschiebungsoperator; denn wie in der allgemeinen Theorie zufälliger Prozesse bedeutet Stationarität eines Punktprozesses Invarianz seiner Verteilung (bzw. gewisser, von seiner Verteilung abgeleiteter Charakteristiken) gegenüber Verschiebungen auf dem Definitionsbereich, d.h. gegenüber Verschiebungen auf der reellen Achse R.

Für jedes $x \in R$ ist der *Verschiebungsoperator* $\mathbf{T}_x$ die eineindeutige und $(\mathcal{N}, \mathcal{N})$-meßbare Abbildung $\mathbf{T}_x : N \to N$, die jedem Zählmaß $\varphi = \sum_{t \in S_\varphi} \varphi(\{t\}) \delta_t$ aus N das Zählmaß $\mathbf{T}_x \varphi = \sum_{t \in S_\varphi} \varphi(\{t\}) \delta_{t-x}$ aus N zuordnet. Die Anwendung von

$\mathbf{T}_x$ auf φ bewirkt somit eine Verschiebung der Atome $t \in S_\varphi$ von φ um den Wert x nach links, falls $x \geq 0$, bzw. um den Wert $-x$ nach rechts, falls $x < 0$, wobei die Wertigkeiten $\varphi(\{t\})$ der Atome $t \in S_\varphi$ unverändert bleiben. Insbesondere gilt also $\mathbf{T}_0\varphi = \varphi$ für jedes $\varphi \in N$.

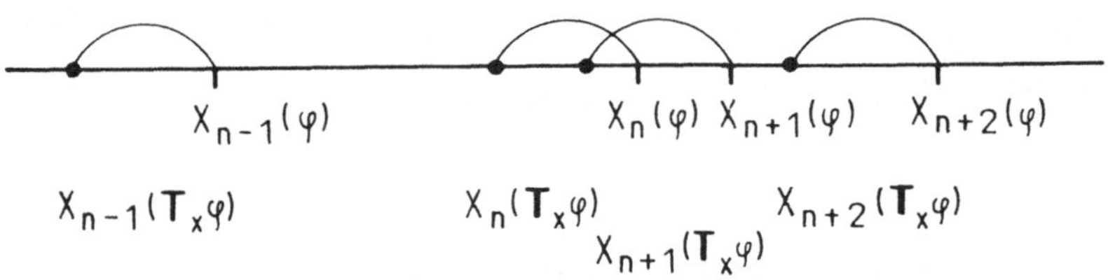

Abbildung 4.1 Anwendung des Verschiebungsoperators $\mathbf{T}_x$

Die Wirkung des Verschiebungsoperators $\mathbf{T}_x$ läßt sich natürlich auch dadurch beschreiben, daß anstelle der Atome von φ der Nullpunkt der reellen Achse um den Wert $|x|$ verschoben wird, und zwar jeweils in die entgegengesetzte Richtung, d.h., um den Wert x nach rechts, falls $x \geq 0$, bzw. um den Wert $-x$ nach links, falls $x < 0$. Auf diese Weise kann die Familie von Verschiebungsoperatoren $\{\mathbf{T}_x; x \in R\}$ zur Beschreibung einer zeitlichen Entwicklung dienen. Dabei wird die jeweilige Lage des Nullpunktes als Gegenwart gedeutet, während rechts bzw. links davon liegende Atome von φ Zeitpunkte für das Eintreten bestimmter Ereignisse (einschließlich eventuell vorhandener Vielfachheiten) in der Zukunft bzw. Vergangenheit beschreiben können. Für jeden Punktprozeß Φ stellt dann der durch $(\mathbf{T}_x\Phi)(\omega) = \mathbf{T}_x(\Phi(\omega))$ gegebene Punktprozeß $\mathbf{T}_x\Phi$ den Zustand des durch Φ erfaßten (zufälligen) Sachverhaltes nach bzw. vor $|x|$ Zeiteinheiten dar in Abhängigkeit davon, ob $x \geq 0$ oder $x < 0$.

Der Punktprozeß Φ, d.h. $[N, \mathcal{N}, P]$, (bzw. seine Verteilung P) heißt *stationär*, wenn für jedes $x \in R$ die Verteilung des Punktprozesses $\mathbf{T}_x\Phi$ mit P übereinstimmt, d.h., wenn für jedes $A \in \mathcal{N}$ und für jedes $x \in R$

$$P(A) \;=\; P(\mathbf{T}_x A) \tag{4.1}$$

gilt, wobei $\mathbf{T}_x A = \{\mathbf{T}_x\varphi : \varphi \in A\}$.

Diese Stationarität heißt auch **T**-Stationarität, bzw. man nennt sie Zeitstationarität wegen der angeführten Zeitinterpretation des Verschiebungsoperators $\mathbf{T}_x$ auf der reellen Achse. In der Regel ist es schwierig, die Gültigkeit der Beziehung (4.1) für alle $A \in \mathcal{N}$ nachzuweisen. Durch den folgenden Satz wird ersichtlich, daß dies auch nicht erforderlich ist, um nachzuprüfen, ob ein Punktprozeß stationär ist oder nicht. Auf Grund der Sätze 2.5.1 und 3.1.1 genügt es nämlich, die Gültigkeit von (4.1) nur für gewisse Teilsysteme von relativ einfachen Mengen A aus $\mathcal{N}$ zu zeigen.

Satz 4.1.1 *(i) Der Punktprozeß Φ ist genau dann stationär, wenn*

$$P(\varphi : \varphi([a_1, b_1)) = j_1, \ldots, \varphi([a_k, b_k)) = j_k)$$
$$= \quad P(\varphi : \varphi([a_1 + x, b_1 + x)) = j_1, \ldots, \varphi([a_k + x, b_k + x)) = j_k) \tag{4.2}$$

für jedes $x \in R$, für jedes k-Tupel $(j_1, \ldots, j_k) \in (G_0)^k$, für jede Folge $\{[a_l, b_l); l \in \{1, \ldots, k\}\}$ paarweise disjunkter, beschränkter Intervalle und für jedes beliebige feste $k \in G_+$ gilt.
(ii) Falls der Punktprozeß Φ einfach ist, dann ist Φ genau dann stationär, wenn

$$P\Big(\varphi : \varphi\Big(\bigcup_{l=1}^{k}[a_l, b_l)\Big) = 0\Big) \quad = \quad P\Big(\varphi : \varphi\Big(\bigcup_{l=1}^{k}[a_l + x, b_l + x)\Big) = 0\Big) \tag{4.3}$$

für jedes $x \in R$, für jede Folge $\{[a_l, b_l); l \in \{1, \ldots, k\}\}$ paarweise disjunkter, beschränkter Intervalle und für jedes beliebige feste $k \in G_+$ gilt.

Beweis Die Notwendigkeit der Bedingungen (4.2) und (4.3) ist offensichtlich. Die Hinlänglichkeit dieser Bedingungen ergibt sich aus den Sätzen 2.5.1 und 3.1.1. Aus (4.2) folgt, daß für jedes $x \in R$ die in Abschnitt 2.5. betrachteten endlichdimensionalen Verteilungen der Punktprozesse Φ und $T_x\Phi$ übereinstimmen. Unter Berücksichtigung des Satzes 2.5.1 gilt dann (4.1) für jedes $A \in \mathcal{N}$. Analog ergibt sich aus (4.3), daß für jedes $x \in R$ die in Abschnitt 3.1 betrachteten Leerwahrscheinlichkeiten der Punktprozesse Φ und $T_x\Phi$ übereinstimmen. Auf Grund der Voraussetzung, daß Φ und damit auch $T_x\Phi$ einfach ist, folgt somit aus Satz 3.1.1, daß (4.1) für jedes $A \in \mathcal{N}$ gilt. $\square$

Aus Satz 4.1.1 ergibt sich ohne weiteres, daß ein Poissonscher Punktprozeß genau dann stationär ist, wenn sein Intensitätsmaß α verschiebungsinvariant ist, d.h., wenn

$$\alpha([a, b)) \quad = \quad \alpha([a + x, b + x)) \tag{4.4}$$

für alle $a, b, x \in R$ mit $a < b$. Dies ist eine unmittelbare Konsequenz der Bedingung (4.2) und der Definitionsgleichung (2.15) des Poisson-Prozesses. Aus dem Haarschen Lemma (vgl. Halmos (1950)) ergibt sich nun, daß (4.4) genau dann gilt, wenn das lokalendliche Maß α ein Vielfaches des Lebesgue-Maßes ν auf $\mathcal{R}$ ist, d.h., wenn die Leitfunktion des Poisson-Prozesses durch (2.17) gegeben ist. Ein Poissonscher Punktprozeß ist also genau dann stationär, wenn seine Leitfunktion durch (2.17) gegeben ist.

In Kapitel 5 untersuchen wir das Vorliegen der Stationarität für weitere spezielle Klassen von Punktprozessen. Insbesondere geben wir in Abschnitt 5.1 ein einfaches Stationaritätskriterium für rekurrente Punktprozesse an.

Für beliebige, nicht notwendig Poissonsche Punktprozesse ist die Bedingung (4.4) zwar im allgemeinen nicht hinreichend, jedoch notwendig für das Vorliegen der Stationarität. Das in Abschnitt 3.2 eingeführte Intensitätsmaß α läßt sich also im Fall eines beliebigen stationären Punktprozesses als Vielfaches des Lebesgue-Maßes ν darstellen.

Satz 4.1.2 *Für jede stationäre Verteilung P auf $\mathcal{N}$, für die das zugehörige Intensitätsmaß α lokalendlich ist, gilt*

$$\alpha(B) \;=\; \lambda\,\nu(B) \qquad \text{für alle } B \in \mathcal{R}\,, \tag{4.5}$$

wobei λ eine Konstante ist mit $0 \le \lambda < \infty$.

Beweis Wegen der Stationarität von P ist $\alpha(B) = \alpha(B + x)$ für jedes $x \in R$ und für jedes $B \in \mathcal{R}$, wobei $B + x = \{y + x : y \in B\}$. Als verschiebungsinvariantes Maß auf $\mathcal{R}$ muß α also gemäß dem Haarschen Lemma gleich einem nichtnegativen Vielfachen des Lebesgue-Maßes sein. Dabei ist die in (4.4) auftretende Konstante λ endlich, weil α als lokalendlich vorausgesetzt wurde. $\square$

Wenn wir $B = [0, 1)$ in (4.5) setzen, dann erhalten wir für die Konstante λ den Ausdruck

$$\lambda \;=\; \alpha([0, 1)) \;=\; \mathbf{E}\Phi([0, 1))\,. \tag{4.6}$$

Diese Größe λ heißt die *Intensität* des stationären Punktprozesses Φ. Sie ist somit gleich dem Erwartungswert der Anzahl der Punkte von Φ je Längeneinheit auf R (bzw. je Zeiteinheit). Die Tatsache, daß die zu Satz 4.1.2 umgekehrte Aussage im allgemeinen nicht gilt, hängt damit zusammen, daß aus dem Übereinstimmen von Erwartungswerten in der Regel nicht auf das Übereinstimmen der zugrundeliegenden Verteilungen geschlossen werden kann. So wie die Verteilung eines Punktprozesses im allgemeinen nicht eindeutig durch das zugehörige Intensitätsmaß bestimmt wird (vgl. Abschnitt 3.2), ergibt sich aus der Verschiebungsinvarianz des Intensitätsmaßes im allgemeinen nicht die Stationarität des zugrundeliegenden Punktprozesses (vgl. Aufgabe 4.4.1).

Folgerung 4.1.3 *Für jede stationäre Verteilung P auf $\mathcal{N}$, für die das zugehörige Intensitätsmaß α lokalendlich ist, gilt*

$$P(\varphi : \varphi(\{x\}) > 0) \;=\; 0 \tag{4.7}$$

für alle $x \in R$.

Beweis Aus (4.5) ergibt sich, daß $\alpha(\{x\}) = 0$ für alle $x \in R$, und somit die Gültigkeit von (4.7). $\square$

Als weiteres Beispiel eines stationären Punktprozesses mit endlicher Intensität betrachten wir einen stationären rekurrenten Punktprozeß. Die Endlichkeit der Intensität λ jedes stationären rekurrenten Punktprozesses Φ ergibt sich aus der Tatsache (vgl. auch Aufgabe 3.6.2), daß für jeden stationären rekurrenten Punktprozeß Φ und für $t > 0$

$$
\begin{aligned}
\lambda t &= \mathbf{E}\Phi([0,t)) = \sum_{k=1}^{\infty} P(\Phi([0,t)) \geq k) \\
&= \sum_{k=1}^{\infty} P(X_k < t) = \sum_{k=1}^{\infty} P(X_1 + \sum_{j=2}^{k}(X_j - X_{j-1}) < t) \\
&= \sum_{k=0}^{\infty} (\tilde{F} * F^{*k})(t)
\end{aligned}
$$

gilt, wobei $\tilde{F}(u) = P(X_1 < u)$ und $*$ die Faltung bezeichnet. Hieraus erhalten wir die folgenden Abschätzungen, wobei wir zwei Fälle unterscheiden:

(a) Falls $F(1) < 1$ ist, dann gilt

$$
\lambda \leq \sum_{k=0}^{\infty} F^{*k}(1) \leq \sum_{k=0}^{\infty} [F(1)]^k < \infty .
$$

(b) Falls $c = \sup\{t : F(t) < 1\} \leq 1$ ist, dann gilt $F\left(\frac{c}{2}\right) < 1$, wobei $c > 0$, und

$$
\lambda = \frac{2}{c} \mathbf{E}\Phi([0,\tfrac{c}{2})) \leq \frac{2}{c} \sum_{k=0}^{\infty} [F(\tfrac{c}{2})]^k < \infty .
$$

Der Punktprozeß Φ genügt also der Bedingung $0 < \lambda < \infty$.

Wir zeigen nun, daß fast alle Realisierungen eines stationären Punktprozesses entweder sowohl im Intervall $(-\infty, 0)$ als auch in $[0, \infty)$ jeweils unendlich viele oder überhaupt keine Atome haben.

Satz 4.1.4 *Für jede stationäre Verteilung P auf $\mathcal{N}$ gilt*

$$
P(\varphi : \varphi((-\infty, 0)) = \varphi([0,\infty)) = \infty \ oder \ \varphi(R) = 0) = 1 .
$$

Beweis Für $y \in R$ sei $A_y = \{\varphi : \varphi([y,\infty)) = 0\}$. Die Mengenfamilie $\{A_y; y \in R\}$ ist bezüglich y monoton nichtfallend, $P(A_y)$ hängt jedoch wegen $\mathbf{T}_x A_y = A_{y-x}$ nicht von y ab. Folglich gilt

$$
P\left(\bigcup_{n=1}^{\infty} A_n\right) = P(A_0) = P\left(\bigcap_{n=1}^{\infty} A_{-n}\right) .
$$

Sei $A_+ = \{\varphi : \varphi([0,\infty)) < \infty\}$ und $A' = \{\varphi : \varphi(R) = 0\}$. Dann gilt

$$A_+ = \bigcup_{n=1}^{\infty} A_n \quad \text{und} \quad A' = \bigcap_{n=1}^{\infty} A_{-n}\,,$$

woraus sich $P(A_+ \setminus A') = 0$ ergibt. Analog gilt $P(A_- \setminus A') = 0$ für $A_- = \{\varphi : \varphi((-\infty,0)) < \infty\}$ und somit insgesamt $P((A_+ \cup A_-) \setminus A') = 0$. $\square$

Abschließend erwähnen wir in diesem Abschnitt die folgende *Symmetrieeigenschaft* stationärer Verteilungen auf $\mathcal{N}$, die bei der Definition der Palmschen Verteilung P^0 in Abschnitt 4.2 von Nutzen sein wird.

Satz 4.1.5 *Für jede stationäre Verteilung P auf $\mathcal{N}$ und für jede $(\mathcal{N} \otimes \mathcal{R}^2, \mathcal{R}_+)$-meßbare Funktion $f : N \times R^2 \to R_+$ gilt*

$$\iiint_{R\ N\ R} f(\mathbf{T}_x\varphi, x, y)\,\varphi(dx)\,P(d\varphi)\,dy$$

$$= \iiint_{R\ N\ R} f(\mathbf{T}_x\varphi, y, x)\,\varphi(dx)\,P(d\varphi)\,dy\,. \quad (4.8)$$

Beweis Aus der Stationarität von P ergibt sich, daß

$$\iiint_{R\ N\ R} f(\mathbf{T}_x\varphi, x, y)\,\varphi(dx)\,P(d\varphi)\,dy$$

$$= \iiint_{R\ N\ R} f(\mathbf{T}_{x+y}\varphi, x, y)\,(\mathbf{T}_y\varphi)(dx)\,P(d\varphi)\,dy$$

$$= \iiint_{R\ N\ R} f(\mathbf{T}_x\varphi, x - y, y)\,\varphi(dx)\,P(d\varphi)\,dy\,.$$

Auf die gleiche Weise erhalten wir, daß

$$\iiint_{R\ N\ R} f(\mathbf{T}_x\varphi, y, x)\,\varphi(dx)\,P(d\varphi)\,dy$$

$$= \iiint_{R\ N\ R} f(\mathbf{T}_x\varphi, y, x - y)\,\varphi(dx)\,P(d\varphi)\,dy\,.$$

Hieraus folgt die Behauptung, weil

$$\int_R f(\mathbf{T}_x\varphi, y, x - y)\,dy = \int_R f(\mathbf{T}_x\varphi, x - y, y)\,dy$$

für jedes $x \in R$ und für jedes $\varphi \in N$ gilt. $\square$

4.2 Palmsche Verteilungen stationärer Punktprozesse

Wir definieren nunmehr zunächst unabhängig von Abschnitt 3.3 die Palmsche Verteilung P^0 eines Punktprozesses Φ in kanonischer Darstellung $[N, \mathcal{N}, P]$ unter Voraussetzung seiner Stationarität. Das erfolgt auf direkte und einfache Weise mit Hilfe der stationären Verteilung P ohne Verwendung Campbellscher Maße. Nach Angabe von Eigenschaften und Interpretationen von P^0 zeigen wir den Zusammenhang von P^0 mit den in 3.3 definierten Palmschen Verteilungen P_x für den Fall stationärer Punktprozesse. Analog erfolgt die Behandlung der reduzierten Verteilung $P^!$.

Anhand von Beispielen wird deutlich werden (vgl. Abschnitt 5.1 für den Fall rekurrenter Punktprozesse), daß der Begriff der Palmschen Verteilung von grundlegender Bedeutung für die Konstruktion stationärer Punktprozesse ist, die wiederum zur Beschreibung von stochastischen Modellen im statistischen Gleichgewicht dienen können (vgl. Kapitel 8 und 9). Wir setzen voraus, daß

$$0 < \lambda < \infty \tag{4.9}$$

gilt. Wegen Satz 4.1.4 ist dies äquivalent mit

$$\lambda < \infty \quad \text{und} \quad P(\varphi : \varphi(R) = 0) < 1 \,. \tag{4.10}$$

Ohne dies im einzelnen zu betonen, werden wir bei der Untersuchung stationärer Punktprozesse im allgemeinen voraussetzen, daß die Bedingung (4.9) (bzw. (4.10)) erfüllt ist.

Für jede Borel-Menge $B \in \mathcal{R}$ mit $0 < \nu(B) < \infty$ definieren wir nun mit Hilfe der stationären Verteilung P durch

$$P^0(A) \;=\; \frac{1}{\lambda\,\nu(B)} \int\limits_N \int\limits_B \mathbf{1}_A(\mathbf{T}_x\varphi)\,\varphi(dx)\,P(d\varphi) \tag{4.11}$$

die Verteilung P^0 auf $\mathcal{N}$. Dabei läßt sich so wie bei der Definition (3.7) des Intensitätsmaßes α in Abschnitt 3.2 begründen, daß die durch (4.11) gegebene Mengenfunktion P^0 auf $\mathcal{N}$ die Eigenschaften einer Verteilung hat. Insbesondere ergibt sich die σ-Additivität von P^0 wiederum aus der σ-Additivität des Lebesgueschen Integrals. Wegen der Stationarität von P hängt außerdem die Verteilung P^0 nicht von der Wahl der Borel-Menge $B \in \mathcal{R}$ mit $0 < \nu(B) < \infty$ ab. Dies kann man sich wie folgt klarmachen. Für die Funktion $f : N \times R^2 \to R_+$ mit $f(\varphi, x, y) = \mathbf{1}_A(\varphi)\,\mathbf{1}_B(x)\,\mathbf{1}_{[0,1]}(y)$ nimmt die Beziehung (4.8) in Satz 4.1.5 die Gestalt

$$\int\limits_N \int\limits_B \mathbf{1}_A(\mathbf{T}_x\varphi)\,\varphi(dx)\,P(d\varphi) \;=\; \nu(B) \int\limits_N \int\limits_{[0,1]} \mathbf{1}_A(\mathbf{T}_x\varphi)\,\varphi(dx)\,P(d\varphi)$$

an. Hieraus folgt, daß die in (4.11) definierte Verteilung P^0 für jedes $B \in \mathcal{R}$ mit $0 < \nu(B) < \infty$ durch

$$P^0(A) \;=\; \frac{1}{\lambda} \int\limits_{N} \int\limits_{[0,1]} \mathbf{1}_A(\mathbf{T}_x\varphi)\, \varphi(dx)\, P(d\varphi)\,, \qquad A \in \mathcal{N}\,,$$

gegeben ist und somit nicht von B abhängt. P^0 heißt die *Palmsche Verteilung* des stationären Punktprozesses $[N, \mathcal{N}, P]$. Wir betrachten nun den Teilraum

$$N^0 \;=\; \{\varphi : \varphi((-\infty, 0)) = \varphi([0, \infty)) = \infty,\ \varphi(\{0\}) > 0\}$$

von N mit der Spur-σ-Algebra $\mathcal{N}^0 = \mathcal{N} \cap N^0$.

N^0 enthält somit sämtliche Zählmaße φ aus N, die sowohl auf der negativen als auch auf der positiven Halbachse jeweils unendlich viele Atome und außerdem im Nullpunkt ein Atom besitzen, wobei wir letzteres auch durch $X_1(\varphi) = 0$ charakterisieren können.

Mit Hilfe des folgenden Satzes erkennen wir, daß die durch (4.11) gegebene Palmsche Verteilung P^0 mit Wahrscheinlichkeit Eins ein Atom im Nullpunkt hat.

Satz 4.2.1 *Es gilt*

$$P^0(N^0) \;=\; 1\,. \tag{4.12}$$

Beweis Die Behauptung ergibt sich aus der Definitionsgleichung (4.11), wenn wir $A = N^0$ in (4.11) setzen und Satz 4.1.4 benutzen. $\square$

Die Palmsche Verteilung P^0 ist also schon eine Verteilung auf $\mathcal{N}^0 \subset \mathcal{N}$. Den Punktprozeß $[N^0, \mathcal{N}^0, P^0]$ bezeichnet man als *Palmschen Punktprozeß* Φ^0, gelegentlich auch *synchrone Version* von Φ genannt. Die Palmsche Verteilung P^0 läßt sich wie folgt als Intensitätsverhältnis interpretieren. Weil P^0 nicht von der Wahl der Menge B in (4.11) abhängt, können wir insbesondere $B = [0, 1)$ setzen. Der Nenner $\lambda\nu(B)$ in (4.11) ist dann gleich der Intensität λ, d.h., er ist gleich dem Erwartungswert der Anzahl der Punkte von Φ je Zeiteinheit. Die Größe

$$\int\limits_{N} \int\limits_{[0,1]} \mathbf{1}_A(\mathbf{T}_x\varphi)\, \varphi(dx)\, P(d\varphi)\,,$$

d.h. der Zähler in (4.11), kann nun analog als Teilintensität interpretiert werden. Nämlich als Intensität, d.h. als Erwartungswert der Anzahl der Punkte je Zeiteinheit desjenigen Teilprozesses von Φ, der nur aus den Punkten von Φ besteht, aus deren Sicht die jeweilige Realisierung von Φ in A liegt. Für jedes $A \in \mathcal{N}$ ist also $P^0(A)$ ein Quotient zweier Intensitäten.

Diese Aussage läßt sich verschärfen unter der zusätzlichen Voraussetzung, daß der stationäre Punktprozeß Φ *ergodisch* ist, d.h., daß er sich nicht als nichtentartete Mischung zweier stationärer Punktprozesse darstellen läßt, bzw. genauer gesagt, daß für jede Darstellung $P = qP' + (1-p)P''$ der Verteilung P von Φ, wobei

$0 \leq q \leq 1$ und P', P'' stationäre Verteilungen auf $\mathcal{N}$ sind, entweder $P' = P''(= P)$ oder $q \in \{0, 1\}$ gelten muß. Dann konvergieren die relativen Häufigkeiten

$$\frac{1}{\varphi([0,t))} \int\limits_{[0,t]} \mathbf{1}_A(\mathbf{T}_x\varphi)\,\varphi(dx)$$

der Anzahl der Punkte x von φ im Intervall $[0, t)$ mit der Eigenschaft $\mathbf{T}_x\varphi \in A$, geteilt durch die Gesamtanzahl der Punkte von φ im Intervall $[0, t)$ mit $t \to \infty$ für P-fast alle $\varphi \in N$ gegen $P^0(A)$ (vgl. Satz 7.3.3).

In diesem Fall kann man die Palmsche Wahrscheinlichkeit $P^0(A)$ als Wahrscheinlichkeit dafür deuten, daß Φ von einem zufällig ausgewählten Punkt dieses Punktprozesses aus gesehen in A liegt. Manchmal sagt man auch, daß $P^0(A)$ die Wahrscheinlichkeit dafür ist, daß Φ von einem *typischen Punkt* dieses Punktprozesses aus gesehen in A liegt (vgl. Abschnitt 7.3).

Falls der Punktprozeß Φ einfach ist, dann ist eine weitere Interpretationsmöglichkeit der Palmschen Verteilung P^0 die einer bedingten Verteilung von Φ unter der Bedingung, daß im Nullpunkt ein Punkt von Φ liegt (vgl. Abschnitt 6.2). Auf diese Weise ist die Palmsche Verteilung P^0 als Verallgemeinerung der von Palm (1943) eingeführten und von Chintschin (1955) präzisierten und verallgemeinerten Palm-Chintschin-Funktionen entstanden (vgl. Abschnitt 6.3). Eine besonders einfache Gestalt hat die Palmsche Verteilung P^0 eines einfachen rekurrenten stationären Punktprozesses Φ mit der Abstandsverteilungsfunktion F; $F(t) = P(X_{n+1} - X_n < t)$ für $n \in G \setminus \{0\}$. Dann ist P^0 die Verteilung einer Folge von unabhängigen, identisch gemäß F verteilten Zufallsgrößen (vgl. Abschnitt 5.1).

In Analogie zu Satz 3.2.2 ergibt sich aus der Definitionsgleichung (4.11) der Palmschen Verteilung P^0 das folgende *Campbellsche Theorem* für stationäre Punktprozesse.

Satz 4.2.2 (Campbellsches Theorem) *Der Punktprozeß $[N, \mathcal{N}, P]$ sei stationär. Dann gilt für jede $(\mathcal{N} \otimes \mathcal{R}, \mathcal{R}_+)$-meßbare Funktion $f : N \times R \to R_+$*

$$\int\limits_N \int\limits_R f(\varphi, x)\,dx\,P^0(d\varphi) \;=\; \frac{1}{\lambda} \int\limits_N \int\limits_R f(\mathbf{T}_x\varphi, x)\,\varphi(dx)\,P(d\varphi)\,. \qquad (4.13)$$

Das Integral über f bezüglich P^0 kann also dargestellt werden als ein Integral über f bezüglich P, jedoch unter Einbeziehung des Verschiebungsoperators und umgekehrt.

Beweis Wir schreiben (4.11) in der Form

$$\int\limits_N \int\limits_R \mathbf{1}_B(x)\,\mathbf{1}_A(\varphi)\,dx\,P^0(d\varphi) \;=\; \frac{1}{\lambda} \int\limits_N \int\limits_R \mathbf{1}_B(x)\,\mathbf{1}_A(\mathbf{T}_x\varphi)\,\varphi(dx)\,P(d\varphi)$$

und erkennen, daß (4.13) offensichtlich für alle Indikatorfunktionen $f : N \times R \to R_+$ der Gestalt $f(\varphi, x) = \mathbf{1}_B(x)\,\mathbf{1}_A(\varphi)$ gilt. Weil außerdem die Gültigkeit von (4.13) bei der Bildung von nichtnegativen endlichen Linearkombinationen von Funktionen, für die (4.13) gilt, und nach dem Satz von B. Levi ebenso für alle Limites von monoton wachsenden Folgen von solchen Linearkombinationen erhalten bleibt, ergibt sich hieraus die Gültigkeit von (4.13) für jede beliebige $(\mathcal{N} \otimes \mathcal{R}, \mathcal{R}_+)$-meßbare Funktion $f : N \times R \to R_+$. $\square$

Folgerung 4.2.3 *Für jeden stationären Punktprozeß* $[N, \mathcal{N}, P]$ *und für jede* $(\mathcal{N} \otimes \mathcal{R}, \mathcal{R}_+)$-*meßbare Funktion* $f : N \times R \to R_+$ *gilt*

$$\int\limits_N \int\limits_R f(\mathbf{T}_{-x}\varphi, x)\,dx\,P^0(d\varphi) \;=\; \frac{1}{\lambda}\int\limits_N \int\limits_R f(\varphi, x)\,\varphi(dx)\,P(d\varphi)\,. \qquad (4.14)$$

Beweis Die Beziehung (4.14) folgt unmittelbar aus (4.13). Es genügt nämlich, in (4.13) für f die Funktion $g : N \times R \to R_+$ mit $g(\varphi, x) = f(\mathbf{T}_{-x}\varphi, x)$ einzusetzen. Dann ergibt sich aus (4.13), daß

$$\begin{aligned}
\int\limits_N \int\limits_R f(\mathbf{T}_{-x}\varphi, x)\,dx\,P^0(d\varphi) &= \int\limits_N \int\limits_R g(\varphi, x)\,dx\,P^0(d\varphi) \\[2mm]
&= \frac{1}{\lambda}\int\limits_N \int\limits_R g(\mathbf{T}_x\varphi, x)\,\varphi(dx)\,P(d\varphi) \\[2mm]
&= \frac{1}{\lambda}\int\limits_N \int\limits_R f(\mathbf{T}_{-x}(\mathbf{T}_x\varphi), x)\,\varphi(dx)\,P(d\varphi) \\[2mm]
&= \frac{1}{\lambda}\int\limits_N \int\limits_R f(\varphi, x)\,\varphi(dx)\,P(d\varphi). \;\square
\end{aligned}$$

Wir zeigen nun durch den folgenden Satz, daß die durch (4.11) definierte Palmsche Verteilung P^0 für einen stationären Punktprozeß die in (3.20) mit Hilfe des Campbellschen Maßes C eingeführten P_x bestimmt.

Satz 4.2.4 *Der Punktprozeß* $[N, \mathcal{N}, P]$ *sei stationär. Dann können die Palmschen Verteilungen* $\{P_x\,;\,x \in R\}$ *in (3.20) so gewählt werden, daß*

$$P_x(A) \;=\; P^0(\mathbf{T}_x A) \qquad\qquad (4.15)$$

für alle $A \in \mathcal{N}$ *und für alle* $x \in R$ *gilt, wobei* P^0 *die durch (4.11) gegebene Verteilung ist.*

Der Grund für diese Formulierung des Satzes 4.2.4 besteht darin, daß die Verteilungen $\{P_x\,;\,x \in R\}$ in (3.20) als Radon-Nikodym-Dichten nur für α-fast alle $x \in R$, d.h. im Fall eines stationären Punktprozesses für ν-fast alle $x \in R$, eindeutig festgelegt sind und ansonsten beliebig sein können.

Beweis Es sei $A \in \mathcal{N}$ eine beliebige, aber fest vorgegebene Menge. Damit die durch (4.15) gegebene Funktion $P_A : R \to [0,1)$ mit $P_A(x) = P_x(A)$ in (3.20) eingesetzt werden kann, muß P_A eine $(\mathcal{R}, \mathcal{R} \cap [0,1))$-meßbare Funktion sein. Das ergibt sich aber unmittelbar aus (4.11) und (4.15). Außerdem muß gezeigt werden, daß

$$C(A \times B') \;=\; \lambda \int_{B'} P_A(y)\, dy \tag{4.16}$$

für jedes $B' \in \mathcal{R}$ gilt, wobei C das durch (3.9) gegebene Campbellsche Maß von Φ ist. Aus der Eindeutigkeit der Darstellung (3.20) ergibt sich dann die Behauptung. Die Gültigkeit von (4.16) folgt aber unmittelbar aus (4.14). Hierfür genügt es, in (4.14) die Funktion $f : N \times R \to R_+$ mit $f(\varphi, x) = \mathbf{1}_{B'}(x)\, \mathbf{1}_A(\varphi)$ einzusetzen und auf der linken Seite von (4.14) die Integrationsreihenfolge zu vertauschen. $\square$

Um also zu Aussagen über Eigenschaften der Palmschen Verteilungen $\{P_x \,;\, x \in R\}$ eines stationären Punktprozesses mit $0 < \lambda < \infty$ zu gelangen, genügt es auf Grund der Beziehung (4.15), die Eigenschaften der durch (4.11) gegebenen Palmschen Verteilung P^0 zu untersuchen.

Wir definieren nun für $B \in \mathcal{R}$ mit $0 < \nu(B) < \infty$ durch

$$P^!(A) \;=\; \frac{1}{\lambda\, \nu(B)} \int_N \int_B \mathbf{1}_A(\mathbf{T}_x \varphi - \delta_0)\, \varphi(dx)\, P(d\varphi) \tag{4.17}$$

eine Verteilung $P^!$ auf $\mathcal{N}$, die *reduzierte Palmsche Verteilung* des stationären Punktprozesses Φ heißt.

So wie die Palmsche Verteilungen $\{P_x;\, x \in R\}$ durch (4.15) gegeben sind, lassen sich für stationäre Punktprozesse auch die in Abschnitt 3.3 definierten reduzierten Palmschen Verteilungen $\{P_x^! \,;\, x \in R\}$ auf einfache Weise einführen. Die reduzierten Palmschen Verteilungen $\{P_x^! \,;\, x \in R\}$ in (3.23) können so gewählt werden, daß

$$P_x^!(A) \;=\; P^!(\mathbf{T}_x A) \tag{4.18}$$

für alle $A \in \mathcal{N}$ und für alle $x \in R$ gilt.

Analog zu Satz 3.3.4 ergibt sich aus (4.11) und (4.17), daß der Punktprozeß $\Phi^!$ mit $\Phi^! = \Phi^0 - \delta_0$ gemäß $P^!$ verteilt ist und deshalb *reduzierter Palmscher Punktprozeß* genannt wird. Falls Φ einfach ist, läßt sich $P^!$ als bedingte Verteilung von Φ deuten unter der Bedingung, daß im Nullpunkt ein Punkt von Φ liegt, der jedoch gestrichen wird (vgl. die Sätze 6.2.5 und 6.2.6). Aus (3.27) und (4.18) ergibt sich, daß die reduzierte Palmsche Verteilung $P^!$ eines stationären Poissonschen

Punktprozesses mit der Verteilung P von Φ übereinstimmt, d.h., es gilt dann $P^! = P$. Außerdem läßt sich mit Hilfe von $P^!$ die Klasse der stationären Poissonschen Punktprozesse auf einfache Weise charakterisieren (vgl. Satz 12.4.1).

4.3 Invarianzeigenschaften der Palmschen Verteilung und Umkehrformeln

Eine unmittelbare Konsequenz des Satzes 4.2.1 ist, daß die Palmsche Verteilung P^0 natürlich nicht stationär sein kann im Sinne der Invarianzeigenschaft (4.1) bezüglich der Verschiebungsoperatoren $\mathbf{T}_x$. Denn wie wir in Folgerung 4.1.3 gezeigt haben, folgt aus (4.1), daß in fest vorgegebenen Punkten der reellen Achse (insbesondere also auch im Nullpunkt) nur mit Wahrscheinlichkeit Null Atome des betrachteten Punktprozesses liegen können. Dies würde aber im Widerspruch zu (4.12) stehen. Die Verteilung P^0 besitzt dafür aber die folgende, in Satz 4.3.1 präzise formulierte Stationaritätseigenschaft. Sie ist invariant bezüglich einer gewissen zufälligen Verschiebung des Nullpunktes der reellen Achse von Atom zu Atom des in Abschnitt 4.2. definierten Punktprozesses Φ^0 bzw. $[N^0, \mathcal{N}^0, P^0]$. So bleibt unter der Bedingung, daß die Realisierung $\varphi \in N^0$ vorliegt, φ mit der Wahrscheinlichkeit $(\varphi(\{0\}) - 1)(\varphi(\{0\}))^{-1}$ unverändert, und mit der Wahrscheinlichkeit $(\varphi(\{0\}))^{-1}$ wird der Nullpunkt in den kleinsten positiven Punkt von φ verschoben.

Satz 4.3.1 *Die Palmsche Verteilung P^0 genügt der Gleichung*

$$P^0(A) \;=\; \int_{N^0} \left(\frac{\varphi(\{0\}) - 1}{\varphi(\{0\})}\, \delta_\varphi(A) + \frac{1}{\varphi(\{0\})}\, \delta_{\mathbf{T}_{X^*(\varphi)}\varphi}(A) \right) P^0(d\varphi) \qquad (4.19)$$

für jedes $A \in \mathcal{N}^0$, wobei $X^*(\varphi) = \min\{X_n(\varphi) : X_n(\varphi) > 0\} = X_{\varphi(\{0\})+1}(\varphi)$.

Im Gegensatz zu der Invarianzeigenschaft (4.1), die wir auch $\mathbf{T}$-Stationarität bzw. Zeitstationarität nannten, liegt also bei der Palmschen Verteilung P^0 eine andere Art von Stationarität vor, nämlich eine Stationarität bezüglich der punktweisen Verschiebung der Realisierungen. In diesem Zusammenhang sagt man auch, daß die Verteilung P^0 *eingebettetstationär* ist. Im Fall einfacher Punktprozesse wird der Grund für diese Begriffsbildung noch besser ersichtlich (vgl. Folgerung 4.3.2).

Den **Beweis** von (4.19) wollen wir hier nur für einfache Punktprozesse in Gestalt von (4.20) führen und verweisen ansonsten auf Abschnitt 3.9 in Kerstan/Matthes/Mecke (1974). Dabei sei vermerkt, daß sich natürlich im Fall $P^0(\varphi : \varphi(\{0\}) = 1) = 1$ die Gleichung (4.19) wie folgt zu (4.20) vereinfacht. Es sei $\mathbf{S}\varphi = \mathbf{T}_{X_2(\varphi)}$ für $\varphi \in N^0$. Durch den Operator $\mathbf{S} : N^0 \to N^0$ wird also für fast alle Realisierungen φ eines einfachen Palmschen Punktprozesses $[N^0, \mathcal{N}^0, P^0]$

der Nullpunkt der reellen Achse in den kleinsten positiven Punkt von φ und die anderen Punkte um den Betrag $X_2(\varphi)$ verschoben.

Folgerung 4.3.2 *Der Punktprozeß* Φ^0, *d.h.* $[N^0, \mathcal{N}^0, P^0]$, *sei einfach. Dann gilt*

$$P^0(A) \;=\; P^0(SA) \tag{4.20}$$

für alle $A \in \mathcal{N}^0$.

Beweis Weil mit Φ^0 auch der Punktprozeß Φ, d.h. $[N, \mathcal{N}, P]$, einfach ist, ergibt sich aus (4.11) mit $B = [0, t)$ die Abschätzung

$$
\begin{aligned}
|P^0(A) - P^0(SA)| \;&\leq\; \frac{1}{\lambda t} \int_N \left| \sum_{j=1}^{\varphi([0,t))} \left(\mathbf{1}_A(\mathbf{T}_{X_j(\varphi)}\varphi) - \mathbf{1}_A(\mathbf{T}_{X_{j+1}(\varphi)}\varphi) \right) \right| P(d\varphi) \\
&\leq\; \frac{2}{\lambda t}\,.
\end{aligned}
$$

Hieraus folgt die Behauptung, weil die Zahl $t > 0$ beliebig groß gewählt werden kann. $\square$

Wegen (4.20) spricht man bei einfachen Punktprozessen von der **S**-Stationarität der Palmschen Verteilung P^0.

Aus den Sätzen 3.2.3, 3.3.1 und 4.2.4 ergibt sich sofort, daß zwischen den Verteilungsgesetzen P und P^0 ein eineindeutiger Zusammenhang besteht. Darüber hinaus kann man mit der Umkehrformel (3.13) zeigen, wie P durch P^0 ausgedrückt werden kann. Die sich dabei ergebende Beziehung hat, bezüglich der Definitionsgleichung (4.11) von P^0, ebenfalls den Charakter einer *Umkehrformel*, denn aus ihr wird P aus dem gegebenen P^0 gewonnen.

Satz 4.3.3 (Umkehrformel) *Für jede* $(\mathcal{N} \otimes \mathcal{R}, \mathcal{R} \cap [0,1))$-*meßbare Funktion* $h : N \times R \to [0,1]$ *mit der Eigenschaft*

$$\sum_{\{x \in R, \varphi(\{x\}) > 0\}} \varphi(\{x\})\, h(\varphi, x) \;=\; 1 \qquad \text{für alle } \varphi \in N \setminus \{\varphi_0\} \tag{4.21}$$

gilt

$$P(A \setminus \{\varphi_0\}) \;=\; \lambda \int_{N^0} \int_R \mathbf{1}_A(\mathbf{T}_x\varphi)\, h(\mathbf{T}_x\varphi, -x)\, dx\, P^0(d\varphi) \tag{4.22}$$

für alle $A \in \mathcal{N}$.

Beweis Die Formel (4.22) folgt unmittelbar aus (3.13) mit $A_0 = N \setminus \{\varphi_0\}$, wenn in (3.13) für $C(d[\varphi, x])$ unter Berücksichtigung von (3.20), (4.5) und (4.15) die Größe

$C(d[\varphi, x]) = \lambda\, P^0(\mathbf{T}_x(d\varphi))dx$ eingesetzt und anschließend x durch $-x$ substituiert sowie die Integrationsreihenfolge vertauscht wird. $\square$

Die Umkehrformeln (3.13) und (4.22) sowie die außerdem in diesem Abschnitt hergeleiteten Umkehrformeln (4.23), (4.27), (4.28), (4.27'), (4.28'), (4.27") und (4.28") dienen, wie im folgenden ersichtlich wird (vgl. z.B. Kapitel 6), als Beweismittel für weitere mit Palmschen Verteilungen verbundene Aussagen. Andererseits dienen sie in Anwendungsgebieten der Theorie der Punktprozesse auch unmittelbar zur Angabe von Zusammenhängen zwischen zeitstationären Wahrscheinlichkeiten bestimmter Ereignisse aus $\mathcal{N}$ (mit der Eigenschaft (4.1)) bzw. raumstationären Wahrscheinlichkeiten, falls Punktprozesse im R^d mit $d > 1$ betrachtet werden (vgl. Kapitel 12), und Wahrscheinlichkeiten aus der Sicht der Punkte des betrachteten Punktprozesses, z.B. zu Ankunftszeitpunkten von Forderungen in einem Bedienungssystem (vgl. Kapitel 9). Die in Abschnitt 6.3 betrachteten Palm-Chintschin-Gleichungen können als spezielle Umkehrformeln dieser Art aufgefaßt werden.

Durch Einsetzen spezieller Funktionen h können wir die Umkehrformel (4.22) wie folgt konkretisieren. Hierfür bezeichnen wir, so wie in Satz 4.3.1, mit $X^*(\varphi)$ den kleinsten positiven Punkt von $\varphi \in N^0$.

Folgerung 4.3.4 *Für jedes $A \in \mathcal{N}$ gilt*

$$P(A \setminus \{\varphi_0\}) \;=\; \lambda \int\limits_{N^0} \frac{1}{\varphi(\{0\})} \int\limits_0^{X^*(\varphi)} \mathbf{1}_A(\mathbf{T}_x\varphi)\, dx\, P^0(d\varphi)\,. \tag{4.23}$$

Beweis Die Funktion $h : N \times R \to [0,1]$ sei durch

$$h(\varphi, x) \;=\; \begin{cases} [\varphi(\{x\})]^{-1} & \text{für } x = X_0(\varphi) \\[2mm] 0 & \text{sonst} \end{cases}$$

gegeben. Diese Funktion h, die offensichtlich der Bedingung (4.21) genügt, setzen wir in (4.22) ein und erhalten (4.23), weil $X_0(\mathbf{T}_x\varphi) = -x$ genau dann, wenn $x \in (0, X^*(\varphi))$. $\square$

Wie bisher bezeichne G die Menge der ganzen Zahlen. Wenn wir die Folge $\{X^0_{n+1} - X^0_n;\ n \in G\}$ der Abstände zwischen aufeinanderfolgenden Punkten eines einfachen Palmschen Punktprozesses $\Phi^0 \sim \{X^0_n\}$ betrachten, dann ergibt sich aus der Folgerung 4.3.2 sofort, daß diese Folge in dem Sinne *stationär* ist, daß die Verteilungen der Folgen $\{X^0_{n+1+j} - X^0_{n+j};\ n \in G\}$ und $\{X^0_{n+1} - X^0_n;\ n \in G\}$ für jedes $j \in G$ übereinstimmen. Insbesondere sind also dann die Zufallsgrößen $X^0_{n+1} - X^0_n$ identisch verteilt.

Die Folge $\{X^0_{n+1} - X^0_n;\ n \in G\}$ der Abstände ist eine äquivalente Darstellungsform des Palmschen Punktprozesses Φ^0 (vgl. Abschnitt 2.3). Allerdings ist diese

Folge für nichteinfache Palmsche Punktprozesse $\Phi^0 \sim \{X_n^0\}$ nicht stationär im eben angegebenen Sinne. Dies ergibt sich aus der Vorschrift (2.9), gemäß der die Punkte X_n^0 von Φ^0 numeriert werden. Ist nämlich Φ^0 ein nichteinfacher Punktprozeß, dann ist die Zufallsgröße $X_2^0 - X_1^0$ mit positiver Wahrscheinlichkeit gleich Null, während dies für die Zufallsgröße $X_1^0 - X_0^0$ nicht zutrifft.

Es sei jedoch vermerkt, daß sich auch im nichteinfachen Fall der Punktprozeß $\Phi \sim \{X_n\}$ durch eine stationäre Folge von Abständen ausdrücken läßt (vgl. Satz 4.3.6). Hierfür setzen wir von nun an in diesem Abschnitt voraus, daß $P(\varphi : \varphi(R) = 0) = 0$ gilt und führen die Folge $Z = \{Z_n; n \in G\}$ nichtnegativer Zufallsgrößen ein, deren Verteilung Q auf $\mathcal{R}^G$ durch

$$Q(B) \;=\; \frac{1}{\lambda} \int_N \sum_{j=1}^{\infty} \mathbf{1}_{[0,1)}(X_j(\varphi)) \, \mathbf{1}_B(\{X_{n+1+j}(\varphi) - X_{n+j}(\varphi); n \in G\}) \, P(d\varphi)$$

$$(4.24)$$

gegeben sei; $B \in \mathcal{R}^G$.

Satz 4.3.5 *Die zufällige Folge $Z = \{Z_n; n \in G\}$ mit der in (4.24) gegebenen Verteilung Q ist stationär.*

Beweis So wie im Beweis der Folgerung 4.3.2 ergibt sich die Stationarität von Z unmittelbar aus der Definitionsgleichung (4.24) von Q. Wegen der Stationarität von P gilt

$$Q(B) \;=\; \frac{1}{\lambda\, t} \int_N \sum_{j=1}^{\infty} \mathbf{1}_{[0,t)}(X_j(\varphi)) \, \mathbf{1}_B(\{X_{n+1+j}(\varphi) - X_{n+j}(\varphi); n \in G\}) \, P(d\varphi)$$

für jedes $t > 0$; $B \in \mathcal{R}^G$. Also gilt

$$|Q(z : z = \{z_n; n \in G\} \in B) - Q(z : \{z_{n+1}; n \in G\} \in B)|$$

$$\leq \; \frac{1}{\lambda\, t} \int_N \left| \sum_{j=1}^{\varphi([0,t))} (\mathbf{1}_B(\{X_{n+1+j}(\varphi) - X_{n+j}(\varphi); n \in G\}) \right.$$

$$\left. - \mathbf{1}_B(\{X_{n+2+j}(\varphi) - X_{n+1+j}(\varphi); n \in G\})) \right| P(d\varphi)$$

$$\leq \; \frac{2}{\lambda\, t} \cdot \square$$

Die Definitionsgleichung (4.11) von P^0 mit $B = [0,1)$ läßt sich wie folgt schreiben:

$$P^0(A) \;=\; \frac{1}{\lambda} \int_N \sum_{j=1}^{\infty} \mathbf{1}_{[0,1)}(X_j(\varphi)) \, \mathbf{1}_A(\mathbf{T}_{X_j(\varphi)}\varphi) \, P(d\varphi) \,. \qquad (4.25)$$

Wenn man nun die Definitionsgleichungen (4.24) und (4.25) von Q und P^0 miteinander vergleicht, dann erkennt man, daß die Folge $\{Z_n\}$ im Grunde genommen den gleichen Sachverhalt wie die Folge $\{X^0_{n+1} - X^0_n\}$ von Abständen zwischen aufeinanderfolgenden Punkten des Palmschen Punktprozesses $\Phi^0 \sim \{X^0_n\}$ beschreibt. Es wird lediglich jeweils eine andere Numerierung der Punkte gewählt und bei $\{Z_n\}$ die Eichvorschrift, daß der größte negative Punkt die Nummer Null erhält, weggelassen. Folglich können wir auch die Zufallsgrößen Z_n als Abstände zwischen aufeinanderfolgenden Punkten interpretieren.

Aus der Stationarität der Folge $Z = \{Z_n;\ n \in G\}$ ergibt sich wiederum insbesondere, daß die Zufallsgrößen Z_n identisch verteilt sind. Schließlich sei vermerkt, daß darüber hinaus die Folgen $\{Z_n;\ n \in G\}$ und $\{X^0_{n+1} - X^0_n;\ n \in G\}$ identisch verteilt sind, wenn Φ^0 bzw. Φ einfach ist.

Die Stationarität der Folge $Z = \{Z_n;\ n \in G\}$ von Abständen mit der durch (4.24) gegebenen Verteilung Q ist der Grund dafür, daß im Fall nichteinfacher Punktprozesse manchmal (vgl. Abschnitt 5.1) anstelle des Palmschen Punktprozesses $\Phi^0 \sim \{X^0_n\}$ die Folge $Z = \{Z_n\}$ betrachtet wird. Ebenso wie zwischen P und P^0 besteht auch zwischen den Verteilungen P und Q ein eineindeutiger Zusammenhang. P läßt sich wie folgt durch Q ausdrücken. Hierfür sei $\Phi^Z \sim \{X^Z_n;\ n \in G\}$ der durch

$$X^Z_n \;=\; \begin{cases} 0 & \text{für } n = 1 \\[2mm] -Z_{n_*} & \text{für } n = 0 \\[2mm] \displaystyle -\sum_{j=n}^{0} Z_{n_*+j} & \text{für } n \leq -1 \\[2mm] \displaystyle \sum_{j=1}^{n-1} Z_{n_*+j} & \text{für } n > 1 \end{cases} \tag{4.26}$$

gegebene Punktprozeß $[N^0, \mathcal{N}^0, P^Z]$, dessen Verteilung P^Z durch die Verteilung Q von Z mittels (4.26) induziert wird, wobei $n_* = \max\{n : n < 0,\ Z_n > 0\}$ ein zufälliger Index ist. In diesem Zusammenhang bezeichne φ^z die durch (4.26) gegebene Realisierung von Φ^Z, die der Realisierung $z \in (R_+)^G$ von Z entspricht.

Ausgehend von (4.24) gelangen wir nun zu den folgenden Umkehrformeln.

Satz 4.3.6 *Für jedes $A \in \mathcal{N}$ gilt*

$$P(A) \;=\; \lambda \int\limits_{(R_+)^G} \int\limits_0^{z_0} \mathbf{1}_A(\mathbf{T}_x \varphi^z)\, dx\, Q(dz) \tag{4.27}$$

und

$$P(A) \;=\; \lambda \int\limits_0^{\infty} Q(z : z_0 > x,\ \mathbf{T}_x \varphi^z \in A)\, dx\,. \tag{4.28}$$

Beweis Wir beweisen zunächst (4.27). Dabei genügt es, diese Formel für solche Mengen $A \in \mathcal{N}$ nachzuweisen, für die ein $c < \infty$ existiert, so daß

$$X_1(\varphi) - X_0(\varphi) \;\; < \;\; c \qquad \text{für alle } \varphi \in A \,. \tag{4.29}$$

Aus (4.24) ergibt sich für jede $((\mathcal{R}_+)^G, \mathcal{R}_+)$-meßbare Funktion $f : (\mathcal{R}_+)^G \to R_+$ die Beziehung

$$\lambda \int\limits_{(R_+)^G} f(z)\, Q(dz) \;=\; \int\limits_{N} \sum_{j=1}^{\varphi([0,1))} f(\{X_{n+1+j}(\varphi) - X_{n+j}(\varphi);\, n \in G\})\, P(d\varphi)\,.$$

Daher gilt insbesondere

$$\lambda \int\limits_{(R_+)^G} \int\limits_{0}^{z_0} \mathbf{1}_A(\mathbf{T}_x \varphi^z)\, dx\, Q(dz)$$

$$= \int\limits_{N} \sum_{j=1}^{\varphi([0,1))} \int\limits_{0}^{X_{j+1}(\varphi)-X_j(\varphi)} \mathbf{1}_A(\mathbf{T}_{X_j(\varphi)+x}\varphi)\, dx\, P(d\varphi)$$

$$= \int\limits_{N} \sum_{j=1}^{\varphi([0,1))} \int\limits_{X_j(\varphi)}^{X_{j+1}(\varphi)} \mathbf{1}_A(\mathbf{T}_x\varphi)\, dx\, P(d\varphi)$$

$$= \int\limits_{N} \Big[\int\limits_{0}^{1} \mathbf{1}_A(\mathbf{T}_x\varphi)\, dx + \int\limits_{1}^{X_{\varphi([0,1))+1}(\varphi)} \mathbf{1}_A(\mathbf{T}_x\varphi)\, dx - \int\limits_{0}^{X_1(\varphi)} \mathbf{1}_A(\mathbf{T}_x\varphi)\, dx \Big]\, P(d\varphi)$$

für $A \in \mathcal{N}$. Weil

$$\int\limits_{1}^{X_{\varphi([0,1))+1}(\varphi)} \mathbf{1}_A(\mathbf{T}_x\varphi)\, dx \;=\; \int\limits_{0}^{X_1(\mathbf{T}_1\varphi)} \mathbf{1}_A(\mathbf{T}_x(\mathbf{T}_1\varphi))\, dx\,,$$

folgt somit unter Berücksichtigung der Stationarität von P und aus (4.29), daß

$$\lambda \int\limits_{(R_+)^G} \int\limits_{0}^{z_0} \mathbf{1}_A(\mathbf{T}_x\varphi^z)\, dx\, Q(dz) \;=\; \int\limits_{N} \int\limits_{0}^{1} \mathbf{1}_A(\mathbf{T}_x\varphi)\, dx\, P(d\varphi)$$

$$= \int\limits_{0}^{1} \int\limits_{N} \mathbf{1}_A(\mathbf{T}_x\varphi)\, P(d\varphi)\, dx \;=\; \int\limits_{0}^{1} P(\mathbf{T}_{-x}A)\, dx$$

$$= \int\limits_{0}^{1} P(A)\, dx \;=\; P(A)\,.$$

Damit ist (4.27) bewiesen. Die Umkehrformel (4.28) ergibt sich nun aus (4.27) duch Vertauschung der Integrationsreihenfolge. $\square$

An dieser Stelle sei vermerkt, daß P auch mittels P^0 auf die durch (4.27) und (4.28) gegebene Weise ausgedrückt werden kann. Und zwar lassen sich völlig analog zu Satz 4.3.6 die folgenden Umkehrformeln in Modifikation von (4.23) herleiten: Für jedes $A \in \mathcal{N}$ gilt

$$P(A) \;=\; \lambda \int\limits_{N^0} \int\limits_0^{X_2(\varphi)} \mathbf{1}_A(\mathbf{T}_x\varphi)\, dx\, P^0(d\varphi) \tag{4.27'}$$

und

$$P(A) \;=\; \lambda \int\limits_0^\infty P^0(\varphi : X_2(\varphi) > x\,,\, \mathbf{T}_x\varphi \in A)\, dx\,. \tag{4.28'}$$

Falls der Punktprozeß $\boldsymbol{\Phi}$ einfach ist, dann ergibt sich aus (4.27'), unter Berücksichtigung der Verschiebungsinvarianz (4.20) der Palmschen Verteilung P^0, die Umkehrformel

$$P(A) \;=\; \int\limits_{N^0} \int\limits_{X_0(\varphi)}^0 \mathbf{1}_A(\mathbf{T}_x\varphi)\, dx\, P^0(d\varphi) \tag{4.27''}$$

und, nach Vertauschen der Integrationsreihenfolge,

$$P(A) \;=\; \lambda \int\limits_{-\infty}^0 P^0(\varphi : X_0(\varphi) < x\,,\, \mathbf{T}_x\varphi \in A)\, dx\,; \tag{4.28''}$$

$A \in \mathcal{N}$.

Folgerung 4.3.7 *Es gilt*

$$\frac{1}{\lambda} \;=\; \mathbf{E} Z_0 \;=\; \int\limits_{N^0} X_2(\varphi)\, P^0(d\varphi) \tag{4.30}$$

und

$$\frac{1}{\lambda} \;=\; \int\limits_{N^0} \frac{X^*(\varphi)}{\varphi(\{0\})}\, P^0(d\varphi)\,. \tag{4.31}$$

Beweis In (4.23), (4.27) und (4.27') setzen wir $A = N$ und erhalten (4.30) und (4.31). $\square$

Die Beziehung (4.30) kann wie folgt interpretiert werden: Unter den genannten Voraussetzungen ist der mittlere Abstand zwischen zwei aufeinanderfolgenden Punkten eines stationären Punktprozesses gleich dem reziproken Wert der mittleren Anzahl von Punkten je Zeiteinheit.

Schließlich sei erwähnt, daß sich mit Hilfe der Umkehrformeln (4.27) und (4.28), ausgehend von einer beliebigen stationären Verteilung Q auf $\mathcal{R}^G$ mit den Eigenschaften

$$Q(Z_n \geq 0) \ = \ 1 , \qquad 0 < \mathbf{E}_Q Z_n < \infty , \qquad (4.32)$$

eine **T**-invariante Verteilung P_Q auf $\mathcal{N}$ konstruieren läßt. Es gilt nämlich die folgende Aussage.

Satz 4.3.8 *Zu jeder stationären Verteilung Q auf $\mathcal{R}^G$ mit den Eigenschaften (4.32) existiert eine eindeutig bestimmte **T**-invariante Verteilung P_Q auf $\mathcal{N}$ mit der Intensität $\lambda_Q = [\mathbf{E}Z_n]^{-1}$ und $P_Q(\varphi : \varphi(R) = 0) = 0$, so daß sich Q aus P_Q gemäß (4.24) ergibt.*

Bezüglich des **Beweises** von Satz 4.3.8 verweisen wir auf König/Matthes/Nawrotzki (1967), S.89. Hier sei nur vermerkt, daß das Verteilungsgesetz P_Q in Satz 4.3.8 durch die Formel

$$P_Q(A) \ = \ \frac{1}{\mathbf{E}Z_0} \int\limits_{(R_+)^G} \int\limits_0^{z_0} \mathbf{1}_A(\mathbf{T}_x \varphi^z) \, dx \, Q(dz) \qquad (4.33)$$

gegeben ist; $A \in \mathcal{N}$. Die Tatsache, daß die durch (4.33) gegebene Verteilung P_Q auf $\mathcal{N}$ invariant bezüglich der Verschiebungsoperatoren $\mathbf{T}_x$ für alle $x \in R$ ist, ergibt sich dabei unmittelbar aus der Stationarität der Verteilung Q auf $\mathcal{R}^G$. Um dies zu verdeutlichen, führen wir im Raum R^G den *Verschiebungsoperator* $\mathbf{U} : R^G \to R^G$ mit $\mathbf{U}(\{z_n; n \in G\}) = \{z_{n-1}; n \in G\}$ ein, so daß die Stationarität einer Verteilung Q auf $\mathcal{R}^G$ gerade ihre Invarianz bezüglich $\mathbf{U}$ (bzw. bezüglich einer beliebigen Potenz $\mathbf{U}^j$ von $\mathbf{U}$ für $j \in G_0$ ist. Eine $\mathbf{U}$-invariante Verteilung auf $\mathcal{R}^G$ nennen wir auch *folgenstationär*.

Satz 4.3.9 *Die durch (4.33) gegebene Verteilung P_Q auf $\mathcal{N}$ ist stationär.*

Beweis Weil für $z \in (R_+)^G$, $A \in \mathcal{N}$ und $j \in G_0$ die Beziehung

$$\int\limits_0^{(\mathbf{U}^j z)_0} \mathbf{1}_A\left(\mathbf{T}_x \varphi^{\mathbf{U}^j z}\right) dx \ = \ \int\limits_{\sum_{k=0}^{j-1} z_k}^{\sum_{k=0}^{j} z_k} \mathbf{1}_A(\mathbf{T}_x \varphi^z) \, dx$$

gilt, erhalten wir aus (4.33) unter Berücksichtigung der **U**-Invarianz der Verteilung Q, daß für $n \in G_+$

$$P_Q(A) \;=\; \frac{1}{(n+1)\mathbf{E}Z_0} \sum_{j=0}^{n} \int\limits_{(R_+)^G} \int\limits_{\sum\limits_{k=0}^{j-1} z_k}^{\sum\limits_{k=0}^{j} z_k} \mathbf{1}_A(\mathbf{T}_x \varphi^z)\, dx\, Q(dz)$$

$$=\; \frac{1}{(n+1)\mathbf{E}Z_0} \int\limits_{(R_+)^G} \int\limits_{0}^{\sum\limits_{k=0}^{n} z_k} \mathbf{1}_A(\mathbf{T}_x \varphi^z)\, dx\, Q(dz)\,.$$

Für jedes $t \in R$ gilt somit

$$P_Q(\mathbf{T}_t A) \;=\; \frac{1}{(n+1)\mathbf{E}Z_0} \int\limits_{(R_+)^G} \int\limits_{0}^{\sum\limits_{k=0}^{n} z_k} \mathbf{1}_{\mathbf{T}_t A}(\mathbf{T}_x \varphi^z)\, dx\, Q(dz)$$

$$=\; \frac{1}{(n+1)\mathbf{E}Z_0} \int\limits_{(R_+)^G} \int\limits_{0}^{\sum\limits_{k=0}^{n} z_k} \mathbf{1}_A(\mathbf{T}_{x-t} \varphi^z)\, dx\, Q(dz)$$

$$=\; \frac{1}{(n+1)\mathbf{E}Z_0} \int\limits_{(R_+)^G} \int\limits_{-t}^{\sum\limits_{k=0}^{n} z_k - t} \mathbf{1}_A(\mathbf{T}_x \varphi^z)\, dx\, Q(dz)\,.$$

Wir erhalten also die Abschätzung

$$|P_Q(A) - P_Q(\mathbf{T}_t A)| \;\leq\; \frac{2\,|t|}{(n+1)\mathbf{E}Z_0}$$

und damit die Behauptung, weil n beliebig groß gewählt werden kann. $\square$

Durch (4.24) und (4.33) ist also eine eineindeutige Abbildung der Menge aller (zeit-)stationären Verteilungen P auf $\mathcal{N}$ mit $P(\varphi : \varphi(R) = 0) = 0$ und $0 < \lambda < \infty$ auf die Menge aller (folgen-)stationären Verteilungen Q auf $\mathcal{R}^G$ mit $Q((R_+)^G) = 1$ und $0 < \int_0^{\infty} z_n\, Q(dz) < \infty$ sowie umgekehrt gegeben. Insbesondere läßt sich somit die Stationarität einer Verteilung P auf $\mathcal{N}$ wie folgt charakterisieren.

Folgerung 4.3.10 *Es sei P eine beliebige Verteilung auf $\mathcal{N}$ mit lokalendlichem Intensitätsmaß α und $P(\varphi : \varphi(R) = 0) = 0$. Die Verteilung P ist genau dann stationär, wenn es eine stationäre Folge $Z = \{Z_n; n \in G\}$ von nichtnegativen Zufallsgrößen mit $0 < \mathbf{E}Z_n < \infty$ gibt, so daß P sich aus der Verteilung Q der Folge $Z = \{Z_n\}$ mit Hilfe von (4.33) ergibt.*

Wenn zusätzlich bekannt ist, daß P zu einer speziellen Klasse von Punktprozeßverteilungen gehört, dann können einfachere Stationaritätskriterien benutzt werden (vgl. Kapitel 5).

4.4 Aufgaben

4.4.1. Man gebe ein Beispiel eines nichtstationären Punktprozesses an, dessen Intensitätsmaß ein Vielfaches des Lebesgue-Maßes auf $\mathcal{R}$ ist.
(Hinweis: Man gehe von einem stationären Poissonschen Punktprozeß aus, dessen Punkte unabhängig vervielfacht werden, so daß die Verteilung der Vielfachheit von der Nummer des betreffenden Punktes abhängt, der Erwartungswert jedoch nicht.)

4.4.2. Es sei Φ ein stationärer Punktprozeß mit dem lokalendlichen n-ten Momentenmaß α_n, wobei $n \in G_+$ beliebig, jedoch fixiert ist. Man zeige, daß dann $\mathbf{E}[\Phi([0, x))]^n = O(x^n)$ für $x \to \infty$ gilt.

4.4.3. Der Punktprozeß $[N, \mathcal{N}, P]$ sei stationär mit der Intensität λ; $0 < \lambda < \infty$. Man zeige, daß

$$j\, P(\varphi : \varphi(B) = j) \;=\; \lambda \int_B P^0(\varphi : \varphi(B - x) = j)\, dx$$

für alle $j \in G_+$ und für alle beschränkten Borel-Mengen $B \in \mathcal{R}_0$ gilt, wobei $B - x = \{y - x : y \in B\}$.
(Hinweis: Man benutze die Folgerung 4.2.3 oder die Folgerung 3.2.4).

4.4.4. Es sei Φ ein stationärer Punktprozeß mit der Intensität λ. Man zeige, daß für beliebige $B_1, B_2 \in \mathcal{R}$ die Formel

$$\mathbf{E}\Phi(B_1)\Phi(B_2) \;=\; \lambda \int_{B_1} \mathbf{E}\Phi^0(B_2 - x)\, dx$$

gilt. (Hinweis: Man benutze die Folgerung 4.2.3 oder die Aufgabe 3.6.6.)

4.4.5. Man zeige, daß die durch (4.17) gegebene reduzierte Palmsche Verteilung $P^!$ eines stationären Punktprozesses nicht von der in (4.17) gewählten

Borel-Menge $B \in \mathcal{R}$ mit $0 < \nu(B) < \infty$ abhängt. Außerdem weise man nach, daß die in (3.23) eingeführten reduzierten Palmschen Verteilungen $P_x^!$ im Fall eines stationären Punktprozesses tatsächlich durch (4.18) bestimmt werden können.

4.4.6. Das Ereignis $A \in \mathcal{N}$ heißt **T**-*invariant*, wenn $\mathbf{T}_x A = A$ für alle $x \in R$ gilt. Man gebe ein Beispiel eines **T**-invarianten Ereignisses A aus $\mathcal{N}$ mit $A \neq N$ und $A \neq \emptyset$ an. Außerdem zeige man, daß für jede stationäre Verteilung P mit $P(\varphi : \varphi(R) = 0) = 0$ ein **T**-invariantes Ereignis $A \in \mathcal{N}$ genau dann bezüglich P die Wahrscheinlichkeit Eins hat, wenn $P^0(A) = 1$ gilt.

4.4.7. Es seien P', P'' zwei stationäre Verteilungen auf $\mathcal{N}$ mit den Intensitäten λ' bzw. λ''; $0 < \lambda', \lambda'' < \infty$. Man beweise, daß dann die Mischung $P = qP' + (1 - q)P''$ mit $0 < q < 1$ ebenfalls eine stationäre Verteilung auf $\mathcal{N}$ ist und daß

$$P^0 \;=\; \frac{q\,\lambda'}{q\lambda' + (1 - q)\lambda''}\,(P')^0 + \frac{(1 - q)\,\lambda''}{q\lambda' + (1 - q)\lambda''}\,(P'')^0\,.$$

4.4.8. Es sei $Z = \{Z_n;\, n \in G\}$ eine stationäre Folge von unabhängigen Zufallsgrößen mit der Verteilung Q auf $\mathcal{R}^G$. Man zeige, daß dann die in (4.33) gegebene Verteilung P_Q die Verteilung eines rekurrenten Punktprozesses ist.

Kapitel 5

Weitere Klassen von Punktprozessen

Für drei Klassen von Punktprozessen in R untersuchen wir nun, unter welchen Bedingungen diese Punktprozesse stationär sind. Wir tun dies für die bereits in Abschnitt 2.4 eingeführten rekurrenten Punktprozesse sowie für Cox-Prozesse, d.h., für Mischungen von Poisson-Prozessen, und für Poissonsche Cluster-Prozesse. Außerdem beschreiben wir die jeweils spezielle Gestalt der zugehörigen Palmschen Verteilung bzw., im Fall nichteinfacher rekurrenter Punktprozesse, der Verteilung der zugehörigen, in (4.24) definierten stationären Folge $Z = \{Z_n;\ n \in G\}$. Bei der Definition von Cox-Prozessen und bei der Herleitung von grundlegenden Eigenschaften dieser Klasse von Punktprozessen benutzen wir die Begriffe des zufälligen Maßes (mit nicht notwendig ganzzahligen Werten) und des Laplace-Funktionals eines zufälligen Maßes aus Kapitel 3. Im Zusammenhang mit der Untersuchung von Cluster-Prozessen verwenden wir das erzeugende Funktional und leiten zwei Invarianzeigenschaften des Poisson-Prozesses bezüglich zufälliger ortsabhängiger Verschiebung bzw. Verdünnung der Punkte her.

5.1   Rekurrente Punktprozesse (Erneuerungsprozesse)

Für die in Abschnitt 2.4 eingeführten rekurrenten Punktprozesse geben wir ein leicht handhabbares Stationaritätskriterium an. Dabei zeigen wir, daß die zugehörige Palmsche Verteilung P^0 bzw. die Verteilung Q, im Fall eines nichteinfachen rekurrenten Punktprozesses (vgl. (4.24)), die Verteilung einer Folge von unabhängigen, identisch verteilten Zufallsgrößen ist.

So wie bisher bezeichnen wir mit F die Verteilungsfunktion $F(t) = P(X_{n+1} - X_n < t)$ für $t \in R$ der unabhängigen und identisch verteilten Abstände $\{X_{n+1} - X_n;\ n \in G \setminus \{0\}\}$ zwischen aufeinanderfolgenden Punkten des rekurrenten Punktprozesses $\Phi \sim \{X_n\}$ auf der reellen Achse. Der Abstand $X_1 - X_0$ zwischen demjenigen Paar $\{X_0, X_1\}$ von Punkten, die dem Nullpunkt jeweils von links bzw. rechts am nächsten liegen, wird dabei bewußt ausgeklammert. Damit der rekurrente Punktprozeß $\Phi \sim \{X_n\}$ stationär ist, muß nämlich, wie aus dem folgenden Satz ersichtlich ist, die Verteilung des zufälligen Vektors $(-X_0, X_1)$ eine ganz bestimmte Gestalt haben, wobei dann seine Komponenten $-X_0$ und X_1 im allgemeinen weder unabhängig noch gemäß F verteilt sind (vgl. auch Aufgabe 5.6.1).

Satz 5.1.1 *Es sei* $\Phi \sim \{X_n\}$ *ein rekurrenter Punktprozeß auf* R, *dessen Verteilung* P *auf* $\mathcal{N}$ *die Eigenschaft* $P(\Phi(R) = 0) = 0$ *hat.* Φ *ist genau dann stationär, wenn*

$$0 < \int\limits_0^\infty (1 - F(t))\,dt < \infty \tag{5.1}$$

und

$$P(-X_0 > v, X_1 > u) = \frac{\int\limits_{u+v}^\infty (1 - F(t))\,dt}{\int\limits_0^\infty (1 - F(t))\,dt} \tag{5.2}$$

für alle $u, v \geq 0$.

Die durch (5.2) gegebene Verteilung heißt *stationäre Anfangsverteilung* von Φ.

Beweis 1. Hinlänglichkeit der Bedingungen (5.1) und (5.2). Es sei $Z = \{Z_n; n \in G\}$ eine Folge von unabhängigen, identisch gemäß F verteilten Zufallsgrößen. Die Verteilung von Z auf $\mathcal{R}^G$ bezeichnen wir mit Q. Aus Satz 4.3.9 folgt, daß die durch (4.33) gegebene Verteilung P_Q auf $\mathcal{N}$ stationär ist. Es genügt nun zu zeigen, daß P_Q mit P übereinstimmt. Aus (4.33) ergibt sich, daß P_Q die Verteilung eines rekurrenten Punktprozesses ist und daß $P_Q(X_{n+1} - X_n < t) = F(t)$ für alle $n \in G \setminus \{0\}$ und $t \geq 0$ gilt, denn für $k \in G_+$ und $n_1, \ldots, n_k \in G \setminus \{0\}$ mit $n_1 < n_2 < \cdots < n_k$ gilt

$$P_Q(X_1 - X_0 < u_0, X_{n_1+1} - X_{n_1} < u_1, \ldots, X_{n_k+1} - X_{n_k} < u_k)$$

$$= \frac{1}{\mathbf{E}Z_0} \int\limits_{(R_+)^G} \int\limits_0^{z_0} 1_{\{\varphi':X_1(\varphi')-X_0(\varphi')<u_0, X_{n_1+1}(\varphi')-X_{n_1}(\varphi')<u_1, \ldots, X_{n_k+1}(\varphi')-X_{n_k}(\varphi')<u_k\}}$$

$$(\mathbf{T}_x \varphi^z)\,dx\,Q(dz)$$

$$= \frac{1}{\mathbf{E}Z_0} \int\limits_{(R_+)^G} z_0\, 1_{\{z'=\{z'_n\}:z'_0<u_1, z'_{n_1}<u_1, \ldots, z'_{n_k}<u_k\}}(z)\,Q(dz)$$

$$= \frac{1}{\mathbf{E}Z_0} \int\limits_0^{u_0-0} x\,dF(x) \prod_{j=1}^k F(u_j),$$

wobei φ^z durch (4.26) gegeben ist.

Weil die Verteilung eines rekurrenten Punktprozesses eindeutig durch die Verteilung der Abstände $\{X_{n+1}-X_n;\ n \in G\backslash\{0\}\}$ und durch die Verteilung des Vektors $(-X_0, X_1)$ bestimmt wird, ist also lediglich noch zu zeigen, daß (5.2) auch dann gilt, wenn in der linken Seite dieser Formel P durch P_Q ersetzt wird. Dazu genügt es, in (4.28) für A das Ereignis $A = \{\varphi : -X_0(\varphi) > v, X_1(\varphi) > u\}$ einzusetzen (vgl. auch den Beweis der Formel (6.7') in Kapitel 6).

2. Notwendigkeit. Es sei nun $\Phi \sim \{X_n\}$ ein stationärer rekurrenter Punktprozeß. Offensichtlich gilt $\lim_{t\downarrow 0} F(t) < 1$ und somit $\int_0^\infty (1-F(t))\,dt > 0$. Außerdem ist gemäß Abschnitt 4.1 die Intensität λ von Φ positiv und endlich.

Weil $P(\Phi(R) = 0) = 0$ vorausgesetzt wurde, können wir durch (4.24) die Verteilung Q auf $\mathcal{R}^G$ definieren. Gemäß Satz 4.3.5 ist Q die Verteilung einer stationären Folge $Z = \{Z_n;\ n \in G\}$, d.h., insbesondere, einer Folge von identisch verteilten Zufallsgrößen Z_n. Auf Grund der Annahme, daß der Punktprozeß Φ rekurrent ist, ergibt sich darüber hinaus aus (4.24), daß die Folge $Z = \{Z_n;\ n \in G\}$ aus unabhängigen, identisch verteilten Zufallsgrößen mit der Verteilungsfunktion F besteht. Dies wird ersichtlich, wenn in (4.24) das Ereignis $B = \{z = \{z_n\} : z_0 < u_0, z_1 < u_1, \ldots, z_k < u_k\}$ mit $k \in G_0$ und $0 < u_0, u_1, \ldots, u_k < \infty$ eingesetzt wird, denn dann ergibt sich

$$Q(Z_0 < u_0, \ldots, Z_k < u_k)$$

$$= \ \frac{1}{\lambda} \sum_{j=1}^\infty \int_N \mathbf{1}_{[0,1)}(X_j(\varphi)) \prod_{n=0}^k \mathbf{1}_{[0,u_n)}(X_{n+1+j}(\varphi) - X_{n+j}(\varphi))\, P(d\varphi)$$

$$= \ \frac{1}{\lambda} \prod_{n=0}^k F(u_n) \sum_{j=1}^\infty \mathbf{1}_{[0,1)}(X_j(\varphi))\, P(d\varphi) \ = \ \prod_{n=0}^k F(u_n)\,,$$

d.h.,

$$Q(Z_0 < u_0, \ldots, Z_k < u_k) \ = \ \prod_{n=0}^k F(u_n)\,. \tag{5.3}$$

Aus der Folgerung 4.3.7 erhalten wir nun, daß

$$\int_0^\infty (1 - F(t))\,dt \ = \ \frac{1}{\lambda} < \infty$$

gilt, d.h., die Bedingung (5.1) ist erfüllt. Um die Gültigkeit der Bedingung (5.2) nachzuweisen, genügt es jetzt, so wie beim Nachweis der Hinlänglichkeit dieser Bedingung, in (4.28) für A das Ereignis $A = \{\varphi : -X_0(\varphi) > v, X_1(\varphi) > u\}$ einzusetzen. $\square$

Aus dem Beweis des Satzes 5.1.1 wird ersichtlich, wie man ausgehend von der Verteilung einer Folge von unabhängigen, identisch verteilten, nichtnegativen Zufallsgrößen die Verteilung eines stationären rekurrenten Punktprozesses $\Phi \sim \{X_n\}$ mit einer vorgegebenen Verteilungsfunktion F der Abstände $\{X_{n+1} - X_n; \, n \in G \setminus \{0\}\}$ konstruieren kann. Dabei ergibt sich aus (5.3), daß die Palmsche Verteilung P^0 eines einfachen, stationären, rekurrenten Punktprozesses die folgende Gestalt hat.

Satz 5.1.2 *Es sei Φ ein einfacher, stationärer, rekurrenter Punktprozeß mit $P(\Phi(R) = 0) = 0$. Dann gilt*

$$P^0(X_{n+1} - X_n < u_0, X_{n+2} - X_{n+1} < u_1, \ldots, X_{n+k+1} - X_{n+k} < u_k) = \prod_{j=0}^{k} F(u_j)$$

$$(5.4)$$

für $n \in G_+$, $k \in G_0$ und $0 < u_0, u_1, \ldots, u_k < \infty$.

Aus der Definition des rekurrenten Punktprozesses in Abschnitt 2.4 ergibt sich, daß der einem rekurrenten Punktprozeß $\Phi \sim \{X_n\}$ durch die Abbildung (2.6) zugeordnete einfache Punktprozeß $\Phi^* \sim \{X_n^*\}$ wiederum rekurrent ist und daß die Vielfachheiten der Atome von Φ untereinander und von Φ^* unabhängige, identisch (geometrisch) verteilte Zufallsgrößen sind. Hieraus folgt, daß der rekurrente Punktprozeß Φ genau dann stationär ist, wenn der zugehörige einfache rekurrente Punktprozeß Φ^* stationär ist. Weil für die Verteilungsfunktion F_* der Abstände $\{X_{n+1}^* - X_n^*; \, n \in G \setminus \{0\}\}$

$$F_*(t) \; = \; P(X_{n+1}^* - X_n^* < t) \; = \; \frac{F(t) - F(0 + 0)}{1 - F(0 + 0)}$$

bzw.

$$1 - F_*(t) \; = \; \frac{1 - F(t)}{1 - F(0 + 0)}$$

für jedes $t > 0$ gilt, bleibt beim Übergang von Φ zu Φ^* das in Satz 5.1.1 formulierte Stationaritätskriterium unverändert.

Neben dem in Satz 5.1.1 betrachteten zufälligen Vektor $(-X_0, X_1)$ spielen in Anwendungen auch die zufälligen Vektoren $(X(t), Y(t))$ eine wichtige Rolle, wobei $X(t) = -X_0(\mathbf{T}_t\Phi)$ den Abstand von t bis zum größten Atom von Φ, das kleiner als t ist, und $Y(t) = X_1(\mathbf{T}_t\Phi)$ den Abstand von t bis zum kleinsten Atom von Φ, das nicht kleiner als t ist, bezeichnet. Die Zufallsgrößen $X(t)$ und $Y(t)$ werden *Rückwärts-* bzw. *Vorwärtsrestzeit* (auch *Vorwärtsrekurrenzzeit*) zum Zeitpunkt t genannt; $t \in R$. Anstelle von Rückwärtsrestzeit sagt man auch *Alter* und anstelle von Vorwärtsrestzeit kurz *Restzeit*.

Der zufällige Prozeß $\{(X(t), Y(t));\ t \in R\}$ ist genau dann stationär (im Sinne der Invarianz seiner endlichdimensionalen Verteilungen bezüglich der Verschiebung des Nullpunktes), wenn der zugehörige (nicht notwendig rekurrente) Punktprozeß Φ stationär ist.

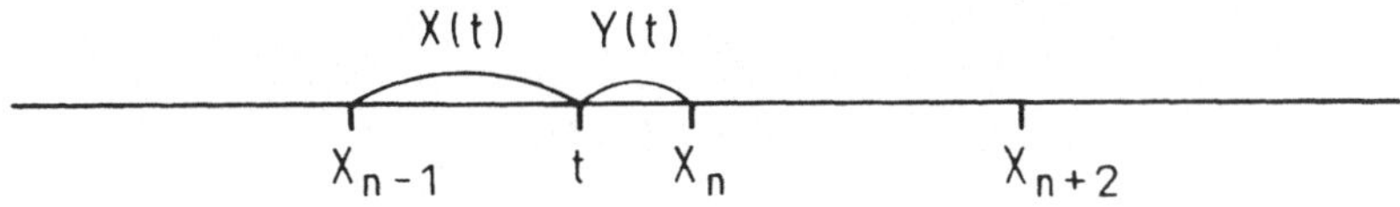

Abbildung 5.1 Rückwärts- und Vorwärtsrestzeit

In der Erneuerungstheorie wird, wie bereits in Abschnitt 2.4 erwähnt wurde (vgl. auch Alsmeyer (1991)), oft nur die Einschränkung $\Phi_+ = \{X_n;\ n \in G_+\}$ eines rekurrenten Punktprozesses $\Phi = \{X_n;\ n \in G\}$ auf die nichtnegative Halbachse und in diesem Zusammenhang der zufällige Prozeß $Y = \{Y(t);\ t > 0\}$ der Vorwärtsrestzeiten betrachtet. Es ist klar, daß der zu einem rekurrenten Punktprozeß gehörende zufällige Prozeß $Y = \{Y(t);\ t > 0\}$ ein *Markowscher Prozeß* ist (vgl. auch Aufgabe 5.6.2). Durch (5.2) ist also eine *stationäre Anfangsverteilung* dieses Prozesses gegeben, denn es gilt $Y(0 + 0) = X_1$. Darüber hinaus ergibt sich aus den Grenzwertsätzen der Erneuerungstheorie, daß sich die durch (5.2) gegebene stationäre Anfangsverteilung, unter einer gewissen zusätzlichen Bedingung, ausgehend von einer beliebigen (nichtstationären) Anfangsverteilung im Ablauf der Zeit als Grenzverteilung einstellt.

Um dies zu zeigen, benutzen wir den in dem folgenden Lemma 5.1.3 gegebenen *Fundamentalsatz der Erneuerungstheorie.* In diesem Zusammenhang sagen wir, daß die Verteilungsfunktion F einer nichtnegativen Zufallsgröße *arithmetisch* ist, wenn F nur in ganzzahligen Vielfachen einer gewissen Zahl $u > 0$ Unstetigkeitsstellen hat und sonst konstant ist. F heißt *nichtarithmetisch*, wenn diese Eigenschaft nicht vorliegt. Die Funktion $g : R_+ \to R$ heißt *direkt Riemannsch integrierbar*, wenn für $h \downarrow 0$ die normierten Summen

$$h \sum_{n=1}^{\infty} g_-(n,h) \qquad \text{und} \qquad h \sum_{n=1}^{\infty} g_+(n,h)$$

gegen einen gemeinsamen endlichen Grenzwert konvergieren, wobei

$$g_-(n,h) = \inf_{0 \le \delta \le h} g(nh - \delta), \qquad g_+(n,h) = \sup_{0 \le \delta \le h} g(nh - \delta).$$

Lemma 5.1.3 (vgl. z.B. Alsmeyer (1991)) *Für jeden einfachen (nicht notwendig stationären) rekurrenten Punktprozeß Φ mit dem Intensitätsmaß α, für den $P(\Phi(R) = 0) = 0$ gilt und dessen Verteilungsfunktion F der Abstände $\{X_{n+1} - X_n; n \in G \setminus \{0\}\}$ nichtarithmetisch ist mit $0 < \int_0^\infty (1 - F(t))\,dt < \infty$, gilt*

$$\lim_{t \to \infty} \int_{[0,t)} g(t - x)\,\alpha(dx) \;=\; \frac{\int_0^\infty g(x)\,dx}{\int_0^\infty (1 - F(x))\,dx} \tag{5.5}$$

für jede direkt Riemannsch integrierbare Funktion $g : R_+ \to R$.

Satz 5.1.4 *Für jeden rekurrenten Punktprozeß Φ mit $P(\Phi(R) = 0) = 0$, nichtarithmetischer Abstandsverteilungsfunktion F und $0 < \int_0^\infty (1 - F(t))\,dt < \infty$ gilt*

$$\lim_{t \to \infty} P(Y(t) > u) = \frac{\int_u^\infty (1 - F(x))\,dx}{\int_0^\infty (1 - F(x))\,dx} \tag{5.6}$$

für alle $u \geq 0$.

Beweis Weil sich der zufällige Prozeß $\{Y(t); t \geq 0\}$ beim Übergang von Φ zu Φ^* nicht ändert (vgl. (2.6)), können wir ohne Einschränkung der Allgemeinheit annehmen, daß Φ einfach ist. Wir setzen nun in Lemma 5.1.3 für $g(t - x)$ den Ausdruck $g(t - x) = 1 - F(t - x + u + 0)$ ein und erhalten aus (5.5) die Beziehung

$$\lim_{t \to \infty} \int_{[0,t)} (1 - F(t - x + u + 0))\,\alpha(dx) \;=\; \frac{\int_u^\infty (1 - F(x + 0))\,dx}{\int_0^\infty (1 - F(x + 0))\,dx}$$

$$= \frac{\int_u^\infty (1 - F(x))\,dx}{\int_0^\infty (1 - F(x))\,dx},$$

denn die Funktion $g : R_+ \to R$ mit $g(s) = 1 - F(s + u + 0)$ ist für jedes $u \geq 0$ direkt Riemannsch integrierbar. Hieraus ergibt sich die Behauptung, wenn gezeigt wird, daß

$$\lim_{t \to \infty} P(Y(t) > u) \;=\; \lim_{t \to \infty} \int_{[0,t)} (1 - F(t - x + u + 0))\,\alpha(dx)$$

für jedes $u > 0$ gilt. Dies folgt aber aus der Gleichungskette

$$
\begin{aligned}
P(Y(t) > u) &= P(\Phi([t, t+u]) = 0) \\
&= P(X_1 > t + u) + \sum_{n=1}^{\infty} P(X_n < t, \, X_{n+1} > t + u) \\
&= P(X_1 > t + u) + \sum_{n=1}^{\infty} \int_{[0,t)} P(X_{n+1} - X_n > t + u - x) \, P(X_n \in dx) \\
&= P(X_1 > t + u) + \int_{[0,t)} (1 - F(t + u - x + 0)) \, \alpha(dx) \,,
\end{aligned}
$$

d.h.,

$$
P(Y(t) > u) \;=\; P(X_1 > t + u) + \int_{[0,t)} (1 - F(t + u - x + 0)) \, \alpha(dx) \,, \qquad (5.7)
$$

denn $\lim_{t \to \infty} P(X_1 > t + u) = 0.$ $\square$

Es sei vermerkt, daß aus der (schwachen) Konvergenz (5.6) nicht immer folgt, daß der Erwartungswert $\mathbf{E}Y(t)$ der (im allgemeinen nichtstationären) Restzeitverteilung zum Zeitpunkt t für $t \to \infty$ gegen den Erwartungswert der Grenzverteilung konvergiert. Dieser Effekt tritt deshalb auf, weil $\mathbf{E}Y(t) = \infty$ für alle $t \geq 0$ sein kann, obwohl der Erwartungswert der Grenzverteilung endlich ist. Aus (5.7) ergibt sich nämlich, daß

$$
\mathbf{E}Y(t) \;=\; \int_0^{\infty} P(Y(t) > u) \, du \;\geq\; \mathbf{E}(X_1 - t)
$$

für alle $t \geq 0$ gilt, d.h., es ist $\mathbf{E}Y(t) = \infty$ für alle $t \geq 0$, falls $\mathbf{E}X_1 = \infty$. Für den Erwartungswert $a = \int_0^{\infty} \lim_{t \to \infty} P(Y(t) > u) \, du$ der Grenzverteilung in (5.6) gilt

$$
a \;=\; \frac{\int_0^{\infty} x^2 \, dF(x)}{2 \int_0^{\infty} (1 - F(x)) \, dx} \,, \qquad (5.8)
$$

denn aus (5.6) folgt durch partielle Integration

$$
a \;=\; \frac{\int_0^{\infty} \int_u^{\infty} (1 - F(x)) \, dx \, du}{\int_0^{\infty} (1 - F(x)) \, dx} \;=\; \frac{\int_0^{\infty} x^2 \, dF(x)}{2 \int_0^{\infty} (1 - F(x)) \, dx} \,.
$$

Der Wert a ist also endlich, wenn das zweite Moment $\int_0^\infty x^2\,dF(x)$ der Abstandsverteilungsfunktion F endlich ist. Dabei kann der Erwartungswert a der stationären Restzeitverteilung größer sein als der Erwartungswert $\int_0^\infty (1 - F(x))\,dx$ der Abstandsverteilungsfunktion F des Punktprozesses Φ. Und zwar gilt

$$ a \;>\; \int_0^\infty (1 - F(x))\,dx\,, \tag{5.9}$$

wenn $\int_0^\infty x^2\,dF(x) > 2\left[\int_0^\infty (1 - F(x))\,dx\right]^2$, d.h., wenn die Varianz von F größer als ihr Erwartungswert ist.

Die Ungleichung (5.9), die übrigens auch bei nichtrekurrenten stationären Punktprozessen vorliegen kann (vgl. Satz 6.1.4), ist eine scheinbar paradoxe Aussage. Man könnte meinen, daß bei einem stationären rekurrenten Punktprozeß $\Phi = \{X_n; n \in G\}$ der Erwartungswert a der zufälligen Länge des Teilintervalls $[0, X_1)$ von $[X_0, X_1)$ niemals größer ist als der Erwartungswert $\int_0^\infty (1 - F(x))\,dx$ der Länge des Intervalls $[X_{n+1}, X_n)$ zwischen zwei aufeinanderfolgenden Punkten, das den Nullpunkt nicht enthält; $n \in G \setminus \{0\}$. Wie man anhand von (5.9) sieht, braucht dies aber nicht so zu sein. Eine Erklärung hierfür ist, daß der Nullpunkt bei stationären Punktprozessen vorzugsweise zwischen weit voneinander entfernten Punkten liegt.

5.2 Cox-Prozesse

Ein Punktprozeß Φ wird Cox-Prozeß genannt, wenn sich seine Verteilung P als im folgenden zu definierende Mischung von Verteilungen Poissonscher Punktprozesse darstellen läßt. Aus diesem Grund wird für diese Klasse von Punktprozessen als Synonym auch der Begriff *doppelt-stochastischer Poisson-Prozeß* benutzt.

Zur strengen Definition des Cox-Prozesses verwenden wir den Begriff des zufälligen Maßes aus Abschnitt 3.5. Ein Punktprozeß Φ, d.h. $[N, \mathcal{N}, P]$, heißt *Cox-Prozeß*, wenn es ein zufälliges Maß $\Lambda : \Omega \to N'$ gibt, so daß für jedes $k \in G_+$, für jede endliche Folge $B_1, \ldots, B_k$ paarweise disjunkter Intervalle aus $\mathcal{B}$ und für jedes k-Tupel nichtnegativer ganzer Zahlen $(j_1, \ldots, j_k) \in (G_0)^k$ die Wahrscheinlichkeit

$$ P_{B_1,\ldots,B_k}(\{j_1, \ldots, j_k\}) \;=\; P(\varphi : \varphi(B_1) = j_1, \ldots, \varphi(B_k) = j_k) $$

durch

$$P_{B_1,\ldots,B_k}(\{j_1,\ldots,j_k\}) \;=\; \mathbf{E}\prod_{l=1}^{k}\frac{[\Lambda(B_l)]^{j_l}}{j_l!}\exp(-\Lambda(B_l))$$

$$=\;\int_{N'}\prod_{l=1}^{k}\frac{[\eta(B_l)]^{j_l}}{j_l!}\exp(-\eta(B_l))\,Q(d\eta) \tag{5.10}$$

gegeben ist, wobei Q die Verteilung von Λ auf $\mathcal{N}'$ bezeichnet. Das zufällige Maß Λ nennen wir *zufälliges Intensitätsmaß* von Φ. Dabei benutzen wir für Λ auch die Schreibweise $[N',\mathcal{N}',Q]$.

Es ist nicht schwierig, sich davon zu überzeugen (vgl. auch Aufgabe 5.6.5), daß die durch (5.10) gegebenen Verteilungen den Bedingungen 1 bis 4 des Satzes 2.5.1 genügen und daß damit die Existenz einer eindeutig bestimmten Verteilung P auf $\mathcal{N}$ mit den durch (5.10) gegebenen endlichdimensionalen Verteilungen gesichert ist. Darüber hinaus gilt die folgende Darstellungsformel.

Satz 5.2.1 *Es sei $[N,\mathcal{N},P]$ ein Cox-Prozeß mit dem zufälligen Intensitätsmaß $[N',\mathcal{N}',Q]$. Dann gilt für jedes $A \in \mathcal{N}$*

$$P(A) \;=\; \int_{N'} P_\eta(A)\,Q(d\eta)\,, \tag{5.11}$$

wobei P_η die Verteilung eines Poisson-Prozesses mit dem Intensitätsmaß $\eta \in N'$ bezeichnet.

Beweis Die Behauptung folgt unmittelbar aus (5.10) und aus Satz 2.5.1. $\square$

Die rechte Seite von (5.11) ist eine Mischung von Verteilungen P_η Poissonscher Punktprozesse bezüglich der Mischverteilung Q, d.h., durch die Mischverteilung Q sind die Wichtungen vorgegeben, mit denen die einzelnen Verteilungen P_η in die Mischung (5.11) eingehen.

Ein Cox-Prozeß Φ wird also gemäß (5.11) durch einen zweistufigen zufälligen Mechanismus erzeugt (daher auch der Begriff doppelt-stochastisch). Zunächst wird das zufällige Maß Λ gemäß der Verteilung Q ausgewürfelt, das gewisse zufällige, „äußere Bedingungen" widerspiegelt. Danach werden die Punkte von Φ gemäß einem Poisson-Prozeß mit dem Intensitätsmaß $\eta = \Lambda(\omega)$ erzeugt, das gewisse „innere Gesetzmäßigkeiten" beschreibt.

Natürlich ist insbesondere jeder Poissonsche Punktprozeß Φ ein Cox-Prozeß, der dann die Eigenschaft hat, daß die Verteilung Q von Λ auf einem einzigen Element aus N' konzentriert ist, und zwar auf dem (nichtzufälligen) Intensitätsmaß α von Φ. Im allgemeinen ist das Intensitätsmaß eines Cox-Prozesses durch

$$\alpha(B) \;=\; \mathbf{E}\Lambda(B) \qquad \text{für alle } B \in \mathcal{R} \tag{5.12}$$

gegeben.

Beispiel 5.2.2 Ein weiteres Beispiel eines speziellen Cox-Prozesses ist der sogenannte *gemischte Poisson-Prozeß*, der entsteht, wenn das zufällige Maß Λ in (5.10) ausgehend von einem fixierten Maß $\eta \in N'$ durch Multiplikation mit einem zufälligen Faktor $Z : \Omega \to R_+$ gebildet wird:

$$\Lambda(B,\omega) \;=\; Z(\omega)\,\eta(B) \qquad \text{für alle } B \in \mathcal{R}\,. \tag{5.13}$$

Aus (5.12) und (5.13) ergibt sich, daß $\mathbf{E}Z < \infty$ gelten muß, damit das Intensitätsmaß α des zugehörigen gemischten Poisson-Prozesses lokalendlich ist.

Aus (5.10) folgt, daß das zufällige Intensitätsmaß Λ eines einfachen Cox-Prozesses Φ auf der Menge der *diffusen Maße* η aus N' (d.h., der *atomlosen Maße* $\eta \in N'$ mit $\eta(\{t\}) = 0$ für jedes $t \in R$) konzentriert ist (vgl. auch Aufgabe 2.6.1). Damit ein gemischter Poisson-Prozeß einfach ist, muß also das in (5.13) auftretende Maß η diffus sein. Wenn insbesondere η das Lebesgue-Maß ν auf $\mathcal{R}$ ist, dann ist in diesem Fall der durch (5.13) gegebene gemischte Poisson-Prozeß einfach und stationär, wobei Λ ein zufälliges Vielfaches des Lebesgue-Maßes mit dem zufälligen Proportionalitätsfaktor Z ist. Außerdem kann man auch umgekehrt zeigen, daß ein Cox-Prozeß einfach ist, wenn sein zufälliges Intensitätsmaß auf der Menge der diffusen Maße aus N' konzentriert ist (vgl. Abschnitt 6.1).

Die Beziehung (5.13) bedeutet, daß die Realisierungen $\Lambda(\omega)$ des zufälligen Intensitätsmaßes Λ eines gemischten Poisson-Prozesses absolutstetig bezüglich eines fixierten Maßes η aus N' sind, wobei die zugehörige Dichte jeweils konstant ist. Eine Verallgemeinerung dieses Ansatzes ist durch

$$\Lambda(B,\omega) \;=\; \int\limits_B Z(t,\omega)\,\eta(dt) \tag{5.14}$$

gegeben, wobei $\{Z(t);\, t \in R\}$ ein meßbarer zufälliger Prozeß über $[\Omega, \mathcal{F}, \mathbf{P}]$ mit nichtnegativen Werten ist; $Z(t) : \Omega \to R_+$. Das Intensitätsmaß α des zugehörigen Cox-Prozesses ist lokalendlich, wenn die Erwartungswertfunktion $\{\mathbf{E}Z(t);\, t \in R\}$ bezüglich η lokal integrierbar ist.

Wenn die Zufallsgrößen $Z(t)$ Werte im Intervall $[0,1]$ annehmen, dann kann der zugehörige Cox-Prozeß wie folgt durch eine *zufällige ortsabhängige Verdünnung* eines Poisson-Prozesses mit dem Intensitätsmaß η konstruiert werden. Für jede Realisierung $\varphi = \{X_n(\varphi)\}$ eines Poisson-Prozesses mit dem Intensitätsmaß η und für jede Realisierung $\{Z(t,\omega);\, t \in R\}$ des zufälligen Prozesses $\{Z(t);\, t \in R\}$ ergibt sich eine Klasse von Realisierungen des zugehörigen Cox-Prozesses in Form von Teilfolgen der Folge $\{X_n(\varphi)\}$. Dabei werden die Punkte $X_n(\varphi)$ von φ jeweils unabhängig voneinander mit der Wahrscheinlichkeit $1 - Z(X_n(\varphi),\omega)$ gestrichen bzw. mit der Wahrscheinlichkeit $Z(X_n(\varphi),\omega)$ nicht gestrichen. Diese Konstruktion basiert auf der Tatsache, daß sich durch das Verdünnungsverfahren, ausgehend von einem Poisson-Prozeß, für jede Realisierung $\{Z(t,\omega);\, t \in R\}$ des zufälligen Prozesses $\{Z(t);\, t \in R\}$ erneut ein Poisson-Prozeß ergibt. In Abschnitt 5.4 wird diese

Invarianzeigenschaft des Poisson-Prozesses präzise formuliert und bewiesen (vgl. Satz 5.4.7).

Beispiel 5.2.3 Wenn die Realisierungen des Prozesses $\{Z(t);\ t \in R\}$ intervall-weise konstante Funktionen sind, die nur die Werte Null und Eins annehmen, dann heißt der durch (5.14) gegebene Cox-Prozeß *unterbrochener Poisson-Prozeß*. Bezüglich des oben beschriebenen Verdünnungsverfahrens bedeutet dies, daß diejenigen Punkte des zugrundeliegenden Poisson-Prozesses mit dem Intensitäts-maß η gestrichen werden, die in Intervallen liegen, in denen die Realisierungen des Prozesses $\{Z(t);\ t \in R\}$ den Wert Null annehmen, und daß die übrigen Punkte des Poisson-Prozesses erhalten bleiben. Wenn insbesondere η ein Vielfaches des Lebesgue-Maßes und $\{Z(t);\ t \in R\}$ ein Markowscher Prozeß mit den zwei Zuständen $\{0,1\}$ ist, dann ist der zugehörige unterbrochene Poisson-Prozeß ein rekurrenter Punktprozeß (vgl. Aufgabe 5.6.7).

Eine weitere Klasse von Cox-Prozessen wird in Aufgabe 5.6.8 in Form spezieller Neyman-Scott-Prozesse angegeben.

Satz 5.2.4 *Es sei Φ ein Cox-Prozeß mit dem zufälligen Intensitätsmaß Λ. Dann besteht ein eineindeutiger Zusammenhang zwischen der Verteilung P von Φ und der Verteilung Q von Λ, und es gilt*

$$\mathbf{G}(f) \; = \; \mathbf{L}(1 - f) \tag{5.15}$$

für jedes $f \in \mathcal{H}$, wobei $\mathbf{G}$ das erzeugende Funktional von Φ und $\mathbf{L}$ das Laplace-Funktional von Λ ist.

Beweis Die Gültigkeit von (5.15) folgt aus (5.11) und (3.44), denn es gilt

$$\mathbf{G}(f) \; = \; \int_{N'} \mathbf{G}_\eta(f)\, Q(d\eta) \; = \; \int_{N'} \exp\left[\int_R (f(x) - 1)\, \eta(dx)\right] Q(d\eta)$$

für $f \in \mathcal{H}$, wobei $\mathbf{G}_\eta$ das erzeugende Funktional des Poisson-Prozesses mit dem Intensitätsmaß $\eta \in N'$ ist. Weil das Laplace-Funktional eines zufälligen Maßes bereits durch die Werte eindeutig bestimmt ist, die es für $f \in \mathcal{H}'$ mit $0 \leq f(x) \leq 1$ für alle $x \in R$ annimmt, und weil sich genauso wie in Satz 3.5.1 zeigen läßt, daß die Verteilung Q des zufälligen Maßes Λ eindeutig durch das zugehörige Laplace-Funktional $\mathbf{L}$ bestimmt ist, ergibt sich die Behauptung aus (5.15) und aus Satz 3.5.1. $\square$

5.3 Stationäre Cox-Prozesse

So wie in Abschnitt 4.1 die Stationarität eines zufälligen Punktprozesses definiert wurde, kann man auch den Begriff des stationären zufälligen Maßes einführen und auf diese Weise ein Stationaritätskriterium für Cox-Prozesse mit Hilfe des zugehörigen zufälligen Intensitätsmaßes formulieren. Hierfür sei für jedes $x \in R$ der Verschiebungsoperator $\mathbf{T}'_x$ die eineindeutige und $(\mathcal{N}', \mathcal{N}')$-meßbare Abbildung $\mathbf{T}'_x : N' \to N'$, die jedem Maß η aus N' das Maß $\mathbf{T}'_x\eta$ zuordnet, wobei $\mathbf{T}'_x\eta(B) = \eta(B - x)$ für jedes $B \in \mathcal{R}$; $B - x = \{y - x : y \in B\}$.

Das zufällige Maß Λ (bzw. seine Verteilung Q auf $\mathcal{N}'$) heißt *stationär*, wenn für jedes $x \in R$ die Verteilung des zufälligen Maßes $\mathbf{T}'_x\Lambda$ mit Q übereinstimmt, d.h., wenn für jedes $A \in \mathcal{N}'$ und für jedes $x \in R$

$$Q(A) \;=\; Q(\mathbf{T}'_x A)$$

gilt, wobei $\mathbf{T}'_x A = \{\mathbf{T}'_x\eta : \eta \in A\}$.

Satz 5.3.1 *Der Cox-Prozeß Φ ist genau dann stationär, wenn sein zufälliges Intensitätsmaß Λ stationär ist.*

Beweis Mit Hilfe des Satzes 4.1.1 ergibt sich die Hinlänglichkeit der Bedingung unmittelbar aus der Definitionsgleichung (5.10). Umgekehrt folgt die Stationarität des zufälligen Intensitätsmaßes Λ aus der Stationarität des zugehörigen Cox-Prozesses Φ auf Grund der Tatsache, daß $\mathbf{T}'_x\Lambda$ das zufällige Intensitätsmaß des Cox-Prozesses $\mathbf{T}_x\Phi$ ist ($x \in R$) und daß zwischen den Verteilungen eines Cox-Prozesses und seines zufälligen Intensitätsmaßes ein eineindeutiger Zusammenhang besteht (vgl. Satz 5.2.4). $\square$

Völlig analog zu Satz 4.1.1 kann man zeigen, daß das zufällige Maß Λ genau dann stationär ist, wenn die zufälligen Vektoren $(\Lambda(B_1), \ldots, \Lambda(B_k))$ und $(\Lambda(B_1 + x), \ldots, \Lambda(B_k + x))$ für jedes $x \in R$, für jede Folge $B_1, \ldots, B_k$ von paarweise disjunkten, beschränkten Intervallen und für jedes $k \in G_+$ identisch verteilt sind.

Hieraus folgt, daß das durch (5.14) gegebene zufällige Intensitätsmaß und wegen Satz 5.3.1 damit auch der zugehörige Cox-Prozeß stationär sind, wenn das Maß $\eta \in N'$ in (5.14) proportional zum Lebesgue-Maß und $\{Z(t); t \in R\}$ ein im engeren Sinne stationärer zufälliger Prozeß ist. Insbesondere gilt die folgende Aussage.

Folgerung 5.3.2 *Ein gemischter Poisson-Prozeß Φ ist genau dann stationär, wenn sein zufälliges Intensitätsmaß Λ ein zufälliges Vielfaches des Lebesgue-Maßes ist.*

Beweis Die Behauptung ergibt sich unmittelbar aus Satz 5.3.1, weil das durch (5.13) gegebene Λ genau dann stationär ist, wenn η ein Vielfaches des Lebesgue-Maßes ist. $\square$

Aus (5.12) folgt für die Intensität λ eines stationären Cox-Prozesses die Beziehung $\lambda = \mathbf{E}\Lambda([0,1))$. Wir setzen $0 < \lambda < \infty$ voraus. Ebenso wie die Palmsche

Verteilung eines Poisson-Prozesses (vgl. Abschnitt 3.3) bzw. eines stationären rekurrenten Punktprozesses (vgl. Abschnitt 5.1) hat auch die Palmsche Verteilung eines stationären Cox-Prozesses eine spezielle Gestalt. Hierfür definieren wir für das stationäre zufällige Intensitätsmaß $[N', \mathcal{N}', Q]$ durch

$$Q^0(A) \;=\; \frac{1}{\lambda} \int\limits_{N'} \int\limits_{R} g(x)\, \mathbf{1}_A(\mathbf{T}'_x \eta)\, \eta(dx)\, Q(d\eta) \tag{5.16}$$

die Verteilung Q^0 auf $\mathcal{N}'$, wobei $g : R \to R_+$ eine nichtnegative Funktion mit der Eigenschaft $\int\limits_{R} g(x)\, dx = 1$ ist. So wie in Abschnitt 4.2 läßt sich zeigen, daß die durch (5.16) gegebene Mengenfunktion die Eigenschaften einer Verteilung hat und daß sie nicht von der Wahl der Funktion g abhängt. Insbesondere kann $g(x) = \nu(B)^{-1} \mathbf{1}_B(x)$ gesetzt werden für jede beliebige fixierte Borel-Menge $B \in \mathcal{R}$ mit $0 < \nu(B) < \infty$.

Satz 5.3.3 *Für die reduzierte Palmsche Verteilung $P^!$ eines stationären Cox-Prozesses $[N, \mathcal{N}, P]$ mit dem stationären zufälligen Intensitätsmaß $[N', \mathcal{N}', Q]$ gilt*

$$P^!(A) \;=\; \int\limits_{N'} P_\eta(A)\, Q^0(d\eta) \qquad \textit{für jedes } A \in \mathcal{N}\,. \tag{5.17}$$

$P^!$ ist also wiederum die Verteilung eines Cox-Prozesses, wobei die Verteilung Q^0 des zugehörigen zufälligen Intensitätsmaßes durch (5.16) gegeben ist und die *Palmsche Verteilung* des stationären zufälligen Maßes Λ genannt wird. (5.17) kann als Verallgemeinerung der für stationäre Poisson-Prozesse geltenden Formel $P^! = P$ aufgefaßt werden (vgl. Abschnitt 4.2).

Folgerung 5.3.4 *Für die reduzierte Palmsche Verteilung $P^!$ eines stationären gemischten Poisson-Prozesses mit dem durch $\Lambda(dx, \omega) = Z(\omega)\,\nu(dx)$ gegebenen zufälligen Intensitätsmaß gilt*

$$P^!(A) \;=\; \frac{1}{\mathbf{E}Z} \int\limits_{0}^{\infty} P_{z\nu}(A)\, z\mathbf{P}(Z \in dz) \qquad \textit{für jedes } A \in \mathcal{N}\,. \tag{5.18}$$

Die reduzierte Palmsche Verteilung $P^!$ eines stationären gemischten Poisson-Prozesses ist also ebenfalls die Verteilung eines stationären gemischten Poisson-Prozesses, wobei lediglich die Verteilung F_Z des zufälligen Proportionalitätsfaktors Z mit $F_Z(B) = \mathbf{P}(Z \in B)$ für $B \in \mathcal{R}$ durch die Verteilung F_Z^0 mit

$$F_Z^0(B) \;=\; \frac{1}{\mathbf{E}Z} \int\limits_{B} z\mathbf{P}(Z \in dz) \qquad \text{für } B \in \mathcal{R} \tag{5.19}$$

ersetzt wird.

Beweis der Folgerung 5.3.4 Weil das zufällige Intensitätsmaß Λ durch $\Lambda(dx,\omega) = Z(\omega)\,\nu(dx)$ gegeben ist, nimmt (5.16) die Form an

$$Q^0(A) \;=\; \frac{1}{\lambda} \int\limits_0^\infty \int\limits_R g(x)\,\mathbf{1}_A(z\nu)\,z\nu(dx)\,\mathbf{P}(Z \in dz)$$

$$=\; \frac{1}{\mathbf{E}Z} \int\limits_0^\infty z\,\mathbf{1}_A(z\nu)\,\mathbf{P}(Z \in dz)\,.$$

Es genügt nun, diese Formel in (5.17) einzusetzen. $\square$

Mit Hilfe der Formel (5.18) kann man die Palmsche Verteilungsfunktion F^0 des Abstandes zwischen zwei aufeinanderfolgenden Punkten eines stationären gemischten Poisson-Prozesses bestimmen; $F^0(t) = P^0(\varphi : X_{n+1}(\varphi) - X_n(\varphi) < t)$. Wenn insbesondere die Zufallsgröße Z auf zwei Zahlen $\lambda_1, \lambda_2 > 0$ konzentriert ist mit $p_j = \mathbf{P}(Z = \lambda_j)$ für $j = 1, 2$ (vgl. auch Aufgabe 4.4.7), dann ergibt sich aus (5.18) für $t > 0$

$$F^0(t) \;=\; \frac{\lambda_1 p_1}{\lambda_1 p_1 + \lambda_2 p_2}(1 - e^{-\lambda_1 t}) + \frac{\lambda_2 p_2}{\lambda_1 p_1 + \lambda_2 p_2}(1 - e^{-\lambda_2 t})\,.$$

Die Verteilungsfunktion F^0 ist also im allgemeinen verschieden von der (nichtpalmschen) Verteilungsfunktion F mit $F(t) = P(\varphi : X_{n+1}(\varphi) - X_n(\varphi) < t)$ für $n \in G \setminus \{0\}$, denn für diese ergibt sich aus (5.11) für den Fall nur zweier Intensitätswerte $\lambda_1, \lambda_2 > 0$ der Ausdruck

$$F(t) \;=\; p_1(1 - e^{-\lambda_1 t}) + p_2(1 - e^{-\lambda_2 t})$$

Dies steht im Einklang mit der Tatsache (vgl. auch die Aufgaben 5.6.6 und 5.6.7), daß ein Cox-Prozeß nur in bestimmten Spezialfällen ein rekurrenter Punktprozeß ist, denn gemäß Satz 5.1.2 gilt dann $F^0 = F$.

Um den Satz 5.3.3 zu beweisen, leiten wir zunächst eine allgemeinere Darstellungsformel für die reduzierten Palmschen Verteilungen $P_x^!$ eines Cox-Prozesses $[N, \mathcal{N}, P]$ mit dem (nicht notwendig stationären) zufälligen Intensitätsmaß Λ, d.h. $[N', \mathcal{N}', Q]$, her. Völlig analog zu den in den Abschnitten 3.2 und 3.3 für Punktprozesse (d.h. für zufällige Zählmaße) eingeführten Begriffen des Campbellschen Maßes C und der Palmschen Verteilungen P_x läßt sich für das zufällige Maß $[N', \mathcal{N}', Q]$ das *Campbellsche Maß* $C_Q : \mathcal{N}' \otimes \mathcal{R} \to [0, \infty]$ durch die Vorschrift

$$C_Q(A \times B) \;=\; \int\limits_{N'} \eta(B)\,\mathbf{1}_A(\eta)\,Q(d\eta) \qquad\qquad (5.20)$$

definieren; $A \in \mathcal{N}'$, $B \in \mathcal{R}$. Außerdem läßt sich auf Grund der Voraussetzung, daß das Intensitätsmaß α mit

$$\alpha(B) \;=\; \mathbf{E}\Lambda(B) \;=\; \int\limits_{N'} \eta(B)\,Q(d\eta) \qquad \text{für } B \in \mathcal{R}$$

lokalendlich ist, C_Q (so wie C in Satz 3.3.1) auf die folgende Weise desintegrieren:
Für α-fast jedes $x \in R$ gibt es eine eindeutig bestimmte Verteilung Q_x auf $\mathcal{N}'$, so
daß

$$C_Q(A \times B) \;=\; \int_B Q_x(A)\,\alpha(dx) \qquad (5.21)$$

für alle $A \in \mathcal{N}'$, $B \in \mathcal{R}$.

Satz 5.3.5 *Für α-fast alle $x \in R$ gilt*

$$P_x^!(A) \;=\; \int_{N'} P_\eta(A)\,Q_x(d\eta) \qquad (5.22)$$

für jedes $A \in \mathcal{N}$.

Beweis Auf Grund der Sätze 3.3.4 und 3.3.1 genügt es zu zeigen, daß

$$\int_B \int_{N'} \int_N 1_A(\varphi + \delta_x)\, P_\eta(d\varphi)\, Q_x(d\eta)\, \alpha(dx) \;=\; \int_{N'} \int_N \varphi(B)\, 1_A(\varphi)\, P_\eta(d\varphi)\, Q(d\eta)$$

für alle $A \in \mathcal{N}$ und $B \in \mathcal{R}$ gilt. Aus (5.20) und (5.21) sowie aus den Sätzen 3.3.1,
3.3.4 und 3.3.5 ergibt sich, daß

$$\int_B \int_{N'} \int_N 1_A(\varphi + \delta_x)\, P_\eta(d\varphi)\, Q_x(d\eta)\, \alpha(dx)$$

$$= \int_{N'} \int_B \int_N 1_A(\varphi + \delta_x)\, P_\eta(d\varphi)\, \eta(dx)\, Q(d\eta)$$

$$= \int_{N'} \int_B \int_N 1_A(\varphi + \delta_x)\, (P_\eta)_x^!(d\varphi)\, \eta(dx)\, Q(d\eta)$$

$$= \int_{N'} \int_B \int_N 1_A(\varphi)\, (P_\eta)_x(d\varphi)\, \eta(dx)\, Q(d\eta)$$

$$= \int_{N'} \int_B (P_\eta)_x(A)\, \eta(dx)\, Q(d\eta)$$

$$= \int_{N'} \int_N \varphi(B)\, 1_A(\varphi)\, P_\eta(d\varphi)\, Q(d\eta) . \qquad \square$$

Beweis des Satzes 5.3.3 Die Formel (5.17) ergibt sich aus (5.22), wenn man
beachtet, daß im stationären Fall die in (5.21) definierten Verteilungen Q_x (so

wie die Verteilungen P_x bzw. $P_x^!$ in (4.15) bzw. (4.18)) wie folgt gewählt werden können:

$$Q_x(A) \;=\; Q^0(\mathbf{T}_x' A) \qquad (5.23)$$

für alle $A \in \mathcal{N}'$ und für alle $x \in R$, wobei Q^0 die durch (5.16) gegebene Verteilung ist. $\square$

5.4 Cluster-Prozesse

Eine Reihe von in Natur und Technik auftretenden Erscheinungen läßt sich sehr gut durch solche Punktprozesse erfassen, bei denen jeder Punkt eines Punktprozesses (des Primärprozesses) eine zufällige Anzahl zufällig auf der reellen Achse gelegener weiterer Punkte (sogenannter Sekundärpunkte) erzeugt. Man sagt, daß die von einem Primärpunkt erzeugten Sekundärpunkte einen zufälligen Schauer (Cluster) von Punkten bilden. Diese Terminologie und auch erste Vorstellungen über Cluster-Prozesse entstammen der Astronomie, wobei im Weltall Primärsterne Schauer von Sekundärsternen erzeugen. Auch für die Geophysik sind Cluster-Prozesse geeignete Modelle, z.B. zur Beschreibung von Erdbeben, bei denen zufällig auftretende Hauptbeben (deren Stärke durch Marken erfaßt werden kann, vgl. Kapitel 8) jeweils einen Schauer von Vor- bzw. Nachbeben (i.a. geringerer Stärke) auslösen können.

Des weiteren sind bestimmte Zuverlässigkeitsprobleme (z.B. in Computern) dergestalt, daß der Ausfall einer Baueinheit den Ausfall anderer Baueinheiten nach zufälliger Zeit bewirken kann, und somit ebenfalls durch Cluster-Prozesse spezieller Struktur erfaßbar.

In Bedienungssystemen mit gruppenweiser Ankunft der Bedienungsforderungen (die Ankunftszeitpunkte sind die Primärpunkte) bilden die Zeitpunkte der Bedienungsbeendigungen der Forderungen einer Gruppe einen Schauer von Sekundärpunkten.

Bei der mathematischen Definition des Cluster-Prozesses gehen wir wie folgt vor. Ein Punktprozeß Φ, d.h. $[N, \mathcal{N}, P]$, wird *Cluster-Prozeß* genannt, wenn es eine Verteilung Q auf $\mathcal{N}$ (die Verteilung des *Primärprozesses*) und für jedes $x \in R$ eine Verteilung $Q^{[x]}$ auf $\mathcal{N}$ (die Verteilung des im Punkt x ausgelösten *Sekundärprozesses*) gibt, so daß für jedes $k \in G_+$, für jede endliche Folge $B_1, \ldots, B_k$ paarweise disjunkter Intervalle aus $\mathcal{B}$ und für jedes k-Tupel nichtnegativer ganzer Zahlen $(j_1, \ldots, j_k) \in (G_0)^k$ die Wahrscheinlichkeit

$$P_{B_1,\ldots,B_k}(\{j_1, \ldots, j_k\}) \;=\; P(\varphi : \varphi(B_1) = j_1, \ldots, \varphi(B_k) = j_k)$$

durch

$$P_{B_1,\ldots,B_k}(\{j_1, \ldots, j_k\}) \;=\; \int\limits_N \mathbf{P}\Big(\bigcap_{i=1}^{k}\{\sum_{x \in S_\varphi} \Phi^{[x]}(B_i) = j_i\}\Big)\, Q(d\varphi) \qquad (5.24)$$

gegeben ist. Dabei ist für jedes $x \in R$ der Punktprozeß $\Phi^{[x]} : \Omega \to N$ über ein und demselben Wahrscheinlichkeitsraum $[\Omega, \mathcal{F}, \mathbf{P}]$ gegeben und gemäß $Q^{[x]}$ verteilt, und in der Regel wird vorausgesetzt, daß für jedes $\varphi \in N$ die Punktprozesse $\{\Phi^{[x]}; \ x \in S_\varphi\}$ unabhängig sind. Außerdem wollen wir in diesem Buch nur Cluster-Prozesse betrachten, die von einem einfachen Primärprozeß erzeugt werden, d.h., Q sei die Verteilung eines einfachen Punktprozesses. Die Familie $\{Q^{[x]}; \ x \in R\}$ von Verteilungen auf $\mathcal{N}$ wird *Schauerfeld* genannt. Ein Cluster-Prozeß wird *Poissonscher Cluster-Prozeß* genannt, wenn der ihn erzeugende Primärprozeß mit der Verteilung Q ein Poisson-Prozeß ist. In diesem Zusammenhang erinnern wir daran (vgl. Aufgabe 2.6.1), daß das Intensitätsmaß von Q diffus sein muß, damit der Poissonsche Primärprozeß einfach ist.

Ähnlich wie bei Cox-Prozessen ist auch die Verteilung eines Cluster-Prozesses eine Mischung von Punktprozeßverteilungen. Denn die Definitionsgleichung (5.24) enthält implizit die Bedingung, daß die im allgemeinen unendliche Summe $\Phi^{[\varphi]} = \sum_{x \in S_\varphi} \Phi^{[x]}$ für Q-fast alle $\varphi \in N$ zu einem zufälligen Zählmaß mit Werten in N führt, d.h., daß

$$\mathbf{P}\Big(\sum_{x \in S_\varphi} \Phi^{[x]}(B) < \infty \Big) \ = \ 1 \tag{5.25}$$

für Q-fast alle $\varphi \in N$ und für alle $B \in \mathcal{R}_0$ gilt. Aus (5.24) ergibt sich also

$$P(A) \ = \ \int_N Q^{[\varphi]}(A)\, Q(d\varphi)\,, \tag{5.26}$$

wobei $Q^{[\varphi]}$ die Verteilung von $\Phi^{[\varphi]}$ auf $\mathcal{N}$ bezeichnet. In bestimmten Fällen kann man einen Cluster-Prozeß auch als Cox-Prozeß auffassen. Dies ist dann möglich, wenn $Q^{[\varphi]}$ für Q-fast alle $\varphi \in N$ die Verteilung eines Poisson-Prozesses ist (vgl. auch Aufgabe 5.6.8).

Eine hinreichende Bedingung für die Gültigkeit von (5.25) ergibt sich aus der folgenden Beziehung zwischen den Intensitätsmaßen $\alpha, \alpha_{Q^{[x]}}, \alpha_Q$ der Verteilungen $P, Q^{[x]}$ bzw. Q.

Satz 5.4.1 *Für jedes $B \in \mathcal{R}$ gilt*

$$\alpha(B) \ = \ \int_R \alpha_{Q^{[x]}}(B)\, \alpha_Q(dx)\,. \tag{5.27}$$

Beweis Aus der Definitionsgleichung (3.7) des Intensitätsmaßes und aus (5.24) ergibt sich mit Hilfe des Campbellschen Theorems für $f(x) = \alpha_{Q^{[x]}}(B)$ (Satz 3.2.2), daß

$$\alpha(B) \;=\; \sum_{j=1}^{\infty} j\, P(\varphi : \varphi(B) = j) \;=\; \int_N \sum_{j=1}^{\infty} j\, \mathbf{P}\Big(\sum_{x \in S_\varphi} \Phi^{[x]}(B) = j\Big) Q(d\varphi)$$

$$=\; \int_N \sum_{x \in S_\varphi} \alpha_{Q^{[x]}}(B)\, Q(d\varphi) \;=\; \int_R \alpha_{Q^{[x]}}(B)\, \alpha_Q(dx)\,. \;\square$$

Folgerung 5.4.2 *Falls*

$$\int_R \alpha_{Q^{[x]}}(B)\, \alpha_Q(dx) \;<\; \infty \tag{5.28}$$

für jedes $B \in \mathcal{R}_0$, *dann gilt* (5.25).

Beispiele 5.4.3 1. *Zufällige Verschiebung.* Falls

$$Q^{[x]}(\varphi : \varphi(R) = 1) \;=\; 1 \qquad \text{für alle } x \in R\,, \tag{5.29}$$

d.h., falls jeder Primärpunkt mit Wahrscheinlichkeit Eins genau einen Sekundärpunkt erzeugt, dann ergibt sich der Cluster-Prozeß Φ ausgehend von Q durch
eine zufällige Verschiebung der Punkte. Dabei hängt die Verteilung der zufälligen Verschiebung im allgemeinen von der Lage des jeweiligen Primärpunktes ab.
In diesem Fall spricht man von einer *zufälligen ortsabhängigen Verschiebung* der
Punkte. Als Beispiel einer zufälligen Verschiebung sei die Verschiebung des Ankunftszeitpunktes einer Bedienungsforderung in einem Bedienungssystem (ohne
Gruppenankünfte) genannt, der zufällig um die Aufenthaltsdauer dieser Forderung im System in den Abgangszeitpunkt der Forderung verschoben wird. Diese
zufällige Verschiebung ist ortsabhängig, wenn die Verteilung der Aufenthaltsdauer
von der Lage des Ankunftszeitpunktes abhängt.

2. *Zufällige Verschiebung mit Verdünnung.* Falls $Q^{[x]}(\varphi : \varphi(R) < 1) = 1$ für
alle $x \in R$ gilt, dann wird also jeder Primärpunkt mit Wahrscheinlichkeit Eins
entweder um einen zufälligen Wert verschoben, oder er wird gestrichen.

3. *Zufällige Verdünnung.* Falls insbesondere

$$Q^{[x]}(\varphi : \varphi(R) = 0) + Q^{[x]}(\varphi : \varphi(\{x\}) = 1, \varphi(R \setminus \{x\}) = 0) \;=\; 1 \tag{5.30}$$

für alle $x \in R$ gilt, dann spricht man von einer *zufälligen ortsabhängigen Verdünnung*, wenn die Wahrscheinlichkeit $p^{[x]} = Q^{[x]}(\varphi : \varphi(R) = 0)$ von x abhängt.
Der Primärpunkt $x \in S_\varphi$ der Realisierung $\varphi \in N$ von Q wird in diesem Fall mit
der Wahrscheinlichkeit $p^{[x]}$ gestrichen bzw. verbleibt mit der Wahrscheinlichkeit
$1 - p^{[x]}$ an seiner ursprünglichen Stelle.

Bei der Betrachtung von Cluster-Prozessen setzen wir von nun an in diesem Kapitel voraus, daß für jedes $\varphi \in N$ die in der Definitionsgleichung (5.24) auftretenden Punktprozesse $\{\Phi^{[x]}; x \in S_\varphi\}$ unabhängig sind. Dann läßt sich das erzeugende Funktional $\mathbf{G}$ des Cluster-Prozesses Φ durch das erzeugende Funktional $\mathbf{G}_Q$ des Primärprozesses mit der Verteilung Q und durch die erzeugenden Funktionale $\mathbf{G}^{[x]}$ der Sekundärprozesse $\Phi^{[x]}$ ausdrücken. Hierfür wird für $\mathbf{G}_Q$ der in Abschnitt 3.5 angegebene Definitionsbereich $\mathcal{H}$ des erzeugenden Funktionals erweitert, indem $\mathbf{G}_Q(f)$ mit Hilfe von (3.42) auch für $(\mathcal{R}, \mathcal{R})$-meßbare Funktionen $f : R \to R$ definiert wird, die lediglich die Eigenschaft $0 \le f(x) \le 1$ für jedes $x \in R$ besitzen, jedoch nicht außerhalb einer beschränkten Menge gleich Eins sein müssen.

Satz 5.4.4 *Es sei Φ ein Cluster-Prozeß mit dem erzeugenden Funktional $\mathbf{G}$. Dann gilt für jedes $f \in \mathcal{H}$*

$$\mathbf{G}(f) \;=\; \mathbf{G}_Q(\mathbf{G}^{[\,\cdot\,]}(f)) \;=\; \int_N \prod_{x \in S_\varphi} \mathbf{G}^{[x]}(f)\, Q(d\varphi)\,. \tag{5.31}$$

Beweis Aus der Definitionsgleichung (3.42) des erzeugenden Funktionals und aus (5.26) ergibt sich unter Berücksichtigung der obengenannten Unabhängigkeitsvoraussetzung, daß

$$
\begin{aligned}
\mathbf{G}(f) \;&=\; \int_N \prod_{x \in S_\varphi} f(x)\, P(d\varphi) \;=\; \int_N \int_N \prod_{x \in S_\varphi} f(x)\, Q^{[\varphi']}(d\varphi)\, Q(d\varphi') \\[2mm]
&=\; \int_N \mathbf{E} \prod_{x' \in S_{\varphi'}} \prod_{x \in S_{\Phi^{[x']}}} f(x)\, Q(d\varphi') \;=\; \int_N \prod_{x' \in S_{\varphi'}} \mathbf{E} \prod_{x \in S_{\Phi^{[x']}}} f(x)\, Q(d\varphi') \\[2mm]
&=\; \int_N \prod_{x' \in S_{\varphi'}} \mathbf{G}^{[x']}(f)\, Q(d\varphi')\,.
\end{aligned}
$$

Dabei gibt es wegen (5.25) für die im allgemeinen unendlichen Produkte keine Konvergenzprobleme, weil $0 \le f(x) \le 1$ für jedes $x \in R$ vorausgesetzt wurde und damit auch $0 \le \mathbf{G}^{[x]}(f) \le 1$ für jedes $x \in R$ gilt (bezüglich weiterer Details verweisen wir auf Daley/Vere-Jones (1988), § 8.2). $\square$

Folgerung 5.4.5 *Es sei Φ ein Poissonscher Cluster-Prozeß, dessen Poissonscher Primärprozeß das (diffuse) Intensitätsmaß $\alpha \in N'$ hat. Dann gilt für jedes $f \in \mathcal{H}$*

$$\mathbf{G}(f) \;=\; \exp\!\left[\int_R (\mathbf{G}^{[x]}(f) - 1)\, \alpha(dx)\right]. \tag{5.32}$$

Beweis Die Behauptung ist eine unmittelbare Konsequenz von (3.44) und (5.31), wenn man zunächst annimmt, daß das Intensitätsmaß α endlich ist und einen beschränkten Träger besitzt, d.h., wenn man beispielsweise α zunächst durch α_n mit $\alpha_n(B) = \alpha(B \cap [-n, n])$ für $B \in \mathcal{R}$ und $n \in G_+$ ersetzt und danach n gegen Unendlich streben läßt. $\square$

Die Formel (5.32) ermöglicht es, die bereits in Abschnitt 5.2 erwähnte Invarianzeigenschaft des Poisson-Prozesses bezüglich der zufälligen ortsabhängigen Verschiebung bzw. Verdünnung seiner Punkte, die durch ein Schauerfeld $\{Q^{[x]}; x \in R\}$ mit der Eigenschaft (5.29) bzw. (5.30) bewirkt wird, auf einfache Weise zu beweisen.

Satz 5.4.6 *Ein Cluster-Prozeß* Φ, *dessen Primärprozeß ein Poisson-Prozeß mit dem Intensitätsmaß* α *ist und dessen Schauerfeld die Eigenschaft (5.29) hat, ist ebenfalls ein Poisson-Prozeß. Sein Intensitätsmaß ist durch*

$$\mathbf{E}\Phi(B) \;=\; \int_R Q^{[x]}(\varphi : X(\varphi) \in B)\, \alpha(dx) \qquad \textit{für } B \in \mathcal{R} \tag{5.33}$$

gegeben, wobei $X(\varphi)$ *das dem Nullpunkt am nächsten liegende Atom des Zählmaßes* φ *bezeichnet* $(X(\varphi) = \infty$, *falls* $\varphi(R) = 0)$.

Beweis Die Tatsache, daß Φ ein Poisson-Prozeß ist, ergibt sich aus (5.32) und (3.44). Denn aus (5.29) folgt, daß

$$\mathbf{G}^{[x]}(f) \;=\; \int_N f(X(\varphi))\, Q^{[x]}(d\varphi) \qquad \text{für } f \in \mathcal{H} \text{ und } x \in R \,.$$

Wird diese Formel in (5.32) eingesetzt, dann ergibt sich für jedes $f \in \mathcal{H}$

$$\begin{aligned}
\mathbf{G}(f) \;&=\; \exp\Big[\int_R \Big(\int_R f(y)\, Q^{[x]}(\varphi : X(\varphi) \in dy) - 1\Big)\, \alpha(dx)\Big] \\[4pt]
&=\; \exp\Big[\int_R \int_R (f(y) - 1)\, Q^{[x]}(\varphi : X(\varphi) \in dy)\, \alpha(dx)\Big] \\[4pt]
&=\; \exp\Big[\int_R (f(y) - 1) \int_R Q^{[x]}(\varphi : X(\varphi) \in dy)\, \alpha(dx)\Big] \,.
\end{aligned}$$

Aus den Sätzen 3.5.1 und 3.5.2 folgt somit, daß $\mathbf{G}$ das erzeugende Funktional eines Poisson-Prozesses mit dem durch (5.33) gegebenen Intensitätsmaß ist. $\square$

Satz 5.4.7 *Ein Cluster-Prozeß Φ, dessen Primärprozeß ein Poisson-Prozeß mit dem Intensitätsmaß α ist und dessen Schauerfeld aus der zufälligen Verdünnung (5.30) besteht, ist ebenfalls ein Poisson-Prozeß. Sein Intensitätsmaß ist durch*

$$\mathbf{E}\Phi(B) \;=\; \int_B (1 - p^{[x]})\,\alpha(dx) \qquad \text{für } B \in \mathcal{R} \tag{5.34}$$

gegeben, wobei $p^{[x]} = Q^{[x]}(\varphi : \varphi(R) = 0)$.

Beweis Aus (5.30) ergibt sich, daß

$$\mathbf{G}^{[x]}(f) \;=\; p^{[x]} + (1 - p^{[x]})f(x) \qquad \text{für } f \in \mathcal{H},\ x \in R\,.$$

Aus (5.32) erhalten wir also die Beziehung

$$\mathbf{G}(f) \;=\; \exp\!\left[\int_R (p^{[x]} + (1 - p^{[x]})f(x) - 1)\,\alpha(dx)\right]$$

$$\;=\; \exp\!\left[\int_R (f(x) - 1)(1 - p^{[x]})\,\alpha(dx)\right].$$

Die Behauptung ergibt sich nun aus den Sätzen 3.5.1 und 3.5.2. $\square$

5.5 Stationäre Cluster-Prozesse

Das in die Definitionsgleichung (5.24) eines Cluster-Prozesses eingehende Schauerfeld $\{Q^{[x]};\ x \in R\}$ heißt *homogen*, wenn

$$Q^{[x]}(A) \;=\; Q^{[0]}(\mathbf{T}_{-x}A) \tag{5.35}$$

für alle $A \in \mathcal{N}$, $x \in R$ gilt, d.h., wenn die Verteilung der relativen Lage der Sekundärpunkte eines im Punkt x ausgelösten Sekundärprozesses zum Punkt x nicht von x selbst abhängt. Ein homogenes Schauerfeld wird also vollständig durch die Verteilung $Q^{[0]}$ eines im Nullpunkt ausgelösten Sekundärprozesses bestimmt.

Satz 5.5.1 *Es sei Φ ein Cluster-Prozeß mit einem stationären Primärprozeß und einem homogenen Schauerfeld. Dann ist auch Φ stationär, und für die Intensität $\lambda = \mathbf{E}\Phi([0,1))$ gilt*

$$\lambda \;=\; \lambda_Q\,\alpha_{Q^{[0]}}(R)\,, \tag{5.36}$$

wobei $\lambda_Q = \int_N \varphi([0,1))\,Q(d\varphi)$ die Intensität des Primärprozesses und $\alpha_{Q^{[0]}}(R) = \mathbf{E}\Phi^{[0]}(R)$ der Erwartungswert der (Gesamt-)Anzahl der Punkte eines Sekundärprozesses ist.

Beweis Aus (5.26), (5.35) und aus der Stationarität des Primärprozesses ergibt sich, daß

$$
\begin{aligned}
P(\mathbf{T}_x A) &= \int_N Q^{[\varphi]}(\mathbf{T}_x A)\,Q(d\varphi) = \int_N Q^{[\mathbf{T}_{-x}\varphi]}(A)\,Q(d\varphi) \\
&= \int_N Q^{[\varphi]}(A)\,Q(d\varphi) = P(A)
\end{aligned}
$$

für jedes $A \in \mathcal{N}$, $x \in R$. D.h., Φ ist stationär. Die Formel (5.36) folgt aus (4.5), (5.27) und (5.35). Denn es gilt

$$
\begin{aligned}
\lambda &= \alpha([0,1)) = \int_R \alpha_{Q^{[x]}}([0,1))\,\alpha_Q(dx) \\
&= \lambda_Q \int_R \alpha_{Q^{[x]}}([0,1))\,dx = \lambda_Q \int_R \alpha_{Q^{[0]}}([-x,-x+1))\,dx \\
&= \lambda_Q \int_R \int_R \mathbf{1}_{[-x,-x+1]}(y)\,\alpha_{Q^{[0]}}(dy)\,dx = \lambda_Q \int_R \alpha_{Q^{[0]}}(dy) = \lambda_Q\,\alpha_{Q^{[0]}}(R) . \;\square
\end{aligned}
$$

Beispiele 5.5.2 In der Literatur wird eine Reihe Poissonscher Cluster-Prozesse behandelt, die durch einen stationären Poissonschen Primärprozeß und jeweils durch ein spezielles homogenes Schauerfeld gegeben sind. Ein einfaches Beispiel hierfür ist der *Gauß-Poisson-Prozeß*, für den

$$
Q^{[0]}(\varphi : \varphi(\{0\}) = 1,\, \varphi(R \setminus \{0\}) = 0) + Q^{[0]}(\varphi : \varphi(\{0\}) = 1,\, \varphi(R \setminus \{0\}) = 1) = 1
\tag{5.37}
$$

gilt, d.h., jeder Primärpunkt ist mit Wahrscheinlichkeit Eins auch ein Punkt des Cluster-Prozesses, und außerdem erzeugt er mit der Wahrscheinlichkeit $p = Q^{[0]}(\varphi : \varphi(R) = 2)$ einen weiteren Sekundärpunkt. Aus Folgerung 5.4.5 ergibt sich somit, daß das erzeugende Funktional eines Gauß-Poisson-Prozesses die folgende Gestalt hat: Für $f \in \mathcal{H}$ gilt

$$
\mathbf{G}(f) = \exp\left[\lambda_Q \int_R \left[(1-p)f(x) + p \int_R f(x)f(x+y)\,F(dy) - 1\right] dx\right] ,
\tag{5.38}
$$

wobei λ_Q die Intensität des Primärprozesses und F mit $F(dy) = p^{-1}Q^{[0]}(\varphi : \varphi(dy) = 1)$ für $y \neq 0$ die bedingte Verteilung der Abweichung des zweiten Sekundärpunktes vom auslösenden Primärpunkt ist (unter der Bedingung, daß es einen solchen zweiten Sekundärpunkt gibt).

Ein *Neyman-Scott-Prozeß* ist gegeben, wenn der Primärprozeß ein stationärer Poisson-Prozeß ist und wenn

$$Q^{[0]}(A) \;=\; \mathbf{P}\Big(\sum_{n=1}^{S} \delta_{Y_n} \in A\Big) \qquad (5.39)$$

für jedes $A \in \mathcal{N}$ gilt, wobei $Y_1, Y_2, \ldots$ eine Folge unabhängiger, identisch verteilter Zufallsgrößen und $S : \Omega \to G_0$ eine Zufallsgröße mit nichtnegativen ganzzahligen Werten ist, die von der Folge $\{Y_n\}$ unabhängig ist. Dabei repräsentieren die Zufallsgrößen Y_n die Abweichungen der Sekundärpunkte von dem sie auslösenden Primärpunkt, S die Anzahl der insgesamt von einem Primärpunkt erzeugten Sekundärpunkte.

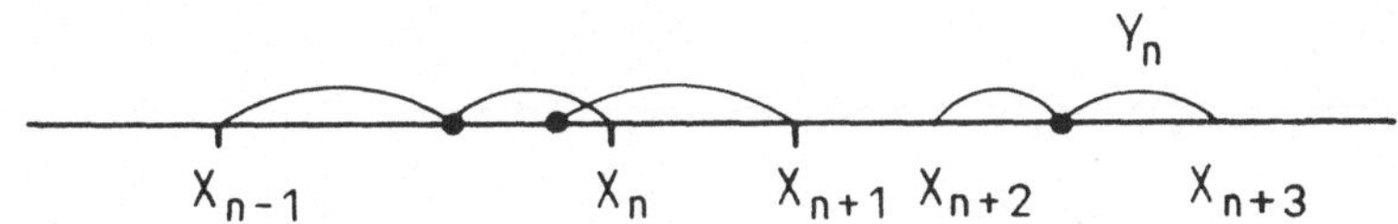

Abbildung 5.2 Neyman-Scott-Prozeß

Aus Folgerung 5.4.5 ergibt sich für das erzeugende Funktional des Neyman-Scott-Prozesses

$$\mathbf{G}(f) \;=\; \exp\Big[\lambda_Q \int_R \big[g\big(\int_R f(x+y)\,F(dy)\big) - 1\big]\,dx\Big] \qquad (5.40)$$

für $f \in \mathcal{H}$, wobei $g : [-1,1] \to [0,1]$ mit $g(z) = \mathbf{E}z^S$ die erzeugende Funktion von S und F die Verteilung der Zufallsgrößen Y_n bezeichnet.

Ein weiteres Beispiel eines stationären Poissonschen Cluster-Prozesses ist der *Bartlett-Lewis-Prozeß*, für den

$$Q^{[0]}(A) \;=\; \mathbf{P}\Big(\delta_0 + \sum_{n=1}^{S} \delta_{\sum_{j=1}^{n} Y_j} \in A\Big) \qquad (5.41)$$

für jedes $A \in \mathcal{N}$ gilt, wobei an die Zufallsgrößen $S, Y_1, Y_2, \ldots$ die gleichen Bedingungen wie im Fall eines Neyman-Scott-Prozesses gestellt werden. Den Sekundärprozeß $\Phi^{[0]}$ kann man somit als eine zufällige Irrfahrt auf der reellen Achse auffassen, die im Nullpunkt startet und nach einer zufälligen endlichen Anzahl S von Schritten abbricht.

Das erzeugende Funktional eines Bartlett-Lewis-Prozesses läßt sich im allgemeinen nicht in geschlossener Form durch dessen Bestimmungsstücke ausdrücken, denn für das in (5.32) auftretende erzeugende Funktional $\mathbf{G}^{[x]}$ von $\Phi^{[x]}$, d.h. $[N, \mathcal{N}, Q^{[x]}]$, gilt

$$\mathbf{G}^{[x]}(f) \;=\; f(x)\big[p_0 + p_1 \int_R f(x + y_1)\, F(dy_1) +$$
$$+\, p_2 \int_{R^2} f(x + y_1) f(x + y_1 + y_2)\, F(dy_1)\, F(dy_2) + \cdots\big] \tag{5.42}$$

für $f \in \mathcal{H};\; p_k = \mathbf{P}(S = k)$.

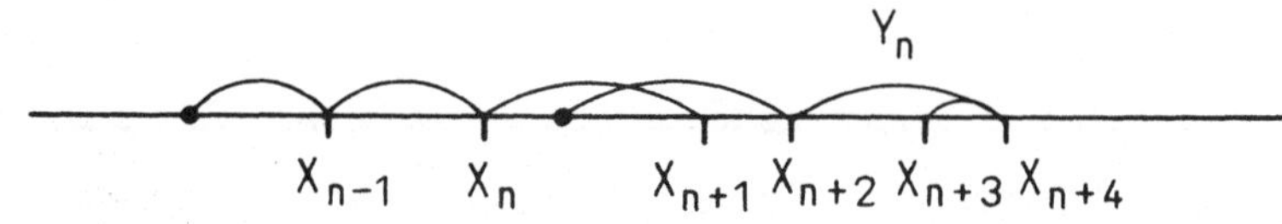

Abbildung 5.3 Bartlett-Lewis-Prozeß

Es sei nun Φ ein stationärer Cluster-Prozeß, der durch einen stationären Poissonschen Primärprozeß und durch ein beliebiges homogenes Schauerfeld mit $0 < \lambda_Q,\, \alpha_{Q^{[0]}}(R) < \infty$ gegeben ist. Um zu einer Aussage über die Gestalt der Palmschen Verteilung P^0 von Φ zu gelangen, definieren wir durch

$$\tilde{Q}(A) \;=\; \frac{1}{\alpha_{Q^{[0]}}(R)} \int_N \sum_{x \in S_\varphi} \varphi(\{x\})\, \mathbf{1}_A(\mathbf{T}_x \varphi)\, Q^{[0]}(d\varphi) \tag{5.43}$$

die Verteilung $\tilde{Q}$ auf $\mathcal{N}$. Das erzeugende Funktional $\mathbf{G}^0$ der Palmschen Verteilung P^0 von Φ läßt sich nun wie folgt durch die erzeugenden Funktionale $\mathbf{G}$ und $\tilde{\mathbf{G}}$ von P und $\tilde{Q}$ ausdrücken.

Satz 5.5.3 *Für* $f \in \mathcal{H}$ *gilt*

$$\mathbf{G}^0(f) \;=\; \mathbf{G}(f)\, \tilde{\mathbf{G}}(f). \tag{5.44}$$

Weil das Produkt der erzeugenden Funktionale zweier unabhängiger Punktprozesse mit dem erzeugenden Funktional ihrer Summe (im Sinne der Addition zufälliger Zählmaße) übereinstimmt, kann (5.44) als Verallgemeinerung der für stationäre Poisson-Prozesse geltenden Formel $\Phi^0 \stackrel{\mathrm{d}}{=} \Phi + \delta_0$ aufgefaßt werden, wobei $\stackrel{\mathrm{d}}{=}$ die Gleichheit der Verteilungen bezeichnet (vgl. Abschnitt 4.2). Denn ein Poisson-Prozeß ist natürlich gleichzeitig ein Poissonscher Cluster-Prozeß mit $Q^{[x]}(\varphi : \varphi(\{x\}) = 1,\ \varphi(R \setminus \{x\}) = 0) = 1$ für jedes $x \in R$.

Wenn man neben dem erzeugenden Funktional $\mathbf{G}$ des stationären Poissonschen Cluster-Prozesses Φ auch das erzeugende Funktional $\tilde{\mathbf{G}}$ durch die Bestimmungsstücke von Φ ausdrücken kann, dann kann man also mit Hilfe von (5.44) auch das erzeugende Funktional $\mathbf{G}^0$ der Palmschen Verteilung P^0 von Φ bestimmen. So gilt beispielsweise für Gauß-Poisson-Prozesse

$$\tilde{\mathbf{G}}(f) \;=\; \frac{1}{1+p}\Big((1-p)f(0) + p \int\limits_{R} f(0)[f(x) + f(-x)]\,F(dx)\Big) \qquad (5.45)$$

für $f \in \mathcal{H}$. Außerdem kann (5.44) dafür genutzt werden, bestimmte Momentencharakteristiken von P^0 durch entsprechende Größen von P bzw. $\tilde{Q}$ auszudrücken (vgl. Abschnitt 7.5).

Beweis des Satzes 5.5.3 Aus den Darstellungsformeln (5.24) bzw. (5.26) der Verteilung P, aus Satz 3.2.5, aus der Homogenitätseigenschaft (5.35) des Schauerfeldes $\{Q^{[x]}\}$ und aus der Stationarität der Verteilung P ergibt sich, daß

$$\int\limits_{N} \sum_{y \in S_{\varphi'}} \varphi'(\{y\}) f(\varphi', y)\,P(d\varphi')$$

$$= \int\limits_{N}\int\limits_{N} \sum_{y \in S_{\varphi'}} \varphi'(\{y\}) f(\varphi', y)\,Q^{[\varphi]}(d\varphi')\,Q(d\varphi)$$

$$= \int\limits_{N}\int\limits_{N}\int\limits_{N} \sum_{x \in S_{\varphi}}\sum_{y \in S_{\varphi''}} \varphi''(\{y\}) f(\varphi' + \varphi'', y)\,Q^{[x]}(d\varphi'')\,Q^{[\varphi - \delta_x]}(d\varphi')\,Q(d\varphi)$$

$$= \int\limits_{N} \sum_{x \in S_{\varphi}}\Big(\int\limits_{N}\int\limits_{N} \sum_{y \in S_{\varphi''}} \varphi''(\{y\}) f(\varphi' + \varphi'', y)\,Q^{[x]}(d\varphi'')\,Q^{[\varphi - \delta_x]}(d\varphi')\Big)\,Q(d\varphi)$$

$$= \lambda_Q \int\limits_{R}\int\limits_{N}\Big(\int\limits_{N}\int\limits_{N} \sum_{y \in S_{\varphi''}} \varphi''(\{y\}) f(\varphi' + \varphi'', y)\,Q^{[x]}(d\varphi'')\,Q^{[\varphi]}(d\varphi')\Big)\,Q(d\varphi)\,dx$$

$$= \lambda_Q \int\limits_{R}\int\limits_{N}\int\limits_{N} \sum_{y \in S_{\varphi''}} \varphi''(\{y\}) f(\varphi' + \varphi'', y)\,Q^{[x]}(d\varphi'')\,P(d\varphi')\,dx$$

$$= \lambda_Q \int\limits_{R}\int\limits_{N}\int\limits_{N} \sum_{y \in S_{\varphi''}} \varphi''(\{y\}) f(\varphi' + \mathbf{T}_x\varphi'', y - x)\,Q^{[0]}(d\varphi'')\,P(d\varphi')\,dx$$

$$= \lambda_Q \int\limits_{R}\int\limits_{N}\int\limits_{N} \sum_{y \in S_{\varphi''}} \varphi''(\{y\}) f(\varphi' + \mathbf{T}_{y-x}\varphi'', x)\,Q^{[0]}(d\varphi'')\,P(d\varphi')\,dx$$

$$= \lambda_Q \int_R \int_N \int_N \sum_{y \in S_{\varphi''}} \varphi''(\{y\}) f(\mathbf{T}_{-x}(\varphi' + \mathbf{T}_y \varphi''), x)\, Q^{[0]}(d\varphi')\, P(d\varphi')\, dx$$

für jede $(\mathcal{N} \otimes \mathcal{R}, \mathcal{R}_+)$-meßbare Funktion $f : N \times R \to R_+$.
Andererseits ergibt sich aus (3.20) und (4.15), daß

$$\int_N \sum_{x \in S_\varphi} \varphi(\{y\}) f(\varphi, x)\, P(d\varphi) \;=\; \lambda \int_N f(\mathbf{T}_{-x}\varphi, x)\, P^0(d\varphi)\, dx\,.$$

Somit wurde gezeigt, daß P^0 die Verteilung der Summe zweier unabhängiger Zählmaße mit den Verteilungen P bzw. $\tilde{Q}$ ist. Hieraus folgt die Behauptung, weil das erzeugende Funktional der Summe zweier unabhängiger Zählmaße gleich dem Produkt der erzeugenden Funktionale der Summanden ist. $\square$

5.6 Aufgaben

5.6.1. Man zeige, daß die Rückwärtsrestzeit $X(t)$ und die Vorwärtsrestzeit $Y(t)$ zum Zeitpunkt t eines einfachen stationären rekurrenten Punktprozesses Φ genau dann unabhängige Zufallsgrößen sind, wenn Φ ein Poisson-Prozeß ist. Außerdem zeige man, daß die Voraussetzungen, daß Φ einfach bzw. rekurrent ist, notwendig für die Gültigkeit dieser Aussage sind.

5.6.2. Man zeige, daß der zu einem rekurrenten Punktprozeß gehörende zufällige Prozeß $\{(X(t), Y(t)); t \in R\}$ der Rückwärts- und Vorwärtsrestzeiten ein Markowscher Prozeß ist.

5.6.3. Es sei Φ ein rekurrenter Punktprozeß mit dem Intensitätsmaß α und der Abstandsverteilungsfunktion F, der den Bedingungen des Lemmas 5.1.3 genügt. Man zeige, daß dann die Konvergenz (*Satz von Blackwell*)

$$\lim_{t \to \infty} \alpha([t, t+u)) \;=\; \frac{u}{\int_0^\infty (1 - F(x))\, dx}$$

für alle $u \geq 0$ gilt.

5.6.4. Es sei Φ ein rekurrenter Punktprozeß mit der Abstandsverteilungsfunktion F, der den Bedingungen des Satzes 5.1.4 genügt. Man weise nach, daß

$$\lim_{t \to \infty} P(X(t) > v, Y(t) > u) \;=\; \frac{\int_{u+v}^\infty (1 - F(x))\, dx}{\int_0^\infty (1 - F(x))\, dx}$$

für alle $u, v \geq 0$ gilt. (Hinweis: Man gehe so wie beim Beweis des Satzes 5.1.4 vor.)

5.6.5. Man zeige, daß die durch (5.10) gegebenen Verteilungen den Verträglichkeitsbedingungen des Satzes 2.5.1 genügen, d.h., daß der Begriff des Cox-Prozesses wohldefiniert ist.

5.6.6. Man zeige, daß ein gemischter Poisson-Prozeß nur dann ein rekurrenter Punktprozeß ist, wenn er ein (reiner) stationärer Poisson-Prozeß ist.

5.6.7. Es sei $\Phi \sim \{X_n\}$ ein unterbrochener Poisson-Prozeß, wobei η ein Vielfaches des Lebesgue-Maßes und $\{Z(t); t \in R\}$ ein Markowscher Prozeß sei. Man zeige, daß dann Φ ein rekurrenter Punktprozeß ist, und man bestimme die Abstandsverteilungsfunktion $F : R \to [0,1]$ mit $F(t) = P(X_{n+1} - X_n < t)$ für $n \in G \setminus \{0\}$. Außerdem prüfe man, ob es notwendig ist zu fordern, daß die Aufenthaltsdauern des Prozesses $\{Z(t); t \in R\}$ im Zustand Null exponentiell verteilt sind, damit Φ rekurrent ist.

5.6.8. Gegeben sei ein Cox-Prozeß, dessen zufälliges Intensitätsmaß durch den Ansatz (5.14) gebildet wird, wobei $\eta = \nu$ das Lebesgue-Maß auf $\mathcal{R}$ und $\{Z(t); t \in R\}$ der folgende zufällige Prozeß sei, der in der Literatur *Poissonsches Schrotrauschen* genannt wird. Es sei $f : R \to R_+$ eine nichtnegative meßbare Funktion mit $0 < \int\limits_R f(x)\, dx < \infty$, $\{X_n\}$ ein stationärer Poisson-Prozeß mit der Intensität λ und $\{M_n\}$ eine Folge von nichtnegativen unabhängigen und identisch verteilten Zufallsgrößen, die von der Folge $\{X_n\}$ unabhängig ist. Es gelte $Z(t) = \sum\limits_n M_n f(t - X_n)$ für $t \in R$. Man zeige, daß der so gegebene Cox-Prozeß gleichzeitig ein Neyman-Scott-Prozeß ist, für den die zufällige Anzahl S der *gemischten Poisson-Verteilung* mit der erzeugenden Funktion $g : [-1, 1] \to [0, 1]$

$$g(z) = \mathbf{E}\exp\left((z-1)M_n \lambda \int\limits_R f(x)\, dx\right), \qquad |z| < 1,$$

unterliegt und die Verteilung F der Abweichung der Sekundärpunkte vom auslösenden Primärpunkt die Dichte

$$\frac{F(dx)}{dx} = \frac{f(x)}{\int\limits_R f(u)\, du}$$

hat.

5.6.9. Man zeige, daß ein Cluster-Prozeß, dessen Primärprozeß ein Poisson-Prozeß mit dem (diffusen) Intensitätsmaß α ist und dessen Schauerfeld die Eigenschaft $Q^{[x]}(\varphi : \varphi(R) \leq 1) = 1$ hat (d.h., es kann sowohl Verschiebung als auch Verdünnung auftreten), ebenfalls ein Poisson-Prozeß ist. Man bestimme dessen Intensitätsmaß.

5.6.10. Man zeige, daß ein Gauß-Poisson-Prozeß vollständig durch seine Intensität und sein zweites Momentenmaß (vgl. (3.29)) bestimmt wird.

5.6.11. Man bestimme das Intensitätsmaß der Palmschen Verteilung eines Gauß-Poisson-Prozesses bzw. eines Neyman-Scott-Prozesses.

Kapitel 6

Stationäre Punktprozesse II

In Kapitel 4 wurden die Begriffe des stationären Punktprozesses und der Palmschen Verteilung P^0 eines stationären Punktprozesses Φ eingeführt, einige grundlegende Eigenschaften sowie der eineindeutige Zusammenhang zwischen stationären Punktprozessen bzw. zugehörigen Palmschen Verteilungen und stationären Folgen von nichtnegativen Zufallsgrößen diskutiert. In Kapitel 5 wurden Stationaritätskriterien und die jeweilige Gestalt der Palmschen Verteilung für spezielle Klassen von Punktprozessen angegeben. Nun kehren wir zur Untersuchung von Eigenschaften beliebiger stationärer Punktprozesse bzw. ihrer Palmschen Verteilungen zurück. Dabei geben wir eine weitere, sogenannte lokale Charakterisierungsmöglichkeit der Palmschen Verteilung P^0 eines einfachen stationären Punktprozesses Φ an, und zwar als Grenzverteilung einer Folge von bedingten Verteilungen. Damit kann P^0 als bedingte Verteilung von Φ unter der Bedingung, daß im Nullpunkt ein Punkt des Punktprozesses Φ liegt, gedeutet werden. Für Palmsche Verteilungen von nicht notwendig stationären Punktprozessen wurde eine solche Interpretationsmöglichkeit bereits in Abschnitt 3.4 betrachtet.

Weiterhin geben wir eine lokale Charakterisierung der Intensität an (Satz von Koroljuk), untersuchen die Ordinarität von stationären Punktprozessen (Satz von Dobruschin) und leiten eine Formel für die gemeinsame Verteilung von deren Rückwärts- und Vorwärtsrestzeit her. Die von Chintschin als Grenzwert definierten Palm-Chintschin-Funktionen eines einfachen stationären Punktprozesses drücken wir durch die Palmsche Verteilung P^0 aus und leiten die Palm-Chintschin-Gleichungen mit Hilfe des Campbellschen Theorems her. Außerdem zeigen wir, wie man ein Analogon zu den herkömmlichen Palm-Chintschin-Gleichungen auch für nicht notwendig stationäre Punktprozesse beweisen kann und wie man hiervon ausgehend Gleichungen vom Palm-Chintschin-Typ für gewisse n-fache Palm-Chintschin-Funktionen erhält.

6.1 Lokale Charakterisierung der Intensität. Ordinarität

In diesem Abschnitt führen wir zwei Ordinaritätsbegriffe ein und erhalten so anschauliche Bedingungen dafür, daß die Realisierungen eines Punktprozesses mit Wahrscheinlichkeit Eins einfach sind, d.h., keine Mehrfachpunkte aufweisen. Es zeigt sich, daß jeder ordinäre Punktprozeß einfach im Sinne der in Abschnitt 2.2 eingeführten Definition ist. Darüber hinaus nutzen wir den Begriff der Palmschen Verteilung und die in Abschnitt 4.3 hergeleiteten Umkehrformeln zur lokalen Deutung der Intensität (Satz von Koroljuk) und zum Nachweis der Tatsache, daß jeder einfache stationäre Punktprozeß mit endlicher Intensität ordinär ist im Sinne von Chintschin (Satz von Dobruschin).

Ein Punktprozeß (bzw. seine Verteilung P) heißt *ordinär*, wenn es zu jedem $c > 0$ eine Zerlegung $\{B_n;\ n \in G_+\}$ der reellen Achse R in paarweise disjunkte Borel-Mengen gibt, so daß

$$\sum_{n=1}^{\infty} P(\varphi : \varphi(B_n) > 1) \ < \ c \qquad (6.1)$$

gilt. Es ist klar, daß jeder Punktprozeß mit einer ordinären Verteilung P auf $\mathcal{N}$ einfach ist (vgl. Abschnitt 2.2), denn für jede Zerlegung $\{B_n;\ n \in G_+\}$ von R in paarweise disjunkte Borel-Mengen gilt

$$P(\varphi : \varphi \text{ ist nicht einfach}) \ \leq \ \sum_{n=1}^{\infty} P(\varphi : \varphi(B_n) > 1)\,.$$

Aus dieser Abschätzung ergibt sich insbesondere, daß jeder Poisson-Prozeß Φ mit diffusem Intensitätsmaß α einfach ist (vgl. auch Aufgabe 2.6.1). Denn es gilt für jedes $B \in \mathcal{R}_0$

$$\sum_{n=1}^{\infty} P(\varphi : \varphi(B_n \cap B) > 1) = \sum_{n=1}^{\infty} (1 - e^{-\alpha(B_n \cap B)}(1 + \alpha(B_n \cap B)))$$

$$\leq \sum_{n=1}^{\infty} (\alpha(B_n \cap B))^2 \leq \sup_n\ \alpha(B_n \cap B) \sum_{n=1}^{\infty} \alpha(B_n \cap B)$$

$$= \sup_n\ \alpha(B_n \cap B)\,\alpha(B)\,.$$

Weil α diffus ist, kann die Zerlegung $\{B_n \cap B;\ n \in G_+\}$ von B so gewählt werden, daß $\sup_n \alpha(B_n \cap B)$ beliebig klein ist. Folglich gibt es für jedes $c > 0$ eine Zerlegung $\{B_n;\ n \in G_+\}$ der reellen Achse, so daß (6.1) gilt. Φ ist also ordinär und damit einfach. Als Folgerung hieraus ergibt sich unter Verwendung der Definitionsgleichung (5.10), daß ein Cox-Prozeß einfach ist, wenn sein zufälliges Intensitätsmaß auf der Menge der diffusen lokalendlichen Maße auf $\mathcal{R}$ konzentriert ist.

Im Zusammenhang mit stationären Punktprozessen wird jedoch häufig ein anderer Ordinaritätsbegriff benutzt. Und zwar heißt ein Punktprozeß (bzw. seine Verteilung P) *analytisch ordinär*, wenn

$$\lim_{u\downarrow 0} \frac{1}{u} P(\varphi : \varphi([t, t+u)) > 1) \;=\; 0 \qquad (6.2)$$

für jedes $t \in R$, d.h., die Wahrscheinlichkeit, daß in einem kleinen Intervall mehr als ein Punkt des Punktprozesses liegt, konvergiert schneller als die Länge des Intervalls gegen Null.

Die Eigenschaft (6.2) wird auch *Ordinarität im Sinne von Chintschin* genannt. Man kann sich leicht klarmachen, daß jede analytisch ordinäre stationäre Verteilung P auf $\mathcal{N}$ auch ordinär im Sinne von (6.1) ist. Denn auf Grund der Stationarität von P gilt für alle $j \in G, k \in G_+$ die Gleichung

$$\sum_{n=0}^{k-1} P(\varphi : \varphi([j + \tfrac{n}{k}, j + \tfrac{n+1}{k})) > 1) \;=\; k\, P(\varphi : \varphi([0, \tfrac{1}{k})) > 1)\,.$$

Aus (6.2) ergibt sich nun, daß es für jedes $c > 0$ und für jedes $j \in G$ eine Zerlegung $\{B_n^{(j,c)}; n = 1, \ldots, n_{j,c}\}$ des Intervalls $[j, j+1)$ in endlich viele, paarweise disjunkte Borel-Mengen gibt, so daß

$$\sum_{n=1}^{n_{j,c}} P(\varphi : \varphi(B_n^{(j,c)}) > 1) \;<\; \frac{c}{2^{|j|}}\,.$$

Folglich gibt es eine Zerlegung von R, so daß (6.1) gilt. Insbesondere ist also jede analytisch ordinäre stationäre Verteilung einfach. Diese Aussage läßt sich wie folgt umkehren.

Satz 6.1.1 (Satz von Dobruschin) *Jede einfache stationäre Verteilung P auf $\mathcal{N}$ mit $\lambda < \infty$ ist analytisch ordinär.*

Beweis Weil P stationär ist, genügt es, (6.2) für $t = 0$ nachzuweisen. Außerdem können wir ohne Einschränkung der Allgemeinheit annehmen, daß $\lambda > 0$ und $P(\varphi : \varphi(R) = 0) = 0$ gilt, weil die Behauptung des Satzes für $\lambda = 0$ trivial ist und wir ansonsten zu der bedingten Verteilung $\{P(A \mid \{\varphi : \varphi(R) > 0\}); A \in \mathcal{N}\}$ übergehen können. Wir benutzen nun die Umkehrformel (4.28") und erhalten, weil $X_2(\mathbf{T}_x\varphi) = X_2(\varphi) - x$ für $\varphi \in N^0$ und $x \in (X_0(\varphi), 0]$ gilt, die Beziehung

$$P(\varphi : \varphi([0, u)) > 1) \;=\; P(\varphi : X_2(\varphi) < u)$$

$$=\; \lambda \int_{-\infty}^{0} P^0(\varphi : X_0(\varphi) < x,\, X_2(\varphi) - x < u)\, dx$$

$$= \lambda \int\limits_{-u}^{0} P^0(\varphi : X_0(\varphi) < x,\ X_2(\varphi) - x < u)\, dx$$

$$\leq \lambda u\, P^0(\varphi : X_2(\varphi) < u)\,.$$

Hieraus ergibt sich die Behauptung, weil mit P auch P^0 einfach ist und deshalb

$$\lim_{u \downarrow 0} P^0(\varphi : X_2(\varphi) < u) \;=\; 0$$

gilt. $\square$

Für einfache stationäre Punktprozesse Φ liefert die folgende Aussage eine lokale Deutung der Intensität λ. Sie ist darüber hinaus nicht nur für einfache stationäre Punktprozesse gültig. Wenn allerdings Φ nicht einfach ist, dann liefert sie eine lokale Deutung der Intensität λ^* des zugehörigen, durch Φ mittels der Abbildung (2.6) induzierten einfachen stationären Punktprozesses $\Phi^* \sim \{X_n^*\}$ bzw. $[N^*, \mathcal{N}^*, P^*]$.

Satz 6.1.2 (Satz von Koroljuk) *Für jeden stationären Punktprozeß Φ bzw. $[N, \mathcal{N}, P]$ mit $\lambda < \infty$ gilt*

$$\lim_{u \downarrow 0} \frac{1}{u}\, P(\varphi : \varphi([0, u)) > 0) \;=\; \lambda^*\,. \tag{6.3}$$

Beweis Ebenso wie im Beweis des Satzes 6.1.1 können wir ohne Einschränkung der Allgemeinheit annehmen, daß $P(\varphi : \varphi(R) = 0) = 0$ gilt. Wir wenden die Umkehrformel (4.28") nun auf den Punktprozeß Φ^* an. Aus (4.28") ergibt sich dann wegen $X_1(\mathbf{T}_x\varphi) = -x$ für $\varphi \in N^0$ und $x \in (X_0(\varphi), 0]$ die Beziehung

$$P(\varphi : \varphi([0, u)) > 0) \;=\; P(\varphi : \varphi^*([0, u)) > 0) \;=\; P(X_1^* < u)$$

$$= \lambda^* \int\limits_{-\infty}^{0} (P^*)^0(\varphi : X_0(\varphi) < x,\ X_1(\mathbf{T}_x\varphi) < u)\, dx$$

$$= \lambda^* \int\limits_{-u}^{0} (P^*)^0(\varphi : X_0(\varphi) < x)\, dx\,.$$

Hieraus folgt die Behauptung, weil

$$(P^*)^0(\varphi : X_0(\varphi) < 0) \;=\; 1$$

und somit

$$\lim_{u \downarrow 0} \frac{1}{u} \int\limits_{-u}^{0} (P^*)^0(\varphi : X_0(\varphi) < x)\, dx \;=\; 1\,. \ \square$$

Es sei vermerkt, daß der Satz 6.1.2 auch mit den in Kapitel 3 bereitgestellten Hilfsmitteln bewiesen werden kann, ohne daß dabei von der Umkehrformel (4.28") Gebrauch gemacht wird. Man kann an deren Stelle die Formel (3.8) benutzen und so wie beim Beweis von (3.39) vorgehen (vgl. auch Aufgabe 6.4.2). Auf diese Weise ergibt sich ohne weiteres auch die folgende, im Vergleich zu (6.3) etwas allgemeinere Aussage. Für jede Folge $B_1, B_2, \ldots$ von Intervallen mit den Eigenschaften $0 \in B_n$ für alle n und $\lim_{n \to \infty} \nu(B_n) = 0$ gilt

$$\lim_{n \to \infty} \frac{1}{\nu(B_n)} P(\varphi : \varphi(B_n) > 0) = \lambda^* . \qquad (6.3')$$

Folgerung 6.1.3 *Für jeden einfachen stationären Punktprozeß Φ mit $\lambda < \infty$ gilt*

$$\lim_{u \downarrow 0} \frac{1}{u} P(\varphi : \varphi([0,u)) > 0) = \lim_{u \downarrow 0} \frac{1}{u} P(\varphi : \varphi([0,u)) = 1) = \lambda . \quad (6.4)$$

Beweis Die Behauptung ist eine unmittelbare Konsequenz der Sätze 6.1.1 und 6.1.2. $\square$

Eigentlich haben wir im Beweis des Satzes 6.1.2 eine im Vergleich zu (6.3) schärfere Aussage bewiesen. Wir haben nämlich gezeigt, daß sich die Wahrscheinlichkeit

$$P(X_1 < u) = P(\varphi : \varphi([0,u)) > 0)$$

für jedes $u > 0$ derart mit Hilfe der Palmschen Verteilung $(P^*)^0$ ausdrücken läßt, daß hieraus die Konvergenz (6.3) folgt. Denn aus dem Beweis des Satzes 6.1.2 ergibt sich, unter Berücksichtigung der Verschiebungsinvarianz der Palmschen Verteilung $(P^*)^0$ (vgl. Folgerung 4.3.2), die Gültigkeit von

$$P(X_1 < u) = \lambda^* \int_0^u (1 - F_*(x))\, dx \qquad \text{für jedes } u > 0 , \qquad (6.5)$$

wobei die Funktion $F_* : R_+ \to [0,1]$ mit $F_*(x) = (P^*)^0(\varphi : X_{n+1}(\varphi) - X_n(\varphi) < x)$ für $x \geq 0$ nicht von n abhängt und als die Palmsche Verteilungsfunktion des Abstandes zwischen zwei aufeinanderfolgenden Atomen von Φ gedeutet wird. Auf ähnliche Weise lassen sich auch die bezüglich P gebildeten Verteilungsfunktionen der Abstände der beiden unmittelbar um den Nullpunkt der reellen Achse gelegenen Atome X_0 und X_1 von Φ zueinander bzw. zum Nullpunkt durch die Palmsche Verteilungsfunktion F_* ausdrücken.

Satz 6.1.4 *Für jeden stationären Punktprozeß Φ mit $P(\Phi(R) = 0) = 0$ und $0 < \lambda < \infty$ gilt für $u, v > 0$*

$$P(X_1 - X_0 < u) = \lambda^* \int_0^{u-0} x \, dF_*(x) \qquad (6.6)$$

und

$$P(-X_0 < v, X_1 < u)$$
$$= \lambda^* \left[\int_0^u (1 - F_*(x)) \, dx + \int_0^v (1 - F_*(x)) \, dx - \int_0^{u+v} (1 - F_*(x)) \, dx \right]. \quad (6.7)$$

Beweis Zum Beweis von (6.6) wenden wir die Umkehrformel (4.28') auf den Punktprozeß Φ^* an und erhalten

$$P(X_1 - X_0 < u) = \lambda^* \int_0^\infty (P^*)^0(\varphi : X_2(\varphi) > x, X_1(\mathbf{T}_x\varphi) - X_0(\mathbf{T}_x\varphi) < u) \, dx$$

$$= \lambda^* \int_0^\infty (P^*)^0(\varphi : X_2(\varphi) > x, X_2(\varphi) < u) \, dx$$

$$= \lambda^* \int_0^\infty \int_{N^0} \mathbf{1}_{\{\varphi' : x < X_2(\varphi') < u\}}(\varphi) \, (P^*)^0(d\varphi) \, dx$$

$$= \lambda^* \int_{N^0} X_2(\varphi) \, \mathbf{1}_{\{\varphi' : X_2(\varphi') < u\}}(\varphi) \, (P^*)^0(d\varphi)$$

$$= \lambda^* \int_0^{u-0} x \, dF_*(x) \, .$$

Damit ist (6.6) bewiesen. Auf die gleiche Weise ergibt sich (6.7) aus (4.28'). Hierfür genügt es zu beachten, daß (6.7) äquivalent mit

$$P(-X_0 > v, X_1 > u) = P(-X_0^* > v, X_1^* > u) = \lambda^* \int_{u+v}^\infty (1 - F_*(x)) \, dx \qquad (6.7')$$

ist, denn aus (4.28') folgt

$$P(-X_0 > v, X_1 > u) = P(-X_0^* > v, X_1^* > u)$$

$$= \lambda^* \int_0^\infty (P^*)^0(\varphi : X_2(\varphi) > x, X_1(\mathbf{T}_x\varphi) > u, -X_0(\mathbf{T}_x\varphi) > v)\, dx$$

$$= \lambda^* \int_v^\infty (P^*)^0(\varphi : X_2(\varphi) > x, X_1(\mathbf{T}_x\varphi) > u)\, dx$$

$$= \lambda^* \int_v^\infty (P^*)^0(\varphi : X_2(\varphi) > x + u)\, dx$$

$$= \lambda^* \int_{u+v}^\infty (P^*)^0(\varphi : X_2(\varphi) > x)\, dx$$

$$= \lambda^* \int_{u+v}^\infty (1 - F_*(x))\, dx \ . \ \square$$

6.2 Lokale Charakterisierung der Palmschen Verteilungen

Nachdem durch Satz 6.1.2 die Intensität λ^* als Grenzwert von lokalen Charakteristiken des stationären Punktprozesses Φ dargestellt wurde, kehren wir nun zu der bereits in Abschnitt 3.4 (vgl. Satz 3.4.3) behandelten lokalen Charakterisierung der dort eingeführten Palmschen Verteilungen P_x, $x \in R$, als Grenzwert von bedingten Verteilungen des Punktprozesses Φ zurück. Für stationäre einfache Punktprozesse lassen sich nämlich die in Satz 3.4.3 auftretenden Ausnahmemengen näher bestimmen, für die diese Darstellung, die ihren Ursprung in der Einführung der Palm-Chintschinschen Funktionen durch Palm und Chintschin hat (vgl. Abschnitt 6.3), möglicherweise nicht gilt. Dabei genügt es wegen Satz 4.2.4, die Palmsche Verteilung P^0 zu betrachten und zu untersuchen, für welche $A \in \mathcal{N}$ die Konvergenz

$$P^0(A) \ = \ \lim_{n \to \infty} P(A \,|\, \{\varphi : \varphi(B_n) > 0\}) \tag{6.8}$$

gilt, wobei $B_1, B_2, \ldots$ eine Folge von Intervallen in R mit den Eigenschaften $0 \in B_n$ für alle n und $\lim_{n \to \infty} \nu(B_n) = 0$ ist. Wenn wir insbesondere $B_n = [0, \frac{1}{n})$ wählen, dann nimmt (6.8) die Gestalt

$$P^0(A) \ = \ \lim_{n \to \infty} P(A \,|\, X_1 < \tfrac{1}{n}) \tag{6.8'}$$

an.

Es ist klar, daß (6.8) nicht für alle $A \in \mathcal{N}$ gelten kann, denn es ist zum Beispiel $P(N^0 \,|\, \Phi(B_n) > 0) = 0$ für $n \in G_+$, dagegen $P^0(N^0) = 1$ (vgl. Abschnitt 4.1).

Von nun an sei also in diesem Abschnitt Φ ein stationärer einfacher Punktprozeß. Außerdem gelte $P(\varphi : \varphi(R) = 0) = 0$ und $0 < \lambda < \infty$. Bevor wir die Konvergenz (6.8) untersuchen, zeigen wir, wie sich P^0 als Grenzwert gewisser „korrigierter" bedingter Verteilungen von Φ darstellen läßt. Durch diese Korrektur wird bewirkt, daß dann für alle $A \in \mathcal{N}$ die korrigierten bedingten Wahrscheinlichkeiten gegen die Palmschen Wahrscheinlichkeiten $P^0(A)$ und darüber hinaus die korrigierten bedingten Verteilungen in Variation gegen die Palmsche Verteilung P^0 konvergieren. Es seien Q_1, Q_2 endliche (nicht notwendig normierte) Maße auf $\mathcal{N}$. Mit $\|Q_1 - Q_2\|$ wird der *Variationsabstand* zwischen Q_1 und Q_2 bezeichnet;

$$\|Q_1 - Q_2\| \;=\; \sup_{\mathcal{Z}} \sum_{A \in \mathcal{Z}} |Q_1(A) - Q_2(A)| \,, \tag{6.9}$$

wobei sich das Supremum in (6.9) über alle Zerlegungen $\mathcal{Z}$ des Raumes N in endlich viele, paarweise disjunkte Mengen aus $\mathcal{N}$ erstreckt. Insbesondere benutzen wir die Abschätzung

$$\|Q_1 - Q_2\| \;\leq\; 2 \sup_{A \in \mathcal{N}} |Q_1(A) - Q_2(A)| \,. \tag{6.10}$$

Satz 6.2.1 *Für jede Folge von Intervallen $\{B_n\}$ mit $0 \in B_n$ und $\lim\limits_{n \to \infty} \nu(B_n) = 0$ gilt*

$$\lim_{n \to \infty} \|P^0 - P_n\| \;=\; 0 \,, \tag{6.11}$$

wobei die Verteilung P_n auf $\mathcal{N}$ durch

$$P_n(A) \;=\; P(\{\varphi : \mathbf{T}_{X^{(n)}(\varphi)}\varphi \in A\} \,|\, \{\varphi : \varphi(B_n) > 0\})$$

mit

$$X^{(n)}(\varphi) \;=\; \begin{cases} X_1(\varphi), & \text{falls } X_1(\varphi) < -X_0(\varphi) \text{ und } X_1(\varphi) \in B_n \\ X_0(\varphi) & \text{sonst} \end{cases}$$

gegeben ist.

Beweis Aus (6.3'), (6.10) und aus der Definitionsgleichung (4.11) von P^0 erhalten wir die Abschätzung

$$\overline{\lim_{n \to \infty}} \; \|P^0 - P_n\|$$

$$< \; \overline{\lim_{n \to \infty}} \; \left\| P^0 - \frac{1}{\lambda\,\nu(B_n)} P(\varphi : \mathbf{T}_{X^{(n)}(\varphi)}\varphi \in (\,\cdot\,), \varphi(B_n) > 0) \right\| +$$

$$+ \; \overline{\lim_{n \to \infty}} \; \left\| \frac{P(\varphi : \varphi(B_n) > 0)}{\lambda\,\nu(B_n)} \, P_n - P_n \right\|$$

$$= \varlimsup_{n\to\infty} \left\| P^0 - \frac{1}{\lambda\,\nu(B_n)} \int\limits_{\{\varphi':\,\varphi'(B_n)>0\}} \mathbf{1}_{(\cdot)}(\mathbf{T}_{X^{(n)}(\varphi)}\varphi)\,P(d\varphi) \right\|$$

$$< 2\,\varlimsup_{n\to\infty}\, \sup_{A\in\mathcal{N}} \left| P^0(A) - \frac{1}{\lambda\,\nu(B_n)} \int\limits_{\{\varphi':\,\varphi'(B_n)>0\}} \mathbf{1}_A(\mathbf{T}_{X^{(n)}(\varphi)}\varphi)\,P(d\varphi) \right|$$

$$= 2\,\varlimsup_{n\to\infty}\, \sup_{A\in\mathcal{N}} \frac{1}{\lambda\,\nu(B_n)} \left| \int\limits_{N}\sum_{x\in S_\varphi\cap B_n} \mathbf{1}_A(\mathbf{T}_x\varphi)\,P(d\varphi) - \right.$$

$$\left. \int\limits_{\{\varphi':\,\varphi'(B_n)>0\}} \mathbf{1}_A(\mathbf{T}_{X^{(n)}(\varphi)}\varphi)\,P(d\varphi) \right|$$

$$= 2\,\varlimsup_{n\to\infty}\, \frac{1}{\lambda\,\nu(B_n)}\, \sup_{A\in\mathcal{N}} \left| \int\limits_{\{\varphi':\,\varphi'(B_n)>0\}} \left(\sum_{x\in S_\varphi\cap B_n} \mathbf{1}_A(\mathbf{T}_x\varphi) - \mathbf{1}_A(\mathbf{T}_{X^{(n)}(\varphi)}\varphi) \right) P(d\varphi) \right|$$

$$\leq 2\,\varlimsup_{n\to\infty}\, \frac{1}{\lambda\,\nu(B_n)} \int\limits_{\{\varphi':\,\varphi'(B_n)>0\}} (\varphi(B_n) - 1)\,P(d\varphi)$$

$$= 2\,\varlimsup_{n\to\infty}\, \left| 1 - \frac{P(\varphi:\varphi(B_n)>0)}{\lambda\,\nu(B_n)} \right| = 0\,.\ \Box$$

Aus Satz 6.2.1 und aus der Definition (6.9) des Variationsabstandes ergibt sich natürlich sofort die folgende Aussage.

Folgerung 6.2.2 *Für jedes $A \in \mathcal{N}$ und für jede Folge von Intervallen $\{B_n\}$ mit $0 \in B_n$ und $\lim\limits_{n\to\infty} \nu(B_n) = 0$ gilt*

$$P^0(A) = \lim_{n\to\infty} P_n(\{\varphi:\mathbf{T}_{X^{(n)}(\varphi)}\varphi \in A\} \mid \{\varphi:\varphi(B_n)>0\})\,. \qquad (6.12)$$

Insbesondere ist für jedes $A \in \mathcal{N}$

$$P^0(A) = \lim_{u\to 0} P(\{\varphi:\mathbf{T}_{X_1(\varphi)}\varphi \in A\} \mid \{\varphi:X_1(\varphi)<u\}) \qquad (6.13)$$

und

$$P^0(A) = \lim_{u\to 0} P(\{\varphi:\mathbf{T}_{X_0(\varphi)}\varphi \in A\} \mid \{\varphi:X_0(\varphi)>-u\})\,. \qquad (6.14)$$

Beweis Die Formel (6.12) ergibt sich offensichtlich aus (6.9) und (6.11). Die Beziehungen (6.13) und (6.14) wiederum folgen aus (6.12). Dabei genügt es, die Intervalle B_n wie folgt zu wählen: $B_n = [0,b_n)$ bzw. $B_n = (-b_n,0]$, wobei $b_1, b_2, \ldots$ eine gegen Null konvergierende Folge von positiven Zahlen ist. $\Box$

Die Beziehung (6.12) stellt die Palmsche Verteilung P^0 als Grenzwert gewisser bedingter Verteilungen dar, wobei zur Bestimmung der Palmschen Wahrscheinlichkeit $P^0(A)$ der Menge $A \in \mathcal{N}^0$ der Grenzwert der bedingten Wahrscheinlichkeit für das Ereignis zu nehmen ist, daß das um $X^{(n)}(\varphi)$ verschobene Zählmaß φ zu A gehört.

Mit Hilfe des Konzeptes der schwachen Konvergenz läßt sich nun die zwar schwächere, dafür aber einfachere Variante (6.8) der Konvergenzaussage (6.12) untersuchen, wobei die in (6.12) auftretende Korrekturverschiebung $\mathbf{T}_{X^{(n)}(\varphi)}$ dann nicht mehr benötigt wird.

Satz 6.2.3 *Für jedes* $k \in G_+$ *und für jede Folge* $\{(a_n, b_n]; \, n = 1, \dots, k\}$ *von paarweise disjunkten, beschränkten Intervallen mit der Eigenschaft*

$$P^0(\varphi : \varphi(\{a_n\}) > 0 \ \text{oder} \ \varphi(\{b_n\}) > 0) \ = \ 0 \qquad \text{für } n = 1, \dots, k \qquad (6.15)$$

und für jedes k-Tupel $(j_1, \dots, j_k)$ *von nichtnegativen ganzen Zahlen gilt die Konvergenz* (6.8) *für die Menge*

$$A \ = \ \bigcap_{n=1}^{k} \{\varphi : \varphi((a_n, b_n]) = j_n\} \,.$$

Die Aussage des Satzes 6.2.3 läßt sich als *schwache Konvergenz* der bedingten Verteilungen $P(\,\cdot\,|\,\Phi(B_n) > 0)$ gegen die Palmsche Verteilung P^0 deuten. In diesem Zusammenhang betrachten wir die folgende Metrik ϱ in N. Es seien $\varphi, \varphi' \in N$ zwei Zählmaße mit den Darstellungen (vgl. Satz 2.1.1 und Formel (2.9))

$$\varphi = \sum_n \delta_{x_n} \quad \text{und} \quad \varphi' = \sum_n \delta_{x_n'} \,.$$

Für jedes $t > 0$ sei $I_t(\varphi) = \{n : |x_n| < t\}$ bzw. $I_t(\varphi') = \{n : |x_n'| < t\}$. Für jedes $c > 0$ und für jedes $j \in G_+$ sagen wir, φ und φ' sind (c, j)-benachbart, wenn es eine eineindeutige Abbildung $f : E \to G$ einer (möglicherweise leeren) Indexmenge $E \subset G$ in die Menge der ganzen Zahlen G gibt, so daß

1. $I_{j-c}(\varphi) \subseteq E, \quad I_{j-c}(\varphi') \subseteq f(E)\,,$

2. $|x_n - x_{f(n)}'| < c \qquad \text{für alle } n \in E\,.$

Für $j \in G_+$ sei

$$\varrho_j(\varphi, \varphi') = \inf\{c : c > 0; \, \varphi, \varphi' \ \text{sind} \ (c, j)\text{-benachbart}\} \,.$$

Falls $\varrho_j(\varphi, \varphi') < \varepsilon$ ist, kann man also jedem Punkt x_n von φ, dessen Entfernung vom Nullpunkt kleiner als $j - \varepsilon$ ist, genau einen Punkt $x_{f(n)}'$ von φ' zuordnen, dessen Abstand von x_n kleiner als ε ist, und umgekehrt.

Auf diese Weise ist durch $\varrho : N \times N \to R_+$ mit

$$\varrho(\varphi, \varphi') \;=\; \sum_{n=1}^{\infty} \frac{1}{2^n}\, \varrho_n(\varphi, \varphi')$$

eine *Metrik* in N gegeben, bezüglich der N ein vollständiger und separabler Raum, d.h. ein *polnischer Raum*, und $\mathcal{N}$ die σ-Algebra der Borel-Mengen dieses metrischen Raumes ist (vgl. Kerstan/Matthes/Mecke (1974), § 4.1).

Beim **Beweis** des Satzes 6.2.3 können wir nun den folgenden Hilfssatz aus der allgemeinen Theorie der schwachen Konvergenz von Verteilungen in polnischen Räumen benutzen. Es sei J ein polnischer Raum mit der Metrik $\varrho_J : J \times J \to R_+$, und es sei $\mathcal{J}$ die σ-Algebra seiner Borel-Mengen. Für die Verteilung Q auf $\mathcal{J}$ heißt $A \in \mathcal{J}$ *Stetigkeitsmenge* bezüglich Q, falls für den bezüglich der Metrik ϱ_J gebildeten Rand ∂A der Menge A die Beziehung $Q(\partial A) = 0$ gilt. Dabei sei vermerkt, daß ∂A aus denjenigen Elementen von J besteht, für die es keine offene Umgebung gibt, die vollständig in A oder im Komplement von A enthalten ist.

Lemma 6.2.4 (vgl. Billingsley (1968)) *Es sei* $Q, Q_1, Q_2, \ldots$ *eine Folge von Verteilungen auf* $\mathcal{J}$. *Dann gilt*

$$Q(A) \;=\; \lim_{n \to \infty} Q_n(A) \tag{6.16}$$

für alle Stetigkeitsmengen $A \in \mathcal{J}$ *bezüglich* Q *genau dann, wenn*

$$\int\limits_J f(a)\, Q(da) \;=\; \lim_{n \to \infty} \int\limits_J f(a)\, Q_n(da) \tag{6.17}$$

für alle stetigen beschränkten Funktionen $f : J \to R_+$ *gilt.*

Wenn für die Verteilungen $Q, Q_1, Q_2, \ldots$ die Bedingungen des Lemmas 6.2.4 erfüllt sind, dann sagen wir, daß die Folge $Q_1, Q_2, \ldots$ gegen die Verteilung Q *schwach konvergiert.*

Außerdem benutzen wir die Tatsache (vgl. Satz 4.2.5 in Kerstan/Matthes/Mecke (1974)), daß die in Satz 6.2.3 betrachteten Mengen $A \in \mathcal{N}$ mit der Eigenschaft (6.15) Stetigkeitsmengen bezüglich der Palmschen Verteilung P^0 sind. Für diese Mengen A besteht nämlich der bezüglich ϱ gebildete Rand ∂A von A aus Zählmaßen $\varphi \in N$, die zumindest in einem der Punkte a_n oder b_n ein Atom haben. Wegen (6.15) ist also $P^0(\partial A) = 0$.

Um den Beweis des Satzes 6.2.3 zu beenden, genügt es somit auf Grund des Lemmas 6.2.4 zu zeigen, daß

$$\int\limits_N f(\varphi)\, P^0(d\varphi) \;=\; \lim_{n \to \infty} \int\limits_N f(\varphi)\, P(d\varphi \,|\, \{\varphi' : \varphi'(B_n) > 0\})$$

für alle stetigen beschränkten Funktionen $f : N \to R_+$ gilt. So wie im Beweis des Satzes 4.6.1 in Kerstan/Matthes/Mecke (1974) vorgehend und dabei die in Satz 6.2.1 eingeführte bedingte Verteilung P_n verwendend, erhalten wir die Abschätzung

$$\overline{\lim_{n \to \infty}} \left| \int_N f(\varphi)\, P(d\varphi \,|\, \{\varphi' : \varphi'(B_n) > 0\}) - \int_N f(\varphi)\, P^0(d\varphi) \right|$$

$$\leq \overline{\lim_{n \to \infty}} \left| \int_N f(\varphi)\, P(d\varphi \,|\, \{\varphi' : \varphi'(B_n) > 0\}) - \int_N f(\varphi)\, P_n(d\varphi) \right| +$$

$$+ \overline{\lim_{n \to \infty}} \left| \int_N f(\varphi)\, P_n(d\varphi) - \int_N f(\varphi)\, P^0(d\varphi) \right| .$$

Auf Grund der Beschränktheit der Funktion f ergibt sich nun unter Verwendung des Satzes 6.2.1, daß

$$\overline{\lim_{n \to \infty}} \left| \int_N f(\varphi)\, P(d\varphi \,|\, \{\varphi' : \varphi'(B_n) > 0\}) - \int_N f(\varphi)\, P^0(d\varphi) \right|$$

$$\leq \overline{\lim_{n \to \infty}} \int_N \sup_{x \in B_n} |f(\mathbf{T}_{-x}\varphi) - f(\varphi)|\, P_n(d\varphi) + \sup_{\varphi \in N} f(\varphi) \lim_{n \to \infty} \|P_n - P^0\|$$

$$= \overline{\lim_{n \to \infty}} \int_N \sup_{x \in B_n} |f(\mathbf{T}_{-x}\varphi) - f(\varphi)|\, P_n(d\varphi)$$

$$\leq \overline{\lim_{k \to \infty}} \; \overline{\lim_{n \to \infty}} \int_N \sup_{x \in B_k} |f(\mathbf{T}_{-x}\varphi) - f(\varphi)|\, P_n(d\varphi)$$

$$= \overline{\lim_{k \to \infty}} \int_N \sup_{x \in B_k} |f(\mathbf{T}_{-x}\varphi) - f(\varphi)|\, P^0(d\varphi)$$

Weil außerdem $f : N \to R_+$ und die Abbildung $[x, \varphi] \to \mathbf{T}_{-x}\varphi$ von $R \times N$ auf N stetig sind, gilt

$$\lim_{k \to \infty} \sup_{x \in B_k} |f(\mathbf{T}_{-x}\varphi) - f(\varphi)| = 0$$

für alle $\varphi \in N$. Aus dem Satz von Lebesgue über die beschränkte Konvergenz ergibt sich somit, daß

$$\overline{\lim_{k \to \infty}} \int_N \sup_{x \in B_k} |f(\mathbf{T}_{-x}\varphi) - f(\varphi)|\, P^0(d\varphi) = 0 . \quad \square$$

Aus dem Beweis des Satzes 6.2.3 ist ersichtlich, daß die Konvergenz (6.8) nicht nur für Mengen $A \in \mathcal{N}$ der Gestalt

$$ A = \bigcap_{n=1}^{k} \{\varphi : \varphi([a_n, b_n)) = j_n\}, $$

für die die Bedingung (6.15) erfüllt ist, sondern für jede Menge $A \in \mathcal{N}$ gilt, die eine Stetigkeitsmenge bezüglich P^0 ist. So wie P^0 läßt sich auch die durch (4.17) gegebene reduzierte Palmsche Verteilung $P^!$ als Grenzwert gewisser reduzierter bedingter Verteilungen des Punktprozesses Φ, d.h. $[N, \mathcal{N}, P]$, erhalten. Völlig analog zu den Sätzen 6.2.1 und 6.2.3 können die beiden folgenden Aussagen hergeleitet werden.

Satz 6.2.5 *Für jede Folge von Intervallen $\{B_n\}$ mit $0 \in B_n$ und $\lim_{n \to \infty} \nu(B_n) = 0$ gilt*

$$ \lim_{n \to \infty} \|P^! - P(\{\varphi : \mathbf{T}_{X^{(n)}(\varphi)}\varphi - \delta_0 \in (\,\cdot\,)\} \,|\, \{\varphi : \varphi(B_n) > 0\})\| = 0. \qquad (6.18) $$

Satz 6.2.6 *Für jedes $A \in \mathcal{N}$, das eine Stetigkeitsmenge bezüglich $P^!$ ist, und für jede Folge von Intervallen $\{B_n\}$ mit $0 \in B_n$ und $\lim_{n \to \infty} \nu(B_n) = 0$ gilt*

$$ P^!(A) = \lim_{n \to \infty} P(\{\varphi : \varphi - \delta_{X^{(n)}(\varphi)} \in A\} \,|\, \{\varphi : \varphi(B_n) > 0\}). \qquad (6.19) $$

6.3 Palm-Chintschin-Gleichungen

Wir widmen uns nun einer Klasse von Funktionen, die von Palm 1943 bei der Untersuchung von Forderungenströmen in der Nachrichtentechnik eingeführt und von Chintschin 1955 als Grenzwerte präzisiert und verallgemeinert wurden (vgl. Palm (1943), Chintschin (1960)). Für $j \in G_0$ und für gegebene Intervalle sollen diese Funktionen (als Funktionen der Intervallänge) grob gesagt die Wahrscheinlichkeit dafür erfassen, daß in dem jeweils gegebenen Intervall genau j Punkte des untersuchten Punktprozesses liegen unter der Bedingung, daß sich im Anfangspunkt des Intervalls ein Punkt befindet. Wir definieren diese Funktionen für einfache stationäre Punktprozesse, geben sie mit Hilfe der zugehörigen Palmschen Verteilung P^0 an und zeigen, daß sie einem System von Integral- bzw. Differentialgleichungen, den sogenannten Palm-Chintschin-Gleichungen, genügen.

Es sei Φ ein einfacher stationärer Punktprozeß mit $P(\varphi : \varphi(R) = 0) = 0$ und $0 < \lambda < \infty$. Für jedes $j \in G_0$ heißt die Funktion $q_j : R_+ \to [0, 1]$ mit

$$ q_j(x) = \lim_{u \downarrow 0} P(\{\varphi : \varphi((0, x]) = j\} \,|\, \{\varphi : \varphi((-u, 0]) > 0\}) \qquad (6.20) $$

Palm-Chintschin-Funktion des Punktprozesses Φ. Dabei läßt sich die Existenz der in (6.20) betrachteten Grenzwerte wie folgt nachweisen. Unter der Voraussetzung, daß das zu $P^!$ gehörende Intensitätsmaß lokalendlich ist (vgl. Abschnitt 3.2), ist $A = \{\varphi : \varphi((0,x]) = j\}$ für alle $x > 0$ eine Stetigkeitsmenge bezüglich der reduzierten Palmschen Verteilung $P^!$ mit Ausnahme von höchstens abzählbar vielen positiven Zahlen x. Aus Satz 6.2.6 ergibt sich also ohne weiteres, daß die folgende, im Vergleich zu (6.20) etwas allgemeinere Konvergenz

$$\lim_{n \to \infty} P(\{\varphi : \varphi((0,x]) - \delta_{X^{(n)}(\varphi)}((0,x]) = j\} \mid \{\varphi : \varphi(B_n) > 0\})$$
$$= \; P^!(\varphi : \varphi((0,x]) = j) \; = \; P^0(\varphi : \varphi((0,x]) = j) \tag{6.21}$$

für alle $x \in (0, \infty)$ bis auf eine höchstens abzählbare Ausnahmemenge gilt, wobei der Grenzwert in (6.21) nicht von der gewählten Folge $\{B_n\}$ der sich im Nullpunkt zusammenziehenden Intervalle abhängt. Wenn darüber hinaus $P^!(\varphi : \varphi(\{x\}) > 0) = 0$ für alle $x > 0$, dann gilt (6.21) für alle $x > 0$. Hieraus ergibt sich insbesondere, daß in diesem Fall ebenfalls der Grenzwert in (6.20) für alle $x > 0$ existiert. Die Konvergenz (6.20), d.h. (6.21) für die speziell gewählten Intervalle $B_n = (-u_n, 0]$ mit $u_n \downarrow 0$, gilt aber auch ohne diese Voraussetzung für alle $x > 0$. Dabei erkennen wir, daß die in den Sätzen 6.2.3 und 6.2.6 betrachteten Mengen $A \in \mathcal{N}$ nicht notwendigerweise Stetigkeitsmengen sein müssen, damit die Konvergenz (6.8) bzw. (6.19) vorliegt.

Satz 6.3.1 *Für jedes $j \in G_0$ und für jedes $x > 0$ gilt*

$$P^0(\varphi : \varphi((0,x]) = j) \; = \; \lim_{u \downarrow 0} P(\{\varphi : \varphi((0,x]) = j\} \mid \{\varphi : \varphi((-u,0]) > 0\}). \tag{6.22}$$

Beweis Wegen (6.11) bzw. (6.12) genügt es zu zeigen, daß

$$\overline{\lim_{u \downarrow 0}} \; |P(\{\varphi : \varphi((0,x]) = j\} \mid \{\varphi : \varphi((-u,0]) > 0\}) -$$
$$- P(\{\varphi : \mathbf{T}_{X_0(\varphi)}\varphi((0,x]) = j\} \mid \{\varphi : \varphi((-u,0]) > 0\})| \; = \; 0 \, .$$

Hierfür benutzen wir die Abschätzung

$$|P(\{\varphi : \varphi((0,x]) = j\} \mid \{\varphi : \varphi((-u,0]) > 0\}) -$$
$$- P(\{\varphi : \mathbf{T}_{X_0(\varphi)}\varphi((0,x]) = j\} \mid \{\varphi : \varphi((-u,0]) > 0\})|$$
$$\leq \; P(\{\varphi : -X_0(\varphi) < u, \; \varphi((x + X_0(\varphi), x]) > 0\} \mid \{\varphi : \varphi((-u,0]) > 0\})$$

und zeigen, daß die Majorante mit wachsendem n gegen Null konvergiert. Aus der Umkehrformel (4.28') ergibt sich (ähnlich wie im Beweis des Satzes 6.1.1), daß

$$P(\varphi : -X_0(\varphi) < u, \; \varphi((x + X_0(\varphi), x]) > 0)$$

$$= \lambda \int_0^u P^0(\varphi : X_2(\varphi) > t, \; \mathbf{T}_t\varphi((x + X_0(\mathbf{T}_t\varphi), x]) > 0) \, dt$$

$$= \lambda \int_0^u P^0(\varphi : X_2(\varphi) > t, \; \mathbf{T}_t\varphi((x - t, x]) > 0) \, dt$$

$$\leq \lambda u \, P^0(\varphi : \varphi((x, x + u]) > 0) \, .$$

Hieraus folgt die Behauptung, weil

$$P^0(\varphi : \varphi((x, x + u]) > 0) \quad \xrightarrow[u \downarrow 0]{} \quad 0$$

und weil für $u \downarrow 0$ (vgl. Folgerung 6.1.3)

$$P(\varphi : \varphi((-u, 0]) > 0) \;\; = \;\; \lambda \, u + o(u) \, . \quad \square$$

Die Werte der durch (6.20) gegebenen Palm-Chintschin-Funktionen sind also nichts anderes als die Werte der Palmschen Verteilung P^0 für die speziellen Mengen $\{\varphi : \varphi((0, x]) = j\}$ aus $\mathcal{N}$. Auf diese Weise wird deutlich, wie die in den Kapiteln 3 und 4 betrachteten Palmschen Verteilungen als eine Verallgemeinerung der Palm-Chintschin-Funktionen entstanden sind.

Aus dem Beweis des Satzes 6.3.1 ergibt sich darüber hinaus, daß die Konvergenz (6.20) bzw. (6.22) für jedes $x > 0$ gleichmäßig bezüglich $j \in G_+$ erfolgt.

Zu den ältesten und bekanntesten Ergebnissen der Theorie der stationären zufälligen Punktprozesse gehören die folgenden *Palm-Chintschin-Gleichungen*, mit deren Hilfe sich die Wahrscheinlichkeit $p_k(t) = P(\Phi((0, t]) = k)$, daß in einem Intervall der Länge t genau k Punkte des Punktprozesses Φ liegen, durch die Palm-Chintschin-Funktionen q_j und umgekehrt ausdrücken läßt.

Wegen Satz 6.3.1 kann man die Palm-Chintschin-Gleichungen (6.23) als spezielle Version der in Abschnitt 4.3 hergeleiteten Umkehrformeln auffassen (vgl. (4.28), (4.28')).

Satz 6.3.2 *Für jedes $k \in G_0$ und für jedes $t > 0$ gilt*

$$p_k(t) \;\; = \;\; \lambda \int_0^t \left(q_{k-1}(x) - q_k(x) \right) dx \, , \tag{6.23}$$

wobei $q_{-1}(x) \equiv (\lambda t)^{-1}$ gesetzt wird.

Beweis Für $k \in G_0$ und für $\varphi \in N^*$ gilt die Beziehung

$$\mathbf{1}_{\{\varphi' : \varphi'((0, t]) > k\}}(\varphi) \;\; = \;\; \sum_{x \in S_\varphi} \mathbf{1}_{(0, t]}(x) \, \mathbf{1}_{\{\varphi' : \varphi'((0, t - x]) = k\}}(\mathbf{T}_x\varphi) \, . \tag{6.24}$$

Durch die Anwendung des Satzes 4.2.2 (d.h. des Campbellschen Theorems für stationäre Punktprozesse) mit

$$f(\varphi, x) \;=\; \mathbf{1}_{(0,t]}(x)\, \mathbf{1}_{\{\varphi':\, \varphi'((0,t-x])=k\}}(\varphi)$$

ergibt sich also aus (4.13), daß

$$P(\varphi: \varphi((0,t]) > k) \;=\; \int\limits_N \int\limits_R f(\mathbf{T}_x\varphi, x)\, \varphi(dx)\, P(d\varphi)$$

$$=\; \lambda \int\limits_N \int\limits_R f(\varphi, x)\, dx\, P^0(d\varphi) \;=\; \lambda \int\limits_0^t P^0(\varphi: \varphi((0, t-x]) = k)\, dx$$

$$=\; \lambda \int\limits_0^t P^0(\varphi: \varphi((0, x]) = k)\, dx.$$

Wegen

$$p_k(t) \;=\; \begin{cases} P(\Phi((0,t]) > k-1) - P(\Phi((0,t]) > k) & \text{für } k \in G_+\,, \\[2mm] 1 - P(\Phi((0,t]) > 0) & \text{für } k = 0 \end{cases}$$

und unter Berücksichtigung des Satzes 6.3.1 folgt hieraus die Behauptung. $\square$

Ursprünglich wurden die Palm-Chintschin-Gleichungen nicht in der Form (6.23) als Integralgleichungen, sondern als Differentialgleichungen formuliert. Und zwar lautet (6.23) in differentieller Schreibweise wie folgt.

Folgerung 6.3.3 *Für jedes $k \in G_0$ und für jedes $t > 0$ gilt*

$$\frac{d^+}{dt}\, p_k(t) \;=\; \begin{cases} -\lambda\, q_0(t)\,, & \textit{falls } k = 0\,, \\[2mm] \lambda\, \big(q_{k-1}(t) - q_k(t)\big)\,, & \textit{falls } k > 0\,, \end{cases} \tag{6.25}$$

wobei $\frac{d^+}{dt}\, p_k$ die rechtsseitige Ableitung der Funktion p_k bezeichnet.

Beweis Aus (6.23) erhalten wir für $k > 0$ und für jedes $h > 0$ die Abschätzung

$$\left| \frac{p_k(t+h) - p_k(t)}{h} - (q_{k-1}(t) - q_k(t)) \right|$$

$$\leq\; \frac{1}{h} \int\limits_t^{t+h} \big(|q_k(t+u) - q_k(t)| + |q_{k-1}(t+u) - q_{k-1}(t)|\big)\, du$$

$$\leq\; \sup_{t \leq u \leq t+h} \big(|q_k(t+u) - q_k(t)| + |q_{k-1}(t+u) - q_{k-1}(t)|\big),$$

wobei die Majorante für hinreichend kleine $h > 0$ beliebig klein wird, weil die
Funktionen q_k für jedes $k \in G_0$ auf Grund der in Satz 6.3.1 gegebenen Darstellung
(6.22) rechtsseitig stetig sind. Im Fall $k = 0$ verläuft der Beweis von (6.25)
genauso. $\square$

Wenn Φ ein stationärer Poisson-Prozeß ist, dann sind die Anzahlen $\Phi((0,x])$
und $\Phi((-u,0])$ für alle $u, x > 0$ unabhängige Zufallsgrößen und die Definitionsgleichung (6.20) der Palm-Chintschin-Funktion q_j nimmt die Gestalt

$$q_j(x) \;=\; P(\varphi : \varphi((0,x]) = j) \quad (= p_j(x)) \tag{6.20'}$$

an. Die Palm-Chintschin-Gleichungen (6.25) lauten also in diesem Fall

$$\frac{d}{dt}\,p_k(t) \;=\; \begin{cases} -\lambda p_0(t)\,, & \text{falls } k = 0\,, \\[2mm] \lambda\,(p_{k-1}(t) - p_k(t))\,, & \text{falls } k > 0\,, \end{cases} \tag{6.25'}$$

wobei auf der linken Seite von (6.25') die rechtsseitige Ableitung durch die Ableitung im eigentlichen Sinne ersetzt wurde, denn für einen stationären Poisson-
Prozeß sind die Funktionen p_k stetig differenzierbar. Somit ist (6.25') das *Kol-
mogorowsche Differentialgleichungssystem* für die Familie der eindimensionalen
Randverteilungen $\{p_k(t); k \in G_0\}$ des Markowschen (Zähl-)Prozesses $\{N(t);
t \geq 0\}$, wobei $N(t) = \Phi((0,t])$, mit den Anfangsbedingungen $p_k(0) = 1_{\{0\}}(k)$
für $k \in G_0$.

Abschließend sei vermerkt, daß man ein Analogon der Palm-Chintschin-Gleichungen (6.23) auch ohne die Voraussetzung, daß Φ stationär ist, herleiten kann.
Dies führt dann zu der Möglichkeit (vgl. Satz 6.3.5), die Wahrscheinlichkeiten
$p_k(t) = P(\Phi((0,t]) = k)$ sukzessiv durch die Wahrscheinlichkeit von Ereignissen
der gleichen Art bezüglich Palmscher Verteilungen höherer Ordnung von Φ, d.h.,
unter Berücksichtigung des Satzes 3.4.3 durch Grenzwerte bedingter Wahrscheinlichkeiten der Form

$$P_{x_1,\ldots,x_n}(\varphi : \varphi([y_1, y_2)) = k)$$

$$= \lim_{j \to \infty} P(\{\varphi : \varphi([y_1, y_2)) = k\} \,|\, \bigcap_{i=1}^{n}\{\varphi : \varphi(B_j(x_i)) > 0\})$$

auszudrücken; $-\infty < y_1 < y_2 < \infty$. Zunächst geben wir aber, wie oben bereits angekündigt wurde, eine verallgemeinerte Variante der Palm-Chintschin-
Gleichungen (6.23) für nicht notwendig stationäre Punktprozesse an. Dabei gehen wir so wie im Beweis des Satzes 6.3.2 vor und benutzen lediglich anstelle des
Satzes 4.2.2 den Satz 3.2.2, d.h. das Campbellsche Theorem für beliebige, nicht
notwendig stationäre Punktprozesse.

Satz 6.3.4 *Es sei Φ ein beliebiger einfacher Punktprozeß mit dem lokalendlichen Intensitätsmaß α. Dann gilt für jedes $k \in G_0$ und für jedes $t > 0$ die Beziehung*

$$P(\varphi : \varphi((0,t]) = k) \;=\; \int\limits_{(0,t]} \left(q_{k-1}^{t}(x) - q_{k}^{t}(x) \right) \alpha(dx) \,, \qquad (6.26)$$

wobei

$$q_k^t(x) \;=\; \begin{cases} P_x(\varphi : \varphi((x,t]) = k) & \text{für } k \in G_0 \\[2mm] \alpha((0,t])^{-1} & \text{für } k = -1 \,. \end{cases}$$

Beweis Wegen (6.24) ergibt sich durch die Anwendung des Satzes 3.2.2 mit

$$f(\varphi, x) \;=\; \mathbf{1}_{(0,t]}(x)\, \mathbf{1}_{\{\varphi' : \varphi'((x,t])=k\}}(\varphi)$$

die Beziehung

$$P(\varphi : \varphi((0,t]) > k) = \int\limits_{N} \sum_{x \in S_\varphi} f(\varphi, x)\, P(d\varphi) = \int\limits_{N \times R} f(z)\, C(dz) \,.$$

Unter Berücksichtigung des Satzes 3.3.1 erhalten wir somit

$$\begin{aligned} P(\varphi : \varphi((0,t]) > k) \;&=\; \int\limits_{R} \int\limits_{N} f(\varphi, x)\, P_x(d\varphi)\, \alpha(dx) \\[2mm] &=\; \int\limits_{(0,t]} P_x(\varphi : \varphi((x,t]) = k)\, \alpha(dx) \,. \end{aligned} \qquad (6.27)$$

Hieraus folgt nun die Behauptung genauso wie in Satz 6.3.2. $\square$

In gewissem Sinne trägt die Formel (6.26) einen iterativen Charakter, denn unter der Voraussetzung, daß das Intensitätsmaß $\alpha_{[x]}$ der Palmschen Verteilung P_x für α-fast alle $x \in R$ lokalendlich ist (äquivalent hierzu ist, daß das zweite Momentenmaß α_2 von Φ lokalendlich ist), kann man (6.26) erneut für die auf der rechten Seite von (6.26) auftretenden Palmschen Verteilungen P_x benutzen und auf diese Weise die Wahrscheinlichkeit $P(\varphi : \varphi((0,t]) = k)$ für $k \geq 2$, unter Berücksichtigung der Folgerung 3.4.2, durch die 2-fachen Palmschen Verteilungen P_{xy} und durch das zweite Momentenmaß α_2 von Φ ausdrücken. Auf die gleiche Weise ergibt sich aus (6.27) die Beziehung

$$\begin{aligned} P(\varphi : &\varphi((0,t]) > k) \\[2mm] &= \int\limits_{(0,t]} \int\limits_{(x,t]} \Big(P_{xy}(\varphi : \varphi((y,t]) = k-1) - P_{xy}(\varphi : \varphi((y,t]) = k) \Big)\, \alpha_{[x]}(dy)\, \alpha(dx) \\[2mm] &= \int\limits_{(0,t]^2} \mathbf{1}_{\{y' : x < y'\}}(y) \Big(P_{xy}(\varphi : \varphi((y,t]) = k-1) - P_{xy}(\varphi : \varphi((y,t]) = k) \Big)\, \alpha_2(d(x,y)) \end{aligned}$$

für $k \in G_+$. Durch die fortgesetzte Anwendung der Formel (6.26) und unter Berücksichtigung von Folgerung 3.4.2 kann man nun die Wahrscheinlichkeit $P(\varphi : \varphi((0,t]) = k)$ für $k \geq n$ wie folgt durch die *n-fachen Palm-Chintschin-Funktionen* $q_k^t : R^n \to [0,1]$ mit $q_k^t(x_1, \ldots, x_n) = P_{x_1,\ldots,x_n}(\varphi : \varphi((x_n,t]) = k)$ und durch das *n*-te Momentenmaß α_n von Φ ausdrücken; $n \in G_+$.

Satz 6.3.5 *Es sei $n \in G_+$ eine beliebige fixierte Zahl, und es sei Φ ein beliebiger einfacher Punktprozeß, dessen n-tes Momentenmaß α_n lokalendlich ist. Dann gilt für jedes $k \in \{n, n+1, \ldots\}$ und für jedes $t > 0$ die Beziehung*

$$P(\varphi : \varphi((0,t]) = k) \tag{6.28}$$

$$= \int\limits_{(0,t]^n} 1_{\{(x_2', \ldots, x_n'): x_1 < x_2' < \cdots < x_n'\}}(x_2, \ldots, x_n) \, \Delta^n q_k^t(x_1, \ldots, x_n) \, \alpha_n(d(x_1, \ldots, x_n)),$$

wobei $\Delta^n q_k^t(x_1, \ldots, x_n)$ die n-fache Ausführung der Differenzbildung

$$\Delta q_k^t(x_1, \ldots, x_n) \;\; = \;\; q_{k-1}^t(x_1, \ldots, x_n) - q_k^t(x_1, \ldots, x_n)$$

bezeichnet; $\Delta^n q_k^t(x_1, \ldots, x_n) = \Delta^{n-1} q_{k-1}^t(x_1, \ldots, x_n) - \Delta^{n-1} q_k^t(x_1, \ldots, x_n).$

Beweis Wir führen den Beweis durch vollständige Induktion bezüglich n. Für $n = 1$ wurde die Formel (6.28) bereits in Satz 6.3.4 bewiesen. Es gelte nun (6.28) für $n = j$ und für jeden einfachen Punktprozeß, dessen j-tes Momentenmaß lokalendlich ist. Wir zeigen, daß dies dann auch für $n = j + 1$ der Fall ist. Das $(j+1)$-te Momentenmaß α_{j+1} von Φ sei also lokalendlich. Dann ist für α-fast alle $x \in R$ das j-te Momentenmaß $\alpha_{[x],j}$ von P_x lokalendlich. Für diese $x \in R$ gilt also auf Grund der Induktionsannahme und unter Berücksichtigung der Folgerung 3.4.2, daß

$$P_x(\varphi : \varphi((x,t]) = k)$$

$$= \int\limits_{(x,t]^j} 1_{\{(x_3', \ldots, x_{j+1}'): x_2 < x_3' < \cdots < x_{j+1}'\}}(x_3, \ldots, x_{j+1}) \, \Delta^j q_k^t(x, x_2, \ldots, x_{j+1})$$
$$\alpha_{[x],j}(d(x_2, \ldots, x_{j+1}))$$

für jedes $k \in \{j, j+1, \ldots\}$ und für jedes $t > 0$. Wenn wir diesen Ausdruck für die Wahrscheinlichkeiten auf der rechten Seite von (6.26) einsetzen, dann nimmt (6.26) für $k \geq j + 1$ die folgende Gestalt an:

$$P(\varphi : \varphi((0,t]) = k)$$

$$= \int\limits_{(0,t]} \int\limits_{(x,t]^j} 1_{\{(x_3', \ldots, x_{j+1}'): x_2 < x_3' \cdots < x_{j+1}'\}}(x_3, \ldots, x_{j+1}) \Delta^{j+1} q_k^t(x, x_2, \ldots, x_{j+1})$$
$$\alpha_{[x],j}(d(x_2, \ldots, x_{j+1})) \, \alpha(dx)$$

$$= \int\limits_{(0,t]^{j+1}} 1_{\{(x_2', \ldots, x_{j+1}'): x_1 < x_2' < \cdots < x_{j+1}'\}}(x_2, \ldots, x_{j+1}) \Delta^{j+1} q_k^t(x_1, x_2, \ldots, x_{j+1})$$
$$\alpha_{j+1}(d(x_1, \ldots, x_{j+1})) . \; \square$$

6.4 Aufgaben

6.4.1. Man zeige anhand von Beispielen, daß im Satz von Dobruschin (Satz 6.1.1) jede der genannten Voraussetzungen (Einfachheit, Stationarität, $\lambda < \infty$) notwendig für die Gültigkeit der Behauptung dieses Satzes ist.

6.4.2. Man beweise den Satz von Koroljuk (Satz 6.1.2) mit Hilfe von Satz 3.2.1, ohne die in Abschnitt 4.3 enthaltenen Umkehrformeln zu benutzen. (Hinweis: Man gehe so wie beim Beweis von (3.39) vor.)

6.4.3. Man begründe, warum die Formel (3.8) als Verallgemeinerung des Satzes von Koroljuk (Satz 6.1.2) auf nicht notwendig stationäre Punktprozesse aufgefaßt werden kann.

6.4.4. Man zeige, daß die Formeln (6.7) und (6.7') äquivalent sind.

6.4.5. Man zeige, daß die in Satz 6.2.3 betrachteten Ereignisse der Gestalt $A = \bigcap_{n=1}^{k} \{\varphi : \varphi((a_n, b_n]) = j_n\}$ mit der Eigenschaft (6.15) Stetigkeitsmengen bezüglich der Palmschen Verteilung P^0 sind.

6.4.6. Man beweise die Sätze 6.2.5 und 6.2.6.

6.4.7. Man zeige, wie man die Darstellungsformel (6.7) für die gemeinsame Verteilungsfunktion der Rückwärts- und Vorwärtsrestzeit eines stationären Punktprozesses auf einfache Weise aus der Palm-Chintschin-Gleichung (6.23) für $k = 0$ herleiten kann.

Kapitel 7

Ergodizität und Mischungseigenschaften

Ergodische und mischende Punktprozesse bilden wichtige Teilklassen stationärer Punktprozesse. Sie umfassen beispielsweise gewisse stationäre rekurrente Punktprozesse, stationäre Poissonsche Cluster-Prozesse sowie gewisse stationäre Cox-Prozesse. Ausgehend von den in Abschnitt 7.1 für allgemeine dynamische Systeme enthaltenen Ergebnissen werden in Abschnitt 7.2 mehrere äquivalente Definitions- und Charakterisierungsmöglichkeiten der Ergodizität eines stationären Punktprozesses, unter anderem mit Hilfe der Palmschen Verteilung und des erzeugenden Funktionals angegeben. In Abschnitt 7.3 wird die Palmsche Verteilung P^0 eines ergodischen Punktprozesses Φ als die Verteilung charakterisiert, die sich von einem typischen Punkt von Φ aus gesehen ergibt. In Erweiterung zu der in den Kapiteln 3 und 6 behandelten lokalen Charakterisierung von P^0 gilt diese Deutung auch für nichteinfache Punktprozesse. Außerdem wird gezeigt, wie die **T**-invariante Verteilung P eines ergodischen Punktprozesses ausgehend von der Palmschen Verteilung P^0 durch Zeitverschiebung und -mittelung approximiert werden kann bzw. umgekehrt die Palmsche Verteilung P^0 durch die stationäre Verteilung P. Bei mischenden Punktprozessen ist dabei in bestimmten Fällen keine Mittelung erforderlich.

7.1 Allgemeiner Ergodensatz für dynamische Systeme

Wir geben zunächst einen Ergodensatz für allgemeine dynamische Systeme an. Das bietet den Vorteil, daß wir diesen Ergodensatz dann sowohl auf stationäre (d.h. **T**-invariante) als auch auf Palmsche (d.h. **S**-invariante) Verteilungen von Punktprozessen in R sowie in folgenden Kapiteln auf markierte Punktprozesse in R und auf Punktprozesse in allgemeineren Räumen bzw. auf (nicht notwendig ganzzahlige) zufällige Maße mit entsprechenden Invarianzeigenschaften anwenden können. Darüber hinaus benutzen wir diesen Ergodensatz auch für stationäre zufällige Prozesse mit stetiger Zeit. Dabei abstrahieren wir von den bisher betrachteten Familien von konkreten Verschiebungsoperatoren $\{\mathbf{T}_x; x \in R\}$ und $\{\mathbf{S}^n; n \in G\}$, die in den Abschnitten 4.1 und 4.3 eingeführt wurden und die die Räume N bzw. N^0 in sich selbst abbilden. Anstelle der kanonischen Wahrscheinlichkeitsräume $[N, \mathcal{N}, P]$ und $[N^0, \mathcal{N}^0, P^0]$ eines stationären bzw. (einfachen) Palmschen Punktprozesses mit den Familien $\{\mathbf{T}_x; x \in R\}$ bzw. $\{\mathbf{S}^n; n \in G\}$ von maßerhaltenden Verschiebungsoperatoren betrachten wir nun einen nicht näher spezifizierten Wahrscheinlichkeitsraum $[\tilde{N}, \tilde{\mathcal{N}}, \tilde{P}]$. Anstelle der reellen Achse R bzw. der Menge der ganzen Zahlen G betrachten wir eine beliebige Abelsche lokalkompakte Hausdorffsche topologische Gruppe $\tilde{R}$, die dem zweiten Abzählbarkeitsaxiom genügt. Die Verknüpfungsoperation in $\tilde{R}$ bezeichnen wir weiterhin mit dem Symbol $+$. An die Stelle des Lebesgue-Maßes in R bzw. des Zählmaßes in G tritt dann ein auf der σ-Algebra $\tilde{\mathcal{R}}$ der Borel-Mengen in $\tilde{R}$ definiertes (und bis auf einen konstanten Faktor eindeutig bestimmtes) *Haarsches Maß* $\tilde{\nu}$ mit der Eigenschaft $\tilde{\nu}(B) = \tilde{\nu}(B + x)$ für alle $B \in \tilde{\mathcal{R}}$, $x \in \tilde{R}$. (Details zur Definition dieser Begriffe sind beispielsweise in Halmos (1950) gegeben.)

Eine Familie $\tilde{\mathbf{T}} = \{\tilde{\mathbf{T}}_x; x \in \tilde{R}\}$ von eineindeutigen $(\tilde{\mathcal{N}}, \tilde{\mathcal{N}})$-meßbaren Abbildungen $\tilde{\mathbf{T}}_x : \tilde{N} \to \tilde{N}$ heißt *Strömung* in $[\tilde{N}, \tilde{\mathcal{N}}, \tilde{P}]$, wenn

1. $\tilde{P}(A) = \tilde{P}(\tilde{\mathbf{T}}_x A)$ für alle $x \in \tilde{R}$, $A \in \tilde{\mathcal{N}}$,

2. $\tilde{\mathbf{T}}_x \tilde{\mathbf{T}}_{x'} = \tilde{\mathbf{T}}_{x+x'}$ für alle $x, x' \in \tilde{R}$ und

3. $\{(x, \varphi) : \tilde{\mathbf{T}}_x \varphi \in A\} \in \tilde{\mathcal{R}} \otimes \tilde{\mathcal{N}}$ für jedes $A \in \tilde{\mathcal{N}}$.

Das Quadrupel $[\tilde{N}, \tilde{\mathcal{N}}, \tilde{P}, \tilde{\mathbf{T}}]$ wird dann *dynamisches System* genannt. Es ist klar, daß sowohl die in Abschnitt 4.1 betrachteten Verschiebungsoperatoren $\{\mathbf{T}_x; x \in R\}$ bezüglich der Verteilung P auf $\mathcal{N}$ eines stationären Punktprozesses als auch die in Abschnitt 4.3 betrachteten Verschiebungsoperatoren $\{\mathbf{S}^n; n \in G\}$ bezüglich der durch (4.11) gegebenen Palmschen Verteilung P^0 auf $\mathcal{N}^0$ eines einfachen stationären Punktprozesses den Bedingungen 1 bis 3 genügen und somit jeweils eine Strömung sind.

Es sei nun $\{\tilde{\mathbf{T}}_x; x \in \tilde{R}\}$ eine beliebige Strömung in $[\tilde{N}, \tilde{\mathcal{N}}, \tilde{P}]$. Und es sei $f : \tilde{N} \to R_+$ eine nichtnegative $(\tilde{\mathcal{N}}, \mathcal{R}_+)$-meßbare Funktion mit

$$\int\limits_{\tilde{N}} f(\varphi)\, \tilde{P}(d\varphi) \;<\; \infty, \tag{7.1}$$

d.h., f ist eine nichtnegative Zufallsgröße über dem Wahrscheinlichkeitsraum $[\tilde{N}, \tilde{\mathcal{N}}, \tilde{P}]$ mit dem endlichen Erwartungswert $\mathbf{E}_{\tilde{P}} f = \int\limits_{\tilde{N}} f(\varphi)\, \tilde{P}(d\varphi)$.

In dem folgenden Hilfssatz werden hinreichende Bedingungen dafür angegeben, daß für eine monoton wachsende Folge $\{B_k; k \in G_+\}$ von Teilmengen von $\tilde{R}$ mit

$B_k \in \tilde{\mathcal{R}}$ und $0 < \tilde{\nu}(B_k) < \infty$ für $k \in G_+$ der Grenzwert von Cesaro-Mittelungen

$$\tilde{f}(\varphi) \;=\; \lim_{k \to \infty} \frac{1}{\tilde{\nu}(B_k)} \int_{B_k} f(\tilde{\mathbf{T}}_x \varphi)\, \tilde{\nu}(dx) \tag{7.2}$$

für $\tilde{P}$-fast jedes $\varphi \in \tilde{N}$ existiert und daß

$$\tilde{f} \;=\; \mathbf{E}_{\tilde{P}}(f \mid \tilde{\mathcal{I}}) \qquad \tilde{P}\text{-fast sicher,} \tag{7.3}$$

wobei $\mathbf{E}_{\tilde{P}}(f \mid \tilde{\mathcal{I}})$ den bedingten Erwartungswert von f bezüglich der σ-Algebra $\tilde{\mathcal{I}} \subseteq \tilde{\mathcal{N}}$ der $\tilde{\mathbf{T}}$-invarianten Mengen aus $\tilde{\mathcal{N}}$ bezeichnet. Eine Menge $A \in \tilde{\mathcal{N}}$ heißt *invariante Menge*, d.h. $A \in \tilde{\mathcal{I}}$, wenn $\tilde{\mathbf{T}}_x A = A$ für alle $x \in \tilde{R}$.

Lemma 7.1.1 (individueller Ergodensatz) *Es sei* $\{B_k; \, k \in G_+\}$ *eine Folge von Elementen aus* $\tilde{\mathcal{R}}$. *Falls*

1. $B_k \subseteq B_{k+1}$ *und* $0 < \tilde{\nu}(B_k) < \infty$ *für jedes* $k \in G_+$,

2. $\displaystyle\lim_{k \to \infty} (\tilde{\nu}(B_k))^{-1}\, \tilde{\nu}(B_k \cap (B_k + x)) = 1$ *für jedes* $x \in \tilde{R}$ *und*

3. $\displaystyle\sup_{k \in G_+} (\tilde{\nu}(B_k))^{-1}\, \tilde{\nu}(B_k - B_k) < \infty$

gilt, wobei $B_k + x = \{y + x : y \in B_k\}$ *und* $B_k - B_k = \{x - y : x, y \in B_k\}$, *dann existiert der Grenzwert in* (7.2) *für* $\tilde{P}$-*fast jedes* $\varphi \in \tilde{N}$, *und es gilt* (7.3).

Den **Beweis** dieses Lemmas wollen wir im Rahmen des vorliegenden Buches nicht ausführen. Leser, die an Details hierzu interessiert sind, verweisen wir auf Tempelman (1986, Abschnitt 5.4.2), wo auch Bedingungen dafür angegeben werden, daß der *statistische Ergodensatz*

$$\mathbf{E}_{\tilde{P}} \left| \frac{1}{\tilde{\nu}(B_k)} \int_{B_k} f(\tilde{\mathbf{T}}_x \varphi)\, \tilde{\nu}(dx) - \mathbf{E}_{\tilde{P}}(f \mid \tilde{\mathcal{I}}) \right| \xrightarrow[k \to \infty]{} 0 \tag{7.4}$$

gilt.

Eine Folge $\{B_k; \, k \in G_+\}$ von Elementen aus $\tilde{\mathcal{R}}$, die den Bedingungen 1 bis 3 des Lemmas 7.1.1 genügt, nennen wir *mittelnde Folge*. Von besonderem Interesse sind diejenigen dynamischen Systeme, für die der in (7.2) gegebene Grenzwert $\tilde{f}$ für jede nichtnegative Zufallsgröße $f : \tilde{N} \to R_+$ mit endlichem Erwartungswert und für jede mittelnde Folge $\{B_k; \, k \in G_+\}$ $\tilde{P}$-fast sicher konstant ist. Ein solches dynamisches System heißt *ergodisch*. Wegen (7.3) ist $\tilde{f}$ offensichtlich genau dann $\tilde{P}$-fast sicher konstant, wenn $\mathbf{E}_{\tilde{P}}(f \mid \tilde{\mathcal{I}})(\varphi) = \mathbf{E}_{\tilde{P}} f$ für $\tilde{P}$-fast jedes $\varphi \in \tilde{N}$ gilt. Das folgende Lemma liefert zwei notwendige und hinreichende Bedingungen bzw. zwei weitere äquivalente Definitionsmöglichkeiten für die Ergodizität eines dynamischen Systems.

Lemma 7.1.2 *Das dynamische System $[\tilde{N}, \tilde{\mathcal{N}}, \tilde{P}, \tilde{\mathbf{T}}]$ ist genau dann ergodisch, wenn 1.*

$$\tilde{P}(A) = 0 \quad oder \quad \tilde{P}(A) = 1 \qquad für\ jedes\ A \in \tilde{\mathcal{I}} \tag{7.5}$$

gilt oder wenn 2. jede Darstellung

$$\tilde{P} = c\tilde{P}' + (1-c)\tilde{P}'' \qquad (0 \le c \le 1) \tag{7.6}$$

der Verteilung $\tilde{P}$ als Mischung zweier $\tilde{\mathbf{T}}$-invarianter Verteilungen $\tilde{P}', \tilde{P}''$ auf $\tilde{\mathcal{N}}$ trivial ist, d.h., wenn entweder $c = 0$ oder $c = 1$ oder $\tilde{P}' = \tilde{P}''$ gilt.

Beweis Wir zeigen zunächst, daß sich aus der Bedingung 2 die Ergodizität des dynamischen Systems, d.h., die Gültigkeit von

$$\mathbf{E}_{\tilde{P}}(f \mid \tilde{\mathcal{I}}) = \mathbf{E}_{\tilde{P}} f \qquad \tilde{P}\text{-fast sicher} \tag{7.7}$$

ergibt. Hierfür nehmen wir an, daß (7.7) nicht gilt. Dann gibt es eine Zahl $u > 0$, so daß

$$0 < \tilde{P}(A_u) < 1$$

für $A_u = \{\varphi : \mathbf{E}_{\tilde{P}}(f \mid \tilde{\mathcal{I}})(\varphi) > u\}$. Weil $A_u, \bar{A}_u \in \tilde{\mathcal{I}}$ sind, gibt es also eine nichttriviale Zerlegung (7.6) von $\tilde{P}$ in zwei voneinander verschiedene $\tilde{\mathbf{T}}$-invariante Wahrscheinlichkeitsmaße $\tilde{P}', \tilde{P}''$ mit

$$\tilde{P}' = \tilde{P}(\cdot \mid A_u) \quad und \quad \tilde{P}'' = \tilde{P}(\cdot \mid \bar{A}_u); \qquad \bar{A}_u = \tilde{N} \setminus A_u \,.$$

Es ist auch leicht einzusehen, daß sich aus (7.7) die Gültigkeit der Bedingung 1 ergibt. Hierfür genügt es zu beachten, daß für jedes $A \in \tilde{\mathcal{I}}$ die Beziehung $\mathbf{E}_{\tilde{P}}(\mathbf{1}_A \mid \tilde{\mathcal{I}})(\varphi) = \mathbf{1}_A(\varphi)$ für $\tilde{P}$-fast jedes $\varphi \in \tilde{N}$ gilt. Somit folgt (7.5), wenn in (7.7) die Funktion $f = \mathbf{1}_A$ eingesetzt wird. Bezüglich des Nachweises, daß sich aus (7.5) die Gültigkeit der Bedingung 2 ergibt, verweisen wir auf den Beweis des Satzes 3.2.6 in Kerstan/Matthes/Mecke (1974) bzw. auf Satz 5.3.10 in Kerstan/Matthes/Mecke (1982). □

Die Beziehungen (7.3) und (7.7) besagen, daß im Fall der Ergodizität das Raummittel $\bar{f}(\varphi)$ in (7.2), das durch die Verschiebung einer fixierten Realisierung $\varphi \in \tilde{N}$ gebildet wird, für $\tilde{P}$-fast alle $\varphi \in \tilde{N}$ gleich dem Scharmittel $\mathbf{E}_{\tilde{P}} f$ ist.

Ein dynamisches System, für das (7.5) gilt, nennt man auch *metrisch transitiv*, und auf die Bedingung 2 bezogen spricht man von einem *unzerlegbaren dynamischen System*. In diesem Sinne ist die zu einem ergodischen dynamischen System gehörende Verteilung $\tilde{P}$ ein Extremalpunkt in der Menge der $\tilde{\mathbf{T}}$-invarianten Verteilungen auf $\tilde{\mathcal{N}}$.

Auf Grund des Lemmas 7.1.2 sind also die Begriffe der Ergodizität, der metrischen Transitivität bzw. der Unzerlegbarkeit eines dynamischen Systems jeweils Synonyme. Darüber hinaus gibt es noch die folgende Charakterisierungsmöglichkeit der Ergodizität eines dynamischen Systems.

Lemma 7.1.3 *Das dynamische System* $[\tilde{N}, \tilde{\mathcal{N}}, \tilde{P}, \tilde{\mathbf{T}}]$ *ist genau dann ergodisch, wenn*

$$\lim_{k \to \infty} \frac{1}{\tilde{\nu}(B_k)} \int\limits_{B_k} \tilde{P}(A \cap \tilde{\mathbf{T}}_x A')\, \tilde{\nu}(dx) \;=\; \tilde{P}(A)\, \tilde{P}(A') \qquad (7.8)$$

für alle $A, A' \in \tilde{\mathcal{N}}$ *und für eine mittelnde Folge* $\{B_k;\, k \in G_+\}$ *von Elementen aus* $\tilde{\mathcal{R}}$ *erfüllt ist.*

Beweis Die Gültigkeit der Bedingung (7.8) folgt aus der Ergodizität mit Hilfe der Gleichungskette

$$\frac{1}{\tilde{\nu}(B_k)} \int\limits_{B_k} \tilde{P}(A \cap \tilde{\mathbf{T}}_x A')\, \tilde{\nu}(dx) \;=\; \frac{1}{\tilde{\nu}(B_k)} \int\limits_{B_k} \tilde{P}(\tilde{\mathbf{T}}_{-x} A \cap A')\, \tilde{\nu}(dx)$$

$$=\; \frac{1}{\tilde{\nu}(B_k)} \int\limits_{B_k} \int\limits_{A'} \mathbf{1}_A(\tilde{\mathbf{T}}_x \varphi)\, \tilde{P}(d\varphi)\, \tilde{\nu}(dx) \;=\; \int\limits_{A'} \frac{1}{\tilde{\nu}(B_k)} \int\limits_{B_k} \mathbf{1}_A(\tilde{\mathbf{T}}_x \varphi)\, \tilde{\nu}(dx)\, \tilde{P}(d\varphi)\,,$$

weil hieraus

$$\left| \frac{1}{\tilde{\nu}(B_k)} \int\limits_{B_k} \tilde{P}(A \cap \tilde{\mathbf{T}}_x A')\, \tilde{\nu}(dx) - \tilde{P}(A)\, \tilde{P}(A') \right|$$

$$\leq\; \int\limits_{A'} \left| \frac{1}{\tilde{\nu}(B_k)} \int\limits_{B_k} \mathbf{1}_A(\tilde{\mathbf{T}}_x \varphi)\, \tilde{\nu}(dx) - \tilde{P}(A) \right| \tilde{P}(d\varphi) \xrightarrow[k \to \infty]{} 0$$

folgt, wenn in (7.2), (7.3) und (7.7) die Funktion $f = \mathbf{1}_A$ eingesetzt wird. Umgekehrt ergibt sich aus (7.8) für $A = A' \in \tilde{\mathcal{I}}$ die Beziehung

$$\tilde{P}(A) \;=\; \frac{1}{\tilde{\nu}(B_k)} \int\limits_{B_k} \tilde{P}(A \cap \tilde{\mathbf{T}}_x A)\, \tilde{\nu}(dx) \xrightarrow[k \to \infty]{} \tilde{P}(A)\, \tilde{P}(A)\,,$$

d.h., es gilt (7.5) und damit auf Grund von Lemma 7.1.2 die Behauptung. $\square$

Die Bedingung (7.8) läßt sich dahingehend verschärfen, daß gefordert wird, daß für beliebige $A, A' \in \tilde{\mathcal{N}}$ die Ereignisse A und $\tilde{\mathbf{T}}_x A'$ annähernd unabhängig sind, wenn das Element $x \in \tilde{R}$ weit vom Nullpunkt in $\tilde{R}$ entfernt ist, ohne daß dabei die in (7.8) benutzte Mittelung verwendet wird. Hierfür setzen wir voraus, daß die Gruppe $\tilde{R}$ nicht kompakt ist, und definieren für die Folge $\{x_k;\, k \in G_+\}$ von Elementen aus $\tilde{R}$ die Konvergenz $x_k \to \infty$ wie folgt.

Wir sagen, daß die Folge $\{x_k;\, k \in G_+\}$ gegen Unendlich konvergiert (und schreiben $x_k \to \infty$), wenn es für jede kompakte Teilmenge $B \in \tilde{\mathcal{R}}$ eine natürliche Zahl $k_B \in G_+$ gibt, so daß $x_k \notin B$ für alle $k \geq k_B$.

Das dynamische System $[\tilde{N}, \tilde{\mathcal{N}}, \tilde{P}, \tilde{\mathbf{T}}]$ heißt *mischend*, wenn für beliebige A, A' $\in \tilde{\mathcal{N}}$ und für jede gegen Unendlich konvergierende Folge $\{x_n; \, n \in G_+\}$

$$\lim_{n \to \infty} \tilde{P}(A \cap \tilde{\mathbf{T}}_{x_n} A') \; = \; \tilde{P}(A) \, \tilde{P}(A') \tag{7.9}$$

gilt, d.h., daß sich eine asymptotische Unabhängigkeit der betrachteten Ereignisse mit wachsender Entfernung zwischen ihnen einstellt.

Lemma 7.1.4 *Jedes mischende dynamische System ist ergodisch.*

Beweis Genauso wie im Beweis von Lemma 7.1.3 ergibt sich aus (7.9), daß $\tilde{P}(A) = \tilde{P}(A \cap \tilde{\mathbf{T}}_{x_n} A) \xrightarrow[x_n \to \infty]{} \tilde{P}(A)^2$ für $A \in \tilde{\mathcal{I}}$, und somit die Behauptung. $\square$

Bei der Anwendung des in Lemma 7.1.3 gegebenen Ergodizitätskriteriums ist es in der Regel schwierig nachzuprüfen, ob die Bedingung (7.8) für sämtliche $A, A' \in \tilde{\mathcal{N}}$ erfüllt ist (vgl. Abschnitt 7.2). Das gleiche trifft für die Definitionsgleichung (7.9) dafür, daß ein dynamisches System mischend ist, zu (vgl. Abschnitt 7.3). Es erweist sich jedoch, daß es genügt, (7.8) bzw. (7.9) für bestimmte Teilfamilien von Mengen A, A' aus $\tilde{\mathcal{N}}$ nachzuweisen.

Lemma 7.1.5 *Es sei $\tilde{\mathcal{B}}$ ein Halbring von Teilmengen von $\tilde{N}$, der die σ-Algebra $\tilde{\mathcal{N}}$ erzeugt. Das dynamische System $[\tilde{N}, \tilde{\mathcal{N}}, \tilde{P}, \tilde{\mathbf{T}}]$ ist ergodisch bzw. mischend, wenn (7.8) bzw. (7.9) für sämtliche $A, A' \in \tilde{\mathcal{B}}$ und für eine mittelnde Folge $\{B_k; \, k \in G_+\}$ von Elementen aus $\tilde{\mathcal{R}}$ bzw. für jede gegen Unendlich konvergierende Folge $\{x_n; \, n \in G_+\}$ gilt.*

Beweis Wir zeigen, daß aus der Gültigkeit von (7.8) für alle $A, A' \in \tilde{\mathcal{B}}$ die Gültigkeit von (7.8) für alle $A, A' \in \tilde{\mathcal{N}}$ folgt. Es sei $\hat{\mathcal{N}} \subseteq \tilde{\mathcal{N}}$ die Familie derjenigen Mengen A, für die (7.8) für alle $A' \in \tilde{\mathcal{B}}$ gilt. Weil $\bigcup_{n=1}^{j} A_n \in \hat{\mathcal{N}}$ für beliebige endliche Folgen $A_1, \ldots, A_j \in \hat{\mathcal{N}}$ gilt, enthält $\hat{\mathcal{N}}$ den durch den Halbring $\tilde{\mathcal{B}}$ erzeugten Ring. Außerdem ist $\tilde{N} \in \hat{\mathcal{N}}$. Somit ergibt sich die Gültigkeit von $\hat{\mathcal{N}} = \tilde{\mathcal{N}}$, wenn gezeigt wird, daß $\hat{\mathcal{N}}$ abgeschlossen bezüglich monoton wachsender Folgen von Mengen ist, d.h., daß für jede Folge $A_1, A_2, \ldots$ von Mengen aus $\hat{\mathcal{N}}$ mit $A_j \subseteq A_{j+1}$ die Vereinigung $\bigcup_{n=1}^{\infty} A_n$ ebenfalls zu $\hat{\mathcal{N}}$ gehört (vgl. Bauer (1978)).

Es seien $A_1, A_2, \ldots \in \hat{\mathcal{N}}$ mit $A_j \subset A_{j+1}$. Dann gilt für jedes $A' \in \tilde{\mathcal{B}}$ und für jedes $j \in G_+$

$$\varlimsup_{k\to\infty} \left| \frac{1}{\tilde{\nu}(B_k)} \int_{B_k} [\tilde{P}(\bigcup_{n=1}^{\infty} A_n \cap \tilde{\mathbf{T}}_x A') - \tilde{P}(\bigcup_{n=1}^{\infty} A_n)\tilde{P}(A')]\, \tilde{\nu}(dx) \right|$$

$$\leq \varlimsup_{k\to\infty} \frac{1}{\tilde{\nu}(B_k)} \int_{B_k} \left| \tilde{P}(\bigcup_{n=1}^{\infty} A_n \cap \tilde{\mathbf{T}}_x A') - \tilde{P}(\bigcup_{n=1}^{j} A_n \cap \tilde{\mathbf{T}}_x A') \right| \tilde{\nu}(dx)$$

$$+ \varlimsup_{k\to\infty} \left| \frac{1}{\tilde{\nu}(B_k)} \int_{B_k} [\tilde{P}(\bigcup_{n=1}^{j} A_n \cap \tilde{\mathbf{T}}_x A') - \tilde{P}(\bigcup_{n=1}^{j} A_n)\tilde{P}(A')]\, \tilde{\nu}(dx) \right|$$

$$+ \varlimsup_{k\to\infty} \frac{1}{\tilde{\nu}(B_k)} \int_{B_k} \left| \tilde{P}(\bigcup_{n=1}^{j} A_n)\tilde{P}(A') - \tilde{P}(\bigcup_{n=1}^{\infty} A_n)\tilde{P}(A') \right| \tilde{\nu}(dx)$$

$$\leq 2\tilde{P}\Big(\bigcup_{n=1}^{\infty} A_n \setminus \bigcup_{n=1}^{j} A_n\Big) \xrightarrow[j\to\infty]{} 0,$$

d.h., $\bigcup_{n=1}^{\infty} A_n \in \hat{\mathcal{N}}$.

Auf die gleiche Weise läßt sich nun zeigen, daß die Familie derjenigen Mengen A', für die (7.8) für alle $A \in \tilde{\mathcal{N}}$ gilt, mit $\tilde{\mathcal{N}}$ übereinstimmt.

Der Beweis, daß aus der Gültigkeit von (7.9) für alle $A, A' \in \tilde{\mathcal{B}}$ die Gültigkeit von (7.9) für alle $A, A' \in \tilde{\mathcal{N}}$ folgt, verläuft genauso. $\square$

7.2 Eigenschaften und Beispiele ergodischer Punktprozesse

Es sei Φ ein stationärer Punktprozeß mit $P(\varphi : \varphi(R) = 0) = 0$ und $\lambda < \infty$. Das Quadrupel $[N, \mathcal{N}, P, \mathbf{T}]$ mit der in Abschnitt 4.1 eingeführten Familie $\mathbf{T} = \{\mathbf{T}_x; x \in R\}$ von Verschiebungsoperatoren bildet dann ein dynamisches System im Sinne der in Abschnitt 7.1 angegebenen Definition.

Den stationären Punktprozeß Φ (bzw. seine Verteilung P) nennen wir *ergodisch*, wenn $[N, \mathcal{N}, P, \mathbf{T}]$ ein ergodisches dynamisches System ist. Analog heißt die durch (4.24) gegebene Verteilung Q auf $\mathcal{R}^G$, die gemäß Satz 4.3.5 invariant bezüglich der Abbildung $\mathbf{U} : R^G \to R^G$ mit

$$\mathbf{U}(\{z_n; n \in G\}) = \{z_{n-1}; n \in G\}$$

ist, ergodisch, wenn das dynamische System $[R^G, \mathcal{R}^G, Q, \{\mathbf{U}^n\}]$ mit der Strömung $\{\mathbf{U}^n\} = \{\mathbf{U}^n; n \in G\}$ ergodisch ist. Wenn der Punktprozeß Φ einfach ist, dann heißt die Palmsche Verteilung P^0 von Φ, die gemäß Folgerung 4.3.2 bezüglich $\mathbf{S} : N^0 \to N^0$ invariant ist, ergodisch, falls das dynamische System $[N^0, \mathcal{N}^0, P^0, \{\mathbf{S}^n\}]$ mit der Strömung $\{\mathbf{S}^n\} = \{\mathbf{S}^n; n \in G\}$ ergodisch ist.

Es ist klar, daß die Intervalle $B_k = [-k, k]$ bzw. $B_k = [0, k]$ in R sowie die Mengen $B_k = \{-k, -(k-1), \ldots, k-1, k\}$ bzw. $B_k = \{0, 1, \ldots, k\}$ in G den Bedingungen des Lemmas 7.1.1 genügen. Für $\tilde{R} = R$ ist das Haarsche Maß $\tilde{\nu}$ dann gleich dem Lebesgue-Maß ν auf $\mathcal{R}$, und für $\tilde{R} = G$ gilt $\tilde{\nu} = \nu_0$ mit $\nu_0(B) = \#\{k : k \in B\}$ für jedes $B \subset G$.

Satz 7.2.1 *Die Verteilung P auf $\mathcal{N}$ ist genau dann ergodisch, wenn die zugehörige, durch (4.24) gegebene Verteilung Q auf $\mathcal{R}^G$ ergodisch ist.*

Beweis Wir benutzen die Tatsache, daß sich die Verteilung P genau dann als Mischung

$$P \;=\; cP' + (1-c)P'' \tag{7.10}$$

zweier **T**-invarianter Verteilungen P', P'' auf $\mathcal{N}$ darstellen läßt ($0 \le c \le 1$), wenn für die zugehörigen, durch (4.24) gegebenen Verteilungen Q, Q', Q'' auf $\mathcal{R}^G$ die Beziehung

$$Q \;=\; \frac{c\lambda'}{\lambda}Q' + \frac{(1-c)\lambda''}{\lambda}Q'' \tag{7.11}$$

gilt, wobei λ' bzw. λ'' die Intensität von P' bzw. P'' bezeichnet; $\lambda = c\lambda' + (1-c)\lambda''$ (vgl. auch Aufgabe 4.4.7).
Weil die Zuordnung zwischen P und Q eineindeutig ist (vgl. Abschnitt 4.3) und weil somit die Darstellung (7.10) genau dann trivial ist, wenn (7.11) trivial ist, ergibt sich hieraus und aus Lemma 7.1.2 die Behauptung. $\square$

Folgerung 7.2.2 *Ist der Punktprozeß Φ mit der Verteilung P einfach, so ist P genau dann ergodisch, wenn die Palmsche Verteilung P^0 ergodisch ist.*

Beweis Die Behauptung ergibt sich unmittelbar aus Satz 7.2.1, weil die Verteilung der Folge $\{X_{n+1}^0 - X_n^0; \, n \in G\}$ der Abstände zwischen aufeinanderfolgenden Punkten eines einfachen Palmschen Punktprozesses $\Phi^0 \sim \{X_n^0\}$ bzw. $[N^0, \mathcal{N}^0, P^0]$ mit der durch (4.24) gegebenen Verteilung Q übereinstimmt (vgl. Abschnitt 4.3) und demzufolge P genau dann eine nichttriviale Mischungsdarstellung besitzt, wenn dies für P^0 zutrifft. $\square$

Bevor wir auf einige Beispiele ergodischer Punktprozesse näher eingehen, geben wir zunächst mit Hilfe des erzeugenden Funktionals (vgl. Abschnitt 3.5) ein weiteres Ergodizitätskriterium an.

Satz 7.2.3 *Der stationäre Punktprozeß Φ ist genau dann ergodisch, wenn für sein erzeugendes Funktional $\mathbf{G}$*

$$\lim_{t \to \infty} \frac{1}{t} \int_0^t \mathbf{G}(f\mathbf{T}_x f') \, dx \;=\; \mathbf{G}(f)\,\mathbf{G}(f') \tag{7.12}$$

für alle $f, f' \in \mathcal{H}$ gilt; $(\mathbf{T}_x f')(y) = f'(x + y)$.

Beweis Wenn wir in (7.12) für $f, f' \in \mathcal{H}$ so wie in (3.43) die Funktionen

$$f(x) = f\left(\begin{array}{c} B_1, \ldots, B_k \\ z_1, \ldots, z_k \end{array}\right)(x) \quad \text{und} \quad f'(x) = f\left(\begin{array}{c} B'_1, \ldots, B'_{k'} \\ z_1, \ldots, z_{k'} \end{array}\right)(x) \quad (7.13)$$

einsetzen, dann erkennen wir, daß sich aus (7.12) die Gültigkeit von

$$\lim_{t\to\infty} \frac{1}{t} \int_0^t \mathbf{G}_{B_1,\ldots,B_k,B'_1-x,\ldots,B'_{k'}-x}(z_1,\ldots,z_k,z'_1,\ldots,z'_{k'})\,dx$$

$$= \mathbf{G}_{B_1,\ldots,B_k}(z_1,\ldots,z_k)\,\mathbf{G}_{B'_1,\ldots,B'_{k'}}(z'_1,\ldots,z'_{k'})\,,$$

wobei $\mathbf{G}_{B_1,\ldots,B_k}(z_1,\ldots,z_k)$ die in (3.43) gegebene erzeugende Funktion des zufälligen Vektors $(\Phi(B_1),\ldots,\Phi(B_k))$ ist, und damit die Gültigkeit von (7.8) für den Halbring in $\mathcal{N}$ ergibt, der durch die in (2.2) eingeführte Mengenfamilie $\mathcal{N}_e$ erzeugt wird. Aus Lemma 7.1.5 folgt also, daß Φ ergodisch ist, wenn (7.12) gilt. Wenn umgekehrt Φ ergodisch ist, dann gilt (7.12) für alle $f, f' \in \mathcal{H}$ der Gestalt (7.13). Hieraus folgt die Gültigkeit von (7.12) für beliebige Funktionen $f, f' \in \mathcal{H}$, weil jedes $f \in \mathcal{H}$ monoton durch Funktionen der Gestalt (7.13) approximiert werden kann. $\square$

Satz 7.2.4 *Jeder stationäre rekurrente Punktprozeß ist ergodisch.*

Beweis Es sei $\mathcal{B}^G$ die Familie aller Teilmengen von R^G der Gestalt

$$\{z = \{z_n\} : u_j \le z_j < v_j,\ u_{j+1} \le z_{j+1} < v_{j+1},\ldots,u_{j+k} \le z_{j+k} < v_{j+k}\}$$

mit $j \in G$, $k \in G_+$ und $0 \le u_n \le v_n < \infty$ für $n \in \{j,\ldots,j+k\}$. Das Mengensystem $\mathcal{B}^G$ ist ein Halbring, der die σ-Algebra $\mathcal{R}^G$ erzeugt. Weil für alle $A, A' \in \mathcal{B}^G$ und für alle $n \in G$, für die $|n|$ hinreichend groß ist,

$$Q(A \cap \mathbf{U}^n A') = Q(A)\,Q(\mathbf{U}^n A') = Q(A)\,Q(A')$$

und somit

$$\lim_{r\to\infty} \frac{1}{2r} \sum_{n=-r}^{r} Q(A \cap \mathbf{U}^n A') = Q(A)\,Q(A')$$

gilt, ergibt sich die Behauptung aus Lemma 7.1.5 und aus dem Satz 7.2.1. $\square$

Mit Hilfe der in Abschnitt 7.1 dargelegten Ergebnisse läßt sich die Ergodizität eines stationären Cox-Prozesses leicht auf die Ergodizität des zugehörigen zufälligen Intensitätsmaßes Λ, d.h. $[N',\mathcal{N}',Q]$, (vgl. Abschnitt 5.2) zurückführen. Dabei nennen wir das stationäre zufällige Maß Λ (bzw. seine Verteilung Q) *ergodisch*, wenn $[N',\mathcal{N}',Q,\mathbf{T}']$ ein ergodisches dynamisches System ist, wobei $\mathbf{T}'$ die in Abschnitt 5.3 eingeführte Familie $\mathbf{T}' = \{\mathbf{T}'_x; x \in R\}$ von Verschiebungsoperatoren $\mathbf{T}'_x : N' \to N'$ bezeichnet.

Satz 7.2.5 *Ein stationärer Cox-Prozeß* Φ, *d.h.* $[N, \mathcal{N}, P]$, *ist genau dann ergodisch, wenn das zugehörige stationäre zufällige Intensitätsmaß* Λ, *d.h.* $[N', \mathcal{N}', Q]$, *ergodisch ist.*

Beim **Beweis** dieses Satzes benutzen wir den in Abschnitt 3.5 eingeführten Begriff des Laplace-Funktionals $\mathbf{L} : \mathcal{H}' \to R_+$ des zufälligen Maßes Λ mit

$$
\begin{aligned}
\mathbf{L}(f) \;&=\; \mathbf{E}\exp\Big(-\int_R f(x)\,\Lambda(dx)\Big) \\
&=\; \int_{N'} \exp\Big(-\int_R f(x)\,\eta(dx)\Big)\,Q(d\eta)
\end{aligned}
\tag{7.14}
$$

für $f \in \mathcal{H}'$. Wir führen einen indirekten Beweis.

Hierfür nehmen wir an, daß Q nicht ergodisch ist. Gemäß Lemma 7.1.2 gibt es dann eine nichttriviale Mischungsdarstellung von $Q = cQ' + (1-c)Q''$ mit $0 < c < 1$ und $Q' \neq Q''$. Aus Satz 5.2.4 folgt, daß dann auch die Q', Q'' entsprechenden und durch (5.11) gegebenen Verteilungen P', P'' auf $\mathcal{N}$ voneinander verschieden sind. Gemäß Lemma 7.1.2 kann P somit nicht ergodisch sein, denn es gilt $P = cP' + (1-c)P''$, wobei P' und P'' wegen Satz 5.3.1 die Verteilungen stationärer Cox-Prozesse sind. Wir nehmen nun umgekehrt an, daß P nicht ergodisch ist. Gemäß Lemma 7.1.2 gibt es dann eine $\mathbf{T}$-invariante Menge $A \in \mathcal{N}$ mit $0 < P(A) < 1$. Wegen (5.11) muß es dann eine Zahl c mit $0 < c < 1$ geben, so daß

$$
0 \;<\; Q(\eta : P_\eta(A) \leq c) \;<\; 1
\tag{7.15}
$$

gilt. Weil $A \in \mathcal{N}$ eine $\mathbf{T}$-invariante Menge ist, gilt

$$
P_\eta(A) \;=\; P_{\mathbf{T}'_x\eta}(\mathbf{T}_x A) \;=\; P_{\mathbf{T}'_x\eta}(A) \qquad \text{für alle } \eta \in N', \, x \in R,
$$

und somit ist $\{\eta : P_\eta(A) \leq c\}$ eine $\mathbf{T}'$-invariante Menge aus $\mathcal{N}'$. Aus (7.15) und aus Lemma 7.1.2 ergibt sich also, daß Q nicht ergodisch sein kann. $\Box$

Folgerung 7.2.6 *Ein stationärer gemischter Poisson-Prozeß* Φ *ist genau dann ergodisch, wenn* Λ *ein deterministisches Vielfaches des Lebesgue-Maßes ist, d.h., wenn* Φ *ein stationärer Poisson-Prozeß ist.*

Beweis Die Behauptung ist eine direkte Konsequenz von Folgerung 5.3.2 und Satz 7.2.5. $\Box$

Auf die gleiche Weise, wie dies bisher in dem vorliegenden Abschnitt getan wurde, läßt sich auch für einen stationären zufälligen Prozeß $\{Z(t); t \in R\}$ mit stetiger Zeit der Begriff der Ergodizität einführen. Hierbei bezeichne $\mathbf{V} = \{\mathbf{V}_x; x \in R\}$ die Familie von Verschiebungsoperatoren $\mathbf{V}_x : R^R \to R^R$ mit

$$
\mathbf{V}_x(\{z(t); t \in R\}) \;=\; \{z(t+x); t \in R\}.
\tag{7.16}
$$

Der stationäre Prozeß $\{Z(t); t \in R\}$ mit der **V**-invarianten Verteilung Q auf $\mathcal{R}^R$ heißt *ergodisch* (bzw. *mischend*), wenn $[R^R, \mathcal{R}^R, Q, \mathbf{V}]$ ein ergodisches (bzw. mischendes) dynamisches System ist.

Folgerung 7.2.7 *Ein stationärer Cox-Prozeß* Φ*, dessen zufälliges Intensitätsmaß* Λ *mittels (5.14) durch den zufälligen Prozeß* $\{Z(t); t \in R\}$ *mit* $\eta = \nu$ *gegeben ist, ist genau dann ergodisch, wenn* $\{Z(t); t \in R\}$ *ergodisch ist.*

Beweis Die Behauptung ergibt sich aus Satz 7.2.5 und aus Lemma 7.1.2, denn wegen

$$
\begin{aligned}
\mathbf{T}'_x \Lambda(B, \omega) \;&=\; \Lambda(B - x, \omega) \;=\; \int\limits_{B-x} Z(t, \omega)\, dt \\[2mm]
&=\; \int\limits_{B} Z(t - x, \omega)\, dt \;=\; \int\limits_{B} (\mathbf{V}_{-x} Z)(t, \omega)\, dt
\end{aligned}
$$

stimmt die Wahrscheinlichkeit jeder $\mathbf{T}'$-invarianten Menge aus $\mathcal{N}'$ mit der Wahrscheinlichkeit einer $\mathbf{V}$-invarianten Menge aus $\mathcal{R}^R$ (und umgekehrt) überein. $\square$

Es sei nun Φ ein stationärer Cluster-Prozeß mit einem homogenen Schauerfeld und mit einem stationären Primärprozeß, dessen Verteilung auf $\mathcal{N}$ wir so wie in Kapitel 5 mit Q bezeichnen.

Satz 7.2.8 *Der stationäre Cluster-Prozeß* Φ *mit der Verteilung* P *ist ergodisch, wenn die Verteilung* Q *des zugehörigen stationären Primärprozesses ergodisch ist.*

Der **Beweis** verläuft ähnlich wie der Beweis des Satzes 7.2.5. Wir nehmen an, daß P nicht ergodisch ist. Gemäß Lemma 7.1.2 gibt es also eine $\mathbf{T}$-invariante Menge $A \in \mathcal{N}$ mit $0 < P(A) < 1$. Wegen (5.26) muß es dann eine Zahl c mit $0 < c < 1$ geben, so daß

$$
0 \;<\; Q(\varphi : Q^{[\varphi]}(A) \le c) \;<\; 1 \tag{7.17}
$$

gilt. Weil $A \in \mathcal{N}$ eine $\mathbf{T}$-invariante Menge ist und weil das Schauerfeld des Cluster-Prozesses homogen ist, gilt

$$
Q^{[\varphi]}(A) \;=\; Q^{[\mathbf{T}_x \varphi]}(\mathbf{T}_x A) \;=\; Q^{[\mathbf{T}_x \varphi]}(A) \qquad \text{für alle } \varphi \in N,\ x \in R,
$$

und somit ist $\{\varphi : Q^{[\varphi]}(A) \le c\}$ eine $\mathbf{T}$-invariante Menge aus $\mathcal{N}$. Aus (7.17) und Lemma 7.1.2 ergibt sich also, daß Q nicht ergodisch sein kann. $\square$

Folgerung 7.2.9 *Jeder stationäre Cluster-Prozeß mit einem homogenen Schauerfeld und einem stationären Poissonschen Primärprozeß ist ergodisch.*

Beweis Gemäß Folgerung 7.2.6 ist jeder stationäre Poissonsche Punktprozeß ergodisch. Die Behauptung ergibt sich somit aus Satz 7.2.8. $\square$

7.3 Weitere Charakterisierung der Palmschen Verteilung. Individuelle Intensität

Zusätzlich zu den in den Abschnitten 6.1 und 6.2 dargelegten lokalen Deutungen der Intensität λ und der Palmschen Verteilung P^0 eines stationären Punktprozesses geben wir nun eine weitere Charakterisierungsmöglichkeit dieser Größen für Punktprozesse unter Voraussetzung der Ergodizität an. Dabei beweisen wir mit Hilfe des individuellen Ergodensatzes (vgl. Lemma 7.1.1), daß der Grenzwert

$$I(\varphi) \; = \; \lim_{t\to\infty} \frac{1}{t}\,\varphi([0,t)) \; = \; \lim_{t\to\infty} \frac{1}{2t}\,\varphi([-t,t)) \tag{7.18}$$

für fast jede Realisierung $\varphi \in N$ eines stationären Punktprozesses mit endlicher Intensität λ existiert und für ergodische Punktprozesse mit Wahrscheinlichkeit Eins gleich λ ist. Darüber hinaus läßt sich zeigen, daß diese Aussagen auch ohne die Voraussetzung $\lambda < \infty$ gelten (vgl. Satz 3.2.8 in Kerstan/Matthes/Mecke (1974)). Die Zahl $I(\varphi)$ wird (im Falle ihrer Existenz) die *individuelle Intensität* von φ genannt.

Außerdem begründen wir die Gültigkeit der bereits in Abschnitt 4.2 erwähnten Häufigkeitsinterpretation der Palmschen Wahrscheinlichkeiten $\{P^0(A);\ A \in \mathcal{N}^0\}$ eines ergodischen Punktprozesses, d.h., wir zeigen, daß für jedes $A \in \mathcal{N}^0$

$$\begin{aligned}
P^0(A) \; &= \; \lim_{t\to\infty} \frac{1}{\varphi([0,t))} \int\limits_{[0,t)} \mathbf{1}_A(\mathbf{T}_x\varphi)\,\varphi(dx) \\[2ex]
&= \; \lim_{t\to\infty} \frac{1}{\varphi([-t,t))} \int\limits_{[-t,t)} \mathbf{1}_A(\mathbf{T}_x\varphi)\,\varphi(dx)
\end{aligned} \tag{7.19}$$

für P-fast alle Realisierungen $\varphi \in N$ eines solchen Punktprozesses gilt.

Satz 7.3.1 *Es sei Φ ein stationärer Punktprozeß mit $\lambda < \infty$. Dann existiert der Grenzwert $I(\varphi)$ in (7.18) für P-fast jedes $\varphi \in N$, und es gilt*

$$\mathbf{E}I(\Phi) \; = \; \lambda\,. \tag{7.20}$$

Beweis Um das Lemma 7.1.1 anwenden zu können, genügt es, die in (7.18) auftretenden Größen durch Cesaro-Mittel der Gestalt (7.2) abzuschätzen. Dies ergibt sich aus den Ungleichungen (mit $t - s > 1$)

$$\int\limits_{[s,t-1)} (\mathbf{T}_x\varphi)([0,1))\,dx \; \leq \; \varphi([s,t)) \; \leq \; \int\limits_{[s-1,t)} (\mathbf{T}_x\varphi)([0,1))\,dx\,. \tag{7.21}$$

Denn aus (7.21) mit $s = 0$ bzw. $s = -t$ folgt, daß die Grenzwerte in (7.18) dann existieren und übereinstimmen, wenn die durch (7.2) gegebenen Grenzwerte für $f(\varphi) = \varphi([0,1))$ und $B_k = [0, t_k)$, $B_k = [-t_k, t_k - 1)$ bzw. $B_k = [-t_k - 1, t_k)$ existieren und übereinstimmen. Die Behauptung folgt somit aus Lemma 7.1.1. $\square$

Folgerung 7.3.2 *Falls* Φ *ergodisch ist* $(\lambda < \infty)$, *dann gilt*

$$I(\Phi) \;=\; \lambda \qquad P\text{-fast sicher.} \tag{7.22}$$

Beweis Die Gültigkeit von (7.22) ist eine unmittelbare Konsequenz der Formel (7.20) und der Definition der Ergodizität in Abschnitt 7.1. $\square$

Satz 7.3.3 *Der stationäre Punktprozeß* Φ *sei ergodisch mit* $P(\varphi : \varphi(R) = 0) = 0$ *und* $0 < \lambda < \infty$. *Für jedes* $A \in \mathcal{N}^0$ *gilt dann* (7.19) *für* P-*fast jedes* $\varphi \in N$.

Beweis Wegen (7.22) ist die Behauptung bewiesen, wenn gezeigt wird, daß

$$\begin{aligned}
\lambda\, P^0(A) \;&=\; \lim_{t\to\infty} \frac{1}{t} \int\limits_{[0,t)} \mathbf{1}_A(\mathbf{T}_x\varphi)\,\varphi(dx) \\[2mm]
&=\; \lim_{t\to\infty} \frac{1}{2t} \int\limits_{[-t,t)} \mathbf{1}_A(\mathbf{T}_x\varphi)\,\varphi(dx)
\end{aligned} \tag{7.23}$$

für P-fast jedes $\varphi \in N$ gilt. Die P-fast sichere Existenz der Grenzwerte in (7.23) ergibt sich dabei aus Satz 7.3.1, wenn dieser Satz auf den stationären Teilpunktprozeß Φ_A von Φ angewendet wird, der mittels der Abbildung

$$\varphi(B) = \sum_{x \in S_\varphi} \varphi(\{x\})\, \delta_x(B) \quad \longrightarrow \quad \varphi_A(B) = \sum_{x \in S_\varphi} \varphi(\{x\})\, \mathbf{1}_A(\mathbf{T}_x\varphi)\, \delta_x(B)$$

durch Φ induziert wird. Darüber hinaus sind diese Grenzwerte $(\mathcal{I}, \mathcal{R}_+)$-meßbar, wobei $\mathcal{I}$ die σ-Algebra der **T**-invarianten Mengen aus $\mathcal{N}$ bezeichnet. Auf Grund der Ergodizität von Φ sind sie also P-fast sicher gleich ihrem Erwartungswert (vgl. Lemma 7.1.2), wegen (7.20) also gleich $\int_N \int_{[0,1)} \mathbf{1}_A(\mathbf{T}_x\varphi)\varphi(dx)P(d\varphi)$. Unter Berücksichtigung der Definitionsgleichung (4.11) ergibt sich hieraus die Behauptung. $\square$

Auf Grund der Konvergenz (7.19) ist also die Palmsche Wahrscheinlichkeit $P^0(A)$ eines ergodischen Punktprozesses Φ für P-fast alle $\varphi \in N$ gleich dem Grenzwert der relativen Häufigkeiten der Anzahl derjenigen Punkte von φ in immer größer werdenden Testmengen $[0, t)$ bzw. $[-t, t)$, aus deren Sicht φ die Eigenschaft A hat, bezogen auf die jeweilige Gesamtanzahl der Punkte von φ in diesen Testmengen. Für einen ergodischen Punktprozeß Φ wird die Palmsche Wahrscheinlichkeit $P^0(A)$ deshalb als Wahrscheinlichkeit gedeutet, daß Φ von einem zufällig ausgewählten Punkt dieses Punktprozesses aus gesehen in A liegt. Dieser an sich fiktive, „zufällig herausgegriffene" Punkt von Φ wird auch *typischer Punkt* genannt. In diesem Sinne ist $P^0(A)$ die Wahrscheinlichkeit dafür, daß Φ von einem typischen Punkt aus gesehen in A liegt. Für nichtergodische Punktprozesse kann diese Deutung zu Problemen führen (vgl. Nawrotzki (1978)).

Der individuelle Ergodensatz in Lemma 7.1.1 liefert natürlich nicht nur die sehr speziellen Konvergenzaussagen (7.18) und (7.19), sondern darüber hinaus das folgende, wesentlich allgemeinere Ergebnis. (Dabei ist es nicht notwendig zu fordern, daß die Funktion $f : N \rightarrow R_+$ beschränkt ist, vgl. Satz 1.3.12 in Franken/König/Arndt/Schmidt (1981).)

Satz 7.3.4 *Der stationäre Punktprozeß* Φ*, d.h.* $[N, \mathcal{N}, P]$*, sei ergodisch mit* $P(\varphi : \varphi(R) = 0) = 0$ *und* $0 < \lambda < \infty$*. Für jede beschränkte* $(\mathcal{N}, \mathcal{R}_+)$*-meßbare Funktion* $f : N \rightarrow R_+$ *gilt dann*

$$\lim_{t \to \infty} \frac{1}{t} \int\limits_0^t f(\mathbf{T}_x\varphi)\, dx \;=\; \int\limits_N f(\varphi')\, P(d\varphi') \tag{7.24}$$

für P^0*-fast jedes* $\varphi \in N^0$ *und*

$$\lim_{k \to \infty} \frac{1}{k} \sum_{n=1}^{k} f(\mathbf{T}_{X_n(\varphi)}\varphi) \;=\; \int\limits_{N^0} f(\varphi')\, P^0(d\varphi') \tag{7.25}$$

für P*-fast jedes* $\varphi \in N$.

Beweis Aus Lemma 7.1.1 ergibt sich sofort, daß (7.24) für P-fast jedes $\varphi \in N$ gilt. Weil die Menge derjenigen $\varphi \in N$, für die (7.24) gilt, $\mathbf{T}$-invariant ist, gilt somit (7.24) ebenfalls für P^0-fast jedes $\varphi \in N^0$ (vgl. auch Aufgabe 4.4.6). Der Beweis von (7.25) verläuft ähnlich wie der Beweis des Satzes 7.3.3, denn für P-fast jedes $\varphi \in N$ existiert der Grenzwert in (7.25) genau dann, wenn der Grenzwert von

$$\frac{1}{\varphi([0, t))} \int\limits_{[0,t)} f(\mathbf{T}_x\varphi)\, \varphi(dx) \tag{7.26}$$

für $t \rightarrow \infty$ existiert (vgl. Satz 4.1.4). Außerdem stimmen die beiden Grenzwerte im Falle ihrer Existenz überein. Wegen Satz 7.3.1 existiert der Limes in (7.26) für P-fast jedes $\varphi \in N$, wenn dies für

$$\frac{1}{t} \int\limits_{[0,t)} f(\mathbf{T}_x\varphi)\, \varphi(dx)$$

mit $t \to \infty$ bzw. für

$$\frac{1}{k} \sum_{n=1}^{k} \int_{[n-1,n)} f(\mathbf{T}_x \varphi)\, \varphi(dx) \tag{7.27}$$

mit $k \to \infty$ zutrifft. Es genügt nun, das Lemma 7.1.1 auf die stationäre Folge

$$\{ \int_{[n-1,n)} f(\mathbf{T}_x \Phi)\, \Phi(dx);\ n \in G \}$$

anzuwenden und dabei zu beachten, daß durch (7.27) eine $(\mathcal{I}, \mathcal{R}_+)$-meßbare Abbildung von N in R_+ gegeben ist. Somit ergibt sich, daß für P-fast jedes $\varphi \in N$

$$\lim_{k \to \infty} \frac{1}{k} \sum_{n=1}^{k} f(\mathbf{T}_{X_n(\varphi)}\varphi) \;=\; \lim_{k \to \infty} \frac{1}{\varphi([0,k))} \int_{[0,k)} f(\mathbf{T}_x\varphi)\, \varphi(dx)$$

$$=\; \frac{1}{\lambda} \lim_{k \to \infty} \frac{1}{k} \sum_{n=1}^{k} \int_{[n-1,n)} f(\mathbf{T}_x\varphi)\, \varphi(dx) \;=\; \frac{1}{\lambda} \mathbf{E} \int_{[0,1)} f(\mathbf{T}_x\Phi)\, \Phi(dx).$$

Mit Hilfe des Campbellschen Theorems (vgl. (4.13)) folgt die Behauptung. $\square$

Folgerung 7.3.5 *Unter den Voraussetzungen des Satzes 7.3.4 gilt*

$$\lim_{t \to \infty} \frac{1}{t} \int_0^t P^0(\varphi : \mathbf{T}_x\varphi \in A)\, dx \;=\; P(A) \tag{7.24'}$$

für jedes $A \in \mathcal{N}$ und

$$\lim_{k \to \infty} \frac{1}{k} \sum_{n=1}^{k} P(\varphi : \mathbf{T}_{X_n(\varphi)}\varphi \in A) \;=\; P^0(A) \tag{7.25'}$$

für jedes $A \in \mathcal{N}^0$.

Beweis Aus Satz 7.3.4 mit $f = \mathbf{1}_A$ ergibt sich

$$\lim_{t \to \infty} \left| \frac{1}{t} \int_0^t P^0(\varphi : \mathbf{T}_x\varphi \in A)\, dx - P(A) \right|$$

$$\leq\; \lim_{t \to \infty} \int_{N^0} \left| \frac{1}{t} \int_0^t \mathbf{1}_A(\mathbf{T}_x\varphi)dx - P(A) \right| P^0(d\varphi) \;=\; 0$$

und somit (7.24'). Der Beweis von (7.25') verläuft genauso. $\square$

7.4 Mischende Punktprozesse. Konvergenzsätze und Beispiele

Wir geben zunächst eine Verschärfung der Konvergenzaussage (7.25') für stationäre Punktprozesse Φ an, für die die zugehörige, durch (4.24) gegebene Verteilung Q der stationären Folge $Z = \{Z_n;\, n \in G\}$ der Abstände zwischen aufeinanderfolgenden Punkten mischend ist. Es zeigt sich, daß man in diesem Fall auf die Mittelung in (7.25') verzichten kann. Dabei sei vermerkt, daß wegen Lemma 7.1.4 jedes mischende Q ergodisch ist, und gemäß Satz 7.2.1 ist somit auch die T-invariante Verteilung P von Φ ergodisch. Im allgemeinen kann jedoch nicht aus der Annahme, daß Q mischend ist, geschlußfolgert werden, daß auch die zugehörige T-invariante Verteilung P mischend ist (vgl. Aufgabe 7.6.2).

Satz 7.4.1 *Es sei Φ ein stationärer Punktprozeß mit $P(\varphi : \varphi(R) = 0) = 0$ und $0 < \lambda < \infty$, und die durch (4.24) gegebene Verteilung Q sei mischend. Dann gilt*

$$\lim_{n \to \infty} P(\varphi : \mathbf{T}_{X_n(\varphi)}\varphi \in A) \;=\; P^0(A) \tag{7.28}$$

für jedes $A \in \mathcal{N}^0$.

Beweis Aus der Umkehrformel (4.27) und aus der Verschiebungsinvarianz der Verteilung Q (vgl. Satz 4.3.5) ergibt sich, daß

$$P(\varphi : \mathbf{T}_{X_n(\varphi)}\varphi \in A) \;=\; \lambda \int\limits_{(R_+)^G} \int\limits_0^{z_0} \mathbf{1}_A(\mathbf{T}_{X_n(\varphi^z)}\varphi^z)\, dx\, Q(dz)$$

$$=\; \lambda \int\limits_{(R_+)^G} z_0\, \mathbf{1}_A(\mathbf{T}_{X_n(\varphi^z)}\varphi^z)\, Q(dz) \;=\; \lambda \int\limits_{(R_+)^G} z_{-(n-1)}\, \mathbf{1}_A(\varphi^z)\, Q(dz)\,.$$

Weil

$$0 < \frac{1}{\lambda} \;=\; \mathbf{E}Z_0 \;=\; \int\limits_{(R_+)^G} z_{-(n-1)}\, Q(dz) \;<\; \infty$$

und weil Q mischend ist, erhalten wir (vgl. Aufgabe 7.6.3)

$$\lim_{n \to \infty} \int\limits_{(R_+)^G} z_{-(n-1)}\, \mathbf{1}_A(\varphi^z)\, Q(dz) \;=\; \int\limits_{(R_+)^G} z_0\, Q(dz)\, Q(z' : \varphi^{z'} \in A) \;=\; \frac{1}{\lambda} P^0(A)$$

und somit die Behauptung. $\square$

Eine dem Satz 7.4.1 entsprechende Konvergenzaussage gilt auch, wenn angenommen wird, daß die T-invariante Verteilung P von Φ mischend ist. Und zwar kann dann die Mittelung in (7.24') weggelassen werden, wenn dabei gleichzeitig die in (7.24') betrachtete starke Konvergenz durch die schwache Konvergenz (vgl. Abschnitt 6.2) ersetzt wird.

Satz 7.4.2 *Es sei Φ ein stationärer Punktprozeß mit $P(\varphi : \varphi(R) = 0) = 0$ und $0 < \lambda < \infty$. Wenn P mischend ist, dann gilt*

$$\lim_{t \to \infty} P^0(\varphi : \mathbf{T}_t\varphi \in A) \;=\; P(A) \tag{7.29}$$

für jedes $A \in \mathcal{N}$, das bezüglich P eine Stetigkeitsmenge ist.

Bezüglich des **Beweises** dieses Satzes verweisen wir auf Abschnitt 4.6 in Kerstan/Matthes/Mecke (1974). Es sei lediglich vermerkt, daß jede Menge $A \in \mathcal{N}$ der Gestalt

$$A \;=\; \bigcap_{n=1}^{k} \{\varphi : \varphi((a_n, b_n]) = j_n\}$$

eine Stetigkeitsmenge bezüglich P ist, und zwar für jedes $k \in G_+$ und für jede Folge $\{(a_n, b_n]; \, n = 1, \ldots, k\}$ von paarweise disjunkten, beschränkten Intervallen aus $\mathcal{R}$ (vgl. Satz 4.2.5 in Kerstan/Matthes/Mecke (1974)).

Wir wollen nun für die in Kapitel 5 eingeführten speziellen stationären Punktprozesse prüfen, unter welchen Bedingungen sie mischend im Sinne von (7.9) sind, d.h., wann

$$\lim_{t \to \infty} P(A \cap \mathbf{T}_{-t}A') \;=\; P(A)\,P(A') \tag{7.9'}$$

für alle $A, A' \in \mathcal{N}$ gilt. Mit Hilfe von Lemma 7.1.5 zeigen wir zunächst, wie diese Bedingung abgeschwächt werden kann.

Hierbei bezeichne $\mathcal{N}_a^b$ die Teil-σ-Algebra von $\mathcal{N}$, die durch die Mengenfamilie

$$\mathcal{N}_{a,e}^b \;=\; \{\{\varphi : \varphi \in N, \varphi([a', b')) = j\}; \, [a', b') \subseteq [a, b), j \in G_0\} \tag{7.30}$$

erzeugt wird; $\mathcal{N}_a^b = \sigma(\mathcal{N}_{a,e}^b)$.

Satz 7.4.3 *Der stationäre Punktprozeß Φ ist genau dann mischend, wenn (7.9')*

1. *für alle $A \in \mathcal{N}_a^b, A' \in \mathcal{N}_{a'}^{b'}$ und für alle $-\infty < a < b < \infty, -\infty < a' < b' < \infty$ oder*

2. *für alle $A \in \mathcal{N}_{-\infty}^0$, $A' \in \mathcal{N}_0^\infty$ oder*

3. *für alle $A \in \mathcal{N}_{-\infty}^0$, $A' \in \mathcal{N}_0^\infty$ der Gestalt*

$$A \;=\; \{\varphi : u_0 < -X_0(\varphi) < v_0, u_{-1} < X_0(\varphi) - X_{-1}(\varphi) < v_{-1}, \ldots$$
$$\ldots, u_{-k} < X_{-k+1}(\varphi) - X_{-k}(\varphi) < v_{-k}\}, \tag{7.31}$$

$$A' \;=\; \{\varphi : u_1 \leq X_1(\varphi) < v_1, u_2 \leq X_2(\varphi) - X_1(\varphi) < v_2, \ldots$$
$$\ldots, u_k \leq X_k(\varphi) - X_{k-1}(\varphi) < v_k\} \tag{7.31'}$$

mit $k \in G_+$, $0 \leq u_j \leq v_j < \infty$ für $j \in \{0, \pm 1, \pm 2, \ldots, \pm k\}$ gilt.

Beweis Die Notwendigkeit der Bedingungen 1 bis 3 ist offensichtlich. Andererseits ergibt sich aus Bedingung 1 und aus Lemma 7.1.5 die Gültigkeit von (7.9') für alle $A, A' \in \mathcal{N}$, weil die Familie

$$\{A : A \in \mathcal{N}_a^b \text{ für gewisse } a, b \in R \text{ mit } a < b\}$$

ein Ring ist, der die σ-Algebra $\mathcal{N}$ erzeugt. Weil für jedes $A \in \mathcal{N}_a^b$ die Darstellung $A = \mathbf{T}_{-b}(\mathbf{T}_b A)$ mit $\mathbf{T}_b A \in \mathcal{N}_{-\infty}^0$ bzw. $A = \mathbf{T}_a(\mathbf{T}_{-a} A)$ mit $\mathbf{T}_{-a} A \in \mathcal{N}_0^\infty$ gilt und weil $P(A \cap \mathbf{T}_{-t} A') = P(\mathbf{T}_b A \cap \mathbf{T}_{a'+b-t}(\mathbf{T}_{-a'} A'))$ folgt aus Bedingung 2 die Gültigkeit der Bedingung 1. Weil die Familien

$$\{A : A \in \mathcal{N}_{-\infty}^0, A \text{ ist die Vereinigung von endlich vielen Mengen}$$
$$\text{der Gestalt (7.31)}\}$$

bzw.

$$\{A : A \in \mathcal{N}_0^\infty, A \text{ ist die Vereinigung von endlich vielen Mengen}$$
$$\text{der Gestalt (7.31')}\}$$

jeweils einen Ring bilden, der die σ-Algebren $\mathcal{N}_{-\infty}^0$ bzw. $\mathcal{N}_0^\infty$ erzeugt, ergibt sich aus Bedingung 3 die Gültigkeit der Bedingung 2 mit Hilfe der gleichen Argumente wie im Beweis von Lemma 7.1.5. $\square$

Aus (5.3) und aus Lemma 7.1.5 ergibt sich sofort, daß für einen stationären rekurrenten Punktprozeß Φ mit $P(\varphi : \varphi(R) = 0) = 0$ und $0 < \lambda < \infty$ die durch (4.24) gegebene Verteilung Q auf $\mathcal{R}^G$ mischend ist. Damit die $\mathbf{T}$-invariante Verteilung P selbst ebenfalls mischend ist, wird auch in diesem Fall eine zusätzliche Bedingung benötigt (vgl. Aufgabe 7.6.2).

Satz 7.4.4 *Es sei Φ ein stationärer rekurrenter Punktprozeß mit $P(\varphi : \varphi(R) = 0) = 0$ und $0 < \lambda < \infty$. Wenn die Verteilungsfunktion F der Abstände $X_{n+1} - X_n$, $n \in G \setminus \{0\}$, zwischen aufeinanderfolgenden Punkten mit $F(t) = P(X_{n+1} - X_n < t)$ nichtarithmetisch ist, dann ist P mischend.*

Beweis Wegen Satz 7.4.3 genügt es, die Gültigkeit von (7.9') für alle $A \in \mathcal{N}_{-\infty}^0$ und $A' \in \mathcal{N}_0^\infty$ der Gestalt (7.31) bzw. (7.31') nachzuprüfen. Für $P(A) = 0$ ist (7.9') offensichtlich erfüllt. Es gelte also $P(A) > 0$. Aus Satz 5.1.4 und aus Satz 5.1.1 ergibt sich dann, daß

$$\lim_{t \to \infty} P(A \cap \mathbf{T}_{-t} A') = P(A) \lim_{t \to \infty} P(\mathbf{T}_{-t} A' \,|\, A)$$

$$= P(A) \prod_{j=2}^{k} (F(v_j) - F(u_j)) \lim_{t \to \infty} P(u_1 \leq Y(t) < v_1 \,|\, A)$$

$$
\begin{aligned}
&= P(A) \prod_{j=2}^{k} (F(v_j) - F(u_j)) \frac{\int_{u_1}^{v_1} (1 - F(x))\,dx}{\int_{0}^{\infty} (1 - F(x))\,dx} \\
&= P(A)\,P(A')\,. \quad \square
\end{aligned}
$$

Beim Nachweis der Mischungseigenschaft (7.9') für Cox-Prozesse kann man die folgende Charakterisierung mit Hilfe des erzeugenden Funktionals bzw. des Laplace-Funktionals benutzen.

Satz 7.4.5 *Ein stationärer Punktprozeß* Φ *ist genau dann mischend, wenn für sein erzeugendes Funktional* **G**

$$
\lim_{x \to \infty} \mathbf{G}(f\mathbf{T}_x f') = \mathbf{G}(f)\,\mathbf{G}(f') \tag{7.32}
$$

für alle Funktionen $f, f' \in \mathcal{H}$ *gilt. Analog ist das stationäre zufällige Maß* Λ *genau dann mischend, wenn für sein Laplace-Funktional* **L**

$$
\lim_{x \to \infty} \mathbf{L}(f + \mathbf{T}_x f') = \mathbf{L}(f)\,\mathbf{L}(f') \tag{7.33}
$$

für alle durch Eins beschränkten Funktionen $f, f' \in \mathcal{H}'$ *gilt.*

Der **Beweis** dieses Satzes verläuft ähnlich wie der Beweis des Satzes 7.2.3 und wird deshalb hier nicht ausgeführt.

Satz 7.4.6 *Ein stationärer Cox-Prozeß* Φ *ist genau dann mischend, wenn das zugehörige stationäre zufällige Intensitätsmaß* Λ *mischend ist.*

Beweis Aus (5.15) folgt für beliebige $f, f' \in \mathcal{H}$ die Beziehung

$$
\begin{aligned}
\mathbf{G}(f\mathbf{T}_x f') &= \mathbf{L}(1 - f\mathbf{T}_x f') \\
&= \mathbf{L}\big(1 - f + \mathbf{T}_x(1 - f') - (1 - f)\mathbf{T}_x(1 - f')\big)\,.
\end{aligned} \tag{7.34}
$$

Hieraus und aus Satz 7.4.5 ergibt sich die Behauptung, weil $(1 - f)\,\mathbf{T}_x(1 - f') = 0$ für alle hinreichend großen $x > 0$ gilt. $\square$

Aus Satz 7.4.6 folgt natürlich insbesondere, daß jeder stationäre Poissonsche Punktprozeß mischend ist. Darüber hinaus gilt die folgende Aussage.

Folgerung 7.4.7 *Ein stationärer Cox-Prozeß* Φ, *dessen zufälliges Intensitätsmaß* Λ *mittels (5.14) durch den zufälligen Prozeß* $\{Z(t); t \in R\}$ *mit* $\eta = \nu$ *gegeben ist, ist mischend, wenn* $\{Z(t); t \in R\}$ *mischend ist.*

Beweis Durch ähnliche Überlegungen wie im Beweis der Folgerung 7.2.7 ergibt sich die Behauptung aus Satz 7.4.6 und aus Lemma 7.1.5. $\square$

Satz 7.4.8 *Ein stationärer Cluster-Prozeß mit einem homogenen Schauerfeld und mit einem stationären Primärprozeß ist mischend, wenn der Primärprozeß mischend ist.*

Bezüglich des **Beweises** dieses Satzes verweisen wir auf Abschnitt 6.1 in Kerstan/Matthes/Mecke (1974). Dabei sei vermerkt, daß der Primärprozeß eines mischenden Cluster-Prozesses nicht notwendig mischend sein muß .

Folgerung 7.4.9 *Jeder stationäre Cluster-Prozeß mit einem homogenen Schauerfeld und einem stationären Poissonschen Primärprozeß ist mischend.*

Beweis Die Behauptung folgt unmittelbar aus den Sätzen 7.4.6 und 7.4.8. $\Box$

Aus Folgerung 7.4.9 ergibt sich insbesondere, daß die in Abschnitt 5.5 betrachteten stationären Poissonschen Cluster-Prozesse mit einem jeweils speziellen Schauerfeld (Gauß-Poisson-Prozeß, Neyman-Scott-Prozeß, Bartlett-Lewis-Prozeß) mischend sind. Auf Grund der relativ einfachen Gestalt der erzeugenden Funktionale dieser Punktprozesse (vgl. die Formeln (5.38), (5.40), (5.42)) folgt diese Aussage aber auch ohne weiteres aus Satz 7.4.5. So gilt beispielsweise für das durch (5.40) gegebene erzeugende Funktional $\mathbf{G}$ eines Neyman-Scott-Prozesses

$$
\begin{aligned}
\lim_{t\to\infty} \mathbf{G}(f\mathbf{T}_t f') &= \lim_{t\to\infty} \exp\Big[\lambda_Q \int_R [g(\int_R f(x+y)\,\mathbf{T}_t f'(x+y)\,F(dy)) - 1]\,dx\Big] \\
&= \lim_{t\to\infty} \exp\Big[\lambda_Q \int_R [g(\int_R f(x+y)\,f'(x+y+t)\,F(dy)) - 1]\,dx\Big] \\
&= \exp\Big[\lambda_Q \lim_{t\to\infty} \int_R [g(\int_R f(x+y)\,f'(x+y+t)\,F(dy)) - 1]\,dx\Big] \\
&= \exp\Big[\lambda_Q \int_R [g(\int_R f(x+y)\,F(dy)) - 1]\,dx + \\
&\qquad\qquad + \lambda_Q \int_R [g(\int_R f'(x+y)\,F(dy)) - 1]\,dx\Big] \\
&= \mathbf{G}(f)\,\mathbf{G}(f')
\end{aligned}
$$

für alle $f, f' \in \mathcal{H}$, d.h., es gilt (7.32).

7.5 Weitere Mischungseigenschaften

Bei Anwendungen (vgl. z.B. Abschnitt 9.6) spielen neben (7.9') weitere Mischungseigenschaften von Punktprozessen eine wichtige Rolle. So läßt sich für bestimmte

Klassen von stationären Punktprozessen die Konvergenz (7.9') wie folgt verschärfen. Den stationären Punktprozeß Φ (bzw. seine Verteilung P) nennen wir *gleichmäßig mischend*, wenn

$$\sup_{A' \in \mathcal{N}_0^\infty} |P(A \cap \mathbf{T}_{-t}A') - P(A)P(A')| \xrightarrow[t \to \infty]{} 0 \qquad (7.35)$$

für jedes $A \in \mathcal{N}_{-\infty}^u$ und für jedes $u \geq 0$ gilt, wobei die σ-Algebra $\mathcal{N}_a^b = \sigma(\mathcal{N}_{a,e}^b)$ durch (7.30) gegeben ist. Wir zeigen in diesem Abschnitt, daß die Konvergenz (7.35) für bestimmte rekurrente Punktprozesse sowie für Poissonsche Cluster-Prozesse gilt.

Der Fakt, daß jeder gleichmäßig mischende Punktprozeß auch mischend im Sinne der Konvergenz (7.9') ist, ergibt sich aus Satz 7.4.3. Darüber hinaus folgt aus (7.35) auch die Gültigkeit dieser Konvergenz für beliebige $A \in \mathcal{N}$, weil $\mathcal{N}$ durch die Algebra $\bigcup_{u \geq 0} \mathcal{N}_{-\infty}^u$ erzeugt wird. Somit hat (7.35) die Gültigkeit von $P(A) = 0$ oder 1 für jedes $A \in \bigcap_{t > 0} \mathcal{N}_t^\infty$ zur Folge, denn in diesem Fall gilt

$$|P(A) - P(A)^2| = |P(A \cap A) - P(A)^2|$$

$$= |P(A \cap \mathbf{T}_{-t}(\mathbf{T}_t A)) - P(A)P(\mathbf{T}_t A)|$$

$$\leq \sup_{A' \in \mathcal{N}_0^\infty} |P(A \cap \mathbf{T}_{-t}A') - P(A)P(A')| \xrightarrow[t \to \infty]{} 0 .$$

Für einen gleichmäßig mischenden Punktprozeß haben also nicht nur die **T**-invarianten Mengen aus $\mathcal{N}$ (vgl. die Lemmata 7.1.2 und 7.1.4), sondern auch sämtliche Mengen aus der *Schwanz-σ-Algebra* $\bigcap_{t > 0} \mathcal{N}_t^\infty$ die Wahrscheinlichkeit Null oder Eins.

Satz 7.5.1 *Es sei Φ ein stationärer rekurrenter Punktprozeß mit $P(\varphi : \varphi(R) = 0) = 0$ und $0 < \lambda < \infty$. Wenn die Verteilungsfunktion F der Abstände $X_{n+1} - X_n$, $n \in G \setminus \{0\}$, zwischen aufeinanderfolgenden Punkten nichtarithmetisch ist, dann ist P gleichmäßig mischend.*

Beweis Aus (5.2) und aus der in Abschnitt 2.4 eingeführten Definition des rekurrenten Punktprozesses ergibt sich, daß die Verteilung P eines stationären rekurrenten Punktprozesses invariant bezüglich der Umkehrung des Richtungssinnes der reellen Achse ist. D.h., die Konvergenz (7.35) ist nachgewiesen, wenn wir zeigen, daß

$$\sup_{A \in \mathcal{N}_{-\infty}^0} |P(A \cap \mathbf{T}_{-t}A') - P(A)P(A')| \xrightarrow[t \to \infty]{} 0 \qquad (7.35')$$

für jedes $A' \in \mathcal{N}_0^{\infty}$ gilt. So wie im Beweis des Satzes 7.4.3 vorgehend erkennen wir, daß es genügt, die Gültigkeit von (7.35') für alle $A' \in \mathcal{N}_0^{\infty}$ der Gestalt (7.31') nachzuweisen. Es gilt dann

$$\sup_{A \in \mathcal{N}_{-\infty}^0} |P(A \cap \mathbf{T}_{-t}A') - P(A)P(A')|$$

$$= \sup_{A \in \mathcal{N}_{-\infty}^0} \prod_{j=2}^{k} (F(v_j) - F(u_j)) \, |P(A \cap \{u_1 \le Y(t) < v_1\}) -$$

$$- P(A)P(u_1 \le Y(t) < v_1)|$$

$$= \prod_{j=2}^{k} (F(v_j) - F(u_j)) \sup_{A \in \mathcal{N}_{-\infty}^0} \left| \int_0^{\infty} \left[P(u_1 \le Y(t) < v_1 \,| -X_0 = s) - \right. \right.$$

$$\left. - P(u_1 < Y(t) < v_1) \right] P(A \,| -X_0 = s) \, P(-X_0 \in ds) \Big|$$

$$\le \prod_{j=2}^{k} (F(v_j) - F(u_j)) \int_0^{\infty} \Big| P(u_1 < Y(t) < v_1 \,| -X_0 = s) -$$

$$- P(u_1 < Y(t) < v_1) \Big| \, P(-X_0 \in ds) \, .$$

Hieraus ergibt sich die Behauptung, weil wegen Satz 5.1.4 und Satz 5.1.1

$$P(u_1 \le Y(t) < v_1 \,| -X_0 = s) - P(u_1 \le Y(t) < v_1) \xrightarrow[t \to \infty]{} 0$$

für jedes $s > 0$ gilt. $\square$

Um nachzuweisen, daß die Mischungseigenschaft (7.35) auch für stationäre Poissonsche Cluster-Prozesse vorliegt, benutzen wir die folgende Abschätzung.

Lemma 7.5.2 *Für jeden stationären Cluster-Prozeß* Φ *mit einem homogenen Schauerfeld und einem stationären Poissonschen Primärprozeß gibt es ein (unendliches) Maß* $\hat{P}$ *auf* $\mathcal{N}$ *mit den Eigenschaften*

$$\hat{P}(\varphi : \varphi(R) = \infty) = 0 \, , \qquad \hat{P}(\varphi : \varphi((-a, u)) > 0) < \infty \tag{7.36}$$

und

$$|P(A \cap \mathbf{T}_{-t}A') - P(A)P(A')| \ \le \ 6 \, \hat{P}(\varphi : \varphi((-a, u)) > 0, \varphi((t, t+b)) > 0) \tag{7.37}$$

für beliebige $A \in \mathcal{N}_{-a}^u$, $A' \in \mathcal{N}_0^b$ *und für* $a, b, t, u > 0$ *mit* $u < t$.

Beim **Beweis** dieses Lemmas wird von der Tatsache Gebrauch gemacht, daß jeder stationäre Poissonsche Cluster-Prozeß ein regulär unbegrenzt teilbarer Punktprozeß ist, wobei $\hat{P}$ das zugehörige *kanonische Maß* dieses Punktprozesses ist. Bezüglich weiterer Details verweisen wir auf die Sätze 1.7.18, 1.7.22, 1.7.32 und 7.2.8 in Kerstan/Matthes/Mecke (1982).

Satz 7.5.3 *Jeder stationäre Cluster-Prozeß Φ mit einem homogenen Schauerfeld und einem stationären Poissonschen Primärprozeß ist gleichmäßig mischend.*

Beweis Weil $\mathcal{N}_0^\infty$ durch die Algebra $\bigcup\limits_{b>0} \mathcal{N}_0^b$ erzeugt wird, gilt

$$\sup_{A'\in\mathcal{N}_0^\infty} |P(A \cap \mathbf{T}_{-t}A') - P(A)P(A')| = \sup_{b>0}\;\sup_{A'\in\mathcal{N}_0^b} |P(A \cap \mathbf{T}_{-t}A') - P(A)P(A')|$$

für jedes $A \in \mathcal{N}_{-\infty}^u$. Folglich ergibt sich aus Lemma 7.5.2, daß $(a>0;\, t>u)$

$$\sup_{A'\in\mathcal{N}_0^\infty} |P(A \cap \mathbf{T}_{-t}A') - P(A)P(A')|$$

$$\leq \quad 6 \sup_{b>0} \hat{P}(\varphi : \varphi((-a,u)) > 0,\; \varphi((t,t+b)) > 0)$$

$$= \quad 6\, \hat{P}(\varphi : \varphi((-a,u)) > 0,\; \varphi((t,\infty)) > 0)$$

$$\xrightarrow[t\to\infty]{} \quad 6\, \hat{P}(\varphi : \varphi((-a,u)) > 0,\; \varphi((0,\infty)) = \infty) \;=\; 0$$

für alle $A \in \mathcal{N}_{-a}^u$ gilt. Hieraus ergibt sich, daß (7.35) ebenfalls für jedes A aus $\bigcup\limits_{a>0} \mathcal{N}_{-a}^u$ und somit auch für jedes $A \in \mathcal{N}_{-\infty}^u$ gilt. $\square$

Die Mischungseigenschaften (7.9') und (7.35) besagen, daß das Verhalten des betrachteten Punktprozesses in zwei weit voneinander entfernten Mengen der reellen Achse mit wachsender Entfernung *asymptotisch unabhängig* ist. Eine weitere Mischungseigenschaft, die die *asymptotische Unkorreliertheit* der zufälligen Anzahlen der Punkte in weit voneinander entfernten beschränkten Borel-Mengen betrifft, ergibt sich aus der folgenden Bedingung.

Es sei Φ ein einfacher stationärer Punktprozeß mit $P(\varphi : \varphi(R) = 0) = 0$ und $0 < \lambda < \infty$. Weiterhin gelte

$$\int\limits_R \left| \gamma_2^{(\mathrm{red})}(dx) \right| \;<\; \infty, \qquad\qquad (7.38)$$

wobei $\gamma_2^{(\mathrm{red})}(dx) = \alpha_{[0]}(dx) - \lambda dx$ und $\alpha_{[0]}$ das Intensitätsmaß der Palmschen Verteilung P^0 von Φ bezeichnet. Hieraus folgt in der Tat, daß die zufälligen Anzahlen $\Phi(B_1), \Phi(B_2 + t)$ in beliebigen beschränkten Borel-Mengen $B_1, B_2 + t \in \mathcal{R}_0$ für $t \to \infty$ asymptotisch unkorreliert sind, d.h., es gilt

$$\lim_{t\to\infty} \left[\mathbf{E}\Phi(B_1)\Phi(B_2 + t) - \mathbf{E}\Phi(B_1)\, \mathbf{E}\Phi(B_2 + t) \right] \;=\; 0\,. \qquad (7.39)$$

Dies ergibt sich aus (7.38) mit Hilfe der folgenden Abschätzung. Es gilt (vgl. (4.5))

$$\mathbf{E}\Phi(B_1) \;=\; \lambda\, \nu(B_1)$$

und (vgl. Aufgabe 4.4.4)

$$\mathbf{E}\Phi(B_1)\Phi(B_2) \;=\; \lambda \int_{B_1} \alpha_{[0]}(B_2 - x)\,dx$$

für $B_1, B_2 \in \mathcal{R}_0$. Folglich gilt

$$\left| \mathbf{E}\Phi(B_1)\Phi(B_2 + t) - \mathbf{E}\Phi(B_1)\,\mathbf{E}\Phi(B_2 + t) \right|$$

$$= \;\; \lambda \left| \int_{B_1} \alpha_{[0]}(B_2 + t - x)\,dx - \nu(B_1)\,\lambda\,\nu(B_2 + t) \right|$$

$$\leq \;\; \lambda \int_{B_1} \left| \alpha_{[0]}(B_2 - x + t) - \lambda\,\nu(B_2 - x + t) \right| dx$$

$$\leq \;\; \lambda \int_{B_1} \int_{(B_2 - x) + t} \left| \alpha_{[0]}(dy) - \lambda\,dy \right| dx \;\; \xrightarrow[t \to \infty]{} \; 0\,.$$

Für einen rekurrenten Punktprozeß Φ kann die Gültigkeit von (7.38) durch Bedingungen an die Abstandsverteilungsfunktion F gesichert werden.

Lemma 7.5.4 *Der Punktprozeß Φ sei rekurrent. Für jedes $n \in \{2, 3, \ldots\}$ gilt dann*

$$\int_{R} |x|^{n-2} \left| \alpha_{[0]}(dx) - \lambda\,dx \right| \;\; < \;\; \infty\,,$$

falls $\int\limits_{0}^{\infty} x^n\,dF(x) < \infty$ und falls F eine absolutstetige Komponente hat.

Den **Beweis** dieses Lemmas wollen wir nicht ausführen, sondern verweisen auf Stone (1966).

Ein einfacher stationärer rekurrenter Punktprozeß hat somit die Mischungseigenschaft (7.39), falls das zweite Moment der Abstandsverteilungsfunktion F endlich ist und falls F eine absolutstetige Komponente hat.

Falls Φ ein Cluster-Prozeß mit einem homogenen Schauerfeld $\{Q^{[x]}; x \in R\}$ und einem stationären Poissonschen Primärprozeß ist, dann läßt sich das Intensitätsmaß $\alpha_{[0]}$ der Palmschen Verteilung P^0 von Φ wie folgt darstellen. Für $B \in \mathcal{R}_0$ gilt (vgl. (3.43))

$$\alpha_{[0]}(B) \;=\; \lim_{z \uparrow 1} \frac{d}{dz} \mathbf{G}^0 \big(1 - (1 - z)\mathbf{1}_B(\,\cdot\,)\big)\,,$$

wobei $\mathbf{G}^0$ das erzeugende Funktional von P^0 ist. Aus (5.43) und (5.44) ergibt sich also, daß

$$\alpha_{[0]}(B) \;=\; \lambda\nu(B) + \frac{1}{\alpha_{Q^{[0]}}(R)} \sum_{j=1}^{\infty} j \int_N \sum_{x \in S_\varphi} \varphi(\{x\})\, \mathbf{1}_{\{\varphi':\varphi'(B)=j\}}(\mathbf{T}_x\varphi)\, Q^{[0]}(d\varphi)\,.$$

Somit gilt

$$\int_R |\alpha_{[0]}(dx) - \lambda\, dx| \;=\; \frac{\int_N [\varphi(R)]^2\, Q^{[0]}(d\varphi)}{\int_N \varphi(R)\, Q^{[0]}(d\varphi)} \;<\; \infty\,, \qquad (7.40)$$

falls

$$\int_N [\varphi(R)]^2\, Q^{[0]}(d\varphi) \;<\; \infty\,.$$

Ein Cluster-Prozeß mit einem homogenen Schauerfeld und einem stationären Poissonschen Primärprozeß hat also die Mischungseigenschaft (7.39), falls das zweite Moment der Gesamtanzahl der Sekundärpunkte, die von einem Primärpunkt erzeugt werden, endlich ist.

Die Bedingung (7.38) läßt sich dahingehend verschärfen, daß auch die Korrelationen höherer Ordnung der zufälligen Anzahlen der Punkte in weit voneinander entfernten beschränkten Borel-Mengen mit wachsender Entfernung gegen Null konvergieren. Es gelte neben (7.38)

$$\int_{R^2} |\gamma_3^{(\mathrm{red})}(d(x,y))| \;<\; \infty\,, \qquad (7.41)$$

wobei

$$\gamma_3^{(\mathrm{red})}(d(x,y)) \;=\; \alpha_{[0],2}^!(d(x,y)) - \alpha_2^!(d(x,y)) - \lambda\, dx\, \alpha_{[0]}(dy) - {}$$
$$- \alpha_{[0]}(dx)\, \lambda\, dy + 2\lambda^2\, dx\, dy \qquad (7.42)$$

und $\alpha_2^!$ bzw. $\alpha_{[0],2}^!$ das zweite faktorielle Momentenmaß der Verteilung P bzw. der Palmschen Verteilung P^0 bezeichnet. Dann folgt hieraus, daß für beliebige $B_1, B_2, B_3 \in \mathcal{R}_0$

$$\lim_{\substack{t \to \infty \\ s-t \to \infty}} \big[\mathbf{E}\Phi(B_1)\Phi(B_2+t)\Phi(B_3+s) - \mathbf{E}\Phi(B_1)\,\mathbf{E}\Phi(B_2+t)\Phi(B_3+s) - {}$$
$$- \mathbf{E}\Phi(B_2+t)\,\mathbf{E}\Phi(B_1)\Phi(B_3+s) - \mathbf{E}\Phi(B_3+s)\,\mathbf{E}\Phi(B_1)\Phi(B_2+t) + {}$$
$$\qquad\qquad (7.43)$$
$$+ 2\mathbf{E}\Phi(B_1)\,\mathbf{E}\Phi(B_2+t)\,\mathbf{E}\Phi(B_3+s) \big] \;=\; 0\,,$$

d.h., daß die Komponenten des zufälligen Vektors $(\Phi(B_1), \Phi(B_2+t), \Phi(B_3+s))$ für $t \to \infty$, $s - t \to \infty$ asymptotisch unkorreliert sind. Der Nachweis hierfür verläuft genauso wie der Beweis von (7.39), wenn dabei die in Aufgabe 3.6.9 enthaltene Formel benutzt wird.

Für einen einfachen stationären rekurrenten Punktprozeß Φ ist die Bedingung (7.41) erfüllt, falls das dritte Moment $\int_0^\infty x^3 \, dF(x)$ der Abstandsverteilungsfunktion F endlich ist und falls F eine absolutstetige Komponente hat. Dies ergibt sich aus Lemma 7.5.4 und aus der Abschätzung

$$\int_{R^2} |\gamma_3^{(\mathrm{red})}(d(x,y))| \leq 6 \left[\left(\int_R |\alpha_{[0]}(dx) - \lambda \, dx| \right)^2 + \int_R |x| \, |\alpha_{[0]}(dx) - \lambda \, dx| \right] \quad (7.44)$$

(vgl. den Beweis des Satzes 7.5.10).

Analog zu (7.40) folgt aus (5.43) und (5.44), daß ein Cluster-Prozeß mit einem homogenen Schauerfeld und einem stationären Poissonschen Primärprozeß der Bedingung (7.41) genügt, falls das dritte Moment der Gesamtanzahl der Sekundärpunkte, die von einem Primärpunkt ausgelöst werden, endlich ist (vgl. auch den Beweis des Satzes 7.5.7).

Zum Nachweis weiterer asymptotischer Eigenschaften, z.B. der asymptotischen Normalverteiltheit, von Charakteristiken eines einfachen stationären Punktprozesses Φ mit $P(\varphi : \varphi(R) = 0) = 0$ und $0 < \lambda < \infty$ wird in der Literatur eine Mischungsbedingung benutzt (vgl. z.B. Brillinger (1975)), die sowohl (7.38) als auch (7.41) umfaßt. Um diese Mischungsbedingung (vgl. (7.47)) formulieren zu können, benutzen wir den Begriff des *n-ten faktoriellen Kumulantenmaßes* γ_n von Φ. Dabei ist γ_n das signierte Maß auf der σ-Algebra $\mathcal{R}^n$, das durch die Beziehung

$$\gamma_n(B_1 \times \cdots \times B_n) = \sum_{j=1}^{n} (-1)^{j-1} (j-1)! \sum_{\substack{I_1 \cup \cdots \cup I_j \\ = \{1,\ldots,n\}}} \prod_{r=1}^{j} \alpha_{\nu_0(I_r)}^! \left(\underset{l \in I_r}{\times} B_l \right) \quad (7.45)$$

gegeben ist, wobei sich die Summation

$$\sum_{\substack{I_1 \cup \cdots \cup I_j \\ = \{1,\ldots,n\}}}$$

über alle Zerlegungen $\{I_1, \ldots, I_j\}$ der Menge $\{1, \ldots, n\}$ in j nichtleere, paarweise disjunkte Teilmengen I_r erstreckt, $\nu_0(I_r)$ die Anzahl der Elemente der Menge I_r und $\alpha_{\nu_0(I_r)}^!$ das $\nu_0(I_r)$-te faktorielle Momentenmaß von Φ bezeichnet; $B_1, \ldots, B_n \in \mathcal{R}_0$.

Weil der Punktprozeß Φ stationär ist, läßt sich das faktorielle Kumulantenmaß γ_n wie folgt zerlegen (vgl. auch die in Aufgabe 3.6.9 enthaltene Formel). Für

$B_1, \ldots, B_n \in \mathcal{R}_0$ gilt

$$\gamma_n(B_1 \times \cdots \times B_n) \;=\; \lambda \int_{B_1} \gamma_n^{(\mathrm{red})}((B_2 - u) \times \cdots \times (B_n - u))\, du\,, \qquad (7.46)$$

wobei das signierte Maß $\gamma_n^{(\mathrm{red})}$ auf $\mathcal{R}^{n-1}$ das *n-te reduzierte faktorielle Kumulantenmaß* von Φ genannt wird. Der Punktprozeß Φ heißt *B-mischend*, wenn für jedes $n \in \{2, 3, \ldots\}$ die Totalvariation seines n-ten reduzierten Kumulantenmaßes $\gamma_n^{(\mathrm{red})}$ endlich ist, d.h., wenn

$$\int_{\mathcal{R}^{n-1}} \left| \gamma_n^{(\mathrm{red})}(d(u_2, \ldots, u_n)) \right| \;<\; \infty \qquad \text{für } n \in \{2, 3, \ldots\} \qquad (7.47)$$

gilt.

In Ivanoff (1982) werden Bedingungen dafür angegeben, daß aus (7.47) die Gültigkeit von (7.32) folgt, d.h., daß ein B-mischender Punktprozeß auch mischend im Sinne von (7.9') ist.

Wir wollen nun zeigen, daß jeder stationäre Poisson-Prozeß B-mischend ist. Hierfür nutzen wir den Fakt, daß sich die faktoriellen Momentenmaße $\alpha_n^!$ und die faktoriellen Kumulantenmaße γ_n wie folgt durch das erzeugende Funktional $\mathbf{G}$ von $\Phi \sim \{X_k\}$ ausdrücken lassen.

Satz 7.5.5 *Für jedes n-Tupel von beschränkten Borel-Mengen $B_1, \ldots, B_n \in \mathcal{R}_0$ gilt*

$$\alpha_n^!(B_1 \times \cdots \times B_n) \;=\; \lim_{u_1, \ldots, u_n \downarrow 0} (-1)^n \frac{\partial^n}{\partial u_1 \cdots \partial u_n} \mathbf{G}\Big(1 - \sum_{l=1}^{n} u_l \, \mathbf{1}_{B_l}\Big) \qquad (7.48)$$

und

$$\gamma_n(B_1 \times \cdots \times B_n) \;=\; \lim_{u_1, \ldots, u_n \downarrow 0} (-1)^n \frac{\partial^n}{\partial u_1 \cdots \partial u_n} \log \mathbf{G}\Big(1 - \sum_{l=1}^{n} u_l \, \mathbf{1}_{B_l}\Big). \qquad (7.49)$$

Beweis Für $f(x) = 1 - \sum_{l=1}^{n} u_l \, \mathbf{1}_{B_l}(x)$, $0 < u_l < \frac{1}{n}$, ergibt sich aus (3.42)

$$\lim_{u_1,\dots,u_n \downarrow 0} \frac{\partial^n}{\partial u_1 \cdots \partial u_n} \mathbf{G}(f)$$

$$= \lim_{u_1,\dots,u_n \downarrow 0} \frac{\partial^n}{\partial u_1 \cdots \partial u_n} \mathbf{E} \prod_k \left(1 - \sum_{l=1}^n u_l \, \mathbf{1}_{B_l}(X_k)\right)$$

$$= \lim_{u_2,\dots,u_n \downarrow 0} \frac{\partial^{n-1}}{\partial u_2 \cdots \partial u_n} \mathbf{E} \sum_{\{k_1 : X_k \in B_1\}} \prod_{\{k_2 : k_2 \neq k_1\}} \left(1 - \sum_{l=2}^n u_l \, \mathbf{1}_{B_l}(X_{k_2})\right)$$

$$= (-1)^n \, \alpha_n^!(B_1 \times \cdots \times B_n)\,.$$

Damit ist (7.48) bewiesen. Mit Hilfe der Reihenentwicklung

$$\log(1-x) \;=\; -\sum_{j=1}^n \frac{(-x)^j}{j} + o(x^n) \qquad \text{für } x \downarrow 0$$

ergibt sich nun die Gültigkeit von (7.49) aus (7.48) und aus der Definitionsgleichung (7.45). $\square$

Satz 7.5.6 *Es sei* Φ *ein stationärer Poisson-Prozeß. Dann gilt* $\gamma_n(B_1 \times \cdots \times B_n) = 0$ *für jedes* $n \in \{2,3,\dots\}$ *und für alle* $B_1,\dots,B_n \in \mathcal{R}_0$, *d.h., die Integrale in (7.47) sind gleich Null für jedes* $n \in \{2,3,\dots\}$.

Beweis Die Behauptung folgt unmittelbar aus (7.49) unter Beachtung von (3.44) und (4.5). $\square$

Auf analoge Weise läßt sich eine Bedingung dafür angeben, daß ein Poissonscher Cluster-Prozeß B-mischend ist.

Satz 7.5.7 *Es sei* Φ *ein Cluster-Prozeß mit einem homogenen Schauerfeld und einem stationären Poissonschen Primärprozeß.* Φ *ist genau dann B-mischend, wenn sämtliche Momente der Gesamtanzahl der Sekundärpunkte, die von einem Primärpunkt ausgelöst werden, endlich sind.*

Beweis Aus (7.49) und (5.32) ergibt sich unter Beachtung von (4.5) und (7.48), daß

$$\gamma_n(B_1 \times \cdots \times B_n) \;=\; \lambda \int_R \alpha_n^{[0]}\!\left((B_1 - x) \times \cdots \times (B_n - x)\right) dx$$

für alle $n \in \{2,3,\dots\}$ und für alle $B_1,\dots,B_n \in \mathcal{R}_0$, wobei $\alpha_n^{[0]}$ das n-te faktorielle Momentenmaß des im Nullpunkt ausgelösten Sekundärprozesses $\Phi^{[0]}$, d.h. $[N, \mathcal{N}, Q^{[0]}]$, bezeichnet. Hieraus und aus (7.46) folgt

$$\gamma_n^{(\text{red})} = \alpha_n^{[0]} \qquad \text{für jedes } n \in \{2,3,\dots\}\,. \tag{7.50}$$

Somit gilt (7.47) genau dann, wenn

$$\alpha_n^{[0]}(R \times \cdots \times R) \;=\; \mathbf{E}\big[\Phi^{[0]}(R)(\Phi^{[0]}(R) - 1)\cdots(\Phi^{[0]}(R) - n + 1)\big] \;<\; \infty. \;\square$$

Für einen rekurrenten Punktprozeß kann die Gültigkeit von (7.47), analog zu (7.38) bzw. (7.41), durch Bedingungen an die Abstandsverteilungsfunktion F gesichert werden. Hierfür wird neben Lemma 7.5.4 die Tatsache genutzt, daß sich die faktoriellen Kumulantenmaße γ_n eines zufälligen Punktprozesses Φ durch die *Kovarianzmaße* $\widehat{\alpha}_n$ von Φ ausdrücken lassen, die durch

$$\widehat{\alpha}_n\,(B_1 \times \cdots \times B_n) \;=\; \mathbf{E}\Phi(B_1)\widehat{\Phi}(B_2)\cdots\widehat{\Phi}(B_{n-1})\widehat{\Phi}(B_n) \qquad (7.51)$$

gegeben sind; $\widehat{\alpha}_1 = \alpha_1$. Das Symbol $\frown$ über einer Zufallsgröße Z bezeichnet dabei die Zentrierung $\widehat{Z} = Z - \mathbf{E}Z$ bezüglich ihres Erwartungswertes.

Lemma 7.5.8 (vgl. Statulevicius (1970)) *Für jedes* $n \in G_+$ *und für jedes* n-*Tupel* $(u_1, \ldots, u_n) \in R^n$ *mit* $u_1 < u_2 < \cdots < u_n$ *gilt*

$$\gamma_n(d(u_1, \ldots, u_n))$$

$$= \sum_{j=1}^{n} (-1)^{j-1} \sum_{\substack{I_1 \cup \cdots \cup I_j \\ = \{1,\ldots,n\}}} c_j(I_1, \ldots, I_j) \prod_{r=1}^{j} \widehat{\alpha}_{\nu_0(I_r)}\,(d(u_l; l \in I_r)), \qquad (7.52)$$

wobei

$$0 \;\leq\; c_j(I_1, \ldots, I_j) \;\leq\; (j-1)! \qquad\qquad (7.53)$$

und

$$\sum_{r=1}^{j} \max_{i,k \in I_r}\{u_i - u_k\} \;\geq\; u_n - u_1, \qquad \textit{falls } c_j(I_1, \ldots, I_j) \neq 0. \qquad (7.54)$$

Darüber hinaus nutzen wir den Fakt, daß sich die Kovarianzmaße $\widehat{\alpha}_n$ eines rekurrenten Punktprozesses durch das Intensitätsmaß $\alpha_{[0]}$ der Palmschen Verteilung ausdrücken lassen.

Lemma 7.5.9 *Es sei* Φ *ein einfacher stationärer rekurrenter Punktprozeß. Für jedes* $n \in G_+$ *und für jedes* n-*Tupel* $(u_1, \ldots, u_n) \in R^n$ *mit* $u_1 < u_2 < \cdots < u_n$ *gilt dann*

$$\widehat{\alpha}_n\,(d(u_1, \ldots, u_n)) \;=\; \prod_{l=2}^{n}[\alpha_{[0]}(du_l - u_{l-1}) - \lambda\,du_l]\,\lambda\,du_1. \qquad (7.55)$$

Der **Beweis** von (7.55) ergibt sich durch vollständige Induktion bezüglich n, wenn beachtet wird, daß

$$\widehat{\alpha}_n\,(d(u_1,\ldots,u_n))$$

$$= \alpha_n(d(u_1,\ldots,u_n)) - \sum_{j=1}^{n-1}\alpha_j(d(u_1,\ldots,u_j))\,\widehat{\alpha}_{n-j}\,(d(u_{j+1},\ldots,u_n))$$

und

$$\alpha_j(d(u_1,\ldots,u_j)) = \alpha_{[0]}(du_j - u_{j-1})\cdots\alpha_{[0]}(du_2 - u_1)\,\lambda\,du_1 .\ \square$$

Satz 7.5.10 *Ein einfacher stationärer rekurrenter Punktprozeß ist B-mischend, wenn sämtliche Momente der Abstandsverteilungsfunktion F endlich sind und wenn F eine absolutstetige Komponente hat.*

Beweis Aus (7.52) ergibt sich die Abschätzung

$$\left|\gamma_n^{(\mathrm{red})}(d(u_2,\ldots,u_n)) - u_1)\right|\,\lambda\,du_1$$

$$\leq \sum_{j=1}^{n}\ \sum_{\substack{I_1\cup\cdots\cup I_j \\ =\{1,\ldots,n\}}} c_j(I_1,\ldots,I_j)\prod_{r=1}^{j}\left|\widehat{\alpha}_{\nu_0(I_r)}\,(d(u_l; l\in I_r))\right| \qquad (7.56)$$

für $0 < u_1 < \cdots < u_n$. Wegen (7.54) wird in dieser Abschätzung in Wirklichkeit nur über diejenigen Zerlegungen $\{I_1,\ldots,I_j\}$ der Menge $\{1,\ldots,n\}$ summiert, für die die Zerlegungskomponente, zu der der maximale Index n gehört, aus mindestens zwei Elementen besteht. Hieraus folgt, wenn dabei (7.55) in (7.56) eingesetzt wird, daß es eine Konstante $c_n < \infty$ gibt mit

$$\int\limits_{\{(u_2',\ldots,u_n'):0<u_2'<\cdots<u_n'\}}\left|\gamma_n^{(\mathrm{red})}(d(u_2,\ldots,u_n))\right|$$

$$\leq c_n\max\Big\{1,\Big[\max_{0\leq j\leq n-2}\lambda^j\int\limits_{0}^{\infty}u^j\,|\alpha_{[0]}(du) - \lambda\,du|\Big]^{n-1}\Big\}.$$

Aus Lemma 7.5.4 folgt somit die Behauptung, denn es gilt

$$\int\limits_{R^{n-1}}\left|\gamma_n^{(\mathrm{red})}(d(u_2,\ldots,u_n))\right| \leq n!\int\limits_{\{(u_2',\ldots,u_n'):0<u_2'<\cdots<u_n'\}}\left|\gamma_n^{(\mathrm{red})}(d(u_2,\ldots,u_n))\right| .\ \square$$

7.6 Aufgaben

7.6.1. Es sei $Y : \Omega \to R_+$ eine nichtnegative Zufallsgröße mit positivem endlichen Erwartungswert. Man zeige, daß die Verteilung Q der Folge $Z = \{Z_n; n \in G\}$ mit $Z_n = Y$ für alle $n \in G$ genau dann ergodisch ist, wenn es eine Zahl $0 < c < \infty$ mit $\mathbf{P}(Y = c) = 1$ gibt.

7.6.2. (Fortsetzung). Außerdem zeige man, daß die zugehörige, durch (4.27) gegebene $\mathbf{T}$-invariante Verteilung P auf $\mathcal{N}$ in keinem Fall mischend ist.

7.6.3. Man zeige, daß ein dynamisches System $[\tilde{N}, \tilde{\mathcal{N}}, \tilde{P}, \tilde{\mathbf{T}}]$ genau dann mischend ist, wenn

$$\lim_{n \to \infty} \int\limits_{\tilde{N}} X(\varphi)\, Y(\tilde{\mathbf{T}}_{x_n}\varphi)\, \tilde{P}(d\varphi) \;=\; \mathbf{EX}\ \mathbf{EY}$$

für jede gegen Unendlich konvergierende Folge $\{x_n; n \in G_+\}$, für jede beschränkte nichtnegative Zufallsgröße $X : \tilde{N} \to R_+$ und für jede nichtnegative Zufallsgröße $Y : \tilde{N} \to R_+$ mit endlichem Erwartungswert gilt.

7.6.4. Es sei Q^0 die durch (5.16) definierte Palmsche Verteilung des stationären zufälligen Maßes Λ, d.h. $[N', \mathcal{N}', Q]$. Für $x \geq 0$ und $\eta \in N'' = N' \cap \{\eta : \eta \in N', \eta((-\infty, 0)) = \eta([0, \infty)) = \infty\}$ sei $\tilde{\mathbf{T}}'_x \eta = \mathbf{T}'_{\tilde{\eta}(x)} \eta$ mit $\tilde{\eta}(x) = \inf\{u : u \geq 0, \eta([0, u)) > x\}$. Man zeige, daß $Q^0(A) = Q^0(\tilde{\mathbf{T}}'_x A)$ für beliebige $A \in \mathcal{N}'' = \mathcal{N}' \cap N''$ und $x \geq 0$ gilt.

7.6.5. (Fortsetzung). Man zeige, daß $\tilde{\mathbf{T}}'_x$ für jedes $x \geq 0$ eine eineindeutige Abbildung von N'' auf N'' ist und daß $\{\tilde{\mathbf{T}}'_x; x \in R\}$ mit $\tilde{\mathbf{T}}'_x = (\tilde{\mathbf{T}}'_{-x})^{-1}$ für $x < 0$ eine Strömung in $[N'', \mathcal{N}'', Q^0]$ ist, wobei $Q(\eta : \eta(R) = 0) = Q^0(\eta : \eta(R) = 0) = 0$ vorausgesetzt wird.

7.6.6. (Fortsetzung). Man zeige, daß die $\tilde{\mathbf{T}}'$-invariante Palmsche Verteilung Q^0 genau dann ergodisch ist, wenn die zugehörige $\mathbf{T}'$-invariante Verteilung Q ergodisch ist.

Kapitel 8

Markierte Punktprozesse

Wie bereits in Abschnitt 1.3 durch Beispiele belegt wurde, sind in vielen Fällen der Anwendung von Punktprozessen $\Phi \sim \{X_n\}$ die zufälligen Punkte X_n teilweise von unterschiedlichem Typ. Dieser Sachverhalt läßt sich dadurch erfassen, daß jeder der Punkte X_n mit einer weiteren Zufallsvariablen als zusätzliche Information versehen wird. Neben dem zufälligen Punktprozeß $\Phi : \Omega \to N$ wird dann noch eine Folge $\{M_n\}$ von Zufallsvariablen $M_n : \Omega \to K$ betrachtet, die über dem gleichen Wahrscheinlichkeitsraum $[\Omega, \mathcal{F}, \mathbf{P}]$ gegeben ist.

Dabei wird M_n die *zufällige Marke* von X_n genannt, und der Werteraum K der Zufallsvariablen M_n, der sogenannte *Markenraum*. Dieser kann die reelle Achse R bzw. eine Teilmenge hiervon, der mehrdimensionale euklidische Raum R^r mit $r > 1$ bzw. ein beliebiger polnischer Raum sein. Die Folge $\{[X_n, M_n]; n \in G\}$ von zufälligen markierten Punkten $[X_n, M_n]$ wird *zufälliger markierter Punktprozeß* genannt, wobei wir abkürzend nur von markierten Punktprozessen sprechen werden, wenn dadurch keine Mißverständnisse entstehen können.

Als der hauptsächliche Bezugspunkt der Darlegungen wird in diesem Kapitel der Begriff der Palmschen Verteilung eines markierten Punktprozesses eingeführt und als bedingte Verteilung interpretiert unter der Bedingung, daß in einem gegebenen Punkt der reellen Achse ein Punkt des Punktprozesses mit einer bestimmten Marke bzw. mit einer Marke aus einer vorgegebenen Menge von Marken liegt. Es wird der enge Zusammenhang zum Begriff der Palmschen Markenverteilung hergestellt. Für stationäre markierte Punktprozesse werden Invarianzeigenschaften der Palmschen Verteilung und der Palmschen Markenverteilung bewiesen. Während in Abschnitt 8.2 Palmsche Verteilungen als Radon-Nikodym-Dichten definiert werden, wird in Abschnitt 8.3 im Fall Palmscher Verteilungen von stationären markierten Punktprozessen, die bezüglich einer Markenmenge mit positiver Intensität der Punkte mit einer Marke aus dieser Menge gebildet werden, eine direkte Definitionsmöglichkeit angegeben. Die Palmsche Markenverteilung läßt sich in diesem Fall durch Intensitätsquotienten ausdrücken. In Abschnitt 8.4 werden die in diesem Kapitel eingeführten Größen zur Definition und Untersuchung semimarkowscher markierter Punktprozesse (Markowscher Erneuerungsprozesse) verwendet, bevor in Abschnitt 8.5 Ergodizitäts- und Mischungseigenschaften von Kapitel 7 auf markierte Punktprozesse übertragen werden.

8.1 Definition und kanonische Darstellung. Spezialfälle

So wie bisher ist es auch im Fall markierter Punktprozesse oft nicht notwendig, einen nicht näher bestimmten Wahrscheinlichkeitsraum $[\Omega, \mathcal{F}, \mathbf{P}]$ als Grundraum zu betrachten, sondern man kann von ihrer kanonischen Darstellung ausgehen.

Und zwar sei der Markenraum K ein beliebiger polnischer Raum mit der Metrik ϱ_K, und $\mathcal{K}$ sei die σ-Algebra seiner Borel-Mengen; $\mathcal{K}_0$ sei der δ-Ring der beschränkten Borel-Mengen aus $\mathcal{K}$. Mit N_K bezeichnen wir die Menge derjenigen Maße $\psi : \mathcal{R} \times \mathcal{K} \to G_0 \cup \{\infty\}$, die jeder Menge der Gestalt $B \times L$ mit $B \in \mathcal{R}_0$ und $L \in \mathcal{K}$ einen nichtnegativen ganzzahligen endlichen Wert $\psi(B \times L)$ zuordnet. $\mathcal{N}_{\mathcal{K}}$ sei die kleinste σ-Algebra von Teilmengen von N_K, die alle Mengen der Gestalt

$$\{\psi : \psi \in N_K, \psi(B \times L) = j\} \tag{8.1}$$

enthält; $B \in \mathcal{R}, L \in \mathcal{K}, j \in G_0$. Unter der *kanonischen Darstellung* des markierten Punktprozesses $\Psi \sim \{[X_n, M_n]\}$ verstehen wir das zufällige Element Ψ des meßbaren Raumes $[N_K, \mathcal{N}_{\mathcal{K}}]$, d.h., den Wahrscheinlichkeitsraum $[N_K, \mathcal{N}_{\mathcal{K}}, P]$, wobei die Verteilung P von Ψ durch $P(A) = \mathbf{P}(\omega : \omega \in \Omega, \Psi(\omega) \in A)$ gegeben ist; $A \in \mathcal{N}_{\mathcal{K}}$.

Analog zu Abschnitt 2.1 ist Ψ somit ein zufälliges Zählmaß auf der Produkt-σ-Algebra $\mathcal{R} \otimes \mathcal{K}$. Das bedeutet insbesondere, daß für $B \in \mathcal{R}, L \in \mathcal{K}$ die Zufallsgröße $\Psi(B \times L)$ die zufällige Anzahl derjenigen Punkte X_n ist, die in B liegen und eine Marke aus L haben.

Auf diese Weise gehen wir in diesem Kapitel einen ersten Schritt in die Richtung der Behandlung von Punktprozessen in allgemeinen Räumen, denn Ψ bzw. $[N_K, \mathcal{N}_{\mathcal{K}}, P]$ kann man auch als nichtmarkierten Punktprozeß von zufälligen Punkten in $R \times K$ auffassen. Dabei ist es in der Regel, wie die nachfolgend angegebenen Beispiele zeigen, jedoch auch dann zweckmäßig, zwischen den Punkten X_n selbst und ihren Marken M_n zu unterscheiden, wenn $K = R^r$ gilt, d.h., wenn die Marken zufällige r-dimensionale Vektoren sind, und die zufälligen markierten Punkte $[X_n, M_n]$ nicht schlechthin als $(1 + r)$-dimensionale zufällige Vektoren aufzufassen.

Ein formaler Grund hierfür ist bereits durch die Asymmetrie in der Definition des Raumes N_K gegeben. Denn N_K umfaßt auf Grund der Bedingung, daß $\psi(B \times L) < \infty$ für beschränkte Borel-Mengen $B \in \mathcal{R}_0$ und für sämtliche $L \in \mathcal{K}$ gelten soll, nicht alle lokalendlichen Zählmaße ψ auf $\mathcal{R} \otimes \mathcal{K}$. Außerdem ist es oft nicht sinnvoll, beim Übergang zu markierten Punktprozessen mit dem Markenraum $K = R^r$ die Stationarität eines solchen markierten Punktprozesses ausgehend von (4.1) als Invarianz seiner Verteilung bezüglich sämtlicher Verschiebungen des Nullpunktes im R^{1+r} zu definieren. Ein in vielen Fällen adäquates Modell ist dagegen durch die in Abschnitt 8.3 eingeführte Definition des stationären markierten Punktprozesses gegeben, die lediglich die Invarianz der zugehörigen Verteilung bezüglich der gleichzeitigen Verschiebung der Punkte selbst fordert. Die Marken bleiben aber unverändert, womit ebenfalls eine Asymmetrie bezüglich der Komponenten R und K des Produktraumes $R \times K$ gegeben ist.

Andererseits lassen sich naturgemäß zahlreiche Begriffe und Ergebnisse, die in den Kapiteln 2 bis 7 für nichtmarkierte Punktprozesse enthalten sind, auf analoge Weise für markierte Punktprozesse formulieren und beweisen. Dies hängt damit zusammen, daß man jedes Zählmaß $\psi \in N_K$ in der Form

$$\psi(B \times L) \;=\; \sum_{[x,m] \in S_\psi} \psi(\{[x,m]\})\, \delta_{[x,m]}(B \times L) \tag{8.2}$$

darstellen kann, wobei $S_\psi = \{[x,m] : [x,m] \in R \times K,\ \psi(\{[x,m]\}) > 0\}$ den Träger des Maßes ψ bezeichnet (vgl. Satz 2.1.1).

Zusammengesetzter Poisson-Prozeß. Es sei $K = G_+$ und $\mathcal{K}$ die σ-Algebra aller Teilmengen von K. Jedes Zählmaß $\varphi \sim \{X_n(\varphi)\}$ aus N kann man wie folgt als Zählmaß ψ_φ aus N_K darstellen:

$$\psi_\varphi \;=\; \sum_{x \in S_\varphi} \delta_{[x,\varphi(\{x\})]} \, . \tag{8.3}$$

Durch diese Abbildung von N in N_K, durch die jedem φ aus N ein ψ_φ aus N_K zugeordnet wird, induziert der (nichtmarkierte) Punktprozeß $\Phi \sim \{X_n\}$ den markierten Punktprozeß Ψ^*, d.h. $\{[X_n^*, M_n]\}$, wobei die Zufallsgrößen X_n^* des Punktprozesses Φ^* durch die Realisierungen (2.5) und die Marken M_n durch $M_n = \Phi(X_n^*)$ gegeben sind.

Der Punktprozeß $\Phi \sim \{X_n\}$ heißt *zusammengesetzter Poisson-Prozeß*, wenn der zugehörige Punktprozeß $\Phi^* \sim \{X_n^*\}$ ein Poisson-Prozeß ist und die Zufallsgrößen $M_n = \Phi(X_n^*)$ untereinander sowie von Φ^* unabhängig sind. Dabei brauchen die M_n im allgemeinen weder identisch verteilt noch poissonverteilt zu sein.

Der markierte Punktprozeß $\Psi^* \sim \{[X_n^*, \Phi(X_n^*)]\}$ hat die Eigenschaft, daß der (nichtmarkierte) Punktprozeß $\Phi^* \sim \{X_n^*\}$, der durch Weglassen der Marken entsteht, einfach ist. Ein markierter Punktprozeß Ψ bzw. $[N_K, \mathcal{N}_K, P]$ heißt *einfach*, wenn $P(\psi : \psi(\{[x,m]\}) \le 1$ für alle $[x,m] \in R \times K) = 1$ gilt. Außerdem sagen wir, daß Ψ *einfach bezüglich der Markenmenge* $L \in \mathcal{K}$ ist, wenn $P(\psi : \psi(\{x\} \times L) \le 1$ für alle $x \in R) = 1$ gilt. Wenn also Ψ einfach bezüglich des gesamten Markenraumes ist, dann ist auch der nichtmarkierte Punktprozeß, der durch Weglassen der Marken entsteht, einfach im Sinne der in Abschnitt 2.2 angegebenen Definition.

Alternierender rekurrenter Punktprozeß. Die Bedingungen, die in Abschnitt 2.4 zum Begriff des rekurrenten Punktprozesses führten, kann man wie folgt modifizieren. Es sei $K = \{0, 1\}$ und $\mathcal{K} = \{\emptyset, \{0\}, \{1\}, \{0, 1\}\}$. Der markierte Punktprozeß

$\Psi \sim \{[X_n, M_n]\}$ mit diesem Markenraum $[K, \mathcal{K}]$ wird *alternierender rekurrenter Punktprozeß* genannt, wenn

$$P(M_n \neq M_{n+1}) \;=\; P(M_n = M_{n+2}) \;=\; 1 \qquad \text{für jedes } n \in G\,, \qquad (8.4)$$

d.h., wenn die Realisierungen der Folge $\{M_n\}$ der Marken mit Wahrscheinlichkeit Eins die Gestalt $\{\ldots, 0, 1, 0, 1, \ldots\}$ haben, und wenn für $j \in K$ mit $P(M_1 = j) > 0$

$$P(\{X_1 < u\} \cap \bigcap_{n \in G} \{X_{n+1} - X_n < u_n\} \mid M_1 = j)$$

$$= \begin{cases} P(X_1 < u, X_1 - X_0 < u_0 \mid M_1 = j) \displaystyle\prod_{n \in G} F_1(u_{2n-1}) \prod_{n \in G \setminus \{0\}} F_0(u_{2n})\,, \\[2ex] \qquad\qquad\qquad\qquad\qquad\qquad\qquad\qquad\qquad\qquad \text{falls } j = 1\,, \\[2ex] P(X_1 < u, X_1 - X_0 < u_0 \mid M_1 = j) \displaystyle\prod_{n \in G} F_0(u_{2n-1}) \prod_{n \in G \setminus \{0\}} F_1(u_{2n})\,, \\[2ex] \qquad\qquad\qquad\qquad\qquad\qquad\qquad\qquad\qquad\qquad \text{falls } j = 0\,, \end{cases} \qquad (8.5)$$

für alle Folgen $\{u_n;\ n \in G\}$ nichtnegativer Zahlen gilt, wobei $F_j(u) = P(X_2 - X_1 < u \mid M_1 = j);\ u \geq 0$. Bezüglich einer Anwendungsinterpretation bei der Zuverlässigkeitsuntersuchung von Systemen vgl. Abschnitt 1.2.

Wenn die Verteilungsfunktionen F_0 und F_1 in (8.5) übereinstimmen, dann bildet die Folge $\{X_n\}$ einen rekurrenten Punktprozeß. Insofern umfaßt die Klasse derjenigen (nichtmarkierten) Punktprozesse $\{X_n\}$, die sich aus einem alternierenden rekurrenten Punktprozeß durch Weglassen der Marken ergeben, die Klasse der rekurrenten Punktprozesse. In diesem Sinne kann man somit alternierende rekurrente Punktprozesse als verallgemeinerte rekurrente Punktprozesse auffassen. Eine weitere diesbezügliche Verallgemeinerung ist durch die in Abschnitt 8.4 behandelten semimarkowschen markierten Punktprozesse gegeben.

Beispiele markierter Punktprozesse mit überabzählbaren Markenräumen werden in den nachfolgenden Kapiteln ausführlich behandelt.

8.2 Intensitätsmaße, Campbellsche Maße und Palmsche Verteilungen

Nach Abschnitt 8.1 fassen wir in diesem Abschnitt zufällige markierte Punktprozesse als zufällige Zählmaße auf der Produkt-σ-Algebra $\mathcal{R} \otimes \mathcal{K}$ von Teilmengen des polnischen Raumes $R \times K$ auf, d.h., als zufällige (nichtmarkierte) Punktprozesse in $R \times K$. Hiervon ausgehend definieren wir, in weitgehender Analogie zu den in den Abschnitten 3.2 und 3.3 für nichtmarkierte Punktprozesse in R eingeführten Begriffen, Intensitätsmaß, Campbellsche Maße bzw. Palmsche Verteilungen eines markierten Punktprozesses. (Der Einfachheit der Schreibweise wegen benutzen wir dabei meistens die gleichen Symbole wie für die entsprechenden Größen im nichtmarkierten Fall.) Neu hinzu kommt der Begriff der Palmschen Markenverteilung.

Unter einem *Punktprozeß* in einem polnischen Raum J verstehen wir eine meßbare Abbildung $\Phi : \Omega \to N$ eines Wahrscheinlichkeitsraumes $[\Omega, \mathcal{F}, \mathbf{P}]$ in den meßbaren Raum $[N, \mathcal{N}]$, wobei wir mit N (so wie für Punktprozessse in R) die Menge aller lokalendlichen Zählmaße auf der σ-Algebra $\mathcal{J}$ der Borel-Mengen in J bezeichnen (vgl. auch Abschnitt 11.1). $\mathcal{N} = \sigma(\mathcal{N}_e)$ ist in diesem Fall die σ-Algebra von Teilmengen von N, die durch die Mengenfamilie

$$\mathcal{N}_e \;=\; \{\{\varphi : \varphi \in N,\, \varphi(B) = j\};\, B \in \mathcal{J},\, j \in G_0\}$$

erzeugt wird. Das *Intensitätsmaß* $\alpha : \mathcal{J} \to R_+ \cup \{\infty\}$ von Φ ist durch

$$\alpha(B) \;=\; \mathbf{E}\Phi(B), \qquad B \in \mathcal{J}, \tag{8.6}$$

gegeben. Das *Campbellsche Maß* C von Φ ist das durch

$$C(A \times B) \;=\; \int_N \varphi(B)\, \mathbf{1}_A(\varphi)\, P(d\varphi), \qquad A \in \mathcal{N},\, B \in \mathcal{J} \tag{8.7}$$

bzw. durch

$$C(E) \;=\; \int_N \int_J \mathbf{1}_E(\varphi, x)\, \varphi(dx)\, P(d\varphi) \tag{8.7'}$$

auf $\mathcal{N} \otimes \mathcal{J}$ gegebene Maß.

Unter der Voraussetzung, von der wir im vorliegenden Buch stets ausgehen, daß das durch (8.6) gegebene Intensitätsmaß α lokalendlich ist, kann man das durch (8.7) bzw. (8.7') gegebene Campbellsche Maß C wie folgt desintegrieren (so wie dies im Fall $J = R$ in Satz 3.3.1 getan wurde).

Satz 8.2.1 *Für α-fast jedes $x \in J$ gibt es eine eindeutig bestimmte Verteilung P_x auf $\mathcal{N}$, so daß*

$$C(A \times B) \;=\; \int_B P_x(A)\, \alpha(dx) \tag{8.8}$$

für alle $A \in \mathcal{N}$, $B \in \mathcal{J}$ gilt.

Den **Beweis** dieses Satzes führen wir hier nicht aus, denn auf Grund der Voraussetzung, daß J und somit auch N ein polnischer Raum ist (vgl. Abschnitt 6.2), verläuft er so wie der Beweis des entsprechenden Satzes 3.3.1.

Die Verteilung P_x wird die *Palmsche Verteilung* von Φ bezüglich des Punktes $x \in J$ genannt. Sie kann als bedingte Verteilung von Φ gedeutet werden unter der Bedingung, daß in x ein Punkt des Punktprozesses Φ liegt. Dies ergibt sich aus dem folgenden Analogon des Satzes 3.4.3.

Hierfür setzen wir zusätzlich voraus, daß der polnische Raum J lokalkompakt ist. Darüber hinaus verwenden wir in Verallgemeinerung der entsprechenden Definition, die in Kapitel 3 im Fall $J \subseteq R$ eingeführt wurde, den Begriff der *Nullfolge von gerichteten Zerlegungen* $\{\{B_{kj}; j \in G\}; k \in G_+\}$ des Raumes J in paarweise disjunkte beschränkte Mengen $B_{kj} \in \mathcal{J}$ mit den Eigenschaften, daß

1. für jedes $k \in G_+$ und für jede beschränkte Menge $B \in \mathcal{J}$ nur endlich viele Mengen B_{kj} der Zerlegung $\{B_{kj}; j \in G\}$ die Menge B schneiden,

2. es für jedes $k \in G_+$ und für jedes $j \in G$ eine Zahl $i \in G$ mit $B_{k+1,j} \subset B_{ki}$ gibt,

3. $\displaystyle\lim_{k \to \infty} \sup_{j \in G} \sup_{x,y \in B_{kj}} \varrho_J(x,y) = 0$, wobei ϱ_J die Metrik des Raumes J ist.

Für jede Zerlegung $\{B_{kj}; j \in G\}$ von J und für jedes $x \in J$ bezeichne $B_k(x)$ diejenige Zerlegungskomponente B_{kj}, für die $x \in B_{kj}$ gilt.

Der Punktprozeß Φ in J, d.h. $[N, \mathcal{N}, P]$, heißt *einfach*, wenn $P(\varphi : \varphi(\{x\}) \le 1$ für jedes $x \in J) = 1$.

Satz 8.2.2 *Es sei Φ ein einfacher Punktprozeß in J mit dem lokalendlichen Intensitätsmaß α. Für jedes $A \in \mathcal{N}$ und für jede Nullfolge von gerichteten Zerlegungen $\{B_{kj}; j \in G\}$ des Raumes J gilt dann*

$$P_x(A) \;=\; \lim_{k \to \infty} P(A \,|\, \{\varphi : \varphi(B_k(x)) > 0\}) \tag{8.9}$$

für α-fast jedes $x \in J$.

Der **Beweis** verläuft analog zum Beweis des Satzes 3.4.3 und wird deshalb hier nicht ausgeführt. Darüber hinaus kann man so wie im nichtmarkierten Fall zeigen, daß für α-fast jedes $x \in J$ die Verteilungen $P(\cdot \,|\, \{\varphi : \varphi(B_k(x)) > 0\})$ im Sinne der schwachen Konvergenz gegen die Verteilung P_x streben.

Es sei nun $\Psi \sim \{[X_n, M_n]\}$ ein markierter Punktprozeß in R mit dem Markenraum K.

Das *Intensitätsmaß* α des markierten Punktprozesses Ψ in kanonischer Darstellung $[N_K, \mathcal{N}_K, P]$ ist das durch

$$\alpha(B \times L) \;=\; \mathbf{E}\Psi(B \times L) \qquad \text{für } B \in \mathcal{R},\, L \in \mathcal{K} \tag{8.6'}$$

auf $\mathcal{R} \otimes \mathcal{K}$ gegebene Maß, d.h., $\alpha(B \times L)$ ist der Erwartungswert der zufälligen Anzahl $\Psi(B \times L)$ der Punkte des markierten Punktprozesses Ψ, die in der Menge

B liegen und eine Marke aus L haben. Das *Campbellsche Maß* C von Ψ ist das durch

$$C(A \times B \times L)$$
$$= \int_{N_K} \psi(B \times L)\, \mathbf{1}_A(\psi)\, P(d\psi) \qquad \text{für } A \in \mathcal{N}_K,\ B \in \mathcal{R},\ L \in \mathcal{K} \qquad (8.7")$$

bzw. durch

$$C(E) = \int_{N_K} \int_{R \times K} \mathbf{1}_E(\psi, x, m)\, \psi(d[x, m])\, P(d\psi) \qquad (8.7''')$$

auf $\mathcal{N}_K \otimes \mathcal{R} \otimes \mathcal{K}$ gegebene Maß.

Aus Satz 8.2.1 folgt, daß es für α-fast jedes $[x, m] \in R \times K$ eine eindeutig bestimmte Verteilung $P_{[x,m]}$ auf $\mathcal{N}_K$ gibt, so daß

$$C(A \times E) = \int_E P_{[x,m]}(A)\, \alpha(d[x, m]) \qquad (8.8')$$

für alle $A \in \mathcal{N}_K$, $E \in \mathcal{R} \otimes \mathcal{K}$ gilt. Dabei fassen wir Ψ als (nichtmarkierten) Punktprozeß in $J = R \times K$ auf. Die Verteilung $P_{[x,m]}$ wird die *Palmsche Verteilung* von Ψ bezüglich des Punktes $x \in R$ mit der Marke $m \in K$ genannt. Wenn vorausgesetzt wird, daß K lokalkompakt und Ψ einfach ist, dann kann $P_{[x,m]}$ gemäß Satz 8.2.2 als bedingte Verteilung von Ψ gedeutet werden unter der Bedingung, daß in x ein Punkt des markierten Punktprozesses Ψ mit der Marke m liegt. Wegen der Produktform des Raumes $J = R \times K$ läßt sich in diesem Fall die Nullfolge von gerichteten Zerlegungen in Satz 8.2.2 speziell wählen als Folge von Zerlegungen $\{B_{kj} \times L_{kj};\ j \in G\}$ des Produktraumes $R \times K$ in paarweise disjunkte beschränkte Produktmengen $B_{kj} \times L_{kj}$ von beschränkten Intervallen $B_{kj} \in \mathcal{B}$ und von Mengen $L_{kj} \in \mathcal{K}$, die bezüglich der Metrik ϱ_K in K beschränkt sind. Dabei ist $\{\{B_{kj};\ j \in G\};\ k \in G_+\}$ bzw. $\{\{L_{kj};\ j \in G\};\ k \in G_+\}$ eine Nullfolge von gerichteten Zerlegungen der reellen Achse bzw. des Markenraumes K.

Für jedes $A \in \mathcal{N}_K$ gilt dann gemäß Satz 8.2.2

$$P_{[x,m]}(A) = \lim_{k \to \infty} P(A \mid \{\psi : \psi(B_k(x) \times L_k(m)) > 0\}) \qquad (8.9')$$

für α-fast jedes $[x, m] \in R \times K$, wobei $B_k(x)$ bzw. $L_k(m)$ diejenige Zerlegungskomponente B_{kj} bzw. L_{kj} bezeichnet, für die $x \in B_{kj}$ bzw. $m \in L_{kj}$ gilt.

Analog zu den Überlegungen in den Abschnitten 3.2 bis 3.4 lassen sich auch das reduzierte Campbellsche Maß bzw. reduzierte Palmsche Verteilungen sowie solche Maße bzw. Verteilungen höherer Ordnung für markierte Punktprozesse einführen und letztere als bedingte Verteilungen interpretieren unter der Bedingung, daß in fixierten Punkten Punkte des Punktprozesses mit bestimmten Marken liegen. Ist nämlich das durch

$$\alpha_n(B_1 \times L_1 \times \cdots \times B_n \times L_n) \;=\; \mathbf{E}[\Psi(B_1 \times L_1) \cdots \Psi(B_n \times L_n)]$$

auf der σ-Algebra $(\mathcal{R} \otimes \mathcal{K})^n$ gegebene *n-te Momentenmaß* α_n von Ψ lokalendlich, dann gilt für das durch

$$C_n(A \times B_1 \times L_1 \times \cdots \times B_n \times L_n)$$
$$= \int_{N_K} \psi(B_1 \times L_1) \cdots \psi(B_n \times L_n)\, 1_A(\psi)\, P(d\psi)$$

auf der σ-Algebra $\mathcal{N}_K \otimes (\mathcal{R} \otimes \mathcal{K})^n$ gegebene *Campbellsche Maß* C_n *n-ter Ordnung* von Ψ

$$C_n(A \times B_1 \times L_1 \times \cdots \times B_n \times L_n)$$
$$= \int_{B_1 \times L_1 \cdots \times B_n \times L_n} P_{[x_1,m_1],\ldots,[x_n,m_n]}(A)\, \alpha_n(d([x_1,m_1],\ldots,[x_n,m_n]))\,;$$

$A \in \mathcal{N}_K$, $B_1,\ldots,B_n \in \mathcal{R}$, $L_1,\ldots,L_n \in \mathcal{K}$. Wenn K lokalkompakt und Ψ einfach ist, dann lassen sich die *n-fachen Palmschen Verteilungen* $P_{[x_1,m_1],\ldots,[x_n,m_n]}$ von Ψ wie folgt darstellen. Für jedes $A \in \mathcal{N}_K$ und für jede Nullfolge von gerichteten Zerlegungen $\{B_{kj} \times L_{kj};\ j \in G\}$ gilt

$$P_{[x_1,m_1],\ldots,[x_n,m_n]}(A) \;=\; \lim_{k\to\infty} P(A \mid \bigcap_{i=1}^{n}\{\psi:\ \psi(B_k(x_i) \times L_k(m_i)) > 0\}) \quad (8.9\text{''})$$

für $\alpha_n^!$-fast jeden Vektor $([x_1,m_1],\ldots,[x_n,m_n]) \in (R \times K)^n$, wobei $\alpha_n^!$ das *n-te faktorielle Momentenmaß* von Ψ bezeichnet mit

$$\alpha_n^!(B_1 \times L_1 \times \cdots \times B_n \times L_n) \;=\; \int_{N_K} \psi^{(n)}(B_1 \times L_1 \times \cdots \times B_n \times L_n)\, P(d\psi)$$

und

$$\psi^{(n)}(d([x_1,m_1],\ldots,[x_n,m_n]))$$
$$= \psi(d[x_1,m_1])\,(\psi - \delta_{[x_1,m_1]})(d[x_2,m_2]) \cdots (\psi - \sum_{l=1}^{n-1} \delta_{[x_1,m_1]})(d[x_n,m_n])\,.$$

Wegen (8.9'') kann $P_{[x_1,x_1],\ldots,[x_n,m_n]}$ als bedingte Verteilung von Ψ gedeutet werden unter der Bedingung, daß in $x_1,\ldots,x_n$ jeweils Punkte des markierten Punktprozeses Ψ mit den Marken $m_1,\ldots,m_n$ liegen.

Außerdem kann man Palmsche Verteilungen definieren bezüglich einer beliebigen Markenmenge $L \in \mathcal{K}$, die nicht unbedingt nur ein Element enthalten muß. Denn unter Berücksichtigung der Tatsache, daß die durch (8.7") gegebene Abbildung $C_{A,L} : \mathcal{R} \to [0,\infty]$ mit $C_{A,L}(B) = C(A \times B \times L)$ für $B \in \mathcal{R}$ ein absolutstetiges Maß ist bezüglich des Intensitätsmaßes α_L derjenigen Punkte von Ψ, die eine Marke aus L haben ($\alpha_L(B) = \alpha(B \times L)$ für $B \in \mathcal{R}$), ergibt sich wiederum mit den gleichen Argumenten wie im Beweis des Satzes 3.3.1 die folgende Darstellungsformel.

Satz 8.2.3 *Sei $L \in \mathcal{K}$ eine beliebige, jedoch fixierte Markenmenge, so daß das Intensitätsmaß α_L lokalendlich ist. Für α_L-fast jedes $x \in R$ gibt es dann eine eindeutig bestimmte Verteilung $P_{x;L}$ auf $\mathcal{N}_{\mathcal{K}}$, so daß*

$$C(A \times B \times L) \;=\; \int\limits_B P_{x;L}(A)\, \alpha_L(dx) \qquad (8.10)$$

für alle $A \in \mathcal{N}_{\mathcal{K}}$, $B \in \mathcal{R}$ gilt.

Die Verteilung $P_{x;L}$ wird die *Palmsche Verteilung* von Ψ bezüglich des Punktes $x \in R$ und der Markenmenge $L \in \mathcal{K}$ genannt. Der folgende Satz, der sich so wie Satz 3.4.3 beweisen läßt, zeigt, daß die Palmsche Verteilung $P_{x;L}$ als bedingte Verteilung von Ψ gedeutet werden kann unter der Bedingung, daß in x ein Punkt des markierten Punktprozesses Ψ liegt und daß dieser Punkt eine Marke aus L hat.

Satz 8.2.4 *Es sei $L \in \mathcal{K}$ eine beliebige, jedoch fixierte Markenmenge, so daß Ψ ein bezüglich L einfacher markierter Punktprozeß und das Intensitätsmaß α_L lokalendlich ist. Für jedes $A \in \mathcal{N}_{\mathcal{K}}$ und für jede Nullfolge von gerichteten Zerlegungen $\{B_{kj}; j \in G\}$ der reellen Achse in beschränkte Intervalle aus $\mathcal{B}$ gilt dann*

$$P_{x;L}(A) \;=\; \lim_{k \to \infty} P(A \,|\, \{\psi : \psi(B_k(x) \times L) > 0\}) \qquad (8.11)$$

für α_L-fast jedes $x \in R$.

Analog hierzu gilt für jedes $n \in G_+$, für jede Folge von Markenmengen $L_1, \ldots, L_n \in \mathcal{K}$ und für jedes $A \in \mathcal{N}_{\mathcal{K}}$ die Darstellung

$$C_n(A \times B_1 \times \cdots \times B_n \times L_n)$$
$$= \int\limits_{B_1 \times \cdots \times B_n} P_{x_1,\ldots,x_n;L_1,\ldots,L_n}(A)\, \alpha_{L_1,\ldots,L_n}(d(x_1,\ldots,x_n)) \qquad (8.10')$$

sowie, falls Ψ einfach bezüglich $\bigcup_{i=1}^{n} L_i$ ist, für jede Nullfolge von gerichteten Zerlegungen $\{B_{kj};\ j \in G\}$ der reellen Achse

$$P_{x_1,\ldots,x_n;L_1,\ldots,L_n}(A) \;=\; \lim_{k\to\infty} P(A \mid \bigcap_{i=1}^{n}\{\psi : \psi(B_k(x_i) \times L_i) > 0\}) \qquad (8.11')$$

für $\alpha^!_{L_1,\ldots,L_n}$-fast jeden Vektor $(x_1,\ldots,x_n) \in R^n$, wobei $\alpha_{L_1,\ldots,L_n}(B_1 \times \cdots \times B_n) = \alpha_n(B_1 \times L_1 \times \cdots \times B_n \times L_n)$ und $\alpha^!_{L_1,\ldots,L_n}(B_1 \times \cdots \times B_n) = \alpha^!_n(B_1 \times L_1 \times \cdots \times B_n \times L_n)$. Die für $\alpha_{L_1,\ldots,L_n}$-fast jeden Vektor $(x_1,\ldots,x_n) \in R^n$ eindeutig bestimmte Verteilung $P_{x_1,\ldots,x_n;L_1,\ldots,L_n}$ in (8.10') wird *n-fache Palmsche Verteilung* bezüglich des Vektors $(x_1,\ldots,x_n) \in R^n$ und der Markenmengen $L_1,\ldots,L_n \in \mathcal{K}$ genannt. Wegen (8.11') kann $P_{x_1,\ldots,x_n;L_1,\ldots,L_n}$ als bedingte Verteilung von Ψ gedeutet werden unter der Bedingung, daß in $x_1,\ldots,x_n$ jeweils Punkte des markierten Punktprozesses Ψ liegen und daß diese Punkte eine Marke aus $L_1,\ldots,L_n$ haben.

Wir wenden uns nun der Definition Palmscher Markenverteilungen zu. Es sei $L \in \mathcal{K}$ eine fixierte Markenmenge und $\mathcal{K}_L$ die Spur-σ-Algebra $\mathcal{K}_L = \mathcal{K} \cap L$. Das Intensitätsmaß α_L sei lokalendlich. Dann ergibt sich wegen des bereits mehrfach benutzten Desintegrationsprinzips für Maße auf Produkt-σ-Algebren (vgl. Lemma 3.3.2), daß es für α_L-fast jedes $x \in R$ eine eindeutig bestimmte Verteilung $D_{x;L}$ auf $\mathcal{K}_L$ gibt, so daß

$$\alpha(B \times L') \;=\; \int_B D_{x;L}(L')\,\alpha_L(dx) \qquad (8.12)$$

für alle $B \in \mathcal{R}$, $L' \in \mathcal{K}_L$ gilt. Falls Ψ ein bezüglich L einfacher markierter Punktprozeß ist, dann folgt mit Hilfe der im Beweis des Satzes 3.4.3 benutzten Argumente für jedes $L' \in \mathcal{K}_L$ und für jede Nullfolge von gerichteten Zerlegungen $\{B_{kj};\ j \in G\}$ der reellen Achse in beschränkte Intervalle aus $\mathcal{R}$ die Konvergenz

$$D_{x;L}(L') = \lim_{k\to\infty} P(\{\psi : \psi(B_k(x) \times L') > 0\} \mid \{\psi : \psi(B_k(x) \times L) > 0\}) \qquad (8.13)$$

für α_L-fast jedes $x \in R$. Aus diesem Grund nennen wir $D_{x;L}$ die *Palmsche Markenverteilung* von Ψ im Punkt $x \in R$ bezüglich der Markenmenge $L \in \mathcal{K}$. Wir deuten $D_{x;L}$ als die bedingte Verteilung der Marke eines im Punkt x liegenden Punktes des Punktprozesses Ψ unter der Bedingung, daß dieser Punkt eine Marke aus L hat. $D_{x;L}(L')$ ist dann die entsprechende bedingte Wahrscheinlichkeit dafür, daß der in x gelegene Punkt eine Marke in L' hat unter der Bedingung, daß er eine Marke in L besitzt.

Im Fall $L = K$ benutzen wir die Schreibweise $D_x = D_{x;K}$ und nennen D_x die *Palmsche Markenverteilung* von Ψ im Punkt x.

Auf analoge Weise lassen sich Palmsche Markenverteilungen höherer Ordnung definieren. Für beliebige, jedoch fixierte Markenmengen $L_1,\ldots,L_n \in \mathcal{K}$ sei das

Maß $\alpha_{L_1,\ldots,L_n}$ auf $\mathcal{R}^n$ so wie in (8.10') durch

$$\alpha_{L_1,\ldots,L_n}(B_1 \times \cdots \times B_n) \;=\; \alpha_n(B_1 \times L_1 \times \cdots \times B_n \times L_n)$$

gegeben. Die durch die eindeutige Darstellung

$$\alpha_n(B_1 \times L_1' \times \cdots \times B_n \times L_n')$$
$$= \int\limits_{B_1 \times \cdots \times B_n} D_{x_1,\ldots,x_n;L_1,\ldots,L_n}(L_1' \times \cdots \times L_n')\,\alpha_{L_1,\ldots,L_n}(d(x_1,\ldots,x_n)) \quad (8.12')$$

auf der σ-Algebra $\bigotimes\limits_{i=1}^{n} \mathcal{K}_{L_i}$ definierte Verteilung $D_{x_1,\ldots,x_n;L_1,\ldots,L_n}$ nennen wir die *n-fache Palmsche Markenverteilung* von Ψ in den Punkten $x_1,\ldots,x_n \in R$ bezüglich der Markenmengen $L_1,\ldots,L_n \in \mathcal{K}$. Falls Ψ einfach bezüglich $\bigcup\limits_{i=1}^{n} L_i$ ist, dann gilt

$$D_{x_1,\ldots,x_n;L_1,\ldots,L_n}(L_1' \times \cdots \times L_n') \qquad\qquad (8.13')$$
$$= \lim_{k\to\infty} P(\bigcap_{i=1}^{n}\{\psi : \psi(B_k(x_i) \times L_i') > 0\} \,|\, \bigcap_{i=1}^{n}\{\psi : \psi(B_k(x_i) \times L_i) > 0\})$$

für $\alpha_{L_1,\ldots,L_n}^!$-fast jeden Vektor $(x_1,\ldots,x_n) \in R^n$. Somit kann $D_{x_1,\ldots,x_n;L_1,\ldots,L_n}$ als bedingte Verteilung der Marken der in den Punkten $x_1,\ldots,x_n$ liegenden Punkte des markierten Punktprozesses Ψ gedeutet werden unter der Bedingung, daß diese Punkte eine Marke aus $L_1,\ldots,L_n$ haben.

Einen Zusammenhang zwischen der Palmschen Verteilung $P_{x;L}$ und der Palmschen Markenverteilung $D_{x;L}$ erhält man auf folgende Weise.

Folgerung 8.2.5 *Unter den Bedingungen des Satzes 8.2.3 gilt für α_L-fast jedes $x \in R$*

$$P_{x;L}(A) \;=\; \int\limits_{L} P_{[x,m]}(A)\,D_{x;L}(dm) \qquad\qquad (8.14)$$

für alle $A \in \mathcal{N}_{\mathcal{K}}$.

Beweis Aus (8.8') und (8.12) ergibt sich für $A \in \mathcal{N}_{\mathcal{K}}$, $B \in \mathcal{R}$, $L \in \mathcal{K}$ die Beziehung

$$C(A \times B \times L) \;=\; \int\limits_{B \times L} P_{[x,m]}(A)\,\alpha(d[x,m])$$
$$= \int\limits_{B} \int\limits_{L} P_{[x,m]}(A)\,D_{x;L}(dm)\,\alpha_L(dx)\,.$$

Hieraus und aus (8.10) ergibt sich die Behauptung. $\square$

Analog zu (8.14) gilt für jedes $n \in G_+$ und für $\alpha_{L_1,\dots,L_n}$-fast jeden Vektor $(x_1,\dots,x_n) \in R^n$

$$
\begin{aligned}
&P_{x_1,\dots,x_n;L_1,\dots,L_n}(A) \\[2mm]
&= \int\limits_{L_1\times\cdots\times L_n} P_{[x_1,m_1],\dots,[x_n,m_n]}(A)\, D_{x_1,\dots,x_n;L_1,\dots,L_n}(d(m_1,\dots,m_n))\,;
\end{aligned}
\tag{8.14'}
$$

$A \in \mathcal{N}_K$, $L_1,\dots,L_n \in \mathcal{K}$.

Der Punktprozeß $\Psi \sim \{[X_n,M_n]\}$ heißt *unabhängig markiert*, wenn die Folgen $\{X_n\}$ und $\{M_n\}$ unabhängig sind und die Folge $\{M_n\}$ aus unabhängigen, identisch verteilten Zufallsvariablen besteht. Mit D bezeichnen wir die durch $D(L) = \mathbf{P}(M_n \in L)$ für $L \in \mathcal{K}$ gegebene Verteilung der Marken M_n. Wenn lediglich vorausgesetzt wird, daß die Folgen $\{X_n\}$ und $\{M_n\}$ unabhängig sind und daß $\{M_n\}$ eine stationäre Folge von (nicht notwendig unabhängigen) Zufallsvariablen ist, dann heißt der Punktprozeß $\Psi \sim \{[X_n,M_n]\}$ *schwach unabhängig markiert*.

Satz 8.2.6 *Wenn $\Psi \sim \{[X_n,M_n]\}$ unabhängig markiert und das Intensitätsmaß α_K von $\{X_n\}$ lokalendlich ist, dann gilt*

$$
D_{x;L}(L') \;=\; \frac{D(L')}{D(L)}
\tag{8.15}
$$

für alle $L, L' \in \mathcal{K}$ mit $D(L) > 0$, $L' \subseteq L$, und für α_K-fast alle $x \in R$.

Beweis Aus der Definitionsgleichung (8.6') des Intensitätsmaßes α und aus der unabhängigen Markierung von Ψ ergibt sich für $B \in \mathcal{R}$, $L, L' \in \mathcal{K}$ mit $L' \subseteq L$

$$
\begin{aligned}
\alpha(B \times L') &= \mathbf{E}\Psi(B \times L') = \mathbf{E}\sum_n \mathbf{1}_B(X_n)\,\mathbf{1}_{L'}(M_n) \\[2mm]
&= \mathbf{P}(M_n \in L')\,\mathbf{E}\sum_n \mathbf{1}_B(X_n) = \mathbf{P}(M_n \in L' \mid M_n \in L)\,\mathbf{E}\Psi(B \times L) \\[2mm]
&= \int\limits_B \frac{D(L')}{D(L)}\,\alpha_L(dx)\,.
\end{aligned}
$$

Hieraus und aus (8.12) folgt die Behauptung. $\square$

Mit den im Beweis des Satzes 8.2.6 benutzten Argumenten läßt sich im Fall der unabhängigen Markierung auch zeigen, daß für $\alpha_{K,\dots,K}$-fast jeden Vektor $(x_1,\dots,x_n) \in R^n$, für den sämtliche Komponenten $x_1,\dots,x_n$ voneinander verschieden sind,

$$
D_{x_1,\dots,x_n;L_1,\dots,L_n}(L'_1 \times \cdots \times L'_n) \;=\; \prod_{i=1}^n \frac{D(L'_i)}{D(L_i)}
\tag{8.15'}
$$

gilt; $L_1, \ldots, L_n, L_1', \ldots, L_n' \in \mathcal{K}$ mit $D(L_i) > 0$ und $L_i' \subseteq L_i$.

Die Formel (8.15') kann als Ausgangspunkt dafür verwendet werden, im allgemeinen (nicht notwendig unabhängig markierten) Fall Größen zur Untersuchung der Abhängigkeitsstruktur der Marken zu definieren. Für $n = 2$ und $K = R$ ist dies zum Beispiel die *Markenkovarianzfunktion* $\theta : R^2 \to R$ (vgl. Stoyan (1984)) mit

$$\theta(x_1, x_2) \; = \; \int\limits_{K \times K} m_1 m_2 \, D_{x_1, x_2}(d(m_1, m_2)) \, ;$$

$D_{x_1, x_2} = D_{x_1, x_2; K, K}$. Aus (8.15') folgt dann, daß

$$\theta(x_1, x_2) = \left[\int\limits_{K} m \, D(dm) \right]^2 \qquad \text{für } x_1 \neq x_2 \, ,$$

falls Ψ unabhängig markiert ist.

Eine natürliche Verallgemeinerung des Satzes 3.2.2 ist das folgende *Campbellsche Theorem für markierte Punktprozesse.*

Satz 8.2.7 *Es sei* Ψ, *d.h.* $[N_K, \mathcal{N}_K, P]$, *ein beliebiger markierter Punktprozeß in* R *mit dem polnischen Markenraum* $[K, \mathcal{K}]$. *Für alle* $(\mathcal{N}_K \otimes \mathcal{R} \otimes \mathcal{K}, \mathcal{R}_+)$-*meßbaren Funktionen* $f : N_K \times R \times K \to R_+$ *gilt dann*

$$\int\limits_{N_K} \sum_{[x,m] \in S_\psi} \psi(\{[x,m]\}) \, f(\psi, x, m) \, P(d\psi) \; = \; \int\limits_{N_K \times R \times K} f(z) \, C(dz) \, , \qquad (8.16)$$

wobei C *das in* (8.7'') *definierte Campbellsche Maß von* Ψ *bezeichnet.*

Der **Beweis** verläuft so wie der Beweis des Satzes 3.2.2 und wird deshalb hier nicht ausgeführt.

8.3 Stationäre markierte Punktprozesse

Für jedes $x \in R$ sei der Verschiebungsoperator $\mathbf{T}_x : N_K \to N_K$ durch $\mathbf{T}_x \psi = \sum_{[t,m] \in S_\psi} \psi(\{[t,m]\}) \delta_{[t-x,m]}$ für $\psi \in N_K$ gegeben. (Zur Vereinfachung der Schreibweise benutzen wir hierbei das gleiche Symbol wie für die Verschiebungsoperatoren, die in Abschnitt 4.1 für nichtmarkierte Punktprozesse eingeführt wurden.) Mit $\mathbf{T}_x$ werden also nur die Orte der Punkte verschoben, die Marken bleiben unverändert.

Der markierte Punktprozeß Ψ, d.h. $[N_K, \mathcal{N}_K, P]$, heißt *stationär*, wenn für jedes $A \in \mathcal{N}_K$ und für jedes $x \in R$ die Beziehung

$$P(A) = P(\mathbf{T}_x A) \qquad\qquad (8.17)$$

gilt, wobei $\mathbf{T}_x A = \{\mathbf{T}_x \psi : \psi \in A\}$.

Genauso wie Satz 4.1.1 läßt sich das folgende Stationaritätskriterium herleiten.

Satz 8.3.1 *Der markierte Punktprozeß* Ψ *ist genau dann stationär, wenn*

$$P(\psi : \psi([a_1, b_1) \times L_1) = j_1, \ldots, \psi([a_k, b_k) \times L_k) = j_k)$$

$$= P(\psi : \psi([a_1 + x, b_1 + x) \times L_1) = j_1, \ldots, \psi([a_k + x, b_k + x) \times L_k) = j_k) \tag{8.18}$$

für jedes $x \in R$, *für jedes* k*-Tupel* $(j_1, \ldots, j_k) \in (G_0)^k$, *für jede Folge* $\{[a_l, b_l); l \in \{1, \ldots, k\}\}$ *paarweise disjunkter beschränkter Intervalle, für jede Folge* $L_1, \ldots, L_k$ *von Teilmengen von* K *aus einem Halbring* $\mathcal{B}_K$, *der die* σ*-Algebra* $\mathcal{K}$ *erzeugt, und für jedes* $k \in G_+$ *gilt.*

Folgerung 8.3.2 *Der (nichtmarkierte) Punktprozeß* $\Phi \sim \{X_n\}$ *ist genau dann stationär, wenn der zugehörige markierte Punktprozeß* $\{[X_n^*, \Phi(X_n^*)]\}$ *stationär ist.*

Beweis Auf Grund der speziellen Gestalt des Markenraumes $K = \{1, 2, \ldots\}$ des markierten Punktprozesses $\{[X_n^*, \Phi(X_n^*)]\}$ (vgl. Abschnitt 8.1) ist dieser genau dann stationär, wenn (8.18) für jede Folge $L_1, \ldots, L_k$ von einelementigen Teilmengen $\{i_1\}, \ldots, \{i_k\}$ von K gilt. In diesem Fall ist (8.18) gleichbedeutend mit

$$\mathbf{P}(\Phi([a_1, b_1)) = i_1 j_1, \ldots, \Phi([a_k, b_k)) = i_k j_k)$$
$$= \mathbf{P}(\Phi([a_1 + x, b_1 + x)) = i_1 j_1, \ldots, \Phi([a_k + x, b_k + x)) = i_k j_k),$$

was wegen Satz 4.1.1 gleichbedeutend mit der Stationarität von Φ ist. $\square$

Nun zeigen wir, daß die Palmschen Markenverteilungen $D_{x;L}$ eines stationären markierten Punktprozesses Ψ nicht von x abhängen, ohne dabei vorauszusetzen, daß Ψ unabhängig markiert ist. Analoge Invarianzeigenschaften besitzen auch die Palmschen Markenverteilungen $D_{x_1,\ldots,x_n;L_1,\ldots,L_n}$ (vgl. (8.19')) bzw. die Palmschen Verteilungen $P_{x;L}$ und $P_{x_1,\ldots,x_n;L_1,\ldots,L_n}$ (vgl. (8.26) und (8.26')).

Satz 8.3.3 *Der markierte Punktprozeß* Ψ *sei stationär, und es sei* $L \in \mathcal{K}$ *eine Markenmenge, für die das Intensitätsmaß* α_L *lokalendlich und verschieden vom Nullmaß ist. Dann gibt es eine Verteilung* D_L *auf* $\mathcal{K}_L$, *so daß*

$$D_L = D_{x;L} \tag{8.19}$$

für α_L*-fast jedes* $x \in R$ *gilt, d.h., die Palmsche Markenverteilung hängt nicht von* x *ab.*

Beweis Aus Satz 4.1.2 folgt, daß es für jedes $L' \in \mathcal{K}_L$ eine nichtnegative Zahl $\lambda(L') < \infty$ gibt, so daß

$$\alpha_{L'}(B) \; = \; \lambda(L')\,\nu(B) \qquad \text{für alle } B \in \mathcal{R}\,. \tag{8.20}$$

Insbesondere ist $0 < \lambda(L) < \infty$. Somit gilt

$$\alpha(B \times L') \; = \; \frac{\lambda(L')}{\lambda(L)}\,\alpha_L(B) \; = \; \int\limits_B \frac{\lambda(L')}{\lambda(L)}\,\alpha_L(dx)\,.$$

Hieraus und aus (8.12) ergibt sich die Behauptung. $\square$

Ist Ψ ergodisch, dann kann D_L als die bedingte Verteilung der Marke eines typischen, d.h., eines zufällig herausgegriffenen, Punktes von Ψ gedeutet werden unter der Bedingung, daß die Marke dieses Punktes aus L ist (vgl. Abschnitt 8.5).

Analog zu Formel (8.19) gilt für die n-fachen Palmschen Markenverteilungen $D_{x_1,\ldots,x_n;L_1,\ldots,L_n}$ des stationären markierten Punktprozesses Ψ die folgende Darstellungsformel, die sich aus (8.12') und aus der Stationarität von Ψ unter Beachtung des Lemmas 3.3.2 ergibt. Für jedes $n \in G_+$ und für jede Folge $L_1,\ldots,L_n \in \mathcal{K}$ von Markenmengen gibt es eine Familie $\{D_{L_1,\ldots,L_n}^{y_1,\ldots,y_{n-1}}; \; y_1,\ldots,y_{n-1} \in R\}$ von Verteilungen auf $\bigotimes\limits_{i=1}^{n} \mathcal{K}_{L_i}$, so daß

$$D_{x_1,\ldots,x_n;L_1,\ldots,L_n} \; = \; D_{L_1,\ldots,L_n}^{x_2-x_1,\ldots,x_n-x_1} \tag{8.19'}$$

für $\alpha_{L_1,\ldots,L_n}$-fast jeden Vektor $(x_1,\ldots,x_n) \in R^n$ gilt.

Die durch (8.20) gegebene Größe $\lambda(L)$ nennen wir *L-Intensität* von Ψ; $L \in \mathcal{K}$. Die L-Intensität $\lambda(L)$ ist also der Erwartungswert der Anzahl derjenigen Punkte des stationären markierten Punktprozesses je Längeneinheit, die eine Marke aus L haben. Aus (8.20) folgt darüber hinaus die folgende Darstellungsformel für die Verteilung D_L.

Folgerung 8.3.4 *Für die durch (8.19) gegebene Palmsche Markenverteilung D_L eines stationären markierten Punktprozesses Ψ gilt*

$$D_L(L') \; = \; \frac{\lambda(L')}{\lambda(L)} \; = \; \frac{\mathbf{E}\Psi([0,1) \times L')}{\mathbf{E}\Psi([0,1) \times L)}\,, \tag{8.21}$$

falls $L' \in \mathcal{K}_L$ und $0 < \lambda(L) < \infty$. Wenn Ψ zusätzlich unabhängig markiert ist, dann ist

$$D_L(L') \; = \; \frac{D(L')}{D(L)}\,, \tag{8.22}$$

falls $D(L) > 0$ und $L' \in \mathcal{K}_L$.

Formel (8.21) ist die schon früher erwähnte Darstellung der Palmschen Markenverteilung eines stationären markierten Punktprozesses als Quotient von Intensitäten.

Beweis Die Formel (8.21) ist eine direkte Konsequenz von (8.12) und (8.20). Die Formel (8.22) ergibt sich aus (8.15) und (8.19). $\square$

Eine (8.19) bzw. (8.19') entsprechende Invarianzeigenschaft gilt auch für die in Abschnitt 8.2 definierten Palmschen Verteilungen $P_{[x_1,m_1],...,[x_n,m_n]}$, falls der zugehörige markierte Punktprozeß stationär ist. Wir wollen dies für den Fall $n = 1$, d.h., für die in (8.8') gegebenen Palmschen Verteilungen $P_{[x,m]}$ näher erläutern. Falls außerdem K lokalkompakt und Ψ einfach ist, dann läßt sich $P_{[x,m]}$ deshalb auf einfachere Weise als in (8.9') als Grenzverteilung bedingter Verteilungen darstellen. Dabei verwenden wir von nun an die Schreibweise $P = \underset{k\to\infty}{\text{w-lim}}\, P_n$, um die schwache Konvergenz einer Folge von Verteilungen $P_1, P_2, \ldots$ gegen die Verteilung P auszudrücken (vgl. Abschnitt 6.2).

Satz 8.3.5 *Der markierte Punktprozeß Ψ in kanonischer Darstellung $[N_K, \mathcal{N}_K, P]$ sei stationär, und es gelte $0 < \lambda(K) < \infty$. Dann gibt es eine Familie von Verteilungen $\{P^{\{m\}};\ m \in K\}$ auf $\mathcal{N}_K$, so daß für α-fast jedes $[x, m] \in R \times K$ die Beziehung*

$$P_{[x,m]}(A)\ =\ P^{\{m\}}(\mathbf{T}_{-x} A) \tag{8.23}$$

für alle $A \in \mathcal{N}_K$ gilt. Darüber hinaus gilt

$$P^{\{m\}}\ =\ \underset{k\to\infty}{\text{w-lim}}\, P(\,\cdot\,|\,\{\psi:\ \psi(B_k(0) \times L_k(m)) > 0\}) \tag{8.24}$$

für D_K-fast jedes $m \in K$, falls K lokalkompakt und Ψ einfach ist.

Beweis Die Gültigkeit von (8.23) ergibt sich aus (8.8') und aus der Stationarität von Ψ unter Beachtung der Tatsache, daß die Verteilungen $P_{[x,m]}$ für α-fast jedes $[x, m] \in R \times K$ eindeutig bestimmt sind. Ist K lokalkompakt und Ψ einfach, so gilt wie im nichtmarkierten Fall (vgl. Abschnitt 3.4) auch für markierte Punktprozesse neben (8.9') die schwache Konvergenz

$$P_{[x,m]}\ =\ \underset{k\to\infty}{\text{w-lim}}\, P(\,\cdot\,|\,\{\psi:\ \psi(B_k(x) \times L_k(m)) > 0\}) \tag{8.25}$$

für α-fast jedes $[x, m] \in R \times K$. Aus der Stationarität von Ψ ergibt sich dann, daß für jedes solche $[x, m] \in R \times K$ die Grenzverteilung

$$\underset{k\to\infty}{\text{w-lim}}\, P(\,\cdot\,|\,\{\psi:\ \psi(B_k(x + t) \times L_k(m)) > 0\})$$

für alle $t \in R$ existiert, d.h., daß für D_K-fast jedes $m \in K$ die Grenzverteilung

$$P_{[x,m]} \;=\; \lim_{k\to\infty} P(\,\cdot\mid\{\psi:\ \psi(B_k(x)\times L_k(m))>0\})$$

für alle $x\in R$ existiert. Hieraus, aus (8.23) und aus der Stationarität von Ψ folgt (8.24). $\square$

Wegen (8.24) kann $P^{\{m\}}$ als die bedingte Verteilung von Ψ gedeutet werden unter der Bedingung, daß im Nullpunkt ein Punkt von Ψ mit der Marke m liegt.

Folgerung 8.3.6 *Der markierte Punktprozeß $[N_K,\mathcal{N}_K,P]$ sei stationär, und es gelte $0<\lambda(K)<\infty$. Dann gibt es für jedes $L\in\mathcal{K}$ mit $0<\lambda(L)<\infty$ eine Verteilung P^L auf $\mathcal{N}_K$, so daß für ν-fast jedes $x\in R$ die Beziehung*

$$P_{x;L}(A) \;=\; P^L(\mathbf{T}_{-x}A) \tag{8.26}$$

für alle $A\in\mathcal{N}_K$ gilt, wobei P^L durch

$$P^L \;=\; \int\limits_L P^{\{m\}}\,D_L(dm) \tag{8.27}$$

und $P^{\{m\}}$ durch (8.23) gegeben ist.

Beweis Die Behauptung ergibt sich, wenn in (8.14) die Formeln (8.19) und (8.23) eingesetzt werden. $\square$

P^L kann als bedingte Verteilung von Ψ gedeutet werden unter der Bedingung, daß im Nullpunkt ein Punkt von Ψ mit einer Marke aus L liegt. Für einen unabhängig markierten stationären Poisson-Prozeß $[N,\mathcal{N}_K,P]$ gilt beispielsweise

$$P^K(A) \;=\; \int\limits_K P(\psi:\ \psi+\delta_{[0,m]}\in A)\,D(dm)$$

für jedes $A\in\mathcal{N}_K$ (vgl. Folgerung 3.3.6). Ist Ψ ergodisch, dann läßt sich P^L auch als die Verteilung desjenigen markierten Punktprozesses deuten, der sich aus der Sicht eines typischen Punktes von Ψ mit einer Marke aus L ergibt (vgl. Abschnitt 8.5). Analog zu (8.26) gibt es für jedes $n\in G_+$ und für jede Folge $L_1,\ldots,L_n\in\mathcal{K}$ von Markenmengen eine Familie $\{P^{L_1,\ldots,L_n}_{y_1,\ldots,y_{n-1}};\ y_1,\ldots,y_{n-1}\in R\}$ von Verteilungen auf $\mathcal{N}_K$, so daß für $\alpha_{L_1,\ldots,L_n}$-fast jeden Vektor $(x_1,\ldots,x_n)\in R^n$

$$P_{x_1,\ldots,x_n;L_1,\ldots,L_n}(A) \;=\; P^{L_1,\ldots,L_n}_{x_2-x_1,\ldots,x_n-x_1}(\mathbf{T}_{-x_1}A) \tag{8.26'}$$

für jedes $A\in\mathcal{N}_K$ gilt.

Ähnlich wie im nichtmarkierten Fall (vgl. Satz 4.2.4) können auch die Verteilungen P^L in (8.26) direkt durch die Verteilung P von Ψ ausgedrückt werden.

Satz 8.3.7 *Der markierte Punktprozeß* $[N_K, \mathcal{N}_K, P]$ *sei stationär. Dann genügt für jedes* $L \in \mathcal{K}$ *mit* $0 < \lambda(L) < \infty$ *die durch*

$$P^L(A) \;=\; \frac{1}{\lambda(L)} \int\limits_{N_K} \int\limits_{[0,1]} \mathbf{1}_A(\mathbf{T}_x\psi)\,\psi(dx \times L)\,P(d\psi), \qquad A \in \mathcal{N}_K\,, \qquad (8.28)$$

gegebene Verteilung P^L *für* ν-*fast jedes* $x \in R$ *der Beziehung* $P_{x;L}(A) = P^L(\mathbf{T}_{-x}A)$ *für jedes* $A \in \mathcal{N}_K$.

Weil der **Beweis** ähnlich wie der Beweis des Satzes 4.2.4 verläuft, wird er hier nicht ausgeführt, sondern dem Leser zur selbständigen Durchführung in Vertiefung des Stoffes überlassen (vgl. Aufgabe 8.6.3).

Folgerung 8.3.8 *Der markierte Punktprozeß* Ψ *sei stationär und einfach bezüglich* K. *Für beliebige* $L, L' \in \mathcal{K}$ *mit* $0 < \lambda(L) < \infty, 0 < \lambda(L') < \infty$ *und* $L' \subseteq L$ *gilt dann die Beziehung*

$$P^{L'}(A) \;=\; \frac{P^L(A \cap \{M_1 \in L'\})}{D_L(L')} \qquad (8.29)$$

für alle $A \in \mathcal{N}_K$.

Beweis Aus (8.21) und (8.28) ergibt sich

$$\begin{aligned}
P^{L'}(A) \;&=\; \frac{1}{\lambda(L')} \int\limits_{N_K} \int\limits_{[0,1]} \mathbf{1}_A(\mathbf{T}_x\psi)\,\psi(dx \times L')\,P(d\psi) \\[2mm]
&=\; \frac{\lambda(L)}{\lambda(L')}\,\frac{1}{\lambda(L)} \int\limits_{N_K} \int\limits_{[0,1]} \mathbf{1}_{A\cap\{\psi':\,M_1(\psi')\in L'\}}(\mathbf{T}_x\psi)\,\psi(dx \times L)\,P(d\psi) \\[2mm]
&=\; \frac{P^L(A \cap \{M_1 \in L'\})}{D_L(L')} \,.\; \square
\end{aligned}$$

Die Palmsche Verteilung P^L, die in (8.28) für jedes $L \in \mathcal{K}$ mit $0 < \lambda(L) < \infty$ definiert wurde, besitzt ähnliche Eigenschaften wie die in Abschnitt 4.3 betrachtete Palmsche Verteilung P^0 eines nichtmarkierten stationären Punktprozesses. Wir wollen nun einige dieser Eigenschaften der Verteilung P^L angeben, ohne auf die Beweise im einzelnen einzugehen, die nur geringfügig von den in Abschnitt 4.3 dargelegten Beweisen der entsprechenden Aussagen im nichtmarkierten Fall abweichen. Dabei beschränken wir uns auf stationäre markierte Punktprozesse, die bezüglich der jeweils betrachteten Markenmenge $L \in \mathcal{K}$ einfach sind.

Es sei N_K^L der durch

$$N_K^L \;=\; \{\psi : \psi \in N_K, \psi((-\infty,0) \times L) = \psi([0,\infty) \times L) = \infty, \psi(\{0\} \times L) > 0\}$$

gegebene Teilraum von N_K, d.h., N_K^L enthält alle diejenigen Zählmaße ψ aus N_K, die sowohl auf der negativen als auch auf der positiven Halbachse jeweils unendlich viele Punkte mit einer Marke aus L und außerdem im Nullpunkt einen Punkt mit einer Marke aus L besitzen; $L \in \mathcal{K}$. Genauso wie Satz 4.2.1 ergibt sich, daß

$$P^L(N_K^L) \;=\; 1 \qquad \text{für alle } L \in \mathcal{K} \text{ mit } 0 < \lambda(L) < \infty. \tag{8.30}$$

Die Palmsche Verteilung P^L ist also eine Verteilung auf der Spur-σ-Algebra $\mathcal{N}_\mathcal{K}{}^L = \mathcal{N}_\mathcal{K} \cap N_K^L$.

Die Teilfolge derjenigen Punkte $X_n(\psi)$ der Realisierung $\psi \in N_K^L$, $\psi \sim \{[X_n(\psi), M_n(\psi)]\}$, deren Marke $M_n(\psi)$ zu $L \in \mathcal{K}$ gehört, bezeichnen wir mit $\{X_n^L(\psi)\}$ und benutzen so wie bisher die Numerierung

$$\cdots \le X_{-1}^L(\psi) \le X_0^L(\psi) < 0 \le X_1^L(\psi) \le X_2^L(\psi) \le \cdots$$

Es sei nun $L \in \mathcal{K}$ eine beliebige, jedoch fixierte Markenmenge, so daß $0 < \lambda(L) < \infty$ und daß der Palmsche Punktprozeß $\Psi^L \sim [N_K^L, \mathcal{N}_\mathcal{K}{}^L, P^L]$ einfach bezüglich L ist. Durch den Operator $\mathbf{S}^L : N_K^L \to N_K^L$ mit $\mathbf{S}^L\psi = \mathbf{T}_{X_2^L(\psi)}\psi$ wird dann für fast jede Realisierung $\psi \in N_K^L$ des Palmschen Punktprozesses Ψ^L der Nullpunkt in den kleinsten positiven Punkt $X_2^L(\psi)$ von ψ mit einer Marke aus L und die anderen Punkte um $X_2^L(\psi)$ verschoben.

So wie im Beweis der Folgerung 4.3.2 läßt sich zeigen, daß

$$P^L(A) \;=\; P^L(\mathbf{S}^L A) \tag{8.31}$$

für alle $A \in \mathcal{N}_\mathcal{K}{}^L$ gilt, wobei $\mathbf{S}^L A = \{\mathbf{S}^L\psi : \psi \in A\}$. Wenn außerdem

$$P(\psi : \psi(R \times L) = 0) \;=\; 0 \tag{8.32}$$

vorausgesetzt wird, dann ergeben sich so wie (4.27') und (4.28') bzw. (4.27") und (4.28") die *Umkehrformeln*

$$P(A) \;=\; \lambda(L) \int\limits_{N_K^L} \int\limits_0^{X_2^L(\psi)} \mathbf{1}_A(\mathbf{T}_x\psi)\,dx\,P^L(d\psi) \tag{8.33}$$

und

$$P(A) \;=\; \lambda(L) \int\limits_0^\infty P^L(\psi : X_2^L(\psi) > x,\, \mathbf{T}_x\psi \in A)\,dx \tag{8.34}$$

bzw.

$$P(A) \;=\; \lambda(L) \int\limits_{N_K^L} \int\limits_{X_0^L(\psi)}^0 \mathbf{1}_A(\mathbf{T}_x\psi)\,dx\,P^L(d\psi) \tag{8.35}$$

und

$$P(A) \; = \; \lambda(L) \int\limits_{-\infty}^{0} P^L(\psi : X_0^L(\psi) < x, \mathbf{T}_x\psi \in A)\, dx \qquad (8.36)$$

für jedes $A \in \mathcal{N}_K{}^L$. Hieraus folgt insbesondere, daß

$$\frac{1}{\lambda(L)} \; = \; \int\limits_{N_K^L} X_2^L(\psi)\, P^L(d\psi) \; = \; -\int\limits_{N_K^L} X_0^L(\psi)\, P^L(d\psi)\,. \qquad (8.37)$$

So wie im nichtmarkierten Fall (vgl. Satz 4.3.8) läßt sich mit Hilfe der Umkehrformel (8.33), ausgehend von einer beliebigen $\mathbf{S}^L$-invarianten Verteilung Q auf $\mathcal{N}_K{}^L$, die einfach bezüglich L ist und für die der Erwartungswert

$$\mathbf{E}_Q X_2^L \; = \; \int\limits_{N_K^L} X_2^L(\psi)\, Q(d\psi)$$

positiv und endlich ist, eine eindeutig bestimmte $\mathbf{T}$-invariante Verteilung P_Q auf $\mathcal{N}_K$ mit der Eigenschaft $P_Q(\psi : \psi(R \times L) = 0) = 0$ konstruieren, so daß die Intensität $\lambda(L)$ von P_Q durch

$$\lambda(L) \; = \; \frac{1}{\mathbf{E}_Q X_2^L} \qquad (8.38)$$

gegeben ist und die Palmsche Verteilung $(P_Q)^L$ mit Q übereinstimmt. Und zwar gilt für $A \in \mathcal{N}_K$

$$P_Q(A) \; = \; \frac{1}{\mathbf{E}_Q X_2^L} \int\limits_{N_K^L} \int\limits_{0}^{X_2^L(\psi)} \mathbf{1}_A(\mathbf{T}_x\psi)\, dx\, Q(d\psi)\,. \qquad (8.39)$$

In Verallgemeinerung der Eigenschaften, die in den Abschnitten 6.1 und 6.2 für nichtmarkierte stationäre Punktprozesse hergeleitet wurden, gelangen wir zu dem folgenden Ergebnis.

Satz 8.3.9 *Es gilt*

$$\lim_{u\downarrow 0} \frac{1}{u} P(\psi : \psi([t, t + u) \times L) > 1) \; = \; 0$$

und

$$\lim_{u\downarrow 0} \frac{1}{u} P(\psi : \psi([t, t + u) \times L) > 0) \; = \; \lambda(L)$$

für jedes $t \in R$. Außerdem gilt

$$\lim_{u\downarrow 0} \sup_{A \in \mathcal{N}_K} |P(\{\psi : \mathbf{T}_{X_1^L(\psi)}\psi \in A\} \mid \{\psi : X_1^L(\psi) < u\}) - P^L(A)| \; = \; 0\,.$$

8.4 Semimarkowsche markierte Punktprozesse (Markowsche Erneuerungsprozesse)

Die in diesem Abschnitt behandelte spezielle Klasse von markierten Punktprozessen mit endlichem Markenraum ist eine Verallgemeinerung der in Abschnitt 8.1 eingeführten Klasse der alternierenden rekurrenten Punktprozesse, deren Markenraum aus zwei Elementen besteht.

Während die Abstände zwischen aufeinanderfolgenden Punkten eines rekurrenten Punktprozesses unabhängige Zufallsgrößen sind (vgl. auch Abschnitt 2.4), sind die zufälligen Abstände zwischen aufeinanderfolgenden Punkten eines semimarkowschen Punktprozesses lediglich bedingt unabhängig, und zwar unter der Bedingung, daß die Marken der Punkte fixiert sind. Diese Unabhängigkeitseigenschaft wird in der Definitionsgleichung (8.40) präzisiert. So wie bei rekurrenten Punktprozessen (vgl. Abschnitt 5.1) spielt dabei der Abstand $X_1 - X_0$ zwischen den Punkten X_0 und X_1, die dem Nullpunkt am nächsten liegen, eine besondere Rolle.

Es sei $\Psi \sim \{[X_n, M_n]\}$ ein markierter Punktprozeß mit dem Markenraum $K = \{0, 1, 2, \ldots, r\}$, $r < \infty$, und $\mathcal{K}$ sei die Familie aller Teilmengen von K. Der markierte Punktprozeß $\Psi \sim \{[X_n, M_n]\}$, bzw. in kanonischer Darstellung $[N_K, \mathcal{N}_\mathcal{K}, P]$, mit diesem Markenraum $[K, \mathcal{K}]$ heißt *semimarkowscher markierter Punktprozeß* (oder *Markowscher Erneuerungsprozeß*), wenn es eine stochastische Matrix $\{p_{ij}; \; i, j \in K\}$ und eine Familie $\{F_{ij}; \; i, j \in K\}$ von Verteilungsfunktionen $F_{ij} : R \to [0, 1]$ nichtnegativer Zufallsgrößen gibt, so daß für jede negative ganze Zahl $l \in G \setminus G_0$, für jedes $m_l \in K$ mit $P(M_l = m_l) > 0$ und für jedes $k \in G_0$ mit $k + l > 0$

$$
P(\{-X_0 > v, X_1 > u\} \cap \bigcap_{\substack{n=l \\ n \neq 0}}^{l+k-1} \{X_{n+1} - X_n < u_n\} \cap \bigcap_{n=l+1}^{l+k} \{M_n = m_n\} \mid \{M_l = m_l\})
$$

$$(8.40)$$

$$
= P(-X_0 > v, X_1 > u \mid M_0 = m_0, M_1 = m_1) \prod_{\substack{n=l \\ n \neq 0}}^{l+k-1} F_{m_n m_{n+1}}(u_n) \prod_{n=l}^{l+k-1} p_{m_n m_{n+1}}
$$

für alle Folgen $\{u_n; \; n \in G \setminus \{0\}\}$ nichtnegativer Zahlen und für alle Folgen $\{m_n; \; n \in G \setminus \{l\}\}$ von Marken aus K gilt; $v, u > 0$. Insbesondere gilt dann

$$
p_{ij} \;=\; P(M_{n+1} = j \mid M_n = i) \qquad \text{für } n \in G \tag{8.41}
$$

und

$$
F_{ij}(u) \;=\; P(X_{n+1} - X_n < u \mid M_n = i, M_{n+1} = j) \qquad \text{für } n \in G \setminus \{0\}, \tag{8.42}
$$

falls $P(M_n = i) > 0$ bzw. $P(M_n = i, M_{n+1} = j) > 0$; $i, j \in K$. Außerdem ergibt
sich aus (8.40), daß die Folge der Paare

$$[X_1, M_1], [X_2 - X_1, M_2], \ldots, [X_{n+1} - X_n, M_{n+1}], \ldots$$

einen Markowschen Prozeß mit diskreter Zeit und dem Zustandsraum $R_+ \times K$
bildet, wodurch auch die Bezeichnung Markowscher Erneuerungsprozeß für $\Psi \sim$
$\{[X_n, M_n]\}$ motiviert ist. Für die Übergangswahrscheinlichkeiten dieses Markowschen Prozesses gilt

$$P(X_{n+1} - X_n < u, M_{n+1} = j \mid X_n - X_{n-1} < u', M_n = i)$$

$$= P(X_{n+1} - X_n < u, M_{n+1} = j \mid M_n = i) \tag{8.43}$$

für $u, u' > 0$; $i, j \in K$, $n > 1$. Dabei wird die Familie von Matrizen $\{\mathbf{Q}(u); u > 0\}$
mit $\mathbf{Q}(u) = \{Q_{ij}(u); i, j \in K\}$ und $Q_{ij}(u) = P(X_{n+1} - X_n < u, M_{n+1} = j \mid M_n = i)$ für $n \geq 1$ *semimarkowscher Kern* genannt.

Wir wollen nun, ausgehend von einem einfachen, $\mathbf{S}^K$-invarianten (vgl. Abschnitt 8.3), semimarkowschen Punktprozeß, die Gestalt der zugehörigen (zeit-)
stationären (d.h., $\mathbf{T}$-invarianten) Verteilung, der Palmschen Verteilungen P^L und
der Palmschen Markenverteilungen $D_L, \emptyset \neq L \in \mathcal{K}$, untersuchen. Hierfür setzen
wir voraus, daß

$$F_{ij}(0 + 0) = 0 \qquad \text{für alle } i, j \in K \tag{8.44}$$

gilt und daß das Gleichungssystem

$$p_j = \sum_{i \in K} p_i p_{ij}, \qquad j \in K, \tag{8.45}$$

eine eindeutig bestimmte Lösung $\{p_j; j \in K\}$ mit den Eigenschaften $p_j > 0$ für
jedes $j \in K$ und $\sum_{j \in K} p_j = 1$ hat.

Es ist klar, daß jeder semimarkowsche markierte Punktprozeß, dessen Verteilungsfunktionen F_{ij} der Bedingung (8.44) genügen, einfach bezüglich K ist.
Außerdem setzen wir voraus, daß

$$0 < \int_0^\infty (1 - F_{ij}(t)) \, dt < \infty \qquad \text{für alle } i, j \in K. \tag{8.46}$$

Durch den Ansatz

$$Q(X_1 = 0) = 1 \tag{8.47}$$

und

$$Q(\bigcap_{n=l}^{l+k-1} \{X_{n+1} - X_n < u_n\} \cap \bigcap_{n=l}^{l+k} \{M_n = m_n\})$$

$$= p_{m_l} \prod_{n=l}^{l+k-1} p_{m_n m_{n+1}} F_{m_n m_{n+1}}(u_n)$$

(8.48)

für alle $l \in G$, $k \in G_0$, für alle Folgen $\{u_n; \, n \in G\}$ nichtnegativer Zahlen und für alle Folgen $\{m_n; \, n \in G\}$ von Marken aus K ist dann eine Verteilung Q auf $\mathcal{N}_{\mathcal{K}}^K$ gegeben.

Q ist die Verteilung eines semimarkowschen Punktprozesses. Weil die durch (8.45) gegebenen Wahrscheinlichkeiten $\{p_j; \, j \in K\}$ die stationäre Anfangsverteilung der Markowschen Kette $\{M_n; \, n \in G_+\}$ mit den Übergangswahrscheinlichkeiten p_{ij} ist, ist die Verteilung Q invariant bezüglich des in Abschnitt 8.3 eingeführten Verschiebungsoperators $\mathbf{S}^K$. Für den Erwartungswert $\mathbf{E}_Q X_2$ gilt

$$\mathbf{E}_Q X_2 \;=\; \sum_{i,j \in K} p_i p_{ij} \int_0^\infty (1 - F_{ij}(t)) \, dt$$

und somit wegen (8.46)

$$0 \;<\; \mathbf{E}_Q X_2 \;<\; \infty \,.$$

Also stimmt Q mit der Palmschen Verteilung $(P_Q)^K$ der durch (8.39) gegebenen stationären, d.h., $\mathbf{T}$-invarianten Verteilung P_Q überein, und für die Intensität $\lambda(K)$ von P_Q gilt $\lambda(K) = (\mathbf{E}_Q X_2)^{-1}$.

Mit Hilfe analoger Überlegungen, die im nichtmarkierten Fall zu der Formel (6.7') führten, ergibt sich aus (8.39), daß P_Q ebenfalls die Verteilung eines semimarkowschen Punktprozesses ist mit

$$P_Q(\{-X_0 > v, X_1 > u\} \cap \bigcap_{\substack{n=l \\ n \neq 0}}^{l+k-1} \{X_{n+1} - X_n < u_n\} \cap \bigcap_{n=l}^{l+k} \{M_n = m_n\})$$

(8.49)

$$= \lambda(K)\, p_{m_0 m_1} \int_{u+v}^\infty (1 - F_{m_0 m_1}(t)) \, dt \; p_{m_l} \prod_{\substack{n=l \\ n \neq 0}}^{l+k+1} p_{m_n m_{n+1}} F_{m_n m_{n+1}}(u_n) \,;$$

$l < 0$, $k + l > 0$, $u_n > 0$, $m_n \in K$, $u, v > 0$.

Somit ist eine Möglichkeit gegeben, ausgehend von einer stochastischen Matrix $\{p_{ij}; \, i,j \in K\}$ und von einer Familie $\{F_{ij}; \, i,j \in K\}$ von Verteilungsfunktionen mit den Eigenschaften (8.44) bis (8.46), einen stationären semimarkowschen Punktprozeß zu konstruieren.

Neben der Palmschen Verteilung $(P_Q)^K = Q$ von P_Q bezüglich des gesamten Markenraumes K läßt sich mit Hilfe der Beziehung (8.29) auch die Palmsche Verteilung $(P_Q)^L$ eines stationären semimarkowschen Punktprozesses bezüglich einer beliebigen nichtleeren Markenmenge $L \in \mathcal{K}$ bestimmen. Aus (8.48) ergibt sich nämlich für die Wahrscheinlichkeiten $D_K(L) = \lambda(L)/\lambda(K)$ die Formel

$$D_K(L) = Q(M_1 \in L) = \sum_{m \in L} p_m , \qquad L \in \mathcal{K} . \tag{8.50}$$

Insbesondere sind also die Intensitäten $\lambda(L)$ für jedes nichtleere $L \in \mathcal{K}$ positiv (und endlich). Aus (8.29) ergibt sich somit

$$(P_Q)^L(A) = \frac{Q(A \cap \{M_1 \in L\})}{\sum_{m \in L} p_m} \tag{8.51}$$

für jedes nichtleere $L \in \mathcal{K}$ und für $A \in \mathcal{N}_K$, wobei Q durch (8.48) gegeben ist. Für die Palmsche Markenverteilung $\{D_L(L'); L' \in \mathcal{K}_L\}$ gilt

$$D_L(L') = \frac{D_K(L')}{D_K(L)} = \frac{\sum_{m \in L'} p_m}{\sum_{m \in L} p_m} ; \qquad \emptyset \neq L \in \mathcal{K} . \tag{8.52}$$

Mit Hilfe der Formeln (8.13') und (8.49) lassen sich auch die mehrfachen Palmschen Markenverteilungen von P_Q durch die Bestimmungsstücke $\{p_{ij}; i, j \in K\}$ und $\{F_{ij}; i, j \in K\}$ ausdrücken. Wir wollen dies am Beispiel der zweifachen Palmschen Markenverteilung $D_{x_1,x_2} = D_{x_1,x_2;K,K}$ eines alternierenden rekurrenten Punktprozesses verdeutlichen. In diesem Fall gilt $K = \{0,1\}$, $p_{01} = p_{10} = 1$, $p_{00} = p_{11} = 0$, $F_{10} = F_1, F_{01} = F_0$ (vgl. Abschnitt 8.1). Wir setzen voraus, daß die Verteilungsfunktionen F_0 und F_1 stetige, in $(0, \infty)$ positive Dichten besitzen. Für $x_1 \neq x_2$ und $i, j \in \{0,1\}$ ergibt sich dann aus (8.13') und (8.49)

$$D_{x_1,x_2}(\{i,j\}) = \lim_{k \to \infty} \frac{H_{ij}(|x_1 - x_2| + \frac{1}{k}) - H_{ij}(|x_1 - x_2| - \frac{1}{k})}{\sum_{i,j=0}^{1} [H_{ij}(|x_1 - x_2| + \frac{1}{k}) - H_{ij}(|x_1 - x_2| - \frac{1}{k})]}$$

$$= \frac{h_{ij}(|x_1 - x_2|)}{\sum_{i,j=0}^{1} h_{ij}(|x_1 - x_2|)} ,$$

wobei $H_{ij}(t)$ die Erneuerungsfunktion $H_{ij}(t) = \sum_{k=0}^{\infty} \tilde{F}_{ij} * (F_0 * F_1)^{*k}(t)$ und $h_{ij}(t)$ ihre Ableitung bezeichnet;

$$\tilde{F}_{ij}(t) = \begin{cases} F_0 * F_1(t) & \text{für } i = j , \\ F_i(t) & \text{für } i \neq j . \end{cases}$$

Abschließend wollen wir in diesem Abschnitt kurz auf zufällige Prozesse mit stetiger Zeit eingehen, die von einem semimarkowschen markierten Punktprozeß $\Psi \sim \{[X_n, M_n]\}$ mit der Verteilung P abgeleitet werden. Dabei sei $\{N(t); t \in R\}$ der durch (2.13) gegebene Zählprozeß; $N(t) = \max\{n : X_n < t\}$. Der zufällige Prozeß $\{M(t); t \in R\}$ mit $M(t) = M_{N(t)}$, so daß $M(t)$ also die Marke desjenigen links von t liegenden Punktes von Ψ mit der größten Nummer ist, wird dann *semimarkowscher Prozeß* genannt. Der zufällige Prozeß $\{M(t); t \in R\}$ ist über dem kanonischen Wahrscheinlichkeitsraum $[N_K, \mathcal{N}_K, P]$ von Ψ definiert. Er ist ein im engeren Sinne stationärer Prozeß, falls Ψ stationär ist. Der nichtmarkierte Punktprozeß $\Psi \sim \{X_n\}$ und der semimarkowsche Punktprozeß $\Psi \sim \{[X_n, M_n]\}$ sind dann in den zufälligen Prozeß $\{N(t); t \in R\}$ bzw. $\{M(t); t \in R\}$ eingebettete Punktprozesse (vgl. auch Abschnitt 9.1).

Der Vektorprozeß $\{(Y(t), M(t)); t \in R\}$, wobei $Y(t) = X_1(\mathbf{T}_t \Psi) = X_{N(t)+1} - t$ die Vorwärtsrestzeit zum Zeitpunkt t bezeichnet, ist ein Markowscher Prozeß mit stetiger Zeit und dem Zustandsraum $R_+ \times K$. Er ist ebenfalls stationär, falls Ψ stationär ist. Im Gegensatz zu der bei rekurrenten Punktprozessen vorliegenden Situation (vgl. Abschnitt 5.1) ist der von einem semimarkowschen Punktprozeß abgeleitete Prozeß $\{Y(t); t \in R\}$ der Vorwärtsrestzeit selbst im allgemeinen nicht Markowsch (vgl. Aufgabe 8.5.7).

So wie dies in Abschnitt 5.1 für rekurrente Punktprozesse getan wurde, läßt sich auch für einen bezüglich K einfachen semimarkowschen Punktprozeß Ψ mit der Eigenschaft $P(\Psi(R \times K) = 0) = 0$ zeigen, daß Ψ genau dann stationär ist, wenn seine Verteilung die in (8.49) angegebene Gestalt hat. Für die eindimensionale (Rand-)Verteilung $\{P(M(t) = m); m \in K\}$ des stationären semimarkowschen Prozesses $\{M(t); t \in R\}$ der von einem bezüglich K einfachen stationären semimarkowschen Punktprozeß Ψ mit den Bestimmungsstücken $\{p_i\}, \{p_{ij}\}, \{F_{ij}\}$ abgeleitet wird, ergibt sich somit aus (8.49) die Formel

$$P(M(t) = m) \;=\; P(M(0) = m) \;=\; P(M_0 = m)$$

$$= \frac{\displaystyle\sum_{j \in K} p_m p_{mj} \int\limits_0^\infty (1 - F_{mj}(t))\, dt}{\displaystyle\sum_{i,j \in K} p_i p_{ij} \int\limits_0^\infty (1 - F_{ij}(t))\, dt} \;; \qquad m \in K \,. \tag{8.53}$$

8.5 Ergodische und mischende markierte Punktprozesse

In Verallgemeinerung der in Kapitel 7 eingeführten Klassen von Punktprozessen definieren wir in diesem Abschnitt die Begriffe des ergodischen bzw. des mischenden markierten Punktprozesses und geben Beispiele hierfür an.

Es sei Ψ, d.h. $[N_K, \mathcal{N}_K, P]$, ein einfacher stationärer markierter Punktprozeß mit $\lambda < \infty$. Wir nennen Ψ *ergodisch* bzw. *mischend*, wenn $[N_K, \mathcal{N}_K, P, \mathbf{T}]$ mit der in Abschnitt 8.3 definierten Familie von Verschiebungsoperatoren $\mathbf{T} = \{\mathbf{T}_x; x \in R\}$ ein ergodisches bzw. mischendes dynamisches System ist. Analog heißt für jedes $L \in \mathcal{K}$ mit $0 < \lambda(L) < \infty$ die in (8.28) gegebene Palmsche Verteilung P^L *ergodisch* bzw. *mischend*, wenn das dynamische System $[N_K^L, \mathcal{N}_\mathcal{K}{}^L, P^L], \{(\mathbf{S}^L)^n; n \in G\}]$ ergodisch bzw. mischend ist. Den Grenzwert

$$I^L(\psi) \;=\; \lim_{t \to \infty} \frac{1}{t}\, \psi([0, t) \times L) \;=\; \lim_{t \to \infty} \frac{1}{2t}\, \psi([-t, t) \times L) \tag{8.54}$$

nennen wir *individuelle L-Intensität* von $\psi \in N_K$. Somit ist $I^L(\psi)$ die individuelle Intensität derjenigen Punkte von $\psi \in N_K$, die eine Marke aus $L \in \mathcal{K}$ haben (der sogenannten *L-Punkte*).

Genauso wie Satz 7.3.1 bzw. Folgerung 7.3.2 erhalten wir das folgende Ergebnis aus dem individuellen Ergodensatz in Lemma 7.1.1.

Satz 8.5.1 *Für jedes $L \in \mathcal{K}$ existiert der Grenzwert $I^L(\psi)$ in (8.54) für P-fast jedes $\psi \in N_K$, und es gilt*

$$\mathbf{E}I^L(\Psi) \;=\; \lambda(L)\,. \tag{8.55}$$

Ist Ψ ergodisch, dann gilt darüber hinaus

$$I^L(\psi) \;=\; \lambda(L) \qquad \text{P-fast sicher}\,. \tag{8.56}$$

Außerdem gelangt man so wie in Satz 7.3.3 ohne weiteres zu der folgenden Aussage.

Satz 8.5.2 *Der markierte Punktprozeß Ψ bzw. $[N_K, \mathcal{N}_K, P]$ sei ergodisch. Für jedes $L \in \mathcal{K}$ mit $P(\psi : \psi(R \times L) = 0) = 0$ und $0 < \lambda(L) < \infty$ und für jedes $A \in \mathcal{N}_\mathcal{K}{}^L$ gilt dann*

$$\begin{aligned}
P^L(A) &= \lim_{t \to \infty} \frac{1}{\psi([0, t) \times L)} \int\limits_{[0,t)} \mathbf{1}_A(\mathbf{T}_x \psi)\, \psi(dx \times L) \\[2ex]
&= \lim_{t \to \infty} \frac{1}{\psi([-t, t) \times L)} \int\limits_{[-t,t)} \mathbf{1}_A(\mathbf{T}_x \psi)\, \psi(dx \times L)
\end{aligned} \tag{8.57}$$

für P-fast jedes $\psi \in N_K$.

Die Palmsche Wahrscheinlichkeit $P^L(A)$ eines ergodischen markierten Punktprozesses Ψ kann somit als Wahrscheinlichkeit gedeutet werden, daß Ψ von einem zufällig ausgewählten L-Punkt dieses Punktprozesses aus gesehen in A liegt. Analog zu der in Kapitel 7 benutzten Sprechweise wird dieser an sich fiktive, „zufällig herausgegriffene" L-Punkt von Ψ *typischer L-Punkt* genannt.

Folgerung 8.5.3 *Unter den Bedingungen des Satzes 8.5.2 gilt für jedes* $L' \in \mathcal{K}_L = \mathcal{K} \cap L$

$$D_L(L') \;=\; \lim_{t \to \infty} \frac{\psi([0,t) \times L')}{\psi([0,t) \times L)} \;=\; \lim_{t \to \infty} \frac{\psi([-t,t) \times L')}{\psi([-t,t) \times L)} \qquad (8.58)$$

für P-fast jedes $\psi \in N_K$.

Beweis Die Behauptung ergibt sich unmittelbar aus (8.21) und (8.56). $\square$

Die durch (8.21) gegebene bedingte Palmsche Markenverteilung D_L eines ergodischen Punktprozesses kann also als die Verteilung der Marke eines typischen L-Punktes gedeutet werden.

Ähnlich wie in Folgerung 7.2.2 läßt sich die Ergodizität der Verteilung P von Ψ durch die Ergodizität der Palmschen Verteilung P^L charakterisieren.

Satz 8.5.4 *Die Verteilung P von Ψ ist genau dann ergodisch, wenn für ein (und damit für jedes) $L \in \mathcal{K}$ mit $P(\psi : \psi(R \times L) = 0) = 0$ und $0 < \lambda(L) < \infty$ die Palmsche Verteilung P^L ergodisch ist.*

Der **Beweis** verläuft so wie der Beweis des Satzes 7.2.1 bzw. der Folgerung 7.2.2.

Auch die in Abschnitt 7.4 unter gewissen Mischungsbedingungen angegebenen Konvergenzsätze lassen sich auf markierte Punktprozesse übertragen. Wir formulieren nun diese verallgemeinerten Konvergenzaussagen, ohne dabei auf die Beweise einzugehen, die völlig analog zum nichtmarkierten Fall verlaufen.

Satz 8.5.5 *Es sei Ψ ein einfacher stationärer markierter Punktprozeß. Für jedes $L \in \mathcal{K}$ mit $P(\psi : \psi(R \times L) = 0) = 0$ und $0 < \lambda(L) < \infty$, für das die durch (8.28) gegebene Palmsche Verteilung P^L mischend ist, gilt*

$$\lim_{n \to \infty} P(\psi : \mathbf{T}_{X_n^L(\psi)}\psi \in A) \;=\; P^L(A) \qquad (8.59)$$

für jedes $A \in \mathcal{N}_K{}^L$. Wenn P mischend ist, dann gilt für jedes solche $L \in \mathcal{K}$

$$\lim_{t \to \infty} P^L(\psi : \mathbf{T}_t\psi \in A) \;=\; P(A) \qquad (8.60)$$

für jede Stetigkeitsmenge $A \in \mathcal{N}_K$ bezüglich P.

Es ist klar, daß jeder unabhängig markierte Punktprozeß $\Psi \sim \{[X_n, M_n]\}$ ergodisch bzw. mischend ist, wenn der zugrundeliegende nichtmarkierte Punktprozeß $\Phi \sim \{X_n\}$ ergodisch bzw. mischend ist (vgl. Aufgabe 8.6.9). Ein Beispiel eines mischenden markierten Punktprozesses mit abhängigen Marken, der dann auch ergodisch ist (vgl. Lemma 7.1.4), ist durch den semimarkowschen markierten

Punktprozeß mit der in (8.49) gegebenen Verteilung gegeben, falls die Verteilungs-funktionen F_{ij} nichtarithmetisch sind; $i, j \in K$. Um dies zu beweisen, kann man so wie im Beweis des Satzes 7.4.4 vorgehen, wenn dabei anstelle des Satzes 5.1.4 der Ergodensatz von Pyke für semimarkowsche Prozesse (vgl. Satz 9.1 in Störmer (1970)) benutzt wird.

Analog zu den in Abschnitt 7.5 für rekurrente Punktprozesse hergeleiteten Be-dingungen geben wir nun Bedingungen dafür an, daß $\Phi \sim \{X_n\}$ ein B-mischender Punktprozeß ist, wobei angenommen wird, daß sich $\Phi \sim \{X_n\}$ aus einem sta-tionären semimarkowschen markierten Punktprozeß $\Psi \sim \{[X_n, M_n]\}$ durch We-glassen der Marken ergibt. Hierfür setzen wir voraus, daß Ψ einfach bezüglich des gesamten Markenraumes $K = \{0, 1, \ldots, r\}$ ist. Dann ist auch der (nichtmar-kierte) Punktprozeß Φ einfach. Außerdem setzen wir voraus, daß die Markowsche Kette $\{M_n; n \in G_+\}$ irreduzibel und aperiodisch ist.

Für jedes $B \in \mathcal{R}$ und für $i, j \in K$ verwenden wir die Bezeichnung

$$\alpha^{ij}(B) = \mathbf{E}\Psi^{\{i\}}(B \times \{j\}), \qquad (8.61)$$

wobei der Punktprozeß $\Psi^{\{i\}}$ gemäß der Palmschen Verteilung $P^{\{i\}}$ von Ψ verteilt ist.

Dabei deuten wir $\alpha^{ij}(B)$ als den bedingten Erwartungswert der Anzahl der $\{j\}$-Punkte von Ψ in der Menge B unter der Bedingung, daß im Nullpunkt ein $\{i\}$-Punkt von Ψ liegt.

Für jedes $j \in K$ ist der Punktprozeß $\Phi_j \sim \{X_n^{\{j\}}\}$ rekurrent, der aus der Teilfolge $\{X_n^{\{j\}}\}$ derjenigen Punkte X_n des semimarkowschen Punktprozesses $\Psi \sim \{[X_n, M_n]\}$ besteht, deren Marke M_n gleich j ist (vgl. Aufgabe 8.6.5). Man kann deshalb die Überlegungen nutzen, die in Abschnitt 7.5 für B-mischende rekurrente Punktprozesse enthalten sind.

Analog zu Lemma 7.5.9 gilt für das Kovarianzmaß $\widehat{\alpha}_n$ von Φ

$$\widehat{\alpha}_n \left(d\{u_1, \ldots, u_n\} \right)$$
$$= \sum_{m_1, \ldots, m_n \in K} \prod_{l=2}^{n} [\alpha^{m_{l-1} m_l}(du_l - u_{l-1}) - \lambda(\{m_l\}) du_l] \, \lambda(\{m_1\}) \, du_1 \quad (8.62)$$

für jedes $n \in G_+$ und für jedes n-Tupel $(u_1, \ldots, u_n) \in R^n$ mit $u_1 < u_2 < \cdots < u_n$. So wie im Beweis des Satzes 7.5.10 folgt hieraus und aus Lemma 7.5.8 für jedes $n \in G_+$, daß die Totalvariation des n-ten reduzierten faktoriellen Kumulantenmaßes $\gamma_n^{(\text{red})}$ von Φ endlich ist, falls

$$\int_0^\infty u^{n-2} \left| \alpha^{ij}(du) - \lambda(\{j\}) \, du \right| < \infty \qquad (8.63)$$

für alle $i, j \in K$ gilt. Um eine hinreichende Bedingung für die Gültigkeit von (8.63) zu erhalten, genügt es zu beachten, daß Lemma 7.5.4 nicht nur für gewöhnliche, sondern in etwas anderer Form auch für modifizierte Erneuerungsprozesse gilt. Hierfür bezeichne $\{G_{ij};\, i,j \in K\}$ die Familie der Verteilungsfunktionen G_{ij} : $R \to [0,1]$ mit $G_{ij}(u) = Q(X_{n+1}^{\{j\}} - X_n^{\{j\}} < u \mid M_n = i)$, wobei Q durch (8.48) gegeben ist; $n \in G_+$. Es gilt dann (8.63), falls

$$\int_0^\infty u^n\, dG_{ij}(u) < \infty\,, \qquad \int_0^\infty u^n\, dG_{jj}(u) < \infty \tag{8.64}$$

und falls die Verteilungsfunktion G_{jj} eine absolutstetige Komponente hat (vgl. Stone (1966)). Hierfür wiederum ist hinreichend, daß für ein gewisses $\{i_0, j_0\} \in K \times K$ die in (8.42) gegebene Verteilungsfunktion $F_{i_0 j_0}$ eine absolutstetige Komponente hat und $p_{i_0 j_0} > 0$ gilt (vgl. Aufgabe 8.6.6). Die Bedingung (8.64) ist erfüllt, wenn

$$\int_0^\infty u^n\, dF_{ij}(u) < \infty \qquad \text{für alle } i,j \in K\,. \tag{8.65}$$

Dies kann man ebenfalls mit Hilfe der in Aufgabe 8.6.6 angegebenen Formel nachweisen, aus der sich

$$\int_0^\infty u^n\, dG_{ij}(u) = p_{ij} \int_0^\infty u^n\, dF_{ij}(u) +$$
$$+ \sum_{k=1}^\infty \sum_{m_1,\ldots,m_k \in K\backslash\{j\}} p_{i m_1} \cdots p_{m_k j} \int_0^\infty u^n\, d(F_{i m_1} * \cdots * F_{m_k j})(u) \tag{8.66}$$

ergibt. Die Endlichkeit des ersten Summanden in (8.66) folgt dabei unmittelbar aus (8.65), während sich die Endlichkeit des zweiten Summanden in (8.66) aus der Abschätzung

$$\int_0^\infty u^n\, d(F_{i m_1} * \cdots * F_{m_k j})(u) \leq (k+1)^n \max_{m,m' \in K} \int_0^\infty u^n\, dF_{mm'}(u)$$

und aus der Tatsache ergibt, daß für die Übergangswahrscheinlichkeiten p_{ij} der irreduziblen aperiodischen Markowschen Kette $\{M_n;\, n \in G_+\}$ mit endlich vielen Zuständen

$$\sum_{m_1,\ldots,m_k \in K\backslash\{j\}} p_{i m_1} \cdots p_{m_k j} \leq c\, q^{k+1}$$

für alle $i, j \in K$ und $k \in G_+$ gilt, wobei c und q absolute Konstanten mit $0 < c < \infty$, $0 < q < 1$ sind (vgl. Borowkow (1976), Satz 7 in Kapitel 11). Der zweite Summand in (8.66) läßt sich also durch

$$c \max_{m,m' \in K} \int_0^\infty u^n \, dF_{mm'}(u) \sum_{k=1}^\infty (k+1)^n \, q^{k+1} \; < \; \infty$$

abschätzen. Insgesamt erhalten wir also das folgende Ergebnis.

Satz 8.5.6 *Der stationäre Punktprozeß $\Phi \sim \{X_n\}$, der sich aus dem semimarkowschen markierten Punktprozeß $\Psi \sim \{[X_n, M_n]\}$ durch Weglassen der Marken ergibt, ist B-mischend, wenn für ein gewisses $\{i, j\} \in K \times K$ die in (8.42) gegebene Verteilungsfunktion F_{ij} eine absolutstetige Komponente hat und $p_{ij} > 0$ gilt und wenn die Bedingung (8.65) für jedes $n \in G_+$ erfüllt ist.*

8.6 Aufgaben

8.6.1. Es sei $\Psi \sim \{[X_n, M_n]\}$ ein stationärer markierter Punktprozeß. Man zeige, daß dann auch der (nicht-)markierte Punktprozeß $\Phi \sim \{X_n\}$, der sich aus Ψ durch Weglassen der Marken ergibt, stationär ist. Man gebe außerdem ein Beispiel dafür an, daß sich aus der Stationarität von Φ im allgemeinen nicht die Stationarität von Ψ ergibt.

8.6.2. Es sei $\Psi \sim \{[X_n, M_n]\}$ ein stationärer markierter Punktprozeß mit dem Markenraum K. Es gelte $0 < \lambda(K) < \infty$ und $P(\Psi(R \times K) = 0) = 0$, und es sei $f : R \times K \to R$ eine $(\mathcal{R} \otimes \mathcal{K}, \mathcal{R})$-meßbare Funktion mit der Eigenschaft $\int_R \int_K |f(x, m)| \, D(dm) dx < \infty$, wobei $D = D_K$ die Palmsche Markenverteilung von Ψ ist. Man zeige, daß dann der durch $Z(t) = \sum_{n \in G} f(t - X_n, M_n)$ gegebene zufällige Prozeß $\{Z(t); t \in R\}$ wohldefiniert (Konvergenz der unendlichen Summe) und im engeren Sinne stationär ist.

8.6.3. Man beweise den Satz 8.3.7.

8.6.4. Es sei $\Psi \sim \{[X_n, M_n]\}$ ein stationärer semimarkowscher Punktprozeß mit dem Markenraum $K = \{0, 1\}$. Für $m = 1, 2$ bestimme man die Intensität $\lambda(\{m\})$ derjenigen Punkte von Ψ, deren Marke gleich m ist, und zwar im Fall, daß 1) $p_{01} = p_{10} = 1$ und $p_{00} = p_{11} = 0$ (d.h., Ψ ist ein alternierender rekurrenter Punktprozeß) sowie 2) $p_{ij} = \frac{1}{2}$ für $i, j \in K$.

8.6.5. Man zeige, daß für jedes $m \in K$ die Teilfolge $\{X_n^{\{m\}}\}$ derjenigen Punkte X_n eines semimarkowschen Punktprozesses $\Psi \sim \{[X_n, M_n]\}$, deren Marke M_n gleich m ist, einen rekurrenten Punktprozeß bildet.

8.6.6. Es sei $\Psi \sim \{[X_n, M_n]\}$ ein semimarkowscher Punktprozeß mit der durch (8.48) gegebenen Verteilung Q. Man zeige, daß dann für jedes $m \in K$ die Wahrscheinlichkeit $Q(X_{n+1}^{\{m\}} - X_n^{\{m\}} < u \mid M_n = m)$ durch

$$Q(X_{n+1}^{\{m\}} - X_n^{\{m\}} < u \mid M_n = m)$$
$$= Q_{mm}(u) + \sum_{k=1}^{\infty} \sum_{m_1,\ldots,m_k \in K \setminus \{m\}} (Q_{mm_1} * Q_{m_1 m_2} * \cdots * Q_{m_k m})(u)$$

gegeben ist; $u > 0$.

8.6.7. Man zeige, daß der von einem semimarkowschen Punktprozeß abgeleitete zufällige Vektorprozeß $\{(Y(t), M(t)); t \in R\}$ Markowsch ist. Außerdem gebe man ein Beispiel dafür an, daß der Prozeß $\{Y(t); t \in R\}$ der Vorwärtsrestzeiten selbst im allgemeinen nicht Markowsch zu sein braucht.

8.6.8. Man bestimme die zweifache Palmsche Markenverteilung D_{x_1, x_2} eines stationären semimarkowschen Punktprozesses mit $K = \{0, 1, 2\}$ und $p_{01} = p_{12} = p_{20} = 1$.

8.6.9. Man weise nach, daß jeder unabhängig markierte Punktprozeß $\Psi \sim \{[X_n, M_n]\}$ ergodisch bzw. mischend ist, wenn der zugrundeliegende nichtmarkierte Punktprozeß $\Phi \sim \{X_n\}$ ergodisch bzw. mischend ist.

8.6.10. Es sei $\{X_n'\}$ ein Punktprozeß, der durch die folgende Verdünnungsvorschrift aus einem stationären, unabhängig markierten Punktprozeß $\Psi \sim \{[X_n, M_n]\}$ hervorgeht, wobei die Marken M_n gleichverteilt im Intervall $[0, 1]$ seien. Es sei $c > 0$ eine beliebige positive Zahl. Der Punkt $X_n(\psi)$ von $\psi \in N_{[0,1]}$ wird gestrichen, wenn im Intervall $(X_n(\psi) - c, X_n(\psi) + c)$ ein weiterer Punkt $X_m(\psi)$ von ψ mit $M_m(\psi) < M_n(\psi)$ liegt. Man zeige, daß der Punktprozeß $\{X_n'\}$ derjenigen Punkte von $\{X_n\}$, die nicht gestrichen werden (der in der Literatur *Hard-Core-Prozeß* genannt wird), ergodisch bzw. mischend ist, wenn der ursprünglich vorliegende Punktprozeß $\{X_n\}$ ergodisch bzw. mischend ist.

Kapitel 9

Zufällige Prozesse mit eingebetteten markierten Punktprozessen. Bedienungsprozesse

Bei Modellen der Bedienungs-, Zuverlässigkeits- bzw. Lagerhaltungstheorie treten im Zusammenhang mit markierten Punktprozessen, die beispielsweise den Input solcher Modelle beschreiben können, auch zufällige Prozesse mit stetiger Zeit auf, die als Funktional eines markierten Punktprozesses aufgefaßt werden können. Ein einfaches Beispiel dieser Art sind die in Abschnitt 5.1 eingeführten Prozesse der Vorwärtsrestzeit bzw. der Rückwärtsrestzeit, bei deren Definition allerdings Marken noch keine Rolle spielen. Eine Verallgemeinerung auf den markierten Fall ist durch die Vektoren $(Y(t), M(t))$, bestehend aus der Restzeit $Y(t)$ und der Marke $M(t)$ des letzten Punktes vor dem Zeitpunkt $t \in R$, gegeben. In Abschnitt 8.4 wurden solche Vektoren $(Y(t), M(t))$ für semimarkowsche markierte Punktprozesse betrachtet, wobei $Y(t)$ je nachdem, welchen Wert $M(t)$ annimmt, als Restlebenszeit, Restreparaturzeit, Restpausenzeit zwischen zwei aufeinanderfolgenden Ankunftszeitpunkten von Bedienungsforderungen, Restbedienungszeit etc. zum Zeitpunkt t aufgefaßt werden kann. Der semimarkowsche markierte Punktprozeß selbst ist dann aus der Sicht des zufälligen Prozesses $\{(Y(t), M(t)); t \in R\}$ mit stetiger Zeit ein eingebetteter markierter Punktprozeß.

In Abschnitt 9.1 führen wir zunächst eine allgemeine Klasse von zufälligen Prozessen mit eingebetteten markierten Punktprozessen ein, die kurz PMP genannt werden. Außerdem werden in diesem Abschnitt Beispiele von PMP mit einer speziellen Struktur betrachtet: Prozesse mit eingebetteten Markowschen Ketten oder mit eingebetteten Markowschen Prozessen, semimarkowsche Prozesse, regenerative Prozesse bzw. semiregenerative Prozesse. In Abschnitt 9.2 des vorliegenden Kapitels betrachten wir anhand zweier Bedienungssysteme weitere Beispiele von zufälligen Prozessen mit stetiger Zeit, die über dem kanonischen Wahrscheinlichkeitsraum $[N_K, \mathcal{N}_K, P]$ eines zufälligen markierten Punktprozesses, nämlich des markierten Eingangsstromes dieser Bedienungssysteme, definiert sind. Es sind dies die Prozesse der Anzahl von Forderungen bzw. der anstehenden Arbeit im System sowie der Prozeß der virtuellen Wartezeit.

Ausgehend von einem Intensitätserhaltungsprinzip für PMP leiten wir in Abschnitt 9.3 eine allgemeine Beziehung zwischen' verschiedenartigen stationären Charakteristiken von PMP her. In Abschnitt 9.4 erläutern wir deren Anwendungsmöglichkeiten bei der Herleitung von Beziehungen zwischen zeitstationären und Palmschen (d.h. forderungenstationären) Charakteristiken des Wartezeitprozesses in Einbedienersystemen. Darüber hinaus zeigen wir, wie diese Beziehungen bei der Bestimmung der stationären Verfügbarkeit eines Zuverlässigkeitssystems angewendet werden können.

In Abschnitt 9.5 geben wir Bedingungen dafür an, daß ein PMP die Eigenschaft EPSTA (embedded points see time averages) hat, d.h., daß sich seine eindimensionale zeitstationäre (Rand-)Verteilung unmittelbar aus der Palmschen Markenverteilung des zugehörigen eingebetteten markierten Punktprozesses ergibt. Dabei ist es für die Gültigkeit der Eigenschaft EPSTA nicht notwendig, daß die eingebetteten Punkte einen Poisson-Prozeß bilden. Insofern ist diese Begriffsbildung eine Verallgemeinerung der in der Fachliteratur als PASTA (Poisson arrivals see time averages) bezeichneten Eigenschaft . Wir weisen nach, daß ein stationärer PMP genau dann die Eigenschaft EPSTA hat, wenn eine bestimmte Familie von bedingten Intensitäten der eingebetteten Punkte mit der unbedingten Intensität dieser Punkte übereinstimmt. Schließlich zeigen wir in Abschnitt 9.6 am Beispiel von Bedienungsprozessen, wie sich die Palmschen bzw. zeitstationären Charakteristiken eines stationären PMP, die in dem vorliegenden Kapitel betrachtet werden, als Grenzverteilungen von eingebetteten bzw. nichteingebetteten Größen eines entsprechenden instationären PMP ergeben.

9.1 Definition und spezielle Klassen eingebetteter Prozesse

Wir führen zunächst eine allgemeine Klasse von zufälligen Prozessen ein, in die zufällige markierte Punktprozesse eingebettet sind. Sie umfaßt insbesondere Prozesse mit eingebetteten Markowschen Ketten oder mit eingebetteten Markowschen Prozessen, semimarkowsche Prozesse bzw. regenerative Prozesse.

Sei $\{Z(t); t \in R\}$ ein zufälliger Prozeß über dem Wahrscheinlichkeitsraum $[\Omega, \mathcal{F}, \mathbf{P}]$ mit dem Zustandsraum $[J, \mathcal{J}]$, wobei $J \in \mathcal{R}^d$ (oder allgemeiner: J ein polnischer Raum) und $\mathcal{J}$ die σ-Algebra der Borel-Mengen von J ist. Dabei wird in diesem Abschnitt zunächst ein nicht näher beschriebener Wahrscheinlichkeitsraum $[\Omega, \mathcal{F}, \mathbf{P}]$ betrachtet, der dann bei den im weiteren behandelten Anwendungen auf Bedienungsprozesse mit dem kanonischen Wahrscheinlichkeitsraum des markierten Eingangsstromes übereinstimmt.

Die Realisierungen von $\{Z(t); t \in R\}$ mögen linksseitig stetig sein und rechtsseitige Grenzwerte besitzen. Außerdem sei $\Psi_Z \sim \{[X_n, (Z(X_n), Z(X_n + 0))]\}$ ein einfacher markierter Punktprozeß über demselben Wahrscheinlichkeitsraum $[\Omega, \mathcal{F}, \mathbf{P}]$ mit dem Markenraum $[J \times J, \mathcal{J} \otimes \mathcal{J}]$. Die Marke des Punktes X_n besteht also für jedes n aus den Werten des Prozesses $\{Z(t); t \in R\}$ im Punkt X_n und unmittelbar danach.

Das Paar $[\{Z(t)\}, \Psi_Z]$ heißt *zufälliger Prozeß mit eingebettetem markierten Punktprozeß* (kurz: PMP). Die Punkte X_n heißen *eingebettete Punkte* (oder *Basispunkte*) des Prozesses $\{Z(t); t \in R\}$, und der Punktprozeß $\Phi \sim \{X_n\}$ der Basispunkte heißt *eingebetteter Punktprozeß*. Ψ_Z selbst wird *eingebetteter markierter Punktprozeß* genannt.

Ein einfaches Beispiel eines PMP ist der in Abschnitt 8.4 betrachtete semimarkowsche Prozeß $\{M(t); t \in R\}$, dessen eingebetteter markierter Punktprozeß $\Psi_M \sim \{[X_n, (M(X_n), M(X_n + 0))]\} = \{[X_n, (M_{n-1}, M_n)]\}$ lediglich eine modifizierte Darstellungsform des zugrundeliegenden semimarkowschen markierten Punktprozesses $\Psi \sim \{[X_n, M_n]\}$ ist. Die Folge $\{M(X_n); n \in G\} = \{M_{n-1}; n \in G\}$ ist in diesem Fall eine *eingebettete Markowsche Kette*. Die Rolle des Raumes $[\Omega, \mathcal{F}, \mathbf{P}]$ spielt der kanonische Wahrscheinlichkeitsraum $[N_K, \mathcal{N}_K, P]$ von Ψ.

Darüber hinaus kann man auch den in Abschnitt 8.4 betrachteten Vektorprozeß $\{(Y(t), M(t)); t \in R\}$ als PMP auffassen, der ein Markowscher Prozeß mit stetiger Zeit ist. Der eingebettete markierte Punktprozeß

$$\Psi_{[Y,M]} \sim \big\{\, [X_n, ((Y(X_n), M(X_n)), (Y(X_n + 0), M(X_n + 0)))] \big\}$$

hat die Gestalt

$$\Psi_{[Y,M]} \sim \big\{ [X_n, ((0, M_{n-1}), (X_{n+1} - X_n, M_n))] \big\} \,,$$

wobei die Folge

$$(X_1, M_1), (X_2 - X_1, M_2), \ldots, (X_{n+1} - X_n, M_{n+1}), \ldots$$

einen *eingebetteten Markowschen Prozeß* mit diskreter Zeit bildet. Diese beiden Beispiele eines PMP $[\{Z(t)\}, \Psi_Z]$ sind so beschaffen, daß der Zufall in den Prozeß $\{Z(t); t \in R\}$ jeweils nur zu den eingebetteten Punkten X_n eingreift und $\{Z(t); t \in R\}$ zwischen diesen Punkten deterministisch verläuft. Das hat insbesondere zur Folge, daß für den Raum $[\Omega, \mathcal{F}, \mathbf{P}]$ der kanonische Wahrscheinlichkeitsraum des zugehörigen eingebetteten markierten Punktprozesses Ψ_Z gewählt werden kann.

Bei Anwendungen interessieren aber auch zufällige Prozesse mit eingebetteten markierten Punktprozessen, die zwischen den eingebetteten Punkten ebenfalls ein zufälliges Verhalten aufweisen. Ein solcher Effekt läßt sich auch bei den obengenannten Beispielen erzielen, wenn der ursprünglich vorliegende eingebettete Punktprozeß $\{X_n\}$ verdünnt und nur bestimmte Punkte der Folge $\{X_n\}$ als eingebettete Punkte betrachtet werden.

Um dies näher zu erläutern, wählen wir eine nichtleere echte Teilmenge $L \subset K$ des Markenraumes $K = \{0, 1, 2, \ldots, r\}$ des semimarkowschen markierten Punktprozesses $\Psi \sim \{[X_n, M_n]\}$ und die Teilfolge $\{X_n^L\}$ derjenigen Punkte aus $\{X_n\}$, deren Marke zu L gehört. Dann ist der semimarkowsche Prozeß $\{M(t);\ t \in R\}$ mit dem eingebetteten markierten Punktprozeß $\Psi_M^L \sim \{[X_n^L, (M(X_n^L), M(X_n^L + 0))]\}$ ein PMP, dessen Verhalten zwischen den eingebetteten Punkten X_n^L im allgemeinen zufällig ist. Bezüglich der eingebetteten Punkte X_n^L ist $\{M(t);\ t \in R\}$ ein semiregenerativer Prozeß (vgl. die Ausführungen am Ende des vorliegenden Abschnittes).

Falls die Menge L aus genau einem Element besteht ($L = \{m\}$ mit $m \in K$), ist der eingebettete Punktprozeß $\{X_n^{\{m\}}\}$ rekurrent (vgl. Aufgabe 8.6.5). Bezüglich $\{X_n^{\{m\}}\}$ ist dann der semimarkowsche Prozeß $\{M(t);\ t \in R\}$ ein regenerativer Prozeß.

Dabei heißt ein PMP $[\{Z(t)\}, \Psi_Z]$ *regenerativer Prozeß* mit den *Regenerations-* oder *Erneuerungspunkten* X_n und den *Zyklen* $[X_{n+1} - X_n, \{Z(t); X_n < t < X_{n+1}\}]$, $n \in G$, wenn die Zyklen eine Folge unabhängiger und, möglicherweise mit Ausnahme des nullten Gliedes, identisch verteilter Zufallsvariablen bilden. Hieraus folgt, daß dann $\{X_n\}$ ein rekurrenter Punktprozeß ist. Er wird der in $\{Z(t); t \in R\}$ *eingebettete rekurrente Punktprozeß* genannt.

Wichtige Klassen regenerativer Prozesse $[\{Z(t)\}, \Psi_Z]$ treten bei der Untersuchung der Anzahl von Forderungen bzw. der Wartezeit in Bedienungssystemen auf (vgl. Abschnitt 9.2). In der Bedienungstheorie werden häufig solche eingebetteten Punkte X_n betrachtet, daß die Folge $\{Z(X_n)\}$ der Zustände des zufälligen Prozesses $\{Z(t); t \in R\}$ zu diesen Zeitpunkten eine Markowsche Kette bzw. ein eingebetteter Markowscher Prozeß mit diskreter Zeit ist (sogenannte Methode der eingebetteten Markowschen Kette). Der Prozeß $\{Z(t); t \in R\}$ selbst braucht jedoch im Sinne der in Abschnitt 8.4 eingeführten Definition kein semimarkowscher Prozeß bezüglich der eingebetteten Punkte X_n zu sein, weil sein Verhalten zwischen den Punkten X_n zufälligen Schwankungen unterworfen sein kann.

Aus der Definition des regenerativen Prozesses ergibt sich, daß $\{[X_{n+1} - X_n, Z(X_{n+1})];\ n \in G_+\}$ eine Folge unabhängiger Zufallsvariabler ist. Wird nun lediglich gefordert, daß $\{[X_{n+1} - X_n, Z(X_{n+1})];\ n \in G_+\}$ ein Markowscher Prozeß mit diskreter Zeit ist, dann führt dies zu einer wesentlich größeren Klasse von PMP, den *semiregenerativen Prozessen*. Die eingebetteten Punkte X_n eines solchen PMP werden *Semi-Erneuerungspunkte* genannt. Diese Sprechweise rührt daher, daß die zukünftige Entwicklung eines semiregenerativen Prozesses $[\{Z(t)\}, \Psi_Z]$ nach einem Semi-Erneuerungspunkt X_n (im Gegensatz zu regenerativen Prozessen) vom Zustand $Z(X_n)$ des Prozesses $\{Z(t); t \in R\}$ im Zeitpunkt X_n abhängen kann, darüber hinaus jedoch von der Vergangenheit des Prozesses vor X_n unabhängig ist. Wenn der Zustandsraum des Prozesses $\{Z(t); t \in R\}$ endlich ist, dann ist der eingebettete markierte Punktprozeß $\{[X_n, Z(X_n)]\}$ eines semiregenerativen Prozesses ein *eingebetteter semimarkowscher markierter Punktprozeß* im Sinne des in Abschnitt 8.4 eingeführten Begriffes. Bezüglich einer ausführlicheren Behandlung semiregenerativer Prozesse verweisen wir auf Cinlar (1975).

Der semimarkowsche Prozeß $\{M(t); t \in R\}$ ist bezüglich seiner Punkte X_n^L (mit einer Marke aus L) im allgemeinen kein regenerativer, jedoch ein semiregenerativer Prozeß, wobei $L \neq \emptyset$ eine beliebige Teilmenge des Markenraumes $K = \{0, 1, 2, \ldots, r\}$ ist. Weitere Beispiele von PMP mit einem eingebetteten semimarkowschen markierten Punktprozeß werden in Abschnitt 9.2 angegeben (vgl. auch Kapitel 6 in Gnedenko/König et al. (1983)).

9.2 Bedienungsprozesse

Anhand zweier Bedienungssysteme betrachten wir nun weitere Beispiele von zufälligen Prozessen mit stetiger Zeit, in die zufällige markierte Punktprozesse eingebettet sind.

Bedienungssysteme (vgl. Abschnitte 1.2, 1.3) besitzen einen Input, der als markierter Punktprozeß $\Psi \sim \{[X_n, M_n]\}$ modelliert wird, wobei die X_n die der Größe nach geordneten zufälligen *Ankunftszeitpunkte* von Forderungen sind. Dabei werden wir in diesem Kapitel stets voraussetzen, daß $\{X_n\}$ ein einfacher Punktprozeß ist. Im Fall sogenannter *Gruppenankünfte*, d.h., wenn zu den Zeitpunkten X_n jeweils mehrere Forderungen gleichzeitig eintreffen können, erfassen wir die betreffenden zufälligen Gruppenstärken durch die Marken M_n. Außerdem wird jede Forderung, die in einem Bedienungssystem eintrifft, nicht allein durch den Zeitpunkt X_n ihres Eintreffens, sondern durch weitere (in der Regel zufällige) Größen charakterisiert. Eine wichtige solche Größe ist beispielsweise die gewünschte *Bedienungszeit* der zum Zeitpunkt X_n eintreffenden Forderung. Sie geht ebenfalls in die Marke M_n ein. Wenn Forderungen unterschiedlicher Priorität oder Systeme mit zufälliger maximal zulässiger Verweilzeit betrachtet werden, dann kann darüber hinaus die Prioritätsklasse bzw. die Schranke für die Verweilzeit im System etc. mit in der Marke registriert werden.

Der markierte Punktprozeß $\Psi \sim \{[X_n, M_n]\}$ der Ankunftszeitpunkte X_n mit den zugehörigen Marken M_n wird *markierter Eingangsstrom* genannt. Dabei wollen wir uns nicht nur auf die Berücksichtigung von Ankunftszeitpunkten auf der nichtnegativen Halbachse R_+ beschränken, wie das in der Literatur häufig getan wird, sondern markierte Eingangsströme auf der gesamten reellen Achse betrachten. Dies basiert auf der Annahme, daß vom Zeitpunkt Null aus gesehen das betrachtete Bedienungssystem bereits vor (unendlich) langer Zeit seine Arbeit aufgenommen hat. Diese Vorstellung ist insbesondere bei der Untersuchung von Bedienungssystemen mit stationären markierten Eingangsströmen nützlich.

Ausgehend von dem markierten Eingangsstrom $\Psi \sim \{[X_n, M_n]\}$ lassen sich nun weitere Charakteristiken von Bedienungssystemen als Funktionale des zufälligen markierten Punktprozesses Ψ darstellen. Wir wollen dies zunächst an einem einfachen Beispiel verdeutlichen.

Beispiel 9.2.1 (*Bedienungssystem mit unendlich vielen Bedienungsgeräten*) Es
sei $\Psi \sim \{[X_n, M_n]\}$ der markierte Eingangsstrom eines Bedienungssystems mit
unendlich vielen Bedienungsgeräten, wobei M_n die Bedienungszeit der zum Zeitpunkt X_n eintreffenden n-ten Forderung ist. Einem solchen Modell liegt die Vorstellung zugrunde, daß jede im System eintreffende Forderung ein freies Bedienungsgerät vorfindet, das unverzüglich mit deren Bedienung beginnt, d.h., Warte-
bzw. Verlusteffekte, wie sie bei anderen Bedienungssystemen auftreten können,
sind ausgeschlossen. Die Bedienungszeit M_n der n-ten Forderung ist somit gleich
ihrer Verweilzeit im System. Mit anderen Worten: Die zum Zeitpunkt X_n eintreffende Forderung verläßt das System zum Zeitpunkt $X'_n = X_n + M_n$. Die
bei der Untersuchung dieses Systems interessierenden Bedienungscharakteristiken
sind die zufällige *Anzahl $V(t)$ von Forderungen im System* zum Zeitpunkt $t \in R$
mit

$$V(t) = \sum_n \mathbf{1}_{\{[x,m]:\, 0 < t - x \le m\}}([X_n, M_n]) \tag{9.1}$$

bzw. die zum Zeitpunkt t im System *anstehende Arbeit $W(t)$*, die durch

$$W(t) = \sum_n \mathbf{1}_{\{x:\, x < t\}}(X_n) \max\{0, M_n - (t - X_n)\} \tag{9.2}$$

gegeben ist. $W(t)$ ist also die Summe der Restbedienungszeiten (d.h. für das in
diesem Abschnitt betrachtete System die Summe der Restverweilzeiten) derjenigen Forderungen, die sich zum Zeitpunkt t im System befinden.

Die zufälligen Prozesse mit stetiger Zeit $\{V(t); t \in R\}$ und $\{W(t); t \in R\}$ nennen wir *Bedienungsprozesse* und fassen sie als zufällige Prozesse auf, die über dem
kanonischen Wahrscheinlichkeitsraum $[N_{R_+}, \mathcal{N}_{R_+}, P]$ des markierten Eingangsstromes $\Psi \sim \{[X_n, M_n]\}$ gegeben sind.

Die Bedienungsprozesse $\{V(t); t \in R\}$ und $\{W(t); t \in R\}$ sind PMP mit
den eingebetteten markierten Punktprozessen $\Psi_V \sim \{[X_n, (V(X_n), V(X_n + 0))]\}$
bzw. $\Psi_W \sim \{[X_n, (W(X_n), W(X_n + 0))]\}$. Falls der markierte Eingangsstrom
$\Psi \sim \{[X_n, M_n]\}$ ein unabhängig markierter rekurrenter Punktprozeß ist (nach den
Bezeichnungen der Bedienungstheorie liegt also ein System GI/GI/∞ vor), dann
sind sowohl $\{V(t), t \in R\}$ als auch $\{W(t); t \in R\}$ regenerative Prozesse bezüglich
derjenigen Teilfolge von Anfangszeitpunkten X_n, für die $V(X_n) = W(X_n) = 0$
gilt, d.h., zu denen das System leer ist (vgl. Aufgabe 9.7.1).

Sind darüber hinaus die Bedienungszeiten M_n exponentiell verteilt (mit der
Verteilungsfunktion, d.h., Markenverteilung $D((0, u)) = 1 - \exp(-\mu u)$; $\mu > 0$),
dann ist der Anzahlprozeß $\{V(t); t \in R\}$ für jedes $m \in G_0$ ein regenerativer
Prozeß bezüglich der Teilfolge von Ankunftszeitpunkten X_n mit $V(X_n) = m$ (vgl.
Aufgabe 9.7.2).

Außerdem ist $\{V(t); t \in R\}$ in diesem Fall ein semiregenerativer Prozeß mit
dem eingebetteten semimarkowschen Punktprozeß $\{[X_n, V(X_n)]\}$ und der eingebetteten Markowschen Kette $\{V(X_n)\}$. Dabei sei vermerkt, daß $\{V(t); t \in R\}$

bezüglich der Folge $\{X_n\}$ der Ankunftszeitpunkte trotzdem kein semimarkowscher Prozeß ist (wobei die in Abschnitt 8.4 angegebene Definition auf analoge Weise für den Fall des abzählbar unendlichen Markenraumes $K = G_0$ formuliert wird). Außerdem ist $\{V(t);\ t \in R\}$ im allgemeinen (d.h. für einen beliebigen rekurrenten, nicht notwendig Poissonschen Eingangsstrom $\{X_n\}$) auch keine Markowsche Kette mit stetiger Zeit.

Auf Grund der speziellen Form der Definitionsgleichungen (9.1) und (9.2) der Zufallsgrößen $V(t)$ und $W(t)$ läßt sich der Erwartungswert von $V(t)$ und $W(t)$ leicht mit Hilfe des Campbellschen Theorems für markierte Punktprozesse (Satz 8.2.7) bestimmen.

Satz 9.2.2 *Für die Erwartungswerte* $\mathbf{E}V(t)$ *und* $\mathbf{E}W(t)$ *der Anzahl der Forderungen bzw. der anstehenden Arbeit zum Zeitpunkt* $t \in R$ *in einem Bedienungssystem mit unendlich vielen Bedienungsgeräten gilt*

$$\mathbf{E}V(t) \;=\; \int\limits_{-\infty}^{t} D_x(m:\ m \ge t - x)\,\alpha_{R_+}(dx) \tag{9.3}$$

und

$$\mathbf{E}W(t) \;=\; \int\limits_{-\infty}^{t}\int\limits_{t-x}^{\infty} (m - t + x)\,D_x(dm)\,\alpha_{R_+}(dx)\,, \tag{9.4}$$

wobei D_x *die durch (8.12) gegebene Palmsche Bedienungszeitverteilung des markierten Eingangsstromes* $\Psi \sim \{[X_n, M_n]\}$ *im Punkt* x *und* α_{R_+} *das Intensitätsmaß des Punktprozesses* $\{X_n\}$ *der Ankunftszeitpunkte ist.*

Beweis Wenn der Satz 8.2.7 auf den markierten Eingangsstrom $\Psi \sim \{[X_n, M_n]\}$ mit dem Markenraum $K = R_+$ angewendet und in (8.16) die Funktion $f : N_K \times R \times K \to R_+$ mit $f(\psi, x, m) = \mathbf{1}_{\{[x',m']:\,0 < t - x' \le m'\}}([x, m])$ eingesetzt wird, dann ergibt sich wegen (9.1) und (8.12) die Beziehung

$$\begin{aligned}
\mathbf{E}V(t) \;&=\; \mathbf{E}\sum_{n} \mathbf{1}_{\{[x',m']:\,0 < t - x' \le m'\}}([X_n, M_n]) \\
&=\; \alpha(\{[x', m'] : 0 < t - x' \le m'\}) \\
&=\; \int\limits_{-\infty}^{t} D_x(m:\ m \ge t - x)\,\alpha_{R_+}(dx)\,.
\end{aligned}$$

Analog ergibt sich, wenn in (8.16) die Funktion $f : N_K \times R \times K \to R_+$ mit $f(\psi, x, m) = \mathbf{1}_{\{x':\,x' < t\}}(x)\,\max\{0, m - (t - x)\}$ eingesetzt wird, wegen (9.2) und

(8.12) die Beziehung

$$
\begin{aligned}
\mathbf{E}W(t) \; &= \; \mathbf{E}\sum_n 1_{\{x':\, x'<t\}}(X_n)\,\max\{0,\, M_n-(t-X_n)\} \\[2mm]
&= \int\limits_{[-\infty,t)\times[0,\infty)} \max\{0,\, m-(t-x)\}\,\alpha(d[x,m]) \\[2mm]
&= \int\limits_{-\infty}^{t}\int\limits_{t-x}^{\infty} (m-t+x)\,D_x(dm)\,\alpha_{R_+}(dx)\,.\;\Box
\end{aligned}
$$

Folgerung 9.2.3 *Wenn der markierte Eingangsstrom* $\Psi \sim \{[X_n, M_n]\}$ *ein stationärer markierter Punktprozeß mit der Intensität* $\lambda = \lambda(R_+)$ *ist* $(0 < \lambda < \infty)$, *dann sind die in (9.1) und (9.2) definierten zufälligen Prozesse* $\{V(t);\, t \in R\}$ *und* $\{W(t);\, t \in R\}$ *streng stationär (d.h. stationär im Sinne der Verschiebungsinvarianz ihrer endlichdimensionalen Verteilungen), und es gilt*

$$
\mathbf{E}V(t) \; = \; \lambda \int\limits_0^\infty m\, D(dm) \tag{9.5}
$$

und

$$
\mathbf{E}W(t) \; = \; \frac{\lambda}{2}\int\limits_0^\infty m^2\, D(dm)\,, \tag{9.6}
$$

wobei $D = D_{R_+}$ *die durch (8.21) gegebene (Palmsche) Verteilung der Bedienungszeiten ist.*

Beweis Die Stationarität der Prozesse $\{V(t);\, t \in R\}$ und $\{W(t);\, t \in R\}$ ergibt sich unmittelbar aus der Stationarität des markierten Eingangsstromes Ψ und aus (9.1) und (9.2), wenn dabei berücksichtigt wird, daß für alle $k \in G_+$, für alle $t, t_1, \ldots, t_k \in R$ und für alle $B_1, \ldots, B_k \in \mathcal{R}$

$$
\begin{aligned}
\{\psi:\, V(t_1+t,\psi) &\in B_1, \ldots, V(t_k+t,\psi) \in B_k\} \\
&= \{\psi:\, V(t_1, \mathbf{T}_t\psi) \in B_1, \ldots, V(t_k, \mathbf{T}_t\psi) \in B_k\}
\end{aligned}
$$

bzw.

$$
\begin{aligned}
\{\psi:\, W(t_1+t,\psi) &\in B_1, \ldots, W(t_k+t,\psi) \in B_k\} \\
&= \{\psi:\, W(t_1, \mathbf{T}_t\psi) \in B_1, \ldots, W(t_k, \mathbf{T}_t\psi) \in B_k\}
\end{aligned}
$$

ist. Weil wegen der Stationarität von Ψ

$$
\alpha_{R_+}(dx) = \lambda\, dx \qquad \text{und} \qquad D = D_x
$$

gilt (vgl. die Sätze 4.1.2 und 8.3.3), ergibt sich aus (9.3) und (9.4), daß

$$\mathbf{E}V(t) \;=\; \lambda \int\limits_{-\infty}^{t} D(m:m \geq t-x)\,dx \;=\; \lambda \int\limits_{0}^{\infty} m\,D(dm)$$

und

$$\mathbf{E}W(t) \;=\; \lambda \int\limits_{-\infty}^{t}\int\limits_{t-x}^{\infty}(m-t+x)\,D(dm)\,dx \;=\; \frac{\lambda}{2}\int\limits_{0}^{\infty} m^2\,D(dm).\;\square$$

Die Darstellungsformeln (9.5) und (9.6) für die Erwartungswerte $\mathbf{E}V(t)$ und $\mathbf{E}W(t)$ werden in der Literatur *Little-Formeln* genannt. Sie können u.a. zur Prüfung der Genauigkeit bei der Simulation von Bedienungsprozessen verwendet werden (vgl. Kleinrock (1976)) und sind nicht nur für Bedienungssysteme mit unendlich vielen Bedienungsgeräten relevant. In ähnlicher Form lassen sich auch für andere Bedienungssysteme Formeln vom Little-Typ herleiten (vgl. Satz 9.2.5 bzw. Franken/König/Arndt/Schmidt (1981)).

Beispiel 9.2.4 (*Bedienungssystem mit einem Bedienungsgerät*) Es sei nun $\Psi \sim \{[X_n, M_n]\}$ der markierte Eingangsstrom eines Bedienungssystems mit einem Bedienungsgerät, wobei M_n so wie in Beispiel 9.2.1 die Bedienungszeit der zum Zeitpunkt X_n eintreffenden n-ten Forderung bezeichnet. Für das System mit einem Bedienungsgerät ist es schwieriger, die Prozesse $\{V(t);\, t \in R\}$ und $\{W(t);\, t \in R\}$ der Anzahl der Forderungen bzw. der anstehenden Arbeit im System direkt realisierungsweise durch den markierten Eingangsstrom (etwa so wie in (9.1) und (9.2)) auszudrücken. Man betrachtet deshalb den Zustand des Systems zunächst zu bestimmten zufälligen, ablauforientierten Zeitpunkten. So ist die im System zum Zeitpunkt X_n des Eintreffens der n-ten Forderung anstehende Arbeit $W(X_n)$ durch

$$W(X_n) \;=\; \lim_{k \to \infty}\ \sup_{1 \leq j \leq k-1}\ \sum_{l=1}^{j}(M_{n-l} - X_{n-l} + X_{n-l+1}) \tag{9.7}$$

gegeben. Dabei ist diese Definitionsgleichung nur dann sinnvoll, wenn die rechte Seite von (9.7) mit Wahrscheinlichkeit Eins für unendlich viele Indizes n aus $\{0, -1, -2, \ldots\}$ gleich Null ist. Dies ist der Fall, wenn der stationäre markierte Eingangsstrom $\Psi \sim \{[X_n, M_n]\}$ ergodisch ist und wenn die *Belastung* κ des Systems, die durch $\kappa = \lambda \int\limits_{0}^{\infty} mD(dm)$ gegeben ist, kleiner als Eins ist (vgl. Abschnitt 2.4 in Franken/König/Arndt/Schmidt (1981)).

Ausgehend von (9.7) ergibt sich $W(t)$ für $t \in (X_n, X_{n+1}]$ durch

$$W(t) \;=\; \max\{0, W(X_n) + M_n - t\}. \tag{9.8}$$

Der im Vergleich zu (9.2) größere Kompliziertheitsgrad der Formel (9.7) rührt daher, daß in Bedienungssystemen mit einem Bedienungsgerät Warteeffekte auftreten können. Und zwar dann, wenn angenommen wird, daß eine Forderung, die bei ihrer Ankunft im System weitere, bereits früher eingetroffene Forderungen vorfindet, nicht sofort bedient wird, sondern auf den Beginn ihrer Bedienung warten muß. Dabei kann die *Bedienungsreihenfolge*, d.h. die Vorschrift, gemäß der wartende Forderungen zur Bedienung ausgewählt werden, verschiedenen Prinzipien unterliegen.

Wir setzen in diesem Beispiel voraus, daß die Forderungen in der Reihenfolge ihres Eintreffens im System bedient werden, also die Bedienungsreihenfolge FCFS vorliegt (first-come-first-served). Dann stimmt die durch (9.7) gegebene Größe $W(X_n)$ mit der Zeitdauer überein, die die zum Zeitpunkt X_n eintreffende Forderung auf den Beginn ihrer Bedienung warten muß. Die Zufallsgröße $W(X_n)$ ist somit die sogenannte *aktuelle Wartezeit* der n-ten Forderung. Im Gegensatz hierzu ist die durch (9.8) gegebene Zufallsgröße $W(t)$ die sogenannte *virtuelle Wartezeit* zum Zeitpunkt $t \in R$, d.h. die Zeitdauer, die eine Forderung auf den Beginn ihrer Bedienung warten müßte, wenn sie zum Zeitpunkt t im System eintreffen würde. Die Anzahl $V(t)$ der Forderungen im System zum Zeitpunkt $t \in R$ ist nun durch

$$V(t) \;=\; \sum_n \mathbf{1}_{\{[x,m,w]:\,0<t-x\leq m+w\}}([X_n, M_n, W(X_n)]) \qquad (9.9)$$

gegeben. Analog hierzu ergibt sich die Anzahl $V^{(q)}(t)$ der zum Zeitpunkt t auf ihre Bedienung wartenden Forderungen durch

$$V^{(q)}(t) \;=\; \sum_n \mathbf{1}_{\{[x,m,w]:\,0<t-x\leq w\}}([X_n, M_n, W(X_n)])\,. \qquad (9.10)$$

So wie in Beispiel 9.2.1 sind also die durch (9.8), (9.9), (9.10) gegebenen Bedienungsprozesse $\{W(t);\, t \in R\}$, $\{V(t);\, t \in R\}$, $\{V^{(q)}(t);\, t \in R\}$ zufällige Prozesse mit stetiger Zeit, die über dem kanonischen Wahrscheinlichkeitsraum $[N_{R_+}, \mathcal{N}_{R_+}, P]$ des markierten Eingangsstromes $\Psi \sim \{[X_n, M_n]\}$ definiert sind. Es sind PMP mit den eingebetteten markierten Punktprozessen Ψ_V bzw. Ψ_W (vgl. Beispiel 9.2.1). Falls Ψ ein unabhängig markierter, rekurrenter Punktprozeß ist, dann sind die Prozesse $\{W(t);\, t \in R\}$, $\{V(t);\, t \in R\}$ und $\{V^{(q)}(t);\, t \in R\}$, ähnlich wie in Beispiel 9.2.1, regenerativ bezüglich derjenigen Ankunftszeitpunkte, zu denen das System leer ist (vgl. Aufgabe 9.7.1). Außerdem ist $\{W(X_n)\}$ ein in den Wartezeitprozeß $\{W(t);\, t \in R\}$ eingebetteter Markowscher Prozeß mit diskreter Zeit. Falls darüber hinaus die Bedienungszeiten M_n exponentiell verteilt sind, dann haben die Prozesse $\{V(t);\, t \in R\}$ und $\{V^{(q)}(t);\, t \in R\}$ die gleichen Eigenschaften wie der entsprechende Anzahlprozeß $\{V(t);\, t \in R\}$ in Beispiel 9.2.1 (vgl. auch Aufgabe 9.7.2).

Auf Grund der Ähnlichkeit der Formeln (9.1) und (9.9) bzw. (9.10) liegt es nahe, wie analog zu (9.5) Little-Formeln für Bedienungssysteme mit einem Bedienungsgerät hergeleitet werden können. Der markierte Eingangsstrom $\Psi \sim \{[X_n, M_n]\}$ sei also ein stationärer markierter Punktprozeß mit der Intensität λ $(0 < \lambda < \infty)$. Dann läßt sich so wie im Beweis der Folgerung 9.2.3 zeigen, daß die durch (9.8), (9.9), (9.10) gegebenen Bedienungsprozesse $\{W(t); t \in R\}$, $\{V(t); t \in R\}$, $\{V^{(q)}(t); t \in R\}$ streng stationär sind und daß darüber hinaus ebenfalls der markierte Punktprozeß $\Psi_{(W)} \sim \{[X_n, (M_n, W(X_n))]\}$ mit dem Markenraum $K = (R_+)^2$ stationär ist. Dabei sei vermerkt, daß $\Psi_{(W)}$ eine modifizierte Darstellungsform des eingebetteten markierten Punktprozesses $\Psi_W \sim \{[X_n, (W(X_n), W(X_n + 0))]\}$ ist.

Wird nun das Campbellsche Theorem (Satz 8.2.7) auf den markierten Punktprozeß $\Psi_{(W)}$ angewendet, dann lassen sich völlig analog zu (9.5) die folgenden Little-Formeln herleiten.

Satz 9.2.5 *Unter der Voraussetzung eines stationären markierten Eingangsstromes gelten für die Erwartungswerte $\mathbf{E}V(t)$ und $\mathbf{E}V^{(q)}(t)$ der in (9.9) und (9.10) definierten Zufallsgrößen die Formeln*

$$\mathbf{E}V(t) \;=\; \lambda \int\limits_{(R_+)^2} (w + m)\, D(d(m, w)) \tag{9.11}$$

und

$$\mathbf{E}V^{(q)}(t) \;=\; \lambda \int\limits_{0}^{\infty} w\, D(R_+ \times dw)\,, \tag{9.12}$$

wobei $D = D_K$ die durch die Intensitätsquotienten in (8.21) gegebene Palmsche Markenverteilung von $\Psi_{(W)}$ ist, d.h., D ist die durch (8.21) gegebene gemeinsame (Palmsche) Verteilung von Bedienungszeiten und aktuellen Wartezeiten.

Das auf der rechten Seite von (9.11) bzw. (9.12) auftretende Integral ist somit der bezüglich der Palmschen Markenverteilung D gebildete Erwartungswert der Aufenthaltsdauer im System bzw. der aktuellen Wartezeit. Die Little-Formeln (9.11) und (9.12) bleiben unverändert, wenn anstelle eines Einbedienersystems ein System mit mehreren, parallel arbeitenden Bedienungsgeräten betrachtet wird (vgl. Abschnitt 4.2 in Franken/König/Arndt/Schmidt (1981)). In Verallgemeinerung von (9.6) gilt darüber hinaus für solche Systeme

$$\mathbf{E}W(t) \;=\; \lambda \int\limits_{(R_+)^2} (wm + \frac{m^2}{2})\, D(d(m, w))\,, \tag{9.6'}$$

wobei $\mathbf{E}W(t)$ den Erwartungswert der Arbeit, die im System zu einem beliebigen, jedoch fest vorgegebenen Zeitpunkt ansteht, und D die gemeinsame Verteilung von

Bedienungszeit und aktueller Wartezeit einer typischen Forderung bezeichnet. Die Formel (9.6'), die für Bedienungssysteme mit einem ergodischen (nicht notwendig rekurrenten) Eingangsstrom zuerst in Brumelle (1971) hergeleitet wurde, läßt sich analog wie (9.6) bzw. (9.4) mit Hilfe des Campbellschen Theorems für markierte Punktprozesse (vgl. Satz 8.2.7) beweisen. In König/Schmidt/van Doorn (1989) wurde gezeigt, welche Gestalt (9.6) bzw. (9.6') für ein *Netzwerk* von Bedienungssystemen mit unterschiedlichen Forderungentypen annimmt. Die Ankunftszeitpunkte X_n werden in diesem Fall mit den Marken $\tilde{M}_n = (T_n, S_n, M_{n1}, \ldots, M_{nS_n})$ versehen, wobei T_n den Typ der n-ten Forderung, S_n die zufällige Anzahl der Bedienungssysteme, die die n-te Forderung während ihres Aufenthaltes im Netzwerk durchläuft, und M_{nl} die Bedienungszeit, die die n-te Forderung dabei im l-ten Bedienungssystem beansprucht, bedeuten. Dabei setzen wir hier der Einfachheit wegen voraus, daß sowohl die Anzahl der Bedienungssysteme im Netzwerk als auch die Anzahl der Forderungentypen endlich ist. Mit $\tilde{\Psi}_{(W)}$ bezeichnen wir den markierten Punktprozeß $\tilde{\Psi} \sim \{[X_n, (M_n, W_{n1}, \ldots, W_{nS_n})]\}$, wobei W_{nl} die aktuelle Wartezeit der n-ten Forderung im l-ten Bedienungssystem sei. Außerdem betrachten wir den zufälligen Prozeß $\{W^{(k,i)}(t); t \in R\}$ der im gesamten Netzwerk anstehenden Arbeit, der durch diejenigen Forderungen vom Typ k induziert wird, die genau i Systeme durchlaufen. Wir setzen voraus, daß die Prozesse $\{W^{(k,i)}(t); t \in R\}$ und $\tilde{\Psi}_{(W)}$ stationär sind. Dann gilt

$$
\begin{aligned}
&\mathbf{E}W^{(k,i)}(t) \\[2mm]
&= \lambda_{ki} \int_{(R_+)^{2i}} \left(\sum_{l=1}^{i} w_l \left(\sum_{r=l}^{i} m_r \right) + \frac{1}{2} \left(\sum_{r=1}^{i} m_r \right)^2 \right) \tilde{D}_{ki}(d(m_1, \ldots, m_i, w_1, \ldots, w_i))
\end{aligned}
$$

wobei λ_{ki} die Intensität der Ankunftszeitpunkte von Forderungen des Typs k ist, die genau i Systeme durchlaufen ($0 < \lambda_{ki} < \infty$), und $\tilde{D}_{ki}$ die bezüglich dieser Ankunftszeitpunkte gebildete Palmsche Markenverteilung von $\tilde{\Psi}_{(W)}$ bezeichnet. Dies ergibt sich aus Satz 8.2.7 unter Beachtung der Darstellungsformel

$$
W^{(k,i)}(0) = \sum_n f(X_n, T_n, S_n, M_{n1}, \ldots, M_{nS_n}, W_{n1}, \ldots, W_{nS_n})
$$

mit

$$f(x, k, i, m_1, \ldots, m_i, w_1, \ldots, w_i)$$

$$
= \begin{cases}
\displaystyle\sum_{j=l+1}^{i} m_j\,, & \text{falls } \displaystyle\sum_{j=1}^{l}(w_j + m_j) < -x < \sum_{j=1}^{l}(w_j + m_j) + w_{l+1}\,, \\
& \qquad\qquad\qquad l = 0, 1, \ldots, i-1\,, \\[2ex]
\displaystyle\sum_{j=1}^{i} m_j + \sum_{j=1}^{l+1} w_j + x\,, & \text{falls } \displaystyle\sum_{j=1}^{l}(w_j + m_j) + w_{l+1} < -x < \sum_{j=1}^{l+1}(w_j + m_j)\,, \\
& \qquad\qquad\qquad l = 0, 1, \ldots, i-1\,, \\[2ex]
0 & \text{sonst}\,.
\end{cases}
$$

Neben $\tilde{\Psi}_{(W)}$ sind weitere stationäre markierte Punktprozesse von Interesse, die sich ergeben, wenn zu der Bedienungszeit M_n des markierten Eingangsstromes $\Psi \sim \{[X_n, M_n]\}$ andere Bedienungscharakteristiken als zusätzliche Markenkomponenten hinzugefügt werden. Die Bedienungszeiten M_n selbst werden dabei manchmal weggelassen. So sind beispielsweise die markierten Punktprozesse $\Psi_{(V)} \sim \{[X_n, V(X_n)]\}$ und $\Psi'_{(V)} \sim \{[X'_n, V(X'_n + 0)]\}$ stationär, wenn Ψ stationär ist, wobei $X'_n = X_n + W(X_n) + M_n$ den Zeitpunkt, zu dem die n-te Forderung das System verläßt, den sogenannten *Abgangszeitpunkt* der n-ten Forderung, bezeichnet. Wenn $\Psi'_{(V)}$ nicht als zufälliges Zählmaß, sondern als zufällige markierte Punktfolge aufgefaßt wird, dann sind die Glieder der Folge $\{[X'_n, V(X'_n + 0)]\}$ gegebenenfalls so umzunumerieren, daß, wie dies in Abschnitt 2.2 festgelegt wurde, der kleinste nichtnegative Abgangzeitpunkt die Nummer Eins erhält.

Wenn der markierte Eingangsstrom $\Psi \sim \{[X_n, M_n]\}$ ein stationärer, unabhängig markierter Poissonscher Punktprozeß ist, dann ist der Anzahlprozeß $\{V(t);\, t \in R\}$ ein semiregenerativer Prozeß mit dem eingebetteten semimarkowschen markierten Punktprozeß $\Psi'_{(V)} \sim \{[X'_n, V(X'_n + 0)]\}$ und für jedes beliebige feste $m \in G_0$ ein regenerativer Prozeß bezüglich derjenigen Teilfolge von Abgangszeitpunkten X'_n mit $V(X'_n + 0) = m$. Insbesondere ist also dann $\{V(X'_n + 0)\}$ eine eingebettete Markowsche Kette (vgl. auch Aufgabe 9.7.3).

Bei den in dem vorliegenden Abschnitt betrachteten Beispielen von PMP können also die Ankunftszeitpunkte oder die Abgangszeitpunkte von Forderungen bzw. gleichzeitig sowohl die Ankunfts- als auch die Abgangszeitpunkte die Rolle der eingebetteten Punkte spielen, die wir in Abschnitt 9.3 Basispunkte nennen werden. Falls der Punktprozeß $\{X'_n\}$ der Abgangszeitpunkte einfach ist, dann läßt sich leicht zeigen, daß die durch (8.21) gegebenen Palmschen Markenverteilungen $D = D_K$ und $D' = D'_K$ von $\Psi_{(V)}$ und $\Psi'_{(V)}$ übereinstimmen. Mit anderen Worten: Die (Palmschen) Verteilungen der Anzahl der Forderungen im System unmittelbar vor Ankunftszeitpunkten bzw. unmittelbar nach Abgangszeitpunkten sind in diesem Fall einander gleich.

Satz 9.2.6 *Der markierte Eingangsstrom* $\Psi \sim \{[X_n, M_n]\}$ *sei stationär* $(0 < \lambda < \infty)$, *und der Punktprozeß* $\{X_n'\}$ *der Abgangszeitpunkte sei einfach. Dann gilt*

$$D = D'. \tag{9.13}$$

Beweis Es sei $j \in G_0$ eine beliebige, jedoch fixierte nichtnegative ganze Zahl. Dann gilt für jedes $t > 0$

$$|\Psi_{(V)}([0,t) \times \{j\}) - \Psi'_{(V)}([0,t) \times \{j\})| \leq 1,$$

weil auf Grund der vorausgesetzten Einfachheit des Punktprozesses $\{X_n'\}$ der Abgangszeitpunkte zwischen zwei aufeinanderfolgenden Ankunftszeitpunkten, zu denen jeweils j Forderungen im System vorgefunden werden, stets genau ein Abgangszeitpunkt liegt, zu dem j Forderungen im System zurückgelassen werden. Folglich gilt wegen (8.20) die Abschätzung

$$|\lambda(\{j\}) - \lambda'(\{j\})| = \frac{1}{t}|\mathbf{E}\Psi_{(V)}([0,t) \times \{j\}) - \mathbf{E}\Psi'_{(V)}([0,t) \times \{j\})| \leq \frac{1}{t}$$

für jedes $t > 0$ und somit

$$\lambda(\{j\}) = \lambda'(\{j\}) \qquad \text{für jedes } j \in G_0 \tag{9.14}$$

wobei $\lambda(\{j\})$ und $\lambda'(\{j\})$ die in (8.20) gegebenen Intensitäten von $\Psi_{(V)}$ bzw. $\Psi'_{(V)}$ bezüglich der Markenmenge $\{j\}$ sind. Damit stimmen auch die bezüglich einer beliebigen Markenmenge L gebildeten Intensitäten $\lambda(L)$ und $\lambda'(L)$ von Ψ_Z bzw. Ψ'_Z überein, und die Behauptung ergibt sich aus (8.21). $\square$

Die Identität (9.14) ist ein Spezialfall eines allgemeinen Intensitätserhaltungsprinzips, das nicht nur für die in den Anzahlprozeß $\{V(t); t \in R\}$ eines Einbedienersystems eingebetteten markierten Punktprozesse $\Psi_{(V)}$ und $\Psi'_{(V)}$ gilt. Denn $\lambda(\{j\})$ ist die Intensität derjenigen Zeitpunkte, zu denen der Anzahlprozeß $\{V(t); t \in R\}$ in die Zustandsmenge $\{j+1, j+2, \ldots\}$ eintritt, und $\lambda'(\{j\})$ ist die Intensität der Austrittszeitpunkte von $\{V(t); t \in R\}$ aus dieser Menge. Im folgenden Abschnitt 9.3 untersuchen wir die Gültigkeit eines solchen Intensitätserhaltungsprinzips für Ein- bzw. Austrittsintensitäten in eine bzw. aus einer gegebenen Teilmenge des Zustandsraumes für die in Abschnitt 9.1 eingeführte allgemeine Klasse zufälliger Prozesse mit eingebetteten markierten Punktprozessen.

9.3 Intensitätserhaltungssatz

Wir werden nun in Verallgemeinerung von (9.14) einen allgemeinen Intensitätserhaltungssatz für Eintritts- und Austrittsintensitäten eines stationären PMP in bzw. aus vorgegebenen Teilmengen seines Zustandsraumes beweisen. Um hierfür Punktprozeßmethoden anwenden zu können, müssen diese Teilmengen gewissen

Regularitätsbedingungen genügen. Wir werden also nicht beliebige meßbare Teilmengen aus $\mathcal{J}$, sondern nur Mengen aus einer gewissen Teilfamilie $\tilde{\mathcal{J}}$ von $\mathcal{J}$ betrachten. Dabei benutzen wir die folgenden Begriffe.

Der PMP $[\{Z(t)\}, \Psi_Z]$ heißt *stationär*, wenn für jede reelle Zahl $x \in R$ der PMP $[\{Z(t + x); t \in R\}, \mathbf{T}_x\Psi_Z]$ dieselbe Verteilung hat wie $[\{Z(t)\}, \Psi_Z]$; das ist genau dann der Fall, wenn sowohl $\{Z(t)\}$ als auch Ψ_Z stationär ist und beide Prozesse stationär verbunden sind, d.h., ihre gemeinsame Verteilung verschiebungsinvariant ist.

Im folgenden werden nur stationäre PMP betrachtet, wobei stets vorausgesetzt wird, daß der eingebettete stationäre markierte Punktprozeß Ψ_Z einfach bezüglich des gesamten Markenraumes $J \times J$ ist und eine endliche positive Intensität $\lambda = \lambda(J \times J)$ hat; $\mathbf{P}(\Psi_Z(R \times J \times J) = 0) = 0$.

Die reelle Zahl $x \in R$ heißt *Eintrittspunkt* (bzw. *Austrittspunkt*) der Realisierung $\{z(t)\}$ des Prozesses $\{Z(t)\}$ in die (bzw. aus der) Teilmenge $L \in \mathcal{J}$ des Zustandsraumes J, wenn es ein $\varepsilon > 0$ gibt, so daß $z(x - t) \in \bar{L} = J \setminus L$ und $z(x + t) \in L$ (bzw. $z(x - t) \in L$ und $z(x + t) \in \bar{L}$) für jedes t mit $0 < t < \varepsilon$.

Es sei $\varphi^I_{L,z}$ bzw. $\varphi^O_{L,z}$ die Menge sämtlicher Eintritts- bzw. Austrittspunkte der Realisierung $z = \{z(t)\}$ in die bzw. aus der Menge $L \in \mathcal{J}$. Damit $\varphi^I_{L,z}$ bzw. $\varphi^O_{L,z}$, als Zählmaß betrachtet, mit Wahrscheinlichkeit Eins lokalendlich ist, also zu N gehört und somit im Sinne der in Abschnitt 2.1 eingeführten Definition als Realisierung eines zufälligen Punktprozesses aufgefaßt werden kann, darf die Menge $L \in \mathcal{J}$ nicht zu stark „durchlöchert" sein. Das heißt, es darf nicht zu viele Übergänge von L nach $\bar{L}$ und umgekehrt geben. Insbesondere dürfen sie sich lokal nicht häufen. (Die in (9.14) betrachtete Menge $L = \{j+1, j+2, \ldots\}$ genügt dieser Anforderung.)

Außerdem sei vermerkt, daß in der oben formulierten Definition der Begriffe Eintritts- und Austrittspunkt nicht festgelegt wird, ob der Wert der betrachteten Realisierung in einem solchen Punkt selbst zu L oder zu $\bar{L}$ gehört. Ist aber ein Basispunkt des PMP ein Eintritts- bzw. Austrittspunkt, dann erweist es sich als zweckmäßig, diesbezüglich zusätzliche Festlegungen zu treffen.

Diese Anliegen führen dann zur Definition der folgenden Mengenfamilie $\tilde{\mathcal{J}} \subseteq \mathcal{J}$. Wir sagen, die Menge $L \in \mathcal{J}$ gehört zu $\tilde{\mathcal{J}}$, wenn die folgenden drei Bedingungen erfüllt sind:

1. Für fast alle Realisierungen $z = \{z(t)\}$ von $\{Z(t)\}$ gilt $\varphi^I_{L,z} \in N$ und $\varphi^O_{L,z} \in N$, und die Mengen $\{t : z(t) \in L\}$ und $\{t : z(t) \in \bar{L}\}$ sind die Vereinigungen von jeweils abzählbar vielen disjunkten Intervallen (mit positiver Länge), so daß zwischen zwei beliebigen benachbarten Atomen von $\varphi^I_{L,z}$ genau ein Atom von $\varphi^O_{L,z}$ und zwischen zwei beliebigen benachbarten Atomen von $\varphi^O_{L,z}$ genau ein Atom von $\varphi^I_{L,z}$ liegt. Die Abbildungen

$$z \to \varphi^I_{L,z} \qquad \text{und} \qquad z \to \varphi^O_{L,z} \qquad\qquad (9.15)$$

von $Z(\Omega)$ in N sind $(Z(\mathcal{F}), \mathcal{N})$-meßbar, wobei $Z(\Omega)$ die Bildmenge der Abbildung $Z : \Omega \to J^R$ in J^R und $Z(\mathcal{F})$ die durch $\mathcal{F}$ mittels dieser Abbildung erzeugte Teil-σ-Algebra von $\mathcal{J}^R$ ist.

2. Die Intensitäten der stationären zufälligen Punktprozesse Φ_L^I und Φ_L^O der Eintrittspunkte in die Menge L und der Austrittspunkte aus der Menge L, die durch die Abbildungen in (9.15) induziert werden, sind endlich.

3. Ist $x \in R$ ein Basispunkt der Realisierung $z = \{z(t)\}$, dann gilt $z(x) \in L$ und $z(x + 0) \in \bar{L}$ genau dann, wenn x ein Austrittspunkt aus L ist, sowie $z(x) \in \bar{L}$ und $z(x + 0) \in L$ genau dann, wenn x ein Eintrittspunkt in L ist.

Eine Teilmenge L von J, die den obengenannten Bedingungen 1 bis 3 genügt, nennen wir *regulär*.

Die in der Bedingung 1 dieser Definition enthaltene Forderung, daß mit Wahrscheinlichkeit Eins jeweils abwechselnd Eintritts- und Austrittspunkte auftreten, rührt daher, daß aus Gründen einer leichteren Handhabung die Begriffe Eintritts- bzw. Austrittspunkt nicht in maximaler Allgemeinheit gefaßt wurden und es außer der dabei in Betracht gezogenen Variante noch weitere Möglichkeiten geben kann, in eine Teilmenge des Zustandsraumes zu gelangen bzw. sie zu verlassen.

Aus der Bedingung 3 in der Definition von $\tilde{J}$ folgt, daß diejenigen Punkte X_n des stationären eingebetteten markierten Punktprozesses $\Psi_Z \sim \{[X_n, (Z(X_n), Z(X_n + 0))]\}$, die gleichzeitig Eintrittspunkte (bzw. Austrittspunkte) der Realisierungen von $\{Z(t)\}$ in die (bzw. aus der) Menge $L \in \tilde{J}$ sind, jeweils stationäre Teilpunktprozesse des eingebetteten Punktprozesses $\Phi \sim \{X_n\}$ bilden, die wir mit $\Phi^{I,L}$ bzw. $\Phi^{O,L}$ bezeichnen. Die Intensitäten $\lambda^{I,L}$ und $\lambda^{O,L}$ von $\Phi^{I,L}$ und $\Phi^{O,L}$ lassen sich dabei wie folgt durch die Intensitäten von Ψ_Z ausdrücken. Es gilt

$$\lambda^{I,L} = \lambda(\bar{L} \times L) \qquad \text{und} \qquad \lambda^{O,L} = \lambda(L \times \bar{L}) \tag{9.16}$$

für alle $L \in \tilde{J}$. Aus der Annahme, daß die Intensität $\lambda = \lambda(J \times J)$ von $\{X_n\}$ endlich ist, ergibt sich somit die Endlichkeit der Intensitäten $\lambda^{I,L}$ und $\lambda^{O,L}$.

Darüber hinaus folgt aus der Bedingung 2 in der Definition von $\mathcal{J}$, daß ebenfalls die Intensitäten $\lambda_{I,L}$ und $\lambda_{O,L}$ der stationären Teilpunktprozessse $\Phi_{I,L}$ und $\Phi_{O,L}$ von Φ_L^I und Φ_L^O derjenigen Eintritts- bzw. Austrittspunkte von $\{Z(t)\}$ in bzw. aus $L \in \tilde{J}$, die keine Basispunkte sind, endlich sind.

Wir gelangen dann in Verallgemeinerung von (9.14) zu der folgenden Aussage.

Satz 9.3.1 (Intensitätserhaltungssatz) *Für jedes $L \in \tilde{J}$ gilt*

$$\lambda_{I,L} + \lambda^{I,L} = \lambda_{O,L} + \lambda^{O,L}. \tag{9.17}$$

Beweis Aus der Bedingung 1 in der Definition der Mengenfamilie $\tilde{J}$ ergibt sich, daß

$$|\Phi_{I,L}([0,t)) + \Phi^{I,L}([0,t)) - \Phi_{O,L}([0,t)) - \Phi^{O,L}([0,t))| \leq 1$$

für jedes $t > 0$ und für jedes $L \in \tilde{\mathcal{J}}$ gilt. Hieraus und aus (8.20) ergibt sich, so wie beim Beweis von (9.14), die Abschätzung

$$\left|\lambda_{I,L} + \lambda^{I,L} - \lambda_{O,L} - \lambda^{O,L}\right| \;\leq\; \frac{1}{t}$$

und somit die Behauptung, weil $t > 0$ beliebig groß gewählt werden kann. $\square$

Die Identität (9.17) kann insbesondere folgendermaßen genutzt werden. Wir betrachten ein beliebiges stationäres Bedienungssystem (mit möglicherweise mehreren Bedienungsgeräten bzw. beschränktem Warteraum), für das sämtliche Teilmengen $L \in \mathcal{J}$ der Gestalt $L = \{j+1, j+2, \ldots\}$, $j \in G_0$, des Zustandsraumes des Prozesses der Anzahl von Forderungen im System zu $\tilde{\mathcal{J}}$ gehören. Dann kann man mit Hilfe von (9.17) in Verallgemeinerung des Satzes 9.2.6 zeigen, daß die Palmschen Verteilungen der Anzahl der Forderungen im System unmittelbar vor Ankunftszeitpunkten bzw. unmittelbar nach Abgangszeitpunkten übereinstimmen (vgl. auch Theorem 4.3.1 in Franken/Arndt/König/Schmidt (1981)).

Intensitätserhaltungssätze sind für speziellere Teilklasssen der angegebenen Klasse von PMP seit langem bekannt und werden auch zur Herleitung von Beziehungen zwischen Charakteristiken von zeitstationären Bedienungsprozessen und solchen von eingebetteten Prozessen genutzt. Ein Beispiel hierfür ist das insbesondere von Cohen genutzte Prinzip der Aufwärts- und Abwärtsniveaudurchgänge (vgl. Cohen (1969, 1976, 1977)).

Indem in Satz 9.3.1 zwischen Eintritts- bzw. Austrittspunkten, die gleichzeitig Basispunkte sind, und solchen, die nicht diese Eigenschaft haben, unterschieden wird, führt die Identität (9.17) ebenfalls zu Ergebnissen dieses Typs.

Es ist klar, daß (9.17) äquivalent ist mit

$$\lambda_{I,L} - \lambda_{O,L} \;=\; \lambda^{O,L} - \lambda^{I,L}. \tag{9.17'}$$

Für eine gewisse Teilfamilie von $\tilde{\mathcal{J}}$ läßt sich nun die linke Seite der Identität (9.17') in einer für Anwendungen günstigeren Form darstellen. Im Zusammenhang hiermit betrachten wir die (im allgemeinen nichtmarkowschen) Übergangswahrscheinlichkeiten

$$P(x; y, L) \;=\; \mathbf{P}(Z(t+x) \in L \mid Z(t) = y, X_n \notin [t, t+x] \text{ für alle } n \in G)$$

des stationären PMP $[\{Z(t)\}, \Psi_Z]$, die das Verhalten des Prozesses $\{Z(t)\}$ zwischen den eingebetteten Punkten beschreiben; $x > 0$, $t \in R$, $y \in J$, $L \in \mathcal{J}$. Wegen der Stationarität des PMP hängen diese Übergangswahrscheinlichkeiten nicht von t ab.

Wir sagen, daß die Menge L aus $\tilde{\mathcal{J}}$ zu $\hat{\mathcal{J}} \subseteq \tilde{\mathcal{J}}$ gehört, wenn zusätzlich zu den Bedingungen 1 bis 3 in der Definition von $\tilde{\mathcal{J}}$ die folgende Bedingung erfüllt ist:

4. Für jedes $\varepsilon > 0$ gibt es eine Menge $L' \in \tilde{\mathcal{J}}$ mit der Eigenschaft $\lambda(L' \times J) > \lambda - \varepsilon$, so daß die Konvergenz $\lim\limits_{x\downarrow 0} P(x; y, L) = \mathbf{1}_L(y)$ gleichmäßig für alle $y \in L'$ gilt.

Satz 9.3.2 *Für jedes $L \in \hat{\mathcal{J}}$ gilt*

$$\mathbf{A}_Q(L) = \lambda(L \times \bar{L}) - \lambda(\bar{L} \times L), \qquad (9.18)$$

wobei

$$\mathbf{A}_Q(L) = \lim\limits_{x\downarrow 0} \frac{1}{x} \left[\int\limits_J P(x; y, L)\, Q(dy) - Q(L) \right] \qquad (9.19)$$

und Q die stationäre eindimensionale Randverteilung des Prozesses $\{Z(t)\}$ bezeichnet, d.h., $Q(L) = \mathbf{P}(Z(t) \in L)$ für alle $t \in R$, $L \in \mathcal{J}$.

Beim **Beweis** dieses Satzes benutzen wir die folgenden Hilfssätze.

Lemma 9.3.3 *Für jedes $L \in \tilde{\mathcal{J}}$ gilt*

$$\lim\limits_{x\downarrow 0} \frac{1}{x} \mathbf{P}(Z(0) \in L, X_1 < x) = \lambda(L \times J) \qquad (9.20)$$

und

$$\lim\limits_{x\downarrow 0} \frac{1}{x} \mathbf{P}(Z(x) \in L, X_1 < x) = \lambda(J \times L). \qquad (9.21)$$

Beweis Wir wenden den Satz von Koroljuk (Satz 6.1.2) auf den stationären Teilpunktprozeß von $\Phi \sim \{X_n\}$ an, der aus denjenigen Punkten X_n besteht, für die $Z(X_n) \in L$ gilt. Aus (6.3) folgt dann, daß

$$\lim\limits_{x\downarrow 0} \frac{1}{x} \mathbf{P}(Z(X_1) \in L, X_1 < x) = \lambda(L \times J)$$

gilt. Somit ergibt sich (9.20) aus der Abschätzung

$$\lim\limits_{x\downarrow 0} \frac{1}{x} |\mathbf{P}(Z(X_1) \in L, X_1 < x) - \mathbf{P}(Z(0) \in L, X_1 < x)|$$

$$\leq \lim\limits_{x\downarrow 0} \frac{1}{x} \mathbf{P}(Z(0) \in \bar{L}, Z(X_1) \in L, X_1 < x) +$$

$$+ \lim\limits_{x\downarrow 0} \frac{1}{x} \mathbf{P}(Z(0) \in L, Z(X_1) \in \bar{L}, X_1 < x)$$

$$\leq \lim\limits_{x\downarrow 0} \frac{1}{x} \mathbf{P}(\Phi_{I,L}([0,x)) \geq 1, X_1 < x) + \lim\limits_{x\downarrow 0} \frac{1}{x} \mathbf{P}(\Phi_{O,L}([0,x)) \geq 1, X_1 < x),$$

$$\leq \lim\limits_{x\downarrow 0} \frac{1}{x} \mathbf{P}((\Phi_{I,L} + \Phi)([0,x)) > 1) + \lim\limits_{x\downarrow 0} \frac{1}{x} \mathbf{P}((\Phi_{O,L} + \Phi)([0,x)) > 1),$$

weil man leicht zeigen kann, daß diese Grenzwerte gleich Null sind, wenn der Satz von Dobruschin (Satz 6.1.1) auf die Überlagerung der Punktprozesse $\Phi_{I,L}$ und Φ bzw. $\Phi_{O,L}$ und Φ angewendet wird. Der Beweis von (9.21) ist analog. $\square$

Die Darstellung der Intensität $\lambda(L \times J)$ des eingebetteten markierten Punktprozesses Ψ_Z mit Hilfe des Grenzwertes (9.20) spielt nicht nur im Beweis des Satzes 9.3.2, sondern auch in Abschnitt 9.5 bei der Herleitung von Bedingungen für die Gültigkeit der dort betrachteten Eigenschaft EPSTA eine wichtige Rolle. Im Zusammenhang hiermit wurde in Miyazawa/Wolff (1990) eine gegenüber Lemma 9.3.3 modifizierte Bedingung an die Menge $L \in J$ betrachtet, aus der sich ebenfalls die Gültigkeit von (9.20) ergibt.

Lemma 9.3.4 *Für jedes* $L \in \tilde{J}$ *gilt*

$$\lim_{x \downarrow 0} \frac{1}{x} \left[\mathbf{P}(Z(x) \in L, X_1 \geq x) - \mathbf{P}(Z(0) \in L, X_1 \geq x) \right]$$
$$= \lambda(L \times \bar{L}) - \lambda(\bar{L} \times L) . \qquad (9.22)$$

Beweis Aus der Stationarität des Prozesses $\{Z(t); t \in R\}$ und aus Lemma 9.3.3 ergibt sich, daß

$$\begin{aligned}
0 &= \lim_{x \downarrow 0} \frac{1}{x} \left[\mathbf{P}(Z(x) \in L) - \mathbf{P}(Z(0) \in L) \right] \\
&= \lim_{x \downarrow 0} \frac{1}{x} \left[\mathbf{P}(Z(x) \in L, X_1 \geq x) - \mathbf{P}(Z(0) \in L, X_1 \geq x) \right] + \\
&\qquad + \lim_{x \downarrow 0} \frac{1}{x} \left[\mathbf{P}(Z(x) \in L, X_1 < x) - \mathbf{P}(Z(0) \in L, X_1 < x) \right] \\
&= \lim_{x \downarrow 0} \frac{1}{x} \left[\mathbf{P}(Z(x) \in L, X_1 \geq x) - \mathbf{P}(Z(0) \in L, X_1 \geq x) \right] \\
&\qquad\qquad\qquad + \lambda(\bar{L} \times L) - \lambda(L \times \bar{L}) . \ \square
\end{aligned}$$

Beweis des Satzes 9.3.2 Wegen Lemma 9.3.4 genügt es zu zeigen, daß die Grenzwerte in (9.19) und (9.22) für jedes $L \in \hat{J}$ übereinstimmen. Dies ist äquivalent mit

$$\lim_{x \downarrow 0} \frac{1}{x} \int_J \left[P(x; y, L) - \mathbf{1}_L(y) \right] \left[Q - Q^{(x)} \right](dy) = 0 \qquad \text{für } L \in \hat{J} ,$$

wobei $Q^{(x)}(L) = \mathbf{P}(Z(0) \in L, X_1 \geq x)$.
Auf Grund der Definition der Mengenfamilie $\hat{J}$ gibt es für jedes $L \in \hat{J}$ und für jedes $\varepsilon > 0$ eine Menge $L' \in \tilde{J}$ mit $\lambda(\bar{L}' \times J) < \varepsilon$, so daß

$$\lim_{x \downarrow 0} \frac{1}{x} \int_J \left| P(x; y, L) - \mathbf{1}_L(y) \right| [Q - Q^{(x)}](dy)$$

$$\leq \quad \varepsilon \lim_{x \downarrow 0} \frac{1}{x} [Q - Q^{(x)}](L') + \lim_{x \downarrow 0} \frac{1}{x} [Q - Q^{(x)}](\bar{L}')$$

$$= \quad \varepsilon \lim_{x \downarrow 0} \frac{1}{x} \mathbf{P}(Z(0) \in L', X_1 < x) + \lim_{x \downarrow 0} \frac{1}{x} \mathbf{P}(Z(0) \in \bar{L}', X_1 < x).$$

Weil mit der Menge L' auch ihr Komplement $\bar{L}'$ zu $\tilde{\mathcal{J}}$ gehört, ergibt sich hieraus und aus Lemma 9.3.3 die Abschätzung

$$\lim_{x \downarrow 0} \frac{1}{x} \int_J \left| P(x; y, L) - \mathbf{1}_L(y) \right| [Q - Q^{(x)}](dy)$$

$$\leq \quad \varepsilon \lambda(L' \times J) + \lambda(\bar{L}' \times J) \quad \leq \quad \varepsilon(\lambda + 1)$$

und somit die Behauptung. $\square$

Folgerung 9.3.5 *Für jedes $L \in \hat{\mathcal{J}}$ gilt*

$$\mathbf{A}_Q(L) = \lambda \left(D(L \times \bar{L}) - D(\bar{L} \times L) \right) \tag{9.23}$$
$$= \lambda \left(D(L \times J) - D(J \times L) \right),$$

wobei λ bzw. D die Intensität bzw. die Palmsche Markenverteilung des stationären eingebetteten markierten Basispunktprozesses Ψ_Z bezeichnet.

Beweis Die Behauptung ergibt sich unmittelbar aus (9.18) und (8.21). $\square$

Durch die Formel (9.23) ist somit eine Beziehung zwischen der zeitstationären Verteilung Q des Prozesses $\{Z(t); t \in R\}$ in einem beliebigen fixierten Zeitpunkt und der Palmschen Markenverteilung D gegeben, die bezüglich des PMP $[\{Z(t)\}, \Psi_Z]$ eine ablauforientierte Verteilung ist und die wir gemäß der Interpretation von Palmschen Markenverteilungen (vgl. Formel (8.13)) als bedingte Verteilung des Prozesses $\{Z(t); t \in R\}$ in und unmittelbar nach einem Zeitpunkt t deuten unter der Bedingung, daß dieser Zeitpunkt ein Punkt des eingebetteten markierten Punktprozesses Ψ_Z ist.

9.4 Takacs-Formeln für Einbedienersysteme. Stationäre Verfügbarkeit

Wir wollen nun zu dem im Beispiel 9.2.4 betrachteten Bedienungssystem mit einem Bedienungsgerät zurückkehren und die in Abschnitt 9.3 erzielten allgemeinen

Ergebnisse auf einen speziellen PMP anwenden. Sei $\{W(t); t \in R\}$ der durch (9.7) und (9.8) gegebene, stationäre Prozeß der virtuellen Wartezeit und $\Phi \sim \{X_n\}$ die Folge der Ankunftszeitpunkte von Forderungen in einem solchen System mit einem stationären markierten Eingangsstrom $\Psi \sim \{[X_n, M_n]\}$ und mit der Bedienungsreihenfolge FCFS. Dabei wird vorausgesetzt, daß $\Psi \sim \{[X_n, M_n]\}$ ergodisch und $\Phi \sim \{X_n\}$ einfach ist mit $P(\Phi(R) = 0) = 0$ und $0 < \lambda = \mathbf{E}\Phi([0,1)) < \infty$. Für die Bedienungszeiten M_n gelte $P(M_n > 0) = 1$ für jedes $n \in G$. Den Satz 9.3.2 bzw. die Folgerung 9.3.5 wenden wir auf den stationären PMP $[\{W(t)\}, \Psi_W]$ mit dem eingebetteten markierten Punktprozeß $\Psi_W \sim \{[X_n, (W(X_n), W(X_n + 0))]\}$ an. Auf diese Weise gelangen wir zu einer Beziehung zwischen der zeitstationären Verteilungsfunktion der virtuellen Wartezeit und der forderungenstationären Verteilungsfunktion der aktuellen Wartezeit, so daß die eine Charakteristik jeweils mit Hilfe der anderen bestimmt werden kann (vgl. Satz 9.4.1).

Wenn beispielsweise $\{W(X_n)\}$ ein eingebetteter Markowscher Prozeß mit diskreter Zeit ist und sich die forderungenstationäre Verteilungsfunktion $D^{(W)}$ der aktuellen Wartezeit mit Hilfe der für diese Prozeßklasse vorhandenen Methoden bestimmen läßt (wobei die Ankunftsintensität λ und die Verteilungsfunktion $D^{(M)}$ der Bedienungszeiten als gegeben vorausgesetzt werden), dann läßt sich mit Hilfe der Beziehung (9.29) auch die zeitstationäre Verteilungsfunktion $Q^{(W)}$ der virtuellen Wartezeit bestimmen. Der Prozeß $\{W(t); t \in R\}$ selbst braucht jedoch nicht zu einer speziellen Prozeßklasse, wie die der Markowschen Prozesse, der regenerativen Prozesse, der semiregenerativen Prozesse etc. zu gehören.

Es ist also $J = R_+, \mathcal{J} = \mathcal{R}_+$, und wir benutzen die Formeln (9.18) bzw. (9.23) für Teilmengen L von J der Form $L = [0, u)$ unter der Voraussetzung, daß diese zu $\mathcal{J}$ gehören. Auf Grund der Monotonie und Linearität der Realisierungen des Wartezeitprozesses $\{W(t)\}$ zwischen den Ankunftszeitpunkten X_n (vgl. Abbildung 1.3) gilt $[0, u) \in \hat{\mathcal{J}}$ für alle $u > 0$ bis auf eine höchstens abzählbare Ausnahmemenge, wobei diese Ausnahmemenge in der Menge aller derjenigen $u > 0$ enthalten ist, für die $\lambda(\{u\} \times [0, \infty)) > 0$ oder $\lambda([0, \infty) \times \{u\}) > 0$ gilt. Für die in (9.19) auftretenden Übergangswahrscheinlichkeiten gilt $P(x; y, [0, u)) = 1$ für $y - x < u$ und $P(x; y, [0, u)) = 0$ sonst.

Es sei nun $L = [0, u) \in \hat{\mathcal{J}}$. Dann ergibt sich für den Grenzwert $\mathbf{A}_Q([0, u))$ in (9.19)

$$\mathbf{A}_Q([0, u)) = \lim_{x \downarrow 0} \frac{1}{x} \left[\int_0^x P(x; y, [0, u)) \, Q(dy) - Q([0, u)) \right]$$

$$= \lim_{x \downarrow 0} \frac{1}{x} \left[Q([0, u + x)) - Q([0, u)) \right] . \tag{9.24}$$

Auf der rechten Seite von (9.18) ist $\lambda(\bar{L} \times L) = 0$, denn wenn die Wartezeit zu einem beliebigen Ankunftszeitpunkt X_n größer oder gleich u ist, kann sie unmittelbar danach (d.h. zum Zeitpunkt $X_n + 0$) nicht kleiner als u sein. Folglich ist auch die Wahrscheinlichkeit $D(\bar{L} \times L)$ in (9.23) gleich Null. Des weiteren ist

$$\lambda(L \times \bar{L}) \;=\; \lambda\, D(L \times \bar{L}) \;=\; \lambda\, P^{R+}(W(X_n) < u, W(X_n) + M_n \geq u)\,, \quad (9.25)$$

wobei P^{R+} die durch (8.28) gegebene Palmsche Verteilung des stationären markierten Eingangsstromes $\{[X_n, M_n]\}$ ist.

Aus (9.23) bis (9.25) ergibt sich also, daß

$$\frac{d^+}{du}\, Q^{(W)}(u) \;=\; \lambda\, P^{R+}(W(X_n) < u, W(X_n) + M_n) > u) \qquad (9.26)$$

für alle $u > 0$ bis auf eine höchstens abzählbare Ausnahmemenge, wobei $\frac{d^+}{du} Q^{(W)}(u)$ die rechtsseitige Ableitung

$$\frac{d^+}{du}\, Q^{(W)}(u) \;=\; \lim_{x \downarrow 0} \frac{1}{x}\big[Q^{(W)}(u+x) - Q^{(W)}(x)\big]$$

der Verteilungsfunktion $Q^{(W)}(u) = Q([0, u)) = P(W(t) < u)$ im Punkt u bezeichnet. Durch Integration von (9.26) erhalten wir die Beziehung (*verallgemeinerte Takacs-Formel*)

$$Q^{(W)}(x) - Q^{(W)}(0+0) = \lambda \int\limits_0^x P^{R+}(W(X_n) < u, W(X_n) + M_n \geq u)\, du \quad (9.27)$$

für alle $x > 0$, weil die Verteilungsfunktion $Q^{(W)}$ Lipschitz-stetig im Intervall $(0, \infty)$ ist und somit

$$Q^{(W)}(x) - Q^{(W)}(0+0) = \int\limits_0^x \frac{d^+}{du} Q^{(W)}(u)\, du$$

für alle $x > 0$ gilt. Dabei kann man beim Nachweis der Lipschitz-Stetigkeit der Funktion $Q^{(W)}$ die Identität

$$
\begin{aligned}
Q^{(W)}(x) \;=\;& P(W(t) < x) \\
=\;& P(W(t) < x, X_n \notin [t-h, t] \text{ für alle } n) \\
& \quad + P(W(t) < x, X_n \in [t-h, t] \text{ für wenigstens ein } n) \\
=\;& P(W(t-h) < x+h) - P(W(t-h) < x+h, \\
& \quad X_n \in [t-h, t] \text{ für wenigstens ein } n) + \\
& \quad + P(W(t) < x, X_n \in [t-h, t] \text{ für wenigstens ein } n)
\end{aligned}
$$

benutzen; $t \in R$. Denn auf Grund der Stationarität des Prozesses $\{W(t)\}$ gilt $Q^{(W)}(x+h) = P(W(t-h) < x+h)$, und somit ergibt sich mit Hilfe des Satzes von Koroljuk (vgl. Satz 6.1.2) die Abschätzung

$$|Q^{(W)}(x) - Q^{(W)}(x+h)| \;<\; 2\, P(X_n \in [t-h, t] \text{ für wenigstens ein } n) \;<\; c\,h\,,$$

wobei die Konstante $c < \infty$ nicht von x abhängt.

Die Beziehung (9.27) kann als Verallgemeinerung der Formel (9.29) aufgefaßt werden, die erstmals in Takacs (1963) für den Fall eines rekurrenten, unabhängig markierten Eingangsstromes hergeleitet wurde. Es zeigt sich, daß die Gestalt der Beziehung (9.27) invariant bezüglich der Struktur des Punktprozesses $\{X_n\}$ der Ankunftszeitpunkte ist und nur von dessen Intensität λ abhängt. Insbesondere bleibt die Beziehung (9.27) unverändert, wenn von einem rekurrenten Eingangsstrom zu einem nichtrekurrenten Eingangsstrom mit der gleichen Intensität λ übergegangen wird. Das gleiche gilt auch für (9.29), vgl. Satz 9.4.1.

Für einen unabhängig markierten (nicht notwendig rekurrenten) Eingangsstrom ergibt sich für die rechte Seite von (9.25)

$$
\lambda\, P^{R+}(W(X_n) < u, W(X_n) + M_n \geq u)
$$

$$
= \ \lambda \left[D^{(W)}(u) - D^{(W)} * D^{(M)}(u) \right] \tag{9.28}
$$

$$
= \ \lambda \int_0^u (1 - D^{(M)}(u - w))\, dD^{(W)}(w) ,
$$

wobei $D^{(W)}(u) = D([0, u] \times R_+) = P^{R+}(W(X_n) < u), D^{(M)}(u) = P^{R+}(M_n < u)$ $= P(M_n < u)$, denn in diesem Fall sind die aktuelle Wartezeit $W(X_n)$ und die Bedienungszeit M_n unabhängige Zufallsgrößen. Dies führt zu dem folgenden Ergebnis.

Satz 9.4.1 *Für die (zeitstationäre) Verteilungsfunktion $Q^{(W)}(x) = P(W(t) < x)$ der virtuellen Wartezeit in einem Bedienungssystem mit einem Bedienungsgerät und mit einem ergodischen, unabhängig markierten Eingangsstrom gilt*

$$
Q^{(W)}(x) \ = \ 1 - \kappa + \kappa\, (D^{(W)} * \tilde{D}^{(M)})(x) \tag{9.29}
$$

für alle $x > 0$, falls

$$
0 < \kappa < 1 \qquad \textit{für} \quad \kappa \ = \ \lambda \int_0^\infty (1 - D^{(M)}(u))\, du , \tag{9.30}
$$

wobei

$$
\tilde{D}^{(M)}(u) \ = \ \frac{\displaystyle\int_0^x (1 - D^{(M)}(u))\, du}{\displaystyle\int_0^\infty (1 - D^{(M)}(u))\, du} . \tag{9.31}
$$

Beweis Die Bedingung (9.30) sichert zusammen mit der Ergodizität des Eingangsstromes, daß der in diesem Abschnitt betrachtete PMP $[\{W(t)\}, \Psi_W]$ durch die Formeln (9.7) und (9.8) wohldefiniert ist, und insbesondere, daß mit Wahrscheinlichkeit Eins unendlich viele Forderungen das System leer vorfinden und somit die zufälligen Wartezeiten $W(t)$ und $W(X_n)$ mit Wahrscheinlichkeit Eins endliche Werte annehmen (vgl. Abschnitt 2.4 in Franken/König/Arndt/Schmidt (1981)). Aus (9.27) und (9.28) ergibt sich dann, daß

$$Q^{(W)}(x) - Q^{(W)}(0+0) = \lambda \int\limits_0^x \int\limits_0^u (1 - D^{(M)}(u-w))\,dD^{(W)}(w)\,du$$

$$= \lambda \int\limits_0^x \int\limits_0^{x-w} (1 - D^{(M)}(u))\,du\,dD^{(W)}(w) = \kappa \int\limits_0^x \tilde{D}^{(M)}(x-w)\,dD^{(W)}(w)$$

für jedes $x > 0$. Im Fall $x = +\infty$ folgt hieraus $1 - Q^{(W)}(0+0) = \kappa$, d.h. $Q^{(W)}(0+0) = 1 - \kappa$. $\Box$

Das in Abschnitt 9.3 dargelegte Intensitätserhaltungsprinzip ist relativ variabel und breit anwendbar. Neben der im vorliegenden Abschnitt erläuterten Anwendungsmöglichkeit auf den durch (9.7) und (9.8) gegebenen Wartezeitprozeß $\{W(t); t \in R\}$ in einem Standard-Einbedienersystem läßt es sich ohne weiteres auch auf Bedienungssysteme anwenden, die solche Besonderheiten aufweisen wie verschiedene Forderungentypen, semimarkowsche Zwischenankunfts- bzw. Bedienungszeiten, Gruppenankünfte, Erwärmung am Beginn von Belegungsperioden oder zustandsabhängige Bedienungsgeschwindigkeiten (vgl. Kapitel 5 in Franken/König/Arndt/Schmidt (1981)). Als besonders zweckmäßig erweist sich die auf dem Intensitätserhaltungssatz beruhende und zu Differentialgleichungen vom Typ (9.26) führende Beweismethode zum Beispiel im Fall, wenn die Bedienungsgeschwindigkeit eine Funktion der virtuellen Wartezeit (bzw. der im System anstehenden Arbeit) ist (vgl. Satz 5.3.8 in Franken/König/Arndt/Schmidt (1981)).

In Franken/König/Arndt/Schmidt (1981), Abschnitt 4.3.2, wurde der Intensitätserhaltungssatz außerdem zur Herleitung von Beziehungen zwischen zeit- und forderungenstationären Charakteristiken des Prozesses $\{V(t); t \in R\}$ der Anzahl von Forderungen im System benutzt. Manche der Beziehungen zwischen zeit- und forderungenstationären Bedienungscharakteristiken lassen sich auch mit Hilfe des Campbellschen Theorems für stationäre markierte Punktprozesse herleiten (vgl. Aufgaben 9.7.4 und 9.7.5).

Abschließend wollen wir zeigen, wie sich die verallgemeinerte Takacs-Formel (9.27) bei der Untersuchung eines stationären *Zuverlässigkeitssystems* anwenden läßt, das sich entweder im Betriebszustand oder im Reparaturzustand befinden kann. Die Folge der Ausfall- und Wiederinbetriebnahmezeitpunkte des Systems werde durch den stationären markierten Punktprozeß $\Psi \sim \{[X_n, M_n]\}$ mit dem

Markenraum $K = \{0, 1\}$ beschrieben, wobei $M_n = 0$ bedeutet, daß X_n ein Ausfallzeitpunkt ist, und $M_n = 1$ bedeutet, daß X_n ein Wiederinbetriebnahmezeitpunkt ist. Es wird vorausgesetzt, daß der Punktprozeß $\Phi \sim \{X_n\}$ einfach ist mit $P(\Phi(R) = 0) = 0$ und $0 < \lambda = \mathbf{E}\Phi([0, 1)) < \infty$. Außerdem gelte

$$P(M_n \neq M_{n+1}) = P(M_n = M_{n+2}) = 1$$

für jedes $n \in G$, wobei jedoch nicht vorausgesetzt wird, daß Ψ ein alternierender rekurrenter Punktprozeß ist (vgl. die Formeln (8.4) und (8.5)).

Die *stationäre Verfügbarkeit* des Systems ist die Wahrscheinlichkeit dafür, daß sich das System zu einem beliebigen, fest vorgegebenen Zeitpunkt im Betriebszustand befindet. Diese Wahrscheinlichkeit läßt sich mit Hilfe des folgenden zufälligen Prozesses $\{T(t); t \in R\}$ ausdrücken. Es sei

$$T(t) = \begin{cases} X_{N(t)+1} - t\,, & \text{falls } M_{N(t)} = 1\,, \\[2mm] 0\,, & \text{falls } M_{N(t)} = 0\,, \end{cases} \qquad (9.32)$$

wobei $N(t) = \max\{n : X_n < t\}$. Die Zufallsgröße $T(t)$ ist also die *Restbetriebszeit* des Systems von t aus bis zum nächsten Ausfallzeitpunkt nach t, falls sich das System zum Zeitpunkt t im Betriebszustand befindet. Die stationäre Verfügbarkeit des Systems ist somit die Wahrscheinlichkeit $P(T(t) > 0)$, die auf Grund der Stationarität des Prozesses $\{T(t); t \in R\}$ nicht von $t \in R$ abhängt. Zur Bestimmung der stationären Verfügbarkeit $P(T(t) > 0)$ benutzen wir die Formel (9.27). Hierfür fassen wir den zufälligen Prozeß $\{T(t); t \in R\}$ als Prozeß der virtuellen Wartezeit in einem Bedienungssystem mit einem Bedienungsgerät auf. Die Wiederinbetriebnahmezeitpunkte $X_n^{\{1\}}$ spielen dabei die Rolle der Ankunftszeitpunkte, und die Betriebsdauern $T(X_n^{\{1\}} + 0) = \min\{X_j^{\{2\}} : X_j^{\{2\}} > X_n^{\{1\}}\}$ bis zum nächsten Ausfallzeitpunkt deuten wir als Bedienungszeiten. Somit können wir die Formel (9.27) auf den stationären PMP $[\{T(t)\}, \Psi_T]$ mit dem eingebetteten markierten Punktprozeß $\Psi_T \sim \{[X_n^{\{1\}}, (T(X_n^{\{1\}}), T(X_n^{\{1\}} + 0))]\}$ anwenden.

Aus (9.32) ergibt sich, daß $T(X_n^{\{1\}}) = 0$ für alle Realisierungen von Ψ_T gilt. Folglich nimmt (9.27) die Form an

$$P(0 < T(t) < x) = \lambda(\{1\}) \int\limits_0^x P^{\{1\}}(T(X_n^{\{1\}} + 0) > u)\, du \qquad (9.33)$$

für alle $x > 0$, wobei $\lambda(\{1\})$ die Intensität der Wiederinbetriebnahmezeitpunkte $X_n^{\{1\}}$ und $P^{\{1\}}$ die Palmsche Verteilung von Ψ bezüglich dieser Zeitpunkte ist; $0 < \lambda(\{1\}) < \infty$. Dies führt zu dem folgenden Ergebnis.

Satz 9.4.2 *Die zeitstationäre Verteilung der Restbetriebszeit ist durch*

$$P(T(t) > x \mid T(t) > 0) \;=\; \frac{\int\limits_{x}^{\infty} P^{\{1\}}(X_1^{\{0\}} > u)\,du}{\int\limits_{0}^{\infty} P^{\{1\}}(X_1^{\{0\}} > u)\,du} \tag{9.34}$$

gegeben; $x \geq 0$. Für die stationäre Verfügbarkeit gilt

$$P(T(t) > 0) \;=\; \frac{\int\limits_{0}^{\infty} P^{\{1\}}(X_1^{\{0\}} > u)\,du}{\int\limits_{0}^{\infty} P^{\{1\}}(X_2^{\{1\}} > u)\,du} \tag{9.35}$$

Beweis Die Formel (9.34) ergibt sich unmittelbar aus (9.33) unter Berücksichtigung der Tatsache, daß (vgl. (8.31))

$$P^{\{1\}}(T(X_n^{\{1\}} + 0) > u) \;=\; P^{\{1\}}(T(X_1^{\{1\}} + 0) > u)$$

$$=\; P^{\{1\}}(T(0 + 0) > u) \;=\; P^{\{1\}}(X_1^{\{0\}} > u)\,.$$

Auf die gleiche Weise erhält man (9.35), wenn dabei berücksichtigt wird, daß (vgl. (8.38))

$$\frac{1}{\lambda(\{1\})} \;=\; \mathbf{E}_{P^{\{1\}}} X_2^{\{1\}} \;=\; \int\limits_{0}^{\infty} P^{\{1\}}(X_2^{\{1\}} > u)\,du \,. \;\square$$

Wenn der Punktprozeß $\Psi \sim \{[X_n, M_n]\}$ ergodisch ist, dann ist das in den Formeln (9.34) und (9.35) auftretende Integral

$$\int\limits_{0}^{\infty} P^{\{1\}}(X_1^{\{0\}} > u)\,du \;=\; \int\limits_{0}^{\infty} P^{\{1\}}(X_1^{\{0\}} - X_1^{\{1\}} > u)\,du$$

gleich dem Erwartungswert des Abstandes von einem typischen (d.h. zufällig herausgegriffenen) Wiederinbetriebnahmezeitpunkt bis zum nachfolgenden Ausfallzeitpunkt, also der Erwartungswert einer typischen Betriebszeit (vgl. Satz 8.5.2). Das in (9.35) auftretende Integral

$$\int\limits_{0}^{\infty} P^{\{1\}}(X_2^{\{1\}} > u)\,du \;=\; \int\limits_{0}^{\infty} P^{\{1\}}(X_1^{\{0\}} + (X_2^{\{1\}} - X_1^{\{0\}}) > u)\,du$$

ist dann der Erwartungswert des Abstandes von einem typischen Wiederinbetriebnahmezeitpunkt bis zum nachfolgenden Wiederinbetriebnahmezeitpunkt, also der Erwartungswert der Summe einer typischen Betriebszeit und der darauffolgenden Reparaturzeit.

9.5　Die Eigenschaften EPSTA und PASTA

In diesem Abschnitt geben wir Bedingungen dafür an, daß die zeitstationäre Wahrscheinlichkeit $Q(L) = \mathbf{P}(Z(t) \in L)$, $L \in J$, eines stationären PMP $[\{Z(t)\}, \Psi_Z]$ in einem beliebigen, fest vorgegebenen Punkt $t \in R$ mit der ablauforientierten (Palmschen) Wahrscheinlichkeit $\hat{D}(L) = D(L \times J) = P^K(Z(X_n) \in L)$ des Prozesses $\{Z(t);\, t \in R\}$ in einem Punkt X_n des eingebetteten markierten Punktprozesses Ψ_Z übereinstimmt. Dabei ist D die Palmsche Markenverteilung von Ψ_Z;

$$
\begin{aligned}
\hat{D}(L) \;=\; D(L \times J) \;&=\; \frac{\lambda(L \times J)}{\lambda} \\[2mm]
&=\; \frac{\mathbf{E}\Psi_Z([0,u) \times L \times J)}{\mathbf{E}\Psi_Z([0,u) \times J \times J)} \;=\; \frac{\mathbf{E}\displaystyle\sum_{\{n:\, X_n \in [0,u)\}} \mathbf{1}_L(Z(X_n))}{\mathbf{E}\displaystyle\sum_{\{n:\, X_n \in [0,u)\}} 1}
\end{aligned}
\tag{9.36}
$$

für $L \in J$, $0 < u < \infty$ (vgl. Abschnitt 8.3).

Wir sagen, daß ein stationärer PMP $[\{Z(t)\}, \Psi_Z]$ bzw. der Prozeß $\{Z(t)\}$ die *Eigenschaft EPSTA* (embedded points see time averages) hat, wenn die Identität

$$
Q(L) \;=\; \hat{D}(L) \qquad \text{für jedes } L \in J
\tag{9.37}
$$

vorliegt. Die Sprechweise „time averages" rührt daher, daß für jedes $L \in J$

$$
Q(L) \;=\; \mathbf{E}\Big[\lim_{x \to \infty} \frac{1}{x} \int_0^x \mathbf{1}_L(Z(u))\, du \Big]
\tag{9.38}
$$

für jeden stationären Prozeß $\{Z(t);\, t \in R\}$ bzw.

$$
Q(L) \;=\; \lim_{x \to \infty} \frac{1}{x} \int_0^x \mathbf{1}_L(Z(u))\, du
\tag{9.39}
$$

für jeden ergodischen Prozeß $\{Z(t);\, t \in R\}$ mit $\mathbf{E}|Z(t)| < \infty$ gilt (vgl. Lemma 7.1.1).

Es wird sich zeigen, daß die in den Abschnitten 9.2 und 9.4 betrachteten stationären Bedienungsprozesse $\{V(t);\, t \in R\}$ und $\{W(t);\, t \in R\}$ gewissen Bedingungen für die Identität (9.37) genügen, wenn der markierte Eingangsstrom ein schwach unabhängig markierter Poisson-Prozeß ist und die Ankunftszeitpunkte als eingebettete Punkte aufgefaßt werden. Dann ist (9.37) nichts anderes als die in der Literatur wohlbekannte *Eigenschaft PASTA* des Poissonschen Eingangsstromes (Poisson arrivals see time averages), die wir hier als Spezialfall von EPSTA erhalten. Der eingebettete Punktprozeß $\Phi \sim \{X_n\}$ der Basispunkte muß jedoch nicht unbedingt Poissonsch sein, damit (9.37) gilt (vgl. Beispiel 9.5.6.3).

Es sei also $[\{Z(t)\}, \Psi_Z]$ ein stationärer PMP mit den zu Beginn des Abschnittes 9.3 geforderten Eigenschaften und $\Phi \sim \{X_n\}$ der eingebettete Punktprozeß der Basispunkte. Wir geben nun zunächst eine Bedingung dafür an, daß die Identität in (9.37) für eine fest vorgegebene Teilmenge $L \in \tilde{J}$ des Raumes J gilt. Dabei folgen wir weitgehend den in König/Schmidt (1989) enthaltenen Überlegungen. Wir sagen, daß die Teilmenge $L \in J$ des Zustandsraumes J von $\{Z(t)\}$ der *Bedingung LAA* (Lack of Anticipation Assumption) genügt, wenn die Ereignisse $\{Z(0) \in L\}$ und $\{X_1 < x\}$ unabhängig für jedes $x \in [0, u)$ sind, wobei $u > 0$ eine beliebig kleine, positive Zahl ist.

Satz 9.5.1 *Es sei $L \in \tilde{J}$ eine fest vorgegebene Menge. Wenn L der Bedingung LAA genügt, dann gilt $Q(L) = \hat{D}(L)$.*

Beweis Aus der Unabhängigkeit der Ereignisse $\{Z(0) \in L\}$ und $\{X_1 < x\}$ für $x \in [0, u)$ ergibt sich, daß

$$Q(L) \;=\; \mathbf{P}(Z(0) \in L \mid X_1 < x)$$

für jedes $x \in [0, u)$ gilt. Es gilt also

$$Q(L) \;=\; \frac{\lim_{x \downarrow 0} \frac{1}{x} \mathbf{P}(Z(0) \in L, X_1 < x)}{\lim_{x \downarrow 0} \frac{1}{x} \mathbf{P}(X_1 < x)} \,.$$

Die Behauptung folgt nun aus Satz 6.1.2 und aus Lemma 9.3.3, wenn dabei die in (9.36) gegebene Gestalt der Palmschen Markenverteilung $D = D_{J \times J}$ von Ψ_Z berücksichtigt wird. $\square$

Wegen der Stationaritätsvoraussetzung ist die in Satz 9.5.1 angegebene Bedingung LAA für jedes $L \in J$ erfüllt, wenn der Wert $Z(t)$ des Prozesses $\{Z(t); t \in R\}$ zu einem beliebigen, fest vorgegebenen Zeitpunkt $t \in R$ und die Restzeit $Y(t) = \min\{X_n : X_n > t\} - t$ bis zum nächsten eingebetteten Punkt unabhängige Zufallsgrößen sind.

So wie bisher bezeichne $\Phi(B)$ die Anzahl der Punkte des eingebetteten Basispunktprozesses $\Phi \sim \{X_n\}$ in der Menge $B \in \mathcal{R}$. Wird nun die Bedingung in Satz 9.5.1 dahingehend modifiziert, daß nicht die Unabhängigkeit bzw., was das gleiche ist, die Unkorreliertheit der Zufallsgrößen $\mathbf{1}_L(Z(0))$ und $\mathbf{1}_{[0,x)}(X_1) = \mathbf{1}_{G_+}(\Phi([0,x)))$, sondern die Unkorreliertheit von $\mathbf{1}_L(Z(0))$ und $\Phi([0,x))$ für jedes $x \in [0, u)$, u beliebig, gefordert wird, dann läßt sich ebenfalls die Gültigkeit von $Q(L) = \hat{D}(L)$ beweisen, wenn die Menge L zu der in Abschnitt 9.3 definierten Teilfamilie $\tilde{J} \subseteq J$ gehört. In diesem Zusammenhang sagen wir, daß die Teilmenge $L \in J$ des Zustandsraumes J von $\{Z(t)\}$ der *Bedingung MLAA* (Modified Lack of Anticipation Assumption) genügt, wenn die Zufallsgrößen $\mathbf{1}_L(Z(0))$ und $\Phi([0,x))$ für jedes $x \in [0, u)$ unkorreliert sind, wobei $u > 0$ eine beliebig kleine, positive Zahl ist.

Satz 9.5.2 *Es sei $L \in \tilde{J}$ eine fest vorgegebene Menge. Wenn L der Bedingung MLAA genügt, dann gilt $Q(L) = \hat{D}(L)$.*

Beweis Weil L zu $\tilde{J}$ gehört, läßt sich die Summe im Zähler der Formel (9.36) wie folgt darstellen. Es gilt

$$\sum_{\{n:\, X_n \in [0,x)\}} \mathbf{1}_L(Z(X_n)) \;=\; \lim_{k\to\infty} \sum_{j=0}^{k-1} \mathbf{1}_L(Z(\frac{jx}{k}))\, \Phi([\frac{jx}{k}, \frac{(j+1)\,x}{k})) \qquad (9.40)$$

mit Wahrscheinlichkeit Eins. Aus der Stationarität des PMP $[\{Z(t)\}, \Psi_Z]$ ergibt sich, daß mit den Zufallsgrößen $\mathbf{1}_L(Z(0))$ und $\Phi([0,x))$ für jedes $x \in [0,u)$ auch die Zufallsgrößen $Z(\frac{jx}{k})$ und $\Phi([\frac{jx}{k}, \frac{(j+1)x}{k}))$ unkorreliert sind. Folglich gilt

$$\mathbf{E} \sum_{\{n:\, X_n \in [0,x)\}} \mathbf{1}_L(Z(X_n)) \;=\; \lim_{k\to\infty} \sum_{j=0}^{k-1} \mathbf{E}\mathbf{1}_L(Z(\frac{jx}{k}))\, \Phi([\frac{jx}{k}, \frac{(j+1)\,x}{k}))$$

$$=\; \lim_{k\to\infty} \sum_{j=0}^{k-1} \mathbf{E}\mathbf{1}_L(Z(\frac{jx}{k}))\, \mathbf{E}\Phi([\frac{jx}{k}, \frac{(j+1)\,x}{k}))$$

$$=\; \mathbf{E}\mathbf{1}_L(Z(0)) \lim_{k\to\infty} \sum_{j=0}^{k-1} \mathbf{E}\Phi([\frac{jx}{k}, \frac{(j+1)\,x}{k}))$$

$$=\; Q(L)\,\mathbf{E}\Phi([0,x)) \;=\; Q(L)\,\mathbf{E} \sum_{\{n:\, X_n \in [0,x)\}} 1 \,.$$

Wegen (9.36) folgt hieraus die Behauptung. $\square$

Die Sätze 9.5.1 und 9.5.2 enthalten hinreichende Bedingungen dafür, daß die Wahrscheinlichkeiten $Q(L)$ und $\hat{D}(L)$ für eine fest vorgegebene Menge $L \in \tilde{J}$ übereinstimmen. Im allgemeinen ist es schwierig, die Familie $\tilde{J}$ von regulären meßbaren Teilmengen von J expliziter zu beschreiben, als dies in Abschnitt 9.3 getan wurde.

Außerdem umfaßt $\tilde{J}$ in der Regel nicht die gesamte σ-Algebra J der meßbaren Teilmengen von J. Es läßt sich also auch dann, wenn die Bedingungen der Sätze 9.5.1 und 9.5.2 für jedes $L \in \tilde{J}$ erfüllt sind, nicht ohne weiteres darauf schließen, daß $Q(L) = \hat{D}(L)$ für jedes $L \in J$, d.h., daß EPSTA gilt. Dies ist jedoch möglich, falls $\tilde{J}$ eine genügend reichhaltige Teilfamilie enthält, die abgeschlossen ist bezüglich der Bildung des Durchschnittes von endlich vielen Mengen.

Folgerung 9.5.3 *Wenn die Mengenfamilie $\tilde{J}$ eine Teilfamilie J_e enthält, die die σ-Algebra J erzeugt und die abgeschlossen ist bezüglich der Bildung des Durchschnittes von endlich vielen Mengen aus J_e, und wenn die Bedingung LAA bzw. MLAA für jedes $L \in J_e$ erfüllt ist, dann hat der stationäre PMP $[\{Z(t)\}, \Psi_Z]$ die Eigenschaft EPSTA, d.h., es gilt $Q(L) = \hat{D}(L)$ für jedes $L \in J$.*

Beweis Die in der Folgerung formulierten Bedingungen seien erfüllt. Dann ergibt sich aus den Sätzen 9.5.1 und 9.5.2, daß die Verteilungen Q und $\hat{D}$ auf der Mengenfamilie $\mathcal{J}_e$ übereinstimmen. Aus dem allgemeinen Theorem über monotone Klassen (vgl. Bauer (1978)) folgt somit, daß Q und $\hat{D}$ auch auf $\mathcal{J}$ übereinstimmen. $\Box$

Durch Folgerung 9.5.3 wird deutlich, daß es für den Nachweis der Eigenschaft EPSTA nicht erforderlich ist, die Familie $\tilde{\mathcal{J}}$ sämtlicher regulärer meßbarer Teilmengen von J explizit zu kennen. Es genügt vielmehr, die Gültigkeit von LAA oder MLAA für jede Menge L aus der Teilfamilie $\mathcal{J}_e$ von $\tilde{\mathcal{J}}$ nachzuprüfen.

Die Sätze 9.5.1 und 9.5.2 enthalten jeweils eine hinreichende Bedingung dafür, daß $Q(L) = \hat{D}(L)$ für eine vorgegebene Menge L aus der in Abschnitt 9.3 definierten Mengenfamilie $\tilde{\mathcal{J}} \subseteq \mathcal{J}$ gilt. Genauso wie im Beweis des Satzes 9.5.1 vorgehend, erhalten wir außerdem in dem folgenden Satz 9.5.4 eine notwendige und hinreichende Bedingung. Dazu betrachten wir den Grenzwert

$$\lambda_L \;=\; \lim_{x\downarrow 0} \frac{1}{x}\,\mathbf{P}(X_1 < x \,|\, Z(0) \in L)$$

$$ \;=\; \lim_{x\downarrow 0} \frac{1}{x}\,\mathbf{P}(\Phi([t, t+x)) > 0 \,|\, Z(t) \in L)\,, \tag{9.41}$$

$t \in R$, der gemäß Lemma 9.3.3 für jedes $L \in \tilde{\mathcal{J}}$ mit $Q(L) = \mathbf{P}(Z(0) \in L) > 0$ existiert. Er läßt sich nach dem Satz von Koroljuk (Satz 6.1.2) als *bedingte Intensität* von Φ zum Zeitpunkt t deuten unter der Bedingung, daß sich der Prozeß $\{Z(t);\, t \in R\}$ zu diesem Zeitpunkt in der Teilmenge L des Zustandsraumes J befindet. Dabei ist allerdings zu beachten, daß der Satz von Koroljuk eine Gleichung für λ gibt, das als $\mathbf{E}\Phi([0,1))$ für einen stationären Punktprozeß definiert ist. Die als Grenzwert λ_L definierte Größe wird als Intensität des Punktprozesses $\Phi_{t,L}$ mit der Verteilung $P_{t,L}, P_{t,L}(A) = \mathbf{P}(\Phi \in A \,|\, Z(t) \in L)$ für $A \in \mathcal{N}$, gedeutet in relativ freier Verwendung des Satzes von Koroljuk, weil $\Phi_{t,L}$, d.h. $[N, \mathcal{N}, P_{t,L}]$, im allgemeinen nicht stationär zu sein braucht. Nun kann man für jedes $L \in \tilde{\mathcal{J}}$ mit $Q(L) > 0$ die Differenz $Q(L) - \hat{D}(L)$ mit Hilfe von λ_L ausdrücken.

Satz 9.5.4 *Es sei $L \in \tilde{\mathcal{J}}$ eine fest vorgegebene Menge mit $Q(L) > 0$. Dann gilt*

$$Q(L) - \hat{D}(L) \;=\; Q(L)\left(1 - \frac{\lambda_L}{\lambda}\right). \tag{9.42}$$

D.h., für jedes $L \in \tilde{\mathcal{J}}$ mit $Q(L) > 0$ gilt $Q(L) = \hat{D}(L)$ genau dann, wenn die bedingte Intensität λ_L gleich der unbedingten Intensität λ von Φ ist.

Beweis Die Behauptung ergibt sich unmittelbar aus (9.20), (9.36) und (9.41). $\Box$

Folgerung 9.5.5 *Die Familie $\tilde{\mathcal{J}}$ von regulären meßbaren Teilmengen von J enthalte eine Teilfamilie $\mathcal{J}_e$, die die σ-Algebra $\mathcal{J}$ erzeugt und die abgeschlossen ist* *bezüglich der Bildung des Durchschnittes von endlich vielen Mengen aus $\mathcal{J}_e$. In diesem Fall hat der PMP $[\{Z(t)\}, \Psi_Z]$ genau dann die Eigenschaft EPSTA, wenn für jedes $L \in \mathcal{J}_e$ mit $Q(L) > 0$ die bedingte Intensität λ_L gleich der unbedingten Intensität λ von Φ ist.*

Beweis Wegen (9.42) ist die Notwendigkeit der Bedingung offensichtlich. Wir nehmen nun umgekehrt an, daß für jedes $L \in \mathcal{J}_e$ mit $Q(L) > 0$ die bedingte Intensität λ_L gleich der unbedingten Intensität λ von Φ ist. Aus Satz 9.5.4 ergibt sich dann, daß $Q(L) = \hat{D}(L)$ für jedes $L \in \mathcal{J}_e$ mit $Q(L) > 0$ gilt. Weil außerdem $\hat{D}(L) = 0$ für jedes $L \in \tilde{\mathcal{J}}$ mit $Q(L) = 0$ gilt, stimmen die Verteilungen Q und $\hat{D}$ auf $\mathcal{J}_e$ überein. Folglich stimmen sie auch auf $\mathcal{J}$ überein (vgl. Bauer (1978)). $\square$

Beispiele 9.5.6 1. *Die Eigenschaft PASTA.* Wir setzen $\{Z(t)\} = \{V(t)\}$, wobei $\{V(t); t \in R\}$ der durch (9.1) bzw. (9.9) gegebene stationäre Prozeß der Anzahl von Forderungen in den in den Beispielen 9.2.1 bzw. 9.2.4 betrachteten Bedienungssystemen mit unendlich vielen bzw. mit einem Bedienungsgerät ist. Wir setzen hier jeweils einen stationären, schwach unabhängig markierten Poissonschen Eingangsstrom voraus. Als eingebetteten Punktprozeß der Basispunkte wählen wir die Folge $\Phi \sim \{X_n\}$ der Ankunftszeitpunkte von Forderungen. Der eingebettete markierte Punktprozeß Ψ_V ist dann $\Psi_V \sim \{[X_n, (V(X_n), V(X_n + 0))]\}$. Der Zustandsraum J des Prozesses $\{V(t)\}$ ist die Menge $J = G_0$ der nichtnegativen ganzen Zahlen; $\mathcal{J}$ ist die σ-Algebra sämtlicher Teilmengen von J. Die Mengenfamilie $\tilde{\mathcal{J}}$ enthält dann die Mengenfamilie $\mathcal{J}_e = \{\{j\}; j \in J\}$ der einelementigen Teilmengen des Zustandsraumes $J = G_0$ des Prozesses $\{V(t)\}$, die offensichtlich den Bedingungen genügt, die in Folgerung 9.5.3 und 9.5.5 an $\mathcal{J}_e$ gestellt wurden. Aus (9.1) bzw. (9.9) und aus den Unabhängigkeitseigenschaften von $\{X_n\}$ und $\{M_n\}$ des schwach unabhängig markierten Poisson-Prozesses $\Psi \sim \{[X_n, M_n]\}$ als markiertem Eingangsstrom (vgl. Abschnitte 2.4 und 8.2) ergibt sich, daß die Zufallsgrößen $V(t)$ und $\Phi([t, t + x))$ für jedes $x > 0$ unabhängig sind. Folglich sind die Bedingungen in Folgerung 9.5.3 erfüllt, und es gilt (9.37). Auf ähnliche Weise kann gezeigt werden, daß auch der durch (9.2) bzw. (9.7) und (9.8) gegebene stationäre Wartezeitprozeß $\{W(t); t \in R\}$ (bzw. der Prozeß der im System anstehenden Arbeit) bezüglich des Poisson-Prozesses der Ankunftszeitpunkte die Eigenschaft PASTA hat (vgl. Aufgabe 9.7.6). Dabei ist $J = R_+$ mit $\mathcal{J} = \mathcal{R}_+$, und $\tilde{\mathcal{J}}$ enthält die Mengenfamilie $\mathcal{J}_e = \{(a, b) : 0 < a \le b < \infty\}$, die $\mathcal{J}$ erzeugt und bezüglich der Bildung des Durchschnittes von endlich vielen Mengen aus $\mathcal{J}_e$ abgeschlossen ist.

2. *Exponentiell verteilte Bedienungszeiten.* Wir geben nun ein Beispiel eines PMP an, für den es eine Familie $\mathcal{J}_e$ von regulären Teilmengen seines Zustandsraumes gibt, die den Bedingungen der Folgerung 9.5.5 genügt (was die Gültigkeit der Eigenschaft EPSTA zur Folge hat), obwohl für sie die Bedingungen der Folgerung 9.5.3 nicht erfüllt sind. Hierfür betrachten wir den durch (9.7) und (9.8)

gegebenen Wartezeitprozeß $\{W(t); t \in R\}$ in einem Bedienungssystem mit einem Bedienungsgerät und mit einem stationären, unabhängig markierten Poissonschen Eingangsstrom $\Psi \sim \{[X_n, M_n]\}$ mit der Intensität λ $(0 < \lambda < \infty)$. Außerdem setzen wir voraus, daß die Bedienungszeiten M_n exponentiell verteilt sind mit dem Parameter μ $(\lambda < \mu < \infty)$. Wir setzen also $\{Z(t)\} = \{W(t)\}$. Die Abgangszeitpunkte $X'_n = X_n + W(X_n) + M_n$ fassen wir als eingebettete Basispunkte auf; $\Phi' \sim \{X'_n\}$. Der eingebettete markierte Punktprozeß Ψ_Z hat dann die Gestalt $\Psi_Z = \Psi_W \sim \{[X'_n, (W(X'_n), W(X'_n + 0))]\}$. Wir zeigen, daß es für den so gegebenen PMP $[\{Z(t)\}, \Psi_Z]$ eine Familie $\mathcal{J}_e$ von regulären Teilmengen von $J = R_+$ gibt, die den Bedingungen der Folgerung 9.5.5 genügt.

Für beliebige Zahlen $0 < a < b < \infty$, $x > 0$ gilt

$$P(\Phi'([t, t+x)) > 0, W(t) \in (a,b)) \;=\; \mathbf{P}\Big(M^{(1)} < x, \sum_{k=1}^{V(t)} M^{(k)} \in (a,b)\Big),$$

wobei $V(t)$ die Anzahl der Forderungen im System zum Zeitpunkt t und $M^{(1)}$, $M^{(2)}, \ldots$ eine Folge unabhängiger, exponentiell verteilter Zufallsgrößen mit dem Parameter μ ist, die von $V(t)$ unabhängig ist. Die Zufallsgröße $M^{(1)}$ wird dabei als Restbedienungszeit der zum Zeitpunkt t laufenden Bedienung gedeutet (vgl. Aufgabe 9.7.5). Außerdem ist $\{V(t); t \in R\}$ ein stationärer Geburts- und Todesprozeß mit $P(V(t) = j) = (1 - \frac{\lambda}{\mu})(\frac{\lambda}{\mu})^j$ für $\lambda < \mu$ und $j \in G_0$ (vgl. König/Stoyan (1976)). Es gilt also

$$\mathbf{P}(M^{(1)} < x)\,\mathbf{P}\Big(\sum_{k=2}^{V(t)} M^{(k)} \in (a, b-x)\Big) \;=\; \mathbf{P}\Big(M^{(1)} < x, \sum_{k=2}^{V(t)} M^{(k)} \in (a, b-x)\Big)$$

$$\leq\; \mathbf{P}\Big(M^{(1)} < x, \sum_{k=1}^{V(t)} M^{(k)} \in (a, b)\Big) \;\leq\; \mathbf{P}\Big(M^{(1)} < x, \sum_{k=2}^{V(t)} M^{(k)} \in (a-x, b)\Big)$$

$$=\; \mathbf{P}(M^{(1)} < x)\,\mathbf{P}\Big(\sum_{k=2}^{V(t)} M^{(k)} \in (a-x, b)\Big)$$

und somit

$$\lim_{x \downarrow 0} \frac{1}{x} P(\Phi'([t, t+x)) > 0, W(t) \in (a,b))$$

$$=\; \lim_{x \downarrow 0} \frac{1}{x}\,\mathbf{P}(M^{(1)} < x)\,\mathbf{P}\Big(\sum_{k=2}^{V(t)} M^{(k)} \in (a,b)\Big)$$

$$=\; \mu \sum_{j=2}^{\infty} \mathbf{P}\Big(\sum_{k=2}^{j} M^{(k)} \in (a,b)\Big)\,\mathbf{P}(V(t) = j)$$

$$= \mu \sum_{j=2}^{\infty} \mathbf{P}\left(\sum_{k=2}^{j} M^{(k)} \in (a,b)\right) (1 - \frac{\lambda}{\mu})(\frac{\lambda}{\mu})^j$$

$$= \lambda \sum_{j=1}^{\infty} \mathbf{P}\left(\sum_{k=1}^{j} M^{(k)} \in (a,b)\right) \mathbf{P}(V(t) = j)$$

$$= \lambda\, \mathbf{P}(W(t) \in (a,b))\,.$$

Also ist die in (9.41) definierte bedingte Intensität $\lambda_{(a,b)}$ für jedes Intervall (a,b) mit $0 < a < b < \infty$ gleich der unbedingten Intensität λ (vgl. auch (9.14)). Auf Grund der speziellen Monotonie- und Stetigkeitseigenschaften der Realisierungen des stationären virtuellen Wartezeitprozesses $\{W(t); t \in R\}$ erfüllen die Intervalle (a,b) bezüglich des Prozesses $\{W(t)\}$ die drei Regularitätsbedingungen, die in Abschnitt 9.3 in der Definition des Mengensystems $\tilde{\mathcal{J}}$ formuliert wurden. D.h., es gilt $(a,b) \in \tilde{\mathcal{J}}$ für beliebige $a,b \in R$ mit $0 < a \leq b < \infty$. Die Mengenfamilie $\mathcal{J}_e = \{(a,b) : 0 < a \leq b < \infty\}$ genügt also den Bedingungen der Folgerung 9.5.5, und der PMP $[\{W(t)\}, \{[X_n', (W(X_n'), W(X_n' + 0))]\}]$ hat deshalb bezüglich der Abgangszeitpunkte X' die Eigenschaft EPSTA. D.h., es ist insbesondere $P(W(t) < u) = P'(W(X_n') < u)$ für alle $t \in R, n \in G, u \geq 0$, wobei P' die Palmsche Verteilung des eingebetteten markierten Punktprozesses $\Psi_W \sim \{[X_n', (W(X_n'), W(X_n'+0))]\}$ bezeichnet, die bezüglich sämtlicher Abgangszeitpunkte X_n' gebildet wird. Andererseits sei vermerkt, daß die Zufallsgrößen $\mathbf{1}_{(0,\infty)}(W(t))$ und $\Phi'([t,t+x))$ für jedes beliebig kleine $x > 0$ korreliert sind, denn es gilt für $x > 0$

$$\mathbf{E}(\Phi'([t,t+x)) \,|\, W(t) = 0) \quad < \quad \mathbf{E}\Phi'([t,t+x))$$

und somit

$$\mathbf{E}\mathbf{1}_{(0,\infty)}(W(t))\, \Phi'([t,t+x)) \quad > \quad \mathbf{E}\mathbf{1}_{(0,\infty)}(W(t))\, \mathbf{E}\Phi'([t,t+x))\,.$$

Folglich ist die Bedingung MLAA nicht für jedes Intervall (a,b) mit $0 < a < b < \infty$ erfüllt. Weil außerdem auch die Zufallsgrößen $\mathbf{1}_{(0,\infty)}(W(0))$ und $\mathbf{1}_{(0,x)}(X_1')$ für jedes beliebig kleine $x > 0$ korreliert sind, gibt es Intervalle (a,b) mit $0 < a < b < \infty$, für die weder MLAA noch LAA erfüllt ist. Die Bedingungen LAA und MLAA sind also schärfer als die in Satz 9.5.4 benutzte Bedingung $\lambda_L = \lambda$.

3. *Rekurrenter Eingangsstrom.* Die eingebetteten Punktprozesse der PMP, die in den beiden vorangegangenen Beispielen betrachtet wurden, sind Poissonsche Punktprozesse (vgl. auch Beispiel 10.4.7). Wir geben nun ein Beispiel eines PMP an, dessen eingebetteter Punktprozeß nicht Poissonsch ist und der trotzdem die Eigenschaft EPSTA hat. Hierfür modifizieren wir das in Beispiel 9.5.6.2 betrachtete Bedienungssystem und nehmen an, daß die Bedienungszeiten M_n zwar nach wie vor exponentiell verteilt sind, der stationäre markierte Eingangsstrom

$\Psi \sim \{[X_n, M_n]\}$ jedoch ein unabhängig markierter (nicht notwendig Poisson-scher) rekurrenter Punktprozeß ist mit der nichtarithmetischen Verteilungsfunktion F der Abstände $\{X_{n+1} - X_n;\, n \in G \setminus \{0\}\}$ zwischen aufeinanderfolgenden Punkten. Die Verteilungsfunktion F habe lediglich die Eigenschaft, daß die kleinste positive Lösung der Gleichung $z = \int\limits_0^\infty \exp(z\mu x - \mu x)dF(x)$ gleich $\frac{\lambda}{\mu}$ ist; $\lambda < \mu$. Dann gilt $P(V(t) = j) = (1 - \frac{\lambda}{\mu})(\frac{\lambda}{\mu})^j$ für $j \in G_0$ (vgl. König/Stoyan (1976)), und genauso wie in Beispiel 9.5.6.2 vorgehend, läßt sich zeigen, daß der PMP $[\{W(t)\}, \{[X'_n, (W(X'_n), W(X'_n + 0))]\}]$ mit dem eingebetteten Punktprozeß $\Phi' \sim \{X'_n\}$ der Abgangszeitpunkte die Eigenschaft EPSTA besitzt, d.h., es gilt $P(W(t) < u) = P'(W(X'_n) < u)$ für alle $t \in R$, $n \in G$, $u \geq 0$.

Darüber hinaus besitzt in diesem Fall auch der Prozeß $\{V(t);\, t \in R\}$ der Anzahl von Forderungen im System die Eigenschaft EPSTA, und zwar sowohl bezüglich der Ankunftszeitpunkte $\{X_n\}$ als auch bezüglich der Abgangszeitpunkte $\{X'_n\}$ (vgl. auch Aufgabe 9.7.9).

In Melamed/Whitt (1990a) wurden Bedingungen für die Gültigkeit von EPSTA untersucht, die in engem Zusammenhang mit der in Folgerung 9.5.5 angegebenen Bedingung stehen, daß $\lambda_L = \lambda$ für jedes $L \in \mathcal{J}_e$. Um dies zu verdeutlichen, nehmen wir an, daß für jedes $z \in J$ und für jede Folge $L_1, L_2, \ldots \in \tilde{\mathcal{J}}$ mit $L_n \supset L_{n+1}$ und $\bigcap\limits_{n=1}^\infty L_n = \{z\}$ der Grenzwert $\lambda_{\{z\}} = \lim\limits_{n\to\infty} \lambda_{L_n}$ existiert und unabhängig von der Wahl der Folge $\{L_n;\, n \in G_+\}$ ist. Falls darüber hinaus

$$\lambda_{\{z\}} = \lim_{x\downarrow 0}\ \lim_{n\to\infty}\ \frac{1}{x}\,\mathbf{P}(X_1 < x \mid Z(0) \in L_n)$$

für jedes $z \in J$ gilt und $\lambda_{\{Z(0)\}} : \Omega \to [0, \infty]$ eine wohldefinierte Zufallsgröße ist, dann kann $\lambda_{\{Z(0)\}}$ mit dem in Melamed/Whitt (1990a), Formel (16), betrachteten Grenzwert identifiziert werden und die in Folgerung 9.5.5 angegebene Bedingung ist äquivalent mit $\lambda_{\{Z(0)\}} = \lambda$ (vgl. auch König/Schmidt (1990), Brèmaud/Kannurpatti/Mazumdar (1991)).

Eine weitere Bedingung für die Gültigkeit der Eigenschaft EPSTA ergibt sich, wenn der eingebettete Punktprozeß des betrachteten PMP eine stochastische Intensität besitzt (vgl. Abschnitt 10.4).

9.6 Eingebettetstationäre und zeitstationäre Verteilungen als Grenzverteilungen

Wir betrachten als Beispiele den Wartezeitprozeß und den Prozeß der Anzahl der Forderungen in einem Bedienungssystem mit einem Bedienungsgerät, das erst zum Zeitpunkt $t = 0$ seine Arbeit aufnimmt. Es wird gezeigt, wie sich die Grenzverteilungen eingebetteter bzw. nichteingebetteter Größen dieser instationären Prozesse

durch die bisher in dem vorliegenden Kapitel betrachteten Palmschen bzw. zeitstationären Charakteristiken der entsprechenden, durch (9.7) bis (9.9) gegebenen
stationären Prozesse darstellen lassen.

Wir setzen voraus, daß der Eingangsstrom $\Psi \sim \{[X_n, M_n]\}$ unabhängig markiert ist und daß der stationäre Punktprozeß $\Phi \sim \{X_n\}$ der Ankunftszeitpunkte
gleichmäßig mischend (vgl. Abschnitt 7.5) und einfach ist. Dann ist auch der
unabhängig markierte Punktprozeß $\Psi \sim \{[X_n, M_n]\}$ mit der kanonischen Darstellung $[N_{R_+}, \mathcal{N}_{\mathcal{R}_+}, P]$ *gleichmäßig mischend*, d.h., es gilt (vgl. Aufgabe 9.7.10)

$$\sup_{A' \in (\mathcal{N}_\mathcal{K})_0^\infty} |P(A \cap \mathbf{T}_{-t} A') - P(A)P(A')| \quad \xrightarrow[t \to \infty]{} \quad 0 \tag{9.43}$$

für jedes $A \in (\mathcal{N}_\mathcal{K})_{-\infty}^u$ und für jedes $u \geq 0$, wobei die σ-Algebra $(\mathcal{N}_\mathcal{K})_a^b$ durch die
Teilmengen von N_K der Gestalt $\{\psi : \psi \in N_K, \psi([a', b') \times L) = j\}$ mit $a \leq a' <
b' \leq b$, $L \in \mathcal{K}$, $j \in G_0$ erzeugt wird; $-\infty \leq a < b \leq \infty$; $K = R_+$, $\mathcal{K} = \mathcal{R}_+$.

Weil wir nun drei verschiedene Arten von eingebetteten Punkten gleichzeitig
betrachten wollen, benutzen wir in dem vorliegenden Abschnitt von jetzt an Bezeichnungen, die zum Teil von den bisher eingeführten abweichen. So werden nun
mit X_n^a (bisher X_n) die Ankunftszeitpunkte, mit X_n^b die Zeitpunkte, zu denen
eine neue Bedienung beginnt, und mit X_n^c (bisher X_n') die Abgangszeitpunkte der
Forderungen bezeichnet.

Es sei $\{V(t); t \in R\}$ der durch (9.9) gegebene stationäre Anzahlprozeß. Und
es sei P_V^a die bezüglich sämtlicher Ankunftszeitpunkte gebildete Palmsche Verteilung des stationären markierten Punktprozesses $\Psi_{(V)}^a \sim \{[X_n^a, V(X_n^a)]\}$. Darüber
hinaus betrachten wir die Palmschen Verteilungen P_V^b und P_V^c der stationären
markierten Punktprozesse $\Psi_{(V)}^b \sim \{[X_n^b, V(X_n^b)]\}$ und $\Psi_{(V)}^c \sim \{[X_n^c, V(X_n^c)]\}$, die
bezüglich der Zeitpunkte $X_n^b = X_n^a + W(X_n^a)$, zu denen eine neue Bedienung
beginnt, bzw. bezüglich der Abgangszeitpunkte $X_n^c = X_n^a + W(X_n^a) + M_n$ gebildet werden. Dabei setzen wir voraus, daß die Punktprozesse $\Phi^b \sim \{X_n^b\}$ und
$\Phi^c \sim \{X_n^c\}$ einfach sind. Dies ist beispielsweise dann erfüllt, wenn die Verteilung
der Bedienungszeiten absolutstetig ist.

Außer den durch (9.7) bis (9.9) gegebenen stationären Bedienungsprozessen
betrachten wir noch die instationären Prozesse $\{\tilde{W}(t); t \in R\}$ und $\{\tilde{V}(t); t \in R\}$,
die wie folgt definiert werden. Es sei $\tilde{W}(t) = \tilde{V}(t) = 0$ für $t \leq X_1^a (\geq 0)$,

$$\tilde{W}(t) \;=\; \max\{0, \tilde{W}(X_n^a) + M_n - t\} \tag{9.44}$$

für $t \in (X_n^a, X_{n+1}^a]$, $n \in G_+$, und

$$\tilde{V}(t) \;=\; \sum_{n=1}^\infty \mathbf{1}_{\{[x,m,w]:\, 0 < t-x \leq m+w\}}([X_n^a, M_n, \tilde{W}(X_n^a)]) \,. \tag{9.45}$$

Die Zufallsgrößen $\tilde{W}(t)$ und $\tilde{V}(t)$ können also als die virtuelle Wartezeit bzw. als die Anzahl der Forderungen zum Zeitpunkt t in einem System aufgefaßt werden, das erst zum Zeitpunkt $t = 0$ seine Arbeit aufnimmt, d.h., die vor dem Zeitpunkt $t = 0$ eintreffenden Forderungen werden nicht berücksichtigt. Mit $\tilde{X}_n^b$ bzw. $\tilde{X}_n^c$ bezeichnen wir die zugehörigen Zeitpunkte $\tilde{X}_n^b = X_n^a + \tilde{W}(X_n^a)$ des Beginns einer neuen Bedienung bzw. die Abgangszeitpunkte $\tilde{X}_n^c = X_n^a + \tilde{W}(X_n^a) + M_n$; $\tilde{X}_n^a = X_n^a$.

Den instationären Anzahlprozeß $\{\tilde{V}(t); t \in R\}$ fassen wir im folgenden, wie das in der Literatur im Fall eines rekurrenten, unabhängig markierten Eingangsstromes häufig getan wird, als zufälligen Prozeß über dem Wahrscheinlichkeitsraum $[N_{R_+}, \mathcal{N}_{R_+}, P^{R+}]$ auf, wobei P^{R+} die Palmsche Verteilung des stationären, unabhängig markierten Eingangsstromes $\Psi \sim \{[X_n^a, M_n]\}$ bezüglich sämtlicher Ankunftszeitpunkte bezeichnet. Dies entspricht der Situation, daß die erste Bedienung zum Zeitpunkt $X_1^a = 0$ beginnt.

Satz 9.6.1 *Für jedes $j \in G_0$ gilt*

$$\lim_{t \to \infty} P^{R+}(\tilde{V}(t) = j) \;=\; P(V(0) = j) \tag{9.46}$$

und

$$\lim_{n \to \infty} P^{R+}(\tilde{V}(\tilde{X}_n^l) = j) \;=\; P_V^l(V(0) = j) \tag{9.47}$$

für $l = a, b, c$.

Beweis Wir skizzieren zunächst den Beweis von (9.46). Die Konvergenz (9.43) bedeutet insbesondere, daß der unabhängig markierte Eingangsstrom $\Psi \sim [N_{R_+}, \mathcal{N}_{R_+}, P]$ mischend im Sinne des in Abschnitt 8.5 eingeführten Begriffes ist. Aus Satz 8.5.5 ergibt sich also, daß

$$\lim_{t \to \infty} P^{R+}(\psi : \mathbf{T}_t \psi \in A) \;=\; P(A) \tag{9.48}$$

für jedes $A \in \mathcal{N}_{R_+}$ gilt, das bezüglich P eine Stetigkeitsmenge ist. Dabei läßt sich auf ähnliche Weise, wie dies im nichtmarkierten Fall in Abschnitt 6.2 getan wurde, eine Metrik in N_{R_+} einführen, so daß das Ereignis $A = \{V(0) = j\}$ für jedes $j \in G_0$ eine Stetigkeitsmenge bezüglich P ist. Somit ist (9.46) bewiesen, wenn wir zeigen, daß für jedes $\varepsilon > 0$

$$|P^{R+}(\tilde{V}(t) = j) - P^{R+}(V(t) = j)| \;<\; \varepsilon$$

für alle hinreichend großen t gilt. Dies ergibt sich aber aus der Tatsache, daß für P^{R+}-fast jedes $\psi \in N_{R_+}$ die *Coupling*-Identität

$$\tilde{V}_\psi(t) \;=\; V_\psi(t) \qquad \text{für jedes hinreichend große } t \tag{9.49}$$

gilt (vgl. den Beweis des Satzes 2.4.1 in Franken/König/Arndt/Schmidt (1981)).

Weil $P_V^a(V(0) = j) = P^{R+}(V(0) = j)$ ist, ist die Gültigkeit von (9.47) für $l = a$ eine unmittelbare Konsequenz von (9.49). Wir beweisen nun (9.47) für $l = b$. Aus (9.49) folgt, daß der Grenzwert in (9.47) für $l = b$ genau dann existiert, wenn der Grenzwert

$$\lim_{n \to \infty} P^{R+}(V(X_n^b) = j)$$

existiert, und daß beide Grenzwerte im Falle ihrer Existenz übereinstimmen. Es genügt also zu zeigen, daß

$$\lim_{n \to \infty} P^{R+}(V(X_n^b) = j) \;=\; P_V^b(V(0) = j) \tag{9.50}$$

gilt. Weil

$$P\Big(\sum_{n=1}^{\infty} \mathbf{1}_{\{t:\, V(t)=0\}}(X_n^a) = \infty\Big) \;=\; 1$$

ist (vgl. den Beweis des Satzes 2.4.1 in Franken/König/Arndt/Schmidt (1981)), gibt es für jedes $\varepsilon_0 > 0$ und für jedes $t > 0$ eine natürliche Zahl $n_0 > 0$, so daß bezüglich der zeitstationären Verteilung P des markierten Eingansstromes die Wahrscheinlichkeit des folgenden Ereignisses größer als $1 - \varepsilon_0$ ist, und zwar des Ereignisses, daß der letzte Ankunftszeitpunkt vor $X_{n_0}^b$, zu dem das System leer ist, größer als t ist. Folglich unterscheidet sich für jedes $n > n_0$ das Ereignis $\{\psi :\ \psi \in N_{R_+}, V_\psi(X_n^b(\psi)) = j\}$ von einem gewissen Ereignis aus $(\mathcal{N}_{R_+})_t^\infty$ lediglich um ein Ereignis, dessen Wahrscheinlichkeit kleiner als ε_0 ist.

Wegen (9.43) gibt es somit für jedes $u > 0$ und für jedes $\varepsilon_1 > 0$ eine natürliche Zahl $n_1 > 0$, so daß

$$|P(V(X_n^b) = j \mid X_1^a < u) - P(V(X_n^b) = j)| \;<\; \varepsilon_1$$

für jedes $n > n_1$ gilt. Aus dem gleichen Grund gibt es für jedes $u > 0$ und für jedes $\varepsilon_2 > 0$ eine natürliche Zahl $n_2 > 0$, so daß

$$|P(V(X_n^b) = j \mid X_1^b < u) - P(V(X_n^b) = j)| \;<\; \varepsilon_2$$

für jedes $n > n_2$ gilt. Für jedes $u > 0$ und für jedes $\varepsilon > 0$ gilt also

$$|P(V(X_n^b) = j \mid X_1^a < u) - P(V(X_n^b) = j \mid X_1^b < u)| \;<\; \varepsilon$$

für jede hinreichend große natürliche Zahl n. Hieraus ergibt sich (9.50). Denn auf Grund der Voraussetzung, daß die stationären Punktprozesse $\Phi^a \sim \{X_n^a\}$ und

$\Phi^b \sim \{X_n^b\}$ einfach sind, gilt für jedes $\varepsilon > 0$ und für jede natürliche Zahl $n > 0$ (vgl. Satz 8.3.9)

$$|P(V(X_n^b) = j \mid X_1^a < u) - P^{R+}(V(X_n^b) = j)|$$
$$\leq \ |P(A_n \mid X_1^a < u) - P\{\psi : \mathbf{T}_{X_1^a(\psi)}\psi \in A_n\} \mid \{\psi : X_1^a(\psi) < u\})|$$
$$+ |P(\{\psi : \mathbf{T}_{X_1^a(\psi)}\psi \in A_n\} \mid \{\psi : X_1^a(\psi) < u\}) - P^{R+}(A_n)| \ < \ \varepsilon$$

und

$$|P(V(X_n^b) = j \mid X_1^b < u) - P_V^b(V(0) = j)|$$
$$= \ |P(\{\psi : \mathbf{T}_{X_1^b(\psi)}\psi \in A_n\} \mid \{\psi : X_1^b(\psi) < u\}) - P^b(A_n)| \ < \ \varepsilon \,,$$

falls $u > 0$ hinreichend klein ist; $A_n = \{V(X_n^b) = j\}$. Der Beweis von (9.47) für $l = c$ verläuft völlig analog. $\square$

Auf die gleiche Weise wie Satz 9.6.1 läßt sich das folgende Ergebnis für die Wartezeiten herleiten. Dabei ist $\{W(t); t \in R\}$ der durch (9.7) und (9.8) gegebene stationäre Prozeß und P_W^l die Palmsche Verteilung des stationären markierten Punktprozesses $\Psi^l_{(W)} \sim \{[X_n^l, W(X_n^l)]\}$; $l = a, b, c$.

Satz 9.6.2 *Für jedes $x > 0$ gilt*

$$\lim_{t \to \infty} P^{R+}(\tilde{W}(t) < x) \ = \ P(W(0) < x) \tag{9.51}$$

und

$$\lim_{n \to \infty} P^{R+}(\tilde{W}(\tilde{X}_n^l) < x) \ = \ P_W^l(W(0) < x) \tag{9.52}$$

für $l = a, b, c$.

In Abschnitt 7.5 wurden Beispiele gleichmäßig mischender Punktprozesse betrachtet. So ergibt sich insbesondere aus Satz 7.5.1, daß die Konvergenzen (9.46), (9.47) und (9.51), (9.52) gelten, falls der Eingangsstrom $\Phi \sim \{X_n\}$ rekurrent ist und die Verteilungsfunktion F der Abstände $X_{n+1} - X_n$, $n \in G \setminus \{0\}$, zwischen aufeinanderfolgenden Ankunftszeitpunkten nichtarithmetisch ist.

9.7 Aufgaben

9.7.1. Der markierte Eingangsstrom $\Psi \sim \{[X_n, M_n]\}$ der in Abschnitt 9.2 betrachteten Bedienungssysteme mit unendlich vielen Bedienungsgeräten bzw. mit einem Bedienungsgerät sei ein unabhängig markierter, rekurrenter Punktprozeß. Man zeige, daß dann sowohl der Prozeß $\{V(t); t \in R\}$ der Anzahl von Forderungen im System als auch der Prozeß $\{W(t); t \in R\}$ der anstehenden Arbeit regenerative Prozesse bezüglich derjenigen Teilfolge von Ankunftszeitpunkten X_n sind, für die $V(X_n) = W(X_n) = 0$ gilt.

9.7.2. (Fortsetzung) Es seien nun darüber hinaus die Bedienungszeiten M_n exponentiell verteilt. Man zeige, daß dann für jedes beliebige feste $j \in G_0$ der Anzahlprozeß $\{V(t); t \in R\}$ regenerativ ist bezüglich der Teilfolge von Ankunftszeitpunkten X_n mit $V(X_n) = j$.

9.7.3. Der markierte Eingangsstrom $\Psi \sim \{[X_n, M_n]\}$ eines Bedienungssystems mit einem Bedienungsgerät sei ein stationärer, unabhängig markierter Poisson-Prozeß. Man zeige, daß dann für jedes beliebige feste $j \in G_0$ die Anzahlprozesse $\{V(t); t \in R\}$ und $\{V^{(q)}(t); t \in R\}$ regenerativ sind bezüglich derjenigen Teilfolge von Abgangszeitpunkten X_n' mit $V(X_n' + 0) = j$ bzw. $V^{(q)}(X_n' + 0) = j$.

9.7.4. Man beweise die Formel (9.34) mit Hilfe des Campbellschen Theorems für markierte Punktprozesse. (Hinweis: Man wende den Satz 8.2.7 auf den stationären markierten Punktprozeß $\{[X_n, T(X_n + 0)]\}$ an und setze die Funktion $f : N_K \times R \times K \to R_+$ mit

$$
f(\psi, x, m) \;=\; \begin{cases} 1\,, & \text{falls } x < 0,\, m > y - x, \\[2mm] 0 & \text{sonst,} \end{cases}
$$

in die Formel (8.16) ein; $y \geq 0$, $K = R_+$.)

9.7.5. Es sei $\{R(t); t \in R\}$ der stationäre Prozeß der *Restbedienungszeit* der gerade laufenden Bedienung in einem Bedienungssystem mit einem Bedienungsgerät und mit einem stationären markierten Eingangsstrom $\Psi \sim \{[X_n, M_n]\}$, d.h., es gelte

$$
R(t) \;=\; \begin{cases} \min\{X_n' : X_n' > t\} - t\,, & \text{falls } W(t) > 0, \\[2mm] 0\,, & \text{falls } W(t) = 0, \end{cases}
$$

wobei $X_n' = X_n + W(X_n) + M_n$ der Abgangszeitpunkt der n-ten Forderung ist. Man beweise, daß

$$
P(R(t) > x \mid R(t) > 0) \;=\; \frac{\displaystyle\int_x^\infty (1 - D^{(M)}(u))\, du}{\displaystyle\int_0^\infty (1 - D^{(M)}(u))\, du}
$$

für jedes $x \geq 0$ gilt. (Hinweis: 1. Man benutze das Campbellsche Theorem und gehe so wie in Aufgabe 9.7.4 vor. 2. Man benutze die verallgemeinerte Takacs-Formel (9.27) und gehe so wie beim Beweis der Formel (9.34) in Abschnitt 9.4 vor.)

9.7.6. Man zeige, daß die durch (9.2) bzw. durch (9.7), (9.8) gegebenen Prozesse $\{W(t);\, t \in R\}$ der anstehenden Arbeit in einem System mit einem stationären, schwach unabhängig markierten Poissonschen Eingangsstrom und mit einem bzw. mit unendlich vielen Bedienungsgeräten die Eigenschaft PASTA bezüglich der Ankunftszeitpunkte haben.

9.7.7. Mit Hilfe der Takacs-Formel (9.29) bestimme man die Laplace-Stieltjes-Transformierte der zeitstationären Verteilung $Q^{(W)}$ der anstehenden Arbeit in einem System mit einem Bedienungsgerät und mit einem stationären, unabhängig markierten Poissonschen Eingangsstrom. (Hinweis: Man benutze die Eigenschaft PASTA, d.h. $Q^{(W)} = D^{(W)}$.)

9.7.8. Es sei $\{W(t);\, t \in R\}$ der durch (9.2) gegebene Prozeß der anstehenden Arbeit in einem System mit unendlich vielen Bedienungsgeräten und mit einem stationären, unabhängig markierten Poissonschen Eingangsstrom. Man zeige, daß der Prozeß $\{W(t);\, t \in R\}$ bezüglich der Abgangszeitpunkte die Eigenschaft EPSTA hat, wenn die Bedienungszeiten exponentiell verteilt sind.

9.7.9. Man zeige für das in Beispiel 9.5.6.3 betrachtete stationäre Bedienungssystem mit einem nichtpoissonschen Eingangsstrom, daß der Prozeß der Anzahl der Forderungen im System sowohl bezüglich der Ankunftszeitpunkte als auch bezüglich der Abgangszeitpunkte die Eigenschaft EPSTA hat.

9.7.10. Man zeige, daß sich aus jedem gleichmäßig mischenden Punktprozeß $\Phi \sim \{X_n\}$ durch unabhängige Markierung ein markierter Punktprozeß ergibt, der gleichmäßig mischend im Sinne der Konvergenz (9.43) ist.

Kapitel 10

Martingaltechniken für Punktprozesse in R_+. Bedingte Punktprozeßcharakteristiken

In diesem Kapitel werden weitere Charakteristiken von Punktprozessen eingeführt und anhand von Beispielen erläutert. In den Abschnitten 10.1 bis 10.4 werden Punktprozesse als Zählprozesse aufgefaßt (vgl. auch Abschnitt 2.3) und auf diese Weise als Submartingal dargestellt. Dadurch ist es möglich, bei der Untersuchung von Punktprozessen Ergebnisse und Methoden der Martingaltheorie anzuwenden. Eine wichtige Rolle spielen in diesem Zusammenhang der Begriff der Vorhersagbarkeit sowie der Kompensator eines Zählprozesses, der als vorhersagbarer Anteil des zugehörigen Zählprozesses gedeutet werden kann. Dabei hängt die Gestalt des Kompensators nicht nur von dem zugrundeliegenden Punkt- bzw. Zählprozeß ab, sondern auch von der Struktur bzw. vom Grad der Detailliertheit der Information, auf deren Grundlage die Vorhersage erfolgt. Dies wird durch den Begriff der Geschichte des Zählprozesses erfaßt.

Für den Kompensator eines einfachen Punktprozesses bezüglich einer sogenannten intrinsikalen Geschichte werden in Abschnitt 10.2 allgemeine Darstellungsformeln angegeben. In Abschnitt 10.3 wird der Fall untersucht, daß die Realisierungen des Kompensators absolutstetige Funktionen sind, und in diesem Zusammenhang der Begriff der stochastischen Intensität eingeführt. Mit Hilfe des Campbellschen Maßes wird dann ein Kriterium für ihre Existenz angegeben. Außerdem wird die stochastische Intensität von Cox-Prozessen (und insbesondere die von Poisson-Prozessen) charakterisiert, und es wird eine lokale Charakterisierung der stochastischen Intensität hergeleitet. In Abschnitt 10.4 werden Beispiele für Anwendungen auf Bedienungsprozesse dargelegt, insbesondere ein bedingtes Analogon der in Abschnitt 9.5 untersuchten Eigenschaft EPSTA.

Für bedingte Charakteristiken von Punktprozessen, die nicht an die in den Abschnitten 10.1 bis 10.4 benutzte Betrachtungsweise Vergangenheit/Zukunft gebunden sind, werden in Abschnitt 10.5 Darstellungsformeln angegeben. Dies führt zum Begriff des Gibbs-Prozesses mit einer lokalen Energie und einem Poissonschen Gewichtsprozeß. Außerdem ergibt sich hieraus ein einfacher Beweis des Satzes von

Sliwnjak über die Charakterisierung von Poisson-Prozessen mit Hilfe der reduzierten Palmschen Verteilung $P_x^!$.

Bereits in Kapitel 9 wurde deutlich, daß es in manchen Fällen zweckmäßig ist, sich nicht nur auf die kanonische Darstellung eines zufälligen Punktprozesses (vgl. Abschnitt 2.1) zu beschränken, sondern einen zufälligen Punktprozeß Φ als Zufallsvariable über einem Wahrscheinlichkeitsraum $[\Omega, \mathcal{F}, \mathbf{P}]$ aufzufassen, der möglicherweise von dem kanonischen Wahrscheinlichkeitsraum $[N, \mathcal{N}, P]$ von Φ verschieden sein kann. So wurde in Kapitel 9 zum Beispiel der Punktprozeß der Abgangszeitpunkte eines Bedienungssystems, d.h. derjenigen Zeitpunkte, zu denen Forderungen das System verlassen, als Punktprozeß aufgefaßt, der über dem kanonischen Wahrscheinlichkeitsraum des markierten Eingangsstromes gegeben ist.

Die gleiche Situation liegt vor, wenn Punktprozesse mit Methoden der Martingaltheorie behandelt werden. Aus diesem Grund fassen wir in den Abschnitten 10.1 bis 10.4 des vorliegenden Kapitels einen zufälligen Punktprozeß Φ im allgemeinen als einen zufälligen Zählprozeß über einem nicht näher bestimmten Wahrscheinlichkeitsraum $[\Omega, \mathcal{F}, \mathbf{P}]$ auf. Dabei wird stets vorausgesetzt, daß $[\Omega, \mathcal{F}, \mathbf{P}]$ vollständig ist, d.h., für jedes $E \subseteq \Omega$, für das es zwei Mengen $E_1, E_2 \in \mathcal{F}$ mit $E_1 \subseteq E \subseteq E_2$ und $\mathbf{P}(E_2 \setminus E_1) = 0$ gibt, gelte $E \in \mathcal{F}$.

10.1 Darstellung als Submartingal. Kompensator

In diesem Abschnitt zeigen wir, daß sich jeder zufällige Punktprozeß auf der nichtnegativen Halbachse als Submartingal und nach Subtraktion eines monotonen vorhersagbaren Prozesses, des Kompensators, als Martingal darstellen läßt. Auf die gleiche Weise lassen sich Punktprozesse darstellen, deren Punkte in einem Intervall der Form $[t_0, \infty)$ liegen, wobei $t_0 \in R$ eine beliebige reelle Zahl ist. Dabei benutzen wir den Zerlegungssatz von Doob-Meyer, eines der grundlegenden Ergebnisse der Martingaltheorie.

Analog zu den in Abschnitt 3.4 benutzten Begriffen des Martingals und des Submartingals mit diskreter Zeit lassen sich solche Prozeßklassen auch für Prozesse mit stetiger Zeit definieren. Es sei $\{Z(t); t \geq 0\}$ ein reellwertiger zufälliger Prozeß über dem Wahrscheinlichkeitsraum $[\Omega, \mathcal{F}, \mathbf{P}]$, und es sei $\{\mathcal{F}_t; t \geq 0\}$ eine monoton nichtfallende Familie von Teil-σ-Algebren von $\mathcal{F}$, d.h., es gelte $\mathcal{F}_t \subseteq \mathcal{F}_s \subseteq \mathcal{F}$ für $0 \leq t \leq s$. Die σ-Algebra $\mathcal{F}_t$ wird dabei als Träger derjenigen Information gedeutet, die zum Zeitpunkt t verfügbar ist. Mit anderen Worten, $\mathcal{F}_t$ umfaßt alle diejenigen Ereignisse, die bis zum Zeitpunkt t eintreten können, d.h. die Vergangenheit, die Geschichte, bis zu diesem Zeitpunkt.

Der Prozeß $\{Z(t); t \geq 0\}$ heißt *Martingal* (bzw. *Submartingal*) bezüglich $\{\mathcal{F}_t; t \geq 0\}$, kurz $\{\mathcal{F}_t\}$-Martingal (bzw. $\{\mathcal{F}_t\}$-Submartingal), wenn für beliebige $s, t \geq 0$ mit $s \leq t$

1. $Z(t) : \Omega \to R$ eine $(\mathcal{F}_t, \mathcal{R})$-meßbare Abbildung ist,

2. $\mathbf{E}|Z(t)| < \infty$ und

3. $\mathbf{E}(Z(t)\,|\,\mathcal{F}_s) = (\text{bzw.} \geq)Z(s)$ für $\mathbf{P}$-fast alle $\omega \in \Omega$.

Einen zufälligen Prozeß $\{Z(t);\ t \geq 0\}$, der der Bedingung 1 genügt, nennt man $\{\mathcal{F}_t\}$-*adaptiert*.

Es sei nun $\Phi \sim \{X_n\}$ ein zufälliger Punktprozeß über $[\Omega, \mathcal{F}, \mathbf{P}]$ mit einem lokalendlichen Intensitätsmaß, und es sei $\{N^+(t);\ t \geq 0\}$ der durch

$$N^+(t) \;=\; \Phi([0,t]) \;=\; \sum_{n \geq 1} \mathbf{1}_{[0,t]}(X_n) \tag{10.1}$$

gegebene Zählprozeß. Es gelte

$$\mathcal{F}_t^N \;\subseteq\; \mathcal{F}_t \qquad \text{für jedes } t \geq 0 , \tag{10.2}$$

wobei $\mathcal{F}_t^N = \sigma(\{N^+(s);\ 0 \leq s \leq t\})$ diejenige Teil-σ-Algebra von $\mathcal{F}$ bezeichnet, die durch die Familie von Zufallsgrößen $\{N^+(s);\ 0 \leq s \leq t\}$ erzeugt wird.

Eine monoton nichtfallende Familie $\{\mathcal{F}_t;\ t \geq 0\}$ von Teil-σ-Algebren von $\mathcal{F}$ mit der Eigenschaft (10.2) heißt *Geschichte* des Zählprozesses $\{N^+(t);\ t \geq 0\}$. Die Familie $\{\mathcal{F}_t^N;\ t \geq 0\}$ heißt *innere Geschichte* von $\{N^+(t);\ t \geq 0\}$.

Satz 10.1.1 *Für jede Geschichte $\{\mathcal{F}_t;\ t \geq 0\}$ von $\{N^+(t);\ t \geq 0\}$ ist der Zählprozeß $\{N^+(t);\ t \geq 0\}$ ein $\{\mathcal{F}_t\}$-Submartingal.*

Beweis Weil $\mathcal{F}_t^N \subseteq \mathcal{F}_t$ für jedes $t \in R$ vorausgesetzt wird, ist $N^+(t) : \Omega \to R$ für jedes $t \geq 0$ eine $(\mathcal{F}_t, \mathcal{R})$-meßbare Abbildung, d.h., $\{N^+(t);\ t \geq 0\}$ ist $\{\mathcal{F}_t\}$-adaptiert. Außerdem gilt $\mathbf{E}N^+(t) = \alpha([0,t]) < \infty$ für jedes $t \geq 0$, weil das Intensitätsmaß α von Φ lokalendlich ist. Die Gültigkeit der Bedingung 3 in der Definition des Submartingals ergibt sich aus der folgenden, leicht einzusehenden Beziehung ($0 \leq s \leq t < \infty$):

$$\begin{aligned}
\mathbf{E}(N^+(t)\,|\,\mathcal{F}_s) \;&=\; \mathbf{E}(N^+(s)\,|\,\mathcal{F}_s) + \mathbf{E}(N^+(t) - N^+(s)\,|\,\mathcal{F}_s) \\
&\geq\; \mathbf{E}(N^+(s)\,|\,\mathcal{F}_s) \;=\; N^+(s) . \;\square
\end{aligned}$$

Unmittelbar aus Satz 10.1.1 erhält man die folgende Aussage.

Folgerung 10.1.2 $\{N^+(t);\ t \geq 0\}$ *ist ein $\{\mathcal{F}_t^N\}$-Submartingal.*

Satz 10.1.3 *Es sei $\Phi \sim \{X_n\}$ ein Poissonscher Punktprozeß mit der Leitfunktion $\alpha : R \to R$. Dann ist der Prozeß $\{\tilde{N}(t);\ t \geq 0\}$ mit $\tilde{N}(t) = N^+(t) - \alpha(t)$ ein $\{\mathcal{F}_t^N\}$-Martingal.*

Beweis Wegen Folgerung 10.1.2 genügt es zu zeigen, daß für $0 \leq s \leq t < \infty$ die Gleichung $\mathbf{E}(\tilde{N}(t)\,|\,\mathcal{F}_t^N) = \tilde{N}(s)$ gilt. Dies ergibt sich aus der Tatsache, daß $\{\tilde{N}(t)\}$ ein Prozeß mit unabhängigen Zuwächsen ist (vgl. Abschnitt 2.4) und deshalb für $0 \leq s \leq t < \infty$

$$\mathbf{E}(\tilde{N}(t) - \tilde{N}(s)\,|\,\mathcal{F}_s^N) \;=\; \mathbf{E}(\tilde{N}(t) - \tilde{N}(s)) \;=\; 0$$

bzw.

$$\mathbf{E}(\tilde{N}(t)\,|\,\mathcal{F}_s^N) \;=\; \mathbf{E}(\tilde{N}(s)\,|\,\mathcal{F}_s^N) + \mathbf{E}(\tilde{N}(t) - \tilde{N}(s)\,|\,\mathcal{F}_s^N) \;=\; \tilde{N}(s)$$

gilt. $\square$

Bei der Behandlung von Punktprozessen mit Martingalmethoden spielt der Begriff der Vorhersagbarkeit eine wichtige Rolle. Ein reellwertiger $\{\mathcal{F}_t\}$-adaptierter Prozeß $\{Z(t);\,t \geq 0\}$ über $[\Omega, \mathcal{F}, \mathbf{P}]$ heißt $\{\mathcal{F}_t\}$-*vorhersagbar*, wenn die Abbildung $(t,\omega) \to Z(t,\omega)$ von $R_+ \times \Omega$ in die reelle Achse R meßbar bezüglich der σ-Algebra $\mathcal{R}_{\{\mathcal{F}_t\}}$ von Teilmengen von $R_+ \times \Omega$ ist, die durch die Mengenfamilie $\{(s,t] \times E;\, 0 < s \leq t < \infty, E \in \mathcal{F}_s\}$ erzeugt wird. Die Teil-σ-Algebra $\mathcal{R}_{\{\mathcal{F}_t\}}$ von $\mathcal{R}_+ \otimes \mathcal{F}$ wird $\{\mathcal{F}_t\}$-*vorhersagbare σ-Algebra* genannt. Ein reellwertiger zufälliger Prozeß $\{Z(t);\,t \geq 0\}$ über $[\Omega, \mathcal{F}, \mathbf{P}]$ heißt *meßbar*, wenn $(t,\omega) \to Z(t,\omega)$ eine $(\mathcal{R}_+ \otimes \mathcal{F}, \mathcal{R})$-meßbare Abbildung ist. Insbesondere ist also jeder $\{\mathcal{F}_t\}$-vorhersagbare Prozeß meßbar.

Lemma 10.1.4 *Jeder reellwertige $\{\mathcal{F}_t\}$-adaptierte Prozeß $\{Z(t);\,t \geq 0\}$, für den fast alle seiner Realisierungen linksseitig stetige Funktionen sind, ist vorhersagbar.*

Beweis Für jede linksseitig stetige Realisierung $\{Z(t,\omega);\,t \geq 0\}$ gilt

$$Z(t,\omega) = \lim_{k \to \infty}\Bigg[\sum_{j=0}^{k2^k-1} Z(j2^{-k},\omega)\,\mathbf{1}_{\{t':j2^{-k}<t'\leq(j+1)2^{-k}\}}(t) + Z(k,\omega)\,\mathbf{1}_{\{t':t'>k\}}(t)\Bigg]$$

für jedes $t \geq 0$. Unmittelbar aus der Definition der σ-Algebra $\mathcal{R}_{\{\mathcal{F}_t\}}$ ergibt sich, daß sämtliche Abbildungen

$$(t,\omega) \;\longrightarrow\; Z(j2^{-k},\omega)\,\mathbf{1}_{\{t':j2^{-k}<t\leq(j+1)2^{-k}\}}(t)$$

und

$$(t,\omega) \;\longrightarrow\; Z(k,\omega)\,\mathbf{1}_{\{t':t'>k\}}(t)$$

$(\mathcal{R}_{\{\mathcal{F}_t\}}, \mathcal{R})$-meßbar sind. Folglich ist die Abbildung $(t,\omega) \to Z(t,\omega)$ als Limes von $(\mathcal{R}_{\{\mathcal{F}_t\}}, \mathcal{R})$-meßbaren Abbildungen ebenfalls $(\mathcal{R}_{\{\mathcal{F}_t\}}, \mathcal{R})$-meßbar. $\square$

Wie das Lemma 10.1.4 zeigt, kann man die Vorhersagbarkeit eines zufälligen Prozesses als eine gewisse Art von linksseitiger Stetigkeit deuten. Mit anderen

Worten, wenn man die Werte kennt, die ein vorhersagbarer Prozeß vor dem Zeitpunkt t annimmt, dann kann man den Wert des Prozesses zum Zeitpunkt t selbst vorhersagen. Die in Lemma 10.1.4 angegebene Stetigkeitsbedingung ist jedoch nicht notwendig für die Vorhersagbarkeit eines Prozesses. Denn offensichtlich ist jeder Prozeß vorhersagbar, dessen Verteilung auf einer einzigen Realisierung konzentriert ist (der somit gar nicht zufällig im eigentliche Sinne des Wortes, sondern faktisch eine deterministische Funktion ist).

So gesehen wird also in Satz 10.1.3 der Poissonsche Zählprozeß $\{N^+(t);\ t \geq 0\}$ durch Subtraktion des vorhersagbaren „Prozesses" $\{\alpha(t);\ t \geq 0\}$ in ein Martingal überführt. Dabei ist der Zählprozeß $\{N^+(t);\ t \geq 0\}$ eines Poissonschen Punktprozesses selbst keineswegs $\{\mathcal{F}_t^N\}$-vorhersagbar. (Dies ergibt sich aus Satz 10.1.3 und aus der Eindeutigkeit der *Doob-Meyer-Zerlegung* $Z(t) = \tilde{Z}(t) + A^Z(t)$ in Lemma 10.1.5. Inhaltlich hängt dies damit zusammen, daß die Realisierungen von $\{N^+(t);\ t \geq 0\}$ auf Grund der in (10.1) gegebenen Definitionsgleichung *rechtsseitig* stetige Funktionen und die Zuwächse von $\{N^+(t);\ t \geq 0\}$ unabhängig sind.)

Eine ähnliche Martingaldarstellung, wie sie in Satz 10.1.3 für einen Poissonschen Zählprozeß enthalten ist, läßt sich auch für den Zählprozeß $\{N^+(t);\ t \geq 0\}$ eines nicht notwendig Poissonschen Punktprozesses $\Phi \sim \{X_n\}$ über $[\Omega, \mathcal{F}, \mathbf{P}]$ angeben. Dabei tritt allerdings an die Stelle der deterministischen nichtfallenden Funktion $\{\alpha(t);\ t \geq 0\}$ im allgemeinen ein zufälliger vorhersagbarer Prozeß $\{A(t);\ t \geq 0\}$ mit nichtfallenden Realisierungen, so daß der Prozeß $\{\tilde{N}(t);\ t \geq 0\}$ mit $\tilde{N}(t) = N^+(t) - A(t)$ ein $\{\mathcal{F}_t\}$-Martingal ist.

Der vorhersagbare Prozeß $\{A(t);\ t \geq 0\}$, der bis auf stochastische Äquivalenz eindeutig bestimmt ist, wird *Kompensator* von $\{N^+(t);\ t \geq 0\}$ genannt. Er erweist sich als eine wichtige Charakteristik des Punktprozesses Φ. Weil $\{\tilde{N}(t);\ t \geq 0\}$ ein $\{\mathcal{F}_t\}$-Martingal ist, gilt nämlich ($0 \leq s < t < \infty$)

$$\mathbf{E}\big\{(N^+(t) - A(t))\mathbf{1}_E\big\} \;=\; \mathbf{E}\big\{(N^+(s) - A(s))\mathbf{1}_E\big\}$$

bzw.

$$\mathbf{E}\big\{[(N^+(t) - N^+(s)) - (A(t) - A(s))]\mathbf{1}_E\big\} \;=\; 0$$

für jedes $E \in \mathcal{F}_s$. Die Differenz $(N^+(t) - N^+(s)) - (A(t) - A(s))$ kann also als derjenige Anteil des Zuwachses $N^+(t) - N^+(s)$ gedeutet werden, der nicht auf Grund von Beobachtungen des Prozesses $\{N^+(t);\ t \geq 0\}$ im Intervall $[0, s]$ oder auf Grund anderer Informationen aus der Vergangenheit bis zum Zeitpunkt s vorhersagbar ist. Das Martingal $\{\tilde{N}(t);\ t \geq 0\}$ wird deshalb der *Innovationsprozeß* von $\{N^+(t);\ t \geq 0\}$ genannt.

Um diese Aussagen präziser formulieren und ihre Herleitung skizzieren zu können, benutzen wir den Zerlegungssatz von Doob-Meyer für Submartingale. Hierfür benötigen wir die folgenden zusätzlichen Voraussetzungen.

Die monoton nichtfallende Familie $\{\mathcal{F}_t;\ t \geq 0\}$ von Teil-σ-Algebren von $\mathcal{F}$ sei vollständig, d.h., $\mathcal{F}_0$ (und damit auch $\mathcal{F}_t$ für jedes $t \geq 0$) enthalte sämtliche

Mengen aus $\mathcal{F}$, die bezüglich $\mathbf{P}$ das Maß Null haben. Außerdem sei die Familie $\{\mathcal{F}_t;\ t \geq 0\}$ rechtsseitig stetig, d.h., es gelte $\mathcal{F}_t = \mathcal{F}_{t+}\ (=\bigcap_{s>t} \mathcal{F}_s)$ für jedes $t \geq 0$.

Ein Submartingal $\{Z(t);\ t \geq 0\}$ nennen wir *lokal gleichmäßig integrierbar*, wenn es für jedes $s \in R_+$ eine nichtnegative Zufallsgröße $\tilde{Z}(s)$ über $[\Omega, \mathcal{F}, \mathbf{P}]$ gibt, so daß

$$\mathbf{E}\tilde{Z}(s) < \infty \qquad \text{und} \qquad \sup_{t\in[0,s]} |Z(t)| \leq \tilde{Z}(s)\,.$$

Zwei zufällige Prozesse über ein und demselben Wahrscheinlichkeitsraum heißen *stochastisch äquivalent*, wenn fast alle Realisierungen dieser Prozesse einander gleich sind.

Lemma 10.1.5 (vgl. z.B. Dellacherie/Meyer (1982)) *Es sei $\{Z(t);\ t \geq 0\}$ ein lokal gleichmäßig integrierbares $\{\mathcal{F}_t\}$-Submartingal, so daß fast jede seiner Realisierungen eine rechtsseitig stetige Funktion ist. Dann gibt es einen (bis auf stochastische Äquivalenz) eindeutig bestimmten $\{\mathcal{F}_t\}$-vorhersagbaren Prozeß $\{A^Z(t);\ t \geq 0\}$, so daß*

1. $A^Z(0) = 0$,

2. *fast jede seiner Realisierungen eine rechtsseitig stetige, monoton nichtfallende Funktion ist und*

3. *der Prozeß $\{\tilde{Z}(t);\ t \geq 0\}$ mit $\tilde{Z}(t) = Z(t) - A^Z(t)$ ein $\{\mathcal{F}_t\}$-Martingal ist.*

Dieses Lemma läßt sich nun mühelos auf den in (10.1) definierten Zählprozeß $\{N^+(t);\ t \geq 0\}$ eines Punktprozesses $\Phi \sim \{X_n\}$ mit lokalendlichem Intensitätsmaß anwenden.

Satz 10.1.6 *Es gibt einen (bis auf stochastische Äquivalenz) eindeutig bestimmten $\{\mathcal{F}_t\}$-vorhersagbaren Prozeß $\{A(t);\ t \geq 0\}$, so daß*

1. $A(0) = 0$,

2. *fast jede seiner Realisierungen eine rechtsseitig stetige, monoton nichtfallende Funktion ist und*

3. *der Prozeß $\{\tilde{N}(t);\ t \geq 0\}$ mit $\tilde{N}(t) = N^+(t) - A(t)$ ein $\{\mathcal{F}_t\}$-Martingal ist.*

Beweis Es genügt, die Gültigkeit der Bedingungen in Lemma 10.1.5 nachzuprüfen. Gemäß Satz 10.1.1 ist $\{N^+(t);\ t \geq 0\}$ ein $\{\mathcal{F}_t\}$-Submartingal. Aus (10.1) ergibt sich, daß seine Realisierungen rechtsseitig stetige Funktionen sind. Außerdem gilt $\sup_{t\in[0,s]} |N^+(t)| \leq N^+(s)$ und $\mathbf{E}N^+(s) < \infty$ für jedes $s \geq 0$, weil die Realisierungen $\{N^+(s,\omega);\ s \geq 0\}$ monoton nichtfallend sind und weil vorausgesetzt wurde, daß das Intensitätsmaß von Φ lokalendlich ist. Folglich ist $\{N^+(t); t \geq 0\}$ lokal gleichmäßig integrierbar. $\square$

Die Darstellung $N^+(t) = \tilde{N}(t) + A(t)$ für jedes $t \geq 0$ heißt *Doob-Meyer-Zerlegung* des Zählprozesses $\{N^+(t); t \geq 0\}$.

Ein $\{\mathcal{F}_t\}$-vorhersagbarer Prozeß, der den Bedingungen 1 bis 3 des Satzes 10.1.6 genügt, wird $\{\mathcal{F}_t\}$-*Kompensator* von $\{N^+(t); t \geq 0\}$ genannt. Dabei sei vermerkt, daß bei dieser Definition des Kompensators das Lemma 10.1.5 auf Grund der speziellen Eigenschaften von Zählprozessen (ihre Realisierungen sind monoton nichtwachsende, stückweise konstante Funktionen) bei weitem nicht in seiner vollen Schärfe benutzt wird. In bestimmten Fällen kann man sogar gänzlich ohne diesen allgemeinen Zerlegungssatz für Submartingale auskommen (vgl. die Abschnitte 10.3 und 10.5).

10.2 Kompensatoren einfacher Punktprozesse. Beispiele

Im Unterschied zu dem Kompensator eines Poisson-Prozesses, der in Satz 10.1.3 betrachtet wurde und sich als deterministische Funktion erwies, geben wir in diesem Abschnitt Beispiele „stochastischer" Kompensatoren an und skizzieren dabei gleichzeitig die Herleitung einer allgemeinen Darstellungsformel für Kompensatoren einfacher Punktprozesse.

Beispiel 10.2.1 Zunächst wollen wir einen Punktprozeß Φ betrachten, der auf der nichtnegativen Halbachse R_+ nur einen Punkt besitzt, d.h., es gelte $\mathbf{P}(\Phi(R_+) = 1) = \mathbf{P}(X_1 < \infty, X_2 = X_3 = \cdots = \infty) = 1$ (vgl. Abschnitt 2.2). Das Verhalten von Φ in R_+ wird also vollständig durch die Zufallsgröße X_1 beschrieben. Für den zugehörigen Zählprozeß $\{N^+(t); t \geq 0\}$ gilt $N^+(t) = \mathbf{1}_{[0,t]}(X_1)$. Die innere Geschichte von $\{N^+(t); t \geq 0\}$ ist durch $\mathcal{F}_t^N = \sigma(\{\omega : X_1(\omega) \leq s\}; 0 \leq s \leq t)$ gegeben. Der $\{\mathcal{F}_t^N\}$-Kompensator $\{A(t); t \geq 0\}$ dieses Zählprozesses (genauer gesagt, eine Version dieses Kompensators) hat die folgende Gestalt:

$$A(t,\omega) = \int_0^{t \wedge X_1(\omega)} \frac{dF^+(u)}{1 - F^+(u-0)}, \tag{10.3}$$

wobei $F^+(t) = \mathbf{P}(X_1 \leq t)$ und somit der Nenner in (10.3) mit Wahrscheinlichkeit Eins größer als Null ist; $t \wedge s = \min\{t, s\}$.

In der Tat sind die durch (10.3) gegebenen Realisierungen offenbar rechtsseitig stetige, monoton nichtfallende Funktionen, und es gilt $A(0,\omega) = 0$. Die $\{\mathcal{F}_t^N\}$-Vorhersagbarkeit des durch (10.3) gegebenen Prozesses läßt sich ebenfalls leicht einsehen, denn es gilt für jedes $x \in R_+$

$$\{(t,\omega) : t \wedge X_1(\omega) > x\} = \{t : t > x\} \times \{\omega : X_1(\omega) > x\} \in \mathcal{R}_{\{\mathcal{F}_t^N\}} \tag{10.4}$$

und somit auch

$$\left\{(t,\omega): \int_0^{t \wedge X_1(\omega)} \frac{dF^+(u)}{1 - F^+(u - 0)} > x\right\} \in \mathcal{R}_{\{\mathcal{F}_t^N\}} \,.$$

Es ist nun noch die in Satz 10.1.6 enthaltene Martingaleigenschaft nachzuweisen, die besagt, daß für $0 \le s \le t < \infty$

$$\mathbf{E}(N^+(t) - N^+(s) \,|\, \mathcal{F}_s^N) \;=\; \mathbf{E}(A(t) - A(s) \,|\, \mathcal{F}_s^N) \tag{10.5}$$

gelten muß. Für $\omega \in \Omega$ mit $X_1(\omega) \le s$ ist die linke Seite von (10.5) gleich Null. Aus (10.3) ergibt sich, daß in diesem Fall auch die rechte Seite von (10.5) gleich Null ist. Weil sich außerdem die Menge $\{\omega : X_1(\omega) > s\}$ nicht in zwei nichtleere $\mathcal{F}_s^N$-meßbare Teilmengen zerlegen läßt, ist also die Gültigkeit von (10.5) bewiesen, wenn gezeigt wird, daß

$$\mathbf{E}\left\{(N^+(t) - N^+(s))\, \mathbf{1}_{\{X_1 > s\}}\right\} \;=\; \mathbf{E}\left\{(A(t) - A(s))\, \mathbf{1}_{\{X_1 > s\}}\right\} \tag{10.6}$$

für $0 \le s < t < \infty$ gilt. Offenbar gilt

$$\mathbf{E}\left\{(N^+(t) - N^+(s))\, \mathbf{1}_{\{X_1 > s\}}\right\} \;=\; \mathbf{P}(s < X_1 \le t) \;=\; F^+(t) - F^+(s) \,.$$

Andererseits ergibt sich, wenn der Ansatz (10.3) in die rechte Seite von (10.6) eingesetzt wird, daß

$$\mathbf{E}\left\{(A(t) - A(s))\, \mathbf{1}_{\{X_1 > s\}}\right\} = \mathbf{E}\left\{ \int_s^{t \wedge X_1} \frac{dF^+(u)}{1 - F^+(u - 0)} \, \mathbf{1}_{\{X_1 > s\}} \right\}$$

$$= \int_s^{\infty} \int_s^{t \wedge x} \frac{dF^+(u)}{1 - F^+(u - 0)} \, dF^+(x) = \int_s^{\infty} \int_s^{t} \mathbf{1}_{\{u':u' \le x\}}(u) \frac{dF^+(u)}{1 - F^+(u - 0)} \, dF^+(x)$$

$$= \int_s^{t} \int_s^{\infty} \mathbf{1}_{\{u':u' \le x\}}(u) \, dF^+(x) \frac{dF^+(u)}{1 - F^+(u - 0)} = \int_s^{t} dF^+(u) = F^+(t) - F^+(s) \,.$$

Beispiel 10.2.2 Das in 10.2.1 behandelte Beispiel eines Kompensators kann ohne weiteres dahingehend verallgemeinert werden, daß anstelle der inneren Geschichte $\{\mathcal{F}_t^N;\, t \ge 0\}$ eine etwas allgemeinere Familie von Teil-σ-Algebren von $\mathcal{F}$ betrachtet wird. Es sei $\mathcal{F}_0$ eine beliebige Teil-σ-Algebra von $\mathcal{F}$, die als „Vorgeschichte" des Zählprozesses $\{N^+(t);\, t \ge 0\}$ gedeutet wird, d.h., die die jeweils interessierenden Ereignisse umfaßt, die bis zum Zeitpunkt Null eintreten können. Bezüglich der sogenannten *intrinsikalen Geschichte* $\{\mathcal{F}_t;\, t \ge 0\}$ von $\{N^+(t);\, t \ge 0\}$ mit

$$\mathcal{F}_t \;=\; \sigma(\mathcal{F}_0 \cup \mathcal{F}_t^N) \tag{10.7}$$

hat der Kompensator $\{A(t); t \geq 0\}$ des Zählprozesses $\{N^+(t); t \geq 0\}$ mit $N^+(t) = \mathbf{1}_{[0,t]}(X_1)$ eine ähnliche Gestalt wie in (10.3), wobei lediglich die Verteilungsfunktion F^+ durch die entsprechende, bezüglich der σ-Algebra $\mathcal{F}_0$ gebildete bedingte Verteilungsfunktion zu ersetzen ist. Dabei bezeichne $\{F^+(t \mid \mathcal{F}_0); t \geq 0\}$ mit $F^+(t \mid \mathcal{F}_0) = \mathbf{P}(X_1 \leq t \mid \mathcal{F}_0)$ eine reguläre Version der bedingten Wahrscheinlichkeiten $\{\mathbf{P}(X_1 \leq t \mid \mathcal{F}_0); t \geq 0\}$. Eine Version des Kompensators $\{A(t); t \geq 0\}$ ist dann durch

$$A(t,\omega) \;=\; \int\limits_0^{t \wedge X_1(\omega)} \frac{d_u F^+(u \mid \mathcal{F}_0)(\omega)}{1 - F^+(u - 0 \mid \mathcal{F}_0)(\omega)} \, . \tag{10.8}$$

gegeben. Beim Nachweis, daß der so definierte stochastische Prozeß $\{A(t); t \geq 0\}$ der Kompensator von $\{N^+(t); t \geq 0\}$ bezüglich der in (10.7) gegebenen intrinsikalen Geschichte $\{\mathcal{F}_t; t \geq 0\}$ ist, wird ähnlich wie in Beispiel 10.2.1 vorgegangen. Dabei ergibt sich die $\{\mathcal{F}_t\}$-Vorhersagbarkeit des durch (10.8) gegebenen Prozesses aus (10.4), wenn beachtet wird, daß der Prozeß

$$\left\{ \int\limits_0^t \frac{dF^+(u \mid \mathcal{F}_0)}{1 - F^+(u - 0 \mid \mathcal{F}_0)} \; ; \; t \geq 0 \right\}$$

aus $(\mathcal{F}_0, \mathcal{R})$-meßbaren Zufallsgrößen besteht und monoton nichtfallende Realisierungen hat. Außerdem ist anstelle von (10.6) zu zeigen, daß für $0 \leq s \leq t < \infty$

$$\mathbf{E}\{(N^+(t) - N^+(s))\, \mathbf{1}_{\{X_1 > s\} \cap E}\} \;=\; \mathbf{E}\{(A(t) - A(s))\, \mathbf{1}_{\{X_1 > s\} \cap E}\} \tag{10.9}$$

für jedes $E \in \mathcal{F}_0$ gilt. Offenbar gilt

$$\begin{aligned}
\mathbf{E}\{(N^+(t) - N^+(s))\, \mathbf{1}_{\{X_1 > s\} \cap E}\} \;&=\; \mathbf{E}\, \mathbf{1}_{\{s < X_1 \leq t\} \cap E} \\
&=\; \mathbf{E}\{(F^+(t \mid \mathcal{F}_0) - F^+(s \mid \mathcal{F}_0))\, \mathbf{1}_E\}
\end{aligned}$$

für jedes $E \in \mathcal{F}_0$. Andererseits ergibt sich ähnlich wie in Beispiel 10.2.1, wenn der Ansatz (10.8) in die rechte Seite von (10.9) eingesetzt wird, daß

$$\begin{aligned}
\mathbf{E}\{(A(t) &- A(s))\, \mathbf{1}_{\{X_1 > s\} \cap E}\} \\
&=\; \mathbf{E}\left\{ \int\limits_s^{t \wedge X_1} \frac{dF^+(u \mid \mathcal{F}_0)}{1 - F^+(u - 0 \mid \mathcal{F}_0)} \, \mathbf{1}_{\{X_1 > s\} \cap E} \right\} \\
&=\; \mathbf{E}\left\{ \mathbf{E}\left(\int\limits_s^{t \wedge X_1} \frac{dF^+(u \mid \mathcal{F}_0)}{1 - F^+(u - 0 \mid \mathcal{F}_0)} \, \mathbf{1}_{\{X_1 > s\}} \,\Big|\, \mathcal{F}_0 \right) \mathbf{1}_E \right\}
\end{aligned}$$

$$\begin{aligned}
&= \mathbf{E}\Big\{\mathbf{E}\Big(\int\limits_{s}^{\infty}\int\limits_{s}^{t\wedge x}\frac{dF^{+}(u\,|\,\mathcal{F}_0)}{1-F^{+}(u-0\,|\,\mathcal{F}_0)}\,dF^{+}(x\,|\,\mathcal{F}_0)\,\Big|\,\mathcal{F}_0\Big)\,\mathbf{1}_E\Big\}\\
&= \mathbf{E}\big\{\mathbf{E}(F^{+}(t\,|\,\mathcal{F}_0)-F^{+}(s\,|\,\mathcal{F}_0)\,|\,\mathcal{F}_0)\,\mathbf{1}_E\big\}\\
&= \mathbf{E}\big\{(F^{+}(t\,|\,\mathcal{F}_0)-F^{+}(s\,|\,\mathcal{F}_0))\,\mathbf{1}_E\big\}\,.
\end{aligned}$$

Jeder Kompensator des Zählprozesses $\{N^{+}(t); t \geq 0\}$, der bezüglich einer durch (10.7) gegebenen intrinsikalen Geschichte gebildet wird, wird *intrinsikaler Kompensator* von $\{N^{+}(t); t \geq 0\}$ genannt.

Die Formel (10.8) für den intrinsikalen Kompensator eines Punktprozesses, der auf der nichtnegativen Halbachse nur einen Punkt besitzt, läßt auch die folgende Formel für den intrinsikalen Kompensator eines beliebigen einfachen Punktprozesses $\Phi \sim \{X_n\}$ mit lokalendlichem Intensitätsmaß plausibel erscheinen. Dabei bezeichne $\{F^{+}(t\,|\,\mathcal{F}_0, X_1, \ldots, X_{n-1}); t \geq 0\}$ mit $F^{+}(t\,|\,\mathcal{F}_0, X_1, \ldots, X_{n-1}) = \mathbf{P}(X_n \leq t\,|\,\mathcal{F}_0, X_1, \ldots, X_{n-1})$ eine reguläre Version der bedingten Wahrscheinlichkeiten $\{\mathbf{P}(X_n \leq t\,|\,\mathcal{F}_0, X_1, \ldots, X_{n-1}); t \geq 0\}$, die bezüglich der σ-Algebra $\sigma(\mathcal{F}_0 \cup X_1^{-1}(\mathcal{R}) \cup \cdots \cup X_{n-1}^{-1}(\mathcal{R}))$ gebildet werden $(n \in G_{+})$.

Satz 10.2.3 *Es sei* $\Phi \sim \{X_n\}$ *ein einfacher Punktprozeß mit lokalendlichem Intensitätsmaß. Dann ist eine Version des intrinsikalen Kompensators* $\{A(t); t \geq 0\}$ *des Zählprozesses* $\{N^{+}(t); t \geq 0\}$ *durch*

$$A(t,\omega) = \sum_{n=1}^{\infty}\int\limits_{X_{n-1}(\omega)}^{t\wedge X_n(\omega)}\frac{d_u F^{+}(u\,|\,\mathcal{F}_0, X_1, \ldots, X_{n-1})(\omega)}{1-F^{+}(u-0\,|\,\mathcal{F}_0, X_1, \ldots, X_{n-1})(\omega)} \tag{10.10}$$

gegeben.

Beim **Beweis**, daß der durch (10.10) definierte stochastische Prozeß $\{A(t); t \geq 0\}$ bezüglich der in (10.7) gegebenen intrinsikalen Geschichte $\{\mathcal{F}_t; t \geq 0\}$ vorhersagbar ist und daß $\{\tilde{N}(t); t \geq 0\}$ mit $\tilde{N}(t) = N^{+}(t) - A(t)$ ein $\{\mathcal{F}_t\}$-Martingal ist, werden ähnliche Überlegungen wie in Beispiel 10.2.2 benutzt. Den Leser, der an Details hierzu interessiert ist, verweisen wir auf Papangelou (1972) (vgl. auch Jacod (1975) und § III.2 in Bremaud (1981)). Hier sei nur vermerkt, daß man sich die Gestalt der Formel (10.10) wie folgt verständlich machen kann. Der Zählprozeß $\{N^{+}(t); t \geq 0\}$ des einfachen Punktprozesses $\Phi \sim \{X_n\}$ läßt sich als Summe $N^{+}(t) = \sum_{n=1}^{\infty} N^{(n)}(t)$ von Zählprozessen $\{N^{(n)}(t); t \geq 0\}$ mit

$$N^{(n)}(t) = N^{+}(t \wedge X_n) - N^{+}(t \wedge X_{n-1})$$

darstellen. Dabei ist $\{N^{(n)}(t); t \geq 0\}$ der Zählprozeß des Punktprozesses $\Phi^{(n)}$, der auf der nichtnegativen Halbachse nur einen Punkt, nämlich den Punkt X_n

besitzt. Die „Vorgeschichte" des Zählprozesses $\{N^{(n)}(t); t \geq 0\}$ ist die σ-Algebra $\sigma(\mathcal{F}_0 \cup X_1^{-1}(\mathcal{R}) \cup \cdots \cup X_{n-1}^{-1}(\mathcal{R}))$. Gemäß (10.8) ist eine Version des intrinsikalen Kompensators $\{A^{(n)}(t); t \geq 0\}$ von $\{N^{(n)}(t); t \geq 0\}$ durch

$$
\begin{aligned}
A^{(n)}(t,\omega) \;&=\; \int_0^{t \wedge X_n(\omega)} \frac{d_u F^+(u \mid \mathcal{F}_0, X_1, \ldots, X_{n-1})(\omega)}{1 - F^+(u - 0 \mid \mathcal{F}_0, X_1, \ldots, X_{n-1})(\omega)} \\[2ex]
&=\; \int_{X_{n-1}(\omega)}^{t \wedge X_n(\omega)} \frac{d_u F^+(u \mid \mathcal{F}_0, X_1, \ldots, X_{n-1})(\omega)}{1 - F^+(u - 0 \mid \mathcal{F}_0, X_1, \ldots, X_{n-1})(\omega)}
\end{aligned}
$$

gegeben. Die Formel (10.10) besagt also, daß sich der intrinsikale Kompensator des summarischen Zählprozesses $\{N^+(t); t \geq 0\}$ mittels Summation der intrinsikalen Kompensatoren der Summanden ergibt.

Wenn für $n > 1$ anstelle der bedingten Verteilungsfunktionen $\{F^+(t \mid \mathcal{F}_0, X_1, \ldots, X_{n-1}); t \geq 0\}$ der Punkte X_n die bedingten Verteilungsfunktionen der Abstände $X_n - X_{n-1}$ betrachtet werden, dann läßt sich die Darstellungsformel (10.10) wie folgt modifizieren. Hierbei bezeichne $\{\tilde{F}^+(t \mid \mathcal{F}_0, X_1, \ldots, X_{n-1}); t \geq 0\}$ mit $\tilde{F}^+(t \mid \mathcal{F}_0, X_1, \ldots, X_{n-1}) = \mathbf{P}(X_n - X_{n-1} \leq t \mid \mathcal{F}_0, X_1, \ldots, X_{n-1})$ für $n > 1$ eine reguläre Version dieser bedingten Wahrscheinlichkeiten.

Folgerung 10.2.4 *Eine weitere Darstellungsform des intrinsikalen Kompensators $\{A(t); t \geq 0\}$ des Zählprozesses $\{N^+(t); t \geq 0\}$ ist gegeben durch*

$$
A(t,\omega) \;=\; \begin{cases} \displaystyle\int_0^t \frac{d_u F^+(u \mid \mathcal{F}_0)(\omega)}{1 - F^+(u - 0 \mid \mathcal{F}_0)(\omega)} & \text{für } 0 \leq t \leq X_1(\omega)\,, \\[3ex] A(X_{n-1}(\omega),\omega) + \displaystyle\int_0^{t - X_{n-1}(\omega)} \frac{d_u \tilde{F}^+(u \mid \mathcal{F}_0, X_1, \ldots, X_{n-1})(\omega)}{1 - \tilde{F}^+(u - 0 \mid \mathcal{F}_0, X_1, \ldots, X_{n-1})(\omega)} \\[1ex] \hspace{4em} \text{für } X_{n-1}(\omega) \leq t \leq X_n(\omega),\, n > 1\,. \end{cases} \quad (10.11)
$$

Beweis Für $t \leq X_1(\omega)$ sind (10.10) und (10.11) identisch. Für $t > X_1(\omega)$ ist (10.11) ebenfalls eine unmittelbare Konsequenz von (10.10), wenn beachtet wird, daß eine Version der bedingten Verteilungsfunktion $\{\tilde{F}^+(t \mid \mathcal{F}_0, X_1, \ldots, X_{n-1}); t \geq 0\}$ durch

$$
\tilde{F}^+(t \mid \mathcal{F}_0, X_1, \ldots, X_{n-1})(\omega) \;=\; F^+(t + X_{n-1}(\omega) \mid \mathcal{F}_0, X_1, \ldots, X_{n-1})(\omega)
$$

gegeben ist. Für $t \in (X_{n-1}(\omega), X_n(\omega)]$ mit $n > 1$ ergibt sich dann aus (10.10)

$$
A(t,\omega) \;=\; A(X_{n-1}(\omega),\omega) + \int_{X_{n-1}(\omega)}^t \frac{d_u F^+(u \mid \mathcal{F}_0, X_1, \ldots, X_{n-1})(\omega)}{1 - F^+(u - 0 \mid \mathcal{F}_0, X_1, \ldots, X_{n-1})(\omega)}
$$

$$= \quad A(X_{n-1}(\omega),\omega) + \int_0^{t-X_{n-1}(\omega)} \frac{d_u F^+(u + X_{n-1}(\omega) \mid \mathcal{F}_0, X_1, \ldots, X_{n-1})(\omega)}{1 - F^+(u + X_{n-1}(\omega) - 0 \mid \mathcal{F}_0, X_1, \ldots, X_{n-1})(\omega)}$$

$$= \quad A(X_{n-1}(\omega),\omega) + \int_0^{t-X_{n-1}(\omega)} \frac{d_u \tilde{F}^+(u \mid \mathcal{F}_0, X_1, \ldots, X_{n-1})(\omega)}{1 - \tilde{F}^+(u - 0 \mid \mathcal{F}_0, X_1, \ldots, X_{n-1})(\omega)} \cdot \square$$

Folgerung 10.2.5 *Falls* $\Phi \sim \{X_n\}$ *ein gewöhnlicher rekurrenter Punktprozeß ist* $(X_1 = 0)$, *dann ist eine Version des* $\{\mathcal{F}_t^N\}$-*Kompensators* $\{A(t); t \geq 0\}$ *von* $\{N^+(t); t \geq 0\}$ *durch*

$$A(t,\omega) \quad = \quad A(X_{n-1}(\omega),\omega) + \int_0^{t-X_{n-1}(\omega)} \frac{dF(u + 0)}{1 - F(u)} \qquad (10.12)$$

für $0 \leq X_{n-1}(\omega) \leq t \leq X_n(\omega)$ *gegeben, wobei* $F(t) = \mathbf{P}(X_n - X_{n-1} < t)$.

Beweis Die Formel (10.12) ergibt sich aus (10.11), weil für einen einfachen gewöhnlichen rekurrenten Punktprozeß und für $\mathcal{F}_0 = \{\emptyset, \Omega\}$

$$\tilde{F}^+(t \mid \mathcal{F}_0, X_1, \ldots, X_{n-1}) \quad = \quad F(t + 0)$$

gilt. $\square$

10.3 Stochastische Intensität

In diesem Abschnitt betrachten wir den Fall, daß der Kompensator in dem folgenden Sinne absolutstetig ist. Es sei $\Phi \sim \{X_n\}$ ein zufälliger Punktprozeß mit dem lokalendlichen Intensitätsmaß α. Der nichtnegative, $\{\mathcal{F}_t\}$-vorhersagbare Prozeß $\{S(t); t \geq 0\}$ wird *stochastische* $\{\mathcal{F}_t\}$-*Intensität* des Zählprozesses $\{N^+(t); t \geq 0\}$ genannt, wenn durch

$$A(t,\omega) \quad = \quad \int_0^t S(u,\omega)\,du \qquad (10.13)$$

eine Version des $\{\mathcal{F}_t\}$-Kompensators $\{A(t); t \geq 0\}$ von $\{N^+(t); t \geq 0\}$ gegeben ist.

Mit Hilfe des Campbellschen Maßes von $\Phi \sim \{X_n\}$ läßt sich eine notwendige und hinreichende Bedingung dafür angeben, daß $\{N^+(t); t \geq 0\}$ eine solche stochastische $\{\mathcal{F}_t\}$-Intensität besitzt. Dabei verstehen wir unter dem *Campbellschen*

Maß C von Φ, analog zu dem Fall, daß Φ über dem kanonischen Wahrscheinlichkeitsraum $[N, \mathcal{N}, P]$ definiert ist (vgl. (3.9)), das Maß $C : \mathcal{F} \otimes \mathcal{R} \to R \cup \{\infty\}$ mit

$$C(E \times B) \;=\; \int\limits_{\Omega} \Phi(B, \omega)\, 1_E(\omega)\, \mathbf{P}(d\omega) \qquad (10.14)$$

für $E \in \mathcal{F}$, $B \in \mathcal{R}$.

Satz 10.3.1 *Der Zählprozeß $\{N^+(t); t \geq 0\}$ besitzt genau dann eine stochastische $\{\mathcal{F}_t\}$-Intensität, wenn die Einschränkung des durch (10.14) definierten Campbellschen Maßes C auf die $\{\mathcal{F}_t\}$-vorhersagbare σ-Algebra $\mathcal{R}_{\{\mathcal{F}_t\}}$ absolutstetig bezüglich der entsprechenden Einschränkung des Produktmaßes $\mathbf{P} \times \nu$ ist. Ist diese Bedingung erfüllt, dann ist durch die zugehörige Radon-Nikodym-Dichte $dC/d(\mathbf{P} \times \nu)$ eine stochastische $\{\mathcal{F}_t\}$-Intensität von $\{N^+(t); t \geq 0\}$ gegeben.*

Beweis Der Prozeß $\{S(t); t \geq 0\}$ sei eine $\{\mathcal{F}_t\}$-Intensität von $\{N^+(t); t \geq 0\}$. Weil dann $\{N^+(t) - \int_0^t S(u)\, du; t \geq 0\}$ ein $\{\mathcal{F}_t\}$-Martingal ist, gilt

$$\mathbf{E}\Big\{(N^+(t) - \int\limits_0^t S(u)\, du)\, 1_E\Big\} \;=\; \mathbf{E}\Big\{(N^+(s) - \int\limits_0^s S(u)\, du)\, 1_E\Big\}$$

bzw.

$$\int\limits_E \int\limits_s^t S(u, \omega)\, du\, \mathbf{P}(d\omega) \;=\; \int\limits_{\Omega} \Phi((s, t], \omega)\, 1_E(\omega)\, \mathbf{P}(d\omega)$$
$$\;=\; C(E \times (s, t])$$

für $0 \leq s < t < \infty$ und für jedes $E \in \mathcal{F}_s$. Folglich ist die Einschränkung des Campbellschen Maßes C auf die $\{\mathcal{F}_t\}$-vorhersagbare σ-Algebra $\mathcal{R}_{\{\mathcal{F}_t\}}$ absolutstetig bezüglich der entsprechenden Einschränkung von $\mathbf{P} \times \nu$. Umgekehrt sei nun C in diesem Sinne absolutstetig bezüglich $\mathbf{P} \times \nu$. Dann gilt nach dem Satz von Radon-Nikodym

$$\int\limits_E \int\limits_s^t \frac{dC}{d(\mathbf{P} \times \nu)}(\omega, u)\, du\, \mathbf{P}(d\omega) \;=\; C(E \times (s, t]) \qquad (10.15)$$

für $0 \leq s < t < \infty$ und für jedes $E \in \mathcal{F}_s$, wobei

$$(\omega, t) \longrightarrow \frac{dC}{d(\mathbf{P} \times \nu)}(\omega, t) \;\geq\; 0 \qquad (10.16)$$

eine $(\mathcal{R}_{\{\mathcal{F}_t\}}, \mathcal{R}_+)$-meßbare Abbildung ist. Das heißt,

$$\left\{ \frac{dC}{d(\mathbf{P} \times \nu)}\,(t);\ t \geq 0 \right\}$$

ist ein nichtnegativer $\{\mathcal{F}_t\}$-vorhersagbarer Prozeß. Weil (10.15) äquivalent mit

$$\mathbf{E}\left\{ \left(N^+(t) - \int_0^t \frac{dC}{d(\mathbf{P} \times \nu)}\,(u)\,du \right) 1_E \right\} \;=\; \mathbf{E}\left\{ \left(N^+(s) - \int_0^s \frac{dC}{d(\mathbf{P} \times \nu)}\,(u)\,du \right) 1_E \right\}$$

für $0 \leq s < t < \infty$ und für jedes $E \in \mathcal{F}_s$ ist, ist also

$$\left\{ N^+(t) - \int_0^t \frac{dC}{d(\mathbf{P} \times \nu)}\,(u)\,du;\ t \geq 0 \right\}$$

ein $\{\mathcal{F}_t\}$-Martingal. Somit (vgl. Satz 10.1.6) ist durch den $\{\mathcal{F}_t\}$-vorhersagbaren Prozeß

$$\left\{ \int_0^t \frac{dC}{d(\mathbf{P} \times \nu)}\,(u)\,du;\ t \geq 0 \right\}$$

eine Version des $\{\mathcal{F}_t\}$-Kompensators von $\{N^+(t);\ t \geq 0\}$ gegeben, d.h., durch (10.16) ist eine $\{\mathcal{F}_t\}$-Intensität von $\{N^+(t);\ t \geq 0\}$ gegeben. $\square$

Aus dem Beweis des Satzes 10.3.1 (genauer: aus der Eindeutigkeitseigenschaft der Radon-Nikodym-Dichte absolutstetiger Maße) ergibt sich insbesondere, daß die stochastische $\{\mathcal{F}_t\}$-Intensität eines Zählprozesses (bis auf stochastische Äquivalenz) eindeutig bestimmt ist. Darüber hinaus ergibt sich mit Hilfe des Satzes 10.3.1, daß man den Begriff der stochastischen $\{\mathcal{F}_t\}$-Intensität eines Zählprozesses auch als Radon-Nikodym-Dichte definieren kann, ohne dabei den Begriff des Kompensators bzw. den Zerlegungssatz von Doob-Meyer zu benutzen.

Beispiel 10.3.2 Wir betrachten nun eine Klasse von Cox-Prozessen, deren Campbellsches Maß im Sinne des Satzes 10.3.1 absolutstetig ist. Gemäß Satz 10.3.1 kann man dann die stochastische Intensität eines solchen Punktprozesses mittels der zugehörigen Radon-Nikodym-Dichte bestimmen, ohne den Kompensator vorher zu kennen.

Es sei $\Phi \sim \{X_n\}$ ein Cox-Prozeß über dem kanonischen Wahrscheinlichkeitsraum $[N, \mathcal{N}, P]$ (vgl. Abschnitt 5.2), dessen zufälliges Intensitätsmaß Λ durch

$$\Lambda(B, \tilde{\omega}) \;=\; \int_B S(u, \tilde{\omega})\,du\,, \qquad B \in \mathcal{R}, \tilde{\omega} \in \tilde{\Omega} \tag{10.17}$$

gegeben ist, wobei $\{S(t); t \in R\}$ ein nichtnegativer meßbarer zufälliger Prozeß über einem nicht näher bestimmten Wahrscheinlichkeitsraum $[\tilde{\Omega}, \tilde{\mathcal{F}}, \tilde{\mathbf{P}}]$ ist. Spezielle Cox-Prozesse dieser Art sind der gemischte Poisson-Prozeß (vgl. Beispiel 5.2.2) und der unterbrochene Poisson-Prozeß (vgl. Beispiel 5.2.3).

Es ist klar, daß Φ auch als zufälliges Zählmaß über dem Produktraum $[\Omega, \mathcal{F}, \mathbf{P}]$ $= [\tilde{\Omega} \times N, \tilde{\mathcal{F}} \otimes \mathcal{N}, \mathbf{P}]$ aufgefaßt werden kann $(\Phi(\tilde{\omega}, \varphi) = \varphi)$, wobei das Wahrscheinlichkeitsmaß $\mathbf{P}$ durch

$$\mathbf{P}(\tilde{E} \times A) \;=\; \int\limits_{\tilde{E}} P_{\Lambda(\tilde{\omega})}(A)\, \tilde{\mathbf{P}}(d\tilde{\omega})\,, \qquad \tilde{E} \in \tilde{\mathcal{F}},\, A \in \mathcal{N}, \qquad (10.18)$$

gegeben ist (vgl. Satz 5.2.1). Aus Folgerung 3.3.6 ergibt sich, daß dann das durch (10.14) definierte Campbellsche Maß C von Φ die folgende Gestalt hat. Für $\tilde{E} \in \tilde{\mathcal{F}},\, A \in \mathcal{N},\, B \in \mathcal{B}$ gilt

$$\begin{aligned}
C(\tilde{E} \times A \times B) \;&=\; \int\limits_{\tilde{E} \times A} \Phi(B, \omega)\, \mathbf{P}(d\omega) \;=\; \int\limits_{\tilde{E}} \int\limits_{A} \varphi(B)\, P_{\Lambda(\tilde{\omega})}(d\varphi)\, \tilde{\mathbf{P}}(d\tilde{\omega}) \\[2mm]
&=\; \int\limits_{\tilde{E}} \int\limits_{B} P_{\Lambda(\tilde{\omega})}(\varphi : \varphi + \delta_u \in A)\, \Lambda(du, \tilde{\omega})\, \tilde{\mathbf{P}}(d\tilde{\omega}) \\[2mm]
&=\; \int\limits_{\tilde{E}} \int\limits_{B} P_{\Lambda(\tilde{\omega})}(\varphi : \varphi + \delta_u \in A)\, S(u, \tilde{\omega})\, du\, \tilde{\mathbf{P}}(d\tilde{\omega})\,.
\end{aligned}$$

Insbesondere gilt also für $\tilde{E} \in \tilde{\mathcal{F}}$, $0 \leq s < t < \infty$ und für $A \in \bigcap\limits_{u < s} \mathcal{N}_0^u$

$$\begin{aligned}
C(\tilde{E} \times A \times (s, t]) \;&=\; \int\limits_{\tilde{E}} \int\limits_{s}^{t} P_{\Lambda(\tilde{\omega})}(A)\, S(u, \tilde{\omega})\, du\, \tilde{\mathbf{P}}(d\tilde{\omega}) \\[2mm]
&=\; \int\limits_{\tilde{E} \times A} \int\limits_{s}^{t} S(u, \tilde{\omega})\, du\, \mathbf{P}(d(\tilde{\omega}, \varphi))\,.
\end{aligned} \qquad (10.19)$$

Es sei nun $\{\mathcal{F}_t; t \geq 0\}$ mit $\mathcal{F}_t = \sigma(\mathcal{F}_0 \cup \mathcal{F}_t^N)$ die folgende intrinsikale Geschichte des Zählprozesses $\{N^+(t); t \geq 0\}$. Und zwar gelte

$$\mathcal{F}_0 \;=\; \tilde{\mathcal{F}} \otimes \mathcal{N}_{-\infty}^0\,. \qquad (10.20)$$

Aus (10.19) folgt dann, daß das Campbellsche Maß C in dem in Satz 10.3.1 formulierten Sinne absolutstetig bezüglich $\mathbf{P} \times \nu$ ist. Somit ist durch $\{S(t); t \geq 0\}$ eine stochastische $\{\mathcal{F}_t\}$-Intensität von $\{N^+(t); t \geq 0\}$ gegeben.

Beispiel 10.3.3 Für die in Abschnitt 10.2 betrachteten Kompensatoren lassen sich leicht Bedingungen angeben, die die Existenz einer stochastischen Intensität sichern. Der Zählprozeß des in Beispiel 10.2.1 betrachteten Punktprozesses $\Phi \sim \{X_1\}$ besitzt eine stochastische $\{\mathcal{F}_t^N\}$-Intensität, wenn die Verteilungsfunktion $\{F^+(t); t \geq 0\}$ mit $F^+(t) = \mathbf{P}(X_1 \leq t)$ absolutstetig ist, d.h., wenn es eine Funktion $f^+ : R_+ \to R_+$ gibt, so daß $F^+(t) = \int_0^t f^+(u)\,du$ für jedes ≥ 0 gilt. Aus (10.3) ergibt sich in diesem Fall

$$A(t,\omega) \;=\; \int_0^t \mathbf{1}_{\{u':u'\leq X_1(\omega)\}}(u) \frac{f^+(u)}{1 - F^+(u)}\,du\;.$$

Weil der Prozeß $\{S(t); t \geq 0\}$ mit

$$S(t,\omega) \;=\; \mathbf{1}_{\{u:u\leq X_1(\omega)\}}(t) \frac{f^+(t)}{1 - F^+(t)}$$

$\{\mathcal{F}_t^N\}$-vorhersagbar ist, ist also $\{S(t); t \geq 0\}$ eine Version der stochastischen $\{\mathcal{F}_t^N\}$-Intensität von $\{N^+(t); t \geq 0\}$.

Beispiel 10.3.4 Es sei $\Phi \sim \{X_n\}$ ein gewöhnlicher rekurrenter Punktprozeß. Wenn die Verteilungsfunktion $\{F(t); t \geq 0\}$ mit $F(t) = \mathbf{P}(X_{n+1} - X_n < t)$ absolutstetig ist, d.h., wenn es eine Funktion $f : R_+ \to R_+$ mit $F(t) = \int_0^t f(u)\,du$ für $t \geq 0$ gibt, dann besitzt der Zählprozeß $\{N^+(t); t \geq 0\}$ eine stochastische $\{\mathcal{F}_t^N\}$-Intensität. Aus (10.12) und (10.13) ergibt sich, daß die Realisierungen einer Version $\{S(t); t \geq 0\}$ dieser $\{\mathcal{F}_t^N\}$-Intensität durch

$$S(t,\omega) \;=\; \frac{f(t - X_{n-1}(\omega))}{1 - F(t - X_{n-1}(\omega))} \tag{10.21}$$

für $X_{n-1}(\omega) \leq t \leq X_n(\omega)$ gegeben sind; $n > 1, \omega \in \Omega$.

Ähnlich zu der in Satz 6.1.2 enthaltenen lokalen Charakterisierung der Intensität λ eines stationären Punktprozesses läßt sich auch für die in (10.13) definierte stochastische Intensität eines Zählprozesses eine *lokale Charakterisierung* angeben.

Satz 10.3.5 *Die Realisierungen der stochastischen $\{\mathcal{F}_t\}$-Intensität $\{S(t); t \geq 0\}$ von $\{N^+(t); t \geq 0\}$ seien gleichmäßig beschränkte, rechtsseitig stetige Funktionen. Dann gilt für jedes $s \geq 0$*

$$\lim_{t \downarrow s} \frac{1}{t - s} \mathbf{E}(\Phi((s,t]) \mid \mathcal{F}_s) \;=\; S(s) \tag{10.22}$$

mit Wahrscheinlichkeit Eins.

Beweis Weil $\{N^+(t) - \int_0^t S(u)\,du;\ t \geq 0\}$ ein $\{\mathcal{F}_t\}$-Martingal ist, gilt

$$\frac{1}{t-s}\,\mathbf{E}(\Phi((s,t])\,|\,\mathcal{F}_s) \;=\; \frac{1}{t-s}\,\mathbf{E}\Big(\int_s^t S(u)\,du\,|\,\mathcal{F}_s\Big)$$

für $0 \leq s < t < \infty$. Es genügt also zu zeigen, daß

$$\lim_{t \downarrow s}\frac{1}{t-s}\,\mathbf{E}\Big(\int_s^t S(u)\,du\,|\,\mathcal{F}_s\Big) \;=\; S(s) \tag{10.23}$$

mit Wahrscheinlichkeit Eins. Weil die Realisierungen von $\{S(t);\ t \geq 0\}$ gleichmäßig beschränkte, rechtsseitig stetige Funktionen sind, gilt

$$\lim_{t \downarrow s}\frac{1}{t-s}\int_s^t S(u)\,du \;=\; S(s)\,,$$

und es gibt eine Konstante $c < \infty$, so daß

$$0 \;\leq\; \frac{1}{t-s}\int_s^t S(u)\,du \;<\; c$$

für $0 \leq s < t < \infty$. Mit Hilfe des Satzes von Lebesgue über die beschränkte Konvergenz bedingter Erwartungswerte (vgl. z.B. Loeve (1978), S. 14) ergibt sich hieraus, daß

$$\lim_{t \downarrow s}\mathbf{E}\Big(\frac{1}{t-s}\int_s^t S(u)\,du\,|\,\mathcal{F}_s\Big) \;=\; \mathbf{E}(S(s)\,|\,\mathcal{F}_s)$$

mit Wahrscheinlichkeit Eins. Wegen $\mathbf{E}(S(s)\,|\,\mathcal{F}_s) = S(s)$ ist damit die Gültigkeit von (10.23) bewiesen. $\Box$

Im Fall, daß die stochastische Intensität bezüglich der Vorgeschichte $\mathcal{F}_0$ meßbar ist, kann man ausgehend von der stochastischen Intensität auf die Gestalt des zugehörigen Zählprozesses schließen. Dies führt zu der folgenden globalen Charakterisierung einer solchen stochastischen Intensität als stochastische Intensität eines Cox-Prozeses (vgl. auch Beispiel 10.3.2).

Satz 10.3.6 *Es sei* $\{S(t);\ t \geq 0\}$ *eine stochastische* $\{\mathcal{F}_t\}$-*Intensität des Zählprozesses* $\{N^+(t);\ t \geq 0\}$, *und für jedes* $t \geq 0$ *sei* $S(t) : \Omega \to R_+$ *eine* $(\mathcal{F}_0, \mathcal{R}_+)$-*meßbare Abbildung. Dann ist* $\{N^+(t); t \geq 0\}$ *der Zählprozeß eines Cox-Prozesses,* *dessen zufälliges Intensitätsmaß* Λ *durch*

$$\Lambda(B,\omega) \;=\; \int_B S(t,\omega)\,dt\,, \qquad B \in \mathcal{R}_+, \tag{10.24}$$

gegeben ist.

Den **Beweis** dieses Satzes führen wir hier nicht aus, sondern verweisen auf Bremaud (1981), S. 25. Es sei lediglich vermerkt, daß sich aus Satz 10.3.6 ohne weiteres die folgende Charakterisierung Poissonscher Punktprozesse ergibt, die als eine Umkehrung des Satzes 10.1.3 aufgefaßt werden kann (vgl. auch Satz 10.5.7 und Folgerung 10.5.8).

Folgerung 10.3.7 *Es sei* $f : R_+ \to R_+$ *eine lokal integrierbare Funktion, so daß der Prozeß* $\{\tilde{N}(t); t \geq 0\}$ *mit* $\tilde{N}(t) = N^+(t) - \int_0^t f(u)\,du$ *ein* $\{\mathcal{F}_t\}$*-Martingal ist. Dann ist* $\{N^+(t); t \geq 0\}$ *ein Poisson-Prozeß, dessen Leitfunktion durch* $\alpha(t) = \int_0^t f(u)\,du$ *gegeben ist.*

10.4 Duale vorhersagbare Projektion. Anwendungen auf Bedienungsprozesse

Um die in den Abschnitten 10.1 bis 10.3 dargelegten Eigenschaften des Kompensators bzw. der stochastischen Intensität eines Zählprozesses bei Anwendungen nutzen zu können, ist es zweckmäßig, aus dem grundlegenden Satz 10.1.6 zunächst die folgende Formel (10.25) herzuleiten, wegen der der $\{\mathcal{F}_t\}$-Kompensator $\{A(t); t \geq 0\}$ eines Zählprozesses $\{N^+(t); t \geq 0\}$ auch *duale* $\{\mathcal{F}_t\}$*-vorhersagbare Projektion* von $\{N^+(t); t \geq 0\}$ genannt wird.

Satz 10.4.1 *Für jeden nichtnegativen* $\{\mathcal{F}_t\}$*-vorhersagbaren Prozeß* $\{Z(t); t \geq 0\}$ *gilt*

$$\mathbf{E}\int_0^\infty Z(u)\,dN^+(u) \;=\; \mathbf{E}\int_0^\infty Z(u)\,dA(u)\,. \tag{10.25}$$

Beweis Aus der in Satz 10.1.6 formulierten Martingaleigenschaft ergibt sich, daß

$$\mathbf{E}\{(N^+(t) - A(t))\,1_E\} \;=\; \mathbf{E}\{(N^+(s) - A(s))\,1_E\}$$

für $0 \leq s < t < \infty$ und $E \in \mathcal{F}_s$ gilt. D.h., es gilt

$$\mathbf{E}\int_s^t 1_E\,dN^+(u) \;=\; \mathbf{E}\int_s^t 1_E\,dA(u)$$

bzw.

$$\int_\Omega \int_0^\infty \mathbf{1}_{(s,t)\times E}(u,\omega)\, d_u N^+(u,\omega)\, \mathbf{P}(d\omega) \;=\; \int_\Omega \int_0^\infty \mathbf{1}_{(s,t)\times E}(u,\omega)\, d_u A(u,\omega)\, \mathbf{P}(d\omega)\,.$$

Weil die $\{\mathcal{F}_t\}$-vorhersagbare σ-Algebra $\mathcal{R}_{\{\mathcal{F}_t\}}$ durch die Mengenfamilie $\{(s,t]\times E;\, 0\le s<t<\infty,\, E\in\mathcal{F}_s\}$ erzeugt wird, folgt hieraus die Gültigkeit dieser Gleichung für die Indikatorfunktion jeder beliebigen $\mathcal{R}_{\{\mathcal{F}_t\}}$-meßbaren Teilmenge von $R_+\times\Omega$. Somit gilt auch

$$\int_\Omega \int_0^\infty Z(u,\omega)\, d_u N^+(u,\omega)\, \mathbf{P}(d\omega) \;=\; \int_\Omega \int_0^\infty Z(u,\omega)\, d_u A(u,\omega)\, \mathbf{P}(d\omega)$$

für jede $\mathcal{R}_{\{\mathcal{F}_t\}}$-meßbare Funktion $Z:R_+\times\Omega\to R_+$. $\square$

Für stationäre PMP (vgl. Abschnitte 9.1 und 9.3) führt der Satz 10.4.1 zu dem folgenden Ergebnis.

Satz 10.4.2 *Es sei* $[\{Z(t)\},\Psi_Z]$ *ein stationärer PMP mit dem Zustandsraum* $[J,\mathcal{J}]$, *so daß* $\{Z(t);\, t\ge 0\}$ *ein* $\{\mathcal{F}_t\}$-*vorhersagbarer Prozeß ist und der eingebettete Punktprozeß* $\Phi\sim\{X_n\}$ *die stochastische* $\{\mathcal{F}_t\}$-*Intensität* $\{S(t);\, t\ge 0\}$ *besitzt;* $0<\lambda<\infty$. *Dann gilt für jede stetige beschränkte Funktion* $f:J\to R_+$

$$\frac{1}{\lambda}\,\mathbf{E}\!\left[f(Z(0))\,S(0)\right] \;=\; \int_J f(y)\,\hat{D}(dy)\,, \tag{10.26}$$

wobei $\hat{D}(L)=D(L\times J)$ *und* D *die Palmsche Markenverteilung von* Ψ_Z *ist.*

Beweis Wird der Satz 10.4.1 auf den Zählprozeß $\{N^+(t);\, t\ge 0\}$ des eingebetteten Punktprozesses Φ und auf den $\{\mathcal{F}_t\}$-vorhersagbaren Prozeß $\{\tilde{Z}(t);\, t\ge 0\}$ mit $\tilde{Z}(t)=\mathbf{1}_{[0,1]}(t)\,f(Z(t))$ angewendet, dann ergibt sich

$$\int_J f(y)\,\hat{D}(dy) = \frac{1}{\lambda}\,\mathbf{E}\int_0^1 f(Z(u))\,dN^+(u)$$

$$= \frac{1}{\lambda}\,\mathbf{E}\int_0^\infty \tilde{Z}(u)\,dN^+(u) = \frac{1}{\lambda}\,\mathbf{E}\int_0^\infty \tilde{Z}(u)\,dA(u)$$

$$= \frac{1}{\lambda}\,\mathbf{E}\int_0^1 f(Z(u))\,S(u)\,du = \frac{1}{\lambda}\,\mathbf{E}\!\left[f(Z(0))\,S(0)\right]. \;\square$$

Die Formel (10.26) wurde in Bremaud (1989) und Melamed/Whitt (1990b) als verallgemeinerte Version der in Abschnitt 9.5 betrachteten Eigenschaften EPSTA bzw. PASTA gedeutet. Gilt nämlich $S(t) \equiv \lambda$, dann ist $\{N^+(t); t \geq 0\}$ ein Poissonscher Zählprozeß (vgl. Folgerung 10.3.7), und aus (10.26) folgt, daß

$$\mathbf{E}\, f(Z(0)) \;=\; \int_J f(y)\, \hat{D}(dy)$$

für jede stetige beschränkte Funktion $f : J \to R_+$ gilt, was gleichbedeutend mit (9.37) ist. Darüber hinaus läßt sich mit Hilfe von (10.26) ein Kriterium (neben dem in Folgerung 9.5.5 angegebenen) für die Gültigkeit der Eigenschaft EPSTA herleiten.

Folgerung 10.4.3 *Der PMP* $[\{Z(t)\}, \Psi_Z]$ *hat unter den Bedingungen des Satzes 10.4.2 genau dann die Eigenschaft EPSTA (d.h., es gilt (9.37)), wenn*

$$\mathbf{E}[S(0)\,|\,Z(0)] \;=\; \mathbf{E}S(0)\,. \tag{10.27}$$

Beweis Die Behauptung ergibt sich aus (10.26), wenn dabei beachtet wird, daß $\lambda = \mathbf{E}S(0)$ und

$$\begin{aligned}
\mathbf{E}[f(Z(0))\,S(0)] \;&=\; \mathbf{E}\big(\mathbf{E}[f(Z(0))\,S(0)\,|\,Z(0)]\big) \\
&=\; \mathbf{E}\big(f(Z(0))\,\mathbf{E}[S(0)\,|\,Z(0)]\big)\,. \;\square
\end{aligned}$$

Wenn die Prozesse $\{Z(t)\}$ und $\{S(t)\}$ unabhängig sind, dann ist die Bedingung (10.27) offensichtlich erfüllt, ungeachtet dessen, ob der eingebettete Punktprozeß Φ ein Poisson-Prozeß ist oder nicht. Schwieriger ist es jedoch, ein Beispiel eines PMP zu finden, der den Bedingungen des Satzes 10.4.2 genügt, so daß Φ nicht Poissonsch ist, die Prozesse $\{Z(t)\}$ und $\{S(t)\}$ nicht unabhängig sind und trotzdem (10.27) gilt (vgl. Bremaud (1989), König/Schmidt (1990)). Das hängt damit zusammen, daß sich unter einer gewissen zusätzlichen Voraussetzung an den PMP $[\{Z(t)\}, \Psi_Z]$ bereits aus (10.27) ergibt, daß Φ notwendigerweise Poissonsch sein muß (vgl. Melamed/Whitt (1990b)). Aussagen dieser Art werden in der Literatur die Eigenschaft *ANTI-PASTA* genannt.

Andererseits ergibt sich aus (10.26) die folgende bedingte Version der Eigenschaft EPSTA. Dabei bezeichne $P_{Z,S}$ die Palmsche Verteilung des stationären markierten Punktprozesses $\Psi_{(Z,S)} \sim \{[X_n, (Z(X_n), S(X_n))]\}$ bezüglich sämtlicher eingebetteten Punkte X_n.

Folgerung 10.4.4 *Der PMP* $[\{Z(t)\}, \Psi_Z]$ *genüge den Bedingungen des Satzes 10.4.2, wobei die Zufallsgröße $S(0)$ diskret sei, d.h., es gelte $\mathbf{P}(S(0) \in \{\lambda_0, \lambda_1, \ldots\})$ $= 1$ für eine gewisse abzählbare Menge $\{\lambda_0, \lambda_1, \ldots\} \subset R_+$. Für jedes $\lambda_k > 0$ mit $\mathbf{P}(S(0) = \lambda_k) > 0$ gilt dann*

$$\mathbf{P}(Z(0) \in B \,|\, S(0) = \lambda_k) \;=\; P_{Z,S}(Z(0) \in B \,|\, S(0) = \lambda_k) \tag{10.28}$$

für jedes $B \in \mathcal{J}$.

Beweis Mit Hilfe eines Grenzüberganges ergibt sich, daß (10.26) unter den Bedingungen des Satzes 10.4.2 für jede beschränkte $(\mathcal{J}, \mathcal{R}_+)$-meßbare (nicht notwendig stetige) Funktion $f : J \to R_+$ gilt. Wird nun der Satz 10.4.2 auf den Prozeß $\{\tilde{Z}(t)\}$ mit $\tilde{Z}(t) = (Z(t), S(t))$ angewendet, so folgt aus (10.26)

$$\frac{\lambda_k}{\lambda}\, \mathbf{P}(Z(0) \in B,\, S(0) = \lambda_k)\ =\ P_{Z,S}(Z(0) \in B,\, S(0) = \lambda_k)$$

für jedes $B \in \mathcal{J}$, $k \in G_0$, wenn in (10.26) die Funktion $f(z,s) = \mathbf{1}_B(z)\mathbf{1}_{\{\lambda_k\}}(s)$ eingesetzt wird. Hieraus ergibt sich die Behauptung. $\square$

Die in Folgerung 10.4.4 formulierte Aussage wird *bedingte Eigenschaft EPSTA* genannt. Für den Fall, daß der eingebettete Punktprozeß ein Cox-Prozeß ist (vgl. auch Beispiel 10.4.5) wurde sie in Regterschot/van Doorn (1988) hergeleitet und dann in König/Schmidt/van Doorn (1989) bzw. in König/Schmidt (1989, 1990) verallgemeinert.

Beispiel 10.4.5 (*Coxscher Eingangsstrom*) Wir betrachten ein Bedienungssystem mit einem Bedienungsgerät und mit einem stationären, schwach unabhängig markierten Eingangsstrom $\Psi \sim \{[X_n, M_n]\}$. Der Punktprozeß $\Phi \sim \{X_n\}$ der Ankunftszeitpunkte sei ein Cox-Prozeß, dessen zufälliges Intensitätsmaß Λ durch (10.17) gegeben ist, wobei vorausgesetzt wird, daß die Trajektorien des Prozesses $\{S(t);\ t \in R\}$ linksseitig stetige Funktionen sind und daß die Verteilung der Zufallsgrößen $S(t)$ auf einer abzählbaren Teilmenge $\{\lambda_k;\ k \in G_0\}$ der nichtnegativen Halbachse R_+ konzentriert ist. Dabei wird die in Beispiel 10.3.2 betrachtete Darstellung des Cox-Prozesses $\Phi \sim \{X_n\}$ dahingehend modifiziert, daß nicht nur der Prozeß $\{S(t);\ t \in R\}$, sondern auch die Folge $\{M_n;\ n \in G\}$ der Marken über dem Wahrscheinlichkeitsraum $[\tilde{\Omega}, \tilde{\mathcal{F}}, \tilde{\mathbf{P}}]$ gegeben sei. Es wird nun die intrinsikale Geschichte $\{\mathcal{F}_t\}$ des Zählprozesses von Φ mit der in (10.20) gegebenen „Vorgeschichte" $\mathcal{F}_0$ betrachtet. Für den linksseitig stetigen und somit (vgl. Lemma 10.1.4) $\{\mathcal{F}_t\}$-vorhersagbaren, durch (9.9) gegebenen stationären Prozeß $\{V(t);\ t \in R\}$ der Anzahl von Forderungen im System gilt dann gemäß Folgerung 10.4.4 $(n \in G, t \in R)$

$$\mathbf{P}_{V,S}(V(X_n) = j \mid S(X_n) = \lambda_k)\ =\ \mathbf{P}(V(t) = j \mid S(t) = \lambda_k)\,, \qquad (10.28')$$

wobei $\mathbf{P}_{V,S}$ die Palmsche Verteilung des stationären markierten Punktprozesses $\Psi_{(V,S)} \sim \{[X_n, (V(X_n), S(X_n))]\}$ bezüglich sämtlicher Ankunftszeitpunkte X_n bezeichnet $(j \in G_0, \lambda_k > 0)$.

Analoge Formeln ergeben sich aus Folgerung 10.4.4 auch für den durch (9.7) und (9.8) gegebenen Prozeß der im System anstehenden Arbeit bzw. für die in Beispiel 9.2.1 betrachteten Bedienungsprozesse in einem System mit unendlich vielen Bedienungsgeräten und mit einem Coxschen Eingangsstrom.

Die Gültigkeit einer solchen bedingten Version der Eigenschaft EPSTA führt in bestimmten Fällen, bei gleichzeitiger Anwendung des in Abschnitt 9.3 dargelegten

Intensitätserhaltungsprinzips, zu Bestimmungsgleichungen für die gesuchten stationären Zustandswahrscheinlichkeiten des jeweils betrachteten Bedienungsprozesses. Wir wollen dies anhand des durch (9.7) und (9.8) gegebenen stationären Prozesses $\{W(t); t \in R\}$ der anstehenden Arbeit in einem System mit einem Bedienungsgerät und mit einem stationären, unabhängig markierten Coxschen Eingangsstrom verdeutlichen (vgl. auch Aufgabe 9.7.7). Hierfür setzen wir zusätzlich voraus, daß $\{S(t); t \in R\}$ eine stationäre Markowsche Kette mit stetiger Zeit ist, die abwechselnd die Werte λ_0 und λ_1 annimmt $(0 < \lambda_0, \lambda_1 < \infty)$. Mit q_0, q_1 bezeichnen wir die *Übergangsintensitäten*

$$q_0 = \lim_{x \downarrow 0} \mathbf{P}(S(t+x) = \lambda_1 \mid S(t) = \lambda_0),$$

$$q_1 = \lim_{x \downarrow 0} \mathbf{P}(S(t+x) = \lambda_0 \mid S(t) = \lambda_1).$$

Es sei vermerkt, daß in diesem Fall die Folge $\{[X_n, S(X_n)]\}$ auch als semimarkowscher markierter Punktprozeß aufgefaßt werden kann (vgl. Abschnitt 8.4).

Genauso wie (10.28') läßt sich mit Hilfe der Folgerung 10.4.4 zeigen, daß für $u > 0$ und $k = 0, 1$

$$\mathbf{P}_{W,S}(W(X_n) < u \mid S(X_n) = \lambda_k) = \mathbf{P}(W(t) < u \mid S(t) = \lambda_k) \qquad (10.28'')$$

gilt. Dabei sei erwähnt, daß sich (10.28'') unter den oben gemachten zusätzlichen Voraussetzungen an den Intensitätsprozeß $\{S(t); t \in R\}$ auch aus Satz 9.5.4 herleiten läßt. Denn für die bedingte Intensität λ_L in (9.42) gilt in diesem Fall $\lambda_L = \lambda_k$, wenn $Z(t) = (W(t), S(t))$ und $L = [0, u) \times \{\lambda_k\}$ gesetzt wird.

Wenn nun der Satz 9.3.2 auf den zufälligen Prozeß $\{Z(t); t \in R\}$ mit $Z(t) = (W(t), S(t))$ angewendet wird und die Ankunftszeitpunkte X_n als Basispunkte aufgefaßt werden, dann ergibt sich, ähnlich wie bei der Herleitung der verallgemeinerten Takacs-Formel (9.27) in Abschnitt 9.4, für $L = [0, u) \times \{\lambda_0\}$ die Beziehung

$$\mathbf{A}_Q([0, u) \times \{\lambda_0\})$$

$$= \lim_{x \downarrow 0} \frac{1}{x} \big[e^{-xq_0} Q([0, u+x) \times \{\lambda_0\}) +$$

$$+ (1 - e^{-xq_1}) Q([0, u+x) \times \{\lambda_1\}) - Q([0, u) \times \{\lambda_0\}) \big]$$

$$= \frac{d}{du} Q([0, u) \times \{\lambda_0\}) - q_0 Q([0, u) \times \{\lambda_0\}) + q_1 Q([0, u) \times \{\lambda_1\}).$$

Weil

$$\mathbf{P}(S(t) = \lambda_0) = \frac{q_1}{q_0 + q_1}, \qquad \mathbf{P}(S(t) = \lambda_1) = \frac{q_0}{q_0 + q_1}$$

und

$$\mathbf{P}(W(t) < u \mid S(t) = \lambda_k) = \frac{Q([0, u) \times \{\lambda_k\})}{\mathbf{P}(S(t) = \lambda_k)}$$

gilt, folgt mit den Bezeichnungen $Q_k(u) = \mathbf{P}(W(t) < u \mid S(t) = \lambda_k)$ und $Q'_k(u) = \frac{d}{du} Q_k(u)$, daß

$$\mathbf{A}_Q([0,u) \times \{\lambda_0\}) \;=\; \frac{q_1}{q_0 + q_1} Q'_0(u) - \frac{q_0 q_1}{q_0 + q_1} Q_0(u) + \frac{q_0 q_1}{q_0 + q_1} Q_1(u).$$

Weil

$$\mathbf{P}_{W,S}(S(X_n) = \lambda_0) \;=\; \frac{\lambda_0 q_1}{\lambda_0 q_1 + \lambda_1 q_0}, \qquad \mathbf{P}_{W,S}(S(X_n) = \lambda_1) \;=\; \frac{\lambda_1 q_0}{\lambda_0 q_1 + \lambda_1 q_0}$$

und $\lambda = (\lambda_0 q_1 + \lambda_1 q_0)(q_0 + q_1)^{-1}$ gilt, ergibt sich andererseits für $L = [0,u) \times \{\lambda_0\}$ unter Berücksichtigung von (10.28"), daß

$$\begin{aligned}
\lambda(L \times \bar{L}) \\
= \;&\lambda\, \mathbf{P}_{W,S}(S(X_n) = \lambda_0)\, \mathbf{P}_{W,S}(W(X_n) < u,\, W(X_n) + M_n \geq u \mid S(X_n) = \lambda_0) \\
= \;&\frac{\lambda_0 q_1}{q_0 + q_1} \int_0^u (1 - D^{(M)}(u - w))\, Q_0(dw),
\end{aligned}$$

wobei $D^{(M)}(u) = \mathbf{P}(M_n < u)$. Wegen $\lambda(\bar{L} \times L) = 0$ ergeben sich somit aus (9.18) die Integro-Differentialgleichungen

$$\begin{aligned}
Q'_0(u) - q_0 Q_0(u) + q_0 Q_1(u) &= \lambda_0 \int_0^u (1 - D^{(M)}(u - w))\, Q_0(dw), \\
& \hspace{6cm} (10.29) \\
Q'_1(u) - q_1 Q_1(u) + q_1 Q_0(u) &= \lambda_1 \int_0^u (1 - D^{(M)}(u - w))\, Q_1(dw).
\end{aligned}$$

Dieses System von Integro-Differentialgleichungen läßt sich vereinfachen, wenn zu den Laplace-Transformierten übergegangen wird. Denn es gilt für $s > 0$

$$\int_0^\infty e^{-su} Q'_k(u)\, du + Q_k(0+0) \;=\; s \int_0^\infty e^{-su} Q_k(u)\, du$$

und

$$\begin{aligned}
\int_0^\infty e^{-su} \int_0^u (1 - D^{(M)}(u - w))\, Q_k(dw)\, du \\
= \int_0^\infty e^{-su} Q_k(u)\, du \left(1 - s \int_0^\infty e^{-su} D^{(M)}(u)\, du\right).
\end{aligned}$$

Mit den Bezeichnungen $Q_k^*(s) = \int\limits_0^\infty e^{-su}\, Q_k(u)\, du$ und $D^*(s) = \int\limits_0^\infty e^{-su}\, D^{(M)}(u)\, du$
geht somit das Gleichungssystem (10.29) über in

$$
\begin{aligned}
Q_0^*(s)\big[s - q_0 - \lambda_0(1 - sD^*(s))\big] + q_0 Q_1^*(s) &= Q_0(0+0)\,, \\
Q_1^*(s)\big[s - q_1 - \lambda_1(1 - sD^*(s))\big] + q_1 Q_0^*(s) &= Q_1(0+0)\,,
\end{aligned}
\qquad (10.29')
$$

wobei die bedingten Leerwahrscheinlichkeiten $Q_0(0+0)$ und $Q_1(0+0)$ wie folgt
miteinander verknüpft sind: Es gilt (vgl. Satz 9.4.1)

$$
\frac{q_1}{q_0 + q_1}\, Q_0(0+0) + \frac{q_0}{q_0 + q_1}\, Q_1(0+0) \;=\; \mathbf{P}(W(t) = 0) \;=\; 1 - \kappa
$$

mit $\kappa = \lambda \int\limits_0^\infty (1 - D^{(M)}(u))\, du$ und $\lambda = (\lambda_0 q_1 + \lambda_1 q_0)(q_0 + q_1)^{-1}$.

Beispiel 10.4.6 (*Exponentiell verteilte Bedienungszeiten*) Es sei nun $\tilde{\Phi}^c \sim \{\tilde{X}_n^c\}$
der Punktprozeß der Abgangszeitpunkte in einem Bedienungssystem mit einem
Bedienungsgerät, das erst zum Zeitpunkt $t = 0$ seine Arbeit aufnimmt (vgl. Abschnitt 9.6). Wir setzen voraus, daß der (nicht notwendig stationäre) Eingangsstrom $\Psi \sim \{[X_n^a, M_n]\}$ unabhängig markiert ist und daß die Bedienungszeiten
M_n exponentiell verteilt sind mit dem Parameter μ. Den Zählprozeß von $\tilde{\Phi}^c$
fassen wir als zufälligen Prozeß über dem kanonischen Wahrscheinlichkeitsraum
$[N_{R_+}, \mathcal{N}_{R_+}, P]$ des markierten Eingangsstromes Ψ auf. Und wir betrachten die
folgende Geschichte $\{\mathcal{F}_t\}$ dieses Zählprozesses mit $\mathcal{F}_t = \bigcap\limits_{s>t} (\mathcal{N}_{R_+})_{-\infty}^s$. Dann ist
der zugehörige Kompensator $\{A(t);\ t \geq 0\}$ durch

$$
dA(t, \psi) \;=\; S(t, \psi)\, dt \;=\; \mu\, \mathbf{1}_{(0,\infty)}(\tilde{V}(t, \psi))\, dt \qquad (10.30)
$$

gegeben, wobei $\tilde{V}(t)$ die Anzahl der Forderungen im System zum Zeitpunkt t
bezeichnet. Um sich dies zu verdeutlichen, genügt es zu beachten, daß für den in
(10.30) gegebenen stochastischen Prozeß $\{A(t);\ t \geq 0\}$

$$
\mathbf{E} \int\limits_s^t \mathbf{1}_E\, \tilde{\Psi}^c(du) \;=\; \mathbf{E} \int\limits_s^t \mathbf{1}_E\, dA(u)
$$

für alle $0 \leq s < t < \infty$ und $E \in \mathcal{F}_s$ gilt (vgl. den Beweis des Satzes 10.4.1).
Mit Hilfe der Formel (10.30) läßt sich zeigen, daß der Erwartungswert der Anzahl
von Abgangszeitpunkten im Intervall $(0, t]$, zu denen $j - 1$ Forderungen im System
verbleiben, gleich der Bedienungsintensität ist, multipliziert mit dem Erwartungswert der Summe der Längen derjenigen Teilintervalle in $(0, t]$, während derer sich

j Forderungen im System befinden. Aus Satz 10.4.1 ergibt sich nämlich, daß für jedes $t \geq 0$ und für $j \in G_+$

$$\mathbf{E} \sum_{n=1}^{\tilde{\Phi}^c((0,t])} \mathbf{1}_{\{j-1\}} (\tilde{V}(\tilde{X}_n^c + 0)) \;=\; \mu\,\mathbf{E} \int_0^t \mathbf{1}_{\{j\}} (\tilde{V}(u))\,du$$

$$=\; \mu \int_0^t P(\tilde{V}(u) = j)\,du$$

gilt. Um dies zu zeigen, genügt es, den linksseitig stetigen und somit $\{\mathcal{F}_t\}$-vorhersagbaren Prozeß $\{Z(u);\, u \geq 0\}$ mit

$$Z(u) \;=\; \begin{cases} \mathbf{1}_{\{j\}} (\tilde{V}(u)) & \text{für } u \leq t\,, \\[2mm] 0 & \text{für } u > t \end{cases}$$

zu betrachten und ihn sowie die Darstellungsformel (10.30) in (10.25) einzusetzen. Dabei ergibt sich, daß

$$\mathbf{E} \sum_{n=1}^{\tilde{\Phi}^c((0,t])} \mathbf{1}_{\{j-1\}} (\tilde{V}(\tilde{X}_n^c + 0)) \;=\; \mathbf{E} \sum_{n=1}^{\tilde{\Phi}^c((0,t])} \mathbf{1}_{\{j\}} (\tilde{V}(\tilde{X}_n^c))$$

$$=\; \mathbf{E} \int_0^\infty Z(u)\,\tilde{\Phi}^c(du) \;=\; \mathbf{E} \int_0^\infty Z(u)\,dA(u)$$

$$=\; \mu\,\mathbf{E} \int_0^t \mathbf{1}_{\{j\}} (\tilde{V}(u))\,du \;=\; \mu \int_0^t P(\tilde{V}(u) = j)\,du\,.$$

Für den durch (9.9) gegebenen stationären Prozeß $\{V(t);\, t \in R\}$ der Anzahl von Forderungen im System führen die gleichen Überlegungen zu der Beziehung ($n \in G,\, t \in R$)

$$P_V^c(V(X_n^c) = j) \;=\; \frac{\mu}{\lambda}\,P(V(t) = j) \tag{10.31}$$

für $j \in G_+$, wobei P_V^c die Palmsche Verteilung des stationären markierten Punktprozesses $\Psi_{(V)}^c \sim \{[X_n^c, V(X_n^c)]\}$ bezeichnet, die bezüglich sämtlicher Abgangszeitpunkte $X_n^c = X_n^a + W(X_n^a) + M_n$ gebildet wird.

Es sei vermerkt, daß sich (10.31) auch als unmittelbare Konsequenz von (9.42) ergibt, denn für den im vorliegenden Beispiel betrachteten Fall exponentiell verteilter Bedienungszeiten hat die in (9.42) enthaltene bedingte Intensität die Gestalt

$$\lim_{x \downarrow 0} \frac{1}{x} P(X_1^c < x \mid V(0) = j) \;=\; \mu$$

für $j \in G_+$ (vgl. auch Aufgabe 10.6.4).

Beispiel 10.4.7 (Fortsetzung: *Poisson-Output*) Für das bereits in Beispiel 10.4.6 untersuchte Bedienungssystem mit einem Bedienungsgerät setzen wir jetzt zusätzlich voraus, daß der Punktprozeß $\Phi^a \sim \{X_n^a\}$ der Ankunftszeitpunkte ein stationärer Poisson-Prozeß mit der Intensität λ ist; $\lambda < \mu$. Es ist wohlbekannt, daß dann der stationäre Punktprozeß $\Phi^c \sim \{X_n^c\}$ der Abgangszeitpunkte ebenfalls Poissonsch ist. Ebenso wie es verschiedene Möglichkeiten der Charakterisierung von Poisson-Prozessen gibt, wurde in der Literatur eine Reihe unterschiedlicher Methoden zum Beweis dieses Ergebnisses benutzt. So wurde beispielsweise in Franken/König/Arndt/Schmidt (1981), Abschnitt 6.6 gezeigt, daß die reduzierte Palmsche Verteilung von Φ^c mit der (zeit-)stationären Verteilung dieses Punktprozesses übereinstimmt. Hieraus folgt (vgl. Folgerung 10.5.6), daß Φ^c ein Poisson-Prozeß ist.

Wir wollen nun auf eine Beweismethode eingehen, bei der von der in Folgerung 10.3.7 gegebenen Charakterisierung des Poisson-Prozesses Gebrauch gemacht wird. Außerdem wird der Fakt benutzt, daß für $j \in G_+$

$$P(V(t) = j \mid \mathcal{F}_t^{N^c}) \;=\; P(V(t) = j) \tag{10.32}$$

für jedes $t \geq 0$ gilt, wobei $\{\mathcal{F}_t^{N^c}; t \geq 0\}$ die innere Geschichte des Zählprozesses $\{N^c(t); t \geq 0\}$ von Φ^c bezeichnet; $N^c(t) = \Phi^c([0,t])$.

Aus dem stationären Analogon von (10.30) und aus (10.32) ergibt sich nämlich, daß durch

$$\mathbf{E}(\mu\, \mathbf{1}_{(0,\infty)}(V(t)) \mid \mathcal{F}_t^{N^c}) \;=\; \mu \sum_{j=1}^{\infty} \mathbf{E}(\mathbf{1}_{\{j\}}(V(t)) \mid \mathcal{F}_t^{N^c})$$

$$=\; \mu \sum_{j=1}^{\infty} P(V(t) = j \mid \mathcal{F}_t^{N^c}) \;=\; \mu \sum_{j=1}^{\infty} P(V(t) = j)$$

$$=\; \mu\, P(V(t) > 0) \;=\; \mu\, \frac{\lambda}{\mu} \;=\; \lambda$$

die stochastische $\{\mathcal{F}_t^{N^c}\}$-Intensität von $\{N^c(t); t \geq 0\}$ gegeben ist. Die stochastische $\{\mathcal{F}_t^{N^c}\}$-Intensität von $\{N^c(t); t \geq 0\}$, die bezüglich der (gröbsten) inneren Geschichte dieses Zählprozesses gebildet wird, ist also konstant. Gemäß Folgerung 10.3.7 ist Φ^c somit ein Poisson-Prozeß mit der Intensität λ.

Im Gegensatz hierzu hängt die $\{\mathcal{F}_t\}$-Intensität von $\{N^c(t); t \geq 0\}$, die bezüglich der (feineren) Geschichte $\{\mathcal{F}_t; t \geq 0\}$ mit $\mathcal{F}_t = \bigcap_{s>t}(\mathcal{N}_{\mathcal{R}_+})^s_{-\infty}$ gebildet wird und die durch das stationäre Analogon von (10.30) gegeben ist, von der jeweiligen Realisierung ψ des markierten Eingangsstromes ab. Unmittelbar aus (10.30) kann mittels Folgerung 10.3.7 also nicht darauf geschlossen werden, daß Φ^c Poissonsch ist.

Der **Beweis** von (10.32) ist nicht elementar und soll hier nur kurz skizziert werden. Bezüglich weiterer Details verweisen wir auf Bremaud (1981). Um zum Nachweis von (10.32) einen allgemeinen Darstellungssatz für Punktprozeß-Martingale nutzen zu können, wird für jedes $j \in G_+$ der zufällige Prozeß $\{Z_j(t);\, t \geq 0\}$ mit $Z_j(t) = \mathbf{1}_{\{j\}}(V(t))$ wie folgt dargestellt. Und zwar kann man sich leicht davon überzeugen, daß der Prozeß $\{M_j(t);\, t \geq 0\}$ mit

$$M_j(t) \;=\; Z_j(t) - Z_j(0) + \int\limits_0^t \left[(Z_{j-1}(s) - Z_j(s))\,\lambda + (Z_{j+1}(s) - Z_j(s))\,\mu \right] ds$$

ein $\{\mathcal{F}_t\}$-Martingal ist, wobei $\{\mathcal{F}_t;\, t \geq 0\}$ die in Beispiel 10.4.6 betrachtete Geschichte von $\{N^c(t);\, t \geq 0\}$ ist. Hieraus folgt, daß der Prozeß $\{\tilde{M}_j(t);\, t \geq 0\}$ mit

$$
\begin{aligned}
\tilde{M}_j(t) \;=\;& P(V(t) = j \mid \mathcal{F}_t^{N^c}) - P(V(0) = j) + \\
&+ \int\limits_0^t \left[(P(V(s) = j - 1 \mid \mathcal{F}_s^{N^c}) - P(V(s) = j \mid \mathcal{F}_s^{N^c}))\,\lambda + \right. \qquad (10.33) \\
&\qquad \left. + (P(V(s) = j + 1 \mid \mathcal{F}_s^{N^c}) - P(V(s) = j \mid \mathcal{F}_s^{N^c}))\,\mu \right] ds
\end{aligned}
$$

ein $\{\mathcal{F}_t^{N^c}\}$-Martingal ist. Mit Hilfe eines allgemeinen Darstellungssatzes für Martingale, die bezüglich einer Familie von σ-Algebren gebildet werden, die durch den Zählprozeß eines Punktprozesses erzeugt werden, ergibt sich andererseits eine weitere Möglichkeit, die $\{\mathcal{F}_t^{N^c}\}$-Martingale $\{\tilde{M}_j(t);\, t \geq 0\}$ für $j \in G_+$ durch die bedingten Wahrscheinlichkeiten $\{P(V(t) = j \mid \mathcal{F}_t^{N^c});\, t \geq 0,\, j \in G_+\}$ auszudrücken. Und zwar gilt (vgl. Bremaud (1981), Formel (2.16) in Kapitel 4)

$$
\begin{aligned}
\tilde{M}_j(t) \;=\;& \int\limits_0^t \left[\frac{P(V(s - 0) = j + 1 \mid \mathcal{F}_{s-0}^{N^c})}{\sum\limits_{k=1}^{\infty} P(V(s - 0) = k \mid \mathcal{F}_{s-0}^{N^c})} - P(V(s - 0) = j \mid \mathcal{F}_{s-0}^{N^c}) \right] \times \\
& \qquad\qquad\qquad (10.34) \\
& \times \left[dN^c(s) - \mu \sum\limits_{k=1}^{\infty} P(V(s - 0) = k \mid \mathcal{F}_{s-0}^{N^c})\, ds \right]
\end{aligned}
$$

für $t \geq 0,\, j \in G_+$.

Die Formeln (10.33) und (10.34) führen zu einem eindeutig lösbaren Gleichungssystem bezüglich der Funktionen $\{P(V(t) = j \mid \mathcal{F}_t^{N^c})(\psi);\, t \geq 0\},\, j \in G_0$, als Unbekannte ($\psi \in N_{R_+}$). Dabei läßt sich zeigen, daß durch den Ansatz (10.32) eine Lösung dieses Gleichungssystems gegeben ist (vgl. Bremaud (1981), Formel (1.15) in Kapitel 5).

10.5 Weitere bedingte Charakteristiken von Punktprozessen. Gibbs-Prozesse

Die Betrachtungsweise Vergangenheit/Zukunft, die in den Abschnitten 10.1 bis 10.4 bei der Untersuchung von Punktprozessen mit Martingalmethoden benutzt wurde und die zur Beschreibung von Punktprozessen durch bedingte Charakteristiken führt, unter der Bedingung, daß das Verhalten des Punktprozesses in Intervallen der Gestalt $(0, t]$ bzw. $(-\infty, t]$ gegeben ist, ist in starkem Maße an die lineare Ordnungsstruktur der reellen Achse R gebunden. Das im folgenden dargelegte Prinzip, zwischen Innen und Außen in bezug auf eine beliebige beschränkte Borel-Menge $B \in \mathcal{R}_0$ zu unterscheiden, ist deshalb nicht weniger interessant, insbesondere im Hinblick auf Verallgemeinerungsmöglichkeiten für Punktprozesse in komplizierteren Räumen.

Dabei wird der Punktprozeß Φ in kanonischer Darstellung $[N, \mathcal{N}, P]$ durch die bedingten Wahrscheinlichkeiten $\{P(A \mid \mathcal{N}_{\bar{B}}); A \in \mathcal{N}\}$ beschrieben, wobei $\mathcal{N}_{\bar{B}}$ die Teil-σ-Algebra von $\mathcal{N}$ ist, die durch die Mengenfamilie

$$\mathcal{N}_{\bar{B},e} \;=\; \{\{\varphi : \varphi \in N, \varphi(B') = j\};\, B' \in \mathcal{R} \cap \bar{B},\, j \in G_+\}$$

erzeugt wird; $B \in \mathcal{R}_0$. Es gilt also

$$P(A \cap A') \;=\; \int\limits_{A'} P(A \mid \mathcal{N}_{\bar{B}})(\varphi)\, P(d\varphi) \qquad\qquad (10.35)$$

für $A \in \mathcal{N}$, $A' \in \mathcal{N}_{\bar{B}}$.

Weil sich N so metrisieren läßt, daß N ein polnischer Raum und $\mathcal{N}$ die σ-Algebra seiner Borel-Mengen ist (vgl. Abschnitt 6.2), gibt es für jede Verteilung P auf $\mathcal{N}$ und für jedes $B \in \mathcal{R}_0$ eine reguläre Version der Radon-Nikodym-Dichten $\{P(A \mid \mathcal{N}_{\bar{B}}); A \in \mathcal{N}\}$ (vgl. Lemma 3.3.2 bzw. Parthasarathy (1967), S. 146).

Es sei $\{P_{B,\varphi}; \varphi \in N\}$, wobei $P_{B,\varphi}(A) = P(A \mid \mathcal{N}_{\bar{B}})(\varphi)$ für P-fast alle $\varphi \in N$ gilt, eine reguläre Version von $\{P(A \mid \mathcal{N}_{\bar{B}}); A \in \mathcal{N}\}$. Für $A \in \mathcal{N}$ und $\varphi \in N$ wird dann $P_{B,\varphi}(A)$ als bedingte Wahrscheinlichkeit dafür gedeutet, daß eine solche Punktekonfiguration φ' vorliegt, so daß $\varphi' = \varphi'_B + \varphi'_{\bar{B}} \in A$ gilt, unter der Bedingung, daß außerhalb der Menge B die Konfiguration $\varphi'_{\bar{B}} = \varphi_{\bar{B}}$ gegeben ist; $\varphi_B(B') = \varphi(B' \cap B)$. Weil die Abbildung $P_B(A) : \varphi \to P_{B,\varphi}(A)$ von N in das Intervall $[0, 1]$ definitionsgemäß $(\mathcal{N}_{\bar{B}}, \mathcal{R} \cap [0, 1])$-meßbar ist, hängt $P_{B,\varphi}(A)$ nicht von φ_B ab, und wir können ohne Einschränkung der Allgemeinheit annehmen, daß $\varphi(B) = 0$ gilt.

Für jedes $B \in \mathcal{R}_0$ wird die Familie von bedingten Verteilungen $\{P_{B,\varphi}; \varphi \in N, \varphi(B) = 0\}$ *lokale Spezifikation* von Φ bzw. $[N, \mathcal{N}, P]$ genannt. Unmittelbar aus (10.35) ergibt sich die sogenannte *DLR-Gleichung*

$$P(A) \;=\; \int\limits_{N} P_{B,\varphi_B}(A)\, P(d\varphi), \qquad A \in \mathcal{N}, \qquad\qquad (10.36)$$

(DLR = Dobruschin/Lanford/Ruelle). Dabei wird manchmal nicht von einem Punktprozeß Φ, sondern von einer vorgegebenen Familie von Verteilungen $\{P_{B,\varphi};\ \varphi \in N,\ \varphi(B) = 0\}$ ausgegangen. Jeder Punktprozeß Φ, dessen Verteilung P der Gleichung (10.36) genügt, wird dann *Gibbs-Prozeß* bezüglich der lokalen Spezifikation $\{P_{B,\varphi};\ \varphi \in N,\ \varphi(B) = 0\}$ genannt.

Im vorliegenden Abschnitt wollen wir nun kurz auf Bedingungen eingehen, die zu einer konstruktiven Beschreibung der bedingten Verteilungen $\{P_{B,\varphi};\ \varphi \in N,\ \varphi(B) = 0\}$ führen; $B \in \mathcal{R}_0$. Hierfür setzen wir zunächst voraus, daß die folgende *Bedingung* (Σ') erfüllt ist: Für jedes $B \in \mathcal{R}_0$ sei $C^!_B$ absolutstetig bezüglich P, d.h., es gelte für $A \in \mathcal{N}$

$$C^!_B(A) \;=\; 0\,, \qquad \text{falls } P(A) = 0\,, \tag{10.37}$$

wobei $C^!_B$ das durch $C^!_B(A) = C^!(A \times B)$ auf $\mathcal{N}$ gegebene Maß und $C^!$ das reduzierte Campbellsche Maß von Φ, d.h. $[N, \mathcal{N}, P]$, ist (vgl. (3.15)).

Ähnliche Überlegungen wie in Beispiel 10.3.2 ergeben, daß jeder Cox-Prozeß die Eigenschaft (Σ') hat (vgl. Aufgabe 10.6.5). Die Radon-Nikodym-Dichten $\{dC^!_B/dP;\ B \in \mathcal{R}_0\}$ lassen sich wie folgt wählen.

Satz 10.5.1 *Für jeden Punktprozeß $\Phi \sim [N, \mathcal{N}, P]$ mit der Eigenschaft (Σ') gibt es eine $(\mathcal{N}, \mathcal{N}')$-meßbare Abbildung $\eta^{(P)} : N \to N'$, die jedem Zählmaß $\varphi \in N$ das lokalendliche Maß $\eta^{(P,\varphi)} \in N'$ zuordnet, so daß für jedes $B \in \mathcal{R}_0$ die Funktion $\eta^{(P,B)} : N \to R_+$ mit $\eta^{(P,B)}(\varphi) = \eta^{(P,\varphi)}(B)$ eine Version der Radon-Nikodym-Dichte $dC^!_B/dP$ ist.*

Beweis Die Behauptung folgt unmittelbar aus der in Lemma 3.3.2 angegebenen Darstellungsformel für Maße, die auf einer Produkt-σ-Algebra definiert sind. $\square$

$\{\eta^{(P,B)};\ B \in \mathcal{R}_0\}$ ist also nichts anderes als eine reguläre Version der Dichten $\{dC^!_B/dP;\ B \in \mathcal{R}_0\}$. Dabei sei vermerkt, daß in der Literatur jede Abbildung $\eta^{(P)} : N \to N'$ mit den in Satz 10.5.1 genannten Eigenschaften *Papangelou-Kern* von Φ genannt wird.

Für jedes $B \in \mathcal{R}_0$ lassen sich die bedingten Verteilungen $\{P_{B,\varphi};\ \varphi \in N,\ \varphi(B) = 0\}$ wie folgt durch den für P-fast jedes $\varphi \in N$ eindeutig bestimmten Papangelou-Kern $\eta^{(P)}$ von Φ ausdrücken. Hierfür wird für jedes $B \in \mathcal{R}_0$ und für jedes $\varphi \in N$ durch die folgende Vorschrift das Maß $\eta^{(P,B)}_\varphi$ auf $\mathcal{N}$ definiert: Es gelte

$$\eta^{(P,B)}_\varphi(\varphi' : \varphi'_{\bar B} \neq \varphi_{\bar B}) = 0\,, \qquad \eta^{(P,B)}_\varphi(\varphi' : \varphi'(B) = 0) = 1 \tag{10.38}$$

und

$$j!\,\eta^{(P,B)}_\varphi(\varphi' : \varphi' \in A, \varphi'(B) = j)$$
$$= \int\limits_{B^j} 1_A\Big(\sum_{k=1}^{j} \delta_{x_k} + \varphi_{\bar B}\Big)\,\eta^{(P,\varphi_{\bar B})}_j(d(x_1,\dots,x_j)) \tag{10.39}$$

für $j \in G_+$, wobei $\eta_j^{(P,\varphi)}$ für jedes $\varphi \in N$ das durch

$$\eta_j^{(P,\varphi)}(d(x_1,\ldots,x_j))$$

$$= \eta^{(P,\varphi)}(dx_1)\,\eta^{(P,\varphi+\delta_{x_1})}(dx_2)\cdots\eta^{\left(P,\varphi+\sum\limits_{k=1}^{j-1}\delta_{x_k}\right)}(dx_j) \qquad (10.40)$$

gegebene Maß auf $\mathcal{R}^j$ bezeichnet.

Satz 10.5.2 *Für jeden Punktprozeß* Φ *bzw.* $[N,\mathcal{N},P]$ *mit der Eigenschaft* (Σ') *und für jedes* $B \in \mathcal{R}_0$ *gilt*

$$P(\varphi: 0 < \eta_\varphi^{(P,B)}(N) < \infty) = 1 \qquad (10.41)$$

und für P-fast jedes $\varphi \in N$

$$P_{B,\varphi_B}(A) = \frac{\eta_{\varphi_B}^{(P,B)}(A)}{\eta_{\varphi_B}^{(P,B)}(N)}; \qquad A \in \mathcal{N}. \qquad (10.42)$$

Den **Beweis** dieses Satzes führen wir hier nicht aus, sondern verweisen auf Kerstan/Matthes/Mecke (1982), Satz 9.1.10. Es sei jedoch vermerkt, daß sich die Formel (10.42) in einem gewissen Sinne umkehren läßt und somit aus (10.42) die folgende Deutung der in (10.40) definierten Maße $\eta_j^{(P,\varphi)}$ (und damit auch eine Deutung des durch (10.38) und (10.39) definierten Maßes $\eta_\varphi^{(P,B)}$) ergibt.

Folgerung 10.5.3 *Für jedes* $B \in \mathcal{R}_0$ *und für jede Folge* $B_1,\ldots,B_j$ *paarweise disjunkter, beschränkter Borel-Mengen aus* $\mathcal{R}_0$ *mit* $B_1,\ldots,B_j \subseteq B$ *gilt für P-fast jedes* $\varphi \in N$ *mit* $\varphi(B) = 0$

$$\eta_j^{(P,\varphi)}(B_1 \times \cdots \times B_j) = \frac{P_{B,\varphi}(\varphi': \varphi'(B_1) = \cdots = \varphi'(B_j) = 1,\ \varphi'(B) = j)}{P_{B,\varphi}(\varphi': \varphi'(B) = 0)}. \qquad (10.43)$$

Beweis Aus (10.42) und (10.39) ergibt sich für $A = \{\varphi': \varphi'(B_1) = \cdots = \varphi'(B_j) = 1,\ \varphi'(B) = j\}$

$$P_{B,\varphi}(A) = \frac{1}{\eta_\varphi^{(P,B)}(N)}\,\eta_\varphi^{(P,B)}(A)$$

$$= \frac{1}{j!\,\eta_\varphi^{(P,B)}(N)} \int_{B^j} \mathbf{1}_A(\delta_{x_1} + \cdots + \delta_{x_j} + \varphi)\,\eta_j^{(P,\varphi)}(d(x_1,\ldots,x_j))$$

$$= \frac{1}{j!\,\eta_\varphi^{(P,B)}(N)} \sum_{(B_{k_1},\ldots,B_{k_j})} \eta_j^{(P,\varphi)}(B_{k_1} \times \cdots \times B_{k_j}),$$

wobei sich die Summation $\sum\limits_{(B_{k_1},\dots,B_{k_j})}$ über alle Permutationen der Folge $B_1,\dots,B_j$ erstreckt. Weil für $j \in \{2,3,\dots\}$ das durch (10.40) gegebene Maß $\eta_j^{(P,\varphi)}$ für P-fast jedes $\varphi \in N$ in dem Sinne symmetrisch ist, daß

$$\eta_j^{(P,\varphi)}(B_{k_1} \times \cdots \times B_{k_j}) \;=\; \eta_j^{(P,\varphi)}(B_1 \times \cdots \times B_j) \qquad (10.44)$$

für jede Permutation $(B_{k_1},\dots,B_{k_j})$ gilt (vgl. Kerstan/Matthes/Mecke (1982), Satz 9.1.8), ergibt sich hieraus die Beziehung

$$P_{B,\varphi}(\varphi' : \varphi'(B_1) = \cdots = \varphi'(B_j) = 1, \varphi'(B) = j) \;=\; \frac{\eta_j^{(P,\varphi)}(B_1 \times \cdots \times B_j)}{\eta_\varphi^{(P,B)}(N)} \, .$$

Wenn nun $A = \{\varphi' : \varphi'(B) = 0\}$ in (10.42) eingesetzt und dabei (10.38) berücksichtigt wird, ergibt dies die Behauptung. $\square$

In Verschärfung der in (10.37) definierten Bedingung (Σ') setzen wir nun voraus, daß die Bedingung

$$C^! \;\ll\; P \times \eta \qquad (10.45)$$

erfüllt ist, d.h., daß das reduzierte Campbellsche Maß $C^!$ absolutstetig bezüglich $P \times \eta$ ist, wobei $\eta \in N'$ ein beliebiges, jedoch fest vorgegebenes lokalendliches Maß ist. Wir sagen, der Punktprozeß Φ genügt der *Bedingung* (Σ'_η), wenn (10.45) gilt.

Satz 10.5.4 *Der Punktprozeß Φ mit der Verteilung P sei stationär; $0 < \lambda < \infty$. In diesem Fall hat Φ genau dann die Eigenschaft (Σ'_ν), wenn $P^! \ll P$ gilt, d.h., wenn die durch (4.17) definierte reduzierte Palmsche Verteilung $P^!$ von Φ absolutstetig bezüglich P ist. Die Dichte $dC^!/d(P \times \nu)$ ist durch*

$$\frac{dC^!}{d(P \times \nu)}\,(\varphi,x) \;=\; \lambda\,\frac{dP^!}{dP}(\mathbf{T}_x\varphi) \qquad (10.46)$$

gegeben.

Beweis Es gelte $P^! \ll P$. Aus (3.23) ergibt sich dann unter Berücksichtigung von (4.5) und (4.18), daß

$$C^!(A \times B) \;=\; \lambda \int\limits_B P^!(\mathbf{T}_x A)\,\nu(dx)$$

$$=\; \lambda \int\limits_B \int\limits_{\mathbf{T}_x A} \frac{dP^!}{dP}(\varphi)\,P(d\varphi)\,\nu(dx) \;=\; \lambda \int\limits_B \int\limits_A \frac{dP^!}{dP}(\mathbf{T}_x\varphi)\,P(d\varphi)\,\nu(dx)$$

für $A \in \mathcal{N}$, $B \in \mathcal{R}$. Somit hat Φ die Eigenschaft (Σ'_ν), und (10.46) gilt. Auf die gleiche Weise ergibt sich $P^! \ll P$ aus $C^! \ll P \times \nu$. $\square$

Aus Satz 10.5.4 und aus Folgerung 5.3.4 erhalten wir insbesondere, daß jeder stationäre gemischte Poisson-Prozeß die Eigenschaft (Σ'_ν) hat (vgl. auch Aufgabe 10.6.6).

Es sei Φ ein Punktprozeß mit der Eigenschaft (Σ'_η). Mit f bezeichnen wir die Radon-Nikodym-Dichte $f = dC^!/d(P \times \eta)$. Dann gilt

$$
\begin{aligned}
C^!(A \times B) &= \int_B \int_A f(\varphi, x)\, P(d\varphi)\, \eta(dx) \\
&= \int_A \int_B f(\varphi, x)\, \eta(dx)\, P(d\varphi),
\end{aligned}
$$

d.h. insbesondere, daß der Papangelou-Kern $\eta^{(P)}$ von Φ durch

$$
\eta^{(P,\varphi)}(B) \;=\; \int_B f(\varphi, x)\, \eta(dx), \qquad B \in \mathcal{R}_0, \tag{10.47}
$$

für P-fast alle $\varphi \in N$ gegeben ist. Die Beziehung (10.40) nimmt also die Form

$$
\begin{aligned}
&\eta_j^{(P,\varphi)}(d(x_1, \ldots, x_j)) \\
&= \; f(\varphi, x_1)\, f(\varphi + \delta_{x_1}, x_2) \cdots f\Big(\varphi + \sum_{k=1}^{j-1} \delta_{x_k}, x_j\Big)\, \eta(dx_1) \cdots \eta(dx_j)
\end{aligned}
$$

an, und (10.39) geht über in

$$
\begin{aligned}
&\eta_\varphi^{(P,B)}(\varphi' : \varphi' \in A,\ \varphi'(B) = j) \\
&= \int_{B^j} \mathbf{1}_A\Big(\sum_{k=1}^{j} \delta_{x_k} + \varphi_{\bar B}\Big)\, f(\varphi_{\bar B}, x_1)\, f(\varphi_{\bar B} + \delta_{x_1}, x_2) \cdots \tag{10.48} \\
&\qquad\qquad \cdots f\Big(\varphi_{\bar B} + \sum_{k=1}^{j-1} \delta_{x_k}, x_j\Big) \frac{1}{j!}\, \eta(dx_1) \cdots \eta(dx_j).
\end{aligned}
$$

Unter Berücksichtigung des Satzes 10.5.2 ergibt sich somit folgende Darstellungsformel für die bedingten Wahrscheinlichkeiten $P_{B,\varphi_B}(A)$.

Satz 10.5.5 *Für jeden Punktprozeß Φ mit der Eigenschaft (Σ'_η), für jedes $B \in \mathcal{R}_0$ und für jedes $A \in \mathcal{N}$ gilt*

$$
P_{B,\varphi_B}(A) \;=\; \frac{1}{Z(B,\varphi)} \int_N \mathbf{1}_A(\varphi'_B + \varphi_B) \exp(-\tilde{e}(\varphi_{\bar B}, \varphi'_B))\, P_\eta(d\varphi') \tag{10.49}
$$

für P-fast alle $\varphi \in N$, wobei $(Z(B,\varphi))^{-1}$ ein Normierungsfaktor mit $Z(B,\varphi) = \exp(-\eta(B))\eta_{\varphi_B}^{(P,B)}(N)$ ist und P_η die Verteilung eines Poissonschen Punktprozesses, des sogenannten Gewichtsprozesses, mit dem Intensitätsmaß η bezeichnet. Die Funktion $\tilde{e} : N \times N_f \to (-\infty, \infty]$ mit $N_f = \{\varphi : \varphi \in N, \varphi(R) < \infty\}$, die bedingte Energie genannt wird, ist durch

$$\tilde{e}(\varphi, \sum_{k=1}^{j} \delta_{x_k}) \;=\; e(\varphi, x_1) + e(\varphi + \delta_{x_1}, x_2) + \cdots + e(\varphi + \sum_{k=1}^{j-1} \delta_{x_k}, x_j) \quad (10.50)$$

gegeben, wobei

$$e(\varphi, x) \;=\; -\ln\left(\frac{dC!}{d(P \times \eta)}\right)(\varphi, x) \qquad \text{für } x \in R, \varphi \in N \qquad (10.51)$$

gilt und die Funktion $e : N \times R \to (-\infty, \infty]$ lokale Energie genannt wird.

Beweis Es gelte (Σ'_η). Wegen (10.38) und (10.42) genügt es, die Formel (10.49) für Mengen $A \in \mathcal{N}$ der Form $A \in \mathcal{N} \cap \{\varphi' : \varphi' \in N, \varphi'_{\bar{B}} = \varphi_{\bar{B}}\}$ zu beweisen. Dann ergibt sich aus (10.42) und (10.48)

$$
\begin{aligned}
P_{B,\varphi_B}(A) \;=\;& \frac{1}{\eta_{\varphi_B}^{(P,B)}(N)} \sum_{j=0}^{\infty} \eta_{\varphi_B}^{(P,B)}(A \cap \{\varphi' : \varphi'(B) = j\}) \\[2mm]
=\;& \frac{1}{Z(B,\varphi)}\Big(\mathbf{1}_A(\varphi_{\bar{B}}) \exp(-\eta(B)) + \\[2mm]
& + \sum_{j=1}^{\infty} \int_{B^j} \mathbf{1}_A(\sum_{k=1}^{j} \delta_{x_k} + \varphi_{\bar{B}}) \, f(\varphi_{\bar{B}}, x_1) \, f(\varphi_{\bar{B}} + \delta_{x_1}, x_2) \cdots \\[2mm]
& \cdots f(\varphi_{\bar{B}} + \sum_{k=1}^{j-1} \delta_{x_k}, x_j) \exp(-\eta(B)) \frac{1}{j!} \, \eta(dx_1) \cdots \eta(dx_j)\Big) \\[2mm]
=\;& \frac{1}{Z(B,\varphi)}\Big(\mathbf{1}_A(\varphi_{\bar{B}}) \exp(-\eta(B)) + \sum_{j=1}^{\infty} \int_{B^j} \mathbf{1}_A(\sum_{k=1}^{j} \delta_{x_k} + \varphi_{\bar{B}}) \times \\[2mm]
& \times \exp(-\tilde{e}(\varphi_{\bar{B}}, \sum_{k=1}^{j} \delta_{x_k})) \exp(-\eta(B)) \frac{1}{j!} \, \eta(dx_1) \cdots \eta(dx_j)\Big) \\[2mm]
=\;& \frac{1}{Z(B,\varphi)} \sum_{j=0}^{\infty} \int_{\{\varphi'' : \varphi''(B) = j\}} \mathbf{1}_A(\varphi'_B + \varphi_{\bar{B}}) \exp(-\tilde{e}(\varphi_{\bar{B}}, \varphi'_B)) \, P_\eta(d\varphi') \\[2mm]
=\;& \frac{1}{Z(B,\varphi)} \int_N \mathbf{1}_A(\varphi'_B + \varphi_{\bar{B}}) \exp(-\tilde{e}(\varphi_{\bar{B}}, \varphi'_B)) \, P_\eta(d\varphi') \, . \quad \square
\end{aligned}
$$

Durch Umkehrung der im Beweis des Satzes 10.5.5 benutzten Überlegungen kann man darüber hinaus zeigen, daß auch umgekehrt die Eigenschaft (Σ'_η) vorliegt, wenn es eine Funktion $f : N \times R \to R_+$ mit der Symmetrieeigenschaft

$$f(\varphi, x_1)\, f(\varphi + \delta_{x_1}, x_2) \;=\; f(\varphi, x_2)\, f(\varphi + \delta_{x_2}, x_1) \qquad (10.52)$$

für $\varphi \in N$, $x_1, x_2 \in R$ gibt, so daß sich die bedingten Wahrscheinlichkeiten $P_{B,\varphi_B}(A)$ in der Form (10.49) bis (10.50) darstellen lassen, wobei $e(\varphi, x) = -\ln f(\varphi, x)$. Ein für Anwendungen besonders relevanter Fall liegt vor, wenn die lokale Energie $e : N \times R \to (-\infty, \infty]$ in (10.51) wie folgt gegeben ist. Es gelte

$$e(\varphi, x) \;=\; a \;+\; \sum_{\{u : \varphi(\{u\}) > 0\}} \varphi(\{u\})\, I(|x - u|)$$

für $\varphi \in N$, $x \in R$, wobei die Funktion $I : R_+ \to (-\infty, \infty]$ *Paarpotential* und die Konstante $a \in R$ *chemische Aktivität* genannt wird. In diesem Fall besitzt die Funktion $f : N \times R \to R_+$ mit $f(\varphi, x) = \exp(-e(\varphi, x))$ offenbar die Symmetrieeigenschaft (10.52) (vgl. auch Aufgabe 10.6.7). Außerdem ergibt sich aus Satz 10.5.5 die folgende Charakterisierung von Poisson-Prozessen.

Folgerung 10.5.6 (Satz von Sliwnjak) *Es sei Φ ein Punktprozeß mit dem lokalendlichen Intensitätsmaß α. Falls*

$$P_x^! \;=\; P \qquad \text{für } \alpha\text{-fast jedes } x \in R \qquad (10.53)$$

gilt, dann ist Φ ein Poissonscher Punktprozeß.

Beweis Wir setzen (10.53) in (3.23) ein und erkennen, daß Φ die Eigenschaft (Σ'_α) besitzt, wobei $dC^!/d(P \times \alpha) = 1$ gilt. Aus (10.50) und (10.51) ergibt sich somit, daß $\tilde{e} \equiv 0$. Folglich nimmt (10.49) die Form

$$P_{B,\varphi_B}(A) \;=\; \frac{1}{Z(B,\varphi)} \int_N 1_A(\varphi'_B + \varphi_{\bar{B}})\, P_\alpha(d\varphi') \qquad (10.54)$$

an. Außerdem erkennen wir, daß $Z(B,\varphi) = 1$ gelten muß, wenn wir in (10.54) die Menge $A = N$ einsetzen. Es gilt also

$$P_{B,\varphi_B}(A) \;=\; P_\alpha(\varphi' : \varphi'_B + \varphi_{\bar{B}} \in A)$$

für jedes $B \in \mathcal{R}_0$. Hieraus und aus (10.36) folgt, daß die zufälligen Anzahlen $\Phi(B_1), \ldots, \Phi(B_n)$ für jede endliche Folge $B_1, \ldots, B_n$ beliebiger beschränkter, paarweise disjunkter Borel-Mengen aus $\mathcal{R}_0$ unabhängig und poissonverteilt mit den Parametern $\alpha(B_1), \alpha(B_2), \ldots, \alpha(B_n)$ sind. $\square$

Wie in Satz 3.3.5 gezeigt wurde, läßt sich die Aussage der Folgerung 10.5.6 umkehren, d.h., Φ ist genau dann ein Poissonscher Punktprozeß, wenn (10.53) gilt.

Die Folgerung 10.5.6 kann außerdem dazu benutzt werden, in einem wichtigen Spezialfall die in Satz 10.3.6 gegebene allgemeine Charakterisierung von Cox-Prozessen zu beweisen, ohne dabei Martingalmethoden zu verwenden. Hierfür setzen wir voraus, daß der in Satz 10.3.6 betrachtete Wahrscheinlichkeitsraum $[\Omega, \mathcal{F}, \mathbf{P}]$ die Gestalt $[\Omega, \mathcal{F}, \mathbf{P}] = [\tilde{\Omega} \times N, \tilde{\mathcal{F}} \otimes \mathcal{N}, \mathbf{P}]$ hat und daß die Geschichte $\{\mathcal{F}_t;\ t \geq 0\}$ durch $\mathcal{F}_t = \tilde{\mathcal{F}} \otimes \mathcal{N}_{(0,t]}$ gegeben ist, wobei $\mathcal{N}_{(0,t]} = \sigma(\{\varphi :\ \varphi \in N, \varphi((a,b]) = j\};\ 0 \leq a \leq b \leq t, j \in G_0)$. Dabei nehmen wir an, daß $\tilde{\Omega}$ ein polnischer Raum und $\tilde{\mathcal{F}}$ die σ-Algebra seiner Borel-Mengen ist. Durch Desintegration des auf der Produkt-σ-Algebra $\tilde{\mathcal{F}} \otimes \mathcal{N}$ gegebenen Maßes $\mathbf{P}$ erhalten wir dann eine für $\tilde{\mathbf{P}}$-fast jedes $\tilde{\omega} \in \tilde{\Omega}$ eindeutig bestimmte Familie $\{P_{\tilde{\omega}};\ \tilde{\omega} \in \tilde{\Omega}\}$ von Verteilungen auf $\mathcal{N}$, so daß $\mathbf{P}(d(\tilde{\omega}, \varphi)) = P_{\tilde{\omega}}(d\varphi)\, \tilde{\mathbf{P}}(d\tilde{\omega})$ gilt, wobei $\tilde{\mathbf{P}}$ die durch $\tilde{\mathbf{P}}(d\tilde{\omega}) = \mathbf{P}((d\tilde{\omega}) \times N)$ gegebene Randverteilung von $\mathbf{P}$ ist.

Es sei nun $\Phi : \Omega \to N$ mit $\Phi(\tilde{\omega}, \varphi) = \varphi$ ein zufälliger Punktprozeß über $[\Omega, \mathcal{F}, \mathbf{P}]$. Und es gebe eine stochastische $\{\mathcal{F}_t\}$-Intensität $\{S(t);\ t \geq 0\}$ des Zählprozesses $\{N^+(t);\ t \geq 0\}$ von Φ mit der Eigenschaft, daß $S(t) : \Omega \to R_+$ für jedes $t \geq 0$ eine $(\mathcal{F}_0, \mathcal{R}_+)$-meßbare Abbildung ist. Dann läßt sich die Einschränkung von Φ auf die nichtnegative Halbachse wie folgt als Cox-Prozeß darstellen.

Satz 10.5.7 *Unter den genannten Voraussetzungen ist $\{N^+(t);\ t \geq 0\}$ der Zählprozeß eines Cox-Prozesses, dessen zufälliges Intensitätsmaß Λ durch (10.24) gegeben ist.*

Beweis Weil vorausgesetzt wurde, daß $S(t) : \Omega \to R_+$ eine $(\mathcal{F}_0, \mathcal{R}_+)$-meßbare Abbildung ist, wobei $\mathcal{F}_0 = \tilde{\mathcal{F}} \otimes \{\emptyset, N\}$, gilt $S_{(\tilde{\omega},\varphi)}(t) = S_{\tilde{\omega}}(t)$, d.h., $S_{(\tilde{\omega},\varphi)}(t)$ hängt nicht von φ ab. Für das in (10.14) definierte Campbellsche Maß C von Φ ergibt sich also gemäß Satz 10.3.1, daß

$$C(\tilde{E} \times A \times (s,t]) = \int_{\tilde{E}} \int_N \varphi((s,t])\, \mathbf{1}_A(\varphi)\, P_{\tilde{\omega}}(d\varphi)\, \tilde{\mathbf{P}}(d\tilde{\omega})$$

$$= \int_{\tilde{E} \times A} \int_s^t S_\omega(u)\, du\, \mathbf{P}(d\omega) = \int_{\tilde{E}} P_{\tilde{\omega}}(A) \int_s^t S_{\tilde{\omega}}(u)\, du\, \tilde{\mathbf{P}}(d\tilde{\omega})$$

für beliebige $\tilde{E} \in \tilde{\mathcal{F}}$, $A \in \mathcal{N}_{(0,s]}$; $0 \leq s < t < \infty$. Folglich gilt für $\tilde{\mathbf{P}}$-fast jedes $\tilde{\omega} \in \tilde{\Omega}$

$$\int_N \varphi((s,t])\, \mathbf{1}_A(\varphi)\, P_{\tilde{\omega}}(d\varphi) = P_{\tilde{\omega}}(A) \int_s^t S_{\tilde{\omega}}(u)\, du \qquad (10.55)$$

für beliebige $A \in \mathcal{N}_{(0,s]}$. Aus (10.55) folgt insbesondere, daß das Intensitätsmaß $\alpha_{\tilde{\omega}}^{+}$ der Einschränkung $\Phi_{\tilde{\omega}}^{+}$ von $\Phi_{\tilde{\omega}}$ bzw. $[N, \mathcal{N}, P_{\tilde{\omega}}]$ auf die nichtnegative Halbachse durch

$$\alpha_{\tilde{\omega}}^{+}(B) \;=\; \int\limits_{B \cap R_{+}} S_{\tilde{\omega}}(u)\, du\,, \qquad B \in \mathcal{R},$$

gegeben ist. Weil außerdem für $A \in \mathcal{N}_{(0,s]}$

$$C_{\tilde{\omega}}^{!}(A \times (s,t]) \;=\; \int\limits_{N} \sum_{x \in S_{\varphi}} \varphi(\{x\})\, \mathbf{1}_{(s,t]}(x)\, \mathbf{1}_{A}(\varphi - \delta_{x})\, P_{\tilde{\omega}}(d\varphi)$$

$$=\; \int\limits_{N} \varphi((s,t])\, \mathbf{1}_{A}(\varphi)\, P_{\tilde{\omega}}(d\varphi)$$

gilt, wobei $C_{\tilde{\omega}}^{!}$ das reduzierte Campbellsche Maß von $\Phi_{\tilde{\omega}}$ bezeichnet, und weil $s \geq 0$ eine beliebige Zahl ist, ergibt sich aus (3.23) und (10.55) die Gültigkeit von

$$(P_{\tilde{\omega}})_{x}^{!}(A) \;=\; P_{\tilde{\omega}}(A) \qquad \text{für jedes } A \in \mathcal{N}_{R_{+}}.$$

Mit Hilfe der Folgerung 10.5.6 erkennen wir also, daß $\Phi_{\tilde{\omega}}^{+}$ ein Poissonscher Punktprozeß mit dem Intensitätsmaß $\alpha_{\tilde{\omega}}^{+}$ ist. Hieraus folgt die Behauptung. $\square$

Eine unmittelbare Konsequenz des Satzes 10.5.7 ist das folgende Ergebnis (vgl. auch Folgerung 10.3.7).

Folgerung 10.5.8 *Es sei* $f : R_{+} \rightarrow R_{+}$ *eine lokal integrierbare Funktion, so daß der Prozeß* $\{\tilde{N}(t);\, t \geq 0\}$ *mit* $\tilde{N}(t) = N^{+}(t) - \int_{0}^{t} f(u)\, du$ *ein* $\{\mathcal{F}_{t}\}$-*Martingal bezüglich der intrinsikalen Geschichte* $\{\mathcal{F}_{t};\, t \geq 0\}$ *mit* $\mathcal{F}_{t} = \tilde{\mathcal{F}} \otimes \mathcal{N}_{(0,t]}$ *ist. Dann ist* $\{N^{+}(t);\, t \geq 0\}$ *ein Poisson-Prozeß, dessen Leitfunktion durch* $\alpha(t) = \int_{0}^{t} f(u)\, du$ *gegeben ist.*

10.6 Aufgaben

10.6.1. Unter welchen Bedingungen an die Vorgeschichte $\mathcal{F}_{0}$ ist der Kompensator eines Poisson-Prozesses bezüglich einer intrinsikalen Geschichte durch die Leitfunktion gegeben?

10.6.2. Es gelte $\mathcal{F}_{0} \subseteq \Phi^{-1}(\mathcal{N}_{-\infty}^{0})$. Wie vereinfacht sich die Darstellungsformel (10.11) für den intrinsikalen Kompensator, wenn der Punktprozeß Φ rekurrent, jedoch nicht notwendig gewöhnlich ist?

10.6.3. Es sei $\Phi \sim \{X_n\}$ ein gewöhnlicher rekurrenter Punktprozeß, so daß die Dichte f mit $f(t) = dF(t)/dt$ und $F(t) = P(X_n - X_{n-1} < t)$ existiert. Man zeige mittels der Folgerungen 10.2.5 und 10.3.7, daß Φ die Palmsche Version eines Poisson-Prozesses ist, falls $f(t)(1 - F(t))^{-1} = \text{const}$ gilt.

10.6.4. Man beweise (10.31) mit dem stationären Analogon von (10.30) und Satz 10.4.1 bzw. mit Hilfe von (9.42).

10.6.5. Man zeige, daß jeder Cox-Prozeß die Eigenschaft (Σ') hat.

10.6.6. (Fortsetzung). Außerdem zeige man, daß jeder stationäre Cox-Prozeß, dessen zufälliges Intensitätsmaß durch (5.14) gegeben ist, wobei $\eta = \nu$ und $\{Z(t); t \in R\}$ ein stationärer Prozeß ist, die Eigenschaft (Σ'_ν) hat.

10.6.7. Man weise nach, daß die Funktion $f : N \times R \to R_+$ mit $f(\varphi, x) = \exp(-e(\varphi, x))$, wobei die Funktion $e : N \times R \to (-\infty, \infty]$ so wie in Abschnitt 10.5 durch das Paarpotential I und die chemische Aktivität a gegeben ist, die Symmetrieeigenschaft (10.52) besitzt.

10.6.8. Man gebe ein Beispiel eines stationären Punktprozesses an, für den $P^! \ll P$ nicht gilt.

Kapitel 11

Punktprozesse im R^d und in polnischen Räumen

Ausgehend von der Vorstellung über einen zufälligen Punktprozeß auf der reellen Achse als eine Folge von zufällig in R verteilten Punkten, ist es zunächst naheliegend, sich einen zufälligen Punktprozeß im R^d als eine Folge von zufälligen d-dimensionalen Vektoren vorzustellen. Für $d = 2$ bzw. $d = 3$ führt dies insbesondere zu der Vorstellung von einer Folge zufällig in der Ebene bzw. im Raum verteilter Punkte. Der bereits für Punktprozesse auf der reellen Achse benutzte Zugang mittels zufälliger Zählmaße erweist sich jedoch auch hier in vielen Fällen als besser handhabbar. Außerdem wird gezeigt, in welchem Sinne ein zufälliger Punktprozeß im d-dimensionalen euklidischen Raum R^d als zufällige abgeschlossene Menge im R^d aufgefaßt werden kann.

In Abschnitt 11.2 werden zufällige Geraden- und Ebenenprozesse im R^2 bzw. R^3 sowie allgemein zufällige Hyperebenenprozesse im R^d als zufällige Punktprozesse in speziell gewählten Parameterräumen eingeführt. Sie dienen gleichzeitig als Beispiele für Punktprozesse in mehrdimensionalen Räumen.

Charakteristiken von Punktprozessen im R^d bzw. in einem polnischen Raum werden in Abschnitt 11.4 behandelt. Zum Teil wurden sie schon in den vorangegangenen Kapiteln betrachtet und sind dann jeweils eine natürliche Verallgemeinerung der entsprechenden Begriffe, die in den Kapiteln 2 und 3 für Punktprozesse auf der reellen Achse eingeführt wurden (vgl. auch Abschnitt 8.2.). Dies trifft insbesondere für die endlichdimensionalen Verteilungen, das Intensitätsmaß, für Campbellsche Maße und Palmsche Verteilungen zu. Darüber hinaus werden weitere Charakteristiken eingeführt (Nächster-Nachbar-Abstandsverteilungsfunktion, Kontaktverteilungsfunktion, Richtungsverteilung, Richtungsrose), die vor allem für Punktprozesse im R^d von Interesse sind.

In Abschnitt 11.5 wird gezeigt, wie sich spezielle Klassen von Punktprozessen in einem polnischen Raum (Poisson-, Gibbs-, Cox-, Cluster-Prozesse) als natürliche Verallgemeinerung der entsprechenden Klassen von Punktprozessen auf der reellen Achse ergeben.

11.1　Definition

Die in den vorhergehenden Kapiteln genutzte Möglichkeit, die Elemente der reellen Achse auf einfache Weise der Größe nach zu ordnen, geht bekanntlich beim Übergang zum d-dimensionalen euklidischen Raum R^d für $d > 1$ zunächst verloren. Die Darstellung eines zufälligen Punktprozesses im R^d als zufällige Punktfolge ist deshalb komplizierter als die in Abschnitt 2.2 für Punktprozesse auf der reellen Achse angegebene Darstellungsmöglichkeit. Dies spricht dafür, auch bei der Definition des zufälligen Punktprozesses im R^d vom Begriff des zufälligen Zählmaßes auszugehen. Diese Art der Definition ist von der Dimension d des zugrundeliegenden Raumes R^d weitgehend unabhängig, und es kann im Prinzip genauso wie in Abschnitt 2.1 vorgegangen werden. Ein weiterer Vorteil dieser Punktprozeß-Definition besteht darin, daß sie sich mühelos auf den Fall eines beliebigen vollständigen, separablen, metrischen, also polnischen, Grundraumes übertragen läßt (vgl. auch Abschnitt 8.2).

Es sei $\mathcal{R}^d$ die σ-Algebra der Borel-Mengen des R^d; $d \in G_+$. Zur Vereinfachung der Schreibweise bezeichnen wir wie im Fall $d = 1$ die Menge aller lokalendlichen Zählmaße φ auf $\mathcal{R}^d$ mit N (vgl. Abschnitt 2.1). Außerdem sei $\mathcal{N} = \sigma(\mathcal{N}_e)$ diejenige σ-Algebra von Teilmengen von N, die durch die Mengenfamilie

$$\mathcal{N}_e = \{\{\varphi : \varphi \in N,\ \varphi\Big(\underset{k=1}{\overset{d}{\times}}[a_k, b_k)\Big) = j\};\ -\infty < a_k < b_k < \infty;\ j \in G_0\} \quad (11.1)$$

erzeugt wird. Genauso wie in Satz 2.1.2 kann man zeigen, daß $\mathcal{N}$ sämtliche Teilmengen von N der Gestalt $\{\varphi : \varphi \in N, \varphi(B) = j\}$ für $j \in G_0$ und für beliebige Borel-Mengen $B \in \mathcal{R}^d$ umfaßt.

Unter einem *zufälligen Punktprozeß* Φ im R^d verstehen wir eine meßbare Abbildung $\Phi : \Omega \to N$ eines Wahrscheinlichkeitsraumes $[\Omega, \mathcal{F}, \mathbf{P}]$ in den meßbaren Raum $[N, \mathcal{N}]$. Ist $[\Omega, \mathcal{F}]$ identisch mit $[N, \mathcal{N}]$, ist also $\Phi(\varphi) = \varphi$, dann sprechen wir so wie bisher von der *kanonischen Darstellung* $\Phi : N \to N$ des Punktprozesses Φ, der dann die Gestalt des Wahrscheinlichkeitsraumes $[N, \mathcal{N}, P]$ besitzt. Völlig analog läßt sich der Begriff des zufälligen Punktprozesses in einem beliebigen *polnischen Raum* J definieren. In diesem Fall bezeichnen wir die Menge aller lokalendlichen Zählmaße auf J erneut mit N, wobei $\mathcal{J}$ die σ-Algebra der Borel-Mengen in J ist. $\mathcal{N} = \sigma(\mathcal{N}_e)$ ist die durch die Mengenfamilie

$$\mathcal{N}_e = \{\{\varphi : \varphi \in N, \varphi(B) = j\};\ B \in \mathcal{J}_0, j \in G_0\} \quad (11.2)$$

erzeugte σ-Algebra von Teilmengen von N, wobei $\mathcal{J}_0$ die Familie aller beschränkten Borel-Mengen in J bezeichnet.

Obwohl so wie in Satz 2.1.1 gezeigt werden kann, daß der Träger S_φ jedes Zählmaßes $\varphi \in N$ eine höchstens abzählbar unendliche Menge ist und daß für jede Borel-Menge $B \in \mathcal{J}$ die Formel

$$\varphi(B) \;=\; \sum_{x \in S_\varphi} \varphi(\{x\})\, \delta_x(B) \tag{11.3}$$

gilt, ist es im allgemeinen nicht möglich, eine so elementare meßbare Numerierung der Atome von φ wie in (2.5) anzugeben. Man kann jedoch zeigen, daß es für jedes $n \in G_+$ eine meßbare Abbildung $X_n^* : \varphi \to X_n^*(\varphi)$ von $[N, \mathcal{N}]$ in $[J_\infty, \mathcal{J}_\infty]$ gibt, so daß $\{X_n^*(\varphi);\, n \in G_+\} \cap J = S_\varphi$ für jedes $\varphi \in N$ gilt. Dabei ist $J_\infty = J \cup \{\infty\}$ und $\mathcal{J}_\infty$ die σ-Algebra der Borel-Mengen von J_∞. Dies bedeutet, daß man jeden einfachen Punktprozeß in einem beliebigen polnischen Raum formal auch als zufällige Punktfolge auffassen kann. Allerdings läßt eine solche Darstellung im allgemeinen keine inhaltliche Deutung zu (vgl. Abschnitt 11.3).

11.2 Punktprozesse der stochastischen Geometrie

Eine wichtige Rolle spielen Punktprozesse, deren Grundraum eine Teilmenge des R^d ist, zum Beispiel Punktprozesse auf der Einheitskugel im dreidimensionalen euklidischen Raum R^3. Ein weiteres Beispiel sind Punktprozesse auf dem unendlichen Zylinder im R^3 mit dem Radius Eins. Solche Punktprozesse werden zur Beschreibung von zufälligen Mustern benutzt, die eine spezielle geometrische Struktur aufweisen.

Zufälliger ebener Geradenprozeß. Durch eine Parametrisierung läßt sich die Menge aller gerichteten Geraden im R^2 mit der Menge $R \times [0, 2\pi)$ bzw. mit dem Zylinder

$$J \;=\; \{(p, \cos\beta, sin\beta) : p \in R, \beta \in [0, 2\pi)\} \tag{11.4}$$

im R^3 identifizieren. Hierfür genügt es zu beachten, daß eine gerichtete Gerade l im R^2 eindeutig durch den signierten senkrechten Abstand $p \in R$ vom Nullpunkt und durch den Winkel $\beta \in [0, 2\pi)$, den sie mit der x_1-Achse bildet, bestimmt wird. Dabei ist das Vorzeichen von p positiv, wenn der Nullpunkt links von l liegt, und sonst negativ. Die Gerade $l = (p(l), \beta(l))$ ist, ohne ihre Orientierung zu berücksichtigen, durch die Menge

$$\{x : x = (x_1, x_2) \in R^2, s_1(l)x_1 + s_2(l)x_2 + p = 0\} \tag{11.5}$$

gegeben, wobei $s(l) = (s_1(l), s_2(l)) = (\cos(\beta(l) + \frac{\pi}{2}), \sin(\beta(l) + \frac{\pi}{2}))$ die Normale der gerichteten Geraden l ist.

Unter Zuhilfenahme der Parametrisierung $l = (p(l), s(l))$ wird nun der Begriff des *zufälligen ebenen Geradenprozesses* als zufälliger Punktprozeß Φ in der durch (11.4) gegebenen Grundmenge J definiert. Dabei ist durch die Atome (p, s) jeder Realisierung φ des Punktprozesses Φ ein Geradenmuster mittels der Zuordnung $(p, s) \to l(p, s)$ gegeben.

Definitionsgemäß ist jede Realisierung φ von Φ ein lokalendliches Zählmaß auf J. Das ist gleichbedeutend damit, daß für beliebige $a, b \in R$ mit $a < b$ die Anzahl der Atome von φ, die in dem Streifen $[a, b) \times \{(s_1, s_2) : s_1^2 + s_2^2 = 1\}$ liegen, endlich ist. Dies wiederum bedeutet für das φ entsprechende Geradenmuster, daß jede beschränkte Teilmenge des R^2 jeweils nur von endlich vielen Geraden des Musters geschnitten wird. Somit überträgt sich die lokale Endlichkeit, die in der Definition des Punktprozesses gefordert wird, auf natürliche Weise auf den Geradenprozeß.

Zufälliger räumlicher Ebenenprozeß. Ähnlich wie die Menge aller gerichteten Geraden im R^2 läßt sich auch die Menge aller gerichteten Ebenen im dreidimensionalen euklidischen Raum R^3 parametrisieren. Hierfür betrachten wir die Menge

$$J \;=\; R \times S_2 \,, \tag{11.6}$$

wobei $S_2 = \{s : s \in R^3, |s| = 1\}$ die Oberfläche der Einheitskugel im R^3 bezeichnet. Jede gerichtete Ebene e im R^3 wird eindeutig durch ein Element $(p, s) \in J$ bestimmt, und umgekehrt gibt es für jedes $(p, s) \in J$ genau eine gerichtete Ebene $e = e(p, s)$, so daß $p \in R$ der signierte senkrechte Abstand der Ebene vom Nullpunkt und $s \in S_2$ die Normale der Ebene ist. Die Ebene $e = e(p, s)$ wird dann durch die Menge

$$\{x : x = (x_1, x_2, x_3) \in R^3, \sum_{j=1}^{3} s_j x_j + p = 0\} \tag{11.7}$$

repräsentiert. Insbesondere läßt sich die Menge aller gerichteten Ebenen, die einen festen Punkt $x \in R^3$ enthalten, durch die Einheitskugel S_2 parametrisieren.

Unter einem *zufälligen räumlichen Ebenenprozeß* verstehen wir einen zufälligen Punktprozeß Φ in der durch (11.6) gegebenen Grundmenge J. Einen zufälligen räumlichen Ebenenprozeß mit der Eigenschaft, daß mit Wahrscheinlichkeit Eins nur Muster von Ebenen entstehen, so daß jede der Ebenen einen fest vorgegebenen Punkt $x \in R^3$ enthält, können wir also als zufälligen Punktprozeß in S_2 auffassen.

Zufälliger Hyperebenenprozeß. Die bisher in diesem Abschnitt behandelten Beispiele sind Spezialfälle eines allgemeineren Modells. So versteht man unter einer Hyperebene des R^d eine Menge der Gestalt

$$\{x : x = (x_1, \ldots, x_d) \in R^d, \sum_{j=1}^{d} s_j x_j + p = 0\} \,,$$

wobei $p \in R$, $s = (s_1, \ldots, s_d) \in S_{d-1}$ und $S_{d-1} = \{s : s \in R^d, |s| = 1\}$ die Oberfläche der Einheitskugel im R^d bezeichnet; $|s| = \sqrt{s_1^2 + \cdots + s_d^2}$, $d \in G_+$. Durch (p, s) sind die Parameter der zugehörigen gerichteten Hyperebene gegeben.

Der Begriff des *zufälligen Hyperebenenprozesses* wird dann als zufälliger Punktprozeß Φ in der Grundmenge J mit

$$J = R \times S_{d-1} \tag{11.8}$$

definiert. Zufällige Geradenprozesse im R^2 und zufällige Ebenenprozesse im R^3 sind somit spezielle zufällige Hyperebenenprozesse mit $d = 2$ bzw. $d = 3$.

Auf ähnliche Weise läßt sich auch die Menge aller Geraden im R^3 bzw. allgemein die Menge aller r-dimensionalen linearen Mannigfaltigkeiten im R^d parametrisieren und der Begriff des zufälligen räumlichen Geradenprozesses bzw. des zufälligen Prozesses r-dimensionaler linearer Mannigfaltigkeiten mit Hilfe entsprechender zufälliger Punktprozesse definieren $(0 < r < d)$.

In diesem Abschnitt wurden Punktprozesse in speziellen Teilmengen J des drei-, vier- bzw. $(d + 1)$-dimensionalen euklidischen Raumes gegeben. Andererseits kann man diese Prozesse natürlich auch als Punktprozesse in dem gesamten euklidischen Raum auffassen, in dem die Menge J jeweils enthalten ist. Die Verteilung des Punktprozesses, der einen zufälligen Prozeß von Hyperebenen im R^d beschreibt, ist dann auf der Menge derjenigen lokalendlichen Zählmaße auf $\mathcal{R}^{d+1}$ konzentriert, die nur in der Menge $J \subset R^{d+1}$ Atome besitzen. Insofern ist jeder Punktprozeß in einer Borelschen Teilmenge des R^d gleichzeitig ein Punktprozeß im R^d.

Natürlich lassen sich die in diesem Abschnitt betrachteten Prozesse auch durch zufällige Maße (mit nicht notwendig ganzzahligen Werten, vgl. Abschnitt 3.5) beschreiben. Wir wollen dies für einen zufälligen Hyperebenenprozeß im R^d verdeutlichen. Es sei N' die Menge aller lokalendlichen Maße auf $\mathcal{R}^d$, und $\mathcal{N}'$ sei die kleinste σ-Algebra von Teilmengen von N' bezüglich der die Abbildungen $\eta \to \eta(B)$ von N' in $[0, \infty]$ meßbar sind; $B \in \mathcal{R}^d$. Für die Hyperebene im R^d, die durch das Parameterpaar $(p, s) \in R \times S_{d-1}$ gegeben ist, sei $\eta^{(p,s)}(B)$ das $(d - 1)$-dimensionale Lebesgue-Maß der Einschränkung dieser Hyperebene auf die Menge $B \in \mathcal{R}^d$. Für jede Realisierung $\varphi \in N$ eines Hyperebenenprozesses Φ mit der Verteilung P auf $\mathcal{N}$ setzen wir

$$\eta^\varphi(B) = \sum_{(p,s) \in S_\varphi} \eta^{(p,s)}(B) \qquad \text{für } B \in \mathcal{R}^d . \tag{11.9}$$

Damit wird durch die Verteilung P auf $\mathcal{N}$ mittels der Abbildung $\varphi \to \eta^\varphi$ die Verteilung Q eines *zufälligen Maßes* Λ auf $\mathcal{N}'$ induziert. In diesem Sinne ist dann $\Lambda : N \to N'$ eine Zufallsvariable mit Werten im Raum N' aller lokalendlichen Maße auf R^d, die über dem Wahrscheinlichkeitsraum $[N, \mathcal{N}, P]$ gegeben ist. Für einen ebenen Geradenprozeß $(d = 2)$ bedeutet dies, daß $\Lambda(B)$ die zufällige summarische Gesamtlänge derjenigen Geradenstücke ist, die in der Testmenge $B \in \mathcal{R}^2$ liegen.

11.3 Darstellung als zufällige Punktfolge und als zufällige abgeschlossene Menge

Jeden einfachen zufälligen Punktprozeß in einem polnischen Raum J kann man als zufällige Folge von Punkten darstellen. Das heißt, daß man für jedes $\varphi \in N$ die Atome des Zählmaßes φ so numerieren kann, daß die Position $X_n^*(\varphi)$ des n-ten Atoms von φ eine meßbare Abbildung von $[N, \mathcal{N}]$ in $[J_\infty, \mathcal{J}_\infty]$ ist. Dabei wird $X_n^*(\varphi) = \infty$ gesetzt, falls $\varphi(J) < n$ gilt. Für jeden zufälligen Punktprozeß Φ in J und für jedes $n \in G_+$ ist dann $X_n^*(\Phi) : N \to J_\infty$ eine Zufallsvariable über dem Wahrscheinlichkeitsraum $[N, \mathcal{N}, P]$, wobei P die Verteilung von Φ bezeichnet.

Bei der Definition der Abbildungen $\{X_n^*;\ n \in G_+\}$ kann man wie folgt vorgehen (vgl. Kerstan/Matthes/Mecke (1974), S. 109/110). Zunächst wird in J eine lineare Ordnung $<$ definiert. Dazu werden jeder natürlichen Zahl k eine Zerlegung $\{B_{kj};\ j \in G_+\}$ von J in paarweise disjunkte Borel-Mengen, deren Durchmesser den Wert $\frac{1}{k}$ nicht übersteigt, und die Funktion $f_k : J \to G_+$ mit $f_k(x) = j$ für $x \in B_{kj}$ zugeordnet. Für beliebige $x_1, x_2 \in J$ gelte $x_1 < x_2$ genau dann, wenn die Folge $\{f_k(x_1)\}$ im Sinne der lexikographischen Ordnung in $G_+^{G_+}$ kleiner als $\{f_k(x_2)\}$ ist.

Für jedes Atom $x \in S_\varphi$ des Zählmaßes $\varphi \in N$ liegen diejenigen Atome von φ, die bezüglich der so definierten Ordnung in J kleiner als x sind, in der beschränkten Menge $\bigcup\limits_{j=1}^{f_1(x)} B_{1j}$. Es gibt deshalb nur endlich viele Elemente von S_φ, die kleiner als $x \in S_\varphi$ sind. Hieraus ergibt sich die Möglichkeit, die Atome von φ durchzunumerieren, indem $x = X_n^*(\varphi)$ gesetzt wird, wenn es genau $n - 1$ Atome von φ gibt, die kleiner als $x \in S_\varphi$ sind. Die Meßbarkeit der auf diese Weise definierten Abbildung $X_n^* : N \to J$ ergibt sich aus der Beziehung

$$\{\varphi :\ \varphi \in N, \varphi^*(J) \geq n, X_n^*(\varphi) \in B\}$$

$$= \bigcup_{j=1}^{\infty} \bigcup_{i_1,\ldots,i_j=1}^{\infty} \Big\{ \varphi :\ \varphi \in N, \varphi^*(B \cap J_{i_1,\ldots,i_j}) = \varphi^*(J_{i_1,\ldots,i_j}) = 1, $$

$$\varphi^* \Big(\bigcup_{(l_1,\ldots,l_j) \prec (i_1,\ldots,i_j)} J_{l_1,\ldots,l_j} \Big) = n - 1 \Big\}$$

und aus der Meßbarkeit der Abbildung $\varphi^*(B) :\ \varphi \to \#(S_\varphi \cap B)$, wobei $B \in \mathcal{J}$, $J_{i_1,\ldots,i_j} = B_{1,i_1} \cap \ldots \cap B_{j,i_j}$ und $\prec$ die Relation „lexikographisch kleiner als" bezeichnet.

Ist der Punktprozeß Φ einfach, dann ist also durch $\{X_n^*(\Phi);\ n \in G_+\}$ eine Darstellung dieses Punktprozesses als *zufällige Punktfolge* gegeben.

Wir kommen jetzt zur Darstellung eines einfachen zufälligen Punktprozesses im d-dimensionalen euklidischen Raum R^d als zufällige abgeschlossene Menge. Die Atome jedes Zählmaßes $\varphi \in N$ bilden eine abgeschlossene Menge im R^d, den Träger S_φ von φ. Dabei ergibt sich die Abgeschlossenheit von S_φ aus der Voraussetzung, daß die Zählmaße aus N lokalendlich sind. Durch $\varphi \to S_\varphi$ ist also eine Abbildung von N in die Menge $\tilde{F}$ aller abgeschlossenen Teilmengen des R^d gegeben. Wir definieren nun die folgende σ-Algebra $\tilde{\mathcal{F}}$ von Teilmengen von $\tilde{F}$ und zeigen, daß $\Phi^* : N \to \tilde{F}$ mit

$$\Phi^*(\varphi) \;=\; S_\varphi \tag{11.10}$$

eine $(\mathcal{N}, \tilde{\mathcal{F}})$-meßbare Abbildung ist.

$\tilde{\mathcal{F}}$ sei die σ-Algebra von Teilmengen von $\tilde{F}$, die durch das Mengensystem

$$\tilde{\mathcal{F}}_e \;=\; \{\{B : B \in \tilde{F}, B \cap L \neq \emptyset\}; L \in \tilde{K}\} \tag{11.11}$$

erzeugt wird. Dabei bezeichne $\tilde{K}$ die Familie der kompakten (d.h. abgeschlossenen und beschränkten) Teilmengen des R^d. Eine Zufallsvariable $\Xi : \Omega \to \tilde{F}$, die über einem Wahrscheinlichkeitsraum $[\Omega, \mathcal{F}, \mathbf{P}]$ definiert ist und Werte in dem meßbaren Raum $[\tilde{F}, \tilde{\mathcal{F}}]$ annimmt, nennen wir *zufällige abgeschlossene Menge* im R^d.

Zum Nachweis der $(\mathcal{N}, \tilde{\mathcal{F}})$-Meßbarkeit der durch (11.10) gegebenen Abbildung Φ^* genügt es zu beachten, daß

$$(\Phi^*)^{-1}(\{B : B \in \tilde{F}, B \cap L \neq \emptyset\}) \;=\; \{\varphi : \varphi \in N, \varphi(L) > 0\} \;\in\; \mathcal{N}$$

für jedes $L \in \tilde{K}$ gilt.

Jedes einfache Zählmaß $\varphi \in N$ auf $\mathcal{R}^d$ wird eindeutig durch den zugehörigen Träger S_φ bestimmt (vgl. (11.3)). Wenn also Φ ein einfacher zufälliger Punktprozeß mit der Verteilung P ist, dann kann man Φ mit der zufälligen abgeschlossenen Menge $\Phi^* : N \to \tilde{F}$ identifizieren, die durch die Vorschrift (11.10) über dem Wahrscheinlichkeitsraum $[N, \mathcal{N}, P]$ gegeben ist.

Es ist klar, daß durch zufällige Punktprozesse im R^d nur ganz spezielle zufällige abgeschlossene Mengen im R^d induziert werden. Und zwar zufällige abgeschlossene Mengen, für die jede Realisierung eine abzählbare lokalendliche Teilmenge des R^d ist, also die lokalendliche Vereinigung von einelementigen (kompakten) Teilmengen des R^d. Umgekehrt kann man zeigen (vgl. Weil/Wieacker(1988)), daß man eine beliebige zufällige abgeschlossene Menge im d-dimensionalen euklidischen Raum R^d durch die Vereinigungsmenge eines zufälligen Punktprozesses im Raum $\tilde{K}^0$ der nichtleeren kompakten Teilmengen des R^d darstellen kann. Dabei ist $\tilde{K}^0$ mit der *Hausdorff-Metrik* ϱ,

$$\varrho(B, B') \;=\; \max\{\sup_{x \in B} d(x, B'), \sup_{x \in B'} d(x, B)\}, \qquad B, B' \in \tilde{K}^0, \tag{11.12}$$

ein polnischer Raum, wobei $d(x, B) = \inf\{|x - y| : y \in B\}$ den Abstand des Punktes $x \in R^d$ von der Menge $B \in \tilde{K}^0$ bezeichnet (vgl. § 1.4 in Matheron (1975)). Der Begriff des Punktprozesses auf $\tilde{K}^0$ ist also wohldefiniert (vgl. Abschnitt 11.1).

Ein weiterer Zusammenhang zwischen zufälligen abgeschlossenen Mengen und zufälligen Punktprozessen ist durch den folgenden Fakt gegeben. Die Vereinigungsmenge $\bigcup_{x\in\Phi^*} x$ eines zufälligen Punktprozesses Φ in $\tilde{K}^0$ ist mit Wahrscheinlichkeit Eins eine abgeschlossene Menge in R^d, wenn es eine Zahl $t > 0$ gibt, so daß die Durchmesser der Atome der Realisierungen $\varphi \in N$ von Φ mit Wahrscheinlichkeit Eins kleiner als t sind.

11.4 Charakteristiken von Punktprozessen in allgemeinen Räumen

Neben den Begriffen, die schon in Kapitel 3 für Punktprozesse auf der reellen Achse eingeführt wurden und die sich mühelos auf den Fall allgemeinerer Punktprozesse übertragen lassen (vgl. Abschnitt 8.2), werden in diesem Abschnitt weitere Charakteristiken für Punktprozesse im R^d bzw. in einem polnischen Raum behandelt.

Es sei J ein beliebiger polnischer Raum mit der Metrik ϱ, und Φ sei ein zufälliger Punktprozeß in J mit der Verteilung P. Die Begriffe der *endlichdimensionalen Verteilungen* und der *Leerwahrscheinlichkeiten* von Φ werden völlig analog zu den in den Abschnitten 2.5 bzw. 3.1 eingeführten Begriffen definiert. Auch die zugehörigen Existenz- und Eindeutigkeitssätze bleiben in geringfügig modifizierter Form gültig. So sind in Satz 2.5.1 lediglich anstelle von Folgen paarweise disjunkter Intervalle Folgen von paarweise disjunkten Mengen aus einem solchen Halbring von Mengen aus $\mathcal{J}_0$ zu betrachten, daß der kleinste σ-Teilring von $\mathcal{J}_0$, der diesen Halbring enthält, mit $\mathcal{J}_0$ übereinstimmt und jedes $B \in \mathcal{J}_0$ durch eine endliche Folge von Mengen aus dem Halbring überdeckt werden kann (vgl. Theorem 1.2.4 in Kerstan/Matthes/Mecke (1974)). Satz 3.1.1 läßt sich entsprechend modifizieren, wobei anstelle des Ringes $\mathcal{B}_U$ ein Teilring von $\mathcal{J}_0$ betrachtet wird, so daß der kleinste σ-Teilring von $\mathcal{J}_0$, der diesen Ring enthält, mit $\tilde{\mathcal{J}}_0$ übereinstimmt (vgl. Satz 1.3.7 in Kerstan/Matthes/Mecke (1974)).

Das *Intensitätsmaß* α von Φ wird genauso wie in (3.7) definiert (vgl. auch Abschnitt 8.2):

$$\alpha(B) \;=\; \mathbf{E}\Phi(B), \qquad B \in \mathcal{J}. \tag{11.13}$$

Dabei wird stets $\alpha(B) < \infty$ für alle $B \in \mathcal{J}_0$ vorausgesetzt, d.h., α ist *lokalendlich*. Auch die höheren *Momenten-* und *Kumulantenmaße* von Punktprozessen in einem allgemeinen polnischen Raum werden so definiert, wie dies in (3.29), (3.30) bzw. in (7.46), (7.47) für Punktprozesse auf der reellen Achse getan wurde.

In den Definitionsgleichungen (3.9), (3.15), (3.18) und (3.19) der *Campbellschen Maße* ist lediglich der Grundraum R durch J und die σ-Algebra $\mathcal{R}$ durch $\mathcal{J}$ zu ersetzen. Das gleiche gilt für das *Campbellsche Theorem* (Satz 3.2.2) und für die *Umkehrformeln* (3.13) und (3.14), deren Beweise dann völlig analog verlaufen.

Wie in Abschnitt 8.2 dargelegt, kann man mit Hilfe von Lemma 3.3.2 das durch

$$C(\,\cdot\,) \;=\; \int\limits_{N}\int\limits_{J} \mathbf{1}_{(\cdot)}(\varphi,x)\,\varphi(dx)\,P(d\varphi) \qquad (11.14)$$

gegebene Campbellsche Maß $C : \mathcal{N}\otimes\mathcal{J} \to R\cup\{\infty\}$ bezüglich des Intensitätsmaßes α desintegrieren, vgl. auch Satz 3.3.1. Für α-fast jedes $x \in J$ gibt es somit eine eindeutig bestimmte Verteilung P_x auf $\mathcal{N}$, die *Palmsche Verteilung* von Φ bezüglich des Punktes $x \in J$ genannt wird und die die Eigenschaft hat, daß

$$C(A \times B) \;=\; \int\limits_{B} P_x(A)\,\alpha(dx) \qquad (11.15)$$

für alle $A \in \mathcal{N}$ und für alle $B \in \mathcal{J}$ gilt. Analog zu (3.23) führt auch in dem hier betrachteten allgemeinen Fall die Desintegration des *reduzierten Campbellschen Maßes* $C^!$ von Φ zu den *reduzierten Palmschen Verteilungen* $P_x^!$.

Von nun an setzen wir in diesem Abschnitt voraus, daß Φ ein einfacher Punktprozeß im R^d ist.

Die Ergebnisse, die in Abschnitt 3.4 für Campbellsche Maße bzw. Palmsche Verteilungen höherer Ordnung angegeben wurden, und die Beweise dieser Aussagen sind ebenfalls nicht an die spezielle Gestalt des Grundraumes R gebunden, der in Kapitel 3 vorausgesetzt wurde. Sie gelten auch für Punktprozesse im R^d und in einem beliebigen lokalkompakten polnischen Raum J. Um die in den Abschnitten 3.4 bzw. 8.2 angegebene Interpretationsmöglichkeit der Palmschen Verteilungen als bedingte Verteilungen für Punktprozesse im R^d zu formulieren, betrachten wir eine Nullfolge $\{\{B_{kj};\, j \in G\};\, k \in G_+\}$ von gerichteten Zerlegungen des R^d in paarweise disjunkte beschränkte Quader B_{kj}, d.h.,

1. für jedes $k \in G_+$ und für jede beschränkte Borel-Menge $B \subset R^d$ schneiden nur endlich viele Quader der Zerlegung $\{B_{kj};\, j \in G\}$ die Menge B,

2. für jedes $k \in G_+$ und für jedes $j \in G$ gibt es eine ganze Zahl $i \in G$ mit $B_{k+1,j} \subseteq B_{ki}$,

3. $\lim\limits_{k\to\infty}\sup\limits_{j\in G} d(B_{kj}) = 0$, wobei $d(B_{kj}) = \sup\{|x-y| : x,y \in B_{kj}\}$ den Durchmesser der Menge B_{kj} bezeichnet.

Für jeden einfachen Punktprozeß Φ im R^d bleibt dann die Aussage des Satzes 3.4.3 nahezu unverändert gültig, wobei lediglich die reelle Achse durch die Grundmenge R^d von Φ zu ersetzen ist. Sei also $A \in \mathcal{N}$ und $\{\{B_{kj};\, j \in G\};\, k \in G_+\}$ eine Nullfolge von gerichteten Zerlegungen des R^d, dann gilt insbesondere

$$P_x(A) \;=\; \lim_{k\to\infty} P(A|\{\varphi:\, \varphi(B_k(x)) > 0\}) \tag{11.16}$$

für α-fast jedes $x \in R^d$, wobei $B_k(x)$ diejenige Zerlegungskomponente B_{kj} mit der Eigenschaft $x \in B_{kj}$ bezeichnet.

Weil auch der Beweis des Satzes 3.3.4 nicht an die spezielle Gestalt des Grundraumes R gebunden ist und demzufolge eine anloge Aussage für Punktprozesse im R^d gilt, können die reduzierten Palmschen Verteilungen $P_x^!$ von Φ ebenfalls als bedingte Verteilungen von Φ interpretiert werden.

Eine wichtige Charakteristik, die in engem Zusammenhang mit den Leerwahrscheinlichkeiten $\{P_x^!(\varphi:\, \varphi(B) = 0);\ B \in \mathcal{R}^d\}$ steht, die jedoch für Punktprozesse auf der reellen Achse eine untergeordnete Rolle spielt, ist die *Nächster-Nachbar-Abstandsverteilungsfunktion* $F_{\min}^{[x]} : R_+ \to [0,1]$ von Φ im Punkt $x \in R^d$ mit

$$\begin{aligned}
F_{\min}^{[x]}(t) \;&=\; P_x^!(\varphi:\, \varphi(b(x,t)) > 0) \\
&=\; 1 - P_x^!(\varphi:\, \varphi(b(x,t)) = 0)\,,
\end{aligned} \tag{11.17}$$

wobei $b(x,t) = \{y :\, y \in R^d, |x - y| < t\}$ die Kugel im R^d mit dem Mittelpunkt $x \in R^d$ und dem Radius $t > 0$ bezeichnet. Eine äquivalente Definitionsmöglichkeit der Verteilungsfunktion $F_{\min}^{[x]}$ ist durch

$$\begin{aligned}
F_{\min}^{[x]}(t) \;&=\; P_x(\varphi:\, \varphi(b(x,t)) > 1) \\
&=\; 1 - P_x(\varphi:\, \varphi(b(x,t)) = 1)
\end{aligned} \tag{11.17'}$$

gegeben.

Weil die Palmschen Verteilungen P_x und $P_x^!$ als bedingte Verteilungen von Φ interpretiert werden können (vgl. Abschnitte 3.4, 8.2) unter der Bedingung, daß im Punkt $x \in R^d$ ein Punkt des Punktprozesses liegt (der bei $P_x^!$ nicht berücksichtigt wird), läßt sich $F_{\min}^{[x]}(t)$ als die Wahrscheinlichkeit dafür deuten, daß der Abstand von diesem Punkt bis zu dem ihm am nächsten liegenden Punkt des Punktprozesses kleiner als t ist.

Die Verteilungsfunktion $F_{\min}^{(x)} : R_+ \to [0,1]$ mit

$$\begin{aligned}
F_{\min}^{(x)}(t) \;&=\; P(\{\varphi:\, \varphi(b(x,t)) > 0\} \,|\, \{\varphi:\, \varphi(\{x\}) = 0\}) \\
&=\; 1 - P(\{\varphi:\, \varphi(b(x,t)) = 0\} \,|\, \{\varphi:\, \varphi(\{x\}) = 0\})
\end{aligned} \tag{11.18}$$

wird *sphärische Kontaktverteilungsfunktion* (bzw. sphärische Schnittverteilungsfunktion) von Φ im Punkt $x \in R^d$ genannt. Dabei ist $F_{\min}^{(x)}(t)$ die Wahrscheinlichkeit dafür, daß der Abstand vom Punkt $x \in R^d$, der kein Punkt des Punktprozesses Φ ist, bis zu dem ihm am nächsten liegenden Punkt von Φ kleiner als t ist.

Außerdem sind auch allgemeinere Kontaktverteilungsfunktionen von Interesse, für die die betrachtete Testmenge keine Kugel zu sein braucht. Die Funktion $F^{(x)}_{\min,B} : R_+ \to [0,1]$ mit

$$
\begin{aligned}
F^{(x)}_{\min,B}(t) &= P(\{\varphi : \varphi(x+tB) > 0\} \,|\, \{\varphi : \varphi(\{x\}) = 0\}) \\
&= 1 - P(\{\varphi : \varphi(x+tB) = 0\} \,|\, \{\varphi : \varphi(\{x\}) = 0\})
\end{aligned}
\tag{11.18'}
$$

wird dann *Kontaktverteilungsfunktion* (bezüglich der Testmenge $B \in \mathcal{R}^d$) von Φ im Punkt $x \in R^d$ genannt, wobei $0 \in B$ vorausgesetzt wird; $x + tB = \{x + ty : y \in B\}$.

Der Begriff der Kontaktverteilungsfunktion kann nicht nur für zufällige Punktprozesse, sondern auch für beliebige zufällige abgeschlossene Mengen betrachtet werden. Für die zufällige abgeschlossene Menge $\Xi : \Omega \to \tilde{F}$ und für die Testmenge $B \in \mathcal{R}^d$ mit $0 \in B$ (die auch *strukturierendes Element* genannt wird) ist die Kontaktverteilungsfunktion $F^{(x)}_{\min,B} : R_+ \to [0,1]$ von Ξ im Punkt $x \in R^d$ durch

$$
F^{(x)}_{\min,B}(t) = \mathbf{P}(x \notin \Xi \oplus t\check{B} \,|\, x \notin \Xi)
\tag{11.19}
$$

gegeben, wobei $\Xi \oplus t\check{B} = \{x - ty : x \in \Xi,\, y \in B\}$.

Die Definitionsgleichung (11.18') der Kontaktverteilungsfunktion eines zufälligen Punktprozesses ist somit ein Spezialfall von (11.19).

Für Punktprozesse im R^d kann man darüber hinaus die Orientierung ihrer Punkte untersuchen. Dies führt zu dem Begriff der Richtungsverteilung, der beispielsweise dann von Interesse ist, wenn die Frage untersucht werden soll, ob die Punkte des Punktprozesses näherungsweise in parallelen Hyperebenen liegen, die einen fixierten oder zufälligen Abstand voneinander haben.

Es gibt verschiedene Varianten, Richtungsverteilungen eines Punktprozesses Φ im R^d einzuführen. Eine Definitionsmöglichkeit ist durch die Betrachtung von Punktepaaren von Φ gegeben. Hierbei benutzen wir die folgenden Bezeichnungen. Für $0 < r < r'$ sei $S(x,r,r') = b(x,r') \setminus b(x,r)$ die Kugelschale im R^d mit dem Mittelpunkt $x \in R^d$ und den Begrenzungsradien r, r'. Ferner sei $S_{d-1}(x) = \lim_{r \downarrow 1} S(x,1,r)$ die Oberfläche der Einheitskugel $b(x,1)$. Dabei verwenden wir die Bezeichnung $S_{d-1} = S_{d-1}(0)$. Für die „Richtungsmenge" $B \subset S_{d-1}$ bezeichne $S(B;x,r,r')$ denjenigen Sektor der Kugelschale $S(x,r,r')$, der durch den unendlichen Kegel überdeckt wird, der durch $B + x$ und den Scheitelpunkt x gebildet wird. Insbesondere ist also $S(S_{d-1};x,r,r') = S(x,r,r')$.

Es sei $r > 0$ eine beliebige, fest vorgegebene Zahl mit

$$
P(\varphi : \varphi(S(x,r,r_{\varphi,x} + 0)) \leq 1 \text{ für jedes } x \in S_\varphi) = 1 ,
$$

wobei $r_{\varphi,x} = \inf\{r' : r' > r, \varphi(S(x,r,r')) > 0\}$. Für fast jede Realisierung $\varphi \in N$ von Φ und für jedes Atom $x \in S_\varphi$ von φ sei also der nächste Nachbar von x wohldefiniert in der Menge derjenigen Atome von φ, deren Abstand von x nicht kleiner als r ist. Diesen Punkt nennen wir *Nächster-r-Nachbar* von x. Für jedes $r' > r > 0$ und für jede Richtungsmenge $B \in \mathcal{R}_S^d$ mit $\mathcal{R}_S^d = \mathcal{R}^d \cap S_{d-1}$ betrachten wir die Abbildung $\varphi \to \varphi^{(B,r,r')}$ von N in N, wobei $\varphi^{(B,r,r')}$ nur diejenigen Atome $x \in S_\varphi$ zählt mit $\varphi(S(B; x, r, r_{\varphi,x} + 0)) = 1$ und $r_{\varphi,x} < r'$. Dies bedeutet, daß $\varphi^{(B,r,r')}$ nur die Atome x von φ erfaßt, für die die Richtung des Vektors von x zu seinem Nächsten-r-Nachbarn in B liegt und für die die Länge dieses Vektors kleiner als r' ist. $\Phi^{(B,r,r')}$ bezeichne den Teilpunktprozeß von Φ, der durch die Abbildung $\varphi \to \varphi^{(B,r,r')}$ induziert wird. $\alpha^{(B,r,r')}$ sei das Intensitätsmaß von $\Phi^{(B,r,r')}$.

Gemäß Lemma 3.3.2 gibt es dann für α-fast jedes $x \in R^d$ ein eindeutig bestimmtes Maß $\eta^{(x,r,r')}$ auf $\mathcal{R}_S^d$, so daß

$$\alpha^{(B,r,r')}(B') = \int\limits_{B'} \eta^{(x,r,r')}(B)\,\alpha(dx) \quad \text{und} \quad 0 \le \eta^{(x,r,r')}(B) \le 1$$

für alle $B \in \mathcal{R}_S^d$, $B' \in \mathcal{R}^d$ gilt. Für $\eta^{(x,r,r')}(S_{d-1}) > 0$ sei

$$D^{(x,r,r')}(B) \;=\; \frac{\eta^{(x,r,r')}(B)}{\eta^{(x,r,r')}(S_{d-1})}, \qquad B \in \mathcal{R}_S^d.$$

Wegen (11.15) gilt für α-fast jedes $x \in R^d$ mit $P_x(\varphi : \varphi^{(S_{d-1},r,r')}(\{x\}) = 1) > 0$

$$D^{(x,r,r')}(B) \;=\; P_x(\{\varphi : \varphi^{(B,r,r')}(\{x\}) = 1\} \,|\, \{\varphi : \varphi^{(S_{d-1},r,r')}(\{x\}) = 1\}) \quad (11.20)$$

für jedes $B \in \mathcal{R}_S^d$. Die durch (11.20) auf $\mathcal{R}_S^d$ gegebene Verteilung $D^{(x,r,r')}$ wird *Richtungsverteilung* von Φ im Punkt $x \in R^d$ (bezüglich der Abstandsparameter r, r') genannt. Diese Begriffsbildung wird durch den Fakt motiviert, daß die Verteilung $D^{(x,r,r')}$ (so wie im Beweis des Satzes 3.4.3 vorgehend) als Grenzverteilung von bedingten Verteilungen aufgefaßt werden kann, weil Φ einfach ist. In diesem Fall gilt für jedes $B \in \mathcal{R}_S^d$ und für jede Nullfolge $\{\{B_{kj}; j \in G\}; k \in G_+\}$ von gerichteten Zerlegungen des R^d

$$D^{(x,r,r')}(B) \;=\; \lim_{k \to \infty} P(\{\Phi^{(B,r,r')}(B_k(x)) > 0\} \,|\, \{\Phi^{(S_2,r,r')}(B_k(x)) > 0\}) \quad (11.21)$$

für $\alpha^{(B,r,r')}$-fast jedes $x \in R^d$, wobei $B_k(x)$ diejenige Zerlegungskomponente B_{kj} von $\{B_{kj}; j \in G\}$ bezeichnet, für die $x \in B_{kj}$ gilt. Falls neben $\alpha^{(B,r,r')} \ll \alpha$ auch $\alpha \ll \alpha^{(B,r,r')}$ gilt (d.h., falls die Intensitätsmaße α und $\alpha^{(B,r,r')}$ äquivalent sind), dann gilt (11.21) für α-fast jedes $x \in R^d$.

Die in (11.20) definierte Richtungsverteilung ist also eine Verteilung von Winkeln, die durch Punktepaare eines Punktprozesses bezüglich einer fixierten (Null-) Richtung gebildet werden.

Eine weitere Möglichkeit, solche Richtungsverteilungen von Φ zu definieren, ist durch den folgenden Ansatz gegeben. Für beliebige, fest vorgegebene Zahlen $r, r' > 0$ mit $r < r'$ sei

$$D_{x,r,r'}(B) \;=\; \frac{\int\limits_N \varphi(S(B;x,r,r'))\,P_x(d\varphi)}{\int\limits_N \varphi(S(x,r,r'))\,P_x(d\varphi)} \tag{11.20'}$$

für $B \in \mathcal{R}_S^d$, $x \in R$, wobei vorausgesetzt wird, daß der Nenner in (11.20') positiv und endlich ist. Im allgemeinen ist es allerdings schwierig, die in (11.20') gegebene Verteilung $D_{x,r,r'}$ analog zu (11.21) als Grenzverteilung von bedingten Charakteristiken des Punktprozesses darzustellen, denn aus (11.16) folgt nicht ohne weiteres, daß

$$D_{x,r,r'}(B) \;=\; \lim_{k\to\infty} \frac{\int\limits_N \varphi(S(B;x,r,r'))\,P(d\varphi|\{\varphi' : \varphi'(B_k(x)) > 0\})}{\int\limits_N \varphi(S(x,r,r'))\,P(d\varphi|\{\varphi' : \varphi'(B_k(x)) > 0\})} \tag{11.21'}$$

für α-fast jedes $x \in R^d$ gilt (vgl. Theorem 12.8 in Kallenberg (1986)). Für spezielle Klassen von Punktprozessen läßt sich (11.21') aber direkt beweisen (vgl. Aufgabe 11.6.5).

Manchmal werden bei der Untersuchung der inneren Orientierung von Punktprozessen auch Punktetripel betrachtet. Für Hyperebenenprozesse (vgl. Abschnitt 11.2) gibt es außerdem den Begriff der Richtungsrose. Er wird auf ähnliche Weise wie die durch (11.20) definierte Richtungsverteilung eingeführt. Es sei Φ ein Hyperebenenprozeß im R^d, d.h. ein Punktprozeß in $J = R \times S_{d-1}$. Durch Desintegration des Intensitätsmaßes α von Φ bezüglich des Maßes $\alpha^{S_{d-1}}$ mit $\alpha^{S_{d-1}}(B') = \alpha(B' \times S_{d-1})$, $B' \in \mathcal{R}$, ergibt sich für $\alpha^{S_{d-1}}$-fast jedes $x \in R$ eine eindeutig bestimmte Verteilung D_x auf $\mathcal{R}_S^d$ so daß

$$\alpha(B' \times B) \;=\; \int\limits_{B'} D_x(B)\,\alpha^{S_{d-1}}(dx) \tag{11.22}$$

für alle $B' \in \mathcal{R}$, $B \in \mathcal{R}_S^d$ gilt. Die Verteilung D_x wird *Richtungsrose* (bzw. genauer Rose der Normalen-Richtungen) von Φ im Punkt $x \in R$ genannt. Falls die signierten senkrechten Abstände (vom Nullpunkt) der Hyperebenen in Φ einen einfachen Punktprozeß in R bilden, dann kann man D_x, ähnlich wie die durch (11.20) gegebene Richtungsverteilung, als Grenzverteilung bedingter Verteilungen darstellen. Für jedes $B \in \mathcal{R}_S^d$ und für jede Nullfolge $\{\{B_{kj}; j \in G\}; k \in G_+\}$ von gerichteten Zerlegungen der reellen Achse R gilt in diesem Fall

$$D_x(B) \;=\; \lim_{k\to\infty} P(\{\Phi(B_k(x) \times B) > 0\} \,|\, \{\Phi(B_k(x) \times S_{d-1}) > 0\}) \tag{11.23}$$

für $\alpha^{S_{d-1}}$-fast jedes $x \in R$ (vgl. auch (8.13)). Die Verteilung D_x kann also als die Verteilung der Normalen-Richtungen derjenigen Hyperebenen von Φ gedeutet werden, die den signierten senkrechten Abstand x vom Nullpunkt haben.

11.5   Klassen von Punktprozessen in allgemeinen Räumen

Die meisten Klassen von Punktprozessen auf der reellen Achse, die in den vorangegangenen Kapiteln eingeführt wurden, lassen sich auf natürliche Weise auch für Punktprozesse in allgemeineren Räumen definieren. Eine Ausnahme bilden rekurrente und semimarkowsche Punktprozesse, deren Definition auf der Tatsache beruht, daß die reellen Zahlen der Größe nach geordnet sind.

Die in Abschnitt 2.4 angegebene Definition des Poisson-Prozesses als zufälliges Zählmaß, das für disjunkte Mengen unabhängige poissonverteilte Werte annimmt, läßt sich dagegen ohne weiteres verallgemeinern. Es sei J ein beliebiger polnischer Raum, und $\mathcal{J}_0$ bezeichne die Familie seiner beschränkten Borel-Mengen. Φ sei ein Punktprozeß in J. Wie stets setzen wir voraus, daß Φ ein Punktprozeß ist, dessen Intensitätsmaß α lokalendlich ist. Wir sagen, daß Φ ein *Poisson-Prozeß* ist, wenn für jede endliche Folge $B_1, \ldots, B_n$ paarweise disjunkter Mengen aus $\mathcal{J}_0$ die zufälligen Anzahlen $\Phi(B_1), \ldots, \Phi(B_n)$ unabhängig und poissonverteilt sind (mit den Parametern $\alpha(B_1), \ldots, \alpha(B_n)$).

Aus dem Eindeutigkeitssatz für endlichdimensionale Verteilungen (vgl. Abschnitt 11.4) folgt, daß man in dieser Definition des Poisson-Prozesses die Mengenfamilie $\mathcal{J}_0$ durch einen beliebigen Halbring von Mengen aus $\mathcal{J}_0$ ersetzen kann, so daß der kleinste σ-Teilring von $\mathcal{J}_0$, der diesen Halbring enthält, mit $\mathcal{J}_0$ übereinstimmt und jedes $B \in \mathcal{J}_0$ durch eine endliche Folge von Mengen aus dem Halbring überdeckt werden kann.

Genauso wie im Beweis des Satzes 3.2.5 vorgehend, kann man zeigen, daß das reduzierte Campbellsche Maß $C^!$ eines Poisson-Prozesses Φ in J die Gestalt

$$C^! \;=\; P \times \alpha \qquad\qquad (11.24)$$

hat, wobei P die Verteilung von Φ bezeichnet. Hieraus ergibt sich so wie in Satz 3.3.5, daß für die reduzierte Palmsche Verteilung $P_x^!$ des Poisson-Prozesses

$$P_x^! \;=\; P \qquad \text{für } \alpha\text{-fast jedes } x \in J \qquad\qquad (11.25)$$

gilt. Diese Aussage läßt sich umkehren, denn (11.25) ist nicht nur notwendig, sondern auch hinreichend dafür, daß Φ ein Poisson-Prozeß ist. Das folgt aus der Tatsache, daß der in Abschnitt 10.5 angegebene Beweis der Folgerung 10.5.6 (Satz von Sliwnjak) auf analoge Weise für Punktprozesse in einem beliebigen polnischen Raum J geführt werden kann. Ein weiterer Beweis dafür, daß (11.25) nur für Poissonsche Punktprozesse gilt, wird in Abschnitt 12.4 mit Hilfe des erzeugenden Funktionals angegeben (vgl. (12.54)).

Einen Hyperebenenprozeß im R^d nennen wir Poissonsch, wenn der ihm zugrundeliegende Punktprozeß in $J = R \times S_{d-1}$ (vgl. Abschnitt 11.2.) ein Poisson-Prozeß ist. Für $d = 2$ bzw. $d = 3$ sprechen wir dann insbesondere von einem *Poissonschen Geradenprozeß* bzw. von einem *Poissonschen Ebenenprozeß*.

Völlig analog zu der in Abschnitt 10.5 eingeführten Klasse von Gibbs-Prozessen auf der reellen Achse läßt sich auch für Punktprozesse in einem beliebigen polnischen Raum J der Begriff des *Gibbs-Prozesses* definieren. Von besonderem Interesse ist dabei wiederum der Fall, daß es ein lokalendliches Maß η auf J gibt, so daß

$$ C^! \ll P \times \eta \tag{11.26} $$

gilt. Für jedes $B \in \mathcal{J}_0$ kann man dann, so wie im Beweis des Satzes 10.5.5 vorgehend, die lokale Spezifikation $\{P_{B,\varphi}; \varphi \in N \text{ mit } \varphi(B) = 0\}$ von Φ genauer darstellen. Denn für die in der DLR-Gleichung (10.36) auftretenden bedingten Verteilungen P_{B,φ_B} gelten in diesem Fall die Formeln (10.49) bis (10.51) in nahezu unveränderter Form, wobei lediglich die reelle Achse R durch J zu ersetzen ist.

Ein wichtiger Spezialfall von (11.26) liegt vor, wenn die *lokale Energie e* : $N \times J \to (-\infty, \infty]$ mit

$$ e(\varphi, x) \;=\; -\ln\Big(\frac{dC^!}{d(P \times \eta)}\Big)(\varphi, x) \qquad \text{für } x \in J, \varphi \in N $$

durch ein *Paarpotential* gegeben ist, d.h., wenn es eine Funktion $I : R_+ \to (-\infty, \infty]$ gibt, so daß für eine Konstante $a \in R$

$$ e(\varphi, x) \;=\; a + \sum_{\{u:\varphi(\{u\})>0\}} \varphi(\{u\})\, I(\varrho(x,u)) $$

für $\varphi \in N$, $x \in J$ gilt. Einen Gibbs-Prozeß, dessen Paarpotential I die Gestalt

$$ I(t) \;=\; \begin{cases} \infty & \text{für } t \leq 2r \\ 0 & \text{für } t > 2r \end{cases} \tag{11.27} $$

hat, wird *Gibbsscher Hard-Core-Prozeß* mit dem Hard-Core-Radius r genannt; $r \geq 0$.

Die Verteilung eines Gibbsschen Hard-Core-Prozesses mit dem Hard-Core-Radius r ist auf Realisierungen konzentriert, bei denen die Abstände zwischen den Atomen den Minimalwert $2r$ nicht unterschreiten. Punktprozesse mit dieser Eigenschaft können aber auch auf andere Weise erzeugt werden. Für jedes $\varphi \in N$ sei $\tilde{\varphi}$ dasjenige Zählmaß, das aus φ durch die Streichung aller Atome $x \in J$ von φ mit der Eigenschaft $\varphi(b(x,2r)) > \varphi(\{x\})$ hervorgeht. Mittels der Abbildung $\varphi \to \tilde{\varphi}$ wird, ausgehend von einem beliebigen Punktprozeß, eine weitere Art von Hard-Core-Prozessen mit dem Hard-Core-Radius r induziert (vgl. Abschnitte 12.5, 13.1). Auch die Klasse der Cox-Prozesse in einem polnischen Raum J erweist sich als eine natürliche Verallgemeinerung von Cox-Prozessen auf der reellen Achse. So wie in Abschnitt 5.2 wird für die Menge N' aller lokalendlichen Maße auf J die σ-Algebra $\mathcal{N}'$ von Teilmengen von N' betrachtet, die durch die Mengen der Gestalt $\{\eta : \eta \in N', \eta(B) > u\}$ erzeugt wird; $B \in \mathcal{J}_0$, $u > 0$.

Der Punktprozeß Φ in J heißt *Cox-Prozeß*, wenn es eine Verteilung Q auf $\mathcal{N}'$ gibt, so daß

$$P(A) \;=\; \int\limits_{N'} P_\eta(A)\, Q(d\eta) \tag{11.28}$$

für jedes $A \in \mathcal{N}$ gilt, wobei P die Verteilung von Φ und P_η die Verteilung eines Poisson-Prozesses in J mit dem Intensitätsmaß $\eta \in N'$ bezeichnet.

So wie in den Beispielen 5.2.2 und 5.2.3 können der gemischte bzw. der unterbrochene Poisson-Prozeß in J als spezielle Cox-Prozesse definiert werden.

Cluster-Prozese werden so wie in Abschnitt 5.4 mit Hilfe der endlichdimensionalen Verteilungen (vgl. (5.24)) bzw. durch eine Mischung von Punktprozeßverteilungen (vgl. (5.26)) definiert. Dabei sei vermerkt, daß man Cluster-Prozese als spezielle Keim-Korn-Prozesse auffassen kann (vgl. Abschnitt 13.2).

11.6 Aufgaben

11.6.1. Es sei Φ, d.h. $[N, \mathcal{N}, P]$, ein Poisson-Prozeß im R^d, dessen Intensitätsmaß absolutstetig bezüglich des d-dimensionalen Lebesgue-Maßes ν_d auf $\mathcal{R}^d$ ist. Man zeige, daß dann die Elemente $X_n(\varphi)$ des Trägers S_φ von φ so numeriert werden können, daß für P-fast jedes $\varphi \in N$

$$|X_n(\varphi)| < |X_{n+1}(\varphi)| \qquad \text{und} \qquad |X_n(\varphi)| = \sup_{r \geq 0}\{r : \varphi(b(0,r)) = n - 1\}$$

für jedes $n \in \{1, 2, \ldots, \varphi(R^d) - 1\}$ gilt (vgl. auch die Definition der Abbildung $\varphi \to X^{(k)}(\varphi)$ in (12.47)).

11.6.2. Man bestimme die Nächster-Nachbar-Abstandsverteilungsfunktion $F_{\min}^{[x]}$ und die sphärische Kontaktverteilungsfunktion $F_{\min}^{(x)}$ eines Poissonschen Punktprozesses. Wann stimmen diese Funktionen überein?

11.6.3. Man beweise, daß die in Abschnitt 11.4 eingeführten Richtungsverteilungen $D^{(x,r,r')}$ und $D_{x,r,r'}$ in dem folgenden Sinne asymptotisch äquivalent sind: Für jedes $B \in \mathcal{R}_S^d$ gilt

$$\lim_{\varepsilon \downarrow 0} \frac{D^{(x,r,r+\varepsilon)}(B)}{D_{x,r,r+\varepsilon}(B)} \;=\; 1,$$

falls

$$\lim_{\varepsilon\downarrow 0} \frac{P_x(\varphi:\ \varphi^{(B,r,r+\varepsilon)}(\{x\}) > 0)}{\int\limits_N \varphi(S(B;x,r,r+\varepsilon))\,P_x(d\varphi)} \ = \ 1\,. \qquad (11.29)$$

11.6.4. Es sei Φ ein Poisson-Prozeß im R^d mit dem Intensitätsmaß α, das dem d-dimensionalen Lebesgue-Maß ν_d äquivalent sei. Man zeige, daß dann (11.29) für ν_d-fast jedes $x \in R^d$ und für jedes $B \in \mathcal{R}_S^d$ mit $\nu_d(S(B;x,r,r+\varepsilon)) > 0$ für $\varepsilon > 0$ gilt.

11.6.5. (Fortsetzung). Für den in Aufgabe 11.6.4 betrachteten Punktprozeß bestimme man die Richtungsverteilungen $D^{(x,r,r')}$ und $D_{x,r,r'}$. Außerdem beweise man, daß in diesem Fall (11.21') gilt.

11.6.6. Es sei $\Phi \sim \{X_n\}$ ein Poisson-Prozeß in $J = R \times (0,1)$ mit dem Intensitätsmaß α; $X_n = (X_{n1}, X_{n2})$. Man zeige, daß die Projektionen X_{n1} der Punkte X_n auf die x_1-Achse einen Poisson-Prozeß bilden, und man bestimme das Intensitätsmaß von $\{X_{n1}\}$.

11.6.7. Man leite eine zu (5.22) analoge Darstellungsformel für die reduzierten Palmschen Verteilungen $P_x^!$ eines Cox-Prozesses im R^d her.

Kapitel 12

Stationäre und isotrope Punktprozesse im R^d

In diesem Kapitel werden die Stationarität und Isotropie von Punktprozessen im R^d und in weiteren Räumen behandelt. Dabei gibt es einerseits eine Reihe von Parallelen zu den Ergebnissen für stationäre Punktprozesse auf der reellen Achse, die in den Kapiteln 4 bis 6 dargelegt wurden. Es zeigt sich aber, daß sich nur diejenigen Resultate für stationäre Punktprozesse in R sinnvoll auf Punktprozesse im R^d übertragen lassen, die nicht an die natürliche lineare Ordnungsstruktur der reellen Achse gebunden sind. Insofern besitzen stationäre Punktprozesse auf der reellen Achse eine eigene Spezifik und sind nicht lediglich als Spezialfall von stationären Punktprozessen in Räumen mit einer höheren Dimension anzusehen.

Zum anderen treten beim Übergang zu Punktprozessen in mehrdimensionalen Räumen neue Effekte auf, wie beispielsweise die Isotropie, d.h. die Invarianz der Verteilung eines Punktprozesses gegenüber Drehungen des Koordinatensystems des betrachteten mehrdimensionalen Grundraumes. In diesem Zusammenhang interessieren weitere Charakteristiken und Klassen von Punktprozessen, die bei Punktprozessen auf der reellen Achse keine Rolle spielen. Beispiele hierfür sind die sogenannte $\hat{K}$-Funktion bzw. die Paarkorrelationsfunktion sowie Punktprozesse, deren Punkte zufällig auf einem bewegungsinvarianten Hyperebenenprozeß verstreut sind.

In Abschnitt 12.1 werden die Begriffe der Stationarität bzw. Isotropie für zufällige Punktprozesse im R^d sowie für zufällige Hyperebenenprozesse eingeführt und in die allgemeineren Begriffe der Stationarität bzw. Isotropie von zufälligen Maßen und von zufälligen abgeschlossenen Mengen eingebettet. In Abschnitt 12.2 wird gezeigt, wie sich für stationäre Punktprozesse im R^d der Begriff der Palmschen Verteilung ohne Verwendung Campbellscher Maße definieren läßt und wie sich die Stationarität bzw. Isotropie von Punktprozessen im R^d auf solche Charakteristiken wie die Nächster-Nachbar-Abstandsverteilung bzw. die in Kapitel 11 eingeführten Richtungsverteilungen überträgt. Eigenschaften der Palmschen Verteilungen P^0 und $P^!$, ihre Deutung als bedingte Verteilung sowie Umkehrformeln werden in Abschnitt 12.3 behandelt. Danach wird in Abschnitt 12.4 die Gestalt der Verteilungen P^0 und $P^!$ für spezielle Klassen von Punktprozessen

im R^d genauer untersucht. Ergodizität und Mischungseigenschaften von Punktprozessen im R^d werden in Abschnitt 12.5 betrachtet. Dabei wird insbesondere
auf B-mischende Punktprozesse eingegangen, für die die Punktanzahlen in weit
voneinander entfernten Mengen asymptotisch unkorreliert sind. Bei dieser Mischungsbedingung müssen sämtliche Momente der Punktanzahlen in beschränkten
Mengen endlich sein. Sie kann beim Nachweis weiterer asymptotischer Eigenschaften, zum Beispiel der asymptotischen Normalverteiltheit der Anzahl der Punkte
in unendlich groß werdenden Mengen, benutzt werden.

12.1 Definitionen und grundlegende Eigenschaften

Der in Kapitel 4 eingeführte Begriff der Stationarität von Punktprozessen auf
der reellen Achse, der die Invarianz ihrer Verteilung gegenüber Verschiebungen
der Punkte bedeutet, wird nun zunächst auf analoge Weise für Punktprozesse
im R^d definiert. Diese Definition erweist sich als Spezialfall einer allgemeineren
Invarianzeigenschaft, die durch den Begriff des dynamischen Systems gegeben ist,
durch den auch die Stationarität von Punktprozessen in bestimmten Teilmengen
des R^d und so die Stationarität von zufälligen Geraden- bzw. Ebenenprozessen
definiert werden kann. Außerdem wird durch diesen Begriff auch die Isotropie,
d.h. die Drehungsinvarianz der Verteilungen von Punktprozessen im R^d bzw. in
Teilmengen hiervon, erfaßt.

Unter der Stationarität eines Punktprozesses im R^d verstehen wir so wie im
Fall $d = 1$ die Invarianz seiner Verteilung gegenüber Verschiebungen der Punkte
um ein und denselben Vektor bzw., was das gleiche ist, die Invarianz der Verteilung
gegenüber Verschiebungen des euklidischen Koordinatensystems. Hierfür definieren wir für jedes $x \in R^d$ den Verschiebungsoperator $\mathbf{T}_x : N \to N$, der jedem lokal-
endlichen Zählmaß $\varphi = \sum_{t \in S_\varphi} \varphi(\{t\}) \delta_t$ auf $\mathcal{R}^d$ das Zählmaß $\mathbf{T}_x \varphi = \sum_{t \in S_\varphi} \varphi(\{t\}) \delta_{t-x}$
zuordnet. Durch die Anwendung des Operators $\mathbf{T}_x$ auf das Zählmaß $\varphi \in N$
werden also die Atome von φ um den Vektor $-x \in R^d$ verschoben, wobei ihre
Wertigkeit unverändert bleibt. Ein Punktprozeß Φ im R^d heißt *stationär*, wenn
für jedes $x \in R^d$ die Verteilung P von Φ mit der Verteilung von $\mathbf{T}_x \Phi$ übereinstimmt. D.h., wenn für jedes $A \in \mathcal{N}$ und für jedes $x \in R^d$

$$P(A) \ = \ P(\mathbf{T}_x A) \tag{12.1}$$

gilt, wobei $\mathbf{T}_x A = \{\mathbf{T}_x \varphi : \varphi \in A\}$.

Das Stationaritätskriterium, das in Satz 4.1.1 für Punktprozesse auf der reellen Achse angegeben wurde, bleibt in geringfügig modifizierter Form auch für
Punktprozesse im R^d gültig, wobei lediglich anstelle von Folgen paarweise disjunkter Intervalle Folgen von paarweise disjunkten Quadern zu betrachten sind.
Auf Grund des Haarschen Lemmas (vgl. Halmos (1950)) ergibt sich hieraus ins-

besondere, daß ein Poisson-Prozeß im R^d genau dann stationär ist, wenn sein Intensitätsmaß proportional zum d-dimensionalen Lebesgue-Maß ist.

Die in den Sätzen 4.1.2 bis 4.1.5 für stationäre Punktprozesse auf der reellen Achse enthaltenen Ergebnisse lassen sich auf völlig analoge Weise für Punktprozesse im R^d formulieren und beweisen. So ist insbesondere das Intensitätsmaß α jedes stationären Punktprozesses Φ im R^d proportional zum d-dimensionalen Lebesgue-Maß ν_d, d.h., es gibt eine nichtnegative Konstante $\lambda < \infty$ mit

$$\alpha(B) \;=\; \lambda\,\nu_d(B) \qquad \text{für jedes } B \in \mathcal{R}^d. \tag{12.2}$$

Die Größe λ ist der Erwartungswert der Anzahl der Punkte von Φ je Volumeneinheit und wird *Intensität* von Φ genannt. Aus (12.2) folgt insbesondere, daß für die Verteilung P von Φ

$$P(\varphi : \varphi(\{x\}) > 0) \;=\; 0 \qquad \text{für jedes } x \in R^d \tag{12.3}$$

gilt. In fest vorgegebenen Punkten des R^d liegen also nur mit Wahrscheinlichkeit Null Punkte eines stationären Punktprozesses. Außerdem ist die Verteilung P eines stationären Punktprozesses Φ im R^d , so wie im Fall $d = 1$, auf Zählmaßen konzentriert, die entweder kein Atom oder unendlich viele Atome besitzen. D.h., es gilt

$$P(\varphi : \varphi(R^d) = \infty \text{ oder } \varphi(R^d) = 0) \;=\; 1\,. \tag{12.4}$$

Eine weitere Invarianzeigenschaft von Punktprozessen im R^d ist die *Isotropie*, d.h. die Invarianz ihrer Verteilung gegenüber Drehungen des euklidischen Koordinatensystems. Jede Drehung des Koordinatensystems im R^d um den Nullpunkt läßt sich durch eine orthogonale Matrix $\mathbf{A} = (a_{ij}; i,j \in \{1,2,\ldots,d\})$ erfassen, deren Determinante gleich Eins ist. Der Punkt $x = (x_1,\ldots,x_d) \in R^d$ geht dabei in den Punkt

$$\left(\sum_{j=1}^{d} a_{1j}x_j, \ldots, \sum_{j=1}^{d} a_{dj}x_j \right)$$

über. Umgekehrt entspricht jeder solchen $(d \times d)$-Matrix eine Drehung um den Nullpunkt, wobei diese Zuordnung eineindeutig ist. Mit U_d bezeichnen wir die Menge aller orthogonalen $(d \times d)$-Matrizen, deren Determinante gleich Eins ist.

Für jede Matrix $\mathbf{A} \in U_d$ definieren wir den Drehungsoperator $\mathbf{T_A} : N \to N$, der jedem lokalendlichen Zählmaß $\varphi = \sum_{t \in S_\varphi} \varphi(\{t\})\,\delta_t$ auf $\mathcal{R}^d$ das Zählmaß $\mathbf{T_A}\varphi = \sum_{t \in S_\varphi} \varphi(\{t\})\,\delta_{\mathbf{A}^{-1}t}$ zuordnet, wobei $\mathbf{A}^{-1}$ die zu $\mathbf{A}$ inverse Matrix bezeichnet. Das Zählmaß $\mathbf{T_A}\varphi$ ergibt sich somit aus $\varphi \in N$ durch Drehung der Atome von φ um den Nullpunkt. Ein Punktprozeß Φ im R^d heißt *isotrop*, wenn für jedes $\mathbf{A} \in U_d$

die Verteilung P von Φ mit der Verteilung von $\mathbf{T_A}\Phi$ übereinstimmt, d.h., wenn für jedes $A \in \mathcal{N}$ und für jedes $\mathbf{A} \in U_d$

$$P(A) \;=\; P(\mathbf{T_A}A) \tag{12.5}$$

gilt, wobei $\mathbf{T_A}A = \{\mathbf{T_A}\varphi : \varphi \in A\}$.

Jeder stationäre Poisson-Prozeß im R^d ist gleichzeitig isotrop. Dies ergibt sich aus der Tatsache, daß das Intensitätsmaß α jedes stationären Punktprozesses proportional zum d-dimensionalen Lebesgue-Maß ν_d (vgl. (12.2)) und damit auch drehungsinvariant ist und daß ein Poissonscher Punktprozeß eindeutig durch sein Intensitätsmaß bestimmt wird.

Andererseits kann man leicht Beispiele stationärer (nichtpoissonscher) Punktprozesse im R^d angeben, die nicht isotrop sind (vgl. Aufgabe 12.6.1).

Auch für Punktprozesse in Teilmengen des R^d sind Invarianzeigenschaften von Interesse. So stellt man sich unter einem stationären Geradenprozeß ein zufälliges Geradenmuster vor, das invariant bezüglich Verschiebungen des Nullpunktes ist. Eine Möglichkeit, den Begriff des *stationären Geradenprozesses* im R^2 mathematisch präzise einzuführen, ist durch die folgende Bedingung an den zufälligen Punktprozeß Φ gegeben, der in Abschnitt 11.2 in der durch (11.4) fixierten Grundmenge $J \subset R^3$ definiert wurde. Für jedes $x \in R$ und für jedes $\theta \in [0, 2\pi)$ sei $\mathbf{T}_{(x,\theta)} : N \to N$ die Abbildung, die jedem lokalendlichen Zählmaß $\varphi = \sum_{t \in S_\varphi} \varphi(\{t\})\delta_t$ auf J das Zählmaß $\mathbf{T}_{(x,\theta)}\varphi = \sum_{t \in S_\varphi} \varphi(\{t\})\,\delta_{\mathbf{A}^{-1}_{(x,\theta)}t}$ zuordnet. Dabei geht durch die Abbildung $\mathbf{A}_{(x,\theta)} : J \to J$ das Atom $t = (p,s) = (p, \cos(\beta + \frac{\pi}{2}), \sin(\beta + \frac{\pi}{2}))$ von φ, das die Gerade $l(p,s)$ repräsentiert, in das Atom

$$\mathbf{A}_{(x,\theta)}t \;=\; (p + x\sin(\beta - \theta), s) \tag{12.6}$$

über, das der Geraden $l(p + x\sin(\beta - \theta), s)$ entspricht. Man sagt nun, daß ein zufälliger ebener Geradenprozeß (bzw. der ihn repräsentierende Punktprozeß Φ in $J = R \times S_1$) stationär ist, wenn für jedes $(x, \theta) \in R \times [0, 2\pi)$ der Punktprozeß $\mathbf{T}_{(x,\theta)}\Phi$ die gleiche Verteilung wie Φ hat.

Analog hierzu wird der Begriff des *isotropen Geradenprozesses* eingeführt, der besagt, daß das zufällige Geradenmuster invariant in Bezug auf Drehungen des Koordinatensystems um den Nullpunkt ist. Ein Geradenprozeß im R^2 heißt somit isotrop, wenn die Verteilung P des ihn repräsentierenden Punktprozesses Φ bezüglich der Operatoren $\mathbf{T}_{(\theta)} : N \to N$ mit

$$\mathbf{T}_{(\theta)} \;=\; \sum_{t \in S_\varphi} \varphi(\{t\})\,\delta_{\mathbf{A}^{-1}_{(\theta)}t} \qquad \text{für } \theta \in [0, 2\pi),\; \varphi \in N$$

invariant ist. Dabei ist die Abbildung $\mathbf{A}_{(\theta)} : J \to J$ durch

$$\mathbf{A}_{(\theta)}(p, \cos(\beta + \tfrac{\pi}{2}), \sin(\beta + \tfrac{\pi}{2})) \;=\; (p, \cos(\beta + \theta + \tfrac{\pi}{2}), \sin(\beta + \theta + \tfrac{\pi}{2})) \tag{12.7}$$

gegeben.

Auf ähnliche Weise kann man auch die Stationarität bzw. Isotropie für zufällige Hyperebenenprozesse im Raum R^d einer beliebigen Dimension d definieren. Das gleiche gilt für zufällige Geradenprozesse im R^3 und allgemein für zufällige Prozesse r-dimensionaler linearer Mannigfaltigkeiten im R^d; $0 < r < d$.

Wenn eventuell auftretende Vielfachheiten von Atomen nicht berücksichtigt werden, dann kann man diese Invarianzeigenschaften natürlich mit Hilfe der zufälligen Maße ausdrücken, die durch solche Prozesse induziert werden. Wir wollen dies am Beispiel von Hyperebenenprozessen verdeutlichen.

Es sei Φ ein einfacher Hyperebenenprozeß im R^d, und Λ sei das durch diesen Prozeß mittels (11.9) induzierte zufällige Maß. Φ ist genau dann stationär bzw. isotrop, wenn Λ stationär bzw. isotrop ist. Dabei heißt ein zufälliges Maß Λ auf $\mathcal{R}^d$ *stationär*, wenn für jedes $x \in R^d$ die Verteilung von Λ mit der Verteilung von $\mathbf{T}'_x\Lambda$ übereinstimmt, wobei $(\mathbf{T}'_x\Lambda)(B) = \Lambda(x + B)$ für $B \in \mathcal{R}^d$; $x + B = \{x + y : y \in B\}$. Analog hierzu heißt Λ *isotrop*, wenn für jeden Drehungsoperator $\mathbf{A} \in U_d$ die Verteilung von Λ mit der Verteilung von $\mathbf{T}'_{\mathbf{A}}\Lambda$ übereinstimmt, wobei $(\mathbf{T}'_{\mathbf{A}}\Lambda)(B) = \Lambda(\mathbf{A}B)$ für $B \in \mathcal{R}^d$; $\mathbf{A}B = \{\mathbf{A}y : y \in B\}$. In diesem Sinne sind also stationäre bzw. isotrope zufällige Punktprozesse im R^d spezielle stationäre bzw. isotrope zufällige Maße auf $\mathcal{R}^d$.

Mit Hilfe des bereits in Kapitel 7 betrachteten Begriffes des dynamischen Systems ergeben sich sämtliche Invarianzeigenschaften von zufälligen Punktprozessen und von zufälligen Maßen, die bisher in diesem Abschnitt eingeführt wurden, als Spezialfälle eines allgemeinen Modells. So ist es klar, wie die in Abschnitt 7.1 betrachtete Gruppe $\tilde{R}$ zu wählen ist, um zum Begriff des stationären zufälligen Punktprozesses im R^d bzw. des stationären zufälligen Maßes auf $\mathcal{R}^d$ zu gelangen. In diesem Fall wird $\tilde{R} = R^d$ sowie $\tilde{N} = N$ bzw. N', $\tilde{\mathcal{N}} = \mathcal{N}$ bzw. $\mathcal{N}'$ und $\tilde{\mathbf{T}}_x = \mathbf{T}_x$ bzw. $\mathbf{T}'_x$ gesetzt.

Auf analoge Weise ergibt sich der Begriff des isotropen zufälligen Punktprozesses im R^d bzw. des isotropen zufälligen Maßes auf $\mathcal{R}^d$. Dabei sind lediglich $\tilde{R}$ und $\tilde{\mathbf{T}}$ zu modifizieren, und es ist $\tilde{R} = U_d$ zu setzen, wobei als Verknüpfungsoperation in U_d die Multiplikation von Matrizen betrachtet wird.

Die Stationarität und die Isotropie von Hyperebenenprozessen lassen sich auch dann mit Hilfe eines speziell gewählten dynamischen Systems einführen, wenn diese Prozesse als Punktprozesse in der Teilmenge $J = R \times S_{d-1}$ des R^{d+1} aufgefaßt werden. Um auf diese Weise die Stationarität bzw. die Isotropie eines Hyperebenenprozesses im R^d zu definieren, genügt es, die Gruppe $\tilde{R}$ wie folgt zu wählen. $\tilde{R}$ sei die Gruppe von Abbildungen der Menge $J = R \times S_{d-1}$ auf sich selbst, die eine Verschiebung der entsprechenden Hyperebenen im R^d um jeweils den gleichen Vektor (d.h. eine Verschiebung des Koordinatenursprunges im R^d) bzw. eine Drehung des euklidischen Koordinatensystems im R^d bewirken. Im Fall eines planaren Geradenprozesses ($d = 2$) wurden diese Abbildungen in (12.6) bzw. (12.7) genauer beschrieben. Die Verknüpfungsoperation in $\tilde{R}$ ist dabei durch die Superposition der jeweils betrachteten Abbildungen gegeben.

Außerdem wird $\tilde{N} = N$, $\tilde{\mathcal{N}} = \mathcal{N}$ gesetzt, wobei N die Menge aller lokalendlichen Zählmaße bezüglich der Grundmenge $J = R \times S_{d-1}$ ist, und für jedes $\mathbf{A} \in \tilde{R}$ ist

$$\tilde{\mathbf{T}}_{\mathbf{A}}\varphi = \sum_{t \in S_{\varphi}} \varphi(\{t\})\,\delta_{\mathbf{A}^{-1}t}\,;\; \varphi \in N.$$

Auch die Begriffe der Stationarität bzw. der Isotropie einer beliebigen zufälligen abgeschlossenen Menge im R^d lassen sich mit Hilfe eines dynamischen Systems einführen. Dabei sind diese Begriffe insofern mit der Stationarität bzw. Isotropie von zufälligen Punktprozessen verträglich, daß ein zufälliger Punktprozeß im R^d genau dann stationär bzw. isotrop ist, wenn er diese Invarianzeigenschaften auch in der Darstellung als spezielle zufällige abgeschlossene Menge im R^d besitzt. So heißt die zufällige abgeschlossene Menge $\Xi : \Omega \to \tilde{F}$ im R^d *stationär*, wenn für jedes $x \in R^d$ die Verteilung von Ξ mit der Verteilung von $\Xi + x$ übereinstimmt. Ξ heißt *isotrop*, wenn für jedes $\mathbf{A} \in U_d$ die Verteilung von Ξ mit der Verteilung von $\mathbf{A}\Xi$ übereinstimmt, wobei $(\mathbf{A}\Xi)(\omega) = \{\mathbf{A}y : y \in \Xi(\omega)\}$ für jedes $\omega \in \Omega$.

Zufällige Punktprozesse, zufällige Maße und zufällige abgeschlossene Mengen, die sowohl stationär als auch isotrop sind, werden *bewegungsinvariant* genannt.

12.2 Palmsche Verteilungen und hiermit zusammenhängende Charakteristiken

So wie dies in Abschnitt 4.2 für stationäre Punktprozesse auf der reellen Achse getan wurde, läßt sich auch für stationäre Punktprozesse im R^d der Begriff der Palmschen Verteilung P^0 ohne Verwendung Campbellscher Maße definieren.

Es sei Φ ein stationärer Punktprozeß im R^d mit der Verteilung P, und wir setzen voraus, daß die in (12.2) gegebene Intensität λ von Φ der Bedingung $0 < \lambda < \infty$ genügt. Für jede Borel-Menge $B \in \mathcal{R}^d$ mit $0 < \nu_d(B) < \infty$ definieren wir durch

$$P^0(A) \;=\; \frac{1}{\lambda\,\nu_d(B)} \int\limits_{N} \int\limits_{B} \mathbf{1}_A(\mathbf{T}_x\varphi)\,\varphi(dx)\,P(d\varphi)\,, \qquad A \in \mathcal{N}\,, \qquad (12.8)$$

die Verteilung P^0 auf $\mathcal{N}$. Genauso wie im Fall $d = 1$ kann man zeigen, daß P^0 tatsächlich die Eigenschaften einer Verteilung hat und daß P^0 nicht von der Wahl der Menge B abhängt. Außerdem gilt

$$P^0(N^0) \;=\; 1\,, \qquad (12.9)$$

wobei

$$N^0 \;=\; \{\varphi : \varphi(R^d) = \infty,\, \varphi(\{0\}) > 0\}\,.$$

P^0 heißt die *Palmsche Verteilung* von Φ. Aus der Definitionsgleichung (12.8) von P^0 ergibt sich, daß

$$\int\limits_{N}\int\limits_{R^d} f(\varphi,x)\,dx\,P^0(d\varphi) \;=\; \frac{1}{\lambda}\int\limits_{N}\int\limits_{R^d} f(\mathbf{T}_x\varphi,x)\,\varphi(dx)\,P(d\varphi) \qquad (12.10)$$

für jede $(\mathcal{N}\otimes\mathcal{R}^d,\mathcal{R}_+)$-meßbare Funktion $f:N\times R^d\to R_+$ gilt. In Analogie zu Satz 4.2.2 wird (12.10) das *Campbellsche Theorem* für stationäre Punktprozesse im R^d genannt. Genauso wie in Satz 4.2.4 läßt sich zeigen, daß durch die Abbildung $(x,A)\to P^0(\mathbf{T}_x A)$ ein stochastischer Kern von R^d in $\mathcal{N}$ gegeben ist, für den

$$C(A\times B) \;=\; \lambda\int\limits_{B} P^0(\mathbf{T}_x A)\,dx\,, \qquad A\in\mathcal{N},\, B\in\mathcal{R}^d \qquad (12.11)$$

gilt. Hieraus folgt, daß durch die Palmsche Verteilung P^0 die in (11.15) eingeführten Verteilungen P_x bestimmt werden. D.h., die Verteilungen P_x in (11.15) können so gewählt werden, daß

$$P_x(A) \;=\; P^0(\mathbf{T}_x A) \qquad (12.12)$$

für jedes $x\in R^d$ und für jedes $A\in\mathcal{N}$ gilt.

Die *reduzierte Palmsche Verteilung* $P^!$ des stationären Punktprozesses Φ ist durch

$$P^!(A) \;=\; \frac{1}{\lambda\,\nu_d(B)}\int\limits_{N}\int\limits_{B} \mathbf{1}_A(\mathbf{T}_x\varphi - \delta_0)\,\varphi(dx)\,P(d\varphi) \qquad (12.13)$$

gegeben; $A\in\mathcal{N},\, B\in\mathcal{R}^d$ mit $0 < \nu_d(B) < \infty$. In Bezug auf die reduzierte Palmsche Verteilung $P^!$ lautet das (12.10) entsprechende *Campbellsche Theorem*:

$$\int\limits_{N}\int\limits_{R^d} f(\varphi,x)\,dx\,P^!(d\varphi) \;=\; \frac{1}{\lambda}\int\limits_{N}\int\limits_{R^d} f(\mathbf{T}_x\varphi - \delta_0, x)\,\varphi(dx)\,P(d\varphi) \qquad (12.14)$$

für jede $(\mathcal{N}\otimes\mathcal{R}^d,\mathcal{R}_+)$-meßbare Funktion $f:N\times R^d\to R_+$.

Für das reduzierte Campbellsche Maß $C^!$ von Φ gilt dann

$$C^!(A\times B) \;=\; \lambda\int\limits_{B} P^!_x(A)\,dx \qquad (12.15)$$

mit

$$P^!_x(A) \;=\; P^!(\mathbf{T}_x A) \qquad \text{für } x\in R^d,\, A\in\mathcal{N}\,. \qquad (12.16)$$

Der stationäre Punktprozeß Φ ist also genau dann ein Poisson-Prozeß, wenn

$$P^! = P \qquad (12.17)$$

gilt (vgl. (11.25) und Folgerung 10.5.6). Obwohl sich die in Folgerung 10.5.6 benutzte Argumentation mühelos von der reellen Achse auf den R^d übertragen läßt, geben wir in Abschnitt 12.4 einen direkten Beweis für die Hinlänglichkeit der Bedingung (12.17) an (vgl. Satz 12.4.1).

Es sei nun Φ ein einfacher stationärer Punktprozeß. Aus (12.16) ergibt sich dann, daß die in (11.17) bzw. (11.17') definierte Nächster-Nachbar-Abstandsverteilungsfunktion $F_{\min}^{[x]}$ des Punktprozesses Φ nicht von $x \in R^d$ abhängt. Dies gilt auch für die in (11.18) und (11.18') eingeführten Kontaktverteilungsfunktionen. Aus (12.12) und (12.16) folgt nämlich, daß

$$F_{\min}^{[x]}(t) = P^!(\varphi : \varphi(b(0,t)) > 0) = P^0(\varphi : \varphi(b(0,t)) > 1) . \qquad (12.18)$$

Außerdem ergibt sich aus (12.1) und (12.3), daß

$$F_{\min}^{(x)}(t) = P(\varphi : \varphi(b(0,t)) > 0) . \qquad (12.19)$$

Ist Φ ein stationärer Poisson-Prozeß, dann stimmt die Nächster-Nachbar-Abstandsverteilungsfunktion $F_{\min}^{[x]}$ mit der sphärischen Kontaktverteilungsfunktion $F_{\min}^{(x)}$ überein, und es gilt

$$F_{\min}^{[x]}(t) = F_{\min}^{(x)}(t) = 1 - \exp(-\lambda\,\nu_d(b(0,t))) = 1 - \exp(-\lambda\,\omega_d t^d) , \qquad (12.20)$$

wobei $\omega_d = \nu_d(b(0,1))$ das Volumen der Einheitskugel im R^d bezeichnet, also insbesondere $\omega_2 = \pi$, $\omega_3 = \frac{4}{3}\pi$. In der Tat ist (12.20) eine unmittelbare Konsequenz von (11.18) und (11.18'), wenn dabei (12.17) und der Fakt berücksichtigt wird, daß die Anzahl der Punkte des stationären Poisson-Prozesses Φ in der Menge $b(0,t)$ poissonverteilt ist mit dem Parameter $\lambda\,\nu_d(b(0,t))$. So wie die Nächster-Nachbar-Abstandsverteilungsfunktion (vgl. (12.18)) läßt sich auch die in (11.20) eingeführte Richtungsverteilung $D^{(x,r,r')}$ des einfachen stationären Punktprozesses Φ im R^d durch die Palmsche Verteilung P^0 ausdrücken. Setzt man (12.12) in (11.20) ein, so erkennt man, daß die Richtungsverteilung $D^{(x,r,r')}$ nicht von $x \in R^d$ abhängt und für $0 < r < r'$ mit $P^0(\varphi : \varphi^{(S_{d-1},r,r')}(\{0\}) = 1) > 0$ durch

$$D^{(x,r,r')}(B) = P^0(\{\varphi : \varphi^{(B,r,r')}(\{0\}) = 1\} \mid \{\varphi : \varphi^{(S_{d-1},r,r')}(\{0\}) = 1\}) \qquad (12.21)$$

gegeben ist; $B \in \mathcal{R}_S^d$.

Für die in (11.20') definierte Richtungsverteilung $D_{x,r,r'}$ eines stationären Punktprozesses gilt

$$D_{x,r,r'}(B) = \frac{\alpha_{[0]}(S(B;0,r,r'))}{\alpha_{[0]}(S(0,r,r'))} \qquad (12.22)$$

für jedes $B \in \mathcal{R}_S^d$, wobei $\alpha_{[0]}$ das Intensitätsmaß von P^0 ist und vorausgesetzt wird, daß die Begrenzungsradien r, r' so gewählt sind, daß der Nenner in (12.22) positiv und endlich ist.

Wenn der stationäre Punktprozeß Φ zusätzlich isotrop ist, dann ist auch seine Palmsche Verteilung P^0 isotrop (vgl. Satz 12.3.3). Die Richtungsverteilungen $D^{(x,r,r')}$ und $D_{x,r,r'}$ sind also in diesem Fall invariant bezüglich der Gruppe U_d von Verschiebungen auf S_{d-1}. Aus dem Haarschen Lemma ergibt sich somit, daß dann sowohl $D^{(x,r,r')}$ als auch $D_{x,r,r'}$ mit der Gleichverteilung auf $\mathcal{R}_S^d$ übereinstimmen. Weil wegen Satz 12.3.3 das Intensitätsmaß $\alpha^!$ der reduzierten Palmschen Verteilung $P^!$ eines bewegungsinvarianten Punktprozesses Φ invariant ist bezüglich einer beliebigen Drehung des euklidischen Koordinatensystems um den Nullpunkt, wird es durch die Intensität λ und durch die Funktion $\hat{K} : R_+ \to R_+$ mit

$$\hat{K}(r) = \frac{1}{\lambda}\,\alpha^!(b(0,r)) \qquad \text{für } r \geq 0 \qquad\qquad (12.23)$$

eindeutig bestimmt.

Genauso wie bei Punktprozessen auf der reellen Achse (vgl. Abschnitt 7.3) läßt sich auch die reduzierte Palmsche Verteilung $P^!$ eines ergodischen Punktprozesses Φ im R^d als Verteilung deuten, die das stochastische Verhalten von Φ von einem typischen Punkt dieses Punktprozesses aus gesehen beschreibt, wobei dieser Punkt selbst gestrichen wird (vgl. Abschnitt 12.5). Die Größe $\lambda\hat{K}(r)$ kann dann als die mittlere Anzahl der Punkte von Φ in einer Kugel mit dem Radius r um einen typischen Punkt von Φ, der selbst nicht mitgezählt wird, gedeutet werden. Ist Φ ein Poisson-Prozeß, dann ergibt sich aus (12.17) und (12.23), daß

$$\hat{K}(r) = \omega_d\, r^d \qquad \text{für } r \geq 0\,, \qquad\qquad (12.24)$$

wobei ω_d so wie in (12.20) das Volumen der Einheitskugel im R^d ist. Im allgemeinen ist $\hat{K}$ aber von der in (12.24) gegebenen Funktion verschieden. Genügt der Punktprozeß Φ jedoch einer gewissen Mischungsbedingung (vgl. Abschnitt 12.5), dann gilt

$$\lim_{r \to \infty} \frac{\hat{K}(r)}{\omega_d\, r^d} = 1\,. \qquad\qquad (12.25)$$

Diesen Umstand kann man nutzen, um mit Hilfe der in (12.23) eingeführten Funktion $\hat{K}$ Struktureigenschaften eines bewegungsinvarianten Punktprozesses Φ zu erfassen. Sind beispielsweise die Werte $\hat{K}(r)$ für alle r aus einem bestimmten Intervall (a,b) größer als die in (12.24) für den Poisson-Prozeß angegebenen Werte, dann kann hieraus geschlossen werden, daß relativ häufig Abstände zwischen Punktepaaren von Φ auftreten, die zwischen a und b liegen. Gilt umgekehrt $\hat{K}(r) < \omega_d\, r^d$ für jedes $r \in (a,b)$, dann treten Punktepaare, die einen zwischen a und b liegenden Abstand haben, relativ selten auf.

Wenn die Funktion $\hat{K}$ absolutstetig ist, dann kann man solche Struktureigenschaften auch mit Hilfe der durch

$$\hat{k}^2(r) \;=\; \lambda^2 \,\frac{d\hat{K}(r)}{dr}\Big/(d\omega_d\,r^{d-1}) \qquad (12.26)$$

gegebenen *Produktdichte* $\hat{k}^2 : R_+ \to R_+$ erfassen. Manchmal wird anstelle von $\hat{k}^2$ die Funktion $g : R_+ \to R_+$ mit

$$g(r) \;=\; \frac{1}{\lambda^2}\,\hat{k}^2(r) \qquad (12.27)$$

betrachtet, die *Paarkorrelationsfunktion* genannt wird. Diese Begriffsbildungen basieren auf der Tatsache, daß man im Poisson-Fall für beliebige $x_1, x_2 \in R^d$ mit $|x_1-x_2| = r > 0$ die Größe $\hat{k}^2(r)\,dx_1\,dx_2$ als Wahrscheinlichkeit dafür deuten kann, daß in den infinitesimalen Mengen dx_1, dx_2 jeweils ein Punkt des Punktprozesses Φ liegt. Ist nämlich Φ ein Poisson-Prozeß, dann ergibt sich aus (12.24), (12.26) und (12.27), daß für jedes $r > 0$

$$\hat{k}^2(r) \;=\; \lambda^2 \qquad \text{und} \qquad g(r) \;=\; 1\,. \qquad (12.28)$$

Die gleiche Deutung der Größe $\hat{k}^2(r)\,dx_1\,dx_2$ ist auch für allgemeinere (nichtpoissonsche) Punktprozesse Φ sinnvoll. Setzt man in das Campbellsche Theorem (12.14) die Funktion $f(\varphi, x) = (\mathbf{T}_{-x}\varphi)(B_1)\,\mathbf{1}_{B_2}(x)$ ein, so ergibt sich

$$\mathbf{E}\Phi(B_1)\Phi(B_2) \;=\; \lambda\int\limits_{B_1} \alpha^{!}(B_2 - x)\,dx \qquad (12.29)$$

für beliebige $B_1, B_2 \in \mathcal{R}^d$ mit $B_1 \cap B_2 = \emptyset$. Hieraus folgt unter Berücksichtigung von (12.23) und (12.26), daß

$$\mathbf{E}\Phi(dx_1)\Phi(dx_2) \;=\; \hat{k}^2(r)\,dx_1\,dx_2$$

für beliebige $x_1, x_2 \in R^d$ mit $|x_1-x_2| = r > 0$. Die obengenannte Wahrscheinlichkeitsdeutung der Größe $\hat{k}^2(r)\,dx_1\,dx_2$ kann somit als plausibel angesehen werden, wenn

$$\lim_{t_1,t_2 \to 0} \frac{\mathbf{E}\Phi(b(x_1,t_1))\Phi(b(x_2,t_2))}{\omega_d^2\,(t_1\,t_2)^d}$$

$$\qquad = \lim_{t_1,t_2 \to 0} \frac{P(\Phi(b(x_1,t_1)) > 0,\ \Phi(b(x_2,t_2)) > 0)}{\omega_d^2\,(t_1\,t_2)^d} \qquad (12.30)$$

gilt.

Aus der gleichen Mischungsbedingung, die zu (12.25) führt, ergibt sich

$$\lim_{r \to \infty} g(r) \;=\; 1 \qquad (12.31)$$

(vgl. Abschnitt 12.5). Sind also die Werte $g(r)$ der Paarkorrelationsfunktion eines bewegungsinvarianten Punktprozesses für jedes r aus einem bestimmten Intervall (a, b) größer (bzw. kleiner) als Eins, dann kann man annehmen, daß die Punktepaare von Φ, deren Abstand zwischen a und b liegt, relativ häufig (bzw. selten) auftreten.

Anstelle der in (12.23) gegebenen Funktion $\hat{K}$ wird auch die Funktion $\hat{L}$: $R_+ \to R_+$ mit

$$\hat{L}(r) \;=\; \sqrt[d]{\frac{\hat{K}(r)}{\omega_d}} \tag{12.32}$$

betrachtet. Sie hat die Eigenschaft $\hat{L}(r) = r$ für $r > 0$, falls Φ ein Poisson-Prozeß ist. Außerdem wird im Fall, daß $\hat{K}$ absolutstetig ist, die sogenannte *Radialverteilungsfunktion RDF* : $R_+ \to R_+$ definiert mit

$$RDF(r) \;=\; \lambda\,\frac{d\hat{K}(r)}{dr} \qquad \text{für } r > 0 \,. \tag{12.33}$$

Im ergodischen Fall kann die Größe $RDF(r)\,dr$ dann als die mittlere Anzahl von Punkten gedeutet werden, die einen zwischen r und $r + dr$ liegenden Abstand von einem typischen Punkt des Punktprozesses Φ haben.

Wir wollen nun noch zeigen, wie sich die in Abschnitt 12.1 betrachteten Invarianzeigenschaften der Stationarität bzw. Isotropie von Hyperebenenprozessen auf die in (11.22) definierte Richtungsrose solcher Prozesse übertragen.

Es sei Φ ein stationärer Hyperebenenprozeß im R^d. Das in Abschnitt 11.4 eingeführte Maß $\alpha^{S_{d-1}}$ auf $\mathcal{R}$ ist dann translationsinvariant. Dies ergibt sich aus der Stationarität von Φ und aus der Tatsache, daß für jede Borel-Menge $B \in \mathcal{R}$ und für jedes $x \in R$

$$\alpha^{S_{d-1}}(B) \;=\; \int\limits_{S_{d-1}} \alpha(B \times ds) \;=\; \int\limits_{S_{d-1}} \alpha((x + B) \times ds) \;=\; \alpha^{S_{d-1}}(x + B)$$

gilt. Aus dem Haarschen Lemma folgt dann, daß $\alpha^{S_{d-1}}$ proportional zum Lebesgue-Maß ν auf $\mathcal{R}$ ist, d.h., es gibt eine Zahl λ_1 mit

$$\alpha^{S_{d-1}}(B) \;=\; \lambda_1\,\nu(B) \qquad \text{für jedes } B \in \mathcal{R} \,. \tag{12.34}$$

Die Konstante λ_1 läßt sich deuten als die Intensität des stationären Punktprozesses, der entsteht, wenn man die Punkte des in $J = R \times S_{d-1}$ gegebenen Punktprozesses Φ auf die erste Komponente des Grundraumes J, d.h. auf die reelle Achse R, projiziert. Somit kann man λ_1 als Dichte des Hyperebenenprozesses auffassen, wobei die Richtungen der Hyperebenen nicht berücksichtigt werden.

Auf die gleiche Weise kann man zeigen, daß es für jedes $B' \in \mathcal{R}_S^d$ eine Zahl $\lambda_1(B')$ gibt, so daß

$$\alpha(B \times B') \;=\; \lambda_1(B')\,\nu(B) \qquad \text{für jedes } B \in \mathcal{R}\,. \tag{12.35}$$

Aus (11.22), (12.34) und (12.35) ergibt sich also, daß durch

$$D_x(B') \;=\; D(B') \;=\; \frac{\lambda_1(B')}{\lambda_1} \qquad \text{für } B' \in \mathcal{R}_S^{d-1} \tag{12.36}$$

und für jedes $x \in R$ eine Version der Richtungsrose D_x gegeben ist. Die Richtungsrose D_x eines stationären Hyperebenenprozesses hängt somit nicht von x ab.

Ist der stationäre Hyperebenenprozeß Φ zusätzlich isotrop, dann ist für jede beschränkte Borel-Menge $B \in \mathcal{R}$ das Maß $\alpha(B \times (\,\cdot\,))$ auf $\mathcal{R}_S^d$ invariant bezüglich der Gruppe U_d von Verschiebungen auf S_{d-1}. Aus dem Haarschen Lemma ergibt sich, daß D_x in diesem Fall die Gleichverteilung auf $\mathcal{R}_S^d$ ist. Hieraus folgt insbesondere, daß die Realisierungen eines stationären isotropen Hyperebenenprozesses mit Wahrscheinlichkeit Eins keine Hyperebenen mit einer fest vorgegebenen Normalenrichtung besitzen.

Es sei $d = 2$, und Φ sei ein stationärer Geradenprozeß in der euklidischen Ebene R^2. Außerdem sei $l^* = (p^*, \beta^*)$ eine fest vorgegebene Gerade im R^2. Es ist nicht schwierig einzusehen, daß die Schnittpunkte der Geraden l^* mit den Geraden des Geradenprozesses Φ einen stationären Punktprozeß Φ_{l^*} auf l^* bilden. Die Intensität λ_{l^*} des *Schnittpunktprozesses* Φ_{l^*} läßt sich mit Hilfe der Dichte λ_1 und der Richtungsrose D von Φ ausdrücken. Es gilt

$$\lambda_{l^*} \;=\; \lambda_1 \int_0^{2\pi} |\cos(\beta^* - s)| \, D(ds) \tag{12.37}$$

(vgl. auch Formel (13.27)).

12.3 Eigenschaften der Palmschen Verteilung

In diesem Abschnitt zeigen wir, welche Eigenschaften, die in den Kapiteln 4 und 6 für die Palmsche Verteilung P^0 (und für die reduzierte Palmsche Verteilung $P^!$) von stationären Punktprozessen auf der reellen Achse bewiesen wurden, sich auf ähnliche Weise auch für stationäre Punktprozesse im R^d formulieren und beweisen lassen. Dabei ist es für diejenigen Eigenschaften, die eng an die natürliche lineare Ordnungsstruktur der reellen Achse gebunden sind, schwierig bzw. nicht sinnvoll, analoge Eigenschaften für Punktprozesse im R^d zu untersuchen. Dies betrifft insbesondere die in Folgerung 4.3.2 betrachtete Invarianzeigenschaft von P^0 bzw.

die Beschreibung von P^0 durch eine stationäre Folge von Punktabständen in Abschnitt 4.3, die in Abschnitt 5.1 betrachteten Eigenschaften der Palmschen Verteilung P^0 von rekurrenten Punktprozessen sowie die Palm-Chintschin-Gleichungen in Abschnitt 6.3. Für diese Ergebnisse ist es wesentlich, daß der Grundraum des Punktprozesses die reelle Achse ist. Viele der in den Kapiteln 4 und 6 betrachteten Eigenschaften lassen sich jedoch ohne weiteres auf Punktprozesse im R^d übertragen.

Es sei Φ ein stationärer Punktprozeß im R^d mit $0 < \lambda < \infty$. Ähnlich wie im Fall $d = 1$ ist es möglich, die Definitionsgleichung (12.8) der Palmschen Verteilung P^0 umzukehren. Damit kann also nicht nur P^0 durch die Verteilung P von Φ, sondern auch P durch P^0 ausgedrückt werden.

Satz 12.3.1 *Für jede* $(\mathcal{N} \otimes \mathcal{R}^d, \mathcal{R} \cap [0,1])$*-meßbare Funktion* $h : N \times R^d \to [0,1]$ *mit der Eigenschaft*

$$\sum_{\{x : x \in R^d, \varphi(\{x\}) > 0\}} \varphi(\{x\}) h(\varphi, x) = 1 \qquad \text{für jedes } \varphi \in N \setminus \{\varphi_0\} \qquad (12.38)$$

gilt

$$P(A \setminus \{\varphi_0\}) = \lambda \int\limits_{N^0} \int\limits_{R^d} 1_A(\mathbf{T}_x \varphi)\, h(\mathbf{T}_x \varphi, -x)\, dx\, P^0(d\varphi) \qquad (12.39)$$

für jedes $A \in \mathcal{N}$, *wobei* $\varphi_0 \in N$ *das Nullmaß mit* $\varphi_0(R^d) = 0$ *ist.*

Diese *Umkehrformel* unterscheidet sich nur geringfügig von der in Satz 4.3.3 angegebenen Formel und läßt sich völlig analog zu Satz 4.3.3 beweisen.

Soll (12.39) durch das Einsetzen einer speziellen Funktion h, die der Bedingung (12.38) genügt, konkretisiert werden, dann kann wie folgt vorgegangen werden. Es sei

$$h(\varphi, x) = \begin{cases} (\varphi(\{y : |y| = |x|\}))^{-1}, & \text{falls } |x| = \sup_{r>0} \varphi(\{y : |y| < r\}) = 0\,, \\ 0 & \text{sonst}\,. \end{cases} \qquad (12.40)$$

Die durch (12.40) gegebene Funktion $h : N \times R^d \to [0,1]$ genügt offenbar der Bedingung (12.38), und die Umkehrformel (12.39) nimmt in diesem Fall die Gestalt

$$P(A \setminus \{\varphi_0\}) = \lambda \int\limits_{N^0} \frac{1}{\varphi(\{0\})} \int\limits_{\{y : \varphi(b(y,|y|)) = 0\}} 1_A(\mathbf{T}_x \varphi)\, dx\, P^0(d\varphi) \qquad (12.41)$$

an; $A \in \mathcal{N}$. Dabei führt (12.41) im Fall $d = 1$ nicht zu der in Folgerung 4.3.4 angegebenen Umkehrformel (4.23), sondern zu

$$P(A \setminus \{\varphi_0\}) = \lambda \int\limits_{N^0} \frac{1}{\varphi(\{0\})} \int\limits_{\frac{1}{2}X_0^*(\varphi)}^{\frac{1}{2}X_2^*(\varphi)} 1_A(\mathbf{T}_x \varphi)\, dx\, P^0(d\varphi)\,; \qquad (12.41')$$

$A \in \mathcal{N}$. Die Umkehrformel (12.41') kann als symmetrische Modifikation von (4.23) aufgefaßt werden. Ist Φ einfach und $d = 1$, dann sind die Umkehrformeln (4.23) und (4.27') identisch, und auch (4.27") unterscheidet sich auf Grund der Invarianzeigenschaft (4.20) nur unwesentlich von (4.27'). In diesem Fall kann somit (12.41') ebenfalls als symmetrische Modifikation von (4.27') und (4.27") aufgefaßt werden.

Manchmal wird anstelle der in (12.40) gegebenen Funktion h der Ansatz

$$h(\varphi, x) \;=\; \begin{cases} (\varphi(B))^{-1} & \text{für } x \in B \cap S_\varphi \\[2mm] 0 & \text{sonst} \end{cases} \tag{12.42}$$

benutzt, wobei die Menge $B \in \mathcal{R}^d$ beschränkt ist. Dann nimmt die Umkehrformel (12.39) die Gestalt

$$P(\varphi : \varphi \in A, \varphi(B) > 0)$$
$$= \; \lambda \sum_{j=1}^{\infty} \frac{1}{j} \int_B P^0(\varphi : \mathbf{T}_{-x}\varphi \in A, (\mathbf{T}_{-x}\varphi)(B) = j)\, dx \tag{12.43}$$

an; $A \in \mathcal{N}$ (vgl. auch Folgerung 3.2.4). Insbesondere gilt somit für jedes $k \in G_+$ und für jede Folge $B_1, B_2, \ldots, B_k$ paarweise disjunkter beschränkter Borel-Mengen aus $\mathcal{R}^d$ die Umkehrformel

$$P(\varphi : \varphi(B_1) = j_1, \ldots, \varphi(B_k) = j_k)$$
$$= \; \frac{\lambda}{j_l} \int_{B_l} P^0(\varphi : \varphi(B_1 - x) = j_1, \ldots, \varphi(B_k - x) = j_k)\, dx \tag{12.44}$$

für jedes $l \in G_+$ und für beliebige $j_1, \ldots, j_k \in G_+$ (vgl. auch Aufgabe 4.4.3). Weil bei der Definition des Verschiebungsoperators $\mathbf{S}$ in Abschnitt 4.3 von der natürlichen linearen Ordnung der reellen Zahlen Gebrauch gemacht wird, kann man nicht erwarten, daß die Invarianzeigenschaft (4.20) in dieser Form auch für die Palmsche Verteilung P^0 eines stationären Punktprozesses im d-dimensionalen euklidischen Raum R^d gilt. Bezüglich Verallgemeinerungen von (4.19) bzw. (4.20) auf Punktprozesse im R^d verweisen wir auf Abschnitt 3.9 in Kerstan/Matthes/Mecke (1974). Wir wollen hier lediglich auf die folgende Invarianzeigenschaft des Intensitätsmaßes $\alpha_{[0]}$ der Palmschen Verteilung P^0 eines stationären Punktprozesses Φ im R^d eingehen.

Satz 12.3.2 *Für jedes $B \in \mathcal{R}^d$ gilt*

$$\alpha_{[0]}(B) \;=\; \alpha_{[0]}(\check{B})\,, \tag{12.45}$$

wobei $\check{B} = \{-x : x \in B\}$ die Spiegelung der Menge B am Nullpunkt ist.

Beweis Es sei $g : R^d \to R_+$ eine $(\mathcal{R}^d, \mathcal{R}_+)$-meßbare Funktion mit $\int\limits_{R^d} g(x)\,dx = 1$.

Für jedes $B \in \mathcal{R}^d$ ergibt sich dann aus dem Campbellschen Theorem (12.10) mit $f(\varphi, x) = \varphi(B)\,g(x)$, daß

$$
\begin{aligned}
\lambda\,\alpha_{[0]}(B) &= \lambda \int\limits_N \int\limits_{R^d} f(\varphi, x)\,dx\,P^0(d\varphi) \\[2mm]
&= \int\limits_N \int\limits_{R^d} \varphi(B + x)\,g(x)\,\varphi(dx)\,P(d\varphi) \\[2mm]
&= \int\limits_N \int\limits_{R^d} \int\limits_{R^d} 1_{\check{B}+x}(y)\,g(x)\,\varphi(dy)\,\varphi(dx)\,P(d\varphi) \\[2mm]
&= \int\limits_N \int\limits_{R^d} \int\limits_{R^d} 1_{\check{B}+y}(x)\,g(x)\,\varphi(dx)\,\varphi(dy)\,P(d\varphi) \\[2mm]
&= \int\limits_N \int\limits_{R^d} \int\limits_{R^d} 1_{\check{B}}(x)\,g(x + y)\,(\mathbf{T}_y\varphi)(dx)\,\varphi(dy)\,P(d\varphi)\,.
\end{aligned}
$$

Hieraus folgt die Behauptung, wenn erneut das Campbellsche Theorem (12.10) mit $f(\varphi, x) = \int\limits_{R^d} 1_{\check{B}}(y)\,g(x + y)\,(\mathbf{T}_x\varphi)(dy)$ angewendet wird. $\square$

Aus (12.45) ergibt sich sofort, daß auch für das Intensitätsmaß $\alpha^!$ der reduzierten Palmschen Verteilung $P^!$ von Φ die gleiche Invarianzeigenschaft gilt:

$$
\alpha^!(B) = \alpha^!(\check{B}) \qquad \text{für jedes } B \in \mathcal{R}^d. \tag{12.45'}
$$

Die Wahrscheinlichkeiten $P^0(\varphi : \varphi(B) = j)$ und $P^0(\varphi : \varphi(\check{B}) = j)$ bzw. $P^!(\varphi : \varphi(B) = j)$ und $P^!(\varphi : \varphi(\check{B}) = j)$ stimmen jedoch im allgemeinen nicht überein.

Wegen (12.3) und (12.9) ist es klar, daß die Palmsche Verteilung P^0 nicht invariant bezüglich der in Abschnitt 12.1 definierten Verschiebungsoperatoren $\mathbf{T}_x$ sein kann. Es zeigt sich aber, daß sich die Isotropie eines stationären Punktprozesses auf seine Palmschen Verteilungen P^0 und $P^!$ überträgt.

Satz 12.3.3 *Ist der stationäre Punktprozeß Φ isotrop, dann sind auch die Verteilungen P^0 und $P^!$ isotrop.*

Beweis Es genügt, die Isotropie von P^0 zu beweisen, denn aus den Definitionsgleichungen (12.8) und (12.13) von P^0 und $P^!$ ergibt sich dann sofort, daß auch $P^!$ isotrop ist. Es sei $\mathbf{A} \in U_d$ und $B = b(0, r)$. Aus (12.8) folgt unter Berücksichtigung der Drehungsinvarianz der Verteilung P von Φ, daß

$$
\lambda\omega_d\,r^d\,P^0(\mathbf{T_A}A) = \int\limits_N \int\limits_B 1_{\mathbf{T_A}A}(\mathbf{T}_x\varphi)\,\varphi(dx)P(d\varphi)
$$

$$
\begin{aligned}
&= \int_N \int_B 1_A(\mathbf{T_A}^{-1}\mathbf{T}_x\varphi)\,\varphi(dx)\,P(d\varphi) \\[2mm]
&= \int_N \int_B 1_A(\mathbf{T}_{\mathbf{A}x}\mathbf{T_A}^{-1}\varphi)\,\varphi(dx)\,P(d\varphi) \\[2mm]
&= \int_N \int_B 1_A(\mathbf{T}_x\mathbf{T_A}^{-1}\varphi)\,(\mathbf{T_A}^{-1}\varphi)(dx)\,P(d\varphi) \\[2mm]
&= \int_N \int_B 1_A(\mathbf{T}_x\varphi)\,\varphi(dx)\,P(d\varphi) \\[2mm]
&= \lambda\omega_d\,r^d\,P^0(A)
\end{aligned}
$$

für jedes $A \in \mathcal{N}$. $\square$

Wir kommen jetzt zur Darstellung der Palmschen Verteilung P^0 als Grenzwert von bedingten Verteilungen des stationären Punktprozesses Φ. Hierfür setzen wir von nun an in diesem Abschnitt voraus, daß der Punktprozeß Φ einfach ist. Für die Verteilung P von Φ gelte $P(\varphi : \varphi(R^d) = 0) = 0$. Aus der in (11.16) betrachteten Darstellung der Palmschen Verteilungen P_x als Grenzwert von bedingten Verteilungen und aus (12.12) ergibt sich unter Berücksichtigung der Stationarität von Φ, daß für jedes $A \in \mathcal{N}$

$$
P^0(\mathbf{T}_x A) \;=\; \lim_{k\to\infty} P(\mathbf{T}_x A | \{\varphi : \varphi(B_k) > 0\}) \tag{12.46}
$$

für ν_d-fast jedes $x \in R^d$ gilt, wobei $B_1, B_2, \ldots$ eine monoton nichtwachsende Folge von Quadern im R^d ist, so daß $0 \in B_k$ für jedes $k \in G_+$ und der Durchmesser $d(B_k)$ von B_k für $k \to \infty$ gegen Null konvergiert. Dabei sei vermerkt, daß man (11.16) nicht nur für Nullfolgen von gerichteten Zerlegungen des R^d in paarweise disjunkte beschränkte Quader beweisen kann, sondern für jede Nullfolge von gerichteten Zerlegungen des R^d in beliebige paarweise disjunkte beschränkte Teilmengen mit einem nichtleeren inneren Kern, für die die in Abschnitt 11.4 angegebenen Bedingungen 1 bis 3 erfüllt sind. Somit kann man auch (12.46) für jede monoton nichtwachsende Folge $B_1, B_2, \ldots$ von beschränkten Teilmengen des R^d mit einem nichtleeren Kern beweisen, für die $0 \in B_k$ für jedes $k \in G_+$ und $\lim_{k\to\infty} d(B_k) = 0$ gilt. Insbesondere kann $B_k = b(0, \frac{1}{k})$ gesetzt werden.

So wie dies in Abschnitt 6.2 für $d = 1$ getan wurde, läßt sich im stationären Fall die Ausnahmemenge, für die (12.46) nicht gilt, näher bestimmen. Mit Hilfe völlig analoger Überlegungen wie im Beweis des Satzes 6.2.3 kann man nämlich zeigen, daß (12.46) gilt, wenn $\mathbf{T}_x A$ eine Stetigkeitsmenge bezüglich P^0 ist. Das heißt, daß die bedingten Verteilungen $P(\,\cdot\,|\,\{\varphi : \varphi(B_k) > 0\})$ für $k \to \infty$ im Sinne der *schwachen Konvergenz* von Wahrscheinlichkeitsmaßen in polnischen Räumen gegen P^0 konvergieren.

Ähnlich wie in Satz 6.2.1 kann die schwache Konvergenz durch die Konvergenz bezüglich des *Variationsabstandes* ersetzt werden, wenn anstelle der Verteilung $P(\,\cdot\mid\{\varphi : \varphi(B_k) > 0\})$ die „korrigierte" bedingte Verteilung P_k mit

$$P_k(A) \;=\; P(\{\varphi : \mathbf{T}_{X^{(k)}(\varphi)}\varphi \in A\}\mid\{\varphi : \varphi(B_k) > 0\}) \qquad \text{für } A \in \mathcal{N} \quad (12.47)$$

betrachtet wird, wobei $X^{(k)}(\varphi)$ dasjenige Atom von φ aus B_k bezeichnet, das den kleinsten Abstand vom Nullpunkt hat. (Aus Satz 3.4.11 in Kerstan/Matthes/ Mecke (1974) folgt, daß die Abbildung $\varphi \to X^{(k)}(\varphi)$ für P-fast jedes $\varphi \in N \cap \{\varphi' : \varphi'(B_k) > 0\}$ wohldefiniert ist.)

Satz 12.3.4 *Für jede monoton nichtwachsende Folge $\{B_k\}$ von beschränkten Teilmengen des R^d mit nichtleerem inneren Kern, so daß $0 \in B_k$ für jedes $k \in G_+$ und $\lim_{k \to \infty} \sup\{|x - y| : x, y \in B_k\} = 0$, gilt*

$$\lim_{k \to \infty} \|P^0 - P_k\| \;=\; 0 \,. \tag{12.48}$$

Der **Beweis** von (12.48) verläuft genauso wie der Beweis des Satzes 6.2.1. Dabei wird von der Tatsache Gebrauch gemacht, daß der Satz 3.2.1 in geringfügig modifizierter Form auch für Punktprozesse im R^d gilt und demzufolge so wie in (6.3') die Intensität λ von Φ als Grenzwert

$$\lim_{k \to \infty} \frac{1}{\nu_d(B_k)} P(\varphi : \varphi(B_k) > 0) \;=\; \lambda \tag{12.49}$$

dargestellt werden kann.

Durch die lokale Charakterisierung (12.49) der Intensität λ ist eine Verallgemeinerung des *Satzes von Koroljuk* (vgl. Satz 6.1.2) für stationäre Punktprozesse im R^d gegeben. Weil

$$\frac{1}{\nu_d(B_k)} P(\varphi : \varphi(B_k) > 1)$$
$$\leq \;\; \frac{1}{\nu_d(B_k)} \left[\sum_{j=1}^{\infty} j\, P(\varphi : \varphi(B_k) = j) - \sum_{j=1}^{\infty} P(\varphi : \varphi(B_k) = j)\right]$$
$$= \;\; \lambda - \frac{1}{\nu_d(B_k)} P(\varphi : \varphi(B_k) > 0)\,,$$

ergibt sich außerdem aus (12.49) die folgende Verallgemeinerung des *Satzes von Dobruschin* (vgl. Satz 6.1.1)

$$\lim_{k \to \infty} \frac{1}{\nu_d(B_k)} P(\varphi : \varphi(B_k) > 1) \;=\; 0 \,. \tag{12.50}$$

Den Sätzen 6.2.5 und 6.2.6 entsprechende Aussagen lassen sich auch für die reduzierte Palmsche Verteilung $P^!$ des stationären Punktprozesses Φ im R^d beweisen.

An dieser Stelle sei vermerkt, daß sich die Mehrzahl der in den Abschnitten 12.2 und 12.3 dargelegten Ergebnisse weiter verallgemeinern läßt. So ist es oftmals unwesentlich, daß der Grundraum des betrachteten Punktprozesses Φ der d-dimensionale euklidische Raum R^d ist und daß Φ die durch (12.1) definierte spezielle Invarianzeigenschaft hat. Φ kann ein Punktprozeß in einer beliebigen Abelschen lokalkompakten Hausdorffschen topologischen Gruppe J sein (vgl. Kapitel 6 in Kerstan/Matthes/Mecke (1982)). So wie in Abschnitt 12.1 wird dann für jedes $x \in J$ der Verschiebungsoperator $\mathbf{T}_x : N \to N$ mit $\mathbf{T}_x\varphi = \sum\limits_{t \in S_\varphi} \varphi(\{t\})\,\delta_{t-x}$

für $\varphi = \sum\limits_{t \in S_\varphi} \varphi(\{t\})\,\delta_t$ definiert und vorausgesetzt, daß die Verteilung von Φ invariant bezüglich $\mathbf{T}_x$ für jedes $x \in J$ ist. Insbesondere kann J eine Teilmenge des R^d sein, zum Beispiel $J = S_{d-1}$ mit der Verknüpfungsoperation der sphärischen Verschiebung. Auf diese Weise lassen sich also $\mathbf{T}$-invariante Punktprozesse auf der Oberfläche der Einheitskugel im R^d und somit auch isotrope Hyperebenenprozesse im R^d erfassen, für die sich mit Wahrscheinlichkeit Eins sämtliche Hyperebenen im Nullpunkt schneiden. Die Palmsche Verteilung P^0 kann dann als die bedingte Verteilung des Hyperebenenprozesses gedeutet werden unter der Bedingung, daß der zufällige Hyperebenenprozeß eine Hyperebene mit einer fest vorgegebenen Normalen enthält. Für ergodische zufällige Geradenbündel im R^2, die sich im Nullpunkt schneiden, bedeutet dies, daß beispielsweise die x-Achse auf eine „typische Gerade" des Geradenprozesses gelegt wird (vgl. Abschnitt 12.5).

12.4 Palmsche Verteilungen für spezielle Klassen von stationären Punktprozessen im R^d

Für spezielle Klassen von stationären Punktprozessen im R^d wird nun die Gestalt der Palmschen Verteilungen P^0 bzw. $P^!$ sowie hiervon abgeleiteter Größen genauer beschrieben. Dabei gibt es weitreichende Analogien zu den Ergebnissen, die in Kapitel 5 für stationäre Cox-Prozesse und für stationäre Poissonsche Cluster-Prozesse auf der reellen Achse angegeben wurden.

Obwohl die meisten der in diesem Abschnitt betrachteten Ergebnisse erneut weiter verallgemeinert werden können und in ähnlicher Form auch für Punktprozesse in einer beliebigen Abelschen lokalkompakten Hausdorffschen topologischen Gruppe gelten, beschränken wir uns hier auf Punktprozesse im R^d.

Der denkbar einfachste Zusammenhang zwischen der Verteilung P eines stationären Punktprozesses Φ im R^d und seiner reduzierten Palmschen Verteilung $P^!$, nämlich die Identität

$$P^! = P\,, \tag{12.51}$$

die bereits in Abschnitt 12.2 erwähnt wurde, liegt vor, wenn Φ ein Poisson-Prozeß ist. Zum Nachweis von (12.51) ist es nicht erforderlich, wie im allgemeinen (nicht-stationären) Fall vorzugehen und ein d-dimensionales Analogon von Satz 3.3.5 zu beweisen (vgl. (11.25)), sondern es genügt zu zeigen, daß die Leerwahrscheinlich-keiten von $P^!$ und P übereinstimmen. Auch umgekehrt, wenn Φ ein stationärer Punktprozeß im R^d ist, für den (12.51) gilt, kann man einen direkten Beweis dafür angeben, daß Φ Poissonsch ist, ohne die in Folgerung 10.5.6 benutzte Argumentation von der reellen Achse auf den R^d zu übertragen.

Satz 12.4.1 *Es sei Φ ein stationärer Punktprozeß. Φ ist genau dann ein Poisson-Prozeß, wenn* (12.51) *gilt.*

Beweis Sei Φ ein stationärer Poisson-Prozeß. Dann ist sowohl die Verteilung P von Φ als auch die reduzierte Palmsche Verteilung $P^!$ von Φ auf der Menge der einfachen Zählmaße konzentriert (vgl. Abschnitt 6.1). Zum Nachweis von (12.51) genügt es zu zeigen (vgl. die Abschnitte 3.1 und 11.4), daß

$$P^!(\varphi : \varphi(B) = 0) \;\;=\;\; P(\varphi : \varphi(B) = 0) \tag{12.52}$$

für jede beschränkte Borel-Menge $B \in \mathcal{R}^d$ gilt. Sei $B' \in \mathcal{R}^d$ eine beliebige Borel-Menge mit $0 < \nu_d(B') < \infty$. Aus der Unabhängigkeitseigenschaft des Poisson-Prozesses Φ ergibt sich dann für das reduzierte Campbellsche Maß $C^!$ von Φ

$$
\begin{aligned}
C^!(\{\varphi : \varphi(B) = 0\} \times B') \\[4pt]
=\;\; & C^!(\{\varphi : \varphi(B) = 0\} \times (B' \cap B)) + C^!(\{\varphi : \varphi(B) = 0\} \times (B' \setminus B)) \\[4pt]
=\;\; & \int_N \sum_{x \in S_\varphi} \mathbf{1}_{B' \cap B}(x)\, \mathbf{1}_{\{\varphi' : \varphi'(B) = 0\}}(\varphi - \delta_x)\, P(d\varphi) + \\[4pt]
& \qquad\qquad + \int_N \sum_{x \in S_\varphi} \mathbf{1}_{B' \setminus B}(x)\, \mathbf{1}_{\{\varphi' : \varphi'(B) = 0\}}(\varphi - \delta_x)\, P(d\varphi) \\[8pt]
=\;\; & \int_N \mathbf{1}_{\{\varphi' : \varphi'(B' \cap B) = 1\}}(\varphi)\, \mathbf{1}_{\{\varphi' : \varphi'(B \setminus B') = 0\}}(\varphi)\, P(d\varphi) + \\[4pt]
& \qquad\qquad + \int_N \sum_{x \in S_\varphi} \mathbf{1}_{B' \setminus B}(x)\, \mathbf{1}_{\{\varphi' : \varphi'(B) = 0\}}(\varphi)\, P(d\varphi) \\[8pt]
=\;\; & \lambda \nu_d(B' \cap B)\, \exp(-\lambda \nu_d(B' \cap B))\, \exp(-\lambda \nu_d(B \setminus B')) + \\[4pt]
& \qquad\qquad + \lambda \nu_d(B' \setminus B)\, \exp(-\lambda \nu_d(B)) \\[4pt]
=\;\; & P(\varphi : \varphi(B) = 0)\, \lambda \nu_d(B')\,.
\end{aligned}
$$

Hieraus und aus (12.15), (12.16) folgt (12.52).

Wir nehmen nun umgekehrt an, daß (12.51) gilt. Äquivalent hierzu ist

$$P^0 \;\;=\;\; P * \delta_{\delta_0}\,, \tag{12.51'}$$

wobei $P * \delta_{\delta_0}$ die Verteilung des Punktprozesses $\Phi + \delta_0$ bezeichnet. Wenn in das Campbellsche Theorem (12.10) die Gleichung (12.51') und die Funktion $f : N \times R^d \to R_+$ mit $f(\varphi, x) = z^{\varphi(B-x)} 1_B(x)$ eingesetzt wird, wobei $0 \le z < 1$ und $B \in \mathcal{R}^d$ eine beliebige beschränkte Borel-Menge ist, dann nimmt (12.10) die Gestalt

$$\int_N z^{\varphi(B)+1} P(d\varphi)\, \nu_d(B) \;=\; \frac{1}{\lambda} \int_N z^{\varphi(B)}\, \varphi(B)\, P(d\varphi)$$

an. Die erzeugende Funktion $g : [0,1) \to [0,1)$ der Zufallsgröße $\Phi(B)$ mit $g(z) = \int_N z^{\varphi(B)} P(d\varphi)$ genügt also der Differentialgleichung

$$\frac{dg(z)}{dz} \;=\; \lambda \nu_d(B)\, g(z)\,.$$

Folglich gilt $g(z) = \exp(\lambda \nu_d(B)(z-1))$ für jedes $z \in [0,1)$, d.h., für jedes beschränkte $B \in \mathcal{R}^d$ ist $\Phi(B)$ poissonverteilt mit dem Parameter $\lambda \nu_d(B)$. Hieraus folgt, daß Φ einfach ist (vgl. Abschnitt 6.1) und daß die Leerwahrscheinlichkeiten $P(\Phi(B) = 0)$ von Φ für jedes beschränkte $B \in \mathcal{R}^d$ mit den Leerwahrscheinlichkeiten des Poisson-Prozesses mit dem Intensitätsmaß $\lambda \nu_d$ übereinstimmen. Also ist Φ ein Poisson-Prozeß. $\square$

Auch im allgemeinen (nichtstationären) Fall kann ähnlich wie im Beweis des Satzes 12.4.1 vorgegangen werden, um zu zeigen, daß die Bedingung (11.25) hinreichend dafür ist, daß ein Poisson-Prozeß vorliegt. Um dies zu verdeutlichen, benutzen wir den Begriff des erzeugenden Funktionals bzw. des Laplace-Funktionals. Analog zu der in Abschnitt 3.5 für Punktprozesse auf der reellen Achse angegebenen Definition versteht man unter dem *erzeugenden Funktional* des (nicht notwendig stationären) Punktprozesses Φ im R^d die Abbildung $\mathbf{G} : \mathcal{H} \to R$, die jeder Funktion $f \in \mathcal{H}$ die reelle Zahl

$$\mathbf{G}(f) \;=\; \mathbf{E} \prod_{x \in S_\Phi} f(x)^{\Phi(\{x\})} \tag{12.53}$$

zuordnet, wobei $\mathcal{H}$ die Familie derjenigen $(\mathcal{R}^d, \mathcal{R})$-meßbaren beschränkten Funktionen $f : R^d \to R$ ist mit den Eigenschaften $|f(x)| \le 1$ für alle $x \in R^d$ und $f(x) = 1$ für die $x \in R^d$, die nicht zu einer beschränkten (von f abhängigen) Menge $B_f \in \mathcal{R}^d$ gehören. So wie in den Sätzen 3.5.1 und 3.5.2 kann man zeigen, daß die Verteilung P von Φ eindeutig durch das erzeugende Funktional $\mathbf{G}$ bestimmt ist und daß

$$\mathbf{G}(f) \;=\; \exp\!\left(\int_{R^d} (f(x) - 1)\, \alpha(dx) \right) \tag{12.54}$$

genau dann gilt, wenn Φ ein Poisson-Prozeß im R^d mit dem Intensitätsmaß α ist.

Dabei muß die Gültigkeit von (12.54) nicht für jedes $f \in \mathcal{H}$ nachgewiesen werden, denn so wie bei Punktprozessen auf der reellen Achse wird die Verteilung eines Punktprozesses bereits durch die Werte eindeutig bestimmt, die sein erzeugendes Funktional für eine gewisse, leicht beschreibbare Teilfamilie von Funktionen aus $\mathcal{H}$ annimmt (vgl. den Beweis des Satzes 3.5.1). Aus diesem Grund wird die Verteilung des Punktprozesses Φ auch eindeutig durch das *Laplace-Funktional* $\mathbf{L} : \mathcal{H}' \to [0,1)$ bestimmt, das jeder Funktion $f \in \mathcal{H}'$ den Wert

$$\mathbf{L}(f) \;=\; \mathbf{E}\exp\Big(-\int\limits_{R^d} f(x)\,\Phi(dx)\Big) \tag{12.55}$$

zuordnet, wobei $\mathcal{H}'$ die Menge aller beschränkten $(\mathcal{R}^d, \mathcal{R}_+)$-meßbaren Funktionen $f : R^d \to R_+$ ist, die nur in einer beschränkten (von f abhängigen) Menge von Null verschieden sind. Für jedes $f \in \mathcal{H}'$ gilt $\mathbf{L}(f) = \mathbf{G}(\exp(-f))$ (vgl. Satz 3.5.3).

Das Laplace-Funktional eines beliebigen zufälligen Maßes Λ auf $\mathcal{R}^d$ (mit nicht notwendig ganzzahligen Werten) wird genauso definiert, wobei in (12.55) lediglich Φ durch Λ zu ersetzen ist.

Setzen wir nun in das d-dimensionale Analogon des Campbellschen Theorems (3.11) die Formel (11.15) ein, dann erhalten wir

$$\int\limits_{N}\int\limits_{R^d} f(\varphi,x)\,\varphi(dx)\,P(d\varphi) \;=\; \int\limits_{R^d}\int\limits_{N} f(\varphi,x)\,P_x(d\varphi)\,\alpha(dx) \tag{12.56}$$

für jede $(\mathcal{N} \otimes \mathcal{R}^d, \mathcal{R}_+)$-meßbare Funktion $f : N \times R^d \to R_+$. Für $f(\varphi,x) = \exp[-z \int_{R^d} g(y)\,\varphi(dy)]\,g(x)$, wobei $\exp(-g) \in \mathcal{H}$ und $0 \leq z \leq 1$, nimmt (12.56) die Gestalt

$$\int\limits_{N} \exp\Big[-z \int\limits_{R^d} g(y)\,\varphi(dy)\Big] \int\limits_{R^d} g(x)\,\varphi(dx)\,P(d\varphi)$$

$$= \int\limits_{N} \exp\Big[-z \int\limits_{R^d} g(y)\,\varphi(dy)\Big] P(d\varphi) \int\limits_{R^d} \exp[-z\,g(x)]\,g(x)\,\alpha(dx)$$

an, wenn dabei (11.25) berücksichtigt wird. Ist also für den Punktprozeß Φ die Bedingung (11.25) erfüllt, dann genügt sein Laplace-Funktional $\mathbf{L}$ der Differentialgleichung

$$-\frac{d\mathbf{L}(zg)}{dz} \;=\; \int\limits_{R^d} \exp[-zg(x)]\,g(x)\,\alpha(dx)\,\mathbf{L}(zg)\,.$$

Folglich gilt

$$-\log\mathbf{L}(g) \;=\; \int\limits_{0}^{1}\int\limits_{R^d} \exp[-zg(x)]\,g(x)\alpha(dx)\,dz \;=\; \int\limits_{R^d} (1-\exp[-g(x)])\alpha(dx)\,,$$

d.h., es gilt (12.54), und Φ ist ein Poisson-Prozeß mit dem Intensitätsmaß α.

Es sei nun Φ ein stationärer *Cox-Prozeß* im R^d, d.h., seine Verteilung sei durch (11.28) gegeben, wobei Q die Verteilung des stationären zufälligen Intensitätsmaßes Λ von Φ ist. In diesem Fall läßt sich die reduzierte Palmsche Verteilung $P^!$ von Φ nicht so elementar wie in (12.51) direkt durch die Palmsche Verteilung P von Φ ausdrücken, sondern durch die *Palmsche Verteilung Q^0* von Λ, die durch

$$Q^0(A) \;=\; \frac{1}{\lambda} \int\limits_{N'} \int\limits_{[0,1]^d} \mathbf{1}_A(\mathbf{T}'_x\eta)\,\eta(dx)\,Q(d\eta)\,, \qquad A \in \mathcal{N}', \qquad (12.57)$$

gegeben ist. Völlig analog zu den in Abschnitt 5.3 gemachten Überlegungen ergibt sich

$$P^!(A) \;=\; \int\limits_{N'} P_\eta(A)\,Q^0(d\eta)\,, \qquad A \in \mathcal{N}. \qquad (12.58)$$

Wenn die Verteilung Q auf absolutstetigen Maßen $\eta \in N'$ konzentriert ist, dann läßt sich (12.57) in der Form

$$Q^0(A) \;=\; \frac{1}{\lambda} \int\limits_{N'} \mathbf{1}_A(\eta)\frac{d\eta}{dx}(0)\,Q(d\eta)\,, \qquad A \in \mathcal{N}', \qquad (12.57\text{'})$$

schreiben. (12.58) nimmt dann die Gestalt

$$P^!(A) \;=\; \frac{1}{\lambda} \int\limits_{N'} P_\eta(A)\frac{d\eta}{dx}(0)\,Q(d\eta)\,, \qquad A \in \mathcal{N}\,, \qquad (12.58\text{'})$$

an.

Aus (11.28) und (12.19) folgt für die sphärische Kontaktverteilungsfunktion $F_{\min}^{(x)}$ eines stationären Cox-Prozesses, dessen zufälliges Intensitätsmaß Λ die Verteilung Q hat,

$$\begin{aligned} F_{\min}^{(x)}(t) \;&=\; \int\limits_{N'} P_\eta(\varphi : \varphi(b(0,t)) > 0)\,Q(d\eta) \\[2mm] &=\; \int\limits_{N'} \Big(1 - \exp\big(-\eta(b(0,t))\big)\Big)\,Q(d\eta)\,. \end{aligned} \qquad (12.59)$$

Für die Nächster-Nachbar-Abstandsverteilungsfunktion $F_{\min}^{[x]}$ ergibt sich auf die gleiche Weise aus (12.18) und (12.58)

$$F_{\min}^{[x]}(t) \;=\; \int\limits_{N'} \Big(1 - \exp\big(-\eta(b(0,t))\big)\Big)\,Q^0(d\eta)\,. \qquad (12.60)$$

Bei der Bestimmung der in (11.20') eingeführten Richtungsverteilung $D_{x,r,r'}$ von Φ genügt es wegen (12.22), das Intensitätsmaß $\alpha^!$ von $P^!$ zu bestimmen, für das wegen (12.58)

$$\alpha^!(B) \;=\; \int_{N'} \eta(B)\, Q^0(d\eta) \tag{12.61}$$

gilt; $B \in \mathcal{R}^d$. Ist die Verteilung Q auf absolutstetigen Maßen $\eta \in N'$ konzentriert, dann ergibt sich wegen (12.57') insbesondere

$$F_{\min}^{[x]}(t) \;=\; \frac{1}{\lambda} \int_{N'} \Bigl(1 - \exp\bigl(-\eta(b(0,t))\bigr)\Bigr) \frac{d\eta}{dx}(0)\, Q(d\eta) \tag{12.60'}$$

und

$$\alpha^!(B) \;=\; \frac{1}{\lambda} \int_{N'} \eta(B)\, \frac{d\eta}{dx}(0)\, Q(d\eta) \,. \tag{12.61'}$$

Die in (12.23) eingeführte Funktion $\hat{K}$ ist dann ebenfalls absolutstetig, und für die in (12.26) definierte Produktdichte gilt

$$\hat{k}^2(r) \;=\; \frac{1}{d\omega_d\, r^{d-1}} \int_{N'} \frac{d\eta(b(0,r))}{dr}\, \frac{d\eta}{dx}(0)\, Q(d\eta) \,, \tag{12.62}$$

wobei zusätzlich vorausgesetzt wird, daß Φ (und damit auch Λ) isotrop ist.

Beispiele 12.4.2 1. *Gemischter Poisson-Prozeß.* Wenn die Verteilung Q des zufälligen Intensitätsmaßes Λ des Cox-Prozesses Φ auf der Menge $\{z\nu_d : z > 0\} \subset N'$ konzentriert ist, wenn also $\Lambda = Z\nu_d$ ein zufälliges Vielfaches des d-dimensionalen Lebesgue-Maßes ist, wobei $Z : \Omega \to R_+$ eine nichtnegative Zufallsgröße ist, dann wird Φ *gemischter Poisson-Prozeß* genannt. In diesem Fall gilt $\frac{d\Lambda}{dx} = Z$ und $\lambda = \mathbf{E}Z$. Die Formeln (12.57') und (12.58') nehmen somit die folgende Gestalt an:

$$Q^0(A) \;=\; \frac{1}{\mathbf{E}Z} \int_0^\infty \mathbf{1}_A(z\nu_d)\, z\mathbf{P}(Z \in dz) \tag{12.63}$$

und

$$P^!(A) \;=\; \frac{1}{\mathbf{E}Z} \int_0^\infty P_{z\nu_d}(A)\, z\mathbf{P}(Z \in dz) \,. \tag{12.64}$$

Für das Intensitätsmaß $\alpha^!$ von $P^!$ gilt also

$$\alpha^! \;=\; \frac{\mathbf{E}Z^2}{\mathbf{E}Z}\,\nu_d\,. \tag{12.65}$$

Auf ähnliche Weise lassen sich die sphärische Kontaktverteilungsfunktion und die Nächster-Nachbar-Abstandsverteilungsfunktion von Φ durch die Verteilung von Z ausdrücken, wenn dabei (12.59) und (12.60) benutzt wird. Für die Funktion $\hat{K}$ gilt wegen (12.65)

$$\hat{K}(r) \;=\; \frac{\mathbf{E}Z^2}{(\mathbf{E}Z)^2}\,\omega_d\,r^d \qquad \text{für } r \geq 0\,. \tag{12.66}$$

2. *Unterbrochener Poisson-Prozeß.* Es sei Ξ eine zufällige abgeschlossene Menge im R^d, die stationär ist. Wir nehmen an, daß das zufällige Intensitätsmaß Λ des Cox-Prozesses Φ durch $\Lambda(B) = \nu_d(\Xi \cap B)$ gegeben ist; $B \in \mathcal{R}^d$. Für die Intensität $\lambda = \mathbf{E}\Lambda([0,1)^d)$ gelte $\lambda > 0$. Der Cox-Prozeß Φ wird dann *unterbrochener Poisson-Prozeß* genannt (vgl. auch Abschnitt 5.2). Es gilt $\frac{d\Lambda}{dx}(0) = \mathbf{1}_\Xi(0)$ und $\lambda = \mathbf{P}(0 \in \Xi)$. Somit ergibt sich aus (12.57') und (12.58')

$$Q^0(A) \;=\; \mathbf{P}(\Lambda \in A \,|\, 0 \in \Xi) \qquad \text{für } A \in \mathcal{N}' \tag{12.67}$$

und

$$P^!(A) \;=\; \int\limits_{N'} P_\eta(A)\,\mathbf{P}(\Lambda \in d\eta \,|\, 0 \in \Xi) \qquad \text{für } A \in \mathcal{N}\,. \tag{12.68}$$

3. *Zufällig auf Hyperebenen verstreute Punkte.* Wir nehmen nun an, daß das zufällige Intensitätsmaß Λ des Cox-Prozesses Φ auf die in (11.9) angegebene Weise durch einen stationären und isotropen Poissonschen Hyperebenenprozeß mit der Intensität λ_1 (vgl. (12.34)) induziert wird. Dies bedeutet, daß Φ (und damit auch Λ) stationär und isotrop ist und daß die Punkte von Φ für jede Realisierung des Hyperebenenprozesses auf den Hyperebenen dieser Realisierung stationäre Poisson-Prozesse bilden. Die Realisierungen von Λ sind nicht absolutstetig bezüglich des d-dimensionalen Lebesgue-Maßes. Für die Funktion $\hat{K}$ dieses Cox-Prozesses Φ gilt

$$\lambda_1\hat{K}(r) \;=\; \omega_{d-1}\,r^{d-1} + \lambda_1\omega_d\,r^d \qquad \text{für } r \geq 0\,. \tag{12.69}$$

Insbesondere gilt also

$$\lim_{r\to\infty} \frac{\hat{K}(r)}{\omega_d\,r^d} = 1 \qquad \text{und} \qquad \lim_{r\to\infty} g(r) = 1\,.$$

Die Formel (12.69) resultiert aus den folgenden Überlegungen. Für die Intensität λ von Φ gilt $\lambda = \mathbf{E}\Lambda([0,1)^d) = \lambda_1$. Aus (12.23) und (12.61) ergibt sich also, daß

$$\lambda_1 \hat{K}(r) \;=\; \alpha^!(b(0,r)) \;=\; \int\limits_{N'} \eta(b(0,r))\,Q^0(d\eta)\,.$$

Der Poissonsche Hyperebenenprozeß, der das zufällige Intensitätsmaß Λ von Φ induziert und der als Poissonscher Punktprozeß in der Grundmenge $J = R \times S_{d-1}$ definiert ist (vgl. Abschnitt 11.2), kann auch als unabhängig markierter Poissonscher Punktprozeß $\Psi \sim \{[X_n, M_n]\}$ auf der reellen Achse R mit dem Markenraum S_{d-1} aufgefaßt werden. Dabei sind die Punkte X_n die senkrechten (signierten) Abstände der Hyperebenen vom Nullpunkt, und die Marken M_n sind die Normalen der Hyperebenen. Q^0 ist dann die Verteilung des zufälligen Maßes, die mittels (11.9) durch die Palmsche Verteilung $P^{S_{d-1}}$ von Ψ (vgl. Abschnitt 8.3) induziert wird. $P^{S_{d-1}}$ ist erneut die Verteilung eines unabhängig markierten Poisson-Prozesses, und es gilt $P^{S_{d-1}} = P * \delta_{\delta_{[0,M]}}$, wobei P die Verteilung von Ψ bezeichnet und M eine auf S_{d-1} gleichverteilte, von Ψ unabhängige Zufallsgröße ist. Hieraus folgt, daß

$$\int\limits_{N'} \eta(b(0,r))\,Q^0(d\eta) \;=\; \omega_{d-1}\, r^{d-1} + \int\limits_{N'} \eta(b(0,r))\,Q(d\eta)$$

$$\;=\; \omega_{d-1}\, r^{d-1} + \lambda_1 \omega_d\, r^d\,.$$

Für einen Cox-Prozeß im R^2, dessen Punkte zufällig auf einem stationären Poissonschen Geradenprozeß verstreut sind ($d = 2$), gilt also insbesondere

$$\lambda_1 \hat{K}(r) \;=\; 2r + \lambda_1 \pi\, r^2 \qquad \text{für } r \geq 0\,. \tag{12.69'}$$

Wir kommen jetzt, in Verallgemeinerung von (12.51') bzw. (5.44), zu einer Darstellungsformel für das erzeugende Funktional der Palmschen Verteilung P^0 eines stationären Poissonschen Cluster-Prozesses im R^d. Unter einem *Poissonschen Cluster-Prozeß* im R^d verstehen wir ähnlich wie in Kapitel 5 einen Cluster-Prozeß Φ, dessen Primärprozeß ein Poisson-Prozeß ist. Dabei setzen wir in diesem Abschnitt stets voraus, daß der Primärprozeß ein stationärer Poisson-Prozeß im R^d mit der Intensität λ_Q ist und daß das Schauerfeld $\{Q^{[x]};\, x \in R^d\}$ von Φ *homogen* ist, d.h., es gilt

$$Q^{[x]}(A) \;=\; Q^{[0]}(\mathbf{T}_{-x}A) \qquad \text{für beliebige } A \in \mathcal{N},\, x \in R^d\,. \tag{12.70}$$

Genauso wie in Satz 5.5.1 läßt sich dann zeigen, daß der Punktprozeß Φ stationär ist. Für das erzeugende Funktional $\mathbf{G}$ von Φ gilt

$$\mathbf{G}(f) \;=\; \exp\!\left[\lambda_Q \int\limits_{R^d} (\mathbf{G}^{[x]}(f) - 1)\,dx\right] \tag{12.71}$$

für jedes $f \in \mathcal{H}$, wobei $\mathbf{G}^{[x]}$ das erzeugende Funktional von $Q^{[x]}$ bezeichnet. Das erzeugende Funktional $\mathbf{G}^0$ der Palmschen Verteilung P^0 von Φ hat die Gestalt

$$\mathbf{G}^0(f) \;=\; \mathbf{G}(f)\,\tilde{\mathbf{G}}(f) \qquad (12.72)$$

für jedes $f \in \mathcal{H}$, wobei $\tilde{\mathbf{G}}$ das erzeugende Funktional der Verteilung $\tilde{Q}$ mit

$$\tilde{Q}(A) \;=\; \frac{1}{\alpha_{Q^{[0]}}(R^d)} \int\limits_N \sum_{x \in S_\varphi} \varphi(\{x\})\,\mathbf{1}_A(\mathbf{T}_x \varphi)\,Q^{[0]}(d\varphi) \qquad (12.73)$$

ist; $A \in \mathcal{N}$, $\alpha_{Q^{[0]}}(R^d) = \int\limits_N \varphi(R^d)\,Q^{[0]}(d\varphi)$. Der Beweis der Formeln (12.72) und (12.73) verläuft genauso wie der Beweis von Satz 5.5.3.

Beispiele 12.4.3 Die in Abschnitt 5.5 betrachteten Klassen von Poissonschen Cluster-Prozessen auf der reellen Achse (Gauß-Poisson-Prozeß, Neyman-Scott-Prozeß, Bartlett-Lewis-Prozeß) lassen sich auf ähnliche Weise auch für Cluster-Prozesse im R^d definieren. Wir wollen hier lediglich auf *Neyman-Scott-Prozesse* im R^d näher eingehen, für die

$$Q^{[0]}(A) \;=\; \mathbf{P}\Big(\sum_{n=1}^{S} \delta_{Y_n} \in A\Big), \qquad A \in \mathcal{N}, \qquad (12.74)$$

gilt, wobei $Y_1, Y_2, \ldots$ eine Folge unabhängiger identisch verteilter d-dimensionaler zufälliger Vektoren und $S : \Omega \to G_0$ eine Zufallsgröße ist, die von der Folge $\{Y_n\}$ unabhängig ist. In diesem Fall nimmt (12.71) die Gestalt

$$\mathbf{G}(f) \;=\; \exp\Big[\lambda_Q \int\limits_{R^d} \Big(g\big(\int\limits_{R^d} f(x+y)\,F(dy)\big) - 1\Big)dx\Big] \qquad (12.75)$$

an, wobei $g(z) = \mathbf{E}z^S$ und F die Verteilung der zufälligen Vektoren Y_n ist.

Wir setzen voraus, daß F eine isotrope Verteilung auf $\mathcal{R}^d$ ist. Dann ist auch der zugehörige Neyman-Scott-Prozeß Φ isotrop. Aus (12.2) und (12.72) ergibt sich somit

$$\alpha^!(b(0,r)) \;=\; \lambda_Q \mathbf{E}S \nu_d(b(0,r)) + \frac{1}{\mathbf{E}S}\hat{F}(r)\sum_{j=1}^{\infty} j\,(j-1)\,\mathbf{P}(S=j), \qquad (12.76)$$

wobei $\hat{F}(r) = \mathbf{P}(|Y_{n_1} - Y_{n_2}| < r)$ für $n_1 \neq n_2$. Falls $\mathbf{E}S^2 < \infty$, dann gilt also insbesondere $\lim\limits_{r \to \infty} \hat{K}(r)(\omega_d\, r^d)^{-1} = 1$. Wenn zusätzlich $\hat{F}$ absolutstetig ist, dann gilt $\lim\limits_{r \to \infty} g(r) = 1$.

Von besonderem Interesse sind die Neyman-Scott-Prozesse, für die die Größen S und F eine spezielle Gestalt haben. Ein Neyman-Scott-Prozeß wird *Maternscher Cluster-Prozeß* genannt, wenn S poissonverteilt ist und wenn F die Gleichverteilung in der Kugel $b(0, r_0)$ für ein $r_0 \in (0, \infty)$ ist. Ist im Gegensatz hierzu

F die symmetrische Normalverteilung, dann spricht man von einem *modifizierten Thomas-Prozeß*. Für $d = 2$ ergibt sich in diesem Fall aus (12.76) die Produktdichte

$$\hat{k}^2(r) \;=\; (\lambda_Q \mathbf{E}S)^2 + \frac{\lambda_Q^2\, \mathbf{E}S}{4\pi\sigma^2}\, \exp\!\left(-\frac{r^2}{4\sigma^2}\right) \qquad \text{für } r \geq 0\,,$$

wobei σ^2 die Varianz der symmetrischen Normalverteilung ist.

Ein *Gauß-Poisson-Prozeß* ist zwar kein spezieller Neyman-Scott-Prozeß, denn die von einem Primärpunkt ausgelösten Sekundärpunkte sind bezüglich des auslösenden Primärpunktes nicht identisch verteilt (vgl. (5.37)). Trotzdem lassen sich auch für die Funktion $\hat{K}$ und für die Nächster-Nachbar-Abstandsverteilung eines isotropen Gauß-Poisson-Prozesses überschaubare Formeln mit Hilfe von (12.72) bzw. (12.76) angeben (vgl. Stoyan/Kendall/Mecke (1987), Abschnitt 5.3). In bezug auf die Bestimmung der Funktion $\hat{K}$ trifft dies auch für den *Hawkes-Prozeß* zu, für den $Q^{[0]}$ die Verteilung eines endlichen räumlichen Verzweigungsprozesses ist (vgl. Daley/Vere-Jones (1988), Abschnitt 10.4). Dabei löst der im Nullpunkt liegende Primärpunkt, der selbst auch als Cluster-Punkt mitgezählt wird, einen (instationären) Poisson-Prozeß mit dem Intensitätsmaß $\eta \in N'$ aus, so daß $\eta(R^d) < 1$. Jeder so erzeugte Sekundärpunkt $x \in R^d$ erzeugt erneut einen Poisson-Prozeß mit dem Intensitätsmaß η_x mit $\eta_x(B) = \eta(B - x)$, und so weiter.

12.5 Ergodizität und Mischungseigenschaften

Der Begriff des dynamischen Systems, der sich bereits in Kapitel 7 im Zusammenhang mit Ergodizitäts- und Mischungseigenschaften von Punktprozessen auf der reellen Achse als nützlich erwies, liefert auch bei solchen Untersuchungen für zufällige Punktprozesse im R^d und in anderen Räumen, für zufällige Maße und für zufällige abgeschlossene Mengen ein einheitliches allgemeines Grundmodell. So führt jeder der in Abschnitt 12.1 eingeführten Stationaritätsbegriffe jeweils auf ein spezielles dynamisches System. Der Begriff der Ergodizität eines stationären Punktprozesses, eines stationären zufälligen Maßes bzw. einer stationären zufälligen abgeschlossenen Menge wird dabei stets auf das zugehörige dynamische System bezogen definiert. Ist also Φ ein stationärer Punktprozeß im R^d mit der Verteilung P, dann heißt Φ *ergodisch*, wenn das in Abschnitt 12.1 durch die Familie $\mathbf{T} = \{\mathbf{T}_x;\ x \in R\}$ von Verschiebungsoperatoren definierte dynamische System $[N, \mathcal{N}, P, \mathbf{T}]$ ergodisch ist. Auf die gleiche Weise werden die Begriffe des ergodischen Hyperebenenprozesses, des ergodischen zufälligen Maßes bzw. der ergodischen zufälligen abgeschlossenen Menge definiert.

Die in den Sätzen 7.2.3, 7.2.5, 7.2.8 sowie in den Folgerungen 7.2.6, 7.2.7, 7.2.9 angegebenen Ergodizitätskriterien lassen sich in analoger Form auch für stationäre Punktprozesse im R^d formulieren und beweisen.

Hieraus ergibt sich, daß der in Beispiel 12.4.2.3 betrachtete Cox-Prozeß Φ von zufällig auf Hyperebenen verstreuten Punkten ergodisch ist. Um dies zu zeigen, kann man die folgende Schlußweise benutzen. Aus dem d-dimensionalen Analogon des Satzes 7.2.5 folgt, daß lediglich zu zeigen ist, daß das zufällige Intensitätsmaß Λ von Φ ergodisch ist. Dies ergibt sich aus Lemma 7.1.2, wenn dabei berücksichtigt wird, daß auf Grund der Abbildung (11.9) für jede invariante Menge A aus $\mathcal{N}'$ die Wahrscheinlichkeit $\mathbf{P}(\Lambda \in A)$ gleich der Wahrscheinlichkeit dafür ist, daß sich der zugrundeliegende Poissonsche Hyperebenenprozeß in einer invarianten Teilmenge seines Werteraumes $[N, \mathcal{N}]$ befindet (nämlich in dem Urbild von A bezüglich der Abbildung (11.9)). Weil jeder stationäre Poissonsche Hyperebenenprozeß ergodisch ist (dies kann man mit Hilfe der Lemmata 7.1.3 und 7.1.5 zeigen), ist also die Wahrscheinlichkeit $\mathbf{P}(\Lambda \in A)$ für jede invariante Menge $A \in \mathcal{N}'$ gleich Null oder Eins. Dies ist gleichbedeutend mit der Ergodizität von Λ.

Neben dem Cox-Prozeß aus Beispiel 12.4.2.3 und den in 12.4.3 betrachteten Poissonschen Cluster-Prozessen ist ein weiteres Beispiel eines ergodischen Punktprozesses im R^d durch den Maternschen Hard-Core-Prozeß gegeben, der wie folgt definiert wird. Für jedes $\varphi \in N$ werden diejenigen Atome $x \in S_\varphi$ von φ gestrichen, für die es ein $x' \in S_\varphi$ mit $|x - x'| < 2r$ gibt, wobei $r \in (0, \infty)$ eine fest vorgegebene Zahl, der sogenannte *Hard-Core-Radius* ist. Das auf diese Weise gewonnene Zählmaß bezeichnen wir mit $\tilde{\varphi}$. Der Punktprozeß $\tilde{\Phi}$ wird *Maternscher Hard-Core-Prozeß* genannt, wenn seine Verteilung mittels der Abbildung

$$\varphi \longrightarrow \tilde{\varphi} \tag{12.77}$$

durch einen stationären Poisson-Prozeß im R^d induziert wird. Die Ergodizität von $\tilde{\Phi}$ ergibt sich aus der Ergodizität des zugrundeliegenden Poisson-Prozesses und aus der Tatsache, daß für jede $\mathbf{T}$-invariante Menge aus $\mathcal{N}$ ihr Urbild bezüglich der Abbildung (12.77) ebenfalls eine $\mathbf{T}$-invariante Menge aus $\mathcal{N}$ ist (vgl. Lemma 7.1.2).

Der in Beispiel 12.4.2.2 betrachtete unterbrochene Poisson-Prozeß Φ ist genau dann ergodisch, wenn die zufällige abgeschlossene Menge Ξ, die ihn induziert, ergodisch ist.

So wie dies in Abschnitt 7.3 für Punktprozesse auf der reellen Achse getan wurde, zeigen wir nun, daß auch die Palmsche Wahrscheinlichkeit $P^0(A)$ eines ergodischen Punktprozesses Φ im R^d als Wahrscheinlichkeit dafür gedeutet werden kann, daß Φ von einem zufällig ausgewählten Punkt des Punktprozesses Φ aus gesehen in A liegt. Dieser fiktive „zufällig herausgegriffene" Punkt von Φ wird so wie im Fall $d = 1$ *typischer Punkt* von Φ genannt. Um dabei den in Lemma 7.1.1 für dynamische Systeme angegebenen individuellen Ergodensatz nutzen zu können, müssen die Teilmengen des R^d, über die gemittelt wird, den Bedingungen 1 bis 3 in Lemma 7.1.1 genügen. Wir sagen, daß $B_1, B_2, \ldots$ eine *reguläre mittelnde Folge* von Borel-Mengen aus $\mathcal{R}^d$ ist, wenn

1'. die Mengen $B_1, B_2, \ldots$ kompakt und konvex sind,

2'. $B_n \subset B_{n+1}$ für jedes $n \in G_+$ und

3'. $\displaystyle \sup_{x \in R^d} \sup_{r>0} \{r : b(x,r) \subset B_n\} \xrightarrow[n \to \infty]{} \infty$ gilt.

Für jede reguläre mittelnde Folge $B_1, B_2, \ldots$ sind die in Lemma 7.1.1 formulierten Bedingungen 1 bis 3 erfüllt, wenn $\tilde{\mathcal{R}} = \mathcal{R}^d$ und $\tilde{\nu} = \nu_d$ gesetzt wird (vgl. Tempelman (1986), S. 103). Die Bedingung 3' bedeutet, daß mit wachsendem Index n Kugeln mit einem immer größeren Radius in die Menge B_n gelegt werden können. Insbesondere kann also B_n ein abgeschlossener Quader ($B_n = [-n, n]^d$) oder eine abgeschlossene Kugel ($B_n = \lim_{\varepsilon \downarrow 0} b(0, n + \varepsilon)$) sein.

Es sei Φ ein stationärer Punktprozeß im R^d mit der Verteilung P; $0 < \lambda < \infty$. Dann läßt sich ähnlich wie in Satz 7.3.1 zeigen (vgl. Abschnitt 6.5 in Kerstan/Matthes/Mecke (1982) bzw. Satz 10.2.4 in Daley/Vere-Jones (1988)), daß für jede reguläre mittelnde Folge $\{B_n\} \subset \mathcal{R}^d$ der Grenzwert

$$I(\varphi) \;=\; \lim_{n \to \infty} \frac{1}{\nu_d(B_n)} \, \varphi(B_n) \tag{12.78}$$

für P-fast jedes $\varphi \in N$ existiert und daß

$$\mathbf{E}I(\Phi) \;=\; \lambda \tag{12.79}$$

gilt. Die in (12.78) gegebene Zufallsgröße $I(\varphi) : N \to [0, \infty]$ wird *individuelle Intensität* von Φ genannt. Ist Φ ergodisch, dann gilt insbesondere

$$I(\Phi) \;=\; \lambda \qquad P\text{-fast sicher.} \tag{12.80}$$

Hieraus ergibt sich ähnlich wie im Beweis des Satzes 7.3.3, daß für jedes $A \in \mathcal{N}^0$ und für jede reguläre mittelnde Folge $\{B_n\} \subset \mathcal{R}^d$

$$P^0(A) \;=\; \lim_{n \to \infty} \frac{1}{\varphi(B_n)} \int_{B_n} \mathbf{1}_A(\mathbf{T}_x \varphi) \, \varphi(dx) \tag{12.81}$$

für P-fast jedes $\varphi \in N$ gilt, falls Φ ergodisch ist. Dies begründet die oben erwähnte Häufigkeitsinterpretation der Palmschen Wahrscheinlichkeiten $\{P^0(A); A \in \mathcal{N}^0\}$ eines ergodischen Punktprozesses im R^d.

Die Resultate, die außerdem in Abschnitt 7.3 für ergodische Punktprozesse auf der reellen Achse dargelegt wurden, lassen sich ebenfalls auf ergodische Punktprozesse im R^d übertragen.

Φ sei ergodisch. Völlig analog zu (7.24) ergibt sich dann für jede reguläre mittelnde Folge $\{B_n\} \subset \mathcal{R}^d$ und für jede $(\mathcal{N}, \mathcal{R}_+)$-meßbare Funktion $f : N \to R_+$

mit $\mathbf{E}f(\Phi) < \infty$ die Gültigkeit von

$$\lim_{n\to\infty} \frac{1}{\nu_d(B_n)} \int_{B_n} f(\mathbf{T}_x\varphi)\,dx \;=\; \int_N f(\varphi')\,P(d\varphi') \qquad (12.82)$$

für P^0-fast jedes $\varphi \in N^0$. Problematischer ist es, (7.25) auf Punktprozesse im R^d zu übertragen. Um eine (7.25) entsprechende Aussage für ergodische Punktprozesse im R^d zu erhalten, wird zusätzlich vorausgesetzt, daß Φ einfach ist. Dann kann man für P-fast jedes $\varphi \in N$ die Atome von Φ so numerieren, daß

$$|X_n(\varphi)| < |X_{n+1}(\varphi)| \quad \text{und} \quad |X_n(\varphi)| \;=\; \sup_{r\geq 0}\{r : \varphi(b(0,r)) = n-1\} \quad (12.83)$$

für jedes $n \in G_+$ gilt, wobei $S_\varphi = \{X_n(\varphi); n \in G_+\}$ (vgl. auch Aufgabe 11.6.1). In dieser Bezeichnungsweise gilt (7.25) in unveränderter Form für jede $(\mathcal{N}^0, \mathcal{R}_+)$-meßbare Funktion $f : N^0 \to R_+$ mit $\int_{N^0} f(\varphi')\,P^0(d\varphi') < \infty$ (vgl. Satz 12.4.1 in Daley/Vere-Jones (1988)).

Wird in (12.82) die Funktion $f = 1_A$ eingesetzt und der Erwartungswert gebildet, dann ergibt sich in Verallgemeinerung von (7.24')

$$\lim_{n\to\infty} \frac{1}{\nu_d(B_n)} \int_{B_n} P^0(\varphi : \mathbf{T}_x\varphi \in A)\,dx \;=\; P(A) \qquad (12.82')$$

für jedes $A \in \mathcal{N}$. Mit der in (12.83) eingeführten Numerierung bleibt (7.25') in unveränderter Form für einfache ergodische Punktprozesse im R^d gültig.

Ist Φ *mischend* (vgl. (7.9) bzw. (7.9')), dann kann in (12.82') die Mittelung weggelassen werden, so wie dies im Fall $d = 1$ in Satz 7.4.2 getan wurde, wenn dabei gleichzeitig die in (12.82') betrachtete starke Konvergenz durch die schwache Konvergenz

$$P_{-x} \;=\; P^0(\varphi : \mathbf{T}_x\varphi \in (\,\cdot\,)) \;\Rightarrow\; P \qquad \text{für } |x| \to \infty \qquad (12.84)$$

ersetzt wird (vgl. Satz 4.6.2 in Kerstan/Matthes/Mecke (1974)).

Satz 7.4.1 besitzt dagegen kein solches Analogon für Punktprozesse im R^d. Die Palmsche Verteilung P^0 ist nämlich auch für einfache Punktprozesse im R^d im allgemeinen nicht bezüglich der Verschiebung $\tilde{S} : N^0 \to N^0$ mit $\tilde{S}\varphi = \mathbf{T}_{X_2(\varphi)}\varphi$ invariant, wobei $X_1(\varphi), X_2(\varphi), \ldots$ die in (12.83) angegebene Numerierung ist. Deshalb ist es dann nicht möglich, so wie in Satz 7.4.1 eine Mischungsbedingung an P^0 zu formulieren.

Die Sätze 7.4.5, 7.4.6 und 7.4.8 zur Charakterisierung mischender Punktprozesse bleiben in unveränderter Form auch für Punktprozesse im R^d gültig.

So ergibt sich aus dem d-dimensionalen Analogon des Satzes 7.4.6 unter Zuhilfenahme von Lemma 7.1.5, daß der in Beispiel 12.4.2.3 behandelte Cox-Prozeß von zufällig auf einem Poissonschen Hyperebenenprozeß verstreuten Punkten mischend ist. Wegen Satz 7.4.6 genügt es nämlich zu zeigen, daß das durch (11.9) gegebene zufällige Maß Λ mischend ist. Hierfür ist hinreichend (vgl. Lemma 7.1.5), daß für beliebige beschränkte Borel-Mengen $B_1, B_2 \in \mathcal{R}^d$ die Einschränkungen $\Lambda_{B_1} = \Lambda((\,\cdot\,) \cap B_1)$ und $\Lambda_{B_2+x} = \Lambda((\,\cdot\,) \cap (B_2 + x))$ des zufälligen Maßes Λ auf die Mengen B_1 und $B_2 + x$ für $|x| \to \infty$ asymptotisch unabhängig sind. Dies ergibt sich aber aus den Unabhängigkeits- und Stetigkeitseigenschaften des stationären Poissonschen Hyperebenenprozesses, der dem zufälligen Maß Λ zugrunde liegt.

Außerdem ist gemäß Satz 7.4.8 jeder der in Abschnitt 12.4.3 betrachteten Poissonschen Cluster-Prozesse mischend. Ist Φ ein Maternscher Hard-Core-Prozeß mit dem Hard-Core-Radius $r > 0$, dann sind die zufälligen Anzahlen $\Phi(B_1)$ und $\Phi(B_2)$ unabhängig, falls der minimale Abstand $\inf\{|x_1 - x_2|;\ x_1 \in B_1,\ x_2 \in B_2\}$ zwischen Elementen der Mengen B_1 und B_2 größer als $2r$ ist. Aus Lemma 7.1.5 folgt also, daß auch jeder Maternsche Hard-Core-Prozeß mischend ist. Der in Beispiel 12.4.2.2 betrachtete unterbrochene Poisson-Prozeß ist genau dann mischend, wenn die ihm zugrundeliegende zufällige Menge Ξ mischend ist.

B-mischende Punktprozesse im R^d werden völlig analog zu dem in Abschnitt 7.5 für $d = 1$ eingeführten Begriff definiert. Soll also der stationäre Punktprozeß Φ im R^d B-mischend sein, d.h., soll Φ dem d-dimensionalen Analogon der Bedingung (7.47) genügen, dann muß zunächst vorausgesetzt werden, daß sämtliche Momente der zufälligen Anzahl $\Phi(B)$ der Punkte von Φ in jeder beschränkten Borel-Menge $B \in \mathcal{R}^d$ endlich sind. Dies schränkt natürlich die Klasse der betrachteten Punktprozesse ein. Andererseits ist diese Bedingung für viele in Anwendungen interessierende Punktprozesse erfüllt. Unter einer zusätzlichen Bedingung an die Kumulantenmaße von Φ kann man zeigen (vgl. Ivanoff (1982)), daß ein B-mischender Punktprozeß auch mischend im Sinne von (7.9) ist, wobei das in Satz 7.4.5 angegebene Kriterium benutzt wird.

Mit Hilfe von (12.71) und (12.72) kann gezeigt werden, daß ein Cluster-Prozeß im R^d mit einem homogenen Schauerfeld und mit einem stationären Poissonschen Primärprozeß B-mischend ist, wenn sämtliche Momente der Gesamtanzahl der Sekundärpunkte, die von einem Primärpunkt ausgelöst werden, endlich sind (vgl. Satz 7.5.7). Insbesondere sind also der Maternsche Cluster-Prozeß, der modifizierte Thomas-Prozeß und der Gauß-Poisson-Prozeß B-mischend. Aus der bereits erwähnten Tatsache, daß die Anzahlen der Punkte eines Maternschen Hard-Core-Prozesses in hinreichend weit voneinander entfernten Mengen unabhängig sind, folgt, daß auch diese Punktprozesse B-mischend sind.

Ist der Punktprozeß Φ B-mischend, dann gilt insbesondere (vgl. (7.38))

$$\int\limits_{R^d} |\alpha_{[0]}(dx) - \lambda\, dx| \ <\ \infty\,. \tag{12.85}$$

Hieraus ergibt sich, daß

$$\sup_{r \geq 0} |\alpha^!(b(0,r)) - \lambda \omega_d \, r^d| \ < \ \infty \,, \tag{12.86}$$

wobei $\alpha^!$ das Intensitätsmaß der reduzierten Palmschen Verteilung $P^!$ von Φ bezeichnet, d.h., es gibt eine Konstante $c < \infty$ mit

$$|\alpha^!(b(0,r)) - \lambda \omega_d \, r^d| \ < \ c \qquad \text{für jedes } r > 0 \,.$$

Die in (12.23) definierte Funktion $\hat{K}$ hat also in diesem Fall die Eigenschaft (12.25). Ist $\hat{K}$ absolutstetig, dann ergibt sich aus (12.85), daß

$$\int\limits_0^\infty \left| \frac{d\hat{K}(r)}{dr} - d\omega_d \, r^{d-1} \right| dr \ < \infty$$

und insbesondere

$$\lim_{r \to \infty} \left| \frac{d\hat{K}(r)}{dr} - d\omega_d \, r^{d-1} \right| \ = \ 0$$

gilt. Für die in (12.27) eingeführte Paarkorrelationsfunktion g eines B-mischenden Punktprozesses gilt somit (12.31).

Ein Beispiel eines im Sinne von (7.9) mischenden Punktprozesses im R^d, der jedoch nicht B-mischend ist, ist der in Beispiel 12.4.2.3 betrachtete Cox-Prozeß von zufällig auf einem Poissonschen Hyperebenenprozeß verteilten Punkten. Dies läßt sich mit Hilfe von (12.69) zeigen. Denn aus (12.69) ergibt sich unter Beachtung der Definitionsgleichung (12.23) von $\hat{K}(r)$, daß (12.86) nicht gilt und daß demzufolge der in Beispiel 12.4.2.3 betrachtete Cox-Prozeß nicht B-mischend ist.

Für bestimmte Klassen von B-mischenden Punktprozessen kann gezeigt werden, daß die Totalvariation der reduzierten faktoriellen Kumulantenmaße $\gamma_n^{(red)}$ nicht nur schlechthin endlich ist (vgl. (7.47)), sondern sich wie folgt abschätzen läßt: Ein stationärer Punktprozeß Φ heißt *stark B-mischend*, wenn es zwei Konstanten $p, p' \in R_+$ gibt, so daß

$$\int\limits_{(R^d)^{n-1}} |\gamma_n^{(red)}(dx)| \ \leq \ p'p^n \, n! \qquad \text{für } n \in \{2,3,\ldots\}. \tag{12.87}$$

Offensichtlich ist jeder stationäre Poisson-Prozeß stark B-mischend, denn es gilt $\gamma_n^{(red)} = 0$ für $n \in \{2,3,\ldots\}$ (vgl. Satz 7.5.6). Ein weiteres Beispiel eines stark B-mischenden Punktprozesses ist der in Abschnitt 12.4 betrachtete Maternsche Cluster-Prozeß, für den

$$\int\limits_{(R^d)^{n-1}} |\gamma_n^{(red)}(dx)| \ = \ [\mathbf{E}\Phi^{[0]}(R^d)]^n \qquad \text{für } n \in \{2,3,\ldots\} \tag{12.88}$$

gilt (vgl. (7.50)). Darüber hinaus kann man zeigen, daß auch bestimmte (Gibbssche) Punktprozesse im R^d, deren lokale Energie durch die chemische Aktivität $a \in R$ und durch ein nichtnegatives Paarpotential $I : R_+ \to [0, \infty]$ gegeben ist (vgl. Abschnitt 11.5), stark B-mischend sind. Falls insbesondere $I(t) = 0$ für alle hinreichend großen $t \in R_+$ und $c_I < e^a \, c^{-1}$, wobei

$$c_I = \int\limits_{R^d} (1 - e^{I(|x|)}) \, dx \,, \qquad\qquad c = 2 \sup_n \sqrt[n]{\frac{n^{n-2}}{n!}} \,,$$

dann gilt (vgl. § 4.4 in Ruelle (1969))

$$\int\limits_{(R^d)^{n-1}} \left| \gamma_n^{(red)}(dx) \right| \leq \frac{p^n \, n!}{(1-p) \, \lambda c_I}$$

für $n \in \{2, 3, \ldots\}$; $p = e^{-a} \, c \, c_I$.

12.6 Aufgaben

12.6.1. Es sei Φ ein stationärer Punktprozeß im R^d, dessen Palmsche Verteilung P^0 auf Realisierungen $\varphi \in N^0$ konzentriert ist, deren Träger S_φ mit der Menge der Punkte $x \in R^d$ mit ganzzahligen Koordinaten übereinstimmt. Man zeige, daß Φ nicht isotrop ist.

12.6.2. Es sei Φ ein stationärer Poisson-Prozeß in der Grundmenge $J = R \times [0, 1]$. Man zeige, daß Φ auch als unabhängig markierter Poisson-Prozeß $\Psi \sim \{[X_n, M_n]\}$ in R aufgefaßt werden kann, dessen Marken M_n im Intervall $[0, 1]$ gleichverteilt sind. (Hinweis: Man zeige, daß das erzeugende Funktional des (nichtmarkierten) Punktprozesses Ψ in $R \times [0, 1]$ mit dem erzeugenden Funktional von Φ übereinstimmt.)

12.6.3. (Fortsetzung). Es sei F eine beliebige Verteilungsfunktion mit der Dichte f, wobei $f(t) = 0$ für $t < 0$ und die *Fehlerrate* $r : R_+ \to R_+$ mit $r(t) = f(t)(1 - F(t))^{-1}$ eine nichtwachsende Funktion mit $r(0) \leq 1$ sei; $\frac{0}{0} = 0$. Man zeige, daß die Zufallsgröße $Z = \min\{X_n : X_n > 0, \, M_n < r(X_n)\}$ die Verteilungsfunktion F hat. (Hinweis: Man nutze die in Aufgabe 12.6.2 angegebene Darstellung des Punktprozesses $\Psi \sim \{[X_n, M_n]\}$ als PoissonProzeß Φ in $R \times [0, 1]$ sowie den Fakt, daß $\mathbf{P}(Z > t) = \mathbf{P}(\Phi(B_t) = 0)$, wobei $B_t = \{(x, m) : (x, m) \in [0, t] \times [0, 1], \, m < r(x)\}$.)

12.6.4. Man beweise eine der Aufgabe 12.6.2 entsprechende Aussage für den Fall, daß Φ ein stationärer Poisson-Prozeß in $J = R \times B$ ist, wobei $B \in \mathcal{R}^d$ eine beschränkte Borel-Menge mit $0 < \nu_d(B) < \infty$ ist; $d \in G_+$.

12.6.5. Man zeige, daß für einen Gauß-Poisson-Prozeß der Begriff des Nächsten-r-Nachbarn (vgl. Abschnitt 11.4) für jedes $r > 0$ wohldefiniert ist.

12.6.6. (Fortsetzung). Man bestimme die Richtungsverteilungen $D^{(x,r,r')}$ und $D_{x,r,r'}$ eines Gauß-Poisson-Prozesses für den Fall, daß die Verteilung der Abweichung des zweiten Sekundärpunktes vom auslösenden Primärpunkt in einem festen Punkt konzentriert ist.

12.6.7. Es sei Φ ein Poissonscher Cluster-Prozeß im R^d, für den die zufällige Anzahl der Sekundärpunkte, die von einem Primärpunkt ausgelöst werden, negativ binomialverteilt ist. Man zeige, daß Φ stark B-mischend ist.

12.6.8. Man beweise: Jeder Maternsche Hard-Core-Prozeß ist stark B-mischend.

Kapitel 13

Markierte Punktprozesse im R^d. Anwendungen in der stochastischen Geometrie und Stereologie

Zufällige markierte Punktprozesse im R^d spielen eine wichtige Rolle in der stochastischen Geometrie (vgl. Abschnitt 1.3). Von besonderem Interesse ist dabei der Fall, daß durch die Marken zufällige geometrische Figuren beschrieben werden und daß durch die Punkte selbst die Lage dieser Figuren im R^d erfaßt wird. Solche markierten Punktprozesse, genannt Keim-Korn-Prozesse, bilden den Gegenstand der Betrachtungen des vorliegenden Kapitels. Werden spezielle Kornformen vorausgesetzt, dann können auf diese Weise zum Beispiel zufällige Faser- bzw. Kugelsysteme modelliert werden. Im Zusammenhang mit stationären Keim-Korn-Prozessen wird in Abschnitt 13.3 insbesondere der Fall betrachtet, daß der zugrundeliegende Punktprozeß poissonsch ist, was dann zum Begriff des Booleschen Modells führt. Für diesen Spezialfall werden leicht handhabbare Formeln für das Kapazitätsfunktional, die Kovarianzfunktion und die sphärische Kontaktverteilungsfunktion angegeben. In Abschnitt 13.4 wird anhand ausgewählter Beispiele gezeigt, wie sich Charakteristiken stationärer Keim-Korn-Prozesse mittels stereologischer Formeln aus linearen bzw. ebenen Schnitten dieser Prozesse bestimmen lassen.

13.1 Kanonische Darstellung. Markenkovarianzfunktion

Analog zum Begriff des markierten Punktprozesses, der in Abschnitt 8.1 für Punktprozesse auf der reellen Achse eingeführt wurde, werden nun markierte Punktprozesse im R^d definiert. Es sei K ein beliebiger polnischer Raum, und $\mathcal{K}$ sei die σ-Algebra seiner Borel-Mengen. Mit N_K bezeichnen wir die Menge aller Maße $\psi : \mathcal{R}^d \otimes \mathcal{K} \to G_0 \cup \{\infty\}$, die jeder Menge der Gestalt $B \times L$ mit

$$B = \underset{j=1}{\overset{d}{\times}} [a_j, b_j) \quad \text{und} \quad L \in \mathcal{K} \text{ einen nichtnegativen ganzzahligen endlichen Wert}$$

$\psi(B \times L)$ zuordnen; $-\infty < a_j \le b_j < \infty$. So wie in Satz 2.1.1 ergibt sich, daß jedes Zählmaß $\psi \in N_K$ in der Form

$$\psi(B \times L) \;=\; \sum_{[x,m] \in S_\psi} \psi(\{[x,m]\})\, \delta_{[x,m]}(B \times L)$$

dargestellt werden kann, wobei S_ψ den Träger des Maßes ψ bezeichnet. Die Atome $[x,m] \in S_\psi$ des Maßes $\psi \in N_K$ bestehen also aus zwei Komponenten, wobei m die *Marke* des Punktes x genannt wird.

$\mathcal{N}_K$ sei die kleinste σ-Algebra von Teilmengen von N_K, die alle Mengen der Gestalt $\{\psi : \psi \in N_K,\, \psi(B \times L) = j\}$ enthält; $B \in \mathcal{R}^d, L \in \mathcal{K}, j \in G_+$. Jede meßbare Abbildung $\Psi : \Omega \to N_K$ eines Wahrscheinlichkeitsraumes $[\Omega, \mathcal{F}, \mathbf{P}]$ in den meßbaren Raum $[N_K, \mathcal{N}_K]$ heißt *zufälliger markierter Punktprozeß* im R^d. Die Verteilung P von Ψ ist durch $P(A) = \mathbf{P}(\omega : \omega \in \Omega,\, \Psi(\omega) \in A)$ gegeben; $A \in \mathcal{N}_K$. Ist insbesondere $[\Omega, \mathcal{F}, \mathbf{P}] = [N_K, \mathcal{N}_K, P]$, dann heißt $\Psi : N_K \to N_K$ *kanonische Darstellung* des markierten Punktprozesses Ψ.

Ähnlich wie dies in Abschnitt 11.3 für nichtmarkierte Punktprozesse im R^d getan wurde, läßt sich auch ein markierter Punktprozeß Ψ im R^d als Folge $\{[X_n, M_n]\}$ von zufälligen markierten Punkten, d.h. von Zufallsvariablen $[X_n, M_n] : \Omega \to R^d \times K$, darstellen. Weil ein markierter Punktprozeß im R^d mit dem Markenraum K als (nichtmarkierter) Punktprozeß in der Grundmenge $J = R^d \times K$ aufgefaßt werden kann (vgl. Abschnitt 8.2), lassen sich die Begriffe, die in den Abschnitten 8.1 bis 8.3 bzw. 8.5 für markierte Punktprozesse auf der reellen Achse eingeführt wurden, auf analoge Weise für markierte Punktprozesse im R^d definieren. Dies betrifft insbesondere die in Kapitel 8 betrachteten Palmschen Verteilungen, die Palmschen Markenverteilungen $D_{x_1,\dots,x_n;L_1,\dots,L_n}$ sowie die *Markenkovarianzfunktion* $\theta : R^{2d} \to R$ mit

$$\theta(x_1, x_2) \;=\; \int\limits_{K \times K} f(m_1)\, f(m_2)\, D_{x_1 x_2}(d(m_1, m_2)) ;$$

$f : K \to R$, $D_{x_1 x_2} = D_{x_1, x_2; K, K}$. Ausgenommen von dieser Verallgemeinerungsmöglichkeit auf markierte Punktprozesse in einem mehrdimensionalen euklidischen Raum ist die Klasse der semimarkowschen markierten Punktprozesse, die in Abschnitt 8.4 eingeführt wurde und deren Definition an den Fakt gebunden ist, daß die reellen Zahlen der Größe nach geordnet sind.

Zusätzlich zu den Klassen von Punktprozessen, die in den vorangegangenen Kapiteln betrachtet wurden, läßt sich mit Hilfe markierter Punktprozesse im R^d eine weitere Klasse von Hard-Core-Prozessen definieren (neben den Gibbsschen Hard-Core-Prozessen und den Maternschen Hard-Core-Prozessen, die in Abschnitt 11.5 bzw. 12.5 eingeführt wurden). Hierfür wird der Begriff der unabhängigen Markierung verwendet. Analog zu Abschnitt 8.2 heißt der markierte Punktprozeß $\Psi \sim \{[X_n, M_n]\}$ im R^d *unabhängig markiert*, wenn die Folgen $\{X_n\}$ und $\{M_n\}$ unabhängig sind und die Folge $\{M_n\}$ aus unabhängigen, identisch verteilten Zufallsvariablen besteht. Für die Markenkovarianzfunktion θ eines unabhängig markierten Punktprozesses im R^d gilt somit

$$\theta(x_1, x_2) \;=\; \left[\int_K f(m)\, D(dm) \right]^2 \tag{13.1}$$

für beliebige $x_1, x_2 \in R^d$ mit $x_1 \neq x_2$ und für jede bezüglich D integrierbare Funktion $f : K \to R$, wobei D die Verteilung der Zufallsvariablen M_n bezeichnet.

Wir betrachten nun Punktprozesse im R^d, die durch folgende Verdünnungsvorschrift aus einem einfachen unabhängig markierten Punktprozeß $\Psi \sim \{[X_n, M_n]\}$ im R^d hervorgehen, wobei die Marken M_n reellwertig sind und die Markenverteilung D eine Dichte besitzt (vgl. auch Aufgabe 8.6.10). Es sei $r > 0$ eine beliebige positive Zahl. Der Punkt $X_n(\psi)$ von $\psi \in N_R$ wird gestrichen, wenn in der Kugel $b(X_n(\psi), 2r)$ ein weiterer Punkt $X_m(\psi)$ von ψ mit $M_m(\psi) < M_n(\psi)$ liegt. Der Punktprozeß $\Phi' \sim \{X_n'\}$ derjenigen Punkte von $\{X_n\}$, die nicht gestrichen werden, heißt *Hard-Core-Prozeß* mit dem Hard-Core-Radius r. Es werden hier somit weniger Punkte gestrichen als bei der in Abschnitt 12.5 betrachteten Verdünnungsvorschrift.

Mit $\Psi' \sim \{[X_n', M_n']\}$ bezeichnen wir den markierten Punktprozeß im R^d, der sich ergibt, wenn die Punkte X_n', die nicht gestrichen werden, erneut mit ihren ursprünglichen Marken versehen werden. D.h., Ψ' wird durch Ψ mit Hilfe der Abbildung $\psi \to \psi'$ von N_R in N_R,

$$\psi'(B \times L) \;=\; \sum_{[x,m] \in S_\psi} \delta_{[x,m]}(B \times L)\, \mathbf{1}_{\{0\}}\big(\psi(b(x, 2r) \times (-\infty, m))\big)\,,$$

induziert; $B \in \mathcal{R}^d, L \in \mathcal{R}$. Der markierte Punktprozeß Ψ', der *markierter Hard-Core-Prozeß* genannt wird, ist im allgemeinen nicht unabhängig markiert. Um dies zu verdeutlichen, betrachten wir das folgende Beispiel: Es sei Ψ ein unabhängig markierter stationärer Poisson-Prozeß mit der Intensität λ und der Markenverteilung D. Dann ist die 2-fache Palmsche Markenverteilung $D'_{x_1 x_2}$ von Ψ' ein Produktmaß auf $\mathcal{R}^2$, falls $|x_1 - x_2| > 4r$, während dies für $2r < |x_1 - x_2| < 4r$ nicht zutrifft. Hieraus folgt, daß dann (13.1) bezüglich Ψ' nicht für beliebige $x_1, x_2 \in R^d$ mit $x_1 \neq x_2$ gilt und somit Ψ' nicht unabhängig markiert ist (vgl. auch Aufgabe 13.5.1).

13.2 Keim-Korn-Prozesse. Beispiele

Oftmals besitzt der Markenraum K eine spezielle Gestalt. Beschreibt man zum Beispiel ein Partikelsystem, dann ist der Punkt x eines Atoms $[x, m] \in S_\psi$ das Zentrum eines Teilchens, während die Marke m zusätzliche Informationen wie das Volumen des Teilchens, seinen Typ, bestimmte Formkenngrößen bzw. das Teilchen selbst enthält. Eine wichtige Klasse solcher markierten Punktprozesse sind die Keim-Korn-Prozesse, bei denen der Punkt $x \in R^d$ eines Atoms $[x, m] \in S_\psi$ als Keim und die Marke m, die eine abgeschlossene Teilmenge des R^d ist, als das zugehörige (auf den Nullpunkt bezogene) Korn aufgefaßt wird. Insbesondere können auf diese Weise zufällige Kugel-, Strecken- bzw. Fasersysteme beschrieben werden. Prinzipiell lassen sich so auch zufällige Mosaike erfassen, wobei jedes Atom $[x, m] \in S_\psi$ eine Zelle des Mosaikes beschreibt, so daß x ihr Schwerpunkt und $x + m$ die Zelle selbst ist. Allerdings liegt dann eine spezifische Abhängigkeitsstruktur der Marken vor, die eine Modellierung als unabhängig markierter Keim-Korn-Prozeß unmöglich macht und dadurch die Bestimmung zahlreicher Modellgrößen erschwert.

Wir betrachten von nun an den Fall, daß der Markenraum $K = \tilde{F}$ die Menge aller abgeschlossenen Teilmengen des R^d ist. $\mathcal{K} = \tilde{\mathcal{F}}$ sei die in Abschnitt 11.3 eingeführte σ-Algebra von Teilmengen von $\tilde{F}$. Ein zufälliger markierter Punktprozeß Ψ im R^d mit diesem Markenraum wird *Keim-Korn-Prozeß* im R^d genannt. Die Marken M_n von Ψ sind dann also zufällige abgeschlossene Mengen im R^d (vgl. Abschnitt 11.3).

Dabei setzen wir stets voraus, daß jede beschränkte Teilmenge des R^d mit Wahrscheinlichkeit Eins jeweils nur mit einer endlichen Anzahl von Mengen der Folge $\{M_n + X_n; n \in G\}$ einen nichtleeren Durchschnitt hat. Dann gilt insbesondere, daß die Vereinigungsmenge $\Xi = \bigcup_n (M_n + X_n)$ mit Wahrscheinlichkeit Eins zu $\tilde{F}$ gehört, d.h. eine zufällige abgeschlossene Menge ist. Hierfür lassen sich hinreichende Bedingungen formulieren, auf die wir jedoch im vorliegenden Abschnitt nicht näher eingehen wollen. Für stationäre Keim-Korn-Prozesse wird dies in Abschnitt 13.3 ausführlicher behandelt. Die zufällige abgeschlossene Menge $\Xi = \bigcup_n (M_n + X_n)$ heißt *Keim-Korn-Modell* der stochastischen Geometrie.

Der Keim-Korn-Prozeß Ψ sei unabhängig markiert, d.h., die Folgen $\{X_n\}$ und $\{M_n\}$ sind unabhängig, und die Folge $\{M_n\}$ besteht aus unabhängigen, identisch verteilten Zufallsvariablen. So wie in Kapitel 8 bzw. in Abschnitt 13.1 bezeichnen wir in diesem Fall mit D die Verteilung der Marken M_n.

Das *Kapazitätsfunktional* $\mathbf{C}_\Xi : \tilde{K} \to [0, 1]$ der zufälligen abgeschlossenen Menge $\Xi = \bigcup_n (M_n + X_n)$ ist durch

$$\mathbf{C}_\Xi(L) \;=\; P(\Xi \cap L \neq \emptyset), \qquad L \in \tilde{K}, \tag{13.2}$$

gegeben und läßt sich durch das erzeugende Funktional $\mathbf{G}$ des Punktprozesses $\{X_n\}$ und das Kapazitätsfunktional $\mathbf{C}_M$ der Marken M_n darstellen. Es gilt

$$\mathbf{C}_\Xi(L) \;=\; P\Big(\bigcup_n (M_n + X_n) \cap L \neq \emptyset\Big) \;=\; 1 - P\Big(\bigcup_n (M_n + X_n) \cap L = \emptyset\Big)$$

$$= \quad 1 - \mathbf{E}\Big[\prod_n (1 - \mathbf{1}_{L \oplus \check{M}_n}(X_n))\Big] \quad = \quad 1 - \mathbf{E}\Big[\prod_n \int_{\check{F}} (1 - \mathbf{1}_{L \oplus \check{m}}(X_n))\, D(dm)\Big]$$

$$= \quad 1 - \mathbf{G}(1 - \mathbf{C}_M(L - (\,\cdot\,)))\,,$$

d.h.,

$$\mathbf{C}_\Xi(L) \quad = \quad 1 - \mathbf{G}(1 - \mathbf{C}_M(L - (\,\cdot\,))) \tag{13.3}$$

für jedes $L \in \tilde{K}$, wobei $\mathbf{C}_M(L) = P(M_n \cap L \neq \emptyset)$, $\oplus$ die Minkowski-Addition und $\tilde{K}$ die Familie aller nichtleeren kompakten Teilmengen des R^d ist (vgl. Kapitel 11).

Für die *sphärische Kontaktverteilungsfunktion* $F_{\min}^{(x)} : R_+ \to [0,1]$ des Keim-Korn-Prozesses Ψ im Punkt $x \in R^d$, die durch

$$F_{\min}^{(x)}(t) \quad = \quad P(\Xi \cap b(x,t) \neq \emptyset \mid x \notin \Xi) \tag{13.4}$$

gegeben ist (vgl. (11.19)), ergibt sich aus (13.2)

$$F_{\min}^{(x)}(t) \quad = \quad 1 - \frac{1 - \mathbf{C}_\Xi(b(x,t))}{1 - \mathbf{C}_\Xi(\{x\})} \tag{13.5}$$

für $0 \le t < \infty$.

Beispiel 13.2.1 (*ebene Faserprozesse*) Wir betrachten jetzt eine spezielle Klasse von Keim-Korn-Prozessen $\Psi \sim \{[X_n, M_n]\}$ im R^2. Die Funktion $m : [0,1] \to R^2$ nennen wir *Faser*, wenn sie eineindeutig und stetig differenzierbar ist, wenn $m(0) = (0,0)$ und wenn

$$\left| \frac{dm^{(1)}}{dt}(t) \right|^2 + \left| \frac{dm^{(2)}}{dt}(t) \right|^2 \quad > \quad 0$$

für jedes $t \in [0,1]$ gilt. Ist die Verteilung der Marken M_n auf der Familie derjenigen Teilmengen des R^2 konzentriert, die sich als Bildbereich einer solchen Funktion m ergeben, dann wird die Vereinigungsmenge $\Xi = \bigcup_n (M_n + X_n)$ *ebener Faserprozeß* genannt. In diesem Sinne ist ein Faserprozeß also eine zufällige abgeschlossene Menge.

Eine weitere, äquivalente Definitionsmöglichkeit besteht darin, einen Faserprozeß Ξ als zufälliges Maß aufzufassen. Hierfür bezeichne

$$M_n(B) \quad = \quad \int_0^1 \mathbf{1}_B(M_n(t)) \sqrt{\left| \frac{dM_n^{(1)}}{dt}(t) \right|^2 + \left| \frac{dM_n^{(2)}}{dt}(t) \right|^2}\, dt$$

die Länge desjenigen Abschnittes der Faser M_n, der in der Menge $B \in \mathcal{R}^2$ liegt. Dann ist

$$\Lambda(B) \;=\; \sum_n (M_n + X_n)(B) \tag{13.6}$$

die Gesamtfaserlänge des Faserprozesses Ξ in B.

Durch (13.6) ist somit ein zufälliges Maß Λ auf $\mathcal{R}^2$ gegeben, durch das der Faserprozeß Ξ eindeutig beschrieben wird. Das durch

$$\alpha(B) \;=\; \mathbf{E}\Lambda(B) \tag{13.7}$$

auf $\mathcal{R}^2$ gegebene Maß α wird *Intensitätsmaß* des zufälligen Faserprozesses Ξ genannt.

Im Zusammenhang mit Richtungsverteilungen wird neben dem in (13.6) eingeführten zufälligen Maß Λ noch das folgende gewichtete zufällige Maß $\Lambda_{B'}$ betrachtet:

$$\Lambda_{B'}(B) \;=\; \int_B \mathbf{1}_{B'}(W(x))\,\Lambda(dx)\,, \tag{13.8}$$

wobei $W(x)$ die Tangentialrichtung des Faserprozesses im Punkt $x \in R^2$ bezeichnet; $B' \in [0,\pi] \cap \mathcal{R}$. Wenn durch den Punkt $x \in R^2$ keine Faser oder mehrere Fasern des Faserprozesses verlaufen, dann wird $W(x)$ gleich π gesetzt. Für $0 < a < b < \pi$ ist also $\Lambda_{(a,b)}(B)$ die Gesamtfaserlänge derjenigen Abschnitte des Faserprozesses Ξ in B, in denen die Tangentialrichtung des Faserprozesses zwischen a und b liegt.

Sei $\alpha_{B'}(B) = \mathbf{E}\Lambda_{B'}(B)$. Gemäß Lemma 3.3.2 gibt es dann für α-fast jedes $x \in R^2$ eine eindeutig bestimmte Verteilung $\tilde{D}_x$ auf $[0,\pi] \cap \mathcal{R}$, so daß

$$\alpha_{B'}(B) \;=\; \int_B \tilde{D}_x(B')\,\alpha(dx) \tag{13.9}$$

für alle $B \in R^2, B' \in [0,\pi] \cap \mathcal{R}$ gilt. Die durch (13.9) gegebene Verteilung $\tilde{D}_x$ wird *Richtungsverteilung* (manchmal auch *Richtungsrose*) von Ξ im Punkt $x \in R^2$ genannt.

In Anlehnung an analoge Begriffsbildungen, die in den Kapiteln 8 und 11 für zufällige Punktprozesse betrachtet wurden, deuten wir $\tilde{D}_x$ als die bedingte Verteilung der Tangentialrichtung in $x \in R^2$ unter der Bedingung, daß durch den Punkt x eine Faser des Faserprozesses Ξ verläuft.

Beispiel 13.2.2 (*ebene Mosaike*) Es sei $\Xi = \bigcup_n (M_n + X_n)$ ein ebener Faserprozeß mit der Eigenschaft, daß Ξ mit Wahrscheinlichkeit Eins als Vereinigung der

Ränder von nichtleeren, disjunkten, beschränkten, offenen, konvexen Polygonen im R^2 dargestellt werden kann, deren Abschließungen den ganzen Raum ausfüllen. Ein solcher Faserprozeß heißt *ebenes Mosaik*.

Beispiel 13.2.3 (*räumliche Flächenstückprozesse*) Die Verteilung der Marken M_n des Keim-Korn-Prozesses $\Psi \sim \{[X_n, M_n]\}$ im R^3 sei auf der Familie der konvexen Mengen konzentriert; $P(0 \in M_n) = 1$. Dann wird der Rand $\partial\Xi$ der Vereinigungsmenge $\Xi = \bigcup_n (M_n + X_n)$ *räumlicher Flächenstückprozeß* $\partial\Xi$ genannt. Eine äquivalente Beschreibung der zufälligen abgeschlossenen Menge $\partial\Xi$ ist durch das zufällige Maß Λ mit

$$\Lambda(B) \;=\; \nu_2(\partial\Xi \cap B)\,, \qquad B \in \mathcal{R}^3\,, \tag{13.10}$$

gegeben. Die Begriffe des Intensitätsmaßes und der Richtungsverteilungen eines räumlichen Flächenstückprozesses lassen sich ähnlich wie in Beispiel 13.2.1 für Faserprozesse einführen.

13.3 Stationäre Keim-Korn-Prozesse. Das Boolesche Modell

In diesem Abschnitt setzen wir voraus, daß $\Psi \sim \{[X_n, M_n]\}$ ein *stationärer Keim-Korn-Prozeß* im R^d ist, d.h., die Verteilung P von Ψ ist invariant bezüglich der Verschiebungsoperatoren $\mathbf{T}_x : N_K \to N_K$ mit

$$\mathbf{T}_x\psi \;=\; \sum_{[t,m]\in S_\psi} \psi(\{[t,m]\})\,\delta_{[t-x,m]}$$

für $\psi \in N_K; x \in R^d$. Die *Intensität* $\lambda = \mathbf{E}\Psi([0,1]^d \times K)$ sei positiv und endlich.

Ähnlich wie dies in Kapitel 8 für markierte Punktprozesse auf der reellen Achse getan wurde, läßt sich das folgende *Campbellsche Theorem* beweisen. Dabei bezeichnet D die *Palmsche Markenverteilung* mit

$$D(L) \;=\; \frac{1}{\lambda}\,\mathbf{E}\Psi([0,1]^d \times L) \qquad \text{für } L \in \mathcal{K}\,.$$

Satz 13.3.1 *Für jede* $(\mathcal{R}^d \otimes \mathcal{K}, \mathcal{R}_+)$*-meßbare Funktion* $f : R^d \times K \to R_+$ *gilt*

$$\int\limits_{N_K} \int\limits_{R^d \times K} f(z)\,\psi(dz)\,P(d\psi) \;=\; \lambda \int\limits_{K} \int\limits_{R^d} f(x,m)\,dx\,D(dm)\,. \tag{13.11}$$

Hieraus ergibt sich insbesondere eine hinreichende Bedingung dafür, daß jede kompakte Teilmenge L des R^d mit Wahrscheinlichkeit Eins jeweils nur mit einer endlichen Anzahl von Mengen der Folge $\{M_n + X_n; n \in G\}$ einen nichtleeren

Durchschnitt hat und somit $\Xi = \bigcup_n (M_n + X_n)$ eine zufällige abgeschlossene Menge ist. Es genügt nämlich, in (13.11) die Funktion f mit

$$f(x, m) \;=\; \begin{cases} 1\,, & \text{falls } L \cap (m + x) \neq \emptyset \\[2mm] 0 & \text{sonst} \end{cases}$$

einzusetzen. Dann gilt

$$\mathbf{E}\#\{n : L \cap (M_n + X_n) \neq \emptyset\} \;=\; \int\limits_{N_K} \int\limits_{R^d \times K} f(z)\,\psi(dz)\,P(d\psi)$$

$$=\; \lambda \int\limits_{K} \int\limits_{R^d} f(x, m)\,dx\,D(dm) \;=\; \lambda \int\limits_{K} \nu_d(m \oplus \check{L})\,D(dm)\,.$$

Somit gehört $\Xi = \bigcup_n (M_n + X_n)$ mit Wahrscheinlichkeit Eins zu $\tilde{F}$, wenn der Erwartungswert $\int_K \nu_d(m \oplus \check{L})\,D(dm)$ endlich ist.

Natürlich ist die Vereinigungsmenge $\Xi = \bigcup_n (M_n + X_n)$ eines stationären Keim-Korn-Prozesses $\Psi \sim \{[X_n, M_n]\}$ ebenfalls stationär. Hieraus folgt insbesondere, daß die in Beispiel 13.2.1 betrachteten Intensitätsmaße α und $\alpha_{B'}$ eines stationären Faserprozesses die Gestalt

$$\alpha(B) \;=\; \lambda_{[0,\pi]}\,\nu_2(B) \qquad \text{und} \qquad \alpha_{B'}(B) \;=\; \lambda_{B'}\,\nu_2(B)$$

besitzen. Folglich hängt dann die in (13.9) definierte Richtungsverteilung $\tilde{D} = \tilde{D}_x$ nicht von $x \in R^2$ ab, und es gilt das *Campbellsche Theorem* für das stationäre zufällige Längensummenmaß Λ eines stationären Faserprozesses:

$$\mathbf{E}\int\limits_{R^2} f(x, W(x))\,\Lambda(dx) \;=\; \lambda_{[0,\pi]} \int\limits_{R^2} \int\limits_{0}^{\pi} f(x, u)\,\tilde{D}(du)\,dx\,, \qquad (13.12)$$

wobei $f : R^2 \times [0, \pi] \to R_+$ eine beliebige $(\mathcal{R}^2 \otimes (\mathcal{R} \cap [0, \pi]), \mathcal{R}_+)$-meßbare Funktion ist.

Es sei vermerkt, daß sich (13.12) genauso beweisen läßt wie die Campbellschen Theoreme, die in den vorangegangenen Kapiteln für zufällige Punktprozesse hergeleitet wurden.

Beispiel 13.3.2 (*Boolesches Modell*) Die Vereinigungsmenge $\Xi = \bigcup_n (M_n + X_n)$ eines unabhängig markierten Keim-Korn-Prozesses $\Psi \sim \{[X_n, M_n]\}$ wird *Boolesches Modell* genannt, wenn $\{X_n\}$ ein stationärer Poissonscher Punktprozeß ist.

In diesem Fall läßt sich die Darstellungsformel (13.3) des Kapazitätsfunktionals $\mathbf{C}_\Xi$ von Ξ wie folgt vereinfachen. Aus (12.54) und (13.3) ergibt sich

$$
\mathbf{C}_\Xi(L) \;=\; 1 - \exp\!\left[-\lambda \int\limits_{R^d} \mathbf{C}_M(L - x)\, dx \right]
$$

$$
=\; 1 - \exp\!\left[-\lambda \int\limits_{R^d} P(M_n \cap (L - x) \neq \emptyset)\, dx \right] \;=\; 1 - \exp\!\left[-\lambda \mathbf{E}\nu_d(M_n \oplus \check{L})\right],
$$

d.h., es gilt

$$
\mathbf{C}_\Xi(L) \;=\; 1 - \exp[-\lambda \mathbf{E}\nu_d(M_n \oplus \check{L})] \tag{13.13}
$$

für jedes $L \in K$. Wenn in (13.13) für die Menge $L = \{x\}$ gesetzt wird, dann folgt für die Wahrscheinlichkeit $p = P(x \in \Xi)$ dafür, daß ein vorgegebener Punkt $x \in R^d$ von der zufälligen Menge Ξ überdeckt wird,

$$
p \;=\; 1 - \exp[-\lambda \mathbf{E}\nu_d(M_n)] . \tag{13.14}
$$

Auch die *Kovarianzfunktion* $\tilde{\mathbf{C}}_\Xi : R^d \to [0,1]$ des Booleschen Modells Ξ, die durch

$$
\tilde{\mathbf{C}}_\Xi(x) \;=\; P(0 \in \Xi,\, x \in \Xi) \tag{13.15}
$$

gegeben ist, läßt sich auf einfache Weise durch die Intensität λ des zugrundeliegenden Poissonschen Punktprozesses $\{X_n\}$ der Keime und durch die Verteilung D der Körner ausdrücken. Für jedes $x \in R^d$ gilt

$$
\tilde{\mathbf{C}}_\Xi(x) \;=\; 2p - 1 + (1 - p)^2 \exp[\lambda \mathbf{E}\nu_d(M_n \cap (M_n - x))] . \tag{13.16}
$$

Diese Formel läßt sich mit Hilfe der folgenden Überlegungen herleiten. Aus der Definitionsgleichung (13.15) ergibt sich

$$
\tilde{\mathbf{C}}_\Xi(x) \;=\; 1 - P(0 \notin \Xi) - P(x \notin \Xi) + P(0 \notin \Xi,\, x \notin \Xi)
$$

$$
=\; 2p - 1 + P(\Xi \cap \{0, x\} = \emptyset) .
$$

Außerdem gilt wegen (13.2), (13.13) und (13.14)

$$
P(\Xi \cap \{0, x\} = \emptyset) \;=\; \exp[-\lambda \mathbf{E}\nu_d(M_n \oplus \{0, -x\})]
$$

$$
=\; \exp[-\lambda \mathbf{E}(\nu_d(M_n) + \nu_d(M_n - x) - \nu_d(M_n \cap (M_n - x)))]
$$

$$
=\; \exp[-\lambda(2\,\mathbf{E}\nu_d(M_n) - \mathbf{E}\nu_d(M_n \cap (M_n - x)))]
$$

$$
=\; (1 - p)^2 \exp[\lambda \mathbf{E}\nu_d(M_n \cap (M_n - x))] .
$$

Damit ist (13.16) bewiesen.

Im allgemeinen ist es schwierig, die in (13.16) auftretende Funktion $g : R^d \to R_+$ mit

$$g(x) \;=\; \mathbf{E}\nu_d(M_n \cap (M_n - x)) \tag{13.17}$$

näher zu bestimmen. Wenn jedoch die Markenverteilung D auf Kugeln der Gestalt $b(0, r)$ konzentriert ist, dann läßt sich der Erwartungswert in (13.17) durch die Verteilung des zufälligen Kugelradius ausdrücken. Diese und weitere Eigenschaften spezieller Boolescher Modelle wollen wir nun für den Fall $d = 2$ näher erläutern.

Es sei $\Xi = \bigcup_n (M_n + X_n)$ ein Boolesches Modell im R^2 mit $M_n = b(0, \frac{Z_n}{2})$, wobei $\{Z_n\}$ eine Folge unabhängiger identisch verteilter nichtnegativer Zufallsgrößen ist. Dann gilt

$$g(x) \;=\; \int\limits_{|x|}^{\infty} \left[\frac{u^2}{2} \arccos \frac{|x|}{u} - \frac{|x|}{2} \sqrt{u^2 - |x|^2} \right] dF(u) \,, \tag{13.18}$$

wobei F die Verteilungsfunktion des zufälligen Durchmessers Z_n des Korns $b(0, \frac{Z_n}{2})$ bezeichnet (vgl. Aufgabe 13.5.2). In diesem Fall läßt sich auch die Formel (13.13) für das Kapazitätsfunktional $\mathbf{C}_\Xi$ des Booleschen Modells Ξ vereinfachen, falls die Menge $L \in K$ konvex ist. Aus der Steinerschen Formel für Parallelmengen konvexer Mengen ergibt sich, daß

$$\mathbf{E}\nu_2(b(0, \tfrac{Z_n}{2}) \oplus \check{L}) \;=\; \nu_2(L) + \frac{1}{2} \int\limits_0^{\infty} u \, dF(u) \, \nu_1(\partial L) + \frac{\pi}{4} \int\limits_0^{\infty} u^2 \, dF(u) \,, \tag{13.19}$$

wobei $\nu_1(\partial L)$ die Länge des Randes ∂L der Menge L bezeichnet (vgl. Aufgabe 13.5.3).

Auf ähnliche Weise läßt sich der Wert $\mathbf{C}_\Xi(L)$ des Kapazitätsfunktionals $\mathbf{C}_\Xi$ für eine konvexe Menge $L \in K$ bestimmen, wenn ein ebenes Boolesches Modell $\Xi = \bigcup_n (M_n + X_n)$ mit beliebigen isotropen konvexen Körnern M_n betrachtet wird. Es gilt nämlich die verallgemeinerte *Steinersche Formel*

$$\mathbf{E}\nu_2(M_n \oplus \check{L}) \;=\; \frac{1}{\pi} \left(\pi \, \mathbf{E}\nu_2(M_n) + \frac{1}{2} \, \mathbf{E}\nu_1(\partial M_n)\nu_1(\partial L) + \pi \, \nu_2(L) \right) . \tag{13.20}$$

Hieraus ergibt sich außerdem für die durch (13.4) bzw. (13.5) gegebene Kontaktverteilungsfunktion $F_{\min}^{(x)}$ eines Booleschen Modells im R^2 mit isotropen konvexen Körnern

$$F_{\min}^{(x)}(t) \;=\; 1 - \exp[-\lambda \, (t \, \mathbf{E}\nu_1(\partial M_n) + \pi t^2)] \,, \tag{13.21}$$

wobei $F_{\min}^{(x)}$ natürlich auf Grund der Stationarität des Booleschen Modells nicht von x abhängt (vgl. Aufgabe 13.5.4).

13.4   Stereologische Formeln

Wir werden einige Beispiele dafür angeben, wie Charakteristiken ebener bzw. räumlicher Keim-Korn-Prozesse aus linearen bzw. ebenen Schnitten dieser Prozesse mit fixierten Geraden bzw. Ebenen bestimmt werden können.

Beispiel 13.4.1 (*linearer Schnitt eines ebenen Booleschen Modells*) Derjenige Teil einer fixierten Geraden l im R^2, der von einem ebenen Booleschen Modell $\Xi = \bigcup_n (M_n + X_n)$ mit $P(0 \in M_n) = 1$ und isotropen konvexen Körnern M_n überdeckt wird, bildet auf dieser Geraden erneut ein (lineares) Boolesches Modell Ξ_l. Dies ergibt sich aus der Tatsache, daß die orthogonalen Projektionen auf l derjenigen Punkte X_n, für die $(M_n + X_n) \cap l \neq \emptyset$ gilt, einen Poissonschen Punktprozeß Φ_l auf l bilden und daß die zugehörigen Schnittintervalle I_n auf l eine Folge unabhängiger identisch verteilter abgeschlossener Mengen bilden, die von den Projektionspunkten unabhängig ist (vgl. auch Aufgabe 13.5.5).

Die Intensität λ_l des projizierten Punktprozesses Φ_l auf l läßt sich wie folgt durch die Intensität λ des ursprünglich vorliegenden ebenen Poisson-Prozesses $\{X_n\}$ und durch den Erwartungswert $\mathbf{E}\nu_1(\partial M_n)$ des Kornumfanges ausdrücken. Es sei L ein beschränktes abgeschlossenes Intervall auf l. Wegen $P(\Xi \cap L = \emptyset) = P(\Xi_l \cap L = \emptyset)$ ergibt sich aus (13.2) und (13.13)

$$\lambda \, \mathbf{E}\nu_2(M_n \oplus \check{L}) \;=\; \lambda_l \mathbf{E}\nu_1(I_n \oplus \check{L}) \,. \tag{13.22}$$

Unter Zuhilfenahme von (13.20) ergibt sich somit die Gleichung

$$\lambda \left(\mathbf{E}\nu_2(M_n) + \frac{1}{\pi} \mathbf{E}\nu_1(\partial M_n)\nu_1(L) \right) \;=\; \lambda_l \left(\mathbf{E}\nu_1(I_n) + \nu_1(L) \right) \,. \tag{13.22'}$$

Weil die Länge $\nu_1(L)$ in (13.22') eine beliebig wählbare Variable ist, folgt durch Koeffizientenvergleich

$$\lambda_l \;=\; \frac{\lambda}{\pi} \, \mathbf{E}\nu_1(\partial M_n) \tag{13.23}$$

und

$$\mathbf{E}\nu_1(I_n) \;=\; \frac{\lambda}{\lambda_l} \, \mathbf{E}\nu_2(M_n) \,. \tag{13.24}$$

Es sei vermerkt, daß (13.22) (und folglich auch (13.23) und (13.24)) nicht nur für das Boolesche Modell, sondern für beliebige stationäre unabhängig markierte Keim-Korn-Prozesse mit isotropen konvexen Körnern bewiesen werden kann. Dabei ist es nicht erforderlich, die Gestalt des Kapazitätsfunktionals zu kennen (vgl. Aufgabe 13.5.10).

Durch die Schnittmenge, die ein ebenes Boolesches Modell Ξ mit isotropen konvexen Körnern beim Schnitt mit einer fixierten Geraden l bildet, wird noch ein weiterer Punktprozeß auf l induziert. Dies ist der Punktprozeß $\tilde{\Phi}_l \sim \{\tilde{X}_n\}$ derjenigen Punkte auf l, in denen ein Abschnitt der Geraden l beginnt oder endet, der durch das Boolesche Modell Ξ (bzw. Ξ_l) überdeckt wird. Die Punkte $\tilde{X}_n$ werden mit den zufälligen Marken $\tilde{M}_n$ versehen, die gleich Null oder Eins sein können, je nachdem, ob ein nicht überdeckter oder ein überdeckter Abschnitt beginnt. Dann ist $\tilde{\Psi}_l \sim \{[\tilde{X}_n, \tilde{M}_n]\}$ ein alternierender rekurrenter Punktprozeß, dessen Verteilungsfunktion F_0 der Länge eines nicht überdeckten Intervalls durch

$$F_0(u) \;=\; P(\tilde{X}_2 - \tilde{X}_1 < u \,|\, \tilde{M}_1 = 0) \;=\; 1 - \exp(-\lambda_l u) \qquad (13.25)$$

gegeben ist. Die Verteilungsfunktion F_1 der Länge der überdeckten Intervalle ist komplizierter und im allgemeinen nicht in einer geschlossenen Form darstellbar. Diese Intervalle können als Belegungsperioden eines Bedienungssystemes vom Typ M/GI/∞ aufgefaßt werden.

Beispiel 13.4.2 (*linearer Schnitt eines ebenen Faserprozesses*) Es sei $\Xi = \bigcup_{n}(M_n + X_n)$ ein stationärer ebener Faserprozeß mit der Intensität $\lambda_{[0,\pi]}$ und der Richtungsverteilung $\tilde{D}$. Das zugehörige zufällige Längensummenmaß bezeichnen wir wie bisher mit Λ. Außerdem betrachten wir den markierten Punktprozeß $\Psi_l \sim \{[X_n^{(l)}, W(X_n^{(l)})]\}$ der Schnittpunkte $X_n^{(l)}$ des Faserprozesses Ξ mit der Geraden l (der Einfachheit wegen sei l die x_1-Achse) sowie der dabei entstehenden Schnittwinkel $W(X_n^{(l)})$ (vgl. Aufgabe 13.5.6). Es ist nicht schwierig zu zeigen, daß der markierte Punktprozeß Ψ_l stationär ist (vgl. Aufgabe 13.5.7). Die Intensität von Ψ_l bezeichnen wir mit λ_l, die Markenverteilung mit $\tilde{D}_l$.

Die Größen $\lambda_l, \tilde{D}_l$ bzw. $\lambda_{[0,\pi]}, \tilde{D}$ lassen sich wie folgt miteinander verknüpfen: Für jede meßbare Funktion $h : R \times [0, \pi] \to R_+$ gilt

$$\lambda_l \int\limits_{R} \int\limits_{(0,\pi)} h(y, u)\, \tilde{D}_l(du)\, dy \;=\; \lambda_{[0,\pi]} \int\limits_{R} \int\limits_{(0,\pi)} h(y, u)\, \sin u\, \tilde{D}(du)\, dy\,. \qquad (13.26)$$

Zur Herleitung dieser Formel benutzen wir zunächst das Campbellsche Theorem (13.12). Dabei setzen wir $f(x, u) = h(x_1, u)\, g(x_2)\, \sin u$, wobei $g : R \to R_+$ eine meßbare Funktion mit $\int_R g(y)\, dy = 1$ ist. Mittels (13.12) ergibt sich dann für die rechte Seite von (13.26)

$$\lambda_{[0,\pi]} \int\limits_{R} \int\limits_{(0,\pi)} h(y, u)\, \sin u\, \tilde{D}(du)\, dy \;=\; \lambda_{[0,\pi]} \int\limits_{R^2} \int\limits_{(0,\pi)} h(x_1, u)\, g(x_2)\, \sin u\, \tilde{D}(du)\, dx$$

$$=\; \mathbf{E} \int\limits_{R^2} h(x_1, W(x))\, g(x_2)\, \sin W(x)\, \Lambda(dx)\,.$$

Wenn wir nun die Integration $\Lambda(dx)$ entlang der Fasern durch die Integration dx_2 entlang der x_2-Achse ersetzen, dann erhalten wir

$$\mathbf{E} \int_{R^2} h(x_1, W(x)) \, g(x_2) \, \sin W(x) \, \Lambda(dx)$$

$$= \mathbf{E} \int_R \sum_{\{x_1 : (x_1, x_2) \in \Xi\}} h(x_1, W(x_1, x_2)) \, g(x_2) \, dx_2$$

$$= \int_R \left[\mathbf{E} \sum_{\{x_1 : (x_1, x_2) \in \Xi\}} h(x_1, W(x_1, x_2)) \right] g(x_2) \, dx_2$$

$$= \int_R \left[\mathbf{E} \sum_{\{x_1 : (x_1, 0) \in \Xi\}} h(x_1, W(x_1, 0)) \right] g(x_2) \, dx_2$$

$$= \mathbf{E} \int_{R \times (0, \pi)} h(z) \, \Psi_l(dz) \, ,$$

wobei sich die vorletzte Gleichung aus der Stationarität des Faserprozesses Ξ ergibt. Mittels (13.11) erhalten wir hieraus die linke Seite von (13.26).

Wird in (13.26) der Ansatz $h(y, u) = \mathbf{1}_{[0,1]}(y)$ gewählt, dann nimmt (13.26) die Form

$$\lambda_l = \lambda_{[0,\pi]} \int_{(0,\pi)} \sin u \, \tilde{D}(du) \tag{13.27}$$

an. Ist der stationäre Faserprozeß Ξ außerdem isotrop, dann ist $\tilde{D}$ die Gleichverteilung auf $\mathcal{R} \cap (0, \pi)$ (vgl. Aufgabe 13.5.9), und (13.27) geht über in

$$\lambda_l = \frac{2}{\pi} \lambda_{[0,\pi]} \, . \tag{13.28}$$

Es sei vermerkt, daß (13.28) mühelos in (13.23) überführt werden kann. Dabei genügt es zu beachten, daß im Fall unabhängiger Markierung $2\lambda_{[0,\pi]} = \lambda \mathbf{E}\nu_1(\partial M_n)$ gilt. Ansonsten ist anstelle von $\mathbf{E}\nu_1(\partial M_n)$ der Erwartungswert von $\nu_1(\partial M_n)$ bezüglich der Palmschen Markenverteilung einzusetzen.

Wird in (13.26) der Ansatz $h(y, u) = \mathbf{1}_{[0,1]}(y)\, \mathbf{1}_{(0,t)}(u)$ gewählt $(0 < t < \pi)$, dann ergibt sich aus (13.26) und (13.27)

$$\tilde{D}_l((0, t)) = \frac{\int_{(0,t)} \sin u \, \tilde{D}(du)}{\int_{(0,\pi)} \sin u \, \tilde{D}(du)} \tag{13.29}$$

für jedes $t \in (0, \pi)$. Ist Ξ isotrop, dann gilt also für $0 < t < \pi$

$$\tilde{D}_l((0, t)) = \frac{1}{2}(1 - \cos t) \, . \tag{13.30}$$

Beispiel 13.4.3 (*ebener Schnitt eines räumlichen Kugelsystems, Wicksellsches Korpuskelproblem*) Es sei $\Psi \sim \{[X_n, M_n]\}$ ein stationärer Keim-Korn-Prozeß im R^3 mit der Intensität λ. Die Palmsche Markenverteilung sei auf Kugeln der Gestalt $b(0, r)$ konzentriert. Es ist deshalb zweckmäßiger, anstelle der Kugeln M_n deren Durchmesser Z_n und damit den markierten Punktprozeß $\tilde{\Psi} \sim \{[X_n, Z_n]\}$ zu betrachten. F bezeichne die (Palmsche) Verteilungsfunktion der zufälligen Kugeldurchmesser.

Außerdem sei $\Psi_e \sim \{[X_n^{(e)}, Z_n^{(e)}]\}$ der markierte Punktprozeß der orthogonalen Projektionen $X_n^{(e)}$ auf die Ebene e der Mittelpunkte derjenigen Kugeln $M_n + X_n$, die e schneiden, wobei $Z_n^{(e)}$ die dabei entstehenden Schnittkreisdurchmesser sind. Die Intensität von Ψ_e bezeichnen wir mit λ_e, die (Palmsche) Verteilungsfunktion der Schnittkreisdurchmesser mit F_e.

Die Untersuchung des Zusammenhanges der Größen λ, F und λ_e, F_e wird in der Literatur das *Wicksellsche Korpuskelproblem* genannt. Seine Lösung besteht in der für jedes $t > 0$ gültigen Integralgleichung

$$F_e(t) \;=\; 1 - \frac{\lambda}{\lambda_e} \int\limits_0^\infty \left[1 - F\left(\sqrt{t^2 + u^2}\right) \right] du \qquad (13.31)$$

bezüglich der gesuchten Funktion F bei gegebenem F_e.

Beim **Beweis** von (13.31) nutzen wir die Tatsache, daß der Erwartungswert

$$\mathbf{E}\Psi_e([0,1]^2 \times [t, \infty)) \;=\; \lambda_e(1 - F_e(t))$$

der Anzahl derjenigen Schnittkreismittelpunkte je Flächeneinheit, für die der zugehörige Schnittkreisdurchmesser größer oder gleich t ist, wie folgt durch das räumliche Kugelsystem $\tilde{\Psi} = \{[X_n, Z_n]\}$ ausdrücken läßt. Es gilt nämlich

$$\Psi_e([0,1]^2 \times [t, \infty)) \;=\; \int\limits_{R^3 \times R_+} f(y)\, \tilde{\Psi}(dy)\,,$$

wobei

$$f(x_1, x_2, x_3, z) \;=\; \mathbf{1}_{[0,1]^2}(x_1, x_2)\, \mathbf{1}_{[t,\infty)}\left(\sqrt{z^2 - 4x_3^2}\right)\,.$$

Aus dem Campbellschen Theorem (13.11) ergibt sich also

$$\mathbf{E}\Psi_e([0,1]^2 \times [t, \infty)) \;=\; \mathbf{E}\int\limits_{R^3 \times R_+} f(y)\, \tilde{\Psi}(dy) \;=\; \lambda \int\limits_0^\infty \int\limits_{R^3} f(x, z)\, dx\, dF(z)$$

$$=\; \lambda \int\limits_R \int\limits_0^\infty \mathbf{1}_{[t,\infty)}\left(\sqrt{z^2 - 4x_3^2}\right) dF(z)\, dx_3 \;=\; \lambda \int\limits_0^\infty \left[1 - F\left(\sqrt{t^2 + u^2}\right) \right] du\,.$$

Damit ist (13.31) bewiesen.

Für den Erwartungswert $\int_0^\infty (1 - F(u))\,du$ der Kugeldurchmesser ergibt sich insbesondere aus (13.31), wenn $t = 0$ gesetzt wird,

$$\int_0^\infty (1 - F(u))\,du \;=\; \frac{\lambda_e}{\lambda}\,.$$

Dies ist ein Analogon der Mittelwertformeln (13.23) bzw. (13.28), die lineare Schnitte von Keim-Korn-Prozessen betreffen.

13.5 Aufgaben

13.5.1. Man bestimme die 2-fachen Palmschen Markenverteilungen $D'_{x_1 x_2}$ eines markierten Hard-Core-Prozesses, der durch einen unabhängig markierten stationären Poisson-Prozeß im R^d mit der Intensität λ und der Markenverteilung D induziert wird.

13.5.2. Für $d = 1,2$ und $x \in R^d$ bestimme man $\mathbf{E}\nu_d(b(0,\frac{Z}{2}) \cap b(x,\frac{Z}{2}))$, wobei $Z : \Omega \to R_+$ eine nichtnegative Zufallsgröße mit der Verteilungsfunktion F ist.

13.5.3. Es sei L eine konvexe kompakte Menge im R^2. Man beweise, daß die Steinersche Formel

$$\nu_2(L \oplus b(0,r)) \;=\; \nu_2(L) + r\nu_1(\partial L) + \pi r^2$$

für jedes $r > 0$ gilt.

13.5.4. Man beweise (13.21) mit Hilfe der Steinerschen Formel aus Aufgabe 13.5.3.

13.5.5. Man zeige, daß die Schnittmenge, die ein Boolesches Modell im R^3 mit einer fixierten Ebene im Raum als gemeinsamen Teil hat, ein ebenes Boolesches Modell im R^2 ist.

13.5.6. Es sei $\Xi = \bigcup_n (M_n + X_n)$ ein stationärer ebener Faserprozeß. Man zeige, daß für jede fest vorgegebene Gerade l im R^2 die Schnittmenge $\Xi \cap l$ mit Wahrscheinlichkeit Eins die Vereinigung von höchstens abzählbar vielen, sich lokal nicht häufenden Punkten ist. (D.h., $\Xi \cap l$ kann als zufälliger Punktprozeß auf l aufgefaßt werden.)

13.5.7. (Fortsetzung). $\Psi_l \sim \{[X_n^{(l)}, W(X_n^{(l)})]\}$ sei der markierte Punktprozeß der Schnittpunkte $X_n^{(l)}$ und der Schnittwinkel $W(X_n^{(l)})$ des stationären Faserprozesses Ξ mit einer vorgegebenen Geraden l. Man zeige, daß Ψ_l stationär ist.

13.5.8. (Fortsetzung). Man zeige, daß die Markenverteilung $\tilde{D}_l$ von Ψ_l auf dem Intervall $(0, \pi)$ konzentriert ist, d.h., $\tilde{D}_l(\{0, \pi\}) = 0$.

13.5.9. Der Faserprozeß Ξ im R^2 sei stationär und isotrop. Man beweise, daß dann seine Richtungsverteilung $\tilde{D}$ die Gleichverteilung auf $\mathcal{R} \cap (0, \pi)$ ist.

13.5.10. Man zeige, daß die stereologische Formel (13.22) für jeden stationären unabhängig markierten Keim-Korn-Prozeß mit isotropen konvexen Körnern gilt. (Hinweis: Man benutze das Campbellsche Theorem (13.11) auf ähnliche Weise wie bei der Herleitung von (13.31).)

Literaturverzeichnis

Alsmeyer, G. (1991) Erneuerungstheorie. B. G. Teubner, Stuttgart.

Ambartzumian, R.V.; Weil, W. (1984) Stochastic Geometry, Geometry Statistics, Stereology. Teubner-Texte zur Mathematik, B. G. Teubner, Leipzig.

Baccelli, F.; Brémaud, P. (1987) Palm Probabilities and Stationary Queues. Lecture Notes in Statistics 41, Springer-Verlag, Berlin/Heidelberg/New York.

Bauer, H. (1978) Wahrscheinlichkeitstheorie und Grundzüge der Maßtheorie. De Gruyter-Verlag, Berlin/New York.

Bauer, H. (1990) Maß- und Integrationstheorie. De Gruyter-Verlag, Berlin/New York.

Berbee, H. (1979) Random Walks with Stationary Increments and Renewal Theory. Mathematical Centre Tracts 112, Mathem. Centrum, Amsterdam.

Billingsley, P. (1968) Convergence of Probability Measures. J. Wiley & Sons, New York.

Böker, F. (1987) Über statistische Methoden bei Punktprozessen. Verlag Otto Schwartz & Co., Göttingen.

Borowkow, A.A. (1976) Wahrscheinlichkeitstheorie. Akademie-Verlag, Berlin.

Brandt, A.; Franken, P.; Lisek, B. (1990) Stationary Stochastic Models. J. Wiley & Sons, Chichester.

Brémaud, P. (1981) Point Processes and Queues. Springer-Verlag, New York/Heidelberg/Berlin.

Brémaud, P. (1989) Characteristics of queueing systems observed at events and the connection between stochastic intensity and Palm probability. Queueing Systems 5, 99–112.

Brémaud, P.; Kannurpatti, R.; Mazumdar, R. (1991) Event and time averages: A review. Preprint, presented at TIMS/ORSA Conference, Monterrey.

Brillinger, D.R. (1975) Statistical inference for stationary point processes. In: Puri, M.L. (Hrsg.) Stochastic Processes and Related Topics. Academic Press, New York, 55–99.

Brillinger, D.R. (1981) Time Series: Data Analysis and Theory. Holden-Day, San Francisco.

Brumelle, S.L. (1971) On the relation between customer and time averages in queues. J. Appl. Probability 8, 508–520.

Chintschin, A.J. (1955) Mathcmatische Methoden in der Bedienungstheorie (in Russisch). Trudy Mat. Inst. Steklowa 49, 1–122 (Englische Übersetzung: Mathematical methods in the Theory of Queueing. Griffin, London 1960).

Cinlar, E. (1975) Introduction to Stochastic Processes. Prentice-Hall, Englewood Cliffs (New Jersey).

Cliff, A.D.; Ord, J.K. (1981) Spatial Processes: Models and Applications. Pion, London.

Cohen, J.W. (1969) The Single-Server Queue. North-Holland Publ. Comp., Amsterdam/London.

Cohen, J.W. (1976) On Regenerative Processes in Queueing Theory. Lect. Notes in Econ. Math. Syst. 121, Springer-Verlag, Berlin/Heidelberg/New York.

Cohen, J.W. (1977) On up- and downcrossings. J. Appl. Probability 14, 405–410.

Cox, D.R.; Isham, V. (1980) Point Processes. Chapman and Hall, London.

Daley, D.J.; Vere-Jones, D. (1988) An Introduction to the Theory of Point Processes., Springer-Verlag, New York/Heidelberg/London/Paris/Tokyo.

Dellacherie, C.; Meyer, P.A. (1982) Probabilities and Potential. Hermann, Paris und North-Holland, Amsterdam.

Diggle, P.J. (1983) Statistical Analysis of Spatial Point Patterns. Academic Press, London.

Disney, R.L.; Kiessler, P.C. (1987) Traffic Processes in Queueing Networks. A Markov Renewal Approach. The Johns Hopkins University Press, Baltimore/London.

Doob, J.L. (1953) Stochastic Processes. J. Wiley & Sons, New York.

Feller, W. (1971) An Introduction to Probability Theory and its Applications, Vol. 2. J. Wiley & Sons, New York.

Fleming, T.R.; Harrington, D.P. (1991) Counting Processes and Survival Analysis. J. Wiley & Sons, New York/Chichester/Brisbane/Toronto/Singapore.

Floret, K. (1981) Maß- und Integrationstheorie. B.G. Teubner, Stuttgart.

Franken, P.; König, D.; Arndt, U.; Schmidt, V. (1981); Queues and Point Processes. Akademie-Verlag, Berlin and J. Wiley & Sons, Chichester.

Gnedenko, B.W.; König, D. et al. (1983) Handbuch der Bedienungstheorie I: Grundlagen und Methoden. Akademie-Verlag, Berlin.

Gnedenko, B.W.; König, D. et al. (1983) Handbuch der Bedienungstheorie II: Formeln und Ergebnisse. Akademie-Verlag, Berlin.

Grandell, J. (1976) Doubly Stochastic Poisson Processes. Lecture Notes in Mathematics 529, Springer-Verlag, Berlin/Heidelberg/New York.

Grandell, J. (1991) Aspects of Risk Theory. Springer-Verlag, New York/Berlin/Heidelberg.

Hall, P. (1988) Introduction to the Theory of Coverage Processes. J. Wiley & Sons, New York/Chichester/Brisbane/Toronto/Singapore.

Halmos, P.R. (1950) Measure Theory. Van Nostrand, New York.

van der Hoeven, P.C.T. (1983) On Point Processes. Mathematical Centre Tracts 167, Mathem. Centrum, Amsterdam.

Ivanoff, G. (1982) Central limit theorems for point processes. Stoch. Proc. Appl. 12, 171–186.

Jacobsen, M. (1982) Statistical Analysis of Counting Processes. Lecture Notes in Statistics 12, Springer-Verlag, New York.

Jacod, J. (1975) Multivariate point processes: Predictable projections, Radon-Nikodym derivatives, representation of martingales. Z. Wahrscheinlichkeitstheorie verw. Gebiete 31, 235–253.

Jacod, J. (1979) Calcul Stochastique et Problemes de Martingales. Lecture Notes in Mathematics 714, Springer-Verlag, Berlin.

Kallenberg, O. (1986) Random Measures. Akademie-Verlag, Berlin, und Academic Press, London.

Karr, A.F. (1991) Point Processes and their Statistical Inference. Marcel Dekker, Inc., New York/Basel/Hong Kong.

Kerstan, J.; Matthes, K.; Mecke, J. (1974) Unbegrenzt teilbare Punktprozesse. Akademie-Verlag, Berlin (Russische Übersetzung: Nauka, Moskau 1982).

Kingman, J.F.C.; Taylor, S.J. (1966) Introduction to Measure and Probability. Cambridge University Press. Cambridge.

Kleinrock, L. (1976) Queueing Systems II: Computer Applications. J. Wiley & Sons, New York/London/Sydney/Toronto.

König, D.; Matthes, K.; Nawrotzki, K. (1967) Verallgemeinerung der Erlangschen und Engsetschen Formeln (Eine Methode in der Bedienungstheorie). Akademie-Verlag, Berlin.

König, D.; Matthes, K.; Nawrotzki, K. (1971) Unempfindlichkeitseigenschaften von Bedienungsprozessen. Anhang in: Gnedenko, B.W.; Kowalenko, I.N. (1971) Einführung in die Bedienungstheorie. Akademie-Verlag, Berlin.

König, D.; Schmidt, V. (1989) EPSTA: The coincidence of time-stationary and customer-stationary distributions. Queueing Systems 5, 247–264.

König, D.; Schmidt, V. (1990) Extended and conditional versions of the PASTA property. Adv. Appl. Probability 22, 510–512.

König, D.; Schmidt, V.; van Doorn, E.A. (1989) On the PASTA property and a further relationship between customer and time averages in stationary queueing systems. Stochastic Models 5, 261–272.

König, D.; Stoyan, D. (1976) Methoden der Bedienungstheorie. Akademie-Verlag, Berlin.

Krickeberg, K. (1974) Moments of point processes. In: E.J. Harding, D.G. Kendall (Hrsg.): Stochastic Geometry. J. Wiley & Sons, New York.

Krickeberg, K. (1982) Processus ponctuels en statistique. Lect. Notes in Mathematics 929, 205–313.

Kutoyants, Yu.A. (1984) Parameter Estimation for Stochastic Processes. Heldermann-Verlag, Berlin.

Leadbetter, M.R.; Lindgren, G.; Rootzén H. (1983) Extremes and Related Properties of Random Sequences and Processes. Springer-Verlag, New York.

Lewis, P.A.W. et al. (1972) Stochastic Point Processes. J. Wiley & Sons, New York.

Liemant, A.; Matthes, K.; Wakolbinger, A. (1988) Equilibrium Distributions of Branching Processes. Akademie-Verlag, Berlin.

Liptser, R.S.; Shiryayev, A.N. (1977) Statistics of Random Processes I: General Theory. Springer-Verlag, New York.

Liptser, R.S.; Shiryayev, A.N. (1978) Statistics of Random Processes II: Applications. Springer-Verlag, New York.

Loeve, M. (1978) Probability Theory II. Springer-Verlag, New York/Heidelberg/Berlin.

Matheron, G. (1975) Random Sets and Integral Geometry. J. Wiley & Sons, New York/London.

Matthes, K.; Kerstan, J.; Mecke, J. (1978) Infinitely Divisible Point Processes. J. Wiley & Sons, Chichester.

Mecke, J.; Schneider, R.G.; Stoyan, D.; Weil, W.R.R. (1990) Stochastische Geometrie. Birkhäuser-Verlag, Basel/Boston/Berlin.

Melamed, B.; Whitt, W. (1990a) On arrivals that see time averages. Operations Res. 38, 156–172.

Melamed, B.; Whitt, W. (1990b) On arrivals that see time averages. A martingale approach. J. Appl. Probability 27, 376–384.

Miyazawa, M.; Wolff, R.W. (1990) Further results on ASTA for general stationary processes and related problems. J. Appl. Probability 28, 792–804.

Murphy, V.K. (1974) The General Point Process. Addison-Wesley Publ. Comp., Reading (Massachusetts).

Nawrotzki, K. (1978) Einige Bemerkungen zur Verwendung der Palmschen Verteilung in der Bedienungstheorie. Math. Operationsforsch. Statist., Ser. Optimization 9, 241–253.

Neuts, M.F. (1981) Matrix-Geometric Solutions in Stochastic Models. The Johns Hopkins University Press, Baltimore/London.

Neuts, M.F. (1989) Structured Transition Matrices of the M/G/1 Type and Their Applications. Marcel Dekker, New York.

Neveu, J. (1976) Proccesus ponctuels. Lect. Notes in Mathematics 598, 249–447, Springer-Verlag, Berlin/Heidelberg/New York.

Nieuwenhuis, G. (1989) Asymptotics for Point Processes and General Linear Processes. Dissertation. Katholieke Universiteit te Nijmegen.

Palm, C. (1943) Intensitätsschwankungen im Fernsprechverkehr. Ericsson Techniks 44, 1–189.

Papangelou,F. (1972) Integrability of expected increments of point processes and a related random change of scale. Trans. Amer. Math. Soc. 165, 484–506.

Parthasarathy, K.R. (1967) Probability Measures on Metric Spaces. Academic Press, New York.

Pfeifer, D. (1989) Einführung in die Extremwertstatistik. B.G. Teubner, Stuttgart.

Preston, C.J. (1976) Random Fields. Lecture Notes in Mathematics 534, Springer-Verlag. Berlin/Heidelberg/New York.

Regterschot, G.J.K.; van Doorn, E.A. (1988) Conditional PASTA. Opns. Res. Letters 7, 229–232.

Resnick, S.I. (1987) Extreme Values, Regular Variation, and Point Processes. Springer-Verlag, New York/Berlin/Heidelberg/London/Paris/Tokyo.

Ripley, B.D. (1981) Spatial Statistics. J. Wiley & Sons, New York/Chichester.

Ripley, B.D. (1988) Statistical Inference for Spatial Processes. Cambridge University Press, Cambridge.

Rolski, T. (1981) Stationary Random Processes Associated with Point Processes. Lecture Notes in Statistics 5, Springer-Verlag, Berlin/Heidelberg/New York.

Ruelle, D. (1969) Statistical Mechanics. Rigorous Results. W.A. Benjamin, Inc., New York/Amsterdam.

Schaßberger R. (1973) Warteschlangen. Springer-Verlag, Wien/New York.

Serfozo, R.F. (1990) Point Processes. In: D.P. Heyman, M.J. Sobel (Hrsg.): Handbooks in Operations Research and Management Science. Vol. 2: Stochastic Models, 1–93. North Holland, Amsterdam.

Snyder, D.L. (1975) Random Point Processes. J. Wiley & Sons, New York/London.

Srinivasan, S.K. (1974) Stochastic Point Processes and Their Applications. Griffin, London.

Statulevicius, V.A. (1970) Über Grenzwertsätze für zufällige Funktionen I (in Russisch). Lit. Mat. Sb. 10, 583–592.

Störmer, H. (1970) Semi-Markoff-Prozesse mit endlich vielen Zuständen. Lecture Notes in Operations Res. Math. Systems 34, Springer-Verlag, Berlin/Heidelberg/New York.

Stone, C.J. (1966) On absolute continuous components and renewal theory. Ann. Math. Statist. 37, 271–275.

Stoyan, D. (1984) On correlations of marked point processes. Math. Nachrichten 116, 197–207.

Stoyan, D.; Kendall, W.S.; Mecke, J. (1987) Stochastic Geometry and Its Applications. Akademie-Verlag, Berlin.

Takacs, L. (1963) The limiting distribution of the virtual waiting time and the queue size for a single-server queue with recurrent input and general service times. Sankhya A 25, 91–100.

Tempelman, A.A. (1986) Ergodensätze auf Gruppen (in Russisch). Mokslas Publishers, Vilnius.

Thompson, W.A. (1988) Point Process Models with Applications to Safety and Reliabililty. Chapman and Hall, London/New York.

Weil, W.; Wieacker, J.A. (1988) A representation theorem for random sets. Probability and Math. Statistics 9, 147–151.

Sachwortverzeichnis

Teubner Studienbücher zur Statistik

Afflerbach: **Statistik-Praktikum mit dem PC**
198 Seiten. DM 24,80

Behnen/Neuhaus: **Grundkurs Stochastik**
2. Aufl., 376 Seiten. DM 39,80

v. Collani: **Optimale Wareneingangskontrolle**
150 Seiten. DM 29,80

Dinges/Rost: **Prinzipien der Stochastik**
294 Seiten. DM 38,–

Floret: **Maß- und Integrationstheorie**
360 Seiten. DM 39,80

Kohlas: **Stochastische Methoden des Operations Résearch**
192 Seiten. DM 26,80

Lehn/Wegmann: **Einführung in die Statistik**
220 Seiten. DM 26,80

Lehn/Wegmann/Rettig: **Aufgabensammlung zur Einführung in die Statistik**
240 Seiten. DM 26,80

Rauhut/Schmitz/Zachow: **Spieltheorie**
400 Seiten. DM 38,–

Topsøe: **Informationstheorie**
88 Seiten. DM 19,80

Uhlmann: **Statistische Qualitätskontrolle**
2. Aufl. 292 Seiten. DM 39,–

Witting: **Mathematische Statistik**
3. Aufl. 223 Seiten. DM 29,80

Wolfsdorf: **Versicherungsmathematik**
Teil 1: Personenversicherung
477 Seiten. DM 45,–
Teil 2: Theoretische Grundlagen, Risikotheorie, Sachversicherung
399 Seiten. DM 39,80

Preisänderungen vorbehalten.

B. G. Teubner Stuttgart

Teubner Skripten zur Mathematischen Stochastik

Alsmeyer: **Erneuerungstheorie**
331 Seiten. DM 44,–

Behnen/Neuhaus: **Rank Tests with Estimated Scores and Their Application**
428 Seiten. DM 54,–

von Collani: **The Economic Design of Control Charts**
184 Seiten. DM 29,–

Irle: **Sequentialanalyse: Optimale sequentielle Tests**
184 Seiten. DM 29,–

König/Schmidt: **Zufällige Punktprozesse**
363 Seiten. DM 49,–

Pfeifer: **Einführung in die Extremwertstatistik**
207 Seiten. DM 34,–

Pruscha: **Angewandte Methoden der Mathematischen Statistik**
391 Seiten. DM 49,–

Rüschendorf: **Asymptotische Statistik**
236 Seiten. DM 34,–

Schäl: **Markoffsche Entscheidungsprozesse**
198 Seiten. DM 29,–

Preisänderungen vorbehalten.

B. G. Teubner Stuttgart